BIOMASS & POWER GENERATION

바이오매스와 발전

BIOMASS & POWER GENERATION

바이오매스와 발전

| 이형우 지음 |

전남대학교출판부

필자가 2006년 에너지공단의 지원으로 국내 최초로 목재펠릿 제조공정을 직접 설계/제작하여 떨리는 손으로 성형기로부터 배출되는 목재펠릿을 받아 보았던 그 때의 감회가 새롭다. 그 순간에 도달하기까지 극복해야만 했던 많은 난제들이 오히려 감사하였었다.

그로부터 정확히 10년이 지난 지금 우리는 목재펠릿과 같은 바이오매스를 이용하여 난방을 해결하는 과정을 거쳐 전기를 생산하는 단계에 와 있다. 수많은 동료 연구자들과 관련 기업인들은 앞으로도 바이오매스를 이용한 열과 전기의 생산이 필연적으로 증가될 것임을 확신하고 있다.

바이오매스를 이용한 발전분야가 우리나라뿐만 아니라 전 세계적인 관심의 대상이 되면서 수많은 관련 자료들이 생산 또는 재생산되고 있다. 그러나 체계적인 편집과 집성이 부족하여 항상 필요한 자료에 대한 갈증을 체험해 온 것도 사실이다. 방대한 자료가 있음으로 인한 오해와 편견은 오히려 견해의 차이를 증폭하는 역효과를 강요하기도 하였다.

바이오매스는 그 관련 영역이 매우 넓다. 생산에는 농업과 임업 및 축산업 등이, 취급과 가공은 기계와 화공 등이 관련되며, 발전은 또 다른 광역의 분야가 된다. 경제와 경영 및 사회학적 분석도 필요하다. 따라서 현존하는 거의 모든 분야가 연관되어 있다고 해도 과언이 아닐 것이다. 아마도 이 점이 관련 책자를 집필하기 어려운 이유일 것이며, 필자 역시 이로 인하여 많은 고민을 하였다.

그러나 용기를 내어 근 20여년간 틈틈이 정리하였던 소고들을 엮기로 하였다. 관련 분야의 입문서 역할을 해주길 바라면서...

2016년 8월

폭염속 용봉로 7에서

이 형 우

제1장 바이오매스 발전 현황

제2장 바이오매스의 에너지 변환과 발전

제3장 바이오매스 열병합발전

제4장 바이오매스 연료

제5장 에너지작물

Chapter 1

바이오매스 발전 현황

1. 지구온난화

지난 수년간 미국은 동부의 허리케인, 중부의 토네이도, 중서부의 홍수 및 텍사스 지역의 가뭄 등 극심한 자연재해로 막대한 피해를 입었다. 또한 연례행사처럼 발생되는 산불은 이제 캘리포니아 지역 이외의 많은 지역에서도 발생되어 2013년에만 27,000여건의 산불에 의해 200만 에이커의 숲이 사라졌다. 최근에는 세계 설탕의 1/5, 커피의 1/3을 생산하는 브라질의 극심한 가뭄으로 설탕과 커피값이 급등하고 있고 미국 캘리포니아와 호주 퀸즐랜드의 가뭄은 쌀과 소고기 값을 끌어 올리고 있다. 실제 FAO의 식량가격지수는 2000년도 91.9에서 2013년에는 209.8로 치솟았다. 기후변화에 의한 자연재해는 당장의 피해뿐만 아니라 지구의 이산화탄소 흡수능력까지 감소시킨다. 특히, 가뭄은 초목을 시들게 하여 이산화탄소 흡수능력을 저하시키는 동시에 산불발생의 위험도를 고조시킨다. 앞으로 가뭄에 의한 건조지역 발생률이 더욱 상승될 것으로 예상되므로 그에 의한 영향은 더욱 커지게 될 것이다.

한편, 2013~2014년 겨울 미국 동부의 폭설을 동반한 한파는 경기둔화로 이어져 'frozenomics(얼어붙은 경제)'라는 신조어를 만들었다. 2014년 영국 런던은 248년 만에 최악의 겨울 홍수와 시속 180km에 달하는 강풍으로 1조원이 넘는 경제적 피해를 감수해야만 하였다. 많은 경제학자들이 2008년 금융위기 이후 새로운 세계적 경기 침체는 '기후위기'에서 비롯될 것이라고 우려하며 최악의 기상이변을 가정한 경제모델을 준비해야 한다고 지적하고 있다.

이와 같은 현상의 원인을 기후변화로 정의하는 것에 대하여 아직도 공공연히 부정하는 정치인 및 사업가들이 있는 것도 사실이지만 극지방에서는 기후변화에 의한 영향이 더욱 심각하다. 히말라야 산 밑에는 빙하가 빠르게 녹아 형성된 새로운 호수가 250여개에 이른다고 한다. 2013년 6월에는 빙하가 녹은 물로 인하여 소위 '히말라야 쓰나미'라 불리는 참사가 발생하여 그곳의 힌두교 성전인 케다니스 신전이 물에 잠기면서 6,000여명의 순례자들이 목숨을 잃기도 하였다.

미국 해양대기청(NOAA)이 2013년 10월 발표한 자료에 의하면 하와이 마우나 로아 관측소에서 관측된 이산화탄소 농도가 400.03ppm을 기록하였다. 이 관측소의 측정치는 세계 평균을 의미한다. 인류 역사상 지구의 대기 중 이산화탄소 농도의 평균치가 400ppm을 초과한 것은 이번이 처음이다. 이는 지금보다 지구 평균기온이 3~4도 높아 북극에 얼음이 없고 해수면이 지금보다 40m 높았던 300만~500만년전(플라이오세)과 같은 수준이라고 한다.

전 세계 정부 대표들로 이뤄진 '기후변화에 관한 정부간 협의체(IPCC)'는 지구 온도가 산업혁명 전보다 2도 상승하여 동식물의 20~30%가 멸종위기에 놓이는 이산화탄소 농도 450ppm을 임계점으로 상정하고 있다. 최근 New York Times가 인용 발표한 IPCC의 5차 보고서에 의하면 기후변화에 대한 인류의 책임을 '극히 가능성 높은'(95~100%)으로 상향 조정하였다. 지금의 추세로 온실가스를 계속 방출할 경우 2100년까지 지구온도가 2.6~4.8도 상승하고 그에 따라 해수면도 최소 45cm에서 최고 82cm까지 상승할 것이라 예상하였다. 만일 온실가스저감 정책이 상당히 실현된다고 하여도 2100년까지 온도는 1.1~2.6도, 해수면은 32~63cm 상승할 것으로 예상하고 있다. 해양에 축적된 이산화탄소의 열팽창에 의하여 빙하가 녹게 되면서 해수면이 빠르게 상승할 것으로 추정되고 있다.

본 보고서에 따르면 지구의 해수면 상승속도는 최근 20년 동안 가속화되어 왔다. 일반적으로 해수면이 1m 상승하면 해안선이 약 100m 후퇴하는 것으로 알려져 있다. 세기말 해수면이 평균 60cm 정도 상승한다면 미국 뉴욕과 마이애미, 영국 런던, 중국 상하이 등 세계 주요도시 뿐만 아니라 우리나라 서해안, 남해안 및 부산 등의 일부 저지대도 물에 잠길 위험이 예상된다고 한다.

전술한 바와 같은 온난화 현상에도 불구하고 지난 10여년간 지구온난화가 주춤하자 몇몇 학자들은 지구온난화에 대한 우려가 과장되었다고 주장하기도 하였다. 그러나 최근(2014년 2월 10일) Guadian지는 지난 20년간 지구온난화가 주춤했던 이유가 태평양에서 이례적으로 위세를 떨친 무역풍 때문이라는 호주와 미국 공동연구팀의 연구결과를 보도하였다. 연구팀 분석에 따르면 무역풍은 지구 표면온도를 0.1~0.2도 낮추는 효과를 냈다. 그 무역풍의 위력이 태평양 지역에서 지난 20년간 80년대에 비하여 2배가량 강력해진 것으로 나타났다. 즉, 지금까지는 지구온난화 예측모델에서 무역풍이라는 예상치 못한 변수를 감안하지 못했다는 것이다. 결론적으로 무역풍의 기세가 꺾이기 시작하면 지구온난화가 다시 빠르게 가속화될 것으로 예상하고 있다.

2014년 10월 IPCC는 "앞으로 30년 동안의 온실가스 배출량이 인류 미래를 결정한다"는 내용이 담긴 기후변화 보고서를 승인했다. 2014년 발표된 과학자들의 기후변화에 대한 경고를 각국 정부가 공인함에 따라 새로운 기후변화체제에 대한 국제협상에 큰 영향을 미칠 것이라는 분석이 나오고 있다. 이 보고서에 따르면 "전례 없는 기후변화가 확인되었고, 그 원인은 인위적인 온실가스 배출"이라며 "앞으로 수십년 동안의 온실가스 배출량에 따라 기후변화 위험도가 결정"된다는 내용이 담겨 있다.

이번 보고서에는 또 산업화 이전과 비교해 지구 평균 온도의 상승폭을 2도 이내로 억제하기 위해 이산화탄소 누적배출량을 2,900Gt(기가톤) 이하로 억제해야 하지만 인류는 2011년까지 전체의 3분의 2에 달하는 1,900Gt을 이미 배출했다는 내용도 포함됐다. 인류가 배출할 수 있는 이산화탄소 총량을 총 예산으로 생각할 때 남은 예산이 3분의 1에 불과하다는 것이다. 따라서 앞으로 남은 1,000Gt의 온실가스 배출허용총량을 어느 나라가, 어느 시기에, 얼마만큼 쓸 수 있도록 분배하느냐가 선진국과 개도국 간의 주요 논의 내용이 될 것으로 예상된다(경향신문 2014년 11월 3일자).

화석연료 연소기준으로 세계 7위의 이산화탄소 배출국인 대한민국의 온실가스 누적배출량은 세계 19위, 2011년 기준 연간 배출량은 8위, 화석연료 연소기준으로는 7위이다. 한국은 교토의정서 체제까지는 개발도상국으로 분류돼 온실가스 의무 감축국에 들지 않았다. 따라서 정부는 많은 고민 끝에 2015년 6월 30일 국무회의에서 2030년 국가 온실가스 감축목표를 배출전망치 대비 37% 감축하는 것으로 결정한 바 있다(투데이에너지 2015년 6월 30일자).

다음 표는 주요 국가들의 '포스트 2020' 온실가스 감축목표를 비교하고 있다.

표 1.1 주요 국가들의 '포스트 2020' 온실가스 감축 목표(한국경제 2015년 11월 30일자)

국가	감축목표
중국	2030년까지 2005년 대비 60～65%
미국	2025년까지 2005년 대비 26～28%
유럽연합	2030년까지 1990년 대비 40%
인도	2030년까지 2005년 대비 33～35%
러시아	2030년까지 1990년 대비 25～30%
일본	2030년까지 2013년 대비 26%
멕시코	2030년까지 배출예상치 대비 25%(무조건), 40%(조건부)
대한민국	2030년까지 배출예상치 대비 37%

2. 세계의 에너지소비량과 바이오매스 발전

바이오매스(biomass)란 생물자원(bio)의 양(mass)을 나타내는 개념으로 「재생가능한 생물유래의 유기성 자원으로서 화석자원을 제외한 것」을 통칭하는 용어이다. 바이오매스는 태양에너지를 이용하여 무기물질인 물과 이산화탄소로부터 광합성 작용을 통해 생성되는 유기물로서 생명체와 태양이 존재하는 한 지속적으로 재생산이 가능한 자원이다.

바이오매스의 연소에 의해 방출되는 이산화탄소는 생물의 생장과정 중 광합성에 의해 대기 중에서 흡수한 이산화탄소이므로 바이오매스는 전 이용과정에 있어서 대기 중의 이산화탄소 양을 증가시키지 않는 「탄소 중립(carbon neutral)」이라고 불리는 특징을 갖고 있다. 그러므로 화석자원 유래의 에너지나 제품을 바이오매스로 대체한다면 온실가스의 하나인 이산화탄소의 배출을 크게 줄여 지구온난화 방지에 크게 기여할 수가 있는 것이다.

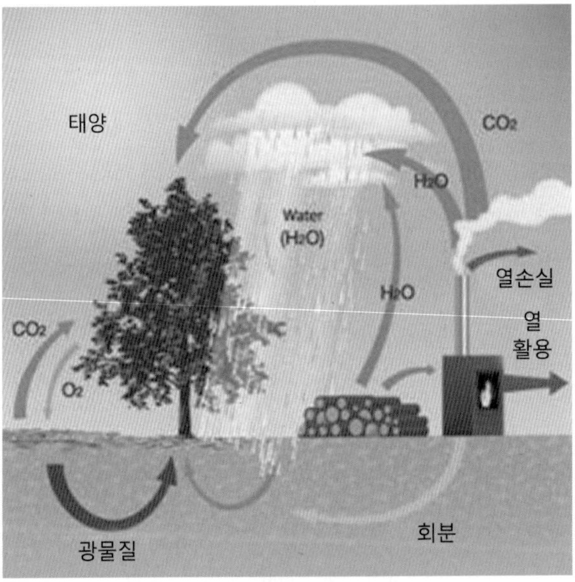

$$CO_2 + 2H_2O \xrightarrow[\text{Chlorophyll}]{\text{Light energy}} (CH_2O) + O_2 + H_2O$$

그림 1.1 바이오매스의 광합성과 탄소중립적 특성

여러 연구를 통하여 국가의 사회/경제 발전의 정도와 국민 1인당 에너지소비량은 강력한 상관관계가 있음이 밝혀진 바 있다. 그림 1.2는 각 국가의 인간개발지수(Human Development Index(HDI))와 국민 1인당 연간 전기소비량의 상관관계를 보여주고 있다. 개발도상국인 중국, 브라질 및 인도 등이 경제성장에 따라 에너지소비량이 급증할 것이라는 상황을 기정사실화하는 것은 당연하다. 한편, 2009년에 있었던 금융위기 기간 중 OECD 국가들의 에너지소비량 감소도 이를 반증하고 있다. 그러나 이러한 현상들을 고려하지 않더라도 전 세계의 에너지소비량은 향후 수십년간 지속적으로 증가할 것이라는 예측에 아무런 반론이 없는 것도 사실이다.

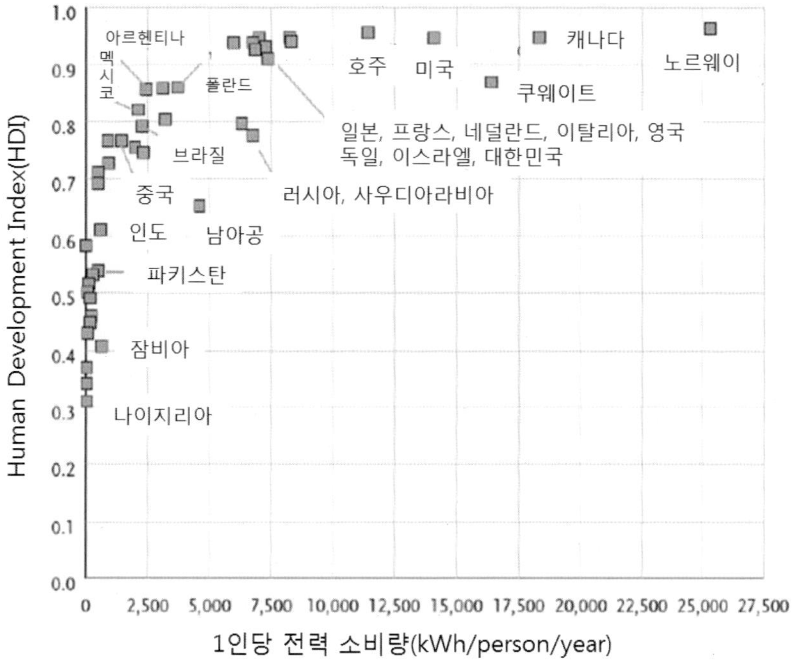

그림 1.2 인간개발지수(HDI)와 1인당 전력소비량의 상관관계(IAC, 2007)

그림 1.3은 전 세계 1차에너지 수요량을 연료별로 표시한 것으로 석유, 석탄 및 가스가 각각 34%, 26% 및 21%로, 총 81%를 담당하고 있으며, 전력생산에 있어서도 각각 6%, 41% 및 20%로, 총 61%를 담당하고 있다. 한편, 바이오매스와 폐기물은 1차에너지와 전력생산에서 각각 10%와 1%를 담당하는 것으로 나타나고 있다(IEA, 2009).

상기와 같은 예측은 향후에도 화석계 연료를 이용한 이산화탄소의 증가는 필연적임을 나타내는 것이다. 따라서 유럽연합은 2008년에 소위 20-20-20 계획을 확정한 바 있다. 이 계획에 따르면 2020년까지 1990년 대비 온실가스 배출량을 20% 저감하고, 에너지 효율 개선을 통하여 에너지소비량을 20% 감축하는 한편, 재생에너지 사용량을 20% 증가시킬 계획이다. 국제에너지기구(IEA(International Energy Agency))는 대기 중 이산화탄소의 농도를 550ppm 또는 450ppm 수준으로 유지시켜 산업화시대 이전의 온도에 비하여 3~2℃ 높은 상태를 유지하자는 소위 550과 450 정책 시나리오를 제안하기도 하였다.

그러므로 재생가능 자원은 가까운 미래에 에너지생산을 위하여 폭넓게 활용될 것임을 예상할 수 있으며, 온실가스 문제를 제외하더라도 화석계 연료의 불안정한 가격과 관련된 문제에도 일정 수준 해결방안이 될 수 있음을 알 수 있다. 결국 탄소중립적인 특성을 인정받고 있는 바이오매스는 재생가능 자원 중에서도 매우 중요한 역할을 담당하게 될 것이다(그림 1.4 참조).

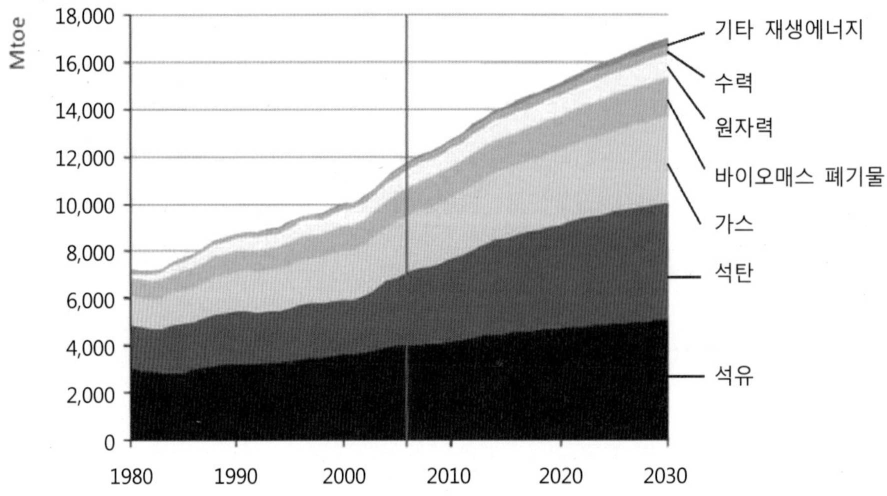

그림 1.3 전 세계 1차에너지 소요량의 연료별 비교(IEA, 2008)

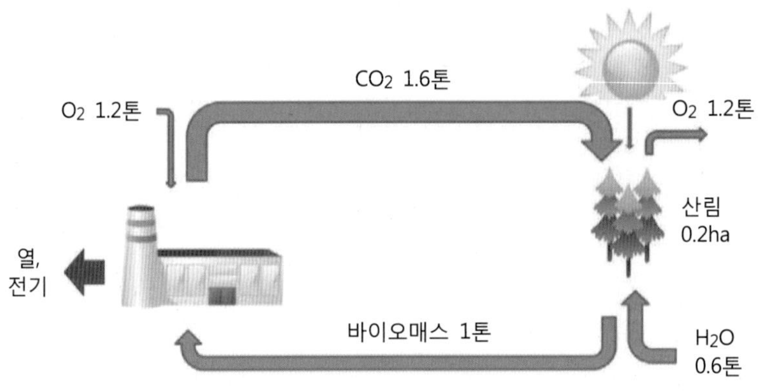

그림 1.4 바이오매스 플랜트의 이산화탄소 사이클

2015년 9월 BNEF(불름버그 뉴에너지 파이낸스)가 전세계 전력구조를 분석해 발간한 'New Energy Outlook 2015'에 따르면 2012년 기준 전 세계 에너지 설비 비중의 약 65%가 화석연료였으며 재생에너지(21%), 원자력(6%), 풍력(5%) 및 태양광(2%)의 순이었다. 그러나 2040년 화석연료의 비중은 36%로 줄어드는 반면 태양광 26%, 풍력 14%, 기타 재생에너지 14% 등으로 반전되어 재생에너지가 전체의 절반이 넘는 54%를 차지할 것으로 분석된 바 있다(연합뉴스 2015년 11월 9일자).

3. 유럽의 바이오매스 발전 현황

3.1. 바이오매스 관련 계획

2008년 유럽연합의 총에너지 소비량에서 재생에너지가 차지하는 비율은 약 10% 수준이었다. 유럽 각국은 재생에너지 활용을 촉진하기 위하여 각기 다른 목표를 설정하고 있으며, 2020년 유럽 각국의 재생에너지 비율 목표는 표 1.2와 같다.

유럽연합의 National Renewable Energy Action Plans(NREAPs)에 의하면 바이오매스 발전 총량을 2006년 90TWh에서 2020년 230TWh로 증가시키도록 설정되어 있다. 그림 1.5와 1.6은 본 계획과 관련된 회원국들의 2005년과 2010년의 바이오매스 발전능력과 2020년의 목표를 보여주고 있다.

본 자료에 의하면 2005년 유럽 회원국들의 바이오매스 발전능력 총량은 15.7GW였다. 독일은 약 3GW로 가장 발전능력이 컸으며, 그 다음으로 스웨덴(2.5GW)과 핀란드(2GW)가 뒤를 잇고 있다. 2010년 23.6GW에 달하는 것으로 추정되는 바이오매스 발전능력 총량은 계획에 의하면 2020년 43.2GW에 달하게 된다. 폴란드는 목표달성을 위하여 2010년부터 2020년까지 바이오매스 발전능력을 6배 증가시켜야 한다. 벨기에는 4배 증가를 계획하고 있으며 영국, 이탈리아 및 프랑스 등도 2~3배의 증가를 계획하고 있다. 한편, 네덜란드는 발전능력은 3배 증가시키는 반면 발전총량을 4배 증가시키는 전략을 지니고 있다. 스웨덴의 경우에도 발전능력은 소폭 증가시키는 반면 발전총량을 2배 증가시키는 계획을 가지고 있다.

표 1.2 유럽 각국의 2020년도 재생에너지 비율 목표(Bongaerts, 2011)

국가	목표(%)	국가	목표(%)	국가	목표(%)
오스트리아	34	독일	18	네덜란드	14
벨기에	13	그리스	18	폴란드	15
블가리아	16	헝가리	13	포르투갈	31
사이프러스	13	아일랜드	16	루마니아	24
체코	13	이탈리아	17	슬로바키아	14
덴마크	30	라트비아	42	슬로베니아	25
에스토니아	25	리투아니아	23	스페인	20
핀란드	38	룩셈부르크	11	스웨덴	49
프랑스	23	몰타	10	영국	15

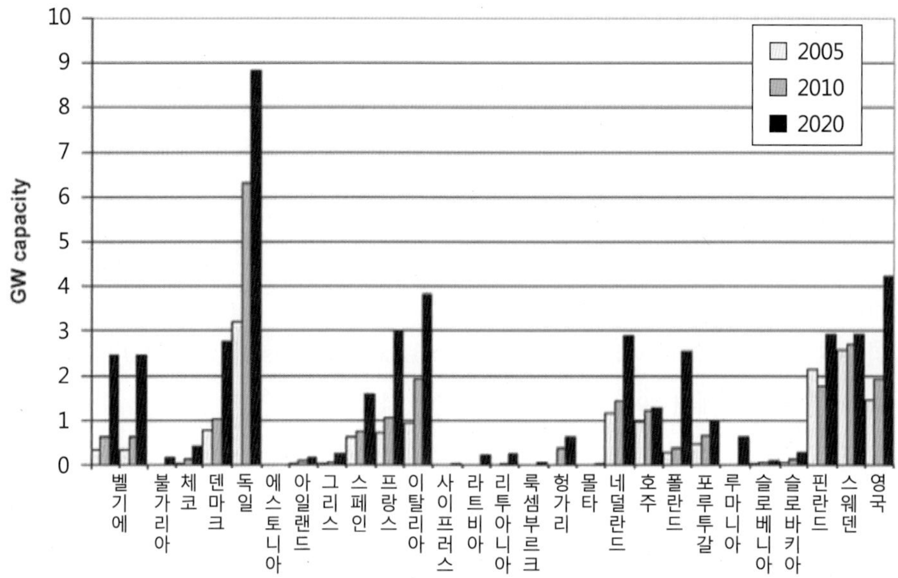

그림 1.5 유럽 National Renewable Energy Action Plans 관련 회원국들의 바이오매스 발전능력 변화 (Eurelectric, 2011)

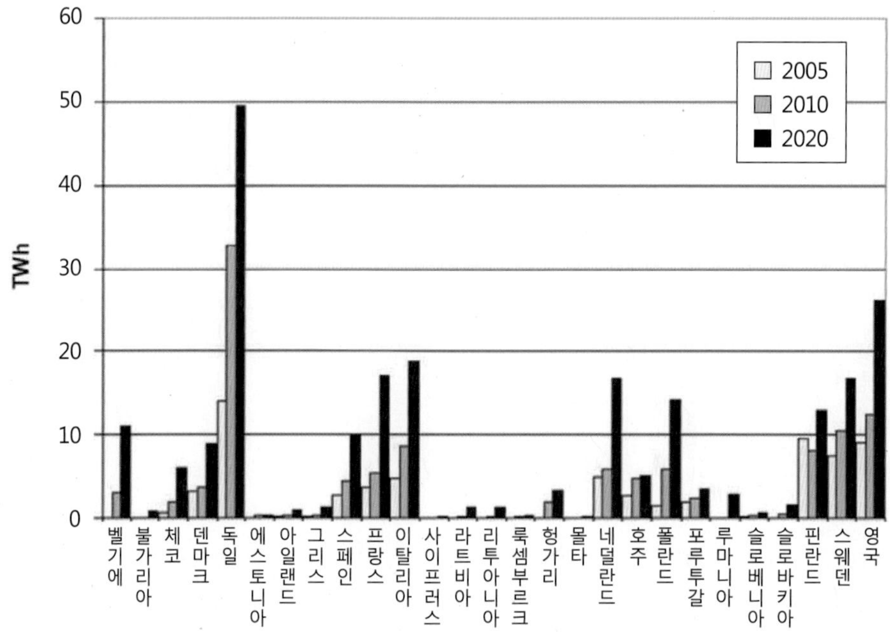

그림 1.6 유럽 National Renewable Energy Action Plans 관련 회원국들의 바이오매스 발전총량 변화 (Eurelectric, 2011)

3.2. 바이오매스의 수급

상기와 같은 목표를 달성하기 위해서는 안정적인 바이오매스 수급이 필수적이다. 유럽의회에 제출된 NREAPs의 내용을 살펴보면 2020년 목표 달성을 위한 바이오매스 소요량을 추정할 수 있다. 그림 1.7은 27개 유럽연합 회원국들의 바이오매스 사용량 변화이며, 바이오에너지 사용량이 2010년 82Mtoe에서 2020년 135Mtoe로 증가할 것으로 예상되고 있다. 이중 발전분야에서 바이오에너지는 10Mtoe에서 20Mtoe로 2배 증가할 것으로 예측된다.

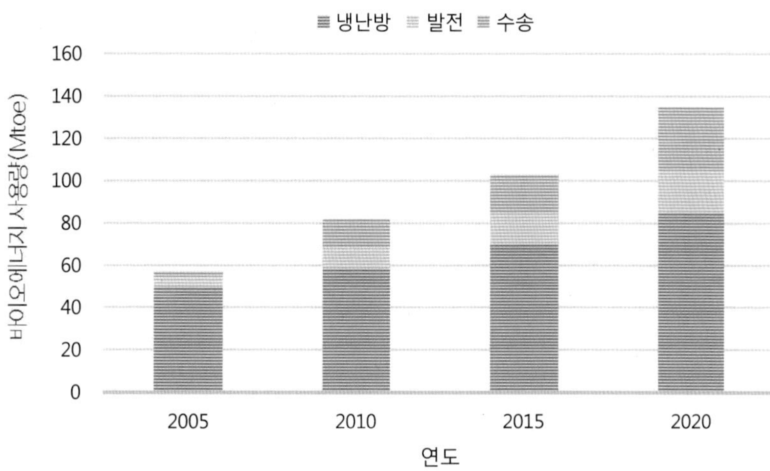

그림 1.7 유럽연합 27개 회원국들의 바이오매스 총 소요량(Eurelectric, 2011)

Poyry Energy Consulting에서 추정한 2010년도 유럽의 바이오매스(고형 바이오연료와 바이오가스) 발생량은 82Mtoe이며 2020년에는 약 120Mtoe 수준으로 예상하고 있다. 그러나 본 예상은 매우 낙관적인 것이며, Eurelectric은 2020년 목표 달성을 위해서는 26~38Mtoe에 해당되는 바이오매스가 부족하여 해외로부터의 도입이 불가피한 것으로 진단하고 있다. 이를 목재펠릿으로 환산하면 5천5백만톤~8천5백만톤에 해당된다.

표 1.3 유럽의 바이오매스 발생량(Poyry Energy Consulting, 2011) (단위: Mtoe)

구 분	2010	2015	2020
임 업	63.7	68.6	71.4
농 업	12.8	18.4	36.3
폐기물	5.7	9.5	13.9
합 계	82.2	96.5	121.7

고형 바이오매스의 부족분을 채우기 위하여 유럽은 이미 오래전부터 목재펠릿을 해외에서 도입하고 있으며, 2010년 약 250만톤이 주로 캐나다, 미국 및 러시아로부터 수입된 바 있다. 향후 러시아를 중심으로 미국남부, 남미 및 아프리카가 주요 수출국이 될 것으로 예상되고 있다. Poyry Energy Consulting(2011)에서 추정한 향후 세계의 바이오매스 공급가능량 추세를 보면 북미지역의 바이오매스 공급량은 안정적이거나 감소추세로 보는 반면 중국을 포함한 동아시아는 심각한 부족상태를, 그리고 러시아, 동남아시아, 남미 및 아프리카 일부는 공급가능량 증가추세가 될 것으로 예상하고 있다.

한편, IEA(2009)가 전망한 유럽 바이오매스 해외도입 상황을 보면 목재펠릿은 주로 미국과 캐나다를 중심으로 도입될 것이며(러시아는 유럽에 포함) 특히, 본 보고서가 제출된 2009년도 이전에 이미 팜유산업과 농업 관련 부산물 바이오매스가 인도네시아와 말레이시아를 중심으로 동남아시아로부터 도입될 것으로 전망하고 있다는 점은 우리에게 많은 것을 사시해준다고 할 수 있다.

3.3. 정책적 지원방안

유럽연합에서 총 14개 회원국들이 발전차액지원제도(FIT(Feed-in Tariff)제도를 바이오매스 발전 촉진을 위한 주요 제도로 적용하고 있다. 단, 독일의 경우에는 20MW 미만의 바이오매스 발전에만 지원하고 있다. 이는 기존의 열생산 플랜트에서 이미 바이오매스를 이용하는 사례가 많거나 신규로 대규모 바이오매스 발전소를 건립하는 것이 비현실적이기 때문으로 알려져 있다. 그러나 바이오매스 발전의 '규모의 경제' 실현에는 걸림돌이 되고 있는 것도 사실이다.

한편, 바이오매스의 형태에 따라 지원여부가 달라지기도 한다. 일예로 스웨덴에서는 올리브유 생산 부산물인 olive stone과 olive pit에 대해서는 지원하지만 orange pipis(오렌지 씨)에는 지원하지 않고 있다. 현재 최소 10여개 회원국에서 이와 같은 기준을 적용하고 있다. 네덜란드와 독일에서는 바이오매스와 화석계 연료의 혼소에는 지원을 하지 않고 있으며, 몇몇 국가들에서는 바이오매스를 열병합발전에 사용할 경우에만 지원하고 있기도 하다.

이처럼 정책의 형태에 많은 차이가 있음에도 불구하고 각국의 정책적 지원방안이 바이오매스 특히, 목재펠릿의 수요 증가에 주요 원동력이 되는 사례가 많다. 오스트리아, 벨기에, 독일, 이탈리아 및 미국 등과 같은 국가들에서는 발전 및 열생산을 위한 바이오매스 펠릿 활용과 주택난방을 위한 소형 펠릿보일러에 대한 투자비용에 지원을 하고 있다. 특히, 이탈리아 북부에서는 수요 충족을 위하여 목재펠릿 수입량이 증가되고 있다.

네덜란드는 변환기술과 활용 원재료에 따라 재생 발전에 프리미엄을 주는 시스템을 활용하고 있다. 지난 5년간 이 시스템에는 잦은 변화가 있었지만 일반적으로 석탄과 청정 목질계 바이오매스를 혼소하는 방법이 경제적으로 매력적임이 밝혀져 2002년부터 대량으로 목재펠릿을 수입하고 있다.

벨기에에서는 녹색인증에 대한 할당제도가 도입되어 각 전력공급자들이 일정 비율의 재생에너지 발전을 달성해야 한다. 이로 인하여 석탄발전소를 목재펠릿으로 일부 또는 100% 변환하고 있다. 유사한 제도가 영국에도 도입되어 발전회사는 바이오매스 발전에 대한 재생에너지 의무인증을 확보할 수 있다. 특히, 앞으로는 이 제도가 목재펠릿 수입의 강력한 원동력이 될 것이다.

스웨덴은 오랜 기간 동안 난방에 사용되는 화석계 연료에 높은 세금을 부과하여 바이오매스 연료에 이점을 줌으로써 지역난방과 열병합발전에서 목재펠릿의 사용량을 꾸준히 증가시켜 왔다. 목재펠릿의 상당량이 국내에서 생산되어 소비되고 있지만 수요증가에 따라 목재펠릿 수입량도 계속해서 성장하여 왔다.

한편, 실패한 정책지원이 장벽으로 언급되는 경우도 많다. 특히, 정책적 지원제도가 자주 변경 또는 취소될 경우 오히려 심각한 시장위축과 가격변동을 야기할 수 있다.

4. 중국과 일본의 바이오매스 발전 현황

4.1. 중국

중국이 2005년 제정한 "Renewable Energy Law of China"에서는 바이오매스 발전을 전력계통에 연계하는 사업을 권장하고 지원하도록 하고 있다. 이에 따라 2006년 1월 1일 재생에너지에 대한 조세감면과 보조금지원을 골자로 하는 Renewable Energy Law를 시행하여 중국의 바이오매스 발전사업은 전례 없는 성장세를 누리고 있다. 이 법에서는 중국의 총에너지 중에서 재생에너지가 차지하는 비율을 2010년까지 10%, 그리고 2020년까지 16%로 증가시키는 목표를 설정하고 있다. 다음은 이 법에서 2020년까지 달성키로 한 재생에너지 관련 목표이다.

- 풍력 30GW
- 태양광 1.8GW
- 태양열 3억 m²
- 바이오매스 발전 30GW

- 바이오디젤 2백만톤
- 바이오에탄올 1천만톤
- 바이오가스 440억 ㎥
- 바이오매스 고형연료 5천만톤
- 소수력 75GW
- 수력 300GW

중국 NDRC(National Development and Reform Commission)는 2009년 말까지 발전 총량 4,600MW에 이르는 약 170여건의 바이오매스 발전 프로젝트를 승인한 바 있다. 2006년 12월 1일 National Bio Energy Shanxian Biomass Power Plant Co., Ltd.가 중국 최초로 볏짚을 이용하는 바이오매스 발전소를 준공한 이후 현재 발전총량 1,110MW에 달하는 50건의 프로젝트가 실제 가동 중에 있다. 따라서 2010년 말 바이오매스 발전총량은 5,550MW에 이르고 있으며 앞으로도 지속적으로 증가하여 2020년까지 30GW를 목표로 하고 있다. 이와 같은 성장에 가장 큰 역할을 담당한 것은 2005년 설립된 National Bio-energy Group이며, 현재 이 회사는 총 100억 위안(1조 6천억원 정도)을 투자하여 중국 전역에 약 50개의 바이오매스 발전소를 운영하고 있다.

Financial Times지는 2013년 5월 21일 세계 최대 탄소배출국인 중국이 2013년 6월부터 광동성 선전에서 처음으로 탄소배출권거래제를 시범 실시한다고 보도하였다. 보도에 의하면 중국이 2020년까지 2005년 대비 탄소배출량을 40% 감축하는 목표를 수립하였다고 한다. 본 시범실시가 성공적으로 성과를 거두면 2015년 이후 전국적으로 확대할 예정이라 한다.

그러나 중국의 제도에는 바이오매스 자원에 대한 정보를 바탕으로 한 깊이 있는 조사와 분석이 부족하여 바이오매스 자원의 확보와 지속적인 공급에 어려움을 겪고 있는 것도 사실이다. 또한, 중국의 재생에너지 관련법에서도 바이오에너지 산업에 대한 전문적이고 상세한 규정 등이 명확히 정의되어 있지 못하여 그 실행에서 많은 난항을 겪고 있다.

에너지 소비량과 온실가스 배출량이 세계 1, 2위인 중국과 미국은 2014년 11월 12일 온실가스 줄이기에 합의함으로써 1992년 리우협약 이래 곡절을 거듭해온 기후변화 대응 노력에 한 획을 그었다. 지금까지 세계 기후변화 대응체제의 가장 큰 걸림돌이었던 두 나라가 손을 잡았다는 것만으로도 큰 의미가 있다. 특히 중국이 감축 일정을 제시한 것은 처음이다(경향신문 2014년 11월 13일자).

4.2. 일본

일본은 2003년 재생에너지공급의무화(Renewable Portfolio Standard(RPS)) 제도를 수립한 바 있으며, 2009년 Law of Advancing the Energy Supply System을 통하여 비화석계 연료 에너지 활용률을 50%까지 상승시키는 목표를 설정하였다. 그러나 이때에는 원자력 발전이 포함되어 있었다. 2010년 6월 18일에는 Review of Energy & Resources Policy에 대하여 일본국회가 승인함에 따라 에너지자급률을 당시의 38% 수준에서 70%로 상향하고, 2020년까지 재생에너지 비율을 20%로 올리는 동시에 2030년까지 온실가스 무배출 발전원(원자력과 재생에너지 포함)을 34%에서 70%로 증가시키기로 하였다. 이를 위하여 바이오매스 혼소를 권장키로 의결한 바 있다. 그러나 후쿠시마 원전사고 이후 일본정부는 상기 정책들을 다시 검토할 수밖에 없는 상황에 있다.

일본의 바이오매스를 이용한 발전과 열생산 목표는 그림 1.11과 같다. 이를 촉진하기 위하여 바이오매스 발전에 대한 발전차액지원제도를 통해 20년간 1kWh당 13~32엔(목재펠릿을 포함한 목질계 바이오매스는 24엔/kWh)을 지원하도록 하고 있다. 일본정부는 본 제도를 통하여 2020년까지 바이오매스 발전 총량을 약 217만kW까지 증가시키는 목표를 설정하고 있다. 이 지원제도는 기존 석탄발전소의 혼소와 바이오매스 전소 발전소에 모두 적용되고 있다.

상기 자료에 의하면 목재펠릿 등을 포함한 일반 바이오매스의 소요량이 크게 증가함을 알 수 있다. 본 자료의 일반 바이오매스 총량을 목재펠릿으로 환산하면 2020년에 바이오매스 발전과 열생산에 각각 약 13백만톤과 4.5백만톤의 목재펠릿에 해당하는 일반 바이오매스가 필요한 것으로 추정된다. 2050년에는 총 59백만톤 이상의 목재펠릿에 해당되는 일반 바이오매스가 요구된다.

표 1.4 일본의 바이오매스 활용 발전과 열생산 목표(Ministry of Economy, Japan, 2009)

(단위: Oil equivalent(1000kL))

연 도	2005	2020	2030	2050
바이오매스 발전	4,620	8,600	9,070	10,020
- 일반 바이오매스	2,040	5,860	6,330	7,280
- 흑액, 건설폐기물	2,580	2,740	2,740	2,740
바이오매스 열생산	4,700	8,870	9,370	25,870
- 일반 바이오매스	0	2,000	2,500	19,000
- 기타 바이오매스	1,420	2,580	2,580	2,580
- 폐기물	1,140	2,010	2,010	2,010
- 흑액, 건설폐기물	2,140	2,280	2,280	2,280

현재 일본에서 발생되는 바이오매스의 양은 총 14.6백만톤(dry-ton)에 이르나 수집과 운송 등의 문제로 총량의 약 28% 수준인 4.2백만톤만을 활용할 수 있는 것으로 분석되고 있다(Hidetoshi, 2012). 현재 연간 20만톤 이상의 바이오매스 펠릿을 아시아와 유럽시장에서 유통하고 있는 Mitsubishi사에 의하면 2020년도 예상되는 일반 바이오매스 요구량을 목재펠릿으로 환산한 양인 13.1백만톤을 공급하기 위해서는 8백만톤 이상의 목재펠릿에 해당되는 바이오매스를 해외로부터 도입해야만 한다.

5. 국내 바이오매스 연료 관련 정책과 동향

5.1. 신재생에너지 공급의무화(RPS) 제도

정부가 지난 10여년간 신재생에너지 사업에 투자한 예산은 총 7조원을 초과하고 있다. 그러나 2013년 현재 1차에너지 중 신재생에너지 비중은 OECD(경제협력개발기구) 회원국 중 가장 낮은 것으로 나타났다. 산업통상자원부의 자료에 의하면 2010년과 2011년 총 발전량 대비 신재생에너지가 차지하는 발전량 비중은 각각 1.24%와 3.46%에 불과하다. 그러나 1년간 발전량 비중이 증가한 것은 그동안 통계치로 잡지 않았던 폐기물 소각과 부생가스 발전량이 2011년부터 더해졌기 때문이다. 2011년 폐기물 에너지 발전량은 신재생에너지 발전량의 58.8%를 차지했다. 그러나 예산지원 비중이 70%가 넘는 태양열과 태양광 발전량의 비중은 5%대에 그치고 있다.

1) 개요

2009년 우리 정부는 녹색성장정책을 수립하여 2009년 당시 총 1차에너지 소비량의 2.5% 수준인 신재생에너지 비율을 2020년 까지 10% 수준으로 높인다는 목표를 설정하였다. 특히, RPS제도를 수립하여 바이오에너지에 의한 발전량을 2008년 대비 2020년까지 20배 정도를 증가시키는 방안을 내놓았다.

본 제도는 일정규모 이상의 발전설비를 보유한 발전사업자에게 총 발전량의 일정량 이상을 신/재생에너지로 생산한 전력을 공급토록 의무화한 제도이다(신재생에너지 개발/이용/보급 촉진법 제12조의 5). 본 제도의 제정과 시행과정은 다음과 같았다:

- 2008년 11월 23일 RPS 제도 입법예고
- 2009년 4월 15일 임시국회 지식경제위원회 상정, 심의
- 2010년 4월 12일 신에너지 및 재생에너지 개발/이용/보급 촉진법 개정/공고(법률 제10253호)
- 2010년 9월 17일 신에너지 및 재생에너지 개발/이용/보급 촉진법 시행령 개정/공고(대통령령 제22382호)
- 2010년 9월 24일 신에너지 및 재생에너지 개발/이용/보급 촉진법 시행규칙 개정/공고(지경부령 제149호)
- 2010년 12월 30일 신/재생에너지 공급의무화제도 관리 및 운영지침 제정/공고(지경부고시 제 2010-244호)
- 2010년 12월 30일 신/재생에너지 공급의무화제도 공급인증기관 지정(지경부 공고 제 2010-491호)
- 2011년 7월 18일 공급인증서 발급 및 거래시장 운영에 관한 규칙 제정/공고(센터 공고 제2011-9호)

본 제도를 통하여 발전사에게 직접적으로 신/재생에너지 공급을 의무화함으로써 보급을 촉진하는 것이 주목적이다. 이를 통하여 신재생에너지의 조속한 산업화와 시장 확대 등으로 산업 경쟁력 강화와 일자리 창출을 꾀하고자 하였다. 한편으로는 당시까지 신재생에너지 보급에 중추적인 역할을 하고 있던 발전차액(FIT) 제도 이행비용을 전력시장을 통하여 보전함으로써 정부예산을 절감하고자 하는 목적도 있었다.

2) 공급의무자와 의무공급량

본 제도가 적용되는 공급의무자로는 신/재생에너지 설비를 제외한 설비규모 50만kW 이상의 발전설비를 보유하는 자 및 K-water와 한국지역난방공사 등 총 13개 사가 포함되었다.

공급의무자 : 한국수력원자력, 남동발전, 중부발전, 서부발전, 남부발전, 동서발전,
한국지역난방공사, K-Water, 포스코파워, Sk E&S, GS EPS, GS파워, MPC율촌

공급의무자의 의무공급량은 연차적으로 그 의무비율을 상향하여 2022년 이후 10% 달성을 목표로 하고 있다. 한편, 소규모 사업자 보호를 위하여 5GW 이상의 발전 설비를 보유한 공급의무자는 5GW 이상의 발전 설비를 보유한 공급의무자가 아닌 사업자로부터 별도 의무공급량의 50% 이상을 구매하여 충당하여야 한다고 규정하고 있다.

표 1.5 연도별 의무공급량 비율(%)과 별도 의무공급량(GWh)

연도	2012	2013	2014	2015	2016	2017	2018	2019	2020	2021	2022이후
비율	2.0	2.5	3.0	3.5	4.0	5.0	6.0	7.0	8.0	9.0	10.0
공급량	263	552	867	1,209	1,577						

3) 공급인증서(REC)

공급인증서란 신/재생에너지를 이용하여 에너지를 공급한 자가 지식경제부(지금의 산업부) 장관이 신/재생에너지를 이용한 에너지 공급의 증명을 위하여 지정하는 기관(공급인증기관)으로부터 그 공급 사실을 증명하여 발급받는 인증서이다(신에너지 및 재생에너지 개발/이용/보급 촉진법 제12조의 7).

이 공급인증서는 [전기사업법] 제2조 제4호에 따른 발전사업자의 신/재생에너지 설비 중 2012년 1월 1일 이후 상업운전을 개시한 신/재생에너지 설비에 대하여 발급하도록 되어 있다. 이때 신/재생에너지원별 공급인증서 가중치는 표 1.6과 같다.

가중치 기준을 보면 발전원가, 온실가스 감축효과, 산업육성효과, 환경훼손 최소화, 해당 신/재생에너지 부존 잠재량 등을 고려하여 설정하였음을 알 수 있다. 특히, 막대한 투자가 요구되는 태양광과 풍력 발전에 상대적으로 높은 가중치를 부여하고 있다. 또한, 고가의 목질계 바이오매스를 100% 활용하는 경우에도 높은 가중치를 부여하였다. 한편, 본 가중치는 3년마다 재검토하는 것으로 하고 있다.

신/재생에너지 공급인증서(REC)의 거래 및 정산업무는 지금까지 한국에너지공단 신재생에너지센터가 담당하고 있었으나 2013년 3월부터 전력거래소 기후변화대응팀이 전담하도록 하였다. 의무이행비용에 따른 보전금이 전력시장을 통해 보전됨에 따라 전력거래시 현금화가 가능해져 전기요금에 반영시 시차를 없앨 수 있다는 점에서 그 효과를 기대하고 있다.

표 1.6 신/재생에너지원별 공급인증서 가중치

구분	가중치	대상에너지 및 기준		
		설치유형	지목유형	용량기준
태양광 에너지	0.7	건축물 등 기존시설물을 이용하지 않는 경우	5개 지목 (전, 답, 과수원, 목장용지, 임야)	
	1.0		기타 23개 지목	30kW 초과
	1.2			30kW 이하
	1.5	건축물 등 기존 시설물을 이용하는 경우		
기타 신재생 에너지	0.25	IGCC		
	0.5	폐기물, 매립지 가스		
	1.0	수력, 육상풍력, 바이오에너지, RDF 전소발전, 폐기물 가스화 발전, 조력(방조제 有)		
	1.5	목질계 바이오매스 전소발전, 해상풍력(연계거리 5km이하)		
	2.0	해상풍력(연계거리 5km 초과), 조력(방조제 無), 연료전지		

한편, 기획재정부는 2015년 1월 시행예정인 '온실가스 배출권의 할당 및 거래에 관한 법률'에 근거하여 배출권 거래제 기본계획을 수립하였다. 이 제도는 정부가 해당 기업들에게 배출할 수 있는 온실가스 허용량을 부여하고 기업들은 생산활동 중 허용범위 내에서 온실가스를 감축하되 각 기업이 감축을 많이 하여 허용량이 남을 경우에는 다른 기업에게 남은 허용량을 판매할 수 있도록 하고 있다. 환경부로부터 온실가스배출권 거래기관으로 지정된 한국거래소는 2015년초부터 배출권을 주식처럼 거래하는 사업을 관장하고 있다.

4) 적용기준

신에너지 및 재생에너지 시행령에서 바이오/폐기물 부문의 적용기준 중 바이오매스와 관련된 사항을 보면 다음과 같다.

- 투입연료 중 바이오/폐기물에너지의 열량비율 기준으로 검토하고, 그 비율은 공급인증서 발급신청 기간을 기준으로 산정
- 신/재생에너지가 아닌 연료와 혼합되는 경우에는 바이오/폐기물에너지의 열량비율만 적용하며, 비율 산정이 불가능한 경우에는 전체를 바이오/폐기물에너지에서 제외
- 목질계 바이오매스의 정의: 광합성을 통해 자라는 식물군으로부터 얻어지는 목질계 원료를 이용하여 생산된 연료를 연소 또는 변화시켜 전기를 생산하는 설비

상기 조건들을 보면 석탄 등과 같은 화석계 연료와 바이오매스를 혼소(co-firing)할 경우 가중치 1.0이 부여됨을 알 수 있다. 목질계 바이오매스의 경우에도 혼소일 경우에는 가중치 1.0이 부여되며, 만일 목질계 바이오매스를 100% 전소할 경우에만 가중치 1.5가 부여된다. 단, 목질계 바이오매스 전소인 경우 초기 start-up과 안정적인 연소조건 유지를 위하여 전체 열량의 10% 이내 혼소를 인정하고 있다. 즉, 목질계 바이오매스 혼소비율 90%인 경우에는 전소로 인정하여 가중치 1.5를 부여할 수 있다는 것이다. 유럽의 사례에서 적정 혼소비율이 10% 이하임을 감안하면 혼소비율 90% 이상은 바이오매스 전용발전소를 의미한다.

5) 현황

산업부가 2013년 5월 16일 개최한 '신재생에너지 정책심의회'에서 2012년 RPS 의무이행 보전을 위한 기준가격을 심의, 의결하고 과징금 세부기준을 발표하였다. 원별 기준가격을 보면 태양광 발전은 156,789원~292,472원으로, 그리고 비태양광은 일률적으로 32,331원으로 산정되었다.

평가 결과 2012년 공급의무사들은 의무량 대비 약 64.7%만을 이행하였다. 태양광발전은 95.7%인 반면 비태양광 부문은 63.3%로 저조하였다. 발전차액지원제도(FIT) 시행 10년 동안 총 2089건이 건설된 반면 RPS 시행 1년 동안 총 1165건의 신규 신재생에너지가 설치된 것을 보면 각 공급의무자들의 의지를 확인할 수 있는 대목이지만 비태양광 부문에 대한 의무 불이행량 579,889REC을 금액으로 환산하면 최대 280억 원에 달한다.

2013년 9월 14일 산업부는 RPS 의무공급량을 이행하지 않은 6개 공급의무자들에 대해 과징금 253억6천만 원을 부과하였다고 밝혔다. 이 금액은 2013년 5월 '신재생에너지 정책심의회'에서 결정한 수준의 90%이상으로, 지금까지의 정책의지를 그대로 반영한 것으로 판단된다.

산업부에 따르면 이번 과징금 부과는 RPS 이행력을 담보하기 위한 조치로, RPS 제도의 원활한 정착을 위해 2013년 8월 발표한 신재생에너지 활성화 방안의 후속조치도 차질 없이 진행할 계획임도 밝힌 바 있다.

국회 산업통상자원위원회가 2014년 2월 19일 개최한 "RPS제도의 효과적 개선방안"을 주제로 한 정책세미나에서 이강후(새누리당, 원주을) 의원은 2013년 RPS 의무량이 2.5%로 증가되면서 과징금이 634억원에 달할 것으로 예상한 바 있다. 따라서 새로운 RPS 제도 개정안이 요구된다고 주장하기도 하였다.

5.2. 온실가스 감축목표와 에너지신산업 대책

IPCC가 2014년 3월 제 38차 총회에서 승인한 '제5차 평가보고서'에 의하면 20세기말보다 지구 온도가 2도 상승되면 세계 식량안보에도 적신호가 켜지게 된다고 전망하고 있다. 한반도를 포함한 아시아 지역의 홍수 급증, 폭염 및 가뭄 등이 잦아질 것이며, 대다수 건조 아열대 지역에서는 지표수와 지하수가 크게 감소되어 2030년부터 식량생산량이 대폭 감소될 것으로 전망하기도 하였으며, 이로 인한 세계경제 총 손실액이 한화로 149조~1490조원에 달할 수 있다고 경고하였다. 따라서 각국에 대한 온실가스 감축목표에 대한 요구가 지속적으로 강화될 것으로 예상되고 있다.

국제사회는 2020년부터 새 기후변화체제를 만들기 위하여 내년까지 협상을 완료하기로 하였으며, 2013년 1월 31일 지식경제부는 제6차 전력수급기본계획안을 통하여 2027년까지 3,000만kW 규모의 발전시설을 추가로 건설하여 전력예비율을 현재 7% 수준에서 22% 수준으로 크게 높이는 계획을 발표하였다. 이 중 화력발전(1530만kW)이 50% 이상이며 신재생에너지(456만kW) 비중은 크게 증가되는 반면, 원자력 발전 비중은 줄어드는 것으로 전망되었다. 이 계획에 의하면 신재생에너지의 발전량 비중은 2011년 3.5%에서 2027년 12.5%까지 늘어나는 것으로 되어 있다.

만일 이 계획이 그대로 관철된다면 화력발전의 주를 이루는 석탄화력발전 비중이 크게 늘 수밖에 없으며, RPS제도 역시 그대로 존치한다면 의무공급 비율 충족을 위하여 바이오매스의 절대적 수요량은 크게 증가될 것이다. 환경부에 따르면 본 계획상 신규 발전설비를 반영해 온실가스 배출량을 예측한 결과 2020년 배출되는 온실가스는 26,800만톤-CO_2e에 달할 것으로 추산되었다. 이는 정부가 지난 2011년 제시한 2020년 배출전망치인 24,200만톤 보다 10% 이상 많은 것이다. 이명박 정부는 지난 2009년 온실가스를 2020년 배출전망치 대비 30% 감축하겠다고 국제사회에 약속하였다.

이 문제는 현 정부가 지난 정부의 정책을 승계하는데 걸림돌이 되고 있다. 일예로 2013년 1월 온실가스종합정보센터의 보고에 따르면 지난 2010년 우리나라의 온실가스 총배출량이 전년 대비 9.8% 증가하였다.

표 1.7 우리나라 온실가스 총배출량 증가율

연 도	2006	2007	2008	2009	2010
전년도 대비 온실가스 증가율(%)	1.2	2.6	2.3	0.8	9.8

이처럼 2010년에 온실가스 총 배출량이 크게 늘어난 것은 화력발전과 철강업 등 제조업의 배출량이 증가했기 때문인 것으로 분석하고 있다. 폭염과 한파로 인한 냉난방용 전력수요 증가로 화력발전 분야의 배출량이 2,500만톤(총 증가량의 약 42%) 증가하였다. 분야별 배출비중에서도 에너지(소비)가 85.3%로 산업공정(9.4%), 농업(3.2%) 및 폐기물(2.1%)에 비하여 월등히 높음을 알 수 있었다.

참고로 산업통상자원부가 2013년 10월 22일 산업/발전부문 426개 관리업체에 대해 설정/통보한 '2014년도 온실가스/에너지 감축 목표'는 표 1.8과 같았다.

표 1.8 2014년도 산업/발전부문 온실가스 감축 목표

목표 년도	2012	2013	2014
관리 업체수	366	377	426
예상 배출량(백만톤 CO_2/년)	547	571	583
배출 허용량(백만톤 CO_2/년)	540	553	568
감축률(%)	1.40	3.00	2.66

최근(2016년 7월) 산업부가 주관하는 '에너지 미래전략 위원회'가 발표한 '에너지신산업 성과확산 및 규제개혁 종합대책'에 의하면 2020년까지 에너지신산업에 총 42조원을 투자할 계획이며, 친환경발전을 위한 성능개선에 2조원을 할당할 계획임을 밝힌 바 있다. 또한, 신재생에너지 확산을 위해 2020년까지 총 30조원을 투자하여 500MW급 석탄화력발전소 26기에 해당하는 1,300만kW 규모의 신재생에너지 발전소를 대대적으로 확충할 계획이라고 발표하였다. 이를 위해 2018년부터 발전소가 생산한 전력 중 일정 비율을 신재생에너지로 공급하는 신재생공급의무화제도(RPS)상의 신재생공급의무비율을 당초 계획보다 0.5%p~1.0%p 상향조정할 계획이다. 이에 따라 2018년 신재생 공급의무비율은 2018년 기준 당초 4.5%에서 5.0%로 상향 조정되고 2020년 기준으로는 6.0%에서 7.0%로 확대된다.

5.3. 신재생열에너지 공급의무화(RHO) 제도

국내 태양열, 지열 등 산업의 활성화를 꾀하기 위한 '신재생열에너지공급의무화(RHO (Renewable heat obligation)) 제도'란 열공급 사업자가 연간 일정량을 태양열, 지열 등 열원으로 하도록 의무화한 제도로, 현재 시행하고 있는 RPS(신재생에너지공급의무화) 제도와 유사하다.

가장 이목이 집중되고 있는 부문은 열원이다. 이미 업계에서는 태양열, 지열, 바이오(펠릿 및 목재칩) 정도가 기본적으로 포함될 것으로 내다보고 있었다. 이들 열원은 국내 관련 시장이 열린 지가 수년이 지났음에도 불구하고, 산업을 활성화시키기 위한 정부의 제도적인 지원이 부족하다는 지적이 많았던 탓이다. 즉, 이미 정부가 시행하고 있는 RPS 제도가 전기의 생산과 판매에 맞도록 설정돼 있어 열 부문은 소외될 수밖에 없었으며, RHO가 태양열, 지열 등의 산업을 부흥시키기 위한 시발점이 될 수 있을 것으로 기대된다.

해당 건축물의 규모도 관심거리다. 이미 1차 용역에서는 1만㎡ 규모의 건축물(전국 5만여 동)을 대상으로 2030년까지 10~12% RHO 의무량을 할당하면 정부의 신재생에너지 보급목표(2030년까지 화석에너지의 10%)를 달성할 수 있다고 분석한 바 있다.

6. 세계 바이오매스 연료 시장과 대안

6.1. 세계 바이오매스 연료 시장

1) 바이오매스 발생량

가. 유럽

표 1.9는 주요 8개 유럽국가들에서 사용이 가능한 목질계 바이오매스 총량을 보여주고 있다. 이 자료에 의하면 프랑스, 독일, 폴란드 및 스페인은 상당한 양의 농업부산물을 보유하고 있는 반면, 스웨덴과 핀란드는 많은 양의 임업부산물을 보유하고 있음을 알 수 있다.

유럽이 보유하고 있는 부산물 바이오에너지의 총량은 4,200PJ 수준이며 이중 농업과 임업에 의해 발생되는 바이오매스가 약 79%에 이른다. 비용적 측면에서는 임업부산물이 이미 집중화된 플랜트들로 인하여 더 이상의 수송비용이 소요되지 않기 때문에 가장 경제적이었다. 한편, 원목을 칩핑하여 발생되는 목재칩은 전체의 13%에 지나지 않으며 비용면에서도 높았다. 건축폐목재는 그 비율은 낮지만 매립비용이 절감되므로 비용면에서는 오히려 -를 나타내고 있다. 가장 높은 비용이 요구되는 것은 에너지조림(energy plantation)으로부터 생산된 원목을 이용하는 것이었다.

수치상으로는 유럽의 바이오매스 보유량이 열생산과 발전에 충분한 수준이지만 여기에는 고비용의 에너지조림이 포함되어 있다. 만일 에너지조림이 포함되지 않을 경우에는 보유량이

표 1.9 주요 유럽국가들의 바이오매스 활용이 가능한 임업 및 농업 부산물 발생량(Deutmeyer 등, 2012)

(단위: PJ)

국 가	농업 부산물	임업 부산물	벌채시 발생칩	원목칩 (조림)	도로변 건초	건축 폐목재	합계
프랑스	343.9	251.6	68.5	35.7	17.4	19.1	736.2
독 일	206.9	221.0	60.1	29.8	24.0	32.1	573.9
스웨덴	24.3	256.8	69.9	41.5	2.6	0.1	395.2
폴란드	165.7	127.8	24.6	-	11.3	15.0	344.4
핀란드	20.1	211.7	57.6	36.0	1.5	3.0	329.9
루마니아	146.4	52.0	4.2	-	6.5	8.7	217.8
스페인	141.5	36.7	10.0	13.9	11.9	2.7	216.7
영 국	113.8	34.7	9.4	5.1	17.3	1.8	182.1
그 외 EU27	491.1	456.4	120.6	43.3	51.6	41.9	1204.7
합 계	1653.7	1648.7	424.9	205.3	144.1	124.4	4200.9
비용(유로/GJ)	1.1～3.9	1.1～2.6	1.4～6.7	4.2～8.1	2.0	-4.6	

부족하게 된다. 외부로부터 저비용의 바이오연료를 수입할 경우 수십억 유로 이상을 절감할 수 있다고 한다(Deutmeyer 등, 2012). 따라서 유럽 주요국가들이 바이오연료를 외부로부터 수입하고자 노력하고 있는 것이다.

나. 미국

미국 에너지부(DOE)와 농무부(USDA)가 최근 보고한 자료에 의하면 원목가격(stumpage price)이 건량기준 60USD/ton일 경우 연간 바이오에너지로 활용될 수 있는 임업 및 목재가공 부산물 자원은 9,700만톤에 달할 것이며 2030년에는 10,200만톤으로 증가될 것이라 예측하고 있다. 또한, 원목가격이 80USD/ton으로 상승하면 11,900만톤에 이를 것으로 예상하고 있다.

한편, 임업부산물, 농업부산물 및 에너지작물 등을 모두 포함할 경우 가용량은 2022년에 91,400만톤에 이를 것으로 내다보고 있으며, 만일 고수율의 기술이 개발된다면 같은 자원으로부터 116,800~132,200만톤 까지 생산이 가능할 것으로 기대하고 있다.

2015년 8월 3일 오바마 미국 대통령은 석탄 화력발전소 등의 탄소배출 감축량을 늘리고 재생에너지 비중을 높이는 내용의 '청정전력계획(Clean Power Plan)을 발표한 바 있다(한국경제 2015년 8월 4일자).

다. 캐나다

세계에서 가장 넓은 임야를 지닌 국가 중의 하나인 캐나다는 바이오매스 저장고라 할 수 있다. 2007년 전까지 캐나다는 연간 2,100만톤(건량기준)의 목재가공 부산물(톱밥, 수피 등)을 생산했으며, 이중 180만톤이 남았다. 그러나 2009년 미국 금융위기로 인하여 생산량이 급감하면서 그해에는 잉여량이 발생하지 않았다. 이후 일본을 비롯한 아시아 국가들로의 목재 수출을 늘리면서 다시 부산물 발생량이 증가하고 있다. 2013년에는 300~500만톤의 잉여량이 발생한 것으로 추정된다.

캐나다는 우수한 경제력과 운송시스템을 갖추고 있으며, 펄프제지산업이 하향국면에 있어 잉여 바이오매스자원을 자국의 에너지원으로 사용하는 한편, 해외로의 수출을 꾀해야 하는 실정이다. 캐나다 역시 재생에너지에 대한 목표를 설정하고 있지만 자국 내 펠릿수요가 크게 증가되지 않고 있으며 수력발전량이 매우 커서 바이오매스를 활용한 열병합발전의 성장속도가 느린 편이다. 따라서 바이오매스의 수출에 대한 기대가 크다.

캐나다 서부지역에 널리 퍼져 있는 MPB(mountain pine beetle) 감염목들도 오래전부터 중요한 바이오매스자원으로 여겨져 왔으며, 지금의 속도로 감염이 퍼지면 2013년까지 British

Columbia주의 소나무 80% 이상이 고사할 것으로 예상되기도 하였다. 한편, 캐나다 서부의 다른 지역들뿐만 아니라 미국 Colorado, Idaho 및 Wyoming 서부까지 퍼질 것으로 예상되고 있다.

표 1.10 캐나다의 바이오매스 발생량

구 분	PJ	비용(유로/GJ)
농업 부산물	293	0.72
목재가공 부산물	52	0.90
Hog 연료	34	0.18
임업부산물	379	1.54
벌채시 발생칩	146	2.69
도시 임업 부산물	168	0.36
합 계	779	1.67

라. 남미

브라질은 목재와 사탕수수의 주 생산국이다. 2008년 브라질은 21,900만톤의 사탕수수를 수확하여 여기서 195억 리터의 에탄올을 생산하였다. 현재 대부분의 bagasse(사탕수수 부산물)가 설탕과 에탄올 생산공장에서 연료로 사용되고 있으나 그 효율이 낮은 편이다. 만일 고수율 수확기술과 고효율의 연료활용기술을 적용한다면 2,500만톤(함수율 50%)의 bagasse가 남게 된다. 또한, 재배지에서 3,100만톤의 부산물(잎과 줄기)도 얻을 수 있다. 임업부문에서는 2005년과 2010년 각각 건량기준 6,500만톤과 7,000만톤의 잉여 바이오매스가 발생하였다. 그러나 수송비용이 높기 때문에 이를 펠릿과 같은 고에너지밀도의 제품으로 생산하여 수출하는 방안을 추진하고 있으며, 수년전부터 펠릿생산과 수출을 시작한 바 있다.

아르헨티나에는 2002년 기준 2,230개의 제재소에서 9,400만㎥의 목재를 생산하였으며, 이 과정에서 400~500만톤의 부산물이 발생하였다. 칠레 역시 주요 목재생산국(브라질 면적의 약 1/3)으로 2007년 6만톤의 펠릿을 생산하여 2만톤을 수출한 바 있다. 시장까지의 먼 거리와 오래된 항구 시설로 어려움이 있지만 현재 해상운송비가 낮은 수준이라 많은 가능성을 지니고 있다.

마. 동남아시아

동남아시아는 산림, 조림 및 목재가공시설들로부터 발생되는 바이오매스 자원의 주요 보유 지역으로 여겨져 왔다. 특히, 인도네시아와 말레이시아는 팜유생산과정에서 발생되는 저가의 부산물을 대량 보유하고 있으며, 이보다 가격은 약간 높지만 농업부산물의 보유량도 매우 큰 것으로 나타나고 있다.

표 1.11 동남아시아의 바이오매스 발생량 (단위: TJ)

구 분	인도네시아	말레이시아	필리핀	태국
임업부산물	250	250	20	20
목재부산물	750	200	350	150
농업부산물	1,850	80	600	1,000
농산가공 부산물	600	150	300	450
합 계	3,450	680	1,270	1,620

바. 뉴질랜드와 호주

뉴질랜드는 2010년 조림지로부터 2,250만㎥의 원목을 생산하였다. 이중 950만㎥은 주로 중국과 호주에 수출하였으며 나머지 1,300만㎥은 63%는 제재목으로, 그리고 26%는 펄프용재로 가공하였다. 제재소와 합판공장에서는 400~600만㎥의 부산물이 발생되었다. 2010년 뉴질랜드에 있는 12개 펠릿공장에서 총 6만톤의 목재펠릿을 생산하였으나 2014년까지 연산 30만톤 규모의 펠릿공장이 건립될 계획이었으며, 그 대부분은 수출될 예정이다. 뉴질랜드의 조림면적을 감안하면 향후 중요한 목재펠릿 수출국이 될 것으로 판단된다.

호주의 산림면적은 16,300만 ha이다. 농업부산물 2,400만톤을 포함하여 총 4,300만톤의 바이오매스가 펠릿생산에 투입될 수 있다. 그러나 대부분이 직접연소, 가스화 또는 열분해 등에 투입될 예정이며, 연간 900만톤이 발생되는 사탕수수 bagasse 역시 같은 방법으로 활용될 예정이다. 그러나 새로운 eucalyptus 조림계획은 펠릿생산의 가장 중요한 기회가 될 것이다.

사. 러시아

러시아와 발틱해 연안 지역은 목질계 바이오매스의 주요 자원이다. 이론적 계산이기는 하지만 2050년이 되면 목질계 바이오매스 총량이 83EJ에 이를 것으로 예상되고 있다. 그러나 후진적 기업 문화와 관료주의, 6개월간의 긴 겨울, 언어소통의 문제 및 개인안전 등이 대규모 바이오에너지 수출사업에 커다란 장애가 되고 있다.

아. 아프리카

비교적 이론에 편향된 예상이기는 하지만 아프리카는 2050년이 되면 공급가능한 바이오매스 잠재력이 매우 큰 지역이 될 것으로 판단되고 있다. 2007년 VTT(핀란드 기술연구센터)의 추정에 의하면 아프리카의 바이오매스 잠재량은 16,500만TOE이며, 이중 50%는 에너지작물, 40%는 농업부산물, 그리고 나머지 10%는 사탕수수 bagasse가 될 것으로 추정하였다.

자. 대한민국

2013년 11월 산림청 국립산림과학원이 발표한 '국내 산림바이오매스 자원량 지도'에 의하면 현재 국내 산림바이오매스 자원량은 약 8억톤이다. 이 중 매년 상업적으로 벌채하여 사용하고 남는 목질계 바이오매스 71만톤, 숲 가꾸기에서 발생되는 잉여 바이오매스 60만톤 등 연간 총 131만톤의 바이오매스(석유 환산 60만 TOE)가 활용 가능하다고 한다. 그러나 이 수치는 채취, 수집 및 운반 등 과정의 어려움으로 인하여 미활용될 가능성을 고려치 않고 있다. 한편, 우리나라에서 1년간 발생되는 폐목재의 양은 건설경기 침체로 목재사용량이 줄어들면서 2009년 223만톤, 2010년 193만톤, 2011년 187만톤으로 매년 줄어들고 있다. 결과적으로 우리나라의 바이오매스 발생량은 결코 증가되기 어려운 실정이라 할 수 있다.

2) 바이오매스 펠릿

가. 공급과 수요

바이오매스를 펠릿형태로 압축하는 것은 연료의 에너지밀도를 향상시켜 수송비용을 절감하기 위함이 가장 큰 이유라 할 수 있다. 표 1.12는 목재칩과 목재펠릿을 각각 해상 운송할 경우를 비교하고 있다. 이 자료에 의하면 목재펠릿을 운송할 경우 1회 운송이 가능한 에너지의 양이 30% 이상 증가됨을 알 수 있다. 따라서 단위에너지당 수송비용을 절감할 수 있는 것이다.

표 1.12 목재칩과 목재펠릿의 해상 운송 비교(VGB_forschungsstiftung, 2011)

구 분	겉보기밀도 (kg/㎥)	순발열량 (GJ/ton)	수송선 형태	적재 중량 (ton)	에너지 수송량 (GJ/ship)
목재칩	385	12.3	Wood chip carrier	42,300	520,000
목재펠릿	650	17.0	Dry bulk carrier	40,500	689,000

* 목재칩 함수율 30% 미만, 목제펠릿 함수율 10% 미만 기준

Poyry가 2011년 세계 목재펠릿 시장에 대해 제시한 전망은 표 1.13과 같다. 2010년도 전 세계의 목재펠릿 생산량은 1,660만톤 이었으며, 1,551만톤이 소비되어 비교적 균형을 이루었다. 한편, 본 자료에서는 중국이 자국 수요량의 100%를 자체적으로 공급할 수 있다는 가정을 하고 있으나 이는 매우 실현이 불가능한 상황이라 판단된다, 2020년도 서유럽 전체의 수요량이 2,380만톤으로 예상되고 있는 상황에서 중국의 수요량이 그 42%를 상회하는 1,000만톤으로 예상되고 있다. 만일 중국의 자체 공급능력이 크게 저하될 경우 전 세계적으로 심각한 공급부족의 상황이 초래될 것으로 예상된다.

2011년 현재 전 세계적으로 파악되고 있는 목재펠릿 제조공장은 870여개에 이르며, 이중 70% 이상이 연간 생산능력 5만톤 미만의 중소형 규모를 지니고 있다(Arnold, H, NA). 약 20% 정도인 150~160개 공장이 연간 생산능력 5~10만톤 규모이며, 최근 들어 연산 10만톤 이상의 초대형 목재펠릿 제조공장이 준공되거나 계획되는 사례가 크게 증가하고 있다. 향후 2015년까지 펠릿 소요량이 약 2배 증가할 것으로 예상하였고, 그에 따라 생산능력도 증가될 것으로 예상한 결과 2015년에도 균형을 이룰 수 있을 것으로 예상하고 있다. 그러나 2020년에는 그 균형이 깨져 공급 부족의 상황을 예측하고 있다. 공급부족의 주된 원인은 중국을 비롯한 한국과 일본의 수요가 크게 증가하기 때문인 것으로 추정하고 있다.

표 1.13 세계 목재펠릿 시장 전망(Poyry, 2011) (단위: 백만톤/년)

지 역	생산량			소비량			생산량 - 소비량		
	2010	2015	2020	2010	2015	2020	2010	2015	2020
북 미	4.90	8.50	11.00	3.40	4.30	5.60	1.50	4.20	5.40
남 미	0.10	3.00	4.40	0.05	0.12	0.20	0.05	2.88	4.20
서유럽	7.70	10.70	13.00	10.80	16.40	23.80	-3.10	-5.70	-10.80
동유럽	2.20	2.80	3.30	0.40	0.60	0.80	1.80	2.20	2.50
러시아	0.80	1.40	1.60	0.03	0.05	0.05	0.77	1.35	1.55
중 국	0.60	3.00	10.00	0.60	3.00	10.00	0.00	0.00	0.00
한국/일본	0.10	0.40	1.10	0.20	3.80	5.50	-0.10	-3.40	-4.40
오세아니아	0.20	0.40	0.80	0.03	0.06	0.13	0.17	0.34	0.67
합 계	16.60	30.20	45.20	15.51	28.33	46.08	1.09	1.87	-0.88

전술한 바와 같이 신규로 설치되거나 계획되고 있는 바이오매스 펠릿 제조공장의 생산능력이 증대되는 원인은 규모의 경제로부터 찾을 수 있다. Mani 등(2006)의 분석에 의하면 투자

비용과 운전비용을 합한 총비용이 시간당 5톤(연간 가동시간 6,000시간 기준 연산 3만톤)규모에서 변곡점을 보인 후 시간당 16톤(연산 10만톤) 규모까지 감소된다고 분석한 바 있다.

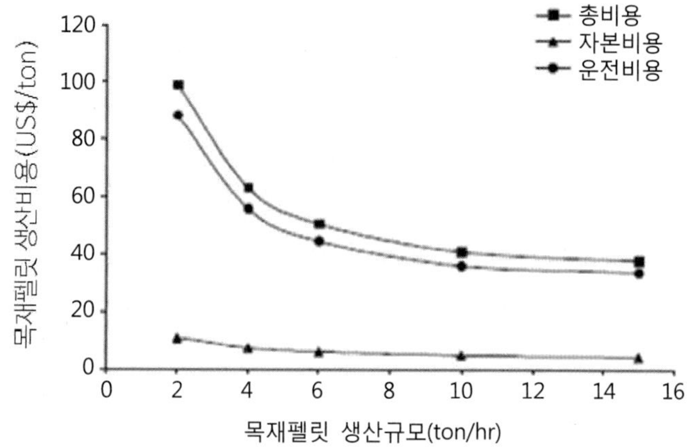

그림 1.8 바이오매스 펠릿공장의 생산규모에 따른 총비용 변화(Mani 등, 2006)

Mani 등(2006)이 북미지역을 기준으로 펠릿생산비용을 분석한 결과 총비용에서 각 요소가 차지하는 비율 중 원재료 비용이 가장 높은 것으로 나타났다. 그리고 이때 바이오매스 원재료의 가격과 펠릿 생산비용은 거의 정비례의 관계를 나타낸다고 보고한 바 있다.

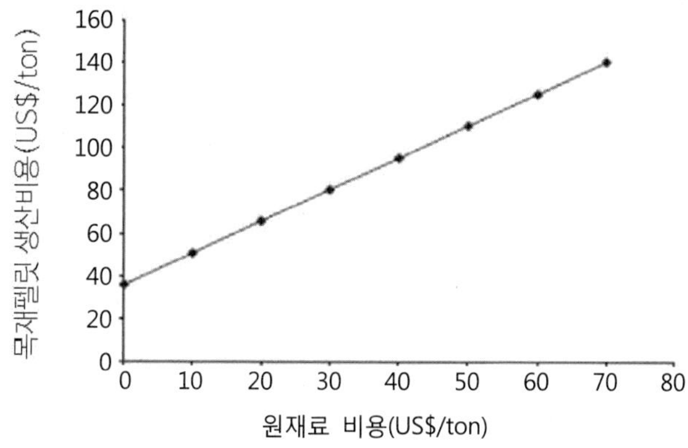

그림 1.9 바이오매스 펠릿의 원재료 가격에 따른 펠릿 생산비용 변화(Mani 등, 2006)

상기 결과를 보면 원재료의 공급부족에 따른 가격상승은 곧 바로 바이오매스 펠릿의 가격상승으로 이어지며, 따라서 안정적인 공급이 가능한 저렴한 바이오매스 자원의 확보가 가장 중요한 요소가 되고 있다.

표 1.14 바이오매스 펠릿 생산비용(2004년 USD 기준)(Mani 등, 2006)

비용요소	비율(%)	비용요소	비율(%)
원 재 료	39.02	포 장	3.82
건 조	20.37	저 장	0.16
분 쇄	1.88	기 타	1.50
성 형	6.55	인 건 비	25.19
냉 각	0.67	토지와 건물	0.51
선 별	0.32	합 계	100.00

Danish Technological Institute(2012)가 전망한 2020년도 세계 바이오매스 펠릿 무역 가상도에 의하면 한국과 일본은 순수 수입국(net importer)으로 정의되어 있으며, 주로 동남아시아, 뉴질랜드 및 북미로부터 수입할 것으로 예상하고 있다.

많은 전문가들은 원재료 가격상승을 가까운 장래에 발전에 대한 가장 중요한 장벽으로 생각하고 있다. 특히, 많은 중서부 유럽국가들에서 톱밥과 대팻밥 등 부산물의 공급이 제한적인 반면, 목재펠릿생산에 활용되는 양은 증가하고 있어 곧 부족사태를 겪게 될 것이다. 펠릿수요가 높은 시기에 톱밥 가격이 3배까지 앙등한 사례도 보고되고 있다. 또한, 목재판상제품 산업과 같은 타 산업들도 그들이 필요한 원재료를 펠릿이 잠식할 것으로 우려하고 있으며, 펠릿 생산자들은 펠릿에 부여되는 지원금 덕택에 더 높은 가격을 지불할 수 있을 것이라 걱정하고 있다. 목질계 부산물 부족에 기여하는 또 다른 요소는 북미지역 제재목 수요감소이다. 미국 주택시장의 붕괴로 목조주택 신축량이 감소되면서 제재목과 함께 부산물인 톱밥과 대팻밥의 발생량도 감소되었다. 이 영향은 펠릿 생산을 위한 원재료 공급량 감소를 야기하였다.

따라서 수피와 폐잔재와 같은 다른 부산물, 그리고 간벌재와 산림부산물처럼 부차적인 경제적 가치를 지닌 목질계 바이오매스의 활용이 요구되고 있다. 다른 한편으로는 목재칩과 심지어는 고품질의 원목과 같은 다른 원재료의 이용도 증가되고 있다. 특히, 펄프제지산업의 침체로 인하여 미활용 펄프용재가 크게 증가하자 미국 남동부에서는 2008년에 여러 개의 초대형 펠릿생산공장들이 설립되어 조림된 남부소나무를 원료로 사용하고 있다.

나. 펠릿가격

미국 NREL(National Renewable Energy Laboratory)의 2013년도 보고에 의하면 유럽의 주택 난방용 펠릿의 가격은 국가와 지역에 따라 큰 차이를 보이고 있다. 자체 생산량이 비교적 많은 독일과 핀란드는 다른 국가들에 비하여 비교적 낮은 수준이나 거의 전량을 수입에 의존해야 하는 덴마크의 경우에는 상당히 높은 수준(약 270유로/톤)을 보여주고 있다. 이 수준은 비슷한 상황인 우리나라와도 거의 유사한 수준이라 할 수 있다. 2012년 현재 직경 6mm 주택난방용 백색펠릿(white pellet)의 실제 소매가격은 평균 240유로/톤(환율 1,500원/유로 기준시 360,000원/톤) 수준으로 파악되고 있다. 그러나 발전용(열병합발전용 포함)이나 산업용 목재펠릿의 가격은 주택 난방용 펠릿에 비하여 매우 낮은 수준으로 유통되고 있다.

관련 자료를 보면 특히, 스칸디나비아 지역으로 공급되는 펠릿의 가격이 2010년 들어서 크게 상승함을 볼 수 있다. 이는 이 지역으로의 수송비가 로테르담으로의 수송비에 비하여 높은 점도 그 원인이 될 수 있지만 주된 원인은 이 지역의 바이오매스 발전이 크게 증가되었기 때문으로 해석된다. 2010년 12월 현재 스칸디나비아 지역에 도착되는 목재펠릿의 CIF 가격은 140유로/톤(환율 1500원/유로 기준시 210,000원/톤)을 넘어선 바 있다.

Danish Technological Institute(2012)가 2015년까지 전망한 목재펠릿 전용수송선을 이용한 Rotterdam 항구도착 기준 목재펠릿 가격 수준은 그림 1.10에서처럼 지속적으로 상승할 것으로 예측된 바 있다. 2011년 128유로/톤이었던 목재펠릿가격이 지속적으로 상승하여 2015년에는 142유로/톤 이상이 될 것이란 전망이었다.

이와 같은 가격상승 전망에는 유럽의 National Renewable Energy Action Plans EU-27과 함께 영국, 일본 및 한국의 정책이 가장 큰 원인으로 작용하고 있다. 한편, 2050년까지 열분야에서 바이오매스의 사용은 계속해서 증가될 것이며 특히, 주택난방분야의 중요성이 감소되는 반면 산업분야의 중요성이 확대되어 열병합발전이 열공급에 가장 중요한 사항이 될 것으로 전망하고 있다. 따라서 고형 바이오매스 연료가 가장 중요한 에너지 공급원이 될 것으로 예상하고 있다. 따라서 바이오매스 가용성과 가격에 대한 불확실성도 증가될 것으로 전망되고 있다.

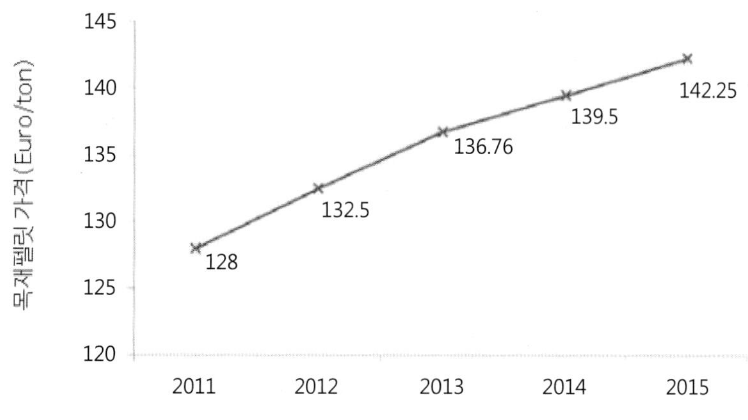

그림 1.10 2011년까지 목재펠릿가격 추세 전망(Danish Technological Institute, 2012)

궁극적으로 목재펠릿 수요 증가는 캐나다의 예에서 볼 수 있는 바와 같이 국제 무역 증가의 원동력이 될 수 있으며, 아직은 활용되지 않던 자원의 이용을 촉진하게 될 것이다. 풍부한 원재료를 지닌 다른 주요 지역들로는 남미 일부(예: 브라질), 러시아, 및 아프리카 일부지역 등을 들 수 있으며, 효율적인 물류가 이 자원들에 대한 접근에 전환점이 될 것이다. 일예로 브라질에는 연산 1백만톤 수준의 목재펠릿 제조공장 3곳이 2015년까지 완성될 예정이라고 보도되기도 하였다(VGB_forschungsstiftung, 2011).

그러나 2016년 4월 현재 로테르담으로 도입되고 있는 목재펠릿의 가격은 약 140달러/톤으로 전술한 예상보다 낮은 수준으로 파악되고 있다(Argus, 2016). 이와 같은 현상은 전 세계적인 경제불황에 따른 에너지소비량 감소에 따라 바이오매스 시장 역시 축소되었음을 시사하고 있다. 이처럼 바이오매스의 가격 역시 세계적 경제상황에 의한 영향을 매우 크게 받고 있음을 알 수 있다.

6.2. 반탄화 바이오매스 펠릿

바이오매스를 200~300℃의 환경에서 반탄화(torrefaction)하면 에너지밀도를 최대 30% 향상시킬 수 있다. 이처럼 반탄화된 바이오매스를 이용하여 펠릿을 성형, 수송한다면 단위에너지당 수송비용을 다시 한번 더 절감할 수 있기 때문에 유럽을 중심으로 많은 관심이 집중되어 왔다.

표 1.15 반탄화 펠릿의 특성 비교(KEMA, 2010)

항목	목재	목재펠릿	반탄화펠릿	숯	석탄
함수율(%)	30-45	7-10	1-5	1-5	10-15
순발열량(MJ/kg)	9-12	15-18	20-24	30-32	23-28
휘발성물질(%)	70-75	70-75	55-65	10-12	15-30
고정탄소(%)	20-25	20-25	28-35	85-87	50-55
겉보기밀도(kg/l)	0.2-0.25	0.55-0.75	0.75-0.85	-0.20	0.8-0.85
에너지밀도(GJ/m^3)	2.0-3.0	7.5-10.4	15.0-18.7	6-6.4	18.4-23.8
분진발생	평균	낮음	낮음	높음	낮음
친수성	친수성	친수성	발수성	발수성	발수성
생물학적 열화	가능	가능	불가능	불가능	불가능
분쇄특성	불량	불량	양호	양호	양호
취급특성	불량	불량	양호	양호	양호
품질안정성	낮음	높음	높음	높음	높음

반탄화 바이오매스 펠릿 제조공장을 독립적으로 설치할 경우 투자비용이 일반 펠릿에 비하여 25~35% 증가된다고 한다. 그러나 발전소나 열생산 플랜트와 복합하여 설치한다면 투자비용을 절감할 수 있다. 한편, 반탄화 과정중 바이오매스의 중량이 약 30% 정도 감소되므로 보다 많은 양의 원료가 요구되어 원료가 되는 바이오매스 가격에 민감하게 되는 것도 사실이다. 따라서 그림 1.11에서 보는 바와 같이 생산비용 역시 일반 펠릿에 비하여 약 15% 정도 상승된다. 그러나 단위에너지당 수송비용의 절감효과를 이를 상쇄하고도 남기 때문에 외부로부터 바이오매스 도입이 필수적인 유럽의 경우에 이에 대한 관심이 고조되고 있다.

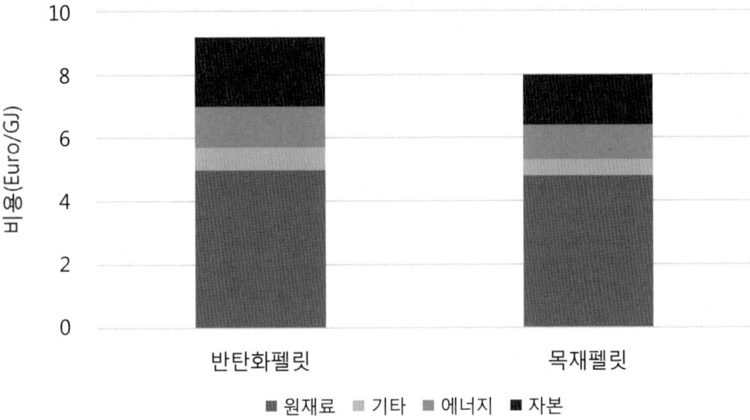

그림 1.11 반탄화 펠릿과 일반 펠릿의 생산비용 비교(VGB-forschungsstiftung, 2011)

대형 발전소나 열생산 플랜트에 의해 형성되는 바이오에너지 시장에서는 기존 플랜트와 물류시스템에 쉽게 적용이 가능한 바이오매스 제품을 탐색하고 있다. 따라서 기존 시장이 석탄을 위주로 형성되어 있으므로 당연히 석탄과 유사한 특성을 지닌 바이오매스를 선호하게 될 것이다. 그러나 목재칩이나 목재펠릿 또는 농산펠릿(agro-pellet) 모두 이 기준을 만족시키지 못하고 있기 때문에 낮은 비율의 혼소(일반적으로 10%, 최대 30% 예상)에 제한적으로 사용되고 있다. 반탄화 바이오매스는 실험실 수준에서는 기존 석탄화력발전소에서 약간의 조절만으로도 100% 적용이 가능한 것으로 판정되고 있다.

현재의 목재펠릿 공급체인을 기준하여 반탄화 바이오매스는 가치사슬(value chain)상에 여러 가지 장점들을 보장해줄 수 있다. upstream에서는 활용가능한 원재료의 폭을 확대하고 원재료 균질성에 대한 민감도를 낮춰준다는 가장 큰 장점을 제공해준다. downstream에서도 발수성(hydrophobic nature)으로 인하여 어느 정도 개방적 저장과 운송(open storage and transportation)이 가능하다는 장점을 제공한다. 높은 에너지밀도는 단위에너지당 수송비용을 경감해주고 반탄화 바이오매스의 높은 취성(brittleness)은 기존 석탄분쇄기에서는 혼합분쇄(co-milling)를 가능하게 해준다. 또한, 석탄에 접근하는 연소특성은 혼소나 전소로의 변환에 소요되는 비용을 최소화해줄 수 있다. 가치사슬에 포함되어 있는 모든 부문(원재료 공급자, 원재료 가공자, 운송자 및 사용자 등)들이 기존 바이오매스 펠릿에 비하여 많은 장점들을 경험하고 있다. 표 1.16은 2012년 현재 상용운전을 위하여 건설 중이거나 시험생산 중인 반탄화 바이오매스 플랜트의 현황이다.

Deutmeyer 등(2012)의 분석에 의하면 반탄화 펠릿을 미국에서 생산하여 유럽으로 수송할 경우 일반 목재펠릿에 비하여 총 수송비용을 28% 절감할 수 있는 것으로 추정되고 있다. 따라서 유럽의 반탄화 바이오매스에 대한 수요는 2020년까지 연간 5천만톤 이상으로 성장할 것으로 예상하고 있다.

그러나 발전 관계자들은 아직도 제품의 품질과 규격에 대한 많은 불확실성에 대하여 지적하고 있다. 석탄 화력발전소에서 반탄화 제품을 취급하고 혼소한 운전경험은 아직도 매우 제한적이다. 개발자들은 품질이 일정하고 석탄 화력발전소에서 제시하는 규격에 상응하는 반탄화 바이오매스를 대량으로 생산할 수 있어야 한다는 과제를 안고 있다. 현재까지 취급, 분쇄 및 펠릿화의 경우 기대보다 진척이 늦은 상황이다. 반탄화 바이오매스는 분말상태에서 극히 반응성이 크며, 이미 벨기에 Amel에 설치된 반탄화 설비에서 화재가 발생한 전력이 있다. 반탄화 바이오매스는 분쇄 후에는 갑작스런 연소를 피하기 위하여 불활성 상태로 유지하여야 한다. 한편, 바이오매스가 반탄화 되면서 천연 결합제의 역할을 하는 리그닌의 농도가 감소되므로 반탄화 바이오매스의 펠릿성형 역시 도전해야 할 과제이다. 따라서 개발자들은 반탄화 펠릿 제조를 위하여 생물학적 결합제를 사용하고 있다.

ISO Technical Committee 238은 현재 반탄화 물질에 대한 품질규격과 시험방법을 개발하고 있으며, 2013년 내 ISO 17225 Standard의 일부로 등록하는 것을 목표로 하고 있다. 이 표준에

표 1.16 현재 건설 중이거나 시험생산 중인 반탄화 바이오매스 플랜트 현황

회사명	플랜트 위치	생산능력(톤/년)
Stramproy Green Investment(SGI)	Steenwijk, 네덜란드	90,000
Andritz	Frohnleiten, 오스트리아	7,000
Andritz	Stenderup, 덴마크	7,000
Renogen(4EnergyInvest)	Amel, 벨기에	42,000
Idema(Grupo Lantec)	Urnieta, 스페인	25,000
Topell	Duiven, 네덜란드	60,000
New Biomass Energy	미국	80,000

서는 함수율, 회분함량, 겉보기밀도, 고정탄소 및 최저 순발열량 등을 제시할 예정이다. 반탄화 물질은 현재 International Maritime Organization(IMO)의 safety classification에 정의되어 있지 않기 때문에 특별한 허가 없이는 해상 수송선을 이용한 운반이 불가능하다. 이 문제 역시 해결하기 위한 작업이 진행 중에 있다.

6.3. 셰일에너지

셰일에너지란 모래와 진흙이 쌓여 단단히 굳은 셰일층에서 채취/생산되는 원유 및 천연가스를 말한다. 일반적인 천연가스와 원유는 지상에서 가까운 덮개암을 사이에 두고 고여 있는 반면 셰일에너지는 셰일층의 촘촘한 구멍에 갇혀 있다. L자형의 시추관을 셰일층에 수평으로 삽입하고 물과 모래 화학약품을 고압으로 분사하여 암석을 깨고 원유와 천연가스를 빼낸다. 하지만 기술적인 한계로 수평관의 길이가 1.5km를 넘기기 어려워 많은 수의 시추관을 뚫어야 한다. 또한, 일반 원유나 천연가스는 지하 500m 내외에 존재하지만 셰일에너지는 2~4km 깊이에 있어 더 많은 비용이 소요된다. 특히, 셰일오일이나 가스의 불순물 정제에도 추가비용이 든다. 이처럼 소요비용이 높고 환경적 문제가 심한 동시에 광구 당 에너지 생산량이 빠르게 감소되는 단점들을 바탕으로 비관론이 대두되고 있지만 미국을 중심으로 한 셰일에너지 붐은 당분간 이어질 것으로 예상된다.

셰일에너지 특히, 셰일가스의 등장은 천연가스의 가격 등 세계 에너지시장에 커다란 영향을 미칠 것으로 예상되고 있다. 만일 저렴한 셰일가스의 대량 공급으로 석유가격이 큰 폭으로 하락한다면 재생에너지의 경제성 역시 악화될 것이다. 국내에서는 E1, SK가스 및 한국가스공사 등이 셰일가스의 도입을 계획하고 있으며, SK E&S는 액화 셰일가스를, 그리고 한화케미칼은 셰일가스 분해를 기획하고 있다(한국경제 2013년 10월 24일자).

표 1.17 세계의 주요 개발가능 셰일에너지 매장량(미국 에너지정보청)

국 가	매장량(억배럴)
러 시 아	758
미 국	581
중 국	322
아르헨티나	270
리 비 아	261
호 주	175
베네수엘라	134
멕 시 코	131

2013년 11월 12일 IEA(국제에너지기구)가 발표한 '2013 World Energy Outlook'에 의하면 미국은 셰일오일로 2015년 사우디아라비아를 제치고 세계 최대 산유국에 등극할 것이나 궁극적으로 중동 석유를 대체하지는 못할 것으로 전망하였다. 즉, 2025년까지 미국의 셰일오일 생산량은 중동 원유를 앞지르겠지만 그 이후엔 한계에 부딪힐 것이란 예상이다. 따라서 중동 원유의 중요성을 간과하지 말 것을 경고하고 있다.

6.4. 대안

표 1.18은 2011년도 기준 OECD 국가들의 주거부문과 산업부문의 전기요금을 비교한 것이다. 두 부문 모두에서 한국이 가장 낮은 전기요금 수준을 보이고 있다. OECD 국가들의 평균 전기요금과 비교하여 거의 1/2 수준임을 알 수 있다.

이처럼 전기요금이 낮기 때문에 국내 발전사들에게는 RPS 제도의 적용이 매우 부담스러운 상황이 되고 있다. 즉, 의무공급자들에게 RPS 할당량 달성을 위하여 고가의 목재펠릿을 사용하는 것이 경제적으로 매우 불리한 조건이라 할 수 있다. 최근 정부가 단계적 전기요금 인상을 계획하고 있으나 값싼 전기에 익숙해져 있는 국민들의 정서를 바꾸기는 쉽지 않은 일일 것이다. 만일 의무공급자들이 수긍할 수 있을 정도로 전기요금이 상승된다면 재생에너지를 이용한 발전 특히, 바이오매스 발전에는 좋은 기회가 될 수도 있을 것이다. 산업통상자원부는 2013년 11월 중순 '에너지상대가격 개편'을 발표하면서 평균 5.4%의 전기요금 인상과 에너지 세율 조정을 추진한다고 밝혔다. 특히, 산업용 전기요금의 인상폭은 6.4%로 용도별 요금 중 가장 인상폭이 컸다. 그러나 아직도 전기요금이 적정한 수준이 못 된다는 의견이 많다.

전술한 바와 같이 목재펠릿 시장은 점차 공급자 위주의 시장으로 재편될 가능성이 높으며, 시장원리에 따라 공급이 수요에 못 미치게 되면 당연히 목재펠릿의 가격은 상승하게 될 것이다. 특히, 목재자원의 유한성은 목재펠릿 생산량을 무한히 보장할 수는 없는 것도 사실이다.

그러므로 각 의무공급자들은 보다 저렴한 바이오매스 연료를 찾게 될 것이며, 이는 결국 전통적인 고가의 목재펠릿이 아닌 신수종 바이오매스의 탐색과 확보에 전력을 기울이게 될 것으로 예상된다. O'Carroll(2012)이 제시한 세계 목질계 바이오매스 자원의 가용성(availability) 관련 자료를 보면 러시아, 인도네시아, 호주 및 남미 일부를 잠재력이 증가할 지역으로 나타나고 있다. 북미지역과 뉴질랜드는 안정적인 바이오매스 생산이 가능한 지역으로 정의하고 있으며, 서유럽과 스칸디나비아 지역은 안정적 바이오매스 생산이 가능하지만 그 수요가 큰 지역으로 분류하고 있다. 그러나 중국, 한국 및 일본 등 동아시아 지역과 인도뿐만 아니라 중국에 인접한 인도차이나 지역(베트남, 말레이시아, 캄보디아 등)은 바이오매스 자원이 절대적으로 부족한 지역으로 분류되고 있다.

표 1.18 OECD 국가들의 전기요금 비교(IEA, 2012)

순위	주거부문(Households)			순위	산업부문(Industry)		
	국가명	단 가 (USD/kWh)	수 준 (%)		국가명	단 가 (USD/kWh)	수 준 (%)
1	한국	0.089	100	1	한국	0.058	100
2	캐나다	0.095	107	2	호주	0.061	105
3	멕시코	0.095	107	3	미국	0.070	120
4	호주	0.098	111	4	캐나다	0.070	121
5	미국	0.118	133	5	노르웨이	0.071	123
6	에스토니아	0.127	143	6	뉴질랜드	0.074	128
7	이스라엘	0.149	168	7	에스토니아	0.093	161
8	터키	0.169	191	8	이스라엘	0.097	168
9	노르웨이	0.171	193	9	스웨덴	0.104	180
10	그리스	0.173	195	10	핀란드	0.114	197
11	프랑스	0.187	211	11	덴마크	0.115	199
12	폴란드	0.199	224	12	멕시코	0.117	203
13	슬로베니아	0.202	228	13	룩셈부르크	0.117	203
14	영국	0.205	231	14	네덜란드	0.121	209
15	칠레	0.211	238	15	프랑스	0.122	210
16	체코	0.211	238	16	폴란드	0.122	211
17	뉴질랜드	0.212	239	17	그리스	0.126	217
18	핀란드	0.214	241	18	슬로베니아	0.126	219
19	룩셈부르크	0.220	249	19	영국	0.127	220
20	스위스	0.222	251	20	스위스	0.132	228
21	헝가리	0.233	263	21	헝가리	0.134	232
22	네덜란드	0.238	269	22	벨기에	0.139	240
23	슬로바키아	0.242	273	23	터키	0.139	240
24	포르투갈	0.246	277	24	포르투갈	0.139	241
25	스웨덴	0.248	280	25	스페인	0.149	257
26	아일랜드	0.260	293	26	아일랜드	0.152	264
27	일본	0.261	294	27	오스트리아	0.154	267
28	벨기에	0.264	298	28	칠레	0.154	267
29	오스트리아	0.273	308	29	독일	0.157	272
30	이탈리아	0.279	315	30	체코	0.160	277
31	스페인	0.295	333	31	슬로바키아	0.179	309
32	독일	0.352	397	32	일본	0.179	310
33	덴마크	0.409	462	33	이탈리아	0.279	483
	OECD	0.174	197		OECD	0.124	214

VGB_forschungsstiftung의 2011년도 보고서에 의하면 지구 남반구의 속성수 조림면적이 2020년에는 3,100만ha로 2005년의 1,700만ha에 비해 거의 2배 정도 증가할 것으로 예상하고 있는 점도 상기와 같은 바이오매스 자원 부족현상을 예측하고 있기 때문이다.

결론적으로 바이오매스 자원량이 극도로 제한적인 우리나라의 경우 해외자원개발이 필수적이라 할 수 있다. 다만, 기존 자원의 개발에는 온실가스 저감과 상치되는 문제가 발생할 가능성이 매우 높으므로 직접적인 투자를 통하여 새로운 연료림을 조성하거나 현지에서 미활용되고 있는 자원을 개발하여 도입하는 방식이 가장 뚜렷한 대안일 것으로 판단된다.

정책적 차원에서는 독일과 같이 법률에 재생에너지 보급목표를 명시하여 국가의 책임성을 높여야 할 것이다. 일예로 독일의 재생에너지법에는 재생에너지 전력 비중을 2020년까지 최소 35%, 2030년까지 최소 50%, 2040년까지 최소 60%, 그리고 2050년까지 최소 80% 달성을 규정하고, 이를 앞당겨 실현하고 있다. 유럽의 예에서 보는 바와 같이 재생에너지 확대정책은 시장기능이 작동해야 성공할 수 있다. 재생에너지를 생산하면 장기간 안정적으로 판매할 수 있다는 점이 제도적으로 보장된다면 투자자들이 나서게 될 것이며, 이를 통하여 재생에너지의 보급 활성화는 자연적으로 이루어질 것으로 예상된다.

따라서 우리나라의 현 '신에너지 및 재생에너지 개발 이용 보급 촉진법'을 개정하여 보급대상을 국제적 기준의 재생에너지로 명확히 하고, 법률에 보급목표를 명확히 밝혀야 할 것이다.

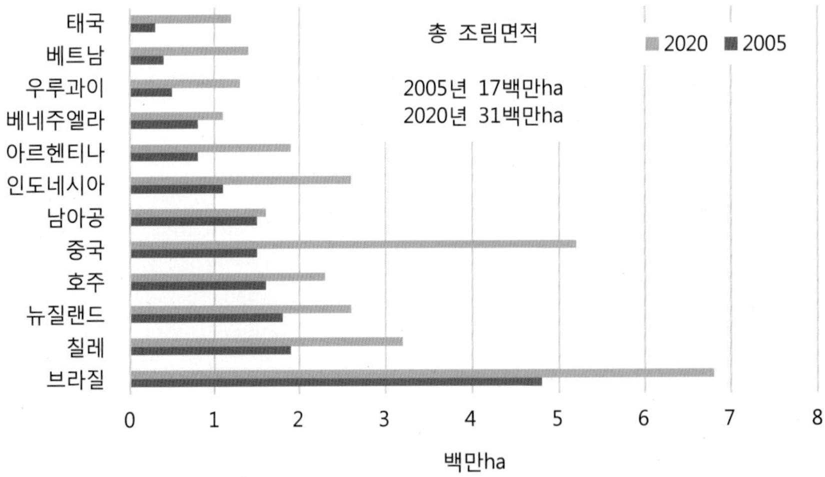

그림 1.12 지구 남반구 지역의 속성수 조림면적 변화 예상(VGB_forschungsstiftung, 2011)

Chapter

2 바이오매스의 에너지 변환과 발전

1. 바이오에너지의 잠재력

현재 세계 에너지의 80% 이상(총 소비에너지 400EJ/yr 이상)이 화석계 연료들로 공급되고 있다. 그러나 세계 에너지의 10~15%(45±10EJ) 정도가 바이오매스로 충당되고 있다는 사실은 바이오매스가 가장 중요한 재생에너지임을 입증하고 있다. 공업국가들에서는 전체 소요에너지에 대한 바이오매스의 기여도가 평균적으로 9~13% 정도이지만 개발도상국에서는 그 기여도가 1/5~1/3에 이른다. 많은 국가들에서 바이오매스가 전체 에너지의 50~90%를 차지하고 있다. 그러나 이러한 국가들에서 사용하고 있는 바이오매스는 상업용이 아니며, 주로 저소득층의 조리용과 난방용 연료로 사용되고 있다. 그러므로 바이오매스가 에너지공급에 미치는 영향을 정확히 파악하기가 어렵다. 또한, 이들 국가에서는 바이오매스의 사용에 의한 토양 악화와 환경오염 및 개인건강에 대한 악영향 등의 발생으로 바이오매스의 사용이 지속적이지 못한 실정이다. 한편, 재조림과 보존 없이 바이오매스를 에너지원으로 사용할 경우 온실가스 배출과 생태계에 대한 악영향을 막을 수가 없게 된다. 공업국가에서도 장작을 일부 사용하고 있고, 개발도상국가들에서도 목탄(또는 숯(bio-char 또는 charcoal))과 장작을 도시나 공업지역에서 난방에 사용하고 있지만 이와 관련된 시장규모에 대한 자료가 전무한 상태이나 대략적으로 9±6EJ 정도로 추정되고 있다(Loo, 2004).

현대적인 바이오에너지(산업, 발전 및 수송용 연료로 사용되는 바이오매스로부터 얻어지는 상업용 에너지를 의미함)의 기여도는 아직도 낮은 상태이지만 확실한 기여도를 나타내고 있고(2000년도 기준 약 7EJ/yr) 그 비율이 점차 상승하고 있다. 1990년대 말까지 전 세계에 설치된 바이오매스 발전소의 총 용량은 40GWe(160TWh/yr)로 추산되며, 열발생용량은 200GW (>700TWh/yr)로 추산되고 있다. 전 세계에서 생산된 바이오연료(사탕수수, 옥수수 및 곡물들을 이용한 바이오에탄올과 종자유를 이용한 바이오디젤)의 총량은 연간 180억리터에 이른다. 이 양은 수송용 연료 0.5EJ(2000년도)에 해당되며, 바이오연료 특히, 바이오에탄올의 생산량은 빠르게 증가되고 있다(Turkenburg 등, 2000).

향후 세계 에너지 공급에 바이오에너지가 기여할 수 있는 잠재력은 매우 크다. 이론적으로는 현재의 농작물 경작면적에 에너지작물을 경작하고 발전된 가공기술들을 적용한다면 세계의 식량공급을 위협하지 않는 상황에서도 800EJ 이상을 생산할 수 있을 것으로 기대되고 있다. 유기폐기물들과 임지폐잔재들을 이용하면 40~170EJ의 공급이 가능하다. 결론적으로 세계의 바이오에너지 공급가능량은 최대 연간 1,000EJ으로 추정된다. 이 양은 현재의 400EJ을 크게 상회하는 수준이다(Hoongwijk 등, 2003)(Smeets 등, 2004).

남미, 사하라남부 아프리카 및 동유럽, 그리고 오세아니아와 동아시아 및 북동아시아 등은 장기적 관점에서 중요한 바이오매스 생산지역이 될 것임에 틀림없다. 특히, 북동아시아의 경우 농업기술이 빠르게 발전하고 있어 생산성 향상을 기대하게 한다. 개발도상국에서 농업효율을 개선하는 일(예: ha당 작물수확량 증가)은 매우 중요한 요소이다. 그러나 기술의 이전이 얼마나 빠르고 널리 이루어질 것인가는 불확실하다. 한편, 바이오매스에 대한 에너지변환기술의 발달과 장거리 공급망 등은 바이오에너지 효율과 경쟁력을 크게 개선할 가능성이 높다. 경쟁력 향상은 지역적으로 바이오에너지 생산능력을 향상시키는 계기를 마련해 줄 수 있다. 이 장에서는 현재 적용되고 있거나 미래에 중요한 역할을 할 것으로 기대되는 주요 바이오매스 변환기술들에 대하여 소개하고자 한다.

2. 에너지 변환기술

바이오매스로부터 에너지를 생산하기 위한 변환방법에는 여러 가지가 있다. 그림 2.1은 열, 전기 및 수송용 연료 생산을 위하여 현재 적용되고 있거나 개발 중인 주요 변환기술들이 제시되어 있다.

2.1. 연소시스템과 증기순환

연소는 바이오매스를 가용한 에너지로 변환시켜주는 가장 직접적인 과정으로, 다양하게 적용되고 있다. 바이오매스의 인화에는 높은 온도가 요구되므로(최소 550℃) 연소과정에서 가장 어려운 측면은 인화를 시작하는 것이라 할 수 있다. 그러나 일단 인화가 이루어지고 충분한 공기공급이 보장된다면 연소는 계속 진행된다. 실제로 물질의 완전연소가 이루어지기 전에 연소과정을 중단시키는 것은 쉽지 않다.

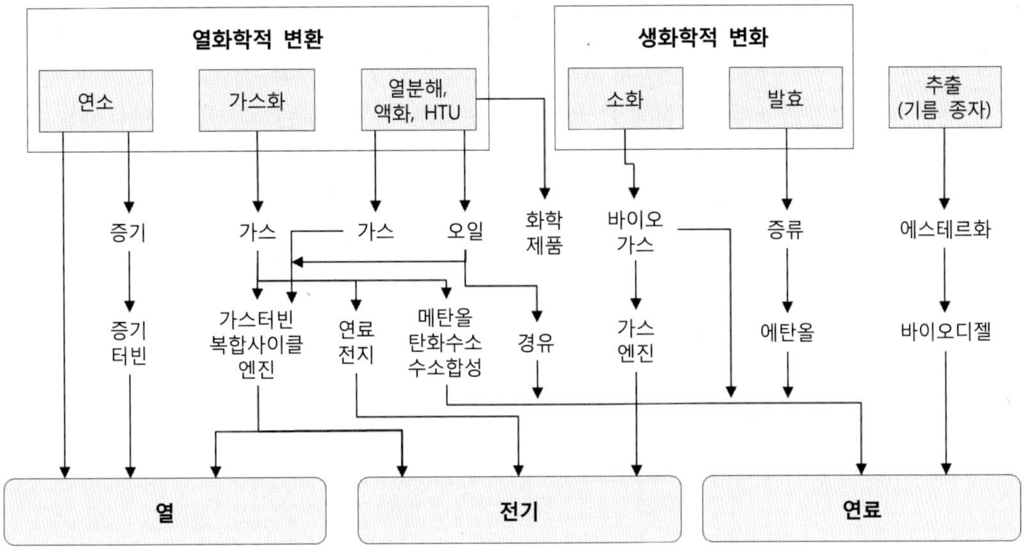

그림 2.1 바이오매스의 2차 에너지 매체로의 변환기술

연소과정은 이처럼 단순해보이기는 하지만 기술적인 관점에서는 상당히 복잡한 과정이라 할 수 있다. 빠른 반응속도와 높은 발열량 및 다양한 반응물질들과 반응기작들이 포함되어 있다. 많은 기초적인 연구를 통하여 연소과정을 지배하는 화학반응들을 확인할 수 있었으며, 기초이론들이 적용되어 현재의 배출가스 및 효율 표준을 만족시킬 수 있는 설계기술들이 완성되었다.

이 절에서는 기초적인 연소이론, 연소로와 연소시스템, 연소로의 최근 발전 동향 및 관련 기술들에 대하여 논하게 된다. 또한, 이 절의 마지막 부분에서는 바이오매스 연소를 통하여 발전할 수 있는 증기사이클을 다루게 된다.

1) 원리

연소과정은 다음과 같은 단계를 거치게 된다:

- 건조: 연료에 포함되어 있는 수분이 증발된다.
- 열분해와 환원: 연료가 휘발성 기체와 고체 char로 열분해 된다.
- 연료 층 상부에서 휘발성 기체의 연소: 열분해에 의해 생성된 휘발성 기체가 연료가 쌓여 있는 층 상부에서 연소되면서 노란 화염을 보인다.
- 연료 층 내부에서 고체 char의 연소: 고체 char는 화격자(grate)위에서 연소되면서 작은 청색 화염을 나타내며, char 입자의 백열(glowing)이 나타나기도 한다.

연소과정을 분석하려면 연소로(furnace; 연료가 연소되는 장소)와 열교환기(heat exchanger; 연소가스의 열이 물, 증기 또는 공기와 같은 공정매체나 에너지 이송매체에 전달되는 곳) 사이의 개념적 구별이 필요하다. 실제로 연소로와 열교환기 사이에는 복사열교환이 항상 이루어지고 있지만 단순화를 위하여 모든 열은 연소가스에 의해 전달된다고 가정한다.

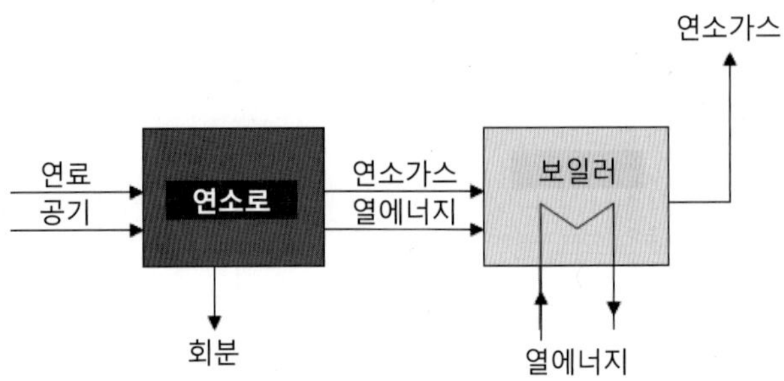

그림 2.2 바이오매스의 기본 연소과정

2) 연소로

연소로 내에서 이루어지는 연소과정에서는 연료 속에 화학적으로 결합된 에너지가 열에너지로 변환되며, 이 에너지가 고온 연소가스의 형태로 사용된다. 이 연소가스를 연소로의 가용 출력이라 할 수 있다.

연료에 포함되어 있지만 연소가스(열에너지의 형태)로 변환되지 않은 에너지는 소실된다. 이와 같은 열손실에는 다음의 사항들이 포함된다:

- (연소로 벽체를 통한 열전달에 의한) 주위로의 열손실
- 뜨거운 회분의 제거(회분에 저장되어 있는 열에너지가 사용되지 못함)
- 회분 내 연소되지 못한 입자들(이 입자들에 포함되어 있는 화학적 에너지가 방출되지 못함)
- 연소가스에 포함되어 있는 연소되지 못한 열분해 가스와 일산화탄소(이들도 아직 화학적 에너지를 포함하고 있음)

연소로(또는 연소과정)의 효율은 다음과 같이 정의 된다:

$$\eta_{comb} = \frac{E_{tfu}}{E_{cfu}} \tag{2.1}$$

여기서 E_{tfu}는 연소가스로부터 얻을 수 있는 열에너지를, 그리고 E_{cfu}는 공급된 연료가 포함하고 있는 화학적 에너지를 의미한다.

바이오매스의 순발열량(NCV(net calorific value))에 기준한 연소효율은 저급한 설계의 연소로의 경우 65%에 지나지 않으나 매우 복잡하고 단열이 철저하게 이루어진 연소시스템에서는 최고 99%에 이르기도 한다.

연소효율은 주로 연소과정의 완벽함의 정도와 연소로로부터의 열손실에 의해 결정된다. 연소의 완벽함의 정도는 연료에 포함되어 있는 가연성 입자들이 연소되는 정도를 의미한다. 이것은 연소품질을 표시하는 중요한 인자이다. 최상의 결과를 위해서는 이론적으로 계산된 최소공기량보다 많은 양의 공기가 필요하다. 과도공기인자 λ는 실제 공급된 공기의 양과 이론적으로 연소에 필요한 공기의 양 사이의 비를 의미한다. 화학당량적 연소(stoichiometric combustion)(λ=1)란 단지 모든 가연성 입자들의 연소에 필요한 양의 공기만이 공급됨을 의미한다.

λ가 커질수록 연소로에서 배출되는 연소가스의 온도는 낮아진다. 열교환기의 효율(이후 설명됨)을 위해서는 연소가스의 온도를 가능한 높게 유지해야 한다. 이론적으로는 λ=1일 때 가장 높은 연소가스 온도를 얻을 수 있다. 그러나 실제로는 1보다 큰 λ가 적용되고 있다. 그림 2.3은 완전연소 시 연소로의 이론적인 온도를 보여주고 있다. 여기서는 열손실이 전혀 고려되지 않았으며 복사(단열화염온도)에 의한 열전달은 λ와 연료 함수율의 함수로 계산되었다. λ값은 단열화염온도에 크게 영향한다. 함수율의 영향도 존재하나 함수율과 λ의 분석대상 범위 내에서는 크게 영향하지 못하고 있다(영향인자 약 4 정도). 회분함량의 영향은 그림 2.4에서 보는 바와 같이 무시할 수 있는 수준이다.

최적의 λ는 연소로, 연료형태 및 연소시스템에 따라 달라진다. 설계가 우수한 시스템에서 목재에 대한 값은 1.6〈λ〈2.5 범위가 된다. 그러나 설계가 불량한 경우 4~5 정도로 높아질 수도 있다.

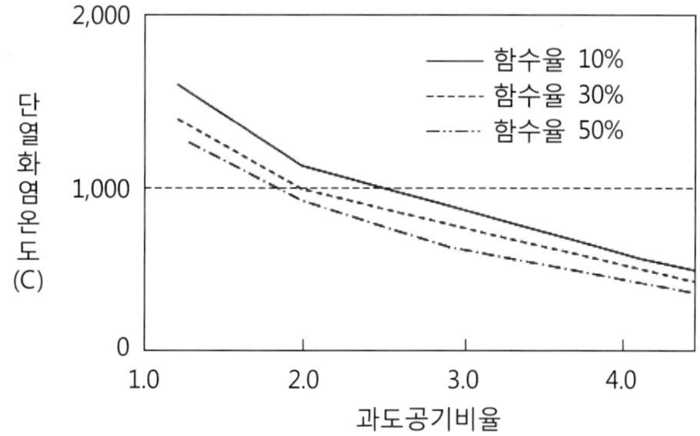

그림 2.3 바이오매스 함수율과 과도공기인자(λ)의 함수로 표현한 단열화염온도

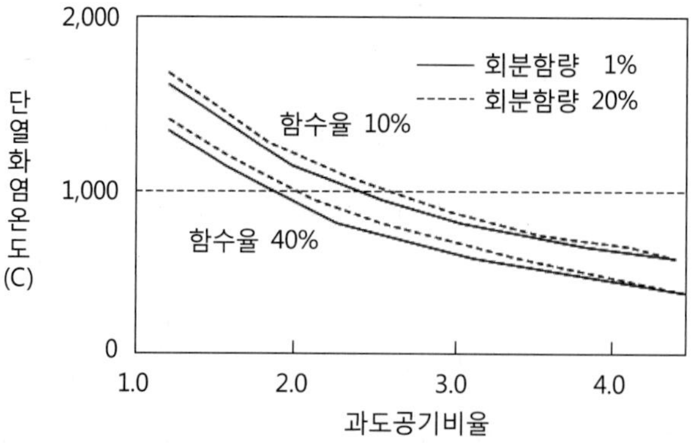

그림 2.4 바이오매스 회분함량, 함수율 및 과도공기의 함수로 표현한 단열화염온도

3) 연소가스의 열에너지 활용

그림 2.2의 개념도에서 열교환기로는 보일러, 공정 가열기 또는 연소가스의 열에너지를 공정매체(물, 증기 또는 공기)로 변환해주는 열교환기를 적용할 수 있다. 열교환기의 가용 출력은 가열된 매체에 포함되어 있다. 여기서 열에너지는 대개 물 가열이나 증기 발생에 사용되므로 열교환기는 보일러로 간주한다. 그러나 여기서의 보일러는 연소로에 후속으로 설치된 모든 형태의 열교환기를 의미한다.

보일러의 열손실은 아직도 열에너지를 포함하고 있는 연소가스 연도를 통하여 주위로 방출할 때 발생된다.(연도란 수직으로 설치되어 연소가스를 방출하는 관을 의미한다. 연소가스가 대기와 잘 혼합되어 사람이나 주위 공장에 해를 끼치지 않도록 하기 위해서는 연도의 높이를 일정 수준 이상으로 해야 한다.) 열손실은 열교환기의 단열부를 통한 열관류에 의해서도 발생된다. 보일러(또는 열교환과정)의 열효율은 다음 식으로 계산할 수 있다:

$$\eta_{boiler} = \frac{E_{ws}}{E_{tfl}} \qquad [2.2]$$

여기서 E_{ws}는 물이나 증기로부터 얻을 수 있는 열에너지를, 그리고 E_{tfl}은 투입되고 있는 연소가스로부터 얻을 수 있는 열에너지를 의미한다. 일반적인 보일러의 열효율은 순발열량(NCV(net calorific value)) 기준으로 60～95% 수준이며, 총발열량(GCV(gross calorific value)) 기준으로는 50～90% 수준이다.

보일러의 주된 열손실은 연도를 빠져나가는 고온의 연소가스로부터 발생된다. 특별히 설계된 열교환기를 적용하지 않을 경우에는 연소가스에 수증기, NO_X(질소산화물), HCl, SO_2(황산

화물: 연료에 황 성분이 포함되어 있는 경우) 및 타르 성분 등이 포함되어 있기 때문에 배출되는 연소가스의 온도는 낮은 수준을 유지할 수가 없다. 만일 보일러 내 가스온도가 지나치게 낮아지면 수증기가 응축되면서 HCl, NO 및 SO_2 등을 흡수하게 된다. 이 경우 NO와 SO_2는 H_2SO_3나 H_2NO_4 등과 같은 산성 물질을 생성하는 반면, HCl은 강산이 된다. 결과적으로 원하지 않는 산성용액이 응축물 속에 생성되어 보일러를 심하게 부식시키게 된다. 그러므로 배출구의 연소가스 온도는 항상 120℃ 이상(120℃~200℃ 범위이며, 설계가 불량할수록 온도가 높음)을 유지하는 것이 일반적이다. 실제 상황에서 허용되고 있는 보일러의 배출가스 온도는 연료의 조성분(화학분석에 의해 결정)과 공급된 과도공기량(λ)을 이용하면 계산할 수 있다.

연소가스의 투입과 배출 시의 온도차에 의해 연소가스에 포함된 열 중에서 물이나 증기에 전달된 비율이 결정된다. 결과적으로 연소가스의 보일러 투입 시 온도가 높을수록(투입과 배출 시의 온도차가 커짐) 보다 많은 에너지가 물이나 증기에 전달되고 보일러의 효율이 향상된다.

그림 2.5는 연도온도가 200℃일 때 보일러 효율을 이론적으로 함수율과 λ의 함수로 계산한 예이다(총발열량 기준). 과도공기가 증가할수록 효율이 연도온도에 더욱 민감하게 반응한다.

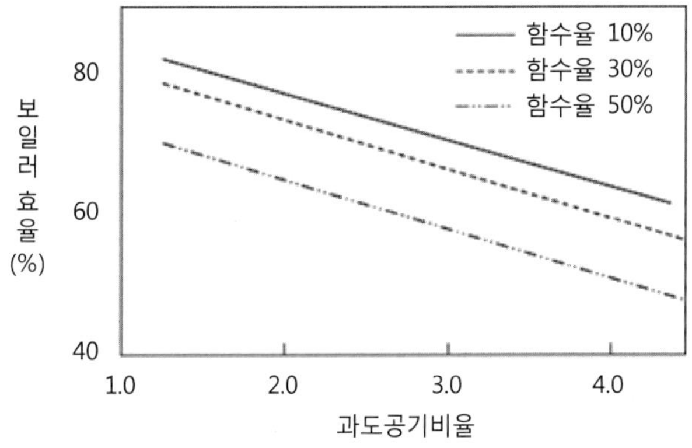

그림 2.5 바이오매스 함수율의 함수로 계산된 총발열량 기준 보일러의 이론적 효율

특별히 설계된 열교환기는 증기사이클 관련 부분에서 논하게 될 것이다. 이 열교환기는 연도를 통한 열손실을 최소화하기 위하여 연소가스를 100℃ 미만(최저 50℃까지)으로 냉각하는데 적용된다. 이 장치는 연소가스에 포함되어 있는 수증기의 응축열도 회수할 수 있다.

여기서 특별히 설계된 보일러의 효율이 연도온도뿐만 아니라 연소가스의 투입온도(λ와 연료의 함수율에 의해 결정됨)에 따라 달라진다는 사실을 기억해야 한다. 보일러 효율을 비교할 때에는 해당 자료가 동일한 조건에서 얻어진 것인지를 확인해야 한다. 만일 조건이 다르다면 보일러의 성능을 비교하는 것은 불가능하다.

대개의 적용 사례를 보면 연소로와 보일러는 함께 결합되어 있으며 결합되어 있는 상태를 통칭하여 보일러라고 부르는 것이 일반적이다. 이처럼 결합되어 있는 설비의 효율은 연소로의 연소효율(식[2.1])과 보일러 효율(식[2.2])의 평균이 된다.

4) 연소로 형태

연소시스템은 고정층(fixed-bed)이나 유동층(fluidized-bed)의 형태를 하고 있다. 고정층 기술은 최초의 증기시스템에서부터 적용되어 왔다. 반면에 유동층 기술은 출현한지 30여년밖에 되지 않았다. 고정층 시스템은 기본적으로 화격자 형태와 연료의 공급이나 연소로 내 이송형태에 따라 구분된다.

고정층 시스템에는 수동공급시스템, 살포식 급탄기(spreader-stoker) 시스템, 하부스크루 시스템, 고정 화격자 및 경사 화격자(고정식 또는 이동식) 등이 포함되어 있다.

유동층 시스템에는 기본적으로 기포발생(bubbling)이나 순환(circulating) 기능이 포함되어 있다.

가. 고정층 시스템

고정 화격자 시스템은 오랫동안 사용되어 온 가장 일반적인 바이오매스 연소장치이다. 구조도 단순하여 고정 화격자 시스템은 연소실의 화격자(연소로를 구성함)로 이루어져 있다. char(열분해 후 남는 물질이며 연료가 되는 바이오매스의 휘발성 가스는 방출됨) 연소를 위한 1차 공기가 화격자 하부를 통하여 공급된다. 휘발성 가스 연소를 위한 2차 공기는 화격자 상부로부터 공급된다. 화격자 위 char가 연소되면서 char 위로 계속해서 공급되고 있는 새로운 연료의 연속적인 열분해를 위한 열을 공급해준다. 고정 화격자 시스템의 일반적인 연소온도는 850~1,400℃ 범위이다. 회분은 고정층 시스템으로부터 수동으로 제거하는 것이 일반적이나 최근에는 자동 회분제거 시스템이 적용되고 있다.

바이오매스용 고정층 연소시스템은 석탄용 고정층 연소시스템과 유사한 모습을 하고 있으나 실제 연소로의 설계는 다르다. 바이오매스는 휘발성 물질 함량이 상대적으로 높기 때문에 바이오매스 연소로의 경우 화격자 위 연소실의 크기가 커야 한다. 같은 이유로 바이오매스 연소로는 석탄용 연소로에 비하여 1차공기에 대한 2차공기의 비율이 높아야 한다.

경사 화격자는 1920년대와 1930년대에 석탄 연소시스템을 위해 개발된 것이다. 연료는 상부로부터 공급되어 연소과정을 거치면서 하부로 내려가며, 회분은 바닥에서 제거된다.

1940년대에는 이동식 화격자가 최초로 등장하였다. 이 형태의 연소로에서는 연료의 체류시간은 화격자 구성요소들의 운동속도에 따라 다소간 조절이 가능하다. 결과적으로 허용 가능한 연료의 크기가 제한된다. 연료가 균일하다면 비연소능력(specific combustion capacity: 화격자 1㎡당 방출열량)이 크게 증가되어 소형의 구조가 가능하다. 보다 복잡한 시스템에서는 각각의 연소과정이 서로 다른 영역에서 진행되어 정밀한 제어가 가능하고 단순한 구조에 비하여 함수율이 높은 연료도 적용이 가능하다. 이동식 경사 화격자는 (도시)폐기물 소각시스템에 주로 적용되고 있다.

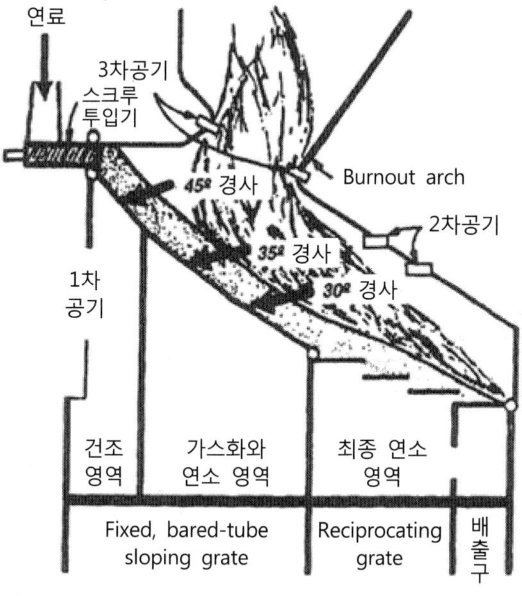

그림 2.6 경사 화격자 연소시스템(TNO, 1992)

부양식 연소기(suspension burner)를 이용하여 미분탄을 연소하게 되면 석탄을 사용하는 화력발전소의 비연소능력(용적 반응기(volume reactor) 당)을 향상시킬 수 있다. 이 연소기를 이용하면 석유형 연소화염을 얻을 수 있으며, 바이오매스를 위한 부양식 연소기도 개발되었다. TNO(1992)에 의하면 이 연소기의 단점은 과도공기의 요구량이 커서 효율이 낮다는 것이다. 그러나 이러한 사실이 바이오매스용 부양식 연소기에도 적용 가능한 것인지는 확실하지 않다.

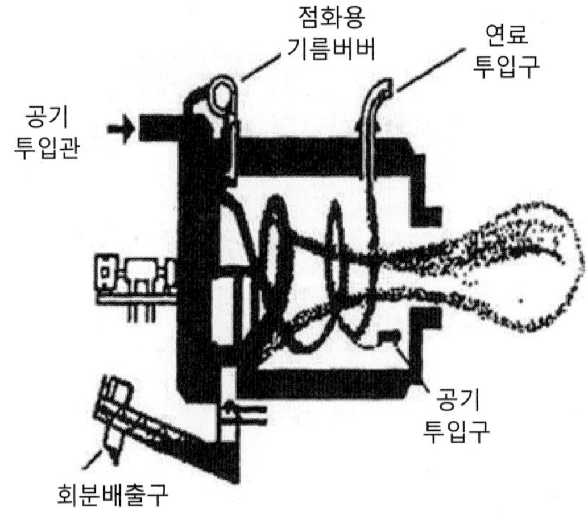

그림 2.7 미분탄용 부양식 연소기(TNO, 1992)

요구되는 용량이 적은 경우에는 특별한 연료공급시스템이 필요하며, 일예로 스크루 공급기와 살포식 급탄기 등이 개발된 바 있다. 살포식 급탄기는 부양식 연소와 흡사한 것으로, 연소로의 반응영역 상부로 연료입자들이 투입된다. 입자들이 부양되어 화격자 위 가스를 통과하면서 연소가 이루어진다.

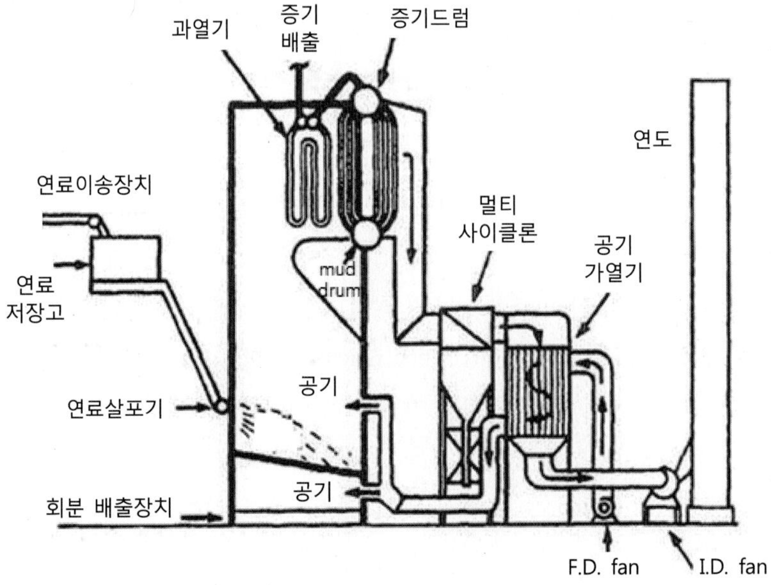

그림 2.8 수관 보일러와 연결된 살포식 급탄기 시스템(TNO, 1992)

스크루 공급시스템은 중소형 연료입자 투입을 위하여 개발되었다. 하부 스크루 시스템의 경우 적정한 연료크기는 40 × 30 × 15mm(길이 × 폭 × 두께) 정도이다. 연료는 연소영역의 중앙으로 밀려들어가며 회분은 측면으로부터 수동 또는 자동으로 제거된다.

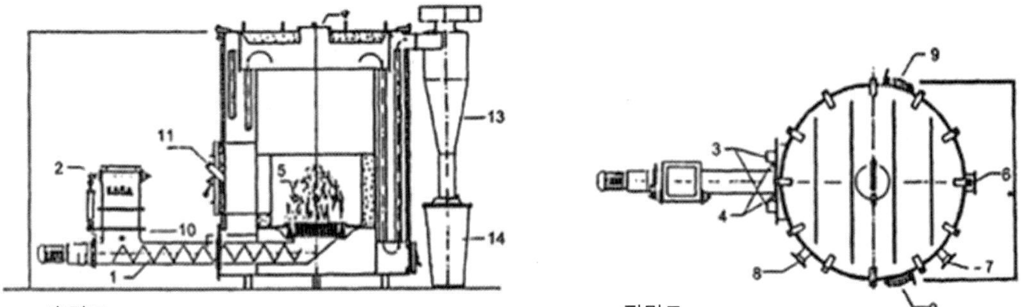

측면도 평면도

1. 스토커 스크루, 2. Fire valve, 3. 1차공기 투입구, 4. 2차공기 투입구, 5. 2차공기 투입구, 6. 연료가스 투입구, 7. 냉각수 공급구
8. 냉각수 회수구, 9. 회분 배출구, 10. 스프링클러 연결구, 11. 감시용 hatch, 12. 점화용 버너, 13. 연소가스 세정필터, 14. 회분 저장고

그림 2.9 하부 스크루 공급시스템을 갖춘 연소시스템(TNO, 1992)

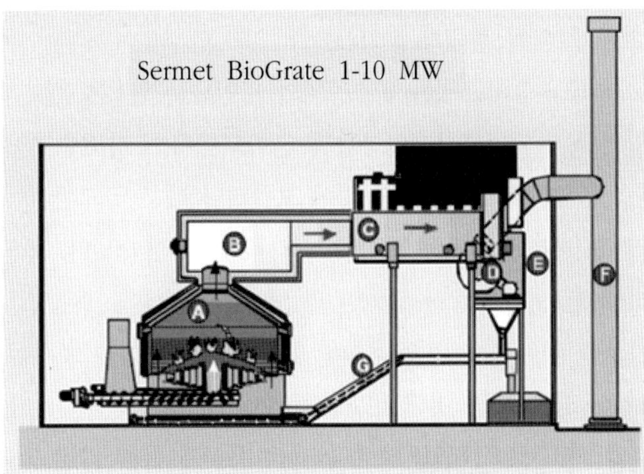

A : 회전회격자 장착 1차 연소실
B : 2차 연소실
C : 연관보일러
D : 연소가스 배기팬
E : 연소가스 필터
F : 연도
G : 회분 이송장치와 저장고

그림 2.10 습윤 바이오매스 연료를 이용하는 하입식 회전화격자(Sermet사)

관통 스크루 시스템은 비교적 크기가 큰 연료(길이 약 100mm, 직경 50mm)에 적당하다. 연료는 스크루에 의해 연소영역을 지나가면서 연소된다. 연소 후 남는 회분은 회분 적재소로 떨어진다. 이러한 형태의 시스템은 특히 회분함량이 높은 연료에 적당하다. 표 2.1은 고정층 시스템과 비교한 결과이다.

표 2.1 고정층 연소시스템과의 비교(TNO, 1992)

시스템	연료크기 (mm)	최고 함수율 (%)	연료공급	회분제거
고정형 화격자	<φ100×300	50	수동/자동	수동/자동
하부스크루	<40×30×15	40	자동	수동/자동
	>20×20×10	40	자동	수동/자동
관통 스크루	<φ50×100	40	자동	자동
이동층/경사 화격자	<300×100×50	50	자동	자동
부양 연소[a]	<5×5×5	20	자동	수동/자동
살포식 급탄기	<40×40×40	50	자동	수동/자동

a. 시동을 위해서 가스연소식 점화버너가 필요함

5MW$_{th}$ 이하 고정층 시스템의 최근 발전동향을 보면 연소시스템의 주요 발전방향은 NO_x, CO 및 C_xH_y 방출량 감소와 과도공기 최소화를 통한 효율향상에 집중되고 있다. 적용기술들은 전체 연소과정을 바이오매스 열분해, 열분해 가스의 연소 및 char의 연소 등 몇 가지 단계로 분리하는 작업에 기초하고 있다.

연소를 향상시키기 위한 몇 가지 특별한 기술들이 특정한 용도에 적용되어 왔다. 예를 들어 사이클론 연소시스템은 일반적으로 크기와 형태가 균일하고 비교적 함수율이 낮은 입자상 폐목재와 농산폐기물의 연소에 적합하다. 이 시스템은 연소공기가 도입되는 원통형 연소실로 구성되어 있다. 사이클론 연소공기가 부양되어 있는 입자들과 혼합되면서 효과적인 연소가 이루어진다. 고온의 연소기체는 원통형 연소실로부터 이동하여 보일러나 다른 열교환기를 통과하게 된다. 연소가스는 회분제거 후 배기연도를 통과하여 대기 중으로 방출된다.

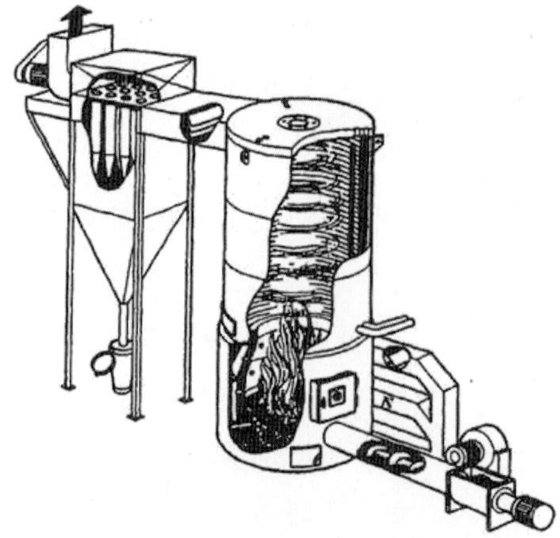

그림 2.11 사이클론 연소시스템(TNO, 1992)

두 번째 예는 덴마크에서 찾을 수 있는 소위 시가(cigar) 버너시스템이라는 것으로 대규모로 열을 생산(지역난방)하거나 발전(국가 전력)한다. 덴마크에서는 다양한 규모의 화격자 연소시스템, 부양식 버너 및 유동층 연소시스템 등을 이용하여 밀짚을 대량 연소하는 연구를 진행하여 왔다(현재 부양식 버너와 유동층 연소시스템은 파일럿 규모로 진행 중임).

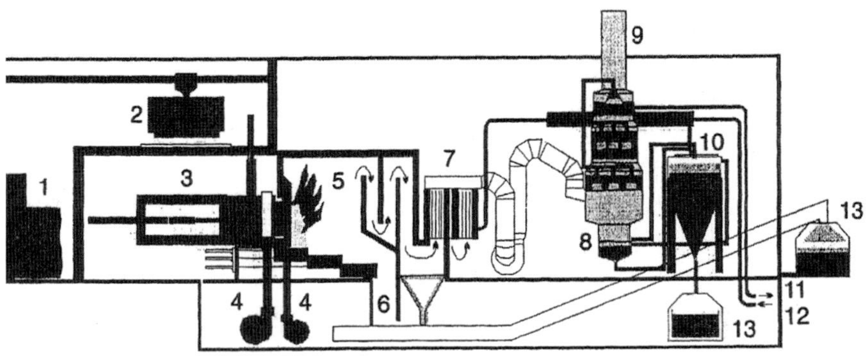

1. 밀짚 저장고
2. 자동 투입시스템
3. 연료공급터널
4. 연소공기 공급
5. 연소실
6. 회분 제거시스템
7. 열교환기/증기생산
8. Off-gas 세정기
9. 연도
10. Off-gas 세정
11. 지역난방용 열수배출
12. 용수 회수
13. 회분 저장고

그림 2.12 밀짚을 연료로 하는 cigar burner(TNO, 1992)

한편, 덴마크와 핀란드에서는 연도 전에 설치할 수 있는 연소가스 냉각시스템을 개발하여 왔다. 이 시스템에서는 가스의 냉각과 세정이 동시에 이루어진다(VTT Energy, 1994). 연소가스는 50℃ 미만으로 냉각되어 수증기가 응축된다. 바이오매스 연료는 습윤한 경향이 높으므로 연소가스에는 상당한 양의 에너지를 함유하고 있는 다량의 수증기가 포함될 수 있다. 연소가스로부터 회수되는 열은 지역난방용 물의 예열 등과 같이 저온용도에 사용된다. 연소가스 응축물은 부식성이 강하므로 스테인리스강이나 플라스틱과 같은 특별한 재료를 사용해야만 한다. 현재의 설계에서는 연소가스 냉각이 세정기를 이용한 연소가스 세정과 복합되어 가스 내 부식성 오염물질들의 대부분을 제거 또는 중성화한다. 이 시스템으로부터 얻게 되는 부가적인 열은 약 25% 정도로 보고되고 있어 전체 효율(순발열량 기준)을 크게 향상시킬 수 있다.

나. 유동층 시스템

유동층 연소기에서는 송풍기에 의해 난류성 부양이 유지될 수 있는 고온(일반적으로 700~1,000℃ 수준)의 모래, 석회석 또는 불연성 물질의 층 속에서 연소된다.

시스템은 열전달매체로 작용하는 모래층이 충전된 연소실로 구성된다. 층은 하부의 천공판을 통하여 공급되는 공기에 의해 유동화된다. 공기속도에 따라서 기포유동층(bubbling fluidized bed(BFB))이나 순환유동층(circulating fluidized bed(CFB))이 형성된다. 기포유동층에서는 반응기가 (a) 상승기류(기포발생 유체의 효과 제공)에 의해 지지되고 있는 자유이동 모래와 입자들이 포함된 영역과 (b) 유동층 상부의 여유벽(freeboard) 영역으로 나뉜다. 순환유동층에서는 공기속도가 높아 층과 연료 입자들이 기류와 함께 상승하여(크고 무거운 연료입자는 제외) 사이클론에서 기류로부터 분리되며, 기류는 다시 반응기 속으로 재순환된다. 가벼운 연료 입자들은 순환 중에 연소되는 반면 무거운 입자들은 순환기류 속에 혼입될 수 있을 정도로 가벼워질 때까지 연소된다.

유동층에서는 격렬한 혼합이 이루어지므로 열교환속도가 높고, 낮은 과도공기비율(λ=1.2~1.4)에서 완전연소를 실현할 수 있다. 연소로와 열교환기(보일러)는 서로 하나의 시스템으로 결합되어 있다. 연소로의 벽체는 물이 가열 증발되는 관으로 구성되어 있고 이를 통하여 유동층이 냉각된다. 연소온도는 750~950℃ 범위이며 850℃가 주로 적용된다.

유동층 연소의 가장 중요한 특징들은 다음과 같다:

- 연료의 특성, 크기 및 형태 등의 변화에 대한 유연성이 뛰어나다.
- 연료 함수율 60%까지 적용이 가능하다.
- 연료 회분함량 50%이상도 적용이 가능하다.

상기와 같은 특징들로 인하여 특히 바이오매스의 연소에 적합하며, 고정층 연소보다 우수하다. 고정층 시스템에 대한 유동층 시스템의 장점들은 다음과 같다:

- 구조가 간단하고 층 내에서 격렬한 혼합이 이루어져 열교환과 반응 속도가 높다.
- 과도공기비율이 낮아(약 1.2~1.4) 연도로 배출되는 연소가스에 의한 열손실이 적다.

순환유동층 연소시스템에서는 고속으로 인하여 기포유동층 시스템에 비하여 보다 격렬한 난류성 혼합이 이루어진다. 따라서 열교환에 있어서 순환형은 매우 우수한 성능을 보인다. 또한, 순환유동층은 순환속도도 조절이 가능하여 기포유동층에 비하여 유연성이 뛰어나다. 예를 들어 발열량이 높은 연료를 투입하면 열교환기의 가열속도가 상승하여 순환을 증가시킨다. 또한, 발열량이 낮은 연료의 경우 그 반대 현상이 발생된다.

유동층 연소시스템은 그 특성으로 인하여 연소가스가 분진이나 입자들과 격렬히 혼합된다.

따라서 연소가스로부터 입자나 분진을 제거하는 일이 유동층 시스템의 가장 기본적인 부분이 되고 있다. 순환유동층 시스템에는 연소가스 기류로부터 무거운 입자들(층 구성물질과 연료)을 제거하기 위하여 1개 이상의 사이클론이 설치되어 있다. 기포유동층 시스템에서도 사이클론을 이용하여 분진을 제거하는 것이 기본이다. 최종 처리과정에는 백필터를 사용할 수도 있다.

단계별 공기공급과 연소가스 재순환을 적용하면 NO_x 발생량 수준을 낮출 수 있다. 층 속에 NH_3를 주입하면 NO_x를 저감할 수 있다. 이 방법은 NO_x 저감시스템에 적용되고 있는 선택적 비촉매식 환원(selective noncatalytic reduction(SNCR)) 반응기작과 유사하다.

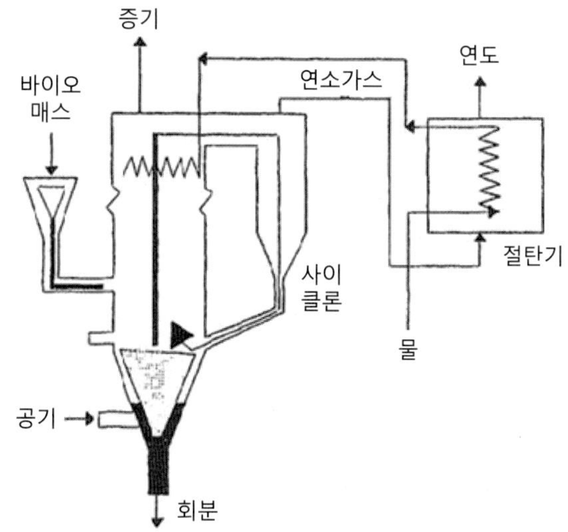

그림 2.13 유동층 연소시스템(TNO, 1992)

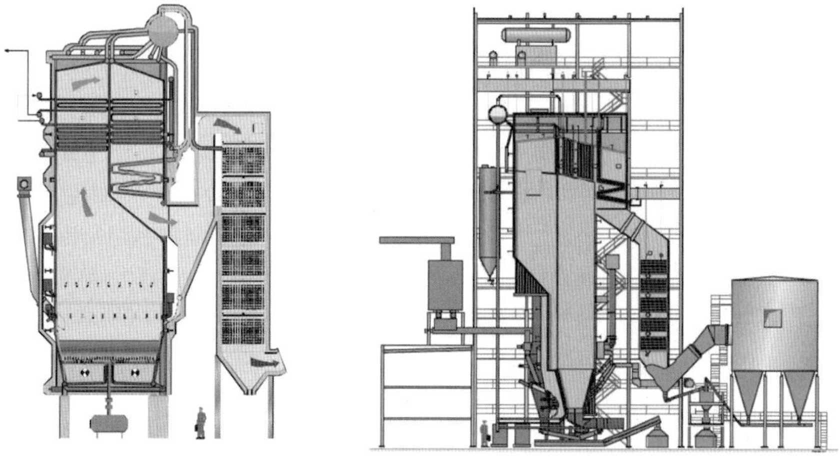

그림 2.14 Foster Wheeler Energia사의 바이오매스 연료를 이용하는 기포유동층 보일러(66MWh, 22.8kg/s, 62bar, 510℃)(좌)와 순환유동층 보일러(86.3MWh, 30.5kg/s, 89bar, 480℃)(우).

5) 배출물질 저감

만일 연소과정에서 발생된 연소가스에 원치 않는 오염물질이 포함되어 있다면 (a) 오염물질 발생에 대한 안전조치로 공정에 측정과정을 통합하거나 (b) 연소가스로부터 오염물질을 제거하는 후단 기술(후속연소)을 통하여 배출물질 저감을 이룰 수 있다.

가. 공정 내 측정과정 통합

공정 내 측정과정을 통합하여 연소과정의 최적화와 원치 않는 오염물질 발생량의 최소화를 이룰 수 있다. 850℃ 이하의 온도에서는 불완전 연소가 발생되어 타르 등과 같은 C_xH_y의 원치 않는 방출이 일어난다. 만일 연료의 함수율이 50% 이상이라면 연소공기가 예열되지 못하여 요구되는 연소온도에 도달하지 못하는 문제가 발생된다. 연료를 건조한다면 연소성능을 개선할 수 있으나 자연건조를 적용하지 않는 한 부가적인 비용이 발생될 것이다.

함수율 외에도 연료 입자의 크기도 연소과정의 품질에 영향한다. 연료의 크기가 일정하지 않은 경우 작고 일정한 크기로 분쇄하는 것이 필요하다. 그러나 연료 분쇄에도 비용이 소요되므로 분쇄를 통하여 기대되는 효과와 비교해야 한다.

정해진 부하수준에서 연속적으로 가동해야만 최고의 시스템 성능과 최소의 방출량을 기할 수 있다(Nussbaumer 1991). 부하수준이 변하거나 시동과 중단을 자주하면 방출량이 증가된다. 만일 부하 변이를 피할 수 없다면 보다 적절한 시스템 제어가 필요하다. 연료공급뿐만 아니라 1차와 2차 공기 유량도 적절히 조절해주어야 한다. 부하 변화의 상황에서 시스템 내 연소조건 개선을 위한 제어시스템은 최근 개발된 것으로, 이에 대한 연구개발이 계속되고 있다.

부하가 변화하는 상황 하에서 운전되어야 하는 시스템의 용량은 지나치게 크게 설계하지 말아야 한다. 상당 시간동안 최대용량보다 낮은 수준에서 시스템이 가동되는 것을 방지하기 위해서는 실제 요구되는 최고용량을 고려하는 것이 바람직하다. 만일 요구되는 최고용량이 평균 부하보다 심각하게 높은 경우에는 최고부하용 장치(바이오매스가 아닌 일반 연료로 운전)를 따로 설치하는 것이 좋다.

연소과정 개선을 위한 측정은 다음과 같이 요약할 수 있다(TNO 1992):

- 적절한 연소온도가 요구된다(850℃ 이상). 또한, 연소영역은 열추출영역과 물리적으로 분리되어야 한다(Nussbaumer 1991).
- 연소영역에서 모든 연소가스의 체류시간(체류시간 분포를 고려)은 1.5초 이상이어야 한다.

- 부하 변화 중 연소공기/연료 비율을 적절히 조절할 수 있는 제어시스템이 사용되어야 한다.
- 연료와 연소공기의 적절한 혼합은 필수적이다.

열에 의해 발생되는 NO_x는 일반적으로 온도 1,400℃ 이상의 연소시스템 내에서 형성된다. 대개의 바이오매스 연소시스템 내에서 도달 가능한 온도는 약 900～1,200℃ 범위이므로 시스템에서 발생되는 NO_x의 양은 극히 소량이다. 그러나 연료 내 포함되어 있는 질소가 연소과정 중 산화되어 NO_x가 생성되므로 바이오매스 연료에 따라서는 비교적 NO_x 발생량이 높은 경우도 있을 수 있다.

NO_x 배출량 감소를 위한 기술들은 물리적으로 격리된 공간 내 단계식 연소(stage combustion)에 기초하고 있다(Nussbaumer 1991, 1994). 이 방법은 기존 시스템에 비하여 CO와 C_xH_y 방출량을 보다 효과적으로 낮출 수 있다. 전기적으로 가열되는 환원실(reduction chamber)을 이용한 실험결과 어느 정도 NO_x를 줄일 수 있었으나 이 방법을 실제로 구현할 수 있을 지의 여부(즉, 전기적 가열 없이)는 아직도 충분히 검증되지 못하고 있다.

단계식 연소과정은 그 잠재력으로 인해 아직도 관심의 대상이 되고 있다. 이 과정에서 전체 연소과정은 물리적으로 2개 또는 3개 부분(반응기)으로 나뉘어져 있다.

- 1번 반응기에서는 연료가 열분해 되고 잔존 char가 연소된다. char 연소에 의해 발생된 열은 연료의 열분해에 사용된다. 이때 공급되는 공기는 단지 char의 연소에 필요한 산소량 수준을 만족시킨다(λ=0.5～0.8, 연소에 필요한 전체 공기에 대한 비율).
- 생성된 열분해 가스는 2차실에서 과도공기를 이용하여 연소시키며, 전체 과도공기 비율은 약 1.5가 된다. 이와 같은 시스템을 이용하면 보다 완벽한 연소가 가능하며, 따라서 CO와 연소되지 못한 휘발성 물질의 방출량이 낮아진다.
- 열분해 가스의 연소과정을 2차와 3차로 나누면 NO_x를 감소시킬 수 있다.
- 만일 2차와 3차 단계가 적용된다면 2차 단계는 감소영역의 역할을 하여(λ=0.8, 전체 소요 연소공기에 대한 비율) 생성된 NO_x가 N_2(H_2O와 CO 함께)로 변환되는 반면 3차 단계에서는 과도공기를 이용하여 가스가 완벽히 연소된다(전체 λ=1.5)(Nussbaumer, 1994).

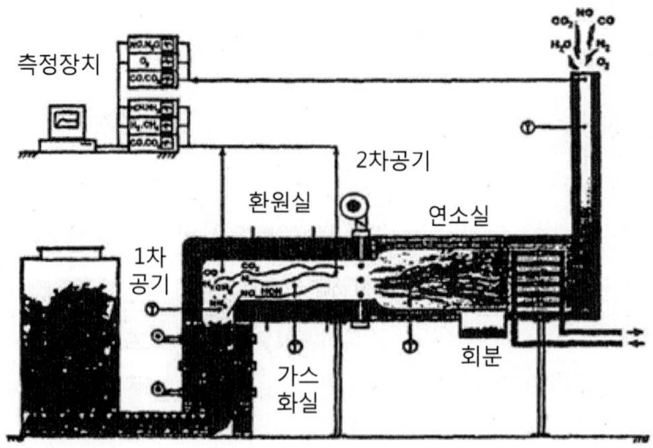

그림 2.15 단계식 연소시스템과 측정장치(TNO, 1992)

나. 배출량 감소를 위한 2차적 방법

2차적 방법이란 연소실 후단(대개의 경우 연도 직전)에 연소가스 처리시스템을 설치하여 연소가스로부터 원치 않는 배출물질을 제거하는 것을 의미한다. 바이오매스 연소과정에서는 분진 제거가 특히 중요하다. 분진 제거를 위한 가장 일반적인 시스템으로는 백필터, 정전식 집진기, 세정기 및 (다단)사이클론과 같은 기계적 분리시스템 등을 들 수 있다.

백필터에는 직물로 된 여러 개의 백(bag)이 있어 연소가스가 이 백들을 통과하도록 되어 있다. 포집된 입자들의 크기는 직물이 얼마나 촘촘히 직조되었는가의 정도에 따라 결정된다. 그림 2.16은 바닥에 장착된 튜브형 백이나 호스를 보여주고 있다. 연소가스는 백의 외부로부터 내부로 유동하므로 백의 외벽에 분진층이 형성된다. 이 분진층은 주기적으로 백을 털어줌으로써 제거됨으로 덩어리진 분진이 하부의 호퍼로 떨어진다. 이후 분진은 분진 저장용기로 향한다.

정전식 집진기(그림 2.16)는 수직 판들과 그 판들 사이에 설치된 수평 전선들로 구성된다. 이 전선들은 방전전극(discharge electrodes)이라 불린다; 접지된 수직판들은 집진전극(collection electrodes)이라 불린다. 전선에는 20~100kV(보통 40~50kV)의 높은 음전압이 가해진다(El Wakil, 1985). 전선 주위에는 음전하를 띄는 가스이온들이 형성되고 전기장에 의해 집진판 쪽으로 밀린다. 이 이온들이 집진판 쪽으로 이동하는 동안 분진 입자들과 충돌하면서 이 입자들도 음전하를 띄게 된다. 음전하를 띈 분진 입자들도 집진판 쪽으로 이동하게 되고 드립 트레이(drip trays)에 의한 기류에 의해 제거된다. 연소가스는 나선형 궤적을 따라 흐르면서 트레이 요소들 사이를 지나게 된다. 액적의 관성으로 인하여 연소가스는 비교적 직선적으로 흐르게 되며, 결국 트레이 요소들에 의해 포집되게 된다.

세정기(그림 2.17과 2.18)는 연소가스 기류에 유체(물)를 분사하여 연소가스를 세정하는 장치이다. 분진 입자를 포집한 액적들이 드립 트레이에 의해 기류로부터 제거된다. 연소가스 기류는 나선형 궤적을 따라 유동하여 트레이 요소들 사이를 통과한다. 액적의 관성에 의해 기류의 유동은 비교적 직선적으로 유지되며, 트레이 요소들에 의해 포집된다.

다단(멀티) 사이클론(그림 2.19)은 접선방향으로 공기가 유입되어 와류를 형성하는 소형 사이클론 여러 기를 연결한 장치이다. 입자들은 원심력에 의해 기류로부터 제거되어 사이클론 하부의 호퍼에 포집된다. 기류는 사이클론의 상부로 배출된다. 다단 사이클론은 고온(500℃)에도 적용이 가능하고 운전이 간편하지만 다른 시스템들에 비하여 효과적이지 못하다. 다른 시스템들에서 이미 전처리된 기류를 다시 처리하는데 사용되기도 한다. 표 2.2는 각종 연소가스 처리 시스템들을 비교하고 있다.

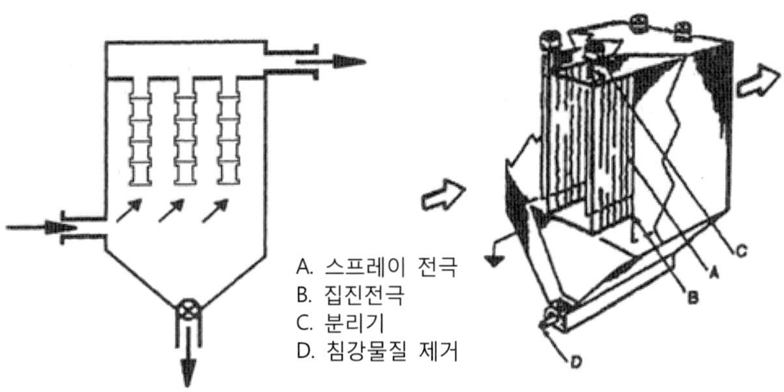

그림 2.16 "호스필터" 형 백필터(좌)와 정전식 집진기(우)(TNO, 1992)

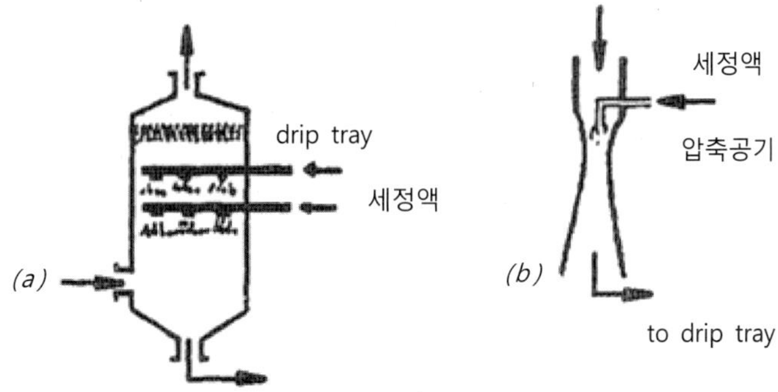

그림 2.17 세정의 원리(TNO, 1992)

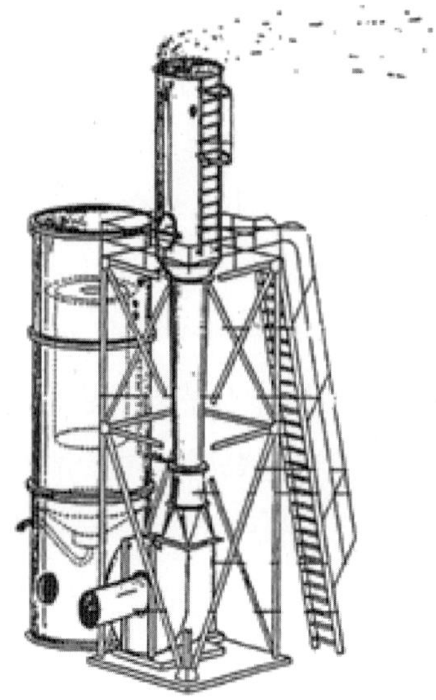

그림 2.18 세정기의 예(TNO, 1992)

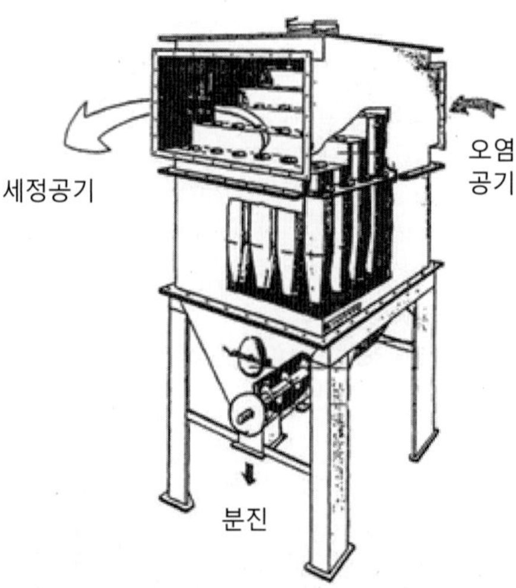

그림 2.19 다단 사이클론의 예(TNO, 1992)

선택적 및 비선택적 촉매식 환원 시스템(SCR과 SNCR)을 NO_x 저감에 적용할 수도 있다. 이 시스템의 운전을 위해서는 저감제(NH_3)가 필요하다. SNCR과정은 과도한 NH_3(과도비율 5)를 투입하면 850~950℃에서 발생된다. NO_x 저감율은 약 50% 수준이다. 3단계 연소과정의 환원 단계에 SNCR을 조합하면 NO_x 환원 성능을 개선할 수 있다. 허용 가능한 과도 NH_3(잉여 NH_3 방출량 30mg/Nm³, O_2 11%)를 이용하면 NO_x 저감율 80%를 실현할 수 있다.

SCR과정은 온도 약 300℃의 촉매 층 속에서 이루어진다. 화학량에 기준하여 NH_3를 공급하면 NO_x 저감율 90%를 달성할 수 있다. 요구되는 온도 때문에 SCR장치는 열교환기 사이에 설치되어야만 하며, 여기서 연소가스의 열에너지가 공정매체 쪽으로 열교환된다.

표 2.2 연소가스 처리시스템의 장단점과 소요에너지

처리시스템	장점	단점	1,000㎥당 소요에너지
정전식 집진기	고효율(약 95%), 300℃까지 적용 낮은 압력강하(0.2~0.4kPa)	고전압 필요 연소가스량에 따라 효율 변화	0.2~0.4kWh
백필터	고효율(95~99.9%), 낮은 압력강하(0.6~1.0kPa)	고온에 사용 불가 백의 주기적 교체(2~3년에 1회)	0.2~0.4kWh
세정기	방출량 조절가능 (높은 압력강하 → 낮은 방출량) 고온의 배출가스, 냉각과 세정 가능	높은 소요에너지 효율 95% 미만 수처리 필요	3~10kWh
멀티 사이클론	고온 적용 가능, 단순한 구조, 저비용 낮은 압력강하(1~3kPa), 높은 신뢰성	저효율 연소가스량에 따라 효율 변화 일정한 연소가스조건 필요	0.2kWh

5) 증기사이클

연소시스템으로부터 얻게 되는 열에너지의 중요한 용도는 증기사이클을 이용한 발전(power generation)이다. 증기사이클에 포함되어 있는 전체 에너지 변환과정은 그림 2.20과 같다. 한편, 그림 2.21은 단순화된 공정도이다.

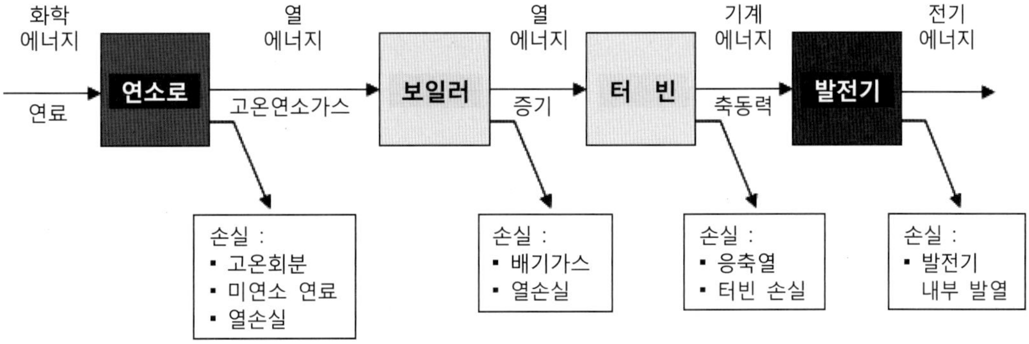

그림 2.20 증기사이클의 에너지 변환

공정도에 의하면 다음의 주요 요소들을 확인할 수 있다: 연소로와 보일러(이들은 대개의 경우 서로 복합되어 있어 단순히 보일러로 취급하기도 함), 터빈, 응축기, 보일러 급수 펌프.

증기사이클은 다음과 같다:

- 보일러 급수는 급수펌프에 의해 가압되어 보일러로 공급된다.
- 보일러 내에서 물은 증발되고 과열된다.
- 보일러에서 발생된 과열증기는 증기터빈으로 공급되어 저압 저온으로 팽창한다. 이때 압력과 온도는 응축기에 의해 결정된다.
- 응축기를 거친 팽창 증기(일부는 증기, 일부는 액체 상태)는 공기제거기로 투입된다.
- 공기제거기에서는 급수에 용해되어 있던 응축이 불가능한 기체들을 제거하여 시스템 내 축적을 방지한다.

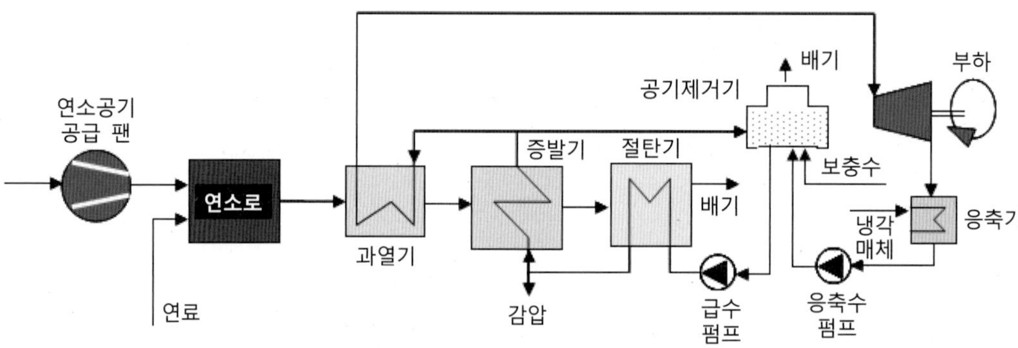

그림 2.21 증기시스템 모식도

공기제거기에는 약간의 가열이 필요하다; 그림 2.21에서처럼 증발기에서 발생된 증기의 일부를 이 목적으로 사용하고 있다.

증기터빈뿐만 아니라 증기엔진도 고려해야 한다. 저용량(500kW 미만)에서는 증기터빈의 효율이 낮으므로 증기엔진이 대안이 될 수 있다. 또한, 단순한 증기사이클에서는 팽창 증기를 그대로 방출함으로써 응축기를 생략할 수도 있다. 이와 같은 단순한 시스템의 단점은 사이클 효율이 낮고 전처리된 새로운 물을 지속적으로 공급해주어야 한다는 것이다.

기초적인 열역학적 원리에 의하면 증기가 가지고 있는 모든 열에너지를 터빈 축(발전기 구동)의 동력으로 변환하는 것은 불가능하다. 증기사이클에서 사이클 종료를 위해서는 수증기를 응축(열 방출)시켜야만 한다는 점도 기억해야 한다. 사이클의 효율은 다음 요소들에 의해 결정된다:

- 보일러 효율
- 터빈에 투입되는 증기의 조건(온도와 압력 모두 가능한 높아야 함)
- 터빈의 효율
- 응축기의 냉각 조건(온도와 압력 모두 가능한 낮아야 함)
- 급수 가열시스템

터빈형 발전기는 기계적 에너지를 전기에너지로 효율적으로 변환해준다. 일반적인 효율은 85~98% 수준이다. 모든 구성 요소들을 조합하면 전체 효율은 5~40% 수준이 된다. 한편, 사이클 내 설비 중에는 전력을 필요로 하는 것들도 있다. 특히, 보일러 급수 펌프와 연소공기 송풍기 등은 상당한 양의 전기를 소모한다(기생동력(parasitic power)이라고도 함). 전체 효율은 식[2.3]으로 정확히 계산할 수 있다.

$$\eta_{overall} = \frac{E_{no}}{F_i}$$
$$E_{no} = \eta_{comb} \times \eta_{boil} \times \eta_{\geq n} \times \eta_{\geq n} \times \phi_{fuel} \times NCV_{fuel} - P_{parasitic} \qquad [2.3]$$
$$F_i = \phi_{fuel} \times NCV_{fuel}$$

여기서 E_{no}는 순 전기 출력, F_i는 연료 투입량, 그리고 ϕ_{fuel}은 투입연료의 질량유량을 의미한다.

가. 증기사이클의 구성요소

■ 증기보일러

증기보일러는 일반적으로 연관식(fire-tube)이나 수관식(water-tube) 중 하나의 형태를 취하고 있다. 연관식 보일러는 연소가스가 흐르고 있는 관 주위를 물과 증기가 둘러싸고 있다. 수관식 보일러는 그 반대이다.

연관식 보일러는 그 증기능력에 비하여 많은 양의 물을 지니고 있으므로 수관식 보일러에 비하여 증기요구량 변동을 흡수할 수 있는 완충능력(buffering capacity)이 크다. 또한, 보일러 급수의 품질에 대한 제한도 비교적 적은 편이다. 연관식 보일러(그림 2.22)는 비교적 저압의 증기 생산에 사용된다. 증기압력은 1~35bar 범위이다; 증기온도는 최고 약 450℃ 정도이다. 용량범위는 소형의 경우 1~10kW 수준이고 최대 25MW 이다. 보일러 내 연관은 수직(그림 2.22) 또는 수평으로 설치가 가능하다.

수관식 보일러(그림 2.8)는 고압 고온(최고 150bar와 580℃)의 증기를 대량으로 생산하기 위하여 사용된다. 증기소요량의 커다란 변동에 대비하기 위해서 수관식 보일러에는 비교적 대용량의 증기 드럼이 필요하다(제어와 안전을 위하여). 용량은 2MW~2,000MW 범위이며, 화석계 연료를 사용할 경우 용량을 확대할 수 있다. 바이오연료의 경우 연료 확보 가능량에 제한이 있으므로 바이오 연료 보일러의 용량은 대개 100~200MW 범위 정도로 제한되는 것이 일반적이다. 그러나 증기보일러의 형태와 용량에 대한 확실한 규칙이 없으므로 최종 선택은 다양한 변수들에 의해 결정될 수밖에 없다.

보일러 급수는 일정 기준을 만족시켜야 하기 때문에 안정적인 보일러 운전을 위해서는 (화학적인) 급수 처리시설이 요구된다. 급수에 소금, 알칼리성 물질, 기름, 이산화탄소, 철 및 구리 등과 같은 요소들이 가능한 포함되지 않도록 해야 한다. 또한, 산소도 없어야 한다.

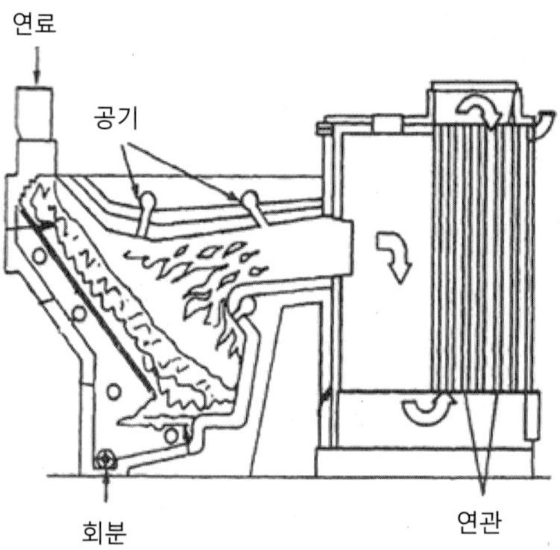

그림 2.22 경사 화격자가 연결된 connected three-draft 연관식 보일러(TNO, 1992)

■ 증기엔진

전통적인 증기동력장치는 반복 운동하는 피스톤 엔진으로, 신뢰성이 높고 속도는 낮으나 유지관리가 크게 요구되지 않으며, 제어가 간단하고 부하에 적응하는 특성이 우수하다.

그러나 피스톤 증기엔진은 비교적 크기 때문에 가격이 높은 경향이 있다. 또한, 대형 피스톤 엔진은 증기 터빈에 비하여 비교적 효율이 낮은 편이다. 한편, 100~200kW 범위의 소형 엔진의 경우에는 항상 그렇지만은 않다. 150kW급 증기사이클을 지닌 반복형 증기엔진의 전체 효율(17%)은 동일 수준의 증기터빈(15%)에 비하여 높다.

효율이 낮기 때문에 피스톤 증기엔진은 비교적 증기요구량이 많은 공정에 주로 사용되어 왔다. 그러나 섬유산업과 같은 많은 적용 사례에서 보면 배출증기에 기름이 함유되어 있어 열병합발전을 저해한다는 것이 가장 큰 단점이다. 브라질, 미국, 호주 및 독일 등의 몇몇 업체에서는 아직도 소형 증기엔진을 공급하고 있다.

■ 증기터빈

증기터빈은 증기가 고압(바이오 연료를 이용하는 발전기에서는 최고 약 70bar)과 고밀도(약 20kg/m³)에서 저압과 저밀도(0.1bar와 0.06kg/m³)로 팽창하는 복잡한 장치이다. 압력비는 거의 700배에 달하며, 체적증가는 약 300배이다. 증기터빈 자체의 직경은 고압단계에서 저압 응축단계로 갈수록 크게 증가된다. 그러므로 저압부(응축부)는 중고압부에 비하여 제작에 상당히 많은 재료가 요구된다. 따라서 (저압 응축부 없이) 단지 역압(back- pressure) 터빈만을 사용한다면 투자비용을 크게 줄일 수 있다. 그러나 그 결과 증기의 팽창능력을 모두 사용할 수 없게 되므로 전기 생산량이 적고 전기적 효율이 비교적 낮다. 이러한 형태의 터빈은 100~150℃ 정도가 요구되는 열병합발전에 주로 사용된다.

증기터빈의 효율은 등엔트로피 효율로 표현하는 것이 가장 효과적이다. 열역학적 의미가 아닌 터빈 내 증기팽창으로 실제 얻을 수 있는 동력을 증기 팽창에 의해 얻을 수 있는 이론적인 최고 동력으로 나눈 값이다. 이론적 최고 동력은 투입 증기 압력과 온도, 그리고 배출 증기 압력에 따라 달라진다.

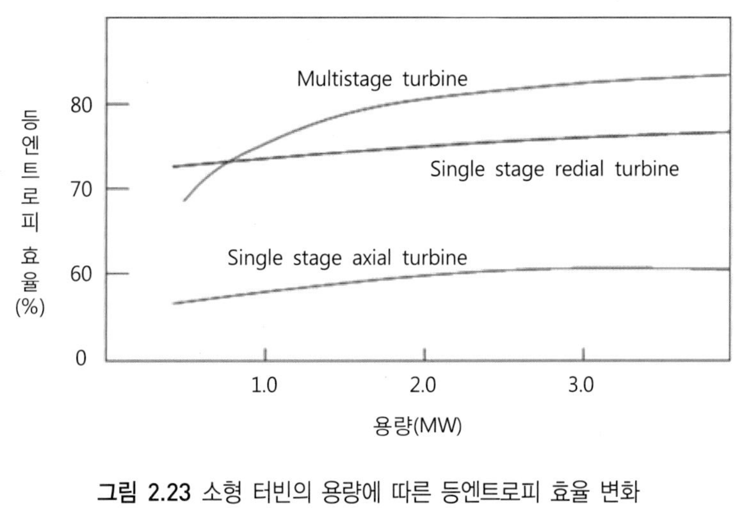

그림 2.23 소형 터빈의 용량에 따른 등엔트로피 효율 변화

소형 터빈에는 단지 하나의 단계(날개 1단)만이 있어 여기에서 모든 증기의 팽창이 이루어진다. 이처럼 구조가 비교적 단순하기 때문에 단단형 터빈의 등엔트로피 효율은 상대적으로 낮은 편이다. 다단을 적용하면 터빈의 효율을 향상시킬 수 있으나 규모가 작은 경우 상대적으로 높은 비용이 요구된다. 그림 2.23은 소형 터빈의 규모에 따른 등엔트로피 효율의 변화를 나타낸 것이다. 프랑스, 독일, 영국, 일본, 미국, 러시아, 스웨덴 및 기타 여러 나라에서 용량 100~5,000kW$_{el}$ 범위의 소형 단단 또는 다단 역압 및 응축형 증기터빈을 생산하고 있다.

■ 응축기

발전 중 증기는 터빈을 지나 매우 낮은 압력(약 0.1~0.2bar)과 온도의 응축기에서 응축된다. 온도가 낮을수록 보다 많은 동력이 생성된다. 실제로 온도는 40~60℃ 범위로, 냉각매체(물 또는 공기)의 종류와 그 온도에 따라 달라진다. 수냉식 응축기에서 가열된 물은 강이나 호수로 되돌아간다. 따라서 환경적인 문제 즉, 생태계에 해를 끼치지 않는 낮은 온도로 제어되어야 한다. 일반적으로 온도상승은 5~10℃ 수준이다. 냉각탑을 이용하여 물을 재순환시킬 수도 있으며, 물의 일부가 증발되면서 나머지 물을 냉각시키는 효과가 있다. 물 대신에 공기를 사용하여 응축기를 냉각할 수도 있다. 그러나 공랭식 응축기의 열전달 능력이 좋지 못하여 규모가 커지고 비용이 높은 단점이 있다.

■ 수처리

수처리는 복잡하지만 증기사이클에 필수적인 공정이다. 이 분야에 대한 연구를 위해서는 다음과 같은 사전지식이 요구된다. 증기사이클에서 사용된 물은 보일러나 터빈 또는 두 설비 모두에 손상을 입힐 수 있는 오동작을 예방하기 위하여 반드시 처리해주어야 한다. 천연수에는 처리가 요구되는 다음과 같은 요소들이 포함되어 있다.

- 입자(0.1mm 이상) - 여과에 의해 제거
- 콜로이드성 입자(0.1~0.001mm) - 응집, 응고 및 여과에 의해 제거
- 용해(가스) 분자 - 공기제거기에 의해 제거
- 양이온과 음이온(미네날) - 이온교환기나 증발장치에 의해 제거
- 유기물 - 전술한 기술들을 조합하여 제거

수처리가 충분하지 못한 경우의 결과는 다음과 같다:

- 스케일 퇴적에 의하여 물질이 가열되고 보일러에 손상 초래
- 입자들에 의한 침식
- 거품 발생에 의한 밸브 동작 방해로 터빈의 불균형 초래
- 염분 퇴적으로 인한 보일러와 터빈의 부식
- 물속에 포함된 산소와 이산화탄소에 의한 부식

수처리의 수준은 요구되고 있는 운전 중 물 배출/공급의 수준과 증기의 조건에 따라 좌우된다. 수처리 시스템은 증기사이클로 공급되는 물의 처리 시스템과 응축기에서 회수되는 물의 처리시스템으로 나뉜다. 수처리 시스템이 증기사이클에 필수적인 요소의 하나임은 분명한 사실이다. 물공급을 위한 장착형(skid-mounted) 수처리 시스템이 개발된 바도 있다.

공기제거기는 물에서 발생되는 응축 불가능한 기체들을 지속적으로 제거해준다. 이 기체들은 대기압 이하의 응축기나 기타 부분에서 공기가 누출되면서 발생될 수 있다. 보일러 드럼에서도 약간의 물이 계속해서 배출되어 용해되어 있는 염분과 사이클 내 발생되는 오염물의 농도를 낮추어 준다.

나. 증기사이클의 최적화

기본적인 증기사이클(그림 2.20)은 열을 동력으로 변환하는 효율의 향상을 위한 최적화가 가능하다. 이 최적화의 열역학적 원리는 (a) 최고 효율을 위하여 가능한 최고 온도의 연소열을 이용하고, (b) 저온을 요구하는 용도에는 저온의 열을 적용한다. 보일러에 투입되는 연소가스의 온도는 연소로 조건에 따라 다르지만 900~1,600℃ 범위이다. 그러나 최신 증기 사이클의 증기온도는 560℃ 수준으로 제한되어 있다. 이 온도는 변환효율을 제한하여 연소가스의 열역학적 잠재력이 완전히 활용되지 못한다.

터빈 내에서 증기(최초 팽창부 이후)의 재가열은 비교적 높은 온도(300~560℃)에서 연소열을 두 번 활용하는 방법이 되므로 열역학적 효율을 향상시킬 수 있다(그림 2.24).

응축기에서 발생된 물은 다시 보일러 투입조건까지 가열되어야 한다. 이 물은 공급수 예열기보다 약간 높은 온도의 증기를 이용하여 가열할 수 있다. 최신의 증기사이클에는 공급수 예열기의 열요구량을 충족시킬 수 있도록 다양한 온도수준에서 증기를 공급할 수 있는 터빈이 준비되어 있다(그림 2.24). 열역학적 관점에서 보면 증기를 우선 발전에 그리고 이후 가열에 최대한 사용할 수 있으므로 급수가열은 최적화 방법의 하나라 할 수 있다.

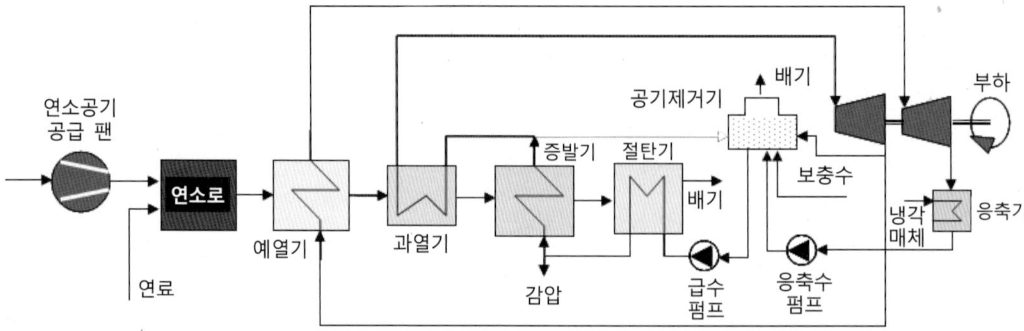

그림 2.24 1차 터빈 후단 재가열 증기사이클

보일러에서 배출되는 연소가스에 포함되어 있는 저온의 열은 공기 예열기에서 예열에 사용할 수 있다(그림 2.25). 연소공기를 예열하면 보다 높은 연소로 온도를 얻을 수 있다. 따라서 보다 많은 열을 증기의 과열과 재가열에 사용할 수 있게 되고, 연도를 통하여 손실되는 열을 감소시킴으로써 사이클의 효율이 향상된다.

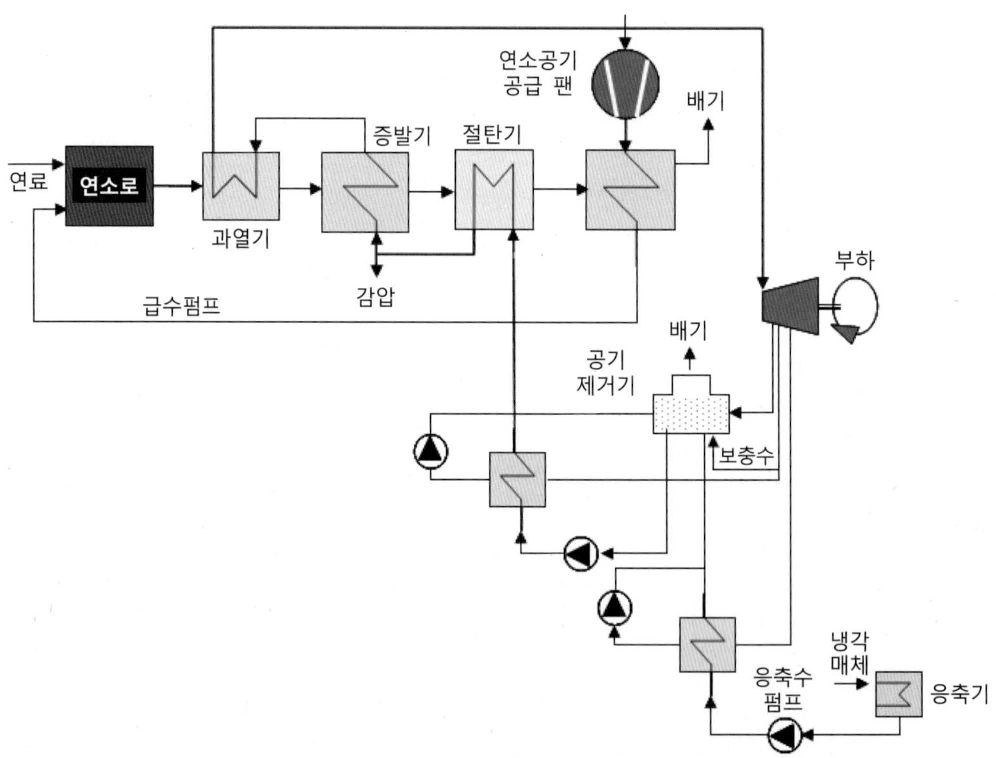

그림 2.25 공급수/공기 예열기가 있는 사이클

다. 증기사이클의 적용

증기사이클은 규모가 큰 화력발전소에서도 입증된 기술이다. 그러나 소규모(〈5MWe)에서는 사이클이 복잡해져 상대적으로 편리하지 못한 편이다. 특히, 복잡한 증기사이클에는 다음과 같은 부속장치들이 요구된다:

- 새로운 물 공급과 수처리가 요구됨: 폐쇄형 사이클의 경우 단지 소량의 완벽하게 처리된 물이 공급된다. 개방형의 경우에는 그 반대이다.
- 물에서 발생되는 기체의 제거를 위하여 공기제거기나 공기제거형 응축기가 항상 필요하다. 그러나 증기압력이 낮아지면 공기제거 요구량이 감소된다.
- 증발된 물을 보충하기 위하여 새로운 물의 연속적인 공급이 요구되는 수냉식, 공랭식 또는 냉각탑이 요구된다.

동력에 문제가 발생되면 보일러 폭발이나 기타 심각한 결과가 초래될 수 있으므로 자체 소비되는 동력을 위한 안정적인 전력공급이 필요하다. 마지막으로 증기사이클에 사용되는 설비는 온도와 압력에 견딜 수 있어야만 높은 품질수준과 엄격한 안전규칙을 만족시킬 수 있다.

증기사이클은 비교적 가격이 높은 편이다. 소규모 증기사이클은 동일 규모의 디젤 엔진에 비하여 5~10배 정도 더 비싸며, 규모가 커질수록 상대적으로 가격이 낮아진다. 한편, 증기설비의 경제적 수명은 긴 편이며 연료가 저렴하여 적용할 만한 측면도 있다. 그러나 해당 경우에서 깊은 경제적 및 재무적 분석이 필요하다.

라. 열과 동력의 복합

기초적인 물리법칙에 의하면 열원으로부터 공급되는 모든 열은 완벽하게 동력으로 변환시키는 것은 불가능하다. 고온으로 공급되는 열은 그 일부를 동력으로 변환할 수 있다. 남은 열은 저온으로 배출된다. 증기사이클에서는 높은 증기온도와 낮은 응축온도의 적용을 통하여 최고의 출력을 얻을 수 있다(전술한 증기사이클의 최적화 참조). 오직 발전만이 목적인 발전소에서는 응축기로부터 발생되는 열이 대기 중으로 방출된다.

실제로 열을 적용하는 많은 용도가 단지 중온 정도만을 사용한다(난방(50~90℃), 식품사업(80~150℃), 제지산업(100~150℃) 등). 이와 같은 용도에는 열과 발전을 복합한 열병합발전(cogeneration)을 적용할 수 있다. 높은 온도는 일정량의 증기당 발전량이 감소함을 의미하지만 상기의 온도수준은 열병합발전을 통하여 효과적으로 발전할 수 있을 정도로 낮은 편이다.

증기사이클에 기초한 열병합발전 개념은 설계가 매우 간단하다. 응축형 터빈 대신 요구되는 조건의 증기를 공급할 수 있는 역압형 터빈을 적용할 수 있다. 공정용 증기의 전달을 위해 제어 가능한 설비가 준비된 터빈은 증기량을 실제 요구되는 열량 수준에 맞추어 조절할 수 있고 잉여 증기는 발전을 위하여 터빈의 응축부에 공급할 수 있기 때문에 보다 높은 수준의 유연성이 확보된다.

현재 많은 열공급용 보일러들이 열병합발전소로 교체되어왔다. 이 발전소들은 실제 열요구량에 의해 제어되며, 생산된 전기는 공급망으로 전달된다. 열역학적 관점에서 보면 이것은 운용방법의 최적화라 할 수 있다.

2.2. 발전과 열생산을 위한 연소, 가스화, 열분해 및 소화

열생산과 발전 또는 열병합발전(combined heat and power(CHP))에는 다양한 조건 적용이 가능하다. 표 2.3에는 각 기술들에 대한 투자비용, 효율 및 생산비용 등이 제시되어 있다.

표 2.3 주요 바이오매스 변환기술의 용량, 효율 및 투자비용

변환기술		용량범위	순 효율 (NCV 기준)	투자비용 (Euro/kW)
바이오가스생산	혐기성소화	수 MW_e	10~15%(발전)	
	매립지가스	수천kW	가스엔진 효율	
연소	열생산	가정용 5~50kW 산업용 1~5MW	최고 70~90%	~100 300~700
	CHP	0.1~$1MW_e$ 1~$10MW_e$	60~90% 80~100%	
	단독발전	20~수백MW_e	20~40%(발전)	2500~1600
	혼소	5~$20MW_e$	30~40%(발전)	~250+기존 비용
가스화	열생산	수백kW	80~90%	수백
	CHP gas engine	0.1~$1MW_e$	15~30%(발전)	3000~1000
	BIG/CC	30~$100MW_e$	40~50%(발전)	2000~1000
열분해	바이오오일	수백kW	60~70%	

1) 연소

가. 가정용 난방

바이오매스 연소의 고전적인 적용용도는 가정 난방을 위한 열생산이다. 오스트리아, 프랑스, 독일 및 스웨덴 같은 국가에서는 아직도 가정 난방용 열생산이 바이오매스의 중요한 시장을 이루고 있다. 목재의 노천소각(open fireplace)이나 가정용 화로에 대한 기록된 정보는 찾기 어렵지만 이와 관련된 열 요구량도 상당하다. 목재를 전통적인 방법으로 이용하면 효율이 낮은(10%) 것이 일반적이며 분진과 검댕(soot) 등의 배출량도 상당하다. 최근에는 기술의 발달을 통하여 크게 개선된 전자동 가열시스템들이 적용되게 되었으며, 촉매를 이용한 세정기술과 표준화된 연료(예: 펠릿)의 사용 등이 이루어지게 되었다. 노천소각에 대비한 효율적 측면의 향상은 매우 커서 노천소각의 연간 효율은 굴뚝을 통한 열손실로 인하여 심지어 0보다 낮을 수도 있지만 첨단의 가정용 가열기의 효율은 70~90%에 이르며, 배출물질의 양도 크게 감소되었다. 이러한 시스템들은 스칸디나비아 지역, 오스트리아 및 독일에 많이 보급되어 있다. 특히, 스웨덴에서는 자동화 연소시스템에 투입되는 바이오매스 펠릿의 시장이 매우 크게 발달되어 왔다(Loo, 2004).

나. 지역난방과 열병합발전

바이오매스를 이용한 지역난방은 스칸디나비아 지역과 오스트리아에 널리 보급되어 있다. 스칸디나비아 지역에서는 기후협약과 에너지정책에 힘입어 1980년대부터 바이오매스를 이용한 열병합발전이 적용되어 왔다. 초기에는 주로 기존 석탄 보일러를 변형하는 일이 많았다. 시간이 지나면서 열병합발전시스템의 규모가 점차 확대되었고 이를 통하여 발전효율이 향상되고 비용도 절감되었다. 이와 같은 경향은 바이오매스 시장의 발달을 초래하여 바이오매스 자원(특히, 임지폐잔재)의 경쟁력이 향상되고 장거리 운송이 가능하게 되었다(Hillring, 2002).

1990년대 들어서 덴마크는 밀짚을 이용하는 프로그램을 개발하였다. 다양한 기술적 개념들이 개발되었고 효과적인 밀짚 bailing 장비와 수송 및 저장 망 등과 함께 소위 cigar burner가 적용되기에 이르렀다. 또 다른 혁신적인 기술들로는 알칼리와 염소 함량이 높은 밀짚의 연소특성에 대처하기 위한 아이디어들을 들 수 있다. 따라서 2단계 연소 등과 같은 복잡한 개념이 보일러에 적용되기도 하였으며, 밀짚 세척과 같은 전처리방법도 개발되었다(Nikolaisen 등, 1998).

마을단위의 소규모 바이오매스 열병합발전소 분야에서 선두를 달리고 있는 오스트리아에서는 일반적으로 연료공급시스템을 해당 지역에서 해결하도록 하고 있다. 전술한 모든 국가들은 추운 기후를 지니고 있어 열병합발전이 경제적인 측면에서도 매력적일 수 있다. 또한, 지방자치단체와의 긴밀한 협조가 필수적이다. 해당 지역의 시민들이나 산지소유자가 열병합 발전소의 소유자들인 경우도 드물지 않다. 이러한 시스템들의 에너지비용은 대개 약간 높은 편이나 일자리 창출이 가능하고 지출에 따른 지역사회의 수익창출도 가능하므로 지역사회의 강력한 지지가 이루어지고 있다. 그러나 높은 노동비용으로 인하여 시스템의 자동화 수준이 크게 높아지고 있는 것도 사실이다(Serup 등, 1999).

다. 대규모 연소시설

바이오매스를 이용한 발전(열과 증기 생산 포함)을 위하여 상업적인 대규모 연소시설에 대한 수많은 설계가 개발되었고 세계 여러 곳에 설치되어 왔다. 기본적인 연소원리로는 pile burning. grate burning(고정식, 이동식 및 진동식 화격자 연소), suspension burning(부유 연소) 및 fluidized-bed burning(유동층 연소) 등을 들 수 있다. 발전을 위한 바이오매스 연소가 적용되고 있는 주요 분야로 흑액(black liquor)과 폐기물들을 소각하는 펄프제지산업을 들 수 있다. 독일과 네덜란드와 같은 국가들에서는 강력한 환경법에 의해 1980년대부터 이미 폐기물 소각장치들을 설치하여 왔다. 이 장치들에는 대개 매우 다양한 폐기물들을 처리할 수 있는 대용량(플랜트 1기당 연간 100만톤 수준)의 이동식 화격자 보일러가 포함되어 있으나 부식방지를 위하여 저압 저온의 증기만을 생산하는 한편, 강력한 배출가스 세정이 요구되었다. 일반적인 발전효율은 15~20% 수준이나 최근 효율 30% 수준의 새로운 고효율 설계가 소개되고 있다.

유럽에서 가장 중요한 폐기물 에너지변환기술로 인정되고 있는 mass burning은 처리비용 역시 비교적 높은 편이다(50~150Euro/톤)(Faaij 등, 1998). 연료로 목재를 사용하는 단독형 바이오매스 연소플랜트의 일반적인 용량은 20~50MW_e이며, 발전효율은 25~30% 수준이다. 이들 플랜트들은 저가에 연료를 수급할 수 있거나 재생에너지를 이용한 발전에 대한 탄소세 면제나 보조가 이루어질 경우에 한하여 경제적 타당성을 확보하게 된다. 최근에는 유동층 기술과 첨단 가스세정기술을 적용함으로써 바이오매스를 이용한 고효율의 발전과 열생산이 가능해지고 있다. 용량이 50~80MW_e 수준이 되면 30~40%의 발전효율도 가능하다(van Loo와 Koppejan, 2002)(DOE, 1998)(van den Broek 등, 1996).

핀란드가 기술적 우위를 점하고 있는 기포유동층(bubbling fluidized bed(BFB))과 순환유동층(circulating fluidized bed(CFB)) 보일러는 연료에 대한 융통성이 높고 비투자비용이 낮으며 효율이 높고 대용량 설치가 가능하다. 핀란드에는 최근 500MW_{th} 규모의 플랜트가 건설되었으며, 바이오매스 혼소기술 적용도 가능하다.

라. 혼소

바이오매스 혼소 특히, 석탄발전소에서의 혼소는 많은 EU국가들(예: 스페인, 독일, 네덜란드)에서 가장 많이 채택되고 있는 바이오매스 변환기술의 하나이다. 혼소의 장점은 다음과 같다: 기존 대형 플랜트를 사용하므로 규모의 경제에 의한 효과를 얻을 수 있어 총 발전효율이 높으며(대개 40%), 펠릿과 같은 고품질 연료를 사용한다면 추가적인 투자비용도 거의 없다. 또한, 석탄사용을 직접 대체하므로 오염물질 배출량을 극소화할 수 있다. 한편, 기존의 많은 석탄발전소들에 대한 감가상각이 이미 완료된 상황이므로 혼소에 의한 온실가스 감축의무를 충실히 지킬 수 있게 된다. 물론 바이오매스 연소를 통한 황과 기타 배출물질들의 감소 역시 장점이라 할 수 있다. 국가에 따라서는 바이오매스 활용이 100% 석탄을 연소시키는 경우 요구되는 가스세정설비에 대한 투자를 피할 수 있는 방법이 된다. 최근 이 분야에서는 연료투입기술과 보일러 성능 개선에 대한 많은 연구들이 진행되고 있다(van Loo와 Koppejan, 2002).

덴마크에서는 천연가스나 석탄과 함께 다양한 바이오매스의 연소가 가능한 발전소들(예: Avedore plant)을 설치하여 규모의 경제 효과를 얻는 한편, 연료공급 관련 위험을 줄이고자 하고 있다. 덴마크에서는 밀짚도 연료로 사용되고 있으나 염소와 알칼리 함량이 높은 밀짚으로 인하여 일반적인 연소시스템에서는 부식과 slagging의 문제가 발생하기 쉽다. 그러나 다양한 연료를 적용할 수 있는 시스템에서는 저온 증기 발생에만 밀짚을 사용하고, 일단 증기가 발생된 후에는 화석계 연료를 이용하여 과열시키는 방법을 통하여 전술한 문제들을 어느 정도 해결하고 있다(Nikolaisen 등, 1998).

2) 가스화

가스화는 다양한 고체 연료를 가연성 가스나 합성가스(syngas)로 변환하는 기술로, 1980년대부터 세계적으로 주목을 받기 시작하였다. 가스화를 통하여 바이오매스를 연료가스로 변환시키면, 이 가스는 연소 전 다시 변환과정이나 세정과정을 거치게 된다(예: BIG/CC(바이오매스 통합 가스화/복합사이클: biomass integrated gasification /combined cycle) 플랜트의 가스터빈).

연료생산을 위한 가스화는 소형 가스화(수십kW$_{th}$~1MW$_{th}$ 범위이며, 고정층 가스화 개념을 적용)와 대형 가스화(대개 유동층 개념 적용)로 구분하여 취급할 필요가 있다.

가. 소형 바이오매스 가스화

1980년대 말에서 1990년대 초 소형 가스화에 대해 많은 관심이 집중된 바 있다. 100kW$_{th}$~수MW$_{th}$ 범위의 하향식(downdraft)이나 상향식(updraft) 및 고정층(fixed-bed) 가스화장치가 개발되어 디젤엔진이나 가스엔진을 이용한 발전과 열생산에 적용되었다. 소형 가스화장치를 이용한 열생산이 상용화되기도 하였다. 특히, 1980년대 핀란드에서는 열생산에 소형 가스화장치(Bioneer사)가 성공적으로 적용된 바 있다. 그럼에도 불구하고 열생산 분야에서는 연소기술과 치열하게 경쟁해야하는 상황이다. 오랜 기간 동안 추구하여 왔던 가장 중요한 개념은 설치장소와 근접한 곳에서 발생되는 농산폐기물을 이용함으로써 수송비용을 최소화하는 것이었다.

다양한 가스화 개념과 가스세정 및 시스템 통합에 대한 제안과 실험이 여러 가지 조건하에서 이루어져 왔다. 국제은행과 같은 국제기구들의 지원에 의해 다양한 관련 기술들이 개발도상국가들에게 이전되기도 하였다. 현재 디젤/가스 엔진과 연결된 소형 고정층 가스화장치(100~200kWe 수준, 발전효율 15~25%)가 상용화되어 있다. 인도에서 특히 성공적인 적용사례가 많이 보고되고 있다. 그러나 소형 가스화장치에 사용되는 연료의 품질에 주의해야하며(가능한 표준화된 고가의 펠릿과 같은 연료가 선호됨), 고도의 운전기술이 요구되고, 특히 강력한 배출표준을 만족시키기 위하여 고가의 고효율 가스세정장치가 요구되므로 유럽에서는 널리 보급되지 못하고 있다(Kaltschmitt 등, 1998)(Stassen, 1995). 장기적으로는 연료전지와 micro-turbine을 이용하는 표준화된 가스화시스템이 바이오매스를 이용한 소규모 발전분야의 핵심이 될 것으로 예상되나 보다 깊은 개발이 요구되고 있으며 특히, 저렴하고도 신뢰도 높은 연료전지의 개발이 필수적이고 소규모 가스세정기술의 발전도 요구된다.

나. 대형 순환유동층 바이오매스 가스화

대형 가스화장치(수십MWth 이상)는 대개 순환 유동층 개념을 적용하고 있으며 연료관련 융통성이 높다. 대기압 하에서 운전하는 상압 순환유동층(atmospheric circulating fluidized bed(ACFB)) 가스화장치는 주로 producer gas와 공정열(process heat) 생산에 적용되지만 그 예는 많지 않은 편이다(예: 이탈리아, 오스트리아, 스웨덴 및 독일). BIG/CC 시스템은 연료특성에 대한 융통성이 우수한 동시에 높은 발전효율을 얻을 수 있도록 고안되었다. 규모 30MWe 수준에서 단기간 동안은 40% 정도의 발전효율(순발열량 기준)이 가능하다(Consonni와 Larson, 1996). 1990년대 초반 유럽 국가들의 관심이 가장 많이 집중된 것이 바로 BIG/CC 시스템이었다. 이 시스템은 중간 규모에서도 높은 발전효율을 얻을 수 있으며, 따라서 투자비용도 중간 수준이 되므로 많은 연구의 대상이 되어 왔다. 또한, BIG/CC 개념에서는 가스터빈에서의 연소를 위하여 철저한 가스세정이 요구되므로 결과적으로 배출가스 오염수준도 매우 낮아진다(Faaij 등, 1997).

다양한 가스화 개념들에 대한 입증 프로젝트가 여러 국가들에서 이루어져 왔다: 브라질에서는 GEF/World Bank의 지원으로 조림된 유칼립투스를 이용하는 30MWe급 ACFB BIG/CC 장치에 대한 입증실험이 수행되었다(Elliott, 1993). 같은 시기 스웨덴에서는 가압가스화공정(pressurized gasification process(PCFB)) 개념에 기초한 최초의 BIG/CC 장치(BIOFLOW pilot-project)가 설치되어 수천시간의 운전기록을 갖게 되었다. 대기압 하에서 운전되는 ACFB BIG/CC 시스템은 2000년도 영국 요크셔에 설치되었으나 시험기간 후 바이오연료의 공급을 중단하고 그 후로부터 천연가스를 이용하여 운전하고 있다. 미국에서는 기존의 Burlington 발전소에서 간접식 FERCO 가스화 개념을 입증하는 프로젝트가 수행된 바 있다. 이외에도 상용화 전 단계 또는 실증단계의 BIG/CC 기술에 대한 여러 국가 특히, 유럽 국가들의 다양한 정부지원 정책이 이어져 왔다(Morris 등, 2005).

그러나 실제 실증하기란 쉬운 일이 아님이 밝혀졌으며, 1세대 발전시설의 비용이 매우 높은 것으로 확인되었다. 1세대 BIG/CC 시스템의 투자비용도 매우 높은 수준이다. 규모에 따라 5,000~3,500 Euro/kWe 수준으로(Faaij 등, 1998), 이는 BIG/CC의 경쟁력이 확보되기 위하여 요구되는 수준인 1,500~2,000Euro/kWe와는 큰 차이가 있다. 여러 가지 기술적 문제들(즉, 전처리와 타르 제거 등)도 아직 완벽히 해결되지 못하고 있는 것으로 알려지고 있다. 한편, 1990년대 후반 에너지 분야의 시장이 급격히 자유화되면서 많은 비용이 소요되는 실증사업이 진행되기 어렵게 되었다. 따라서 많은 실증용 시스템들(ARBRE와 BIOFLOW 등)이 최근 운전 중지된 상태이다. 위험부담을 피하고자 하는 에너지 분야에서는 일반적으로 혼소와 이미 입증된 연소기술들을 선호하고 있다. 그러므로 바이오매스를 이용하여 경쟁력 있는 비용수준에서 발전할 수 있는 기술이 요구되고 있다. 여러 연구의 결과 100MWe 급 이상의 대형 발전시스템에 개선된 가스터빈기술을 적용한다면 BIG/CC 시스템의 비용절감 가능성은 상당할 것으로 판단되고 있다(Williams와 Larson, 1996)(Faaij 등, 1998)(Solantausta 등, 1996). 경작된 바이오매스를 이용하려면 높은 발전효율과 비교적 낮은 투자비용이 함께 이루어져야만 한다. 그러나 지금까지 기술의 발전속도는 느린 편이 사실이다.

다. 혼소를 위한 가스화

기존 석탄발전소에 가스화를 접목하면 고체연료의 공급을 위한 설비를 추가할 필요가 없고 연소과정도 보다 정확하게 제어가 가능하다. 최근 핀란드의 Lahti와 네덜란드의 Amer에서는 CFB 가스화장치를 혼소시스템에 성공적으로 설치한 예가 있다(van Loo와 Koppejan, 2002). 바이오매스 가스화에 의해 생산된 producer gas를 기존 또는 신규의 천연가스 연소 복합사이클의 혼소시스템에 이용할 수도 있다. 이와 같은 시스템을 규모의 경제 효과를 얻을 수 있는 수준으로 운전한다면 낮은 비용과 높은 발전효율(천연가스 연소 복합사이클의 발전효율은 최고 60%)을 얻을 수 있을 뿐만 아니라 연료가스와 천연가스의 복합비율을 조정할 수 있으므로 지속적인 연료공급에 대한 문제를 피할 수 있다(Rodrigues 등, 2003). 아직까지 세계에서 이러한 시스템이 입증된 바는 없지만 관련 연구가 증가되고 있으며, 석탄발전소에서 혼소기회가 꾸준히 증가되고 있는 한 이에 대한 중요성은 계속해서 강화될 것으로 판단된다.

3) 바이오오일 생산: 열분해와 액화공정

약 500℃의 무산소 환경에서 바이오매스를 열분해하면 액체(바이오오일), 기체 및 고체(char) 부분으로 변환된다. 고속열분해기술(flash pyrolysis)을 적용하면 액체부분의 비율을 최대화할 수 있다(투입 바이오매스량의 최고 70%). 바이오오일의 중량비 약 40%는 산소이며, 부식성이고 산성을 띈다. 이론적으로는 바이오오일 원액을 그대로 엔진이나 터빈에서 사용할 수 있다. 산소함량을 줄이려면 수소화반응(hydrogenation)을 통하여 정제할 수도 있다. 그러나 정제과정에는 경제적 측면과 에너지적 측면에서 불이익이 수반된다. 열분해와 정제기술은 현재 실증단계에 있다고 할 수 있다(Bridgewater, 1998). 액화(고압하에서 변환)와 HTU(Hydro Thermal Upgrading) 기술은 바이오매스로부터 중간단계의 바이오오일을 생산하는 새로운 방법에 속한다. HTU는 Shell사에 의해 개발된 기술로, 파일럿 플랜트 전 단계에 있으며, 중온의 물속에서 고압을 가하여 바이오매스를 바이오오일 원액으로 변환한다(Naber 등, 1997).

지금까지 열분해는 가스화에 비하여 개발이 덜 된 분야라 할 수 있다(액화기술은 개발단계가 더욱 낮음). 1980년대 말과 1990년대 초 이 분야의 연구는 지역적으로 소규모 장치의 설치에 집중되어 있었으며, 생산물 역시 화학공업의 원료에 초점이 맞추어져 있었다. 처리되지 않은 바이오매스에 비하여 바이오오일의 에너지밀도가 높다는 점은 수송비용의 절감을 의미한다는 사실도 고려할만 하다.

오랜 시간 동안 관련 기술에 대한 많은 경험이 축적되어 온 것도 사실이지만 실제 성공적으로 실증된 예는 아직까지는 거의 없다(예: 핀란드 석유회사인 Fortum사와 열분해기술 상용화 분야의 선두주자인 캐나다 Dynamotive사). 관련 시장형성은 아직까지도 유년의 단계라 할 수 있다. 현재 열분해 기술은 2차 변환(예: 높은 발전효율이나 합성가스 생산을 위한 가스화)을 위하여 바이오오일을 장거리 수송해야 하는 상황을 위한 전처리과정으로서 많은 관심이 집중되고 있는 실정이다.

4) 소화

가. 바이오가스

바이오매스의 혐기성 소화(anaerobic digestion)는 입증된 기술로, 유기성 가정/산업 쓰레기, 분뇨 및 슬러지 등에 성공적으로 상용화되고 있다. 소화는 특히 습윤한 바이오매스에 적합하지만 생성된 가스를 가스엔진 구동형 발전기에 이용할 경우에는 전체적인 효율이 낮아지는 문제가 있다(보통 10~15%). 바이오매스의 가스로의 변환 비율은 대상물에 따라 달라지지만 대개 35% 수준이다. 소화기술은 식품이나 양조산업에서 유기물이 많이 함유되어 있는 폐수처리에 오랫동안 적용되어 왔다. 최근에는 여러 나라에서 습윤한 산업 폐기물의 처리에 대형의 시스템들이 많이 적용되고 있으며, 분뇨와 습윤 유기잔사들을 함께 소화하는 기술도 성공적으로 개발된 바 있다. 덴마크와 독일과 같은 국가들이 다양한 습윤 폐기물의 소화시스템 분야에서 기술적 우위를 점하고 있다(Braber, 1995).

나. 매립지 가스 활용

바이오가스의 또 다른 발생원으로 쓰레기 매립지를 들 수 있다. 매립지로부터 메탄가스가 풍부한 매립지가스를 생산하게 되면 메탄이 대기로 방출되는 양을 크게 줄일 수 있다. 여러 상황에서도 매립지 가스의 채집과 이 가스를 이용하여 가스엔진을 통해 발전하는 일은 경제성이 있다는 사실이 밝혀졌으며, 현재 이 시스템의 보급이 점차 확대되고 있다. 이 시스템의 장점은 분명하다. 발전소로부터 발생되는 이산화탄소보다 더 강력한 온실가스인 메탄을 이용하여 유용한 에너지 전달매체를 생산할 수 있다는 점이다(Faaij 등, 1998). 이러한 이유로 매립지 가스활용은 매력적인 온실가스 감축방안이 되고 있으며. 따라서 EU와 북미에서 널리 적용되고 있고 전 세계적으로 확대되고 있다.

2.3. 가스화, 발효 및 추출을 통한 수송용 연료 생산

그림 2.26에서 보는 바와 같이 바이오매스로부터 수송용 연료를 생산하는 방법은 크게 3가지로 나눌 수 있다: 가스화를 통하여 생산된 합성가스를 메탄올, Fischer-Tropsch liquids, DME(dimethyl ether) 및 수소로 변환한다. 당이나 전분이 풍부한 바이오매스를 직접 발효시키면 에탄올 생산이 가능하지만 현재까지 가장 많이 사용되고 있는 방법에는 가수분해를 통하여 우선 목질계(ligno-cellulosic) 바이오매스를 당류로 변환하는 전처리과정이 포함되어 있다. 마지막으로 종자로부터 오일(유체씨로부터 추출한 식물성 기름이나 팜유 등)을 추출하여 에

스테르화를 통해 바이오디젤을 생산하는 방법이 있다.

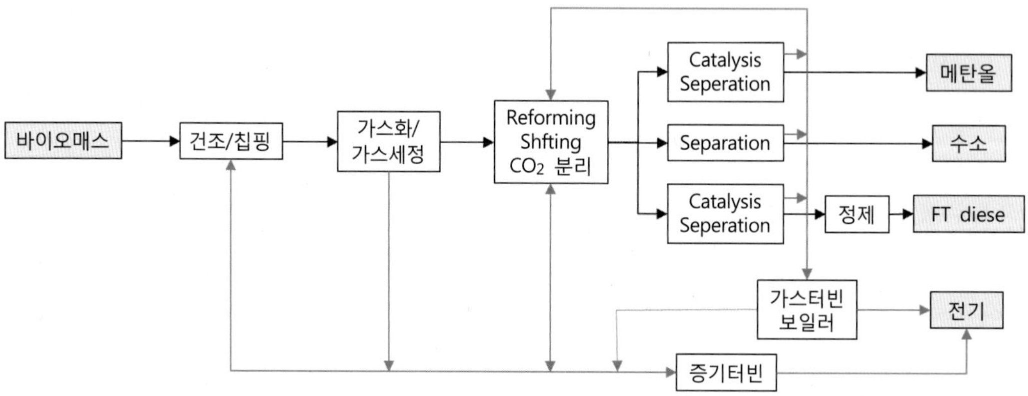

그림 2.26 바이오매스 가스화를 통한 메탄올, 수소 및 FT-디젤 생산

이 연료들의 특성은 표 2.4에서 보는 바와 같이 서로 매우 다르다: 매우 가벼운 기체인 수소는 상당한 수준의 사회적 기반시설(infrastructure)을 요구한다. DME를 제외한 다른 모든 연료들은 액체상태이므로 비교적 일반적인 시설로도 저장과 보급이 가능하다. 에탄올과 특히, 메탄올은 가솔린보다 에너지 밀도가 낮으므로 동일 에너지 소요량에 대해서 보다 많은 양이 요구된다. 한편, 누출이나 화재 등으로 인하여 각 연료들이 환경에 미칠 충격에 대해서도 고려해야만 한다. 가솔린과 디젤에는 발암성 물질특성을 지닌 약간의 방향족 물질들이 포함되어 있다.

표 2.4 수송용 바이오연료의 주요 특성

연료	밀도 (kg/liter at 15℃)	에너지밀도(MJ/kg) (GCV 기준)	기타 사항
수소	0.07	142	공기보다 가볍고 폭발한계가 낮음
메탄올	0.80	23	직접 접촉시 독성 옥탄가 88.6(가솔린 85)
DME	0.66	28.2	증기압 5.1bar(at 20℃)
Fischer-Tropsch 가솔린	0.75	46~48	가솔린, 디젤과 비교가능, 무황, 방향족 물질 없음
에탄올	0.79	30	옥탄가 89.7
바이오오일 디젤	0.85	47	완전 무산소화시
바이오디젤	0.88	42	cetane No. 58(디젤 47.5)
가솔린	0.75	46	황과 방향족 물질 포함
디젤	0.85	46	황과 방향족 물질 포함

메탄올은 발암성 물질특성을 지니지는 않지만 인체 피부와 직접 접촉하게 되면 가솔린보다 오히려 더 위험하다. 따라서 가솔린이나 디젤보다 노출위험 감소를 위한 방법(예: LPG에 적용되고 있는 완전 밀폐형 시스템)에 대한 요구수준이 높다. Fischer-Tropsch 가솔린과 에탄올은 거의 독성이 없으며 황과 방향족 물질도 함유하지 않고 있어 가솔린과 디젤에 비하여 많은 장점을 지니고 있다. 또한, 가솔린과 디젤에 사용되는 기존 시설을 그대로 사용할 수 있다(IEA, 2004).

1) 가스화를 통한 메탄올, 수소 및 탄화수소류 생산

메탄올, 수소 및 FT(Fischer-Tropsch) 디젤은 바이오매스의 가스화를 통하여 생산할 수 있다. 일반적인 가스화 공정을 적용한다면 2차 에너지 전달매체가 생산되기 전에 매우 청정한 합성가스를 만들어야만 한다. 합성가스로부터 메탄올, 수소 및 FT-liquids뿐만 아니라 DME와 합성천연가스(SNG)도 생산이 가능하다. 그러나 여기서는 메탄올, 수소 및 FT-liquids에 대해서만 취급하고자 한다.

기존, 상용화된 또는 현재 개발 중인 여러 가지 방법들이 존재한다. 그림 2.26은 여러 가지 변환기술들을 제시하고 있다. 메탄올이나 FT 반응기 또는 수소분리 등의 선행공정으로 바이오매스를 원하는 특성의 가스로 변환하는 과정이 요구되고 있다. 가스화장치로부터 합성가스, 일산화탄소와 수소의 혼합물 및 기타 화합물들이 생산된다. 합성가스는 일련의 화학반응들을 거치게 된다. 가스화장치의 생성물을 수소, 메탄올 및 FT 디젤 등으로 변환하는 방법은 가스세정과정을 제외하고는 천연가스로부터 이들을 제조하는 방법과 동일하다. 가스터빈이나 보일러 및 증기터빈에서 변환되지 않은 가스를 이용하여 열병합발전할 수 있는 기능을 추가할 수도 있다(Hamelinck 등, 2004).

현재까지는 가스화를 통하여 바이오연료를 생산하는 상용화 공정이 설치된 예는 없지만 이에 대한 관심이 고조되고 있고, 실제 지난 수십년간 개발을 위한 노력이 경주되어 왔다. 1980년대 석유위기로 인하여 바이오매스로부터 합성가스를 생산하여 메탄올과 같은 수송용 연료를 생산하는 기술에 관심이 집중된 적도 있다. 프랑스와 스웨덴에서는 가압 가스화를 통하여 바이오매스로부터 메탄올을 생산하는 기술이 개발되어 시험된 바도 있다. 비료회사인 핀란드의 Kemira사에서는 핀란드의 Oulu에 대규모 CFB 가스화장치를 이용하여 암모니아 공장을 위한 합성가스를 생산하는 시스템을 설치하기도 하였으나 현재는 가동을 중지하고 있다. 옛 동독회사인 Schwartz Pumpe사는 폐기물로부터 메탄올을 생산하는 가스화 장치를 설치한 바 있는데, 이것이 본 기술에 대한 가장 중요한 산업적 경험중 하나라 할 수 있다. 그 후 에너지

가격이 낮아지면서 첨단의 가스화 기술을 대규모로 적용하는 일들이 크게 줄어들었다. Kaltschmitt 등(1998)은 가스화를 이용하여 특히, FT 디젤과 수소 등 수송용 연료를 생산하는 기술에 대한 관심을 다시 불러일으킨 사람들이라 할 수 있다. 독일 Freiburg의 Choren사는 바이오매스 가스화를 통한 FT 디젤 생산을 실증한 바 있다. 이를 통하여 본 기술의 기술경제적 가능성이 입증되기는 하였지만 촉매를 이용한 가스세정설비의 보호를 위하여 보다 확실한 가스세정이 요구되므로 BIG/CC 개념보다 훨씬 복잡한 이 기술에는 아직도 많은 기술적 도전과제가 남아 있다.

일단 청정한 합성가스가 있다면 메탄올, FT-liquids, DME 및 수소를 생산하는 기존 기술을 그대로 적용할 수 있다. 주요 개발 대상 과제는 가스세정과 공정 규모확대 및 공정통합이다.

표 2.5 바이오매스 연료변환 공정의 성능

기술개념	에너지효율(GCV) +에너지투입		투자비용 (Euro/kW_{th})		운전비용 (투자비용 대비 %)	추정 생산비용 (Euro/GJ)	
	단기	장기	단기	장기		단기	장기
수소 가스화와 합성가스 공정 연료생산과 발전 복합 가능 액화를 위해서는 전기에너지 추가 고려	60%(연료) (+0.19GJe /GJ H_2액화)	55%(연료) 6%(발전) (+0.19GJe /GJ H_2액화)	480 (+액화 48)	360 (+액화 33)	4	9-12	4-8
메탄올 가스화와 합성가스 공정 연료생산과 발전 복합 가능	55%(연료)	48%(연료) 12%(발전)	690	530	4	10-15	6-8
FT-liquids 가스화와 합성가스 공정 연료생산과 발전 복합 가능	45%(연료)	45%(연료) 10%(발전)	720	540	4	12-17	7-9
목재로부터 에탄올 생산 가수분해와 발효 및 미이용분을 이용한 발전	46USD(연료) 4%(발전)	53%(연료) 8%(발전)	350	180	6	12-17	5-7
사탕무우(beet)로부터 에탄올 생산 발효공정 증류를 위한 에너지 추가	43%(연료) 0.065GJe+ 0.24GJth/GJ	43%(연료) 0.035GJe+ 0.18GJth/GJ	290	170	5	25-35	20-30
사탕수수로부터 에탄올 생산 파쇄, 발효 및 잔사를 이용한 발전	85liter 에탄올/ton of cane	95liter 에탄올/ton of cane	100	230	2	8-12	7-8
바이오디젤 RME 압착추출과 에스테르화 메탄올로 에너지투입 및 밀짚으로 발전	88% 0.01GJe+0.04GJth/GJ 발전효율 단기45%, 장기55%		150 (+밀짚이용 발전 450)	110 (+밀짚이용 발전 250)	5	25-40	20-30

액상 메탄올생산, 일괄 FT 합성(발전과 복합) 및 새로운 가스 세정과 분리 기술 등과 같은 최신의 기술들을 이용한다면 보다 낮은 생산비용과 장기적 관점에서 높은 효율을 기대할 수 있을 것이다.

그러나 이와 같은 상황에 도달하려면 보다 많은 연구와 실증 및 개발이 장기적으로 요구된다. 독일, 네덜란드 및 스웨덴과 같은 나라에서는 합성가스 생산을 위한 진보된 가스화 시스템에 대한 관심이 다시 고조되고 있으며, 장기 연구개발 전략에서도 중요한 위치를 차지하고 있다.

비교적 일반적인 생산시설의 전체적인 에너지 효율은 60%에 접근하고 있다(400MWth 규모 수준). 규모의 경제 효과를 얻기 위해서는 대규모(1,000MWth 이상)시설의 적용이 요구된다는 것이 이 기술의 특성이라 할 수 있다. 그러나 이와 같은 조건들이 효율과 경제성을 동시에 만족시킬 수 있는 길인 것도 사실이다(Tijmensen 등, 2002)(Hamelinck 등, 2004).

– 이산화탄소 포집의 적용

수소생산의 경우 생산된 모든 일산화탄소가 수소와 이산화탄소로 변환되므로 가스화 후 이산화탄소 제거 기술이 필수적이다. FT 합성의 적정 성능을 위해서는 반응물들의 높은 분압을 얻기 위한 이산화탄소 제거가 요구된다(Tijmensen 등, 2002).

Mollersten 등(2003)은 바이오매스가 일반 연료에 비하여 연소과정 중 훨씬 많은 이산화탄소를 배출하므로 비교적 낮은 비용으로 원래의 바이오매스에 함유되어 있던 탄소 중 상당한 량을 이산화탄소로 포집할 수 있다는 점을 지적한 바 있다. 지속적으로 생장하는 바이오매스의 활용과 이산화탄소 포집을 복합한다면 전주기(life cycle) 기준으로 생산된 에너지 단위당 마이너스의 이산화탄소 배출이 가능해진다.

연료와 기타 제품들을 생산하는 탄력적인 변환시설을 이용하여 바이오매스와 화석연료를 복합하는 모든 방법들에 대하여 논할 수는 없지만 분명한 것은 변환과정에 기초한 가스화를 통하여 천연가스나 석탄과 마찬가지로 바이오매스로부터도 탄력적으로 연료를 생산할 수 있다는 것이다.

단기적 차원에서는 대량의 바이오매스를 공급하는 일이 쉽지 않겠지만 석탄 등과 함께 공급하는 전략은 매력적일 수 있다. 이산화탄소 포집 설비가 설치된다면 함께 공급되는 화석계 연료 역시 탄소중립적인 상태를 유지할 수 있다. Celik 등(2004)에 의하면 가스화를 통하여 FT-liquids를 생산할 경우 가스화 된 석탄에 포함된 탄소의 약 50%를 포집할 수 있다고 한다. 보다 많은 바이오매스를 이용한다면 이산화탄소 배출량은 마이너스가 된다. 또한, 석탄과 중

유잔사에 대하여 개발되고 적용되어온 기존의 가스화공정을 그대로 적용할 수 있으므로 기존의 대규모 가스화 기술의 활용이 가능하다. 바이오매스 생산지역에서 열분해를 통하여 바이오오일을 생산하거나 반탄화(torrefaction) 처리를 통하여 함수율을 낮추고 분쇄와 펠릿성형이 쉽도록 한 상태로 바이오매스를 공급할 수도 있다. 이와 같은 에너지밀도(energy density) 고도화 과정은 장거리 수송비용을 절감할 수 있도록 하는 동시에 가압 가스화 시스템으로의 공급을 보다 용이하게 해준다. 대규모 합성가스 생산을 위한 장거리 바이오매스 공급과 관련된 연구를 진행한 결과 전향적인 결론을 얻을 수 있었으며, 앞으로 이에 대한 보다 집중적인 연구개발이 요구되고 있다(Hamelinck 등, 2004).

2) 발효를 통한 에탄올 생산

가. 당과 전분으로부터 에탄올 생산

당류의 발효를 통한 에탄올 생산은 매우 고전적인 방법으로, 브라질, 미국 및 프랑스에서 사탕수수, 옥수수 및 곡물들에 대하여 적용하고 있다. 스웨덴과 스페인도 중간 정도 수준의 에탄올 생산량을 보이고 있다. 낮은 비율이지만 가솔린에 에탄올을 혼합하면 기존 차량의 연료로 사용이 가능하다. 에탄올은 가솔린에 비하여 질소산화물과 분진발생율이 낮다는 장점을 지니고 있다. 미국과 유럽에서는 특히, 식용 작물들을 이용한 에탄올 생산 계획을 갖고 있다. 그러나 옥수수와 곡물과 같은 식용 작물을 이용하여 에탄올을 생산하는 일은 가솔린과 디젤 가격에 비교할 때 경쟁력과는 거리가 멀고, 장기적 안목에서도 비용절감은 거의 불가능하다. 그러나 사탕수수 잔사(sugarcane bagasse)로부터 에탄올을 생산하는 것은 브라질에서 그 경쟁력이 입증되었으며, 인도와 사하라 남부 아프리카와 같은 열대지방의 다른 국가들에서도 보급이 확대되고 있다. 브라질의 에탄올 생산비용은 지난 수십년간 지속적으로 하강하여 가솔

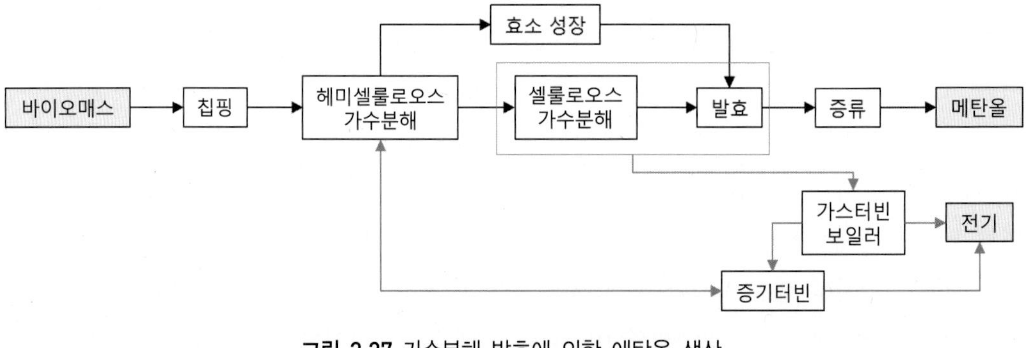

그림 2.27 가수분해 발효에 의한 에탄올 생산

린 생산비용과 경쟁할 수 있는 수준에 이르렀다(Rosillo-Calle와 Cortez, 1998). 결과적으로 브라질에서는 바이오 에탄올에 대해 아무런 재정적 지원도 하지 않고 있으며, 가솔린과 공개적으로 경쟁하고 있는 상황이다(Goldemberg 등, 2004). 대량 생산시설, 사탕수수 잔사와 펄프 활용, 첨단의 발전(가스화 기반의 기술)과 가수분해 기술 및 수확시스템의 발전 등에 의하여 사탕수수 잔사를 이용한 에탄올 생산산업은 그 미래가 매우 밝다. 그러나 사탕수수 생산의 가장 큰 제약조건은 기후와 질 좋은 토양이다. 이러한 관점에서는 목질계 바이오매스 원료가 오히려 탄력적이라 할 수 있다.

나. 목질계 바이오매스로부터 에탄올 생산

셀룰로오스성(예: 밀짚) 및 목질계(예: 목재) 바이오매스를 이용한다면 저비용 고효율의 에탄올 생산이 가능할 수 있다. 그러나 목질계 물질로부터 당류를 얻으려면 가수분해가 요구되므로 당이나 전분으로부터 에탄올을 생산하는 것보다 변환과정이 어렵다. 목질계 바이오매스는 세정과 분쇄를 위한 기계/물리적 전처리가 요구된다. 세포구조의 파괴를 통하여 화학 및 생물학적 처리가 보다 쉽게 이루어지도록 해야 하기 때문이다. 또한, 바이오매스의 리그닌 부분이 제거되어야만 헤미셀룰로오스가 단당류(올리고당)로 가수분해 된다. 그 후 셀룰로오스는 포도당으로 가수분해 된다. 당류들은 발효되어 에탄올이 되고 이는 다시 정제와 탈수 과정을 거친다. 미래에 기대되는 기술로는 다음의 두 가지를 들 수 있다: 반응용기와 미생물 사용량을 줄일 수 있는 가수분해-발효 반응들의 연속적 병합과 각 반응들의 최적화.

공정에는 셀룰로오스와 헤미셀룰로오스만이 사용되므로 리그닌은 발전에 사용된다. 오늘날 적용 가능한 기술은 산처리이지만 비용이 많이 들고 효율이 낮은 단점이 있다. 효소처리는 상업적으로 입증되지 못한 상태이지만 북미와 스웨덴을 중심으로 많은 연구가 진행되고 있다. 특히, 스웨덴과 미국에서는 지난 십수년간 다양한 가수분해 기술에 대한 관심이 집중되어 왔지만 어느 정도 매력적인 성능을 발휘할 수 있을 지는 아직도 미지수이다(Hamelinck, 2004). 그러나 전술한 문제들이 해결되고 에탄올 생산과 동시에 변환되지 못한 목질잔사(특히, 리그닌)를 발전에 효과적으로 활용할 수 있다면 에탄올 가격을 현재의 가솔린 가격에 접근시킬 수 있을 것이다(Lynd, 1996). 바이오매스 가격을 2Euro/GJ로 가정시 적어도 12Euro/liter 수준에 접근이 가능하다. 전체 시스템 효율(연료+발전+열생산)도 70%(순발열량 기준)에 접근할 수 있다. 농업분야와 농식품산업에서 이 기술은 이미 기존 생산시설의 경쟁력 강화에 적용이 시도되고 있으며(예: 잉여 곡물과 공정잔사의 변환), 이와 같은 움직임이 추진력이 되고 있다.

다. 이산화탄소 포집의 적용

발효과정이란 순수한 이산화탄소가 생성되는 과정을 의미하므로 포집의 적용이 비교적 쉽다. 당과 전분이 풍부한 바이오매스의 경우 공정 중 바이오매스의 1/2이 에탄올로 변환되는 반면 나머지 1/2은 이산화탄소로 변환된다. 이산화탄소는 이 과정에서 생성되는 유일한 가스로 포집비용도 비교적 낮은 편이다(비용의 대부분은 압축에 소요됨). 목질계 바이오매스처럼 일부 리그닌이 존재한다면 탄소의 일부가 발전과 증기생산을 위한 연소나 가스화 과정 후 배출가스 형태로 남게 된다. 이 경우에는 가스 터빈에서 배출가스가 연소되기 전에 이산화탄소를 포집할 수 있지만 순수한 이산화탄소를 제거하고 압축하는 것보다 많은 비용이 소요된다. 하지만 최종 제품에 포함되지 못한 탄소의 대부분을 포집할 수 있다. Mollersten(2003)의 연구에 의하면 지속적으로 생장하는 바이오매스를 활용하는 동시에 부분적인 이산화탄소 포집을 병행하면 전주기 기준으로 생산된 에너지 단위당 마이너스의 이산화탄소 배출을 이룰 수 있다.

라. 종자로부터 추출과 에스테르 생산

유체씨와 같은 종자로부터 기름을 추출하여 에스테르로 변환하는 기술은 디젤유 대체에 적합하다. 유체씨 생산과 에스테르화 및 보급은 유럽에서 이미 확립된 분야이다. 상당한 량의 RME(rapeseed methyl ester)가 유럽에서 생산되고 있다. 특히, 독일, 프랑스에 집중되어 있고 약간의 양이 오스트리아와 이탈리아에서 생산되고 있다. 그러나 RME가 디젤과 경쟁하려면 장기적 관점에서도 상당한 수준의 보조금 지원이 요구된다. 유럽의 보조금 체계는 비식용작물 경작에 대한 보조금과 연료 자체에 대한 세금관련 보조로 이루어져 있다. 후자의 경우 일반 디젤이나 가솔린 생산비용에 대하여 3~4배가 소요됨을 의미한다. RME를 도입할 수 있는 가장 중요한 요인들로는 지역의 일자리 창출과 원할 경우 기존 식용작물을 대체할 수 있는 작물의 탄력성을 들 수 있다. RME 연료망의 에너지수지는 다른 다년생 작물에 비하여 열악한 편이며, ha당 에너지 생산량 역시 낮다(Kalrschmitt 등, 1996). 열병합발전에 밀짚을 이용한다면 어느 정도까지는 에너지수지와 경제성을 개선시킬 수 있지만 RME가 가솔린이나 디젤과 경쟁할 수 있을 정도로는 개선은 불가능한 실정이다(Hamelinck와 Faaij, 2002).

3. 바이오에너지 시장

바이오에너지 시스템의 성공에 가장 중요한 요소는 경제적 타당성이다. 바이오매스는 여러 상황에서 경쟁력 있는 대안이 될 수 있으나 이는 저렴하거나 또는 오히려 비용을 받고 처리해주는 바이오매스 잔사나 폐기물을 사용할 수 있을 경우에 가능한 일이다. 화석계 연료와 경쟁하여 대량으로 바이오에너지를 사용할 수 있으려면 변환기술, 바이오매스 생산뿐만 아니라 바이오에너지 시스템 전반에 대한 개발과 최적화가 이루어져야만 한다. 표 2.6은 장/단기적으로 세계 바이오에너지 활용시장에 적용 가능한 기술을 제시하고 있다.

표 2.6 단기(5년 미만)와 장기(20년 이상)적 관점에서 바이오 시장 전망

바이오매스	열생산		발전		수송용 연료	
	단기	장기	단기	장기	단기	장기
유기성 폐기물	가정용으론 부적합 산업용으로 적합	산업용과 CHP에 적합	최신 소각·혼소에 3～5cent 미만 배출기준에 따라 경제성 좌우	대규모의 경우 BIG/CC 적합	NA	가스화를 통한 생산 가능
임지·농산 잔사	개발도상국에 적합 (1～5cent/kW$_{th}$) 선진국 시장은 안정화	CHP에 적합 첨단 난방기기	4～12cent/kW$_{th}$ CHP에 적합	2～8cent/kWh	NA	NA
에너지작물	-	높은 가격으로 저가의 에너지 매체로는 부적합 펠릿화를 통한 틈새시장 가능	6～15cent/kW 소규모에는 비용 상승	3～9cent/kWh 100～200MW$_e$ 이상급 대형에서 혼소와 BIG/CC기술 이용하면 저비용	8～25 USD/GJ	5～10 USD/GJ

3.1. 바이오매스를 이용한 열생산, 발전 및 연료 시장

40～60MW$_e$ 급 최신 연소기술을 적용하여 가격이 2USD/GJ인 바이오매스를 이용한다면 발전단가(Cost of Electricity(COE))는 5～6cent/kWh 수준이 된다(DOE, 1998). 매우 효율이 높은 석탄발전소에서 혼소를 이용한다면 연료 공급가에 따라 달라지겠지만 상기와 같은 낮은 비용을 기대할 수 있다. 만일 BIG/CC 기술이 상용화된다면 발전효율이 우수한 경우 COE는 3～4cent까지 낮아질 수 있다. 대규모인 경우(100MW$_e$ 이상) 경작한 바이오매스를 이용한다면 화석계 연료와의 경쟁도 가능하다. 비투자비용이 낮고 효율이 향상된다면 잘 발달된 기반시설이 확립된 경우 상당한 거리의 운송에 소용되는 비용과 에너지의 증가를 극복할 수도 있다(Dornburg와 Faaij, 2001).

지역 분산형 발전이나 열생산에는 일반적으로 더 많은 비용이 소요되지만 전력망이 없는 곳에는 오히려 적합하다. 궁극적으로 가스화/디젤 시스템을 이용하여 접근할 수 있는 비용수

준은 아직 명확하지 않으며, 허용 가능한 배출수준과 연료품질수준에 따라 크게 달라진다. 열부하가 많은 곳에서는 일반적으로 열병합발전이 매력적인 대안으로 부상되고 있다.

이미 논한 바와 같이 바이오에너지는 주로 발전과 열생산에 사용되고 있다. 현재 주요 성장시장으로는 유럽연합, 중앙 및 동유럽, 그리고 동남아시아(태국, 말레이시아, 인도네시아) 등을 들 수 있으며, 이들 지역에서는 특히 바이오매스 잔사나 폐기물을 이용한 발전이 주를 이루고 있다. 최신의 바이오매스 연소기술(특히, 가스화)을 적용하고 있는 대표적인 산업분야로는 펄프제지산업과 사탕수수를 이용한 설탕산업을 들 수 있다.

바이오에너지 분야에 대한 상황과 전망을 정리해보면 다음과 같다:

- 전통적인 바이오에너지 활용분야는 조리와 난방을 위한 열생산이다. 전통적인 바이오에너지 활용분야는 해결하기 어려운 문제인 빈곤과 저개발에 깊이 연관되어 있기 때문에 앞으로 수십년 내에는 전통적인 바이오에너지 활용분야가 바뀌지 않을 것으로 판단된다. 그럼에도 불구하고 빈곤층의 바이오에너지 활용을 현대화하는 일은 많은 국가들에서 중요한 정책 중의 하나이다. 이를 통하여 난로 개선, 고효율과 건강보존이 가능한 조리용 고품질 연료(예: 에탄올과 FT-liquids에 기초한 바이오연료) 생산 등과 관련된 많은 기회와 시장을 창출할 수 있다. 또한, 마을단위에서 소화기(digestor)를 이용하여 생산된 바이오가스는 폐기물 처리문제를 해결하고 고품질의 에너지 매체를 공급하며(가스엔진을 이용하면 청정가스와 전력 공급 가능) 바이오비료도 공급이 가능하여 많은 국가들(예: 중국, 인도)에서 매우 효과적인 것으로 입증되고 있다.
- 바이오매스를 이용하여 상업적으로 열을 생산하는 일에는 상당한 량의 바이오매스가 소요되므로 대개의 국가들에서 정체상태에 있다. 믿을만한 기술들(예: 가스화, 최신 난로 등)이 다양한 용도(산업용, 지역난방용 및 가정용)로 상업적 활용이 가능하지만 대개의 시장에서 발전이나 열병합발전이 보다 수익성이 양호한 것으로 판단된다. 바이오매스를 이용한 열생산은 산업적 적용이 가장 매력적인 대안인 것으로 생각된다.
- 최신 연소기술과 혼소방법을 이용한 발전은 현재 전 세계적으로 성장하고 있는 분야이다. 바이오매스를 전기로 변환하는 기술은 이미 많은 연구를 거쳐 효율이 높고 신뢰성이 높은 수준이다. 바이오매스 자원의 가용성이 개선되고 있으며 변환기술의 규모의 경제 효과를 얻기 위하여 바이오매스 연소설비의 평균규모가 급격히 증가되고 있다. 저가의 원료 공급이 가능하다면 화석계 연료와의 경쟁도 가능하다. 투자비용 최소화가 가능한 혼소방법에서는 특히 그러하다. 탄소세나 재생에너지 보조 등의 특별한 정책들도 이러한 경향을 촉진하고 있다. 가스화 기술(가스터빈/복합 사이클과의 결합)을 이용한다

면 중기적 관점에서도 바이오매스를 이용한 발전사업의 전망을 밝게 할 수 있으며, 만일 이 기술이 상용화 규모에서도 효과적인 것으로 입증된다면 세계 여러 지역에서 에너지작물을 이용한 발전도 경쟁력을 갖출 수 있을 것이다. 가스화 특히, 대규모 순환유동층 개념은 혼소에 탁월한 가능성을 제시할 수도 있다.

3.2. 바이오매스를 이용한 액상 및 기체상 연료 생산

표 2.5에서 바이오매스로부터 생산이 가능한 다양한 연료들의 추정 생산비용을 제시한 바 있다. 그 차이는 장단기적 관점에서의 성능수준 차이에 의한 것이다. 일반적으로 온대지방에서 RME나 작물로부터 에탄올과 같은 전통적인 연료를 생산하는 것은 경제성이 열악하고 장기적으로도 경쟁력 있는 가격수준에 접근하기 어렵다. 또한, 일년생 작물은 단위 생산량당 투입되는 비료와 농약 량이 높기 때문에 일년생 작물 생장이 환경에 주는 충격은 다년생에 비하여 더 크다(Biewinga 등, 1996)(Kaltschmitt 등, 1996). 또한, 일년생 작물은 보다 높은 생산성을 위하여 우수한 토양이 요구된다. 다년생 작물은 쓸모없는 땅에 경작이 가능하고 경우에 따라서는 토양 개선의 효과도 얻을 수 있다.

일반적인 바이오연료들 중 예외는 비옥한 토양이 있는 열대지방에서 사탕수수 잔사를 이용한 에탄올을 생산하는 것으로, 브라질 등의 나라에서 경쟁력 있는 시스템으로 자리 잡고 있다. 사탕수수 경작이 가능한 나라들에서는 비교적 낮은 비용으로 에탄올을 생산할 수 있는 기술의 적용이 가능하다. 브라질의 경험을 통하여 현재의 가솔린 가격과 경쟁이 가능한 에탄올 생산이 가능하다는 사실을 알 수 있었다(Rosillo-Calle, 1998)(Goldemberg 등, 2004). 몇몇 아프리카 국가들과 남미 및 아시아(인도와 중국) 국가들에서도 사탕수수를 기반으로 한 에탄올 생산량이 증가추세에 있다. 한편, 사탕수수 잔사들을 잘 활용하면(예: 발전이나 가수분해) 에탄올 생산공정의 효율을 개선할 수도 있다.

그러나 장기적 관점(2020년 경)에서 전망이 밝고 보다 경쟁력 있는 연료가격을 제시할 수 있는 것은 목질계 바이오매스를 이용하여 메탄올(DME), 수소, FT-liquids 및 에탄올을 생산하는 것이다. 그 이유 중의 하나로 원료의 가격이 비교적 낮고 다양한 환경 하에서도 목질계 바이오매스를 생산할 수 있다는 사실을 들 수 있다. Hoogwijk 등(2003)이 지적한 바와 같이 장기적 관점에서는 2050년까지 다년생 작물시스템을 이용하여 1～2Euro/GJ 수준의 경쟁력 있는 가격으로 수백 EJ의 에너지를 제공할 수 있을 것으로 예상되고 있다. 또한, 이미 언급한 바와 같이 현재 개발 중인 최신의 가스화 및 가수분해 기술을 이용하면 경쟁력 있는 연료를 높은 효율로 생산이 가능할 것이며, 경우에 따라서는 열병합발전과 복합도 가능할 것이다.

수소나 메탄올과 같은 최신 바이오연료를 첨단의 연료전지차량(Fuel Cell Vehicles(FCV))에 사용한다면 기존 바이오디젤이나 곡물 에탄올을 이용하는 내연기관 차량에 비하여 총합효율(overall chain(tree-to-tyre))이 극적으로 개선될 수 있다. 에너지 작물 1ha당 유효 km가 5배 정도 증가된다. 일예로 중형차를 기준으로 RME 이용시 20,000km/ha인 수준이 최신 에탄올을 첨단 FCV에 사용할 경우 100,000km/ha로 증가될 수 있다(Faaij와 Hamelinck, 2002). 그러나 사탕수수 에탄올은 예외임을 기억해야 한다. 브라질의 경우 1ha당 연간 8,000리터의 에탄올을 생산하며, 이는 중형차 기준 70,000km/yr에 해당된다. 미래에는 사탕수수 개량과 작물경영 개선 및 에탄올 생산시설 효율 향상 등을 통하여 이 수치가 더욱 개선될 것이다(Damen, 2001). 또한, FCV는 현재 전 세계적으로 대도시에서 대기오염의 주범인 질소산화물, 일산화탄소 및 분진 등과 같은 오염물질들을 거의 배출하지 않는 부수적인 이득을 얻게 해줄 것이다.

현재 세계적으로 바이오매스를 이용한 수송용 연료는 총 바이오에너지의 1% 미만(0.5EJ)에 그치고 있다. 그러나 브라질, 유럽, 북미 및 아시아(특히, 일본, 중국과 인도)에서는 이 분야에 많은 관심이 집중되고 있다. 이처럼 관심이 집중되는 원인은 다음과 같이 종합할 수 있다:

- 수송분야에서 온실가스감축이 매우 어려우며, 바이오매스만이 탄소중립적인 탄화수소를 제공할 수 있다.
- 정치적으로 불안정한 산유국으로부터 수출되는 석유에 대한 의존도를 줄이는 것이 중요한 전략이 되고 있으며, 예상보다 빨리 석유생산 정점에 다다를 것으로 판단되고 있다. 그러나 수송용 연료는 아직까지 석유로부터 생산되는 가장 중요한 제품이다.
- 가수분해와 발효를 통한 에탄올 생산이나 가스화를 통한 FT-liquids, 메탄올, DME 및 수소 생산 등 기술의 발달로 인하여 바이오매스로부터 효과적으로 경쟁력 있는 바이오연료를 생산할 수 있음이 입증되고 있다. 열대지방에서 사탕수수를 이용한 에탄올 생산은 이미 경쟁력 있는 대안으로 부상하고 있으며 빠르게 성장하고 있다.
- 중기적 관점(2020년까지)에서 바이오매스를 이용하여 수송용 연료를 생산하는 일이 바이오매스를 이용하여 발전하는 것보다 온실가스감축에 있어 보다 효과적임이 입증되고 있다. 풍력발전, 고효율의 천연가스 복합사이클을 이용한 발전 및 석탄발전소의 이산화탄소 포집과 저장 등이 증가되면서 탄소 감소량이 부분적으로 늘고 있다는 사실이 이를 설명하고 있다.

유럽의 정책 목표는 바이오연료를 적극 지원하여 바이오매스 가스화를 통한 FT-liquids 생산 등과 같은 대규모 실증을 실행하는 것으로 판단되고 있으며, 이와 같은 프로젝트는 가까운 장래에 가시화 될 것으로 예상된다(EC, 2001). 여러 유럽 국가들이 이러한 방향으로 나아가고 있으며 실제 독일과 스웨덴에서는 일련의 실증사업들이 진행되고 있다. 이와 같은 사업의 경제적 타당성에 가장 중요한 것은 1,000MWth 이상의 대규모로 적용하는 일이다. 따라서 그와 관련된 개발과 투자 위험(바이오매스의 지속적 공급 가능성도 포함)도 클 수밖에 없다. 목질계 바이오매스로부터 에탄올 생산은 도전해 볼만한 기술개발이라 할 수 있으며 그 미래도 밝다. 최신의 에탄올 생산기술(가수분해 기술 포함)을 개발하고자 하는 노력은 매우 중요하며, 스웨덴과 미국에서는 2020년까지 이 기술을 대규모 상용화하기 위한 기초 실증사업이 진행중에 있다.

이미 논한 바와 같이 최신의 변환기술을 이용하면 변환 중 발생되는 이산화탄소의 상당 부분을 저렴한 비용으로 비교적 용이하게 포집할 수 있게 되었다. 이 기술은 부분적으로 순수한 이산화탄소가 발생되는 에탄올 생산에 적용이 가능하며 특히, 가스화 개념에 적합하다. 합성가스의 생산(발전과 연료생산 용)과정에서는 일반적으로 2차변환 전에 이산화탄소의 제거가 가능하다. FT-liquids 생산에서는 합성가스가 FT-liquids로 변환 전에 원료(석탄, 바이오매스)의 함유 탄소 중 약 1/2이 포집된다. 그러므로 화석계 연료와 바이오매스를 혼합하여 사용할 경우 탄소중립적인 연료의 생산이 가능해지며, 만일 바이오매스의 이용비율이 높거나 바이오매스만을 이용한다면 마이너스의 탄소배출도 가능하다. 새로운 탄력적인 변환기술을 이용하면 다양한 원료와 다양한 설비를 이용할 수 있게 되므로 탄소배출이 전혀 없거나 마이너스인 상황을 조성할 수도 있다. 이와 같은 탄력성은 대량의 화석계 연료사용처를 재생에너지나 특정 바이오매스로 전환할 때 예상되는 복잡한 전이과정에 필수적인 항목이 된다. 기후변화속도가 지금까지보다 크게 가속되어 시급히 탄소배출을 저감해야 할 경우 마이너스 탄소배출을 달성할 수 있는 기술은 매우 중요한 초점이 될 가능성이 높다.

3.3. 전망

1980년대와 1990년대부터 바이오에너지는 국제적인 문제로 크게 부각되기 시작하였다. 바이오매스 시장은 국제시장화 하였고 바이오매스와 바이오매스를 이용한 에너지 매체의 국제적 거래량도 크게 증가되었다(IEA Task 40, 2005). 또한, CDM(Clean Development Mechanism) 체제하에서 탄소배출권의 인증과 거래로 인하여 어느 국가나 독단적인 정책을 유지하기 어렵게 되었다. 최근 유럽연합의 바이오연료 추진방향은 유럽의 바이오에너지 시장에 크게 영향하여 바이오매스 원료의 생산과 고품질 수송용 연료의 생산에 긍정적인 영향을 미치고 있다. 한편, 기술개발의 방향은 발전과 연료생산을 보다 경쟁력 있고 효율적으로 할 수 있는 기술

쪽으로 나아가고 있다(Faaij, 2004).

바이오매스는 재생에너지의 하나로, 미래 세계 에너지공급에 크게 기여하게 될 것이다. 현재 바이오에너지의 역할은 화석계 연료에 대한 경쟁력과 세계의 농업정책에 따라 좌우되겠지만 지금의 바이오에너지 연간 공급량 40~55EJ은 앞으로 크게 증가될 것으로 기대되고 있다. 21세기 내에 그 양은 200~300EJ에 이를 것으로 기대되고 있어 바이오매스가 오늘날의 석유보다 더 중요한 에너지공급원이 될 것으로 예상된다.

바이오에너지와 관련한 가장 중요한 사안은 그 용도가 적절한 개발과정을 거쳐 보다 현대화되어야 한다는 것이다. 특히, 장래가 유망한 분야로는 최신의 변환개념을 통한 발전(예: 가스화와 최신의 연소 및 혼소)과 메탄올, 수소 및 목질계 바이오매스를 이용한 에탄올 등 향후 10~20년 내 경쟁력 있는 가격에 도달 가능한 보다 현대화된 바이오연료라 할 수 있다. 열대지방에서 사탕수수를 이용한 에탄올 생산은 이미 경쟁력을 갖춘 바이오연료 생산 시스템의 모델이 되고 있으며, 그 이상으로의 개발도 가능할 것으로 기대된다. 바이오매스와 화석계 연료를 복합하여 사용할 수 있는 탄력적 에너지 시스템은 낮은 투자수준과 낮은 탄소배출량을 보장하면서 대량의 연료와 전력을 공급할 수 있는 에너지 공급시스템의 기초가 되고 있으며, 이를 바탕으로 한 대규모 바이오매스 원료 공급시스템의 골격도 개발이 가능할 것이다. 가스화는 낮은 비용으로 이산화탄소를 포집 및 저장할 수 있다는 가능성과 연계하여 새로운 가능성을 보여주고 있다. 이를 바탕으로 연료의 복합적 이용을 통하여 탄소배출이 전혀 없거나 오히려 마이너스 배출이 가능한 개념도 적용이 가능하다. 이와 같은 모든 일들이 이루어지기 위해서는 지속적인 연구개발 노력, 바이오매스 시장 개발, 지속적인 정책적 지원 및 국제적 협력 등이 필수적이다.

4. 바이오매스와 발전

바이오매스 자원으로는 농산부산물, 축분, 임업 및 산업 부산물, 목재와 제지산업 부산물, 녹색 도시폐기물, 하수슬러지 및 에너지 전용 작물(dedicated energy crops) 등을 들 수 있다. 에너지 작물에는 유칼립투스, 포플러, 버드나무 등의 단기(3~15년) 순환 맹아(short rotation coppice), 거대억새(miscanthus)와 같은 초본류, 사탕수수, 사탕무무(beet), sorghum 등과 같은 제당용 작물(sugar crops), 옥수수나 밀과 같은 전분질 작물(starch crops) 및 해바라기, 대두, 유체씨, 자트로파(jatropha) 및 팜(palm)과 같은 식물성 기름 생산용 작물(oil crops) 등이 포함된다. 현재까지는 유기성 폐기물이나 부산물들이 주요한 바이오매스 자원이었으나 에너지 작물들의 중요성과 시장 점유율이 상승되고 있다.

재조림(reforestation)이 전제된다면 바이오매스 연소시 발생되는 이산화탄소는 해당 식물의 생장시 탄소동화작용을 통하여 대기로부터 흡수된 것이므로 바이오매스 연소는 탄소중립적 과정(carbon-neutral process)이라 할 수 있으며, 이미 그리 인정받고 있다. 부산물이나 폐기물 또는 사탕수수를 이용한 제당과정에서 발생되는 부산물인 bagasse는 주로 열과 전력 생산에 사용되고 있으며, 제당용 작물, 전분질 작물 및 식물성 기름 제조용 작물들은 주로 연료 생산에 사용되고 있다.

목질계 바이오매스와 같은 품질이 우수한 발전용 바이오매스는 이미 열생산이나 펄프제지 산업에서 활용되고 있으므로 점차 확보가 어려워지게 될 것이다. 따라서 에너지 작물들에 기초한 새로운 바이오매스 자원은 목질계 바이오매스에 비하여 잠재력은 크지만 소요비용이 더 든다는 문제점을 지니고 있다. 바이오매스를 이용한 열과 전기 생산 관련 기술과 비용은 원료의 품질, 가용성과 수송비용, 발전 플랜트 규모, 가스화 과정 유무 등에 따라 달라진다. 만일 가용한 바이오매스가 충분하다면 바이오매스 발전과 열병합발전(CHP(Combined Heat and Power)) 플랜트는 기초부하(base-load) 공급에 적합한 청정하고 신뢰도 높은 발전원이 될 수 있다.

4.1. 혼소

Baxter(2005)가 분석한 자료를 보면 다양한 종류의 석탄과 보일러에 역시 다양한 종류의 바이오매스를 혼용하여 성공한 사례들을 16개국에서 100여건 이상 확인할 수 있다. 만일 석탄 발전소와 바이오매스 자원이 동일 지역에 존재한다면 혼소(co-firing)는 신재생에너지 발전방법 중에서 가장 저렴한 방법이 될 수 있을 것이다. 그러나 일반적으로 혼소는 석탄만을 이용하는 시스템에 비하여 많은 비용이 소요된다. 따라서 바이오매스와 석탄의 혼소가 더 이상 경제적으로 득이 되지 않는다면 이산화탄소 감축과 지구 기후변화에서 그 동기를 찾을 수밖에 없을 것이다.

유럽연합의 지원에 의해 진행된 “Clear Views on Clean Fuels”(VIEWLS) 프로젝트의 보고서(2005)에 따르면 바이오에너지의 초기 확산에 대한 가장 중요한 추진력은 바이오매스의 고정식 적용(stationary applications)(열과 발전)이라 할 수 있으며, 만일 수송용 연료생산에 바이오매스를 활용토록 하는 정책이 없는 한 바이오매스의 고정식 적용은 향후 2030년까지도 가장 중요한 바이오에너지가 수요처가 될 것이다. 석탄과 바이오매스의 혼소는 단기적 관점에서 이산화탄소 배출량을 감소시킬 수 있지만, 동시에 장기적으로는 바이오매스 공급체계의 비용

절감을 위한 효율적인 공급체계 확립이 촉진될 것이며, 다른 적용용도(예: 바이오매스 CHP, 액화 바이오연료)로의 확대가 용이해질 것이다.

연소는 바이오매스를 에너지로 변환하기 위한 기술로, 이미 상용화되었고 입증된 바 있다. 그러나 새롭거나 일반적이지 않은 연료들을 활용해야 하거나 효율개선, 비용 최소화 및 배출량 감소 등을 위하여 연료 준비, 연소 및 연소가스 세정 등의 기술분야에서 지속적으로 개선이 이루어지고 있다. 혼소기술은 다양한 형태의 상용화 규모로 입증된 바 있으나 연료 준비와 취급 시스템은 상용화된 예가 많지 않다. 연료 준비, 저장 및 취급 분야에는 바이오매스 혼소와 관련하여 많은 기술적 과제들이 남아 있다. 또 다른 문제점들은 불량하거나 적절치 못한 연료품질과 관련이 있으며, 연료투입, 석탄과의 혼쇄(co-milling), 퇴적물 형성, 부식과 침식 증가 및 날재(fly ash) 재활용 등의 과제도 남아 있다(Baxter, 2005).

혼소비율이 낮고 바이오매스의 품질이 양호한 경우 전술한 과제들은 그리 중요하지 않으나 바이오매스의 품질이 비교적 열악하고 혼소비율이 증가될 경우 점차 중요한 문제가 되며, 이 과제들이 결국 발전소의 경제성에 매우 크게 영향하게 된다. 상기 문제점들의 대부분은 적절한 바이오매스 전처리를 통하여 해결할 수 있을 것이다.

최신식 대규모 석탄발전소에서의 바이오매스 혼소는 에너지와 비용적 측면의 효율이 양호하고 추가되는 투자규모도 합리적인 수준이다. 일반적으로 바이오매스의 연소효율은 동일 설비에서 석탄에 비하여 최대 10% point 정도 낮을 수 있지만 대규모 석탄 발전 플랜트에서 바이오매스를 혼소할 경우의 효율(35~45%)은 바이오매스 전용 발전 플랜트에 비하여 높은 수준이다.

플랜트 투입 연료의 에너지를 기준하여 바이오매스를 5~10% 혼소한다면 연료취급설비에 약간의 수정만이 필요하며 보일러의 성능이 눈에 띄게 저하되는 일은 발생되지 않는다. 바이오매스 혼소비율이 10%를 초과하거나 바이오매스와 석탄을 각각 연소시킨다면 분쇄기, 연소기 및 건조기의 수정이 필요하다. 또한, 석탄 회분은 건축재료 제조에 사용되므로 타르와 알칼리 금속 함량이 높은 바이오매스 회분에 의해 오염되지 않도록 해야 한다. 북유럽, 미국 및 호주 등 여러 국가들에서 다양한 혼소기술들이 시험되어 왔다. 약 150여개의 플랜트에서 각기 다른 연료들(목질계 바이오매스, 부산물 및 에너지 작물들)을 대상으로 실험된 바 있다. 저가의 해당 지역 바이오매스를 이용한다면 증가된 투자비용에 대한 회수기간은 2년 정도로 단축될 수 있으나 초본류 작물이나 고함수율 목재와 같은 저품질의 바이오매스를 사용하게 되면 타르가 발생되고 슬래깅(slagging)과 파울링(fouling)을 야기하여 플랜트의 신뢰도에 영향하는 동시에 비용도 증가시킬 수 있다.

1) 혼소 시스템의 종류

석탄 발전소에서 석탄의 일부를 바이오매스로 대체하여 에너지를 생산하는 것을 혼소(co-firing)라 한다. 바이오매스가 아닌 폐기물과 같은 다른 연료로 석탄을 대체하는 것도 혼소에 포함된다. 현재 바이오매스 혼소에 적용되고 있는 기술로는 다음의 세 가지를 들 수 있다: 직접 혼소(direct co-firing), 병렬 혼소(parallel co-firing) 및 간접 혼소(indirect co-firing).

가. 직접 혼소

직접 혼소방식에서는 바이오매스(2차 연료)가 1차 연료인 석탄과 함께 보일러에 투입된다. 이는 주로 대규모 미분탄 보일러(pulverized coal boiler)에 적용되며 다음과 같은 사양이 가능하다:

- 연료 야적장에서 바이오매스를 석탄과 혼합하여 그 혼합물을 석탄 투입, 처리 및 연소 시스템(석탄 분쇄기, 파쇄기, 미분쇄기(pulverizer) 및 연소기)에 그대로 투입한다. 이 방식은 가장 저렴하고 편리한 방법이지만 혼합된 두 가지 연료들의 서로 다른 특성으로 인하여 문제가 발생할 가능성이 있다. 또한, 바이오매스의 형태에 따라서는 이 방식으로의 처리가 불가능한 경우도 있다(예: 초본류 바이오매스는 투입과 입자크기 감소과정에서 많은 문제가 발생할 가능성이 있음). 한편, 올리브/팜 종자(kernel)나 코코아 껍질 또는 톱밥에는 이 방식의 적용이 가능하다(톱밥의 경우 석탄 분쇄기 이후 혼합). 유럽에서도 이 방식과 관련된 많은 사업이 진행되고 있으나 예를 들어 연소로의 형태로 인하여 적용에 한계가 나타나기도 한다.
- 바이오매스를 따로 분쇄하여 기계식 또는 기류식으로 보일러에 투입한 후 기존의 석탄 분사 시스템과 연소기를 이용하여 연소시킨다. 이 경우 연료 혼합은 연소실에서 이루어지게 되므로 석탄 이송시스템에 아무런 영향을 미치지 않게 된다. 그러나 투자비용은 증가된다.
- 바이오매스 분쇄와 연소를 위한 별도의 새로운 설비를 갖춘다. 이 방식을 적용한다면 보일러에 투입할 수 있는 바이오매스의 종류가 크게 늘어날 수 있다. 유럽에도 이와 같은 방식의 사업들이 진행되고 있으나 비교적 복잡하고 투자비용이 높다는 문제점을 안고 있다.

직접 혼소방식은 투자비용은 가장 적지만 혼합되는 연료들의 서로 다른 특성들로 인한 다양한 문제점들이 발생할 가능성이 높다. 그 중 하나가 바이오매스 회분이 석탄 회분과 섞인 상태로 발생된다는 점이다. 각각의 회분은 어느 정도 재활용이 가능하지만 혼합된 회분의 재활용은 쉽지 않은 문제로 남아 있다.

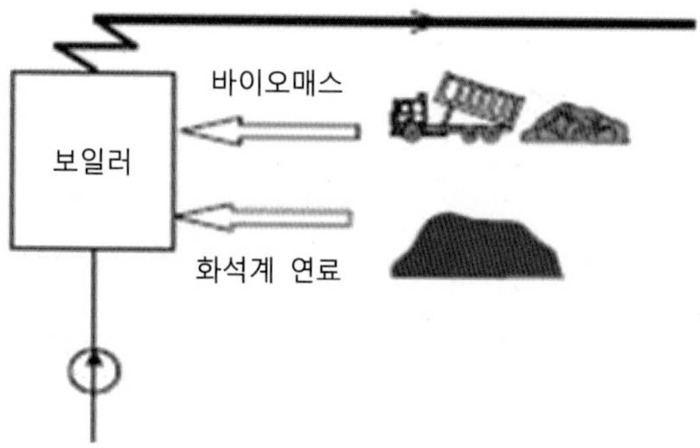

그림 2.28 직접 혼소 공정도

나. 병렬 혼소

병렬 혼소방식에서는 바이오매스를 별도의 전용보일러에서 연소시켜, 발생된 증기를 공급하도록 한다. 따라서 연료의 준비와 공급과정도 물리적으로 독립적인 형태로 갖추어져야만 한다.

대상이 되는 발전소에서 제한요소가 될 수 있는 것으로는 증기터빈과 같은 downstream 기반시설들의 용량을 들 수 있다. 혼소가 가능한 바이오매스의 양은 증기발생장치의 용량에 의해 제한되므로 바이오매스 연소에 의해 얻게 되는 잉여 동력을 수용할 수 있도록 증기터빈의 용량이 충분히 커야만 하며, 경우에 따라서는 석탄 보일러의 용량을 축소해야 한다.

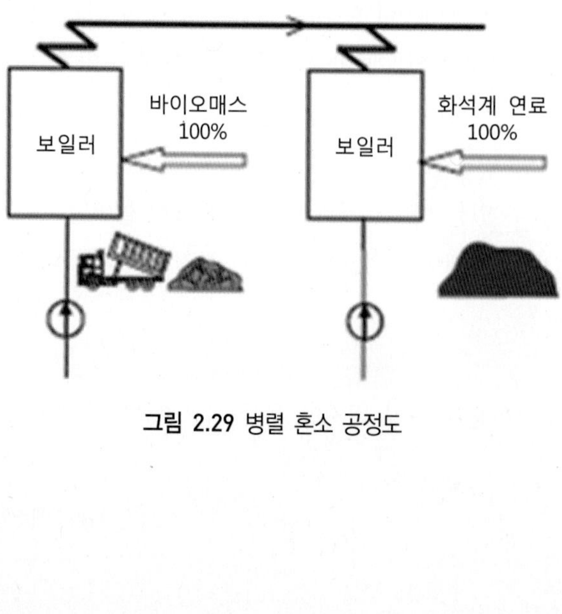

그림 2.29 병렬 혼소 공정도

병렬 혼소방식에서는 석탄 회분과 바이오매스 회분을 각각 독립적으로 관리할 수 있다. 그리고 각 연료에 적합한 변환장치를 선택할 수 있다(예: 바이오매스에는 순환 유동층방식, 석탄에는 미분탄방식). 투자비용은 직접 혼소에 비하여 매우 크게 증가하지만 연소과정의 최적화가 가능하고, 알칼리와 염소 함량이 높은 다양한 연료들을 사용할 수 있으며, 회분이 독립적으로 발생된다는 장점이 있다.

다. 간접 혼소

간접 혼소방식에서는 바이오매스만을 가스화 또는 연소시켜 발생된 가스를 석탄 보일러에 분사, 연소시킨다. 이 방식에서는 석탄과 바이오매스 회분이 독립적으로 발생되며, 혼소비율도 크게 높일 수 있다. 그러나 투자비용이 매우 높다는 단점을 지니고 있다.

미리 가스화하여 간접 혼소하는 방식은 오스트리아 Zeltweg, 핀란드 Lahti 및 네덜란드 Geertruidenberg 등에서 여러 기의 실증을 위한 발전소에 적용되고 있다.

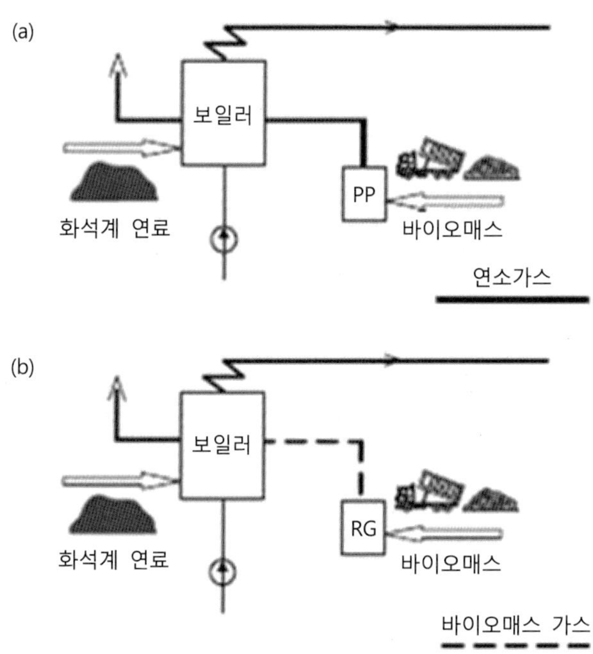

그림 2.30 간접 혼소 공정도

현재로서는 직접 혼소가 기존 발전소를 혼소 발전소로 변환하는데 소요되는 투자비용이 가장 낮아 유럽에서 가장 많이 적용되고 있는 방식이다. 병렬 혼소 역시 적용되고는 있지만 주로 펄프제지산업의 보일러에 제한적으로 적용되고 있는 실정이다. 간접 혼소는 영국의 예에서도 알 수 있듯이 유럽시장에 아직 너무 많은 비용이 요구되는 방식이다. 그러나 혼소의 미래에 대하여 생각할 때 바이오매스/석탄 비율을 높이려는 경향이 커질 것이고 매우 다양한 바이오매스를 활용해야만 하는 상황이 도래할 것으로 예상된다. 그러므로 장래에는 보다 진보된 혼소방식에 소요되는 높은 투자비용을 시스템의 우수한 운전특성과 유연성을 통하여 보다 빠른 기간 내에 회수할 수 있는 기술이 출현할 것으로 기대된다.

2) 혼소 장치와 기술의 종류

일반적으로 연소시스템은 다음의 세 가지로 정의된다:

- 고정층 연소(Fixed Bed Combustion)
- 유동층 연소(Fluidized Bed Combustion)
- 미분연료 연소(Pulverized Fuel Combustion)

가. 고정층 연소

중소규격의 고체 연료(석탄, 바이오매스) 연소에 적용되는 연소방법이다. 고정층 시스템에서는 화격자형 연소로와 하입식 스토커(underfeed stoker)를 이용한다. 공기가 고정층을 통과하면 1차 연소로에서 건조, 가스화 및 char 연소가 이루어지고 발생된 가스는 추가로 공급된 공기에 의해 연소(대개 별도의 연소영역에서)된다.

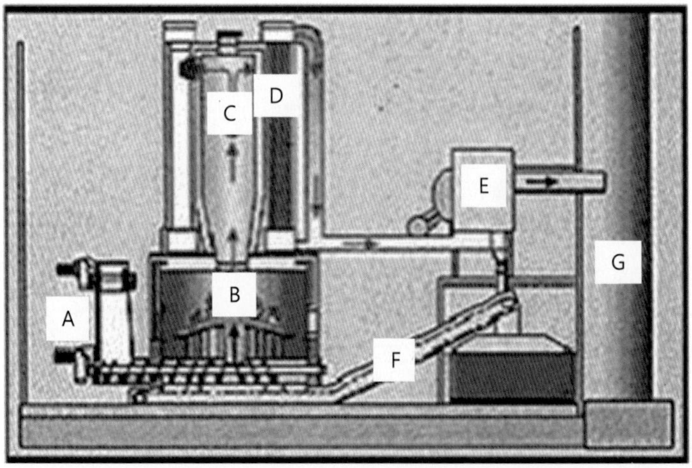

A: 연료투입, B: 1차 연소실, C: 2차 연소실, D: 보일러, E: 연소가스 세정기, F: 회분제거장치, G: 연도

그림 2.31 화격자형 연소로

화격자형 연소로(최고 20MWth)에는 고정식, 가동식, 이동식, 회전식 및 진동식 등 여러 가지 형태들이 있다. 하입식 스토커는 중소형 시스템으로부터 최고 6MWth급 보일러에 적용된다. 고정층 보일러는 직접 혼소보다는 병렬 혼소나 간접 혼소방식에 적합하다. 표 2.7은 고정층 연소시스템의 장단점을 비교하고 있다.

표 2.7 고정층 연소시스템의 장점과 단점

장점	단점
화격자형 연소로	
- 낮은 투자비용(최고 20MWth) - 낮은 운전비용 - 거의 모든 형태의 목재연료 사용가능 - 높은 함수율(10~60%)의 바이오매스도 적용가능 - 회분 함량이 높고 입자크기 변이가 큰 연료도 적용 가능	- 목재연료와의 혼합은 가능하나 연소특성과 회분 용융 온도가 다른 연료들의 혼합물 즉, 목재와 밀짚의 혼합은 불가 - 온도상승(즉, 불균일한 연소특성으로 인한)에 의한 회분 용융과 부식 문제 발생 가능
하입식 스토커	
- 낮은 투자비용(최고 6MWth) - 우수한 연료투입조절로 배출가스 감소	- 낮은 회분함량과 높은 회분용융온도의 연료에만 적합 - 입자크기에 대한 유연성 부족(최고 50mm)

나. 유동층 연소시스템

유동층 연소에서는 불활성물질인 모래와 연료 입자들의 혼합물이 층(bed)을 구성한다. 공기가 연속적으로 층 내에 공급되어 입자를 움직임으로써 유동화를 유도한다. 유동층 연소 시스템에는 다음의 두 가지 형태가 있다: 기포유동층(BFB: bubbling fluidized bed)과 순환유동층(CFB: circulating fluidized bed).

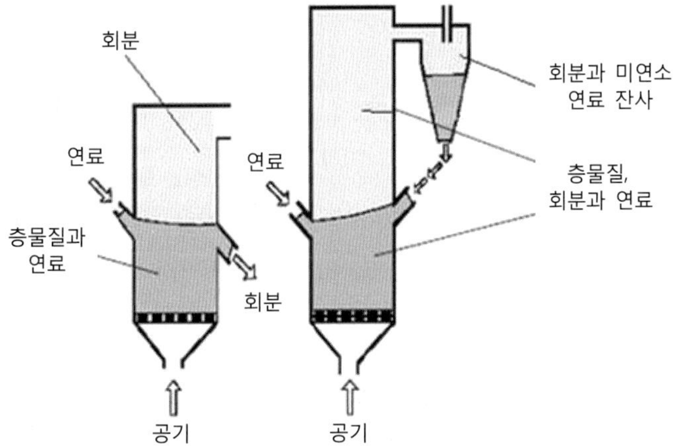

그림 2.32 기포유동층(좌)과 순환유동층(우)

유동층은 천공 바닥을 갖춘 원통형 용기에 고온의 불활성 과립상 물질(대개 실리카와 백운석(dolomite))을 채워 구성되며, 이 층 물질이 연료와 층 물질 혼합물의 90~98%를 차지한다. 따라서 연료의 구성 비율은 단지 2~10%에 지나지 않는다. 층 물질은 높은 열적 관성(thermal inertia)을 제공함으로써 안정적인 연소과정을 보장하게 된다. 혼합특성이 우수함으로 유동층에 목재나 밀짚 등 다양한 연료 혼합물들을 투입할 수 있으나 연료 입자 크기를 잘 조절해주어야만 한다(BFB〈80mm, CFB〈40mm). 층 내 유동화 불능을 야기하는 회분 소결을 방지하려면 연소온도를 낮게 유지해야만 한다(800~900℃). BFB에서는 유동화 층 물질들의 대부분이 연소로의 바닥 부근에 남게 되지만 CFB에서는 연소가스와 함께 상향하여 고온 사이클론이나 U-beam separator에서 분리되어 다시 연소실로 재투입된다. 특히, CFB에서 있을 수 있는 심각한 단점으로는 층 내에서 연료의 연소가 완벽하게 이루어지지 않아 연소되지 못한 매우 가벼운 탄소(검댕(soot)이라고도 함)가 회분과 함께 사이클론에서 제거된다. 따라서 회분에는 다량의 연소되지 못한 탄소가 남게 되어 회분의 재활용에 문제가 발생할 수도 있다.

표 2.8 유동층 연소의 장점과 단점

장점	단점
- 연료에 대한 유연성이 크다(함수율, 발열량 및 회분 함량). 따라서 연료의 다각화가 가능하고 기존 발전소에 적용 가능한 연료도 다양화가 가능하다. - 층 내 연소온도가 낮아 NO_X 배출량이 감소된다. - 층 내에 석회를 직접 분사해주면 낮은 비용으로 탈황이 가능하다(FGC설비 대체). - 낮은 등급의 연료로도 연소효율 극대화가 가능하다. - 환경관련 성능이 우수하여 보일러 후단의 CO (<50mg/Nm³)와 NO_X(<70mg/MJ, SCR 적용시 10mg/MJ 미만) 배출량이 낮고 보일러 효율이 높다(약 90%). - 비교적 적은 비용으로도 석탄으로부터 석탄/바이오매스 혼소로의 유동층 기술 적용이 가능하다.	- 연료에 대한 유연성이 우수하지만 가장 저렴한 방법인 연료를 미리 혼합하는 방식을 통하여 바이오매스 투입을 기존 장치로 하는 것이 항상 가능한 것은 아니다. 혼소 연료의 투입특성이 1차연료와 크게 다른 경우에는 별도의 투입장치가 요구된다. - 알칼리 함량이 높은 연료를 연소시킬 경우에는 보일러 벽과 관에 슬래깅과 파울링 문제가 발생할 수 있다. - 알칼리와 알루미늄 함량이 높은 연료를 연소할 경우 층 내 응집현상이 발생할 수 있다. - 열전달면(예: 과열기 관)의 염소에 의한 부식이 가능하다. - 투자비용이 높아 BFB인 경우 $20MW_{th}$ 이상, 그리고 CFB인 경우 $39MW_{th}$ 이상의 규모에서 경제적 타당성이 있다. - 연소가스에 많은 분진이 포함된다. - 층 물질 일부가 회분과 함께 소실된다. - 특히, CFB인 경우 연료의 불완전연소가 가능하고 회분 내 미연소 탄소 함량이 높다.

다. 미분연료 연소시스템

미분연료 연소시스템(pulverized fuel/dust combustion system)에서는 톱밥과 같은 연료들이

기류에 의해 공급된다. 미분연료 연소에서는 연료의 품질이 비교적 일정해야 하며, 연료 입자 크기는 최대 10~20mm 미만이고 연료 함수율은 20%(습량기준) 미만이어야만 한다.

표 2.9 미분연료 연소의 장점과 단점

장점	단점
- 과도산소량이 낮아 효율증가 - 적절한 연소기 사용시 NO_x 배출량 감소 가능	- 연료 입자 크기가 10~20mm 미만으로 제한됨

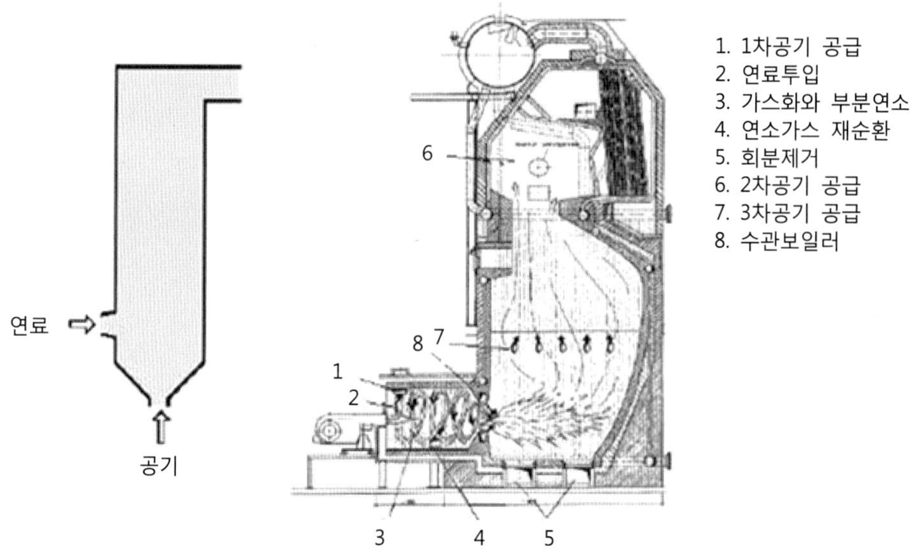

그림 2.33 미분 연료 연소기술(좌)과 증기보일러에 장착된 muffle dust furnace(우)

3) 바이오매스 가스화 장치와 관련 기술

바이오매스를 바이오가스로 변환하는 방법에는 일반적으로 다음의 두 가지를 들 수 있다. 고속 열화학적 변환(열분해(pyrolysis))은 바이오가스와 함께 기타 연료들과 2~4%의 회분을 발생시킨다. 속도가 느린 혐기성 소화(anaerobic fermentation)는 원료의 일부(50~60%)만을 바이오가스로 변환하지만 그 부산물은 토양개량제로 사용할 수 있다.

가스화는 혼소와 관련하여 중요한 공정이라 할 수 있다. 전술한 바와 같이 가스화는 간접 혼소시스템(간접 혼소에서는 바이오매스 가스화를 연료 전처리로 취급)에서 석탄 보일러와 조합이 가능하다. 그 외에도 가스화 자체만으로 IGCC(Integrated Gasification Combined Cycle)와 같이 발전을 위한 열화학적 변환과정을 구성할 수 있다. IGCC란 가스화장치에서 연료를 가스화하고 생성된 가스를 가스터빈에서 연소시킨 후 가스터빈에서 배출되는 연소가스로부터 열을 회수하여 발전용 증기터빈에서 사용될 증기를 생산하는 개념을 말한다. IGCC 개념은 원리상 석탄과 바이오매스 및 두 연료의 혼합물에도 적용이 가능하다.

바이오가스는 연소엔진(10kW~10MW)에서 사용이 가능하며 그 효율은 30~35% 수준이다. 가스터빈이나 고효율 복합사이클에서는 그 이상으로 효율 상승이 가능하다. 바이오매스 통합 가스화 가스터빈(BIG/GT(Biomass Integrated Gasification Gas Turbine))은 아직 상용화되지 못하였지만 경제성 개선이 기대되고 있다. 스웨덴에서는 바이오매스(밀짚)를 100% 사용하는 최초의 IGCC(Integrated Gasification Combined Cycle))가 성공적으로 운전된 바 있다. 이 과정에서 도출된 기술적 문제점들도 대부분 극복되었다. 펄프제지산업에서는 이미 흑액을 연료로 하는 IGCC 플랜트가 열병합발전 모드에서 경제적으로 경쟁력이 있음이 입증된 바 있다. 스털링 엔진(Stirling engine)과 ORC(Organic Rankine Cycle)과 같은 새로운 기술들도 시장진입에 접근하고 있으나 IGFC(Integrated Gasification Fuel Cell) 플랜트는 아직 많은 연구개발이 필요한 상태이다.

가스화는 탄소기반의 고체나 액체 연료들을 기체(syngas; 바이오매스의 가스화인 경우 bio-syngas라 함)로 변환하는 열화학적 과정이다. syngas에는 CO, H_2, CO_2, H_2O 및 CH_4 등과 같은 성분들이 풍부하게 함유되어 있으며, 이들 성분들의 비율은 원재료의 조성과 온도와 압력 같은 가스화조건에 따라 달라진다. 가스화는 외부로부터 산화제(산소, 공기 등)와 열이 투입될 때 진행된다. 열 투입은 직접(연료의 일부 산화) 또는 간접적인 열전달에 의해 이루어진다. 연소와 달리 가스화에서는 외부로부터 투입되는 산화제의 양이 적기 때문에 연료 중의 일부만이 요구되는 열량의 공급에 이용될 수 있을 뿐이다. 가스화에는 직접 가스화와 간접 가스화의 두 가지 기본적인 방식이 있다.

가. 직접 가스화

직접 가스화에서는 반응기 내에서 연료의 일부가 초기에 공급된 공기나 산소에 의해 연소되면서 반응에 필요한 열에너지를 공급하게 된다. 공기 중에 질소의 함량이 높기 때문에 공기를 투입하는 가스화에서는 발생되는 product gas의 질소함량이 높아 product gas의 발열량이 낮은 단점이 있다. 반면에 산소를 사용할 경우 product gas의 질소함량이 낮아 발열량은 높은 편이나 산소발생에 많은 비용이 소요되어 전반적인 비용이 상승된다는 단점이 있다. 산소를 이용한 가스화에서 발생되는 가스에는 수소와 CO의 함량이 높아 FT(Fischer Tropsh) Diesel이나 DME(Dimethyl-Ether) 생산 등과 같은 고부가가치 용도에 적용하는 것이 가능할 것으로 생각되지만 현재 이들 기술이 발전과 열생산에 직접 적용되기는 어렵다.

나. 간접 가스화

간접 가스화에서는 가스화공정에 요구되는 열을 가스화장치가 아닌 별도의 공정에서 공급한다. 열교환기를 순환 통과한 가스나 층 물질 또는 주 반응기로부터 배출된 char나 회분을 연소시켜 열을 공급하게 된다. 증기는 생산이 쉽고 비용이 적게 소요되며 가연성 가스의 수소 함량을 높여 발열량을 증가시키는 효과가 있기 때문에 간접 가스화에 가장 많이 사용되고 있다. 간접 가스화 장치는 내부 에너지원의 형태에 따라 char 간접 가스화장치와 gas 간접 가스화장치로 나뉜다.

가스를 열원으로 사용하는 간접 가스화장치에서는 열교환관이 장착되어 있는 유동층 가스화장치를 사용한다. product gas의 일부가 공기와 같은 산화제와 함께 맥동연소기(pulse combustor)에서 연소된다. 여기서 발생된 열이 반응기에 투입된 연료의 가스화에 사용된다.

char를 열원으로 이용하는 간접 가스화장치는 연료를 product gas로 변환해주는 CFB 증기 가스화장치와 연료 가스화에 필요한 열을 생산하기 위하여 잔존 char를 연소시키는 CFB 연소기의 두 가지 반응기들로 구성된다. 일반적으로 층 물질에 많이 사용되고 있는 실리카 모래가 두 반응기 사이를 순환하면서 열을 전달해준다. 이 방식에서는 기체상 생성물과 응축가능한 생성물들 모두가 가스 생산에 사용된다. 이 공정은 고속유동화공정(fast fluidized process)으로도 알려져 있으며 product gas 수율이 높다.

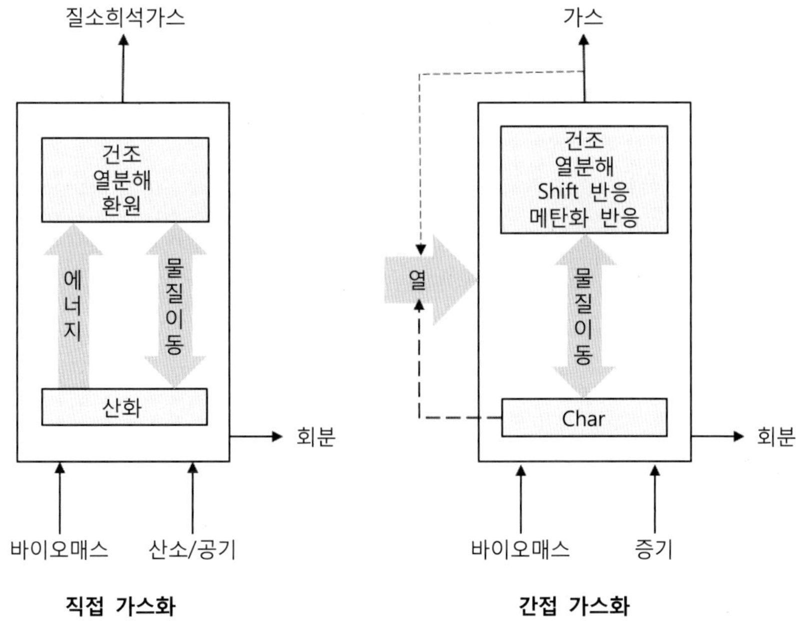

그림 2.34 직접 가스화(좌)와 간접 가스화(우)

상기의 두 가지 방식 이외에도 층 물질 자체를 가스화 공정에 필요한 열원으로 사용할 수도 있다. 미국 Battelle 발전소와 오스트리아 Gussing 발전소에서는 이와 같은 개념을 이용하고 있다. 고온의 층 물질이 열교환기를 순환 통과하여 주 반응기로 되돌아간다.

또 다른 방식으로는 탄소함량이 높은 회분을 사이클론을 통하여 포집하여 연소시킴으로써 가스화에 필요한 열량을 얻는 방법도 가능하다.

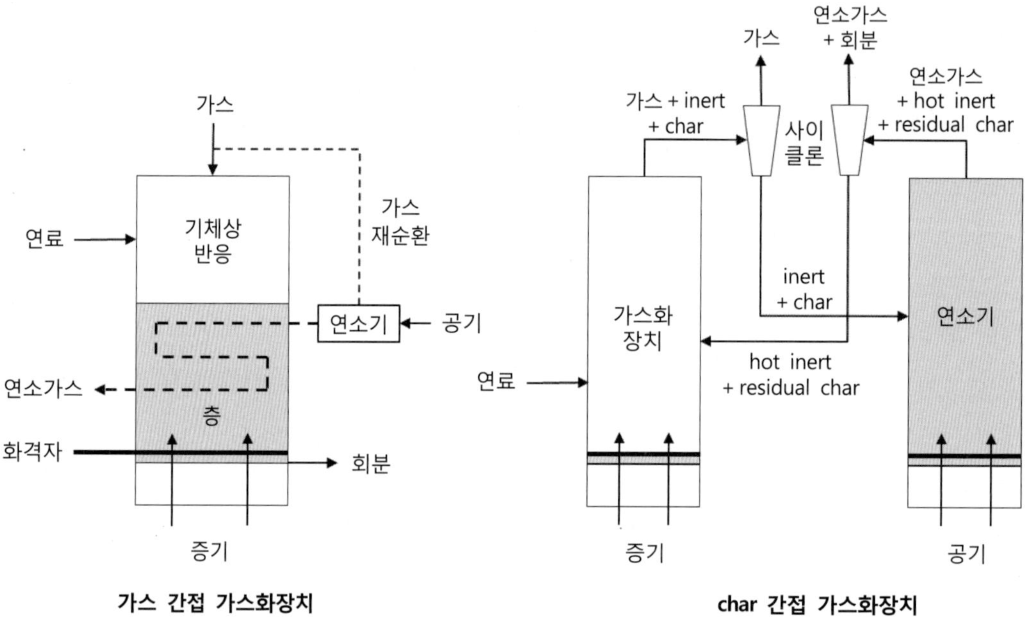

그림 2.35 간접 가스화장치(inert: 불활성 가스)

간접 가스화장치는 기존 유동층 가스화장치에 비하여 연료에 대한 유연성이 우수하고 product gas의 품질(순도)도 높은 장점이 있다. 그러나 이처럼 품질이 우수한 가스를 얻기 위해서는 매우 많은 투자비용과 관리비용이 요구되며 에너지손실도 크기 때문에 우수한 가스품질은 발전과 열 활용 분야에서는 그리 중요한 문제가 될 수 없다.

다. 가스화 설비

가스화장치에는 고정층, 유동층 및 혼입 유동(entrained flow) 가스화장치 등 세 가지 기본 형태가 있다. 가스화 장치의 형태에 따라 Rensfelt(2005)가 제시한 적정한 규모는 그림 2.36과 같으며, 각 형태에 따른 특성은 다음과 같다.

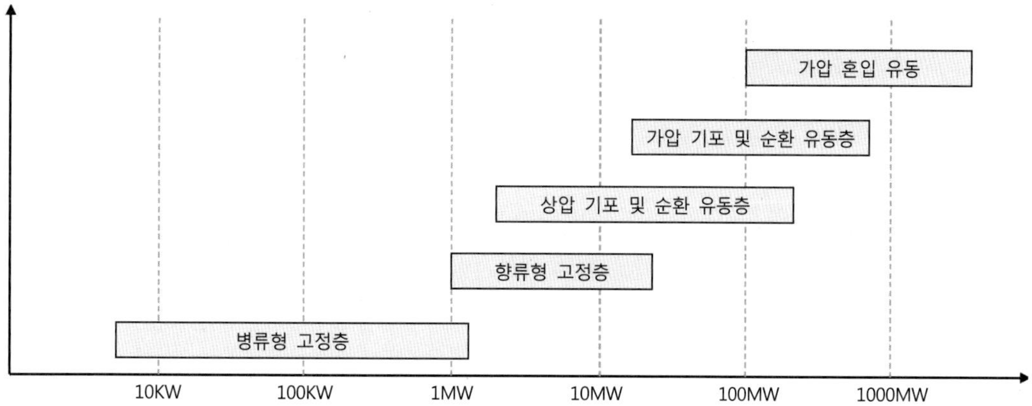

그림 2.36 가스화 장치의 형태에 따른 적정 규모(Rensfelt, 2005)

(1) 고정층 가스화장치

고정층 가스화장치(Fixed bed gasifier)는 상향식(updraft)과 하향식(downdraft) 가스화장치로 나뉜다. 두 가지 방식 모두 가스가 층을 통과하는 통로를 막지 못하게 위해서는 연료의 입자 크기가 1~3cm 수준에서 기계적으로 안정화되어야만 하므로 바이오매스를 펠릿이나 브리켓 형태로 성형하는 것이 선호되고 있다.

상향식 고정층 가스화장치에서는 연료가 상부로부터 투입되고 공기는 반응기의 하부로부터 투입된다. 상향식에서는 건조, 열분해, 가스화 및 char 연소의 과정들이 차례로 수행된다. 상향식 설계에서는 바이오매스가 가스화장치 속에서 점차 밑으로 하향하기 때문에 바이오매스의 이동 중 건조가 이루어지고, 따라서 바이오매스의 함수율에 크게 민감하지 않은 장점이 있다(최고 40~50%). 상향식 가스화장치의 효율은 매우 높은 편이다. 생성되는 product gas에는 방향족 화합물들이나 타르 등과 같은 탄화수소의 함량이 높기 때문에 합성연료, 화학제품 또는 가스터빈 등에 적용이 가능한 청정한 가스로 활용되기 어렵지만 증기터빈을 이용한다면 열과 전기 생산에 아무런 문제가 없을 것이다. 그러나 간접 가스화장치는 기본적으로 타르 함량이 높은 product gas를 생산하므로, 만일 가스의 온도가 500℃ 미만으로 하강할 경우 타르가 응축되어 모든 시스템이 막히는 사태가 발생할 수도 있음을 기억해야 한다. 타르의 응축을 막기 위해서는 항상 높은 온도를 유지해야만 한다. 그러나 불행하게도 높은 온도에서는 암모니아(바이오매스에 화학적으로 결합되어 있는 질소)가 산소와 반응하여 NO_x를 생성한다는 단점이 있다($NH_3 + O_2 = NO_x + H_2O$). NO_x 배출량은 환경법과 연관이 있으므로 혼소할 바이오매스의 양을 제한해야 할 것이다.

하향식 고정층 가스화장치에서도 연료가 상부에서 투입되지만 공기는 화격자 상부의 측면에서 투입되며, 가연성 가스는 화격자 하부로 배출된다. 형태가 간단하고 비용이 낮은 장점이 있다. 발생되는 product gas는 주로 CO, H_2, CH_4, CO_2 및 N_2로 구성되며 비교적 청정한 편이다. 타르와 오일의 함량이 낮고 배출시 온도가 높은 편이며, product gas의 순도는 열과 전기 생산에 충분할 정도로 높다.

고정층 가스화장치의 규모확대와 관련하여 상향식의 경우 타당성이 있는 규모가 최대 10MW에 이르지만 하향식의 경우에는 1MW에도 미치지 못하는 문제가 있다. 하향식의 경우에는 공기의 환원영역(reduction zone)으로의 접근이 제한적이기 때문에 공기공급량을 확대하기 어렵기 때문이다. 그러나 하향식 시스템의 효율은 상향식에 비하여 일반적으로 높은 수준이다.

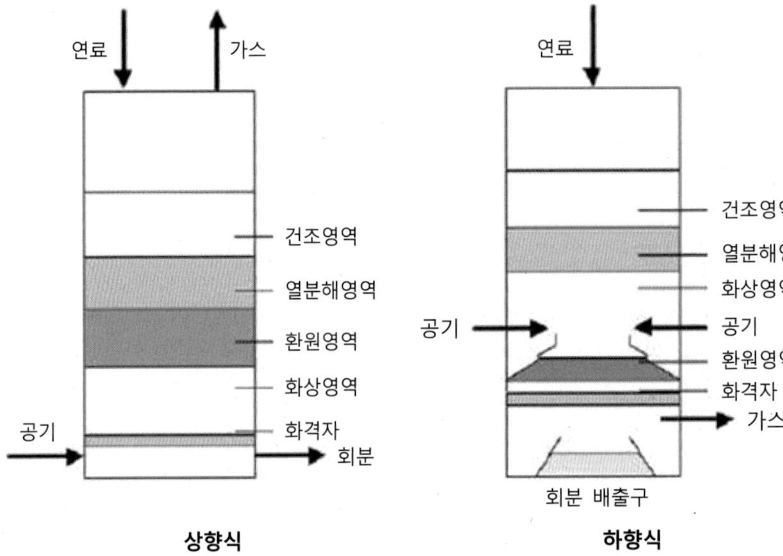

그림 2.37 상향식(좌)과 하향식(우) 고정층 가스화장치

(2) 유동층 가스화장치

유동층 가스화장치(fluidized bed gasifier)는 고정층 상태인 미세 입자들(대개 실리카 모래)이 상승하고 있는 가스화 물질과 접촉하여 유동화 상태가 되기 때문에 붙여진 명칭이다. 이 공정은 전술한 유동층 연소와 동일한 원리에 기초하고 있다. 유동층 반응기는 기포유동층(BFB)과 순환유동층(CFB)의 두 가지 형태로 나뉜다.

유동층 가스화장치에는 규모확대와 관련된 문제가 거의 없다. 서로 다른 반응 영역들도 없으며 단지 등온층(isothermal bed)만이 존재한다. 이 장치의 장점으로는 연료의 입자크기에 대한 제한이 그리 엄격하지 않다는 점을 들 수 있다. 바이오매스를 연료로 사용할 경우 성공적인 가스화를 위하여 필요한 온도는 적어도 750℃ 이상이 되어야만 한다. 그러나 점착성의 회분이 층 입자들과 붙어 응집이 발생하고 결국은 유동화가 정지되므로 층의 온도를 회분 용융온도보다 낮은 수준으로 유지해야만 한다. 따라서 유동층 가스화장치는 회분용융온도가 700℃ 미만으로 떨어질 수도 있는 초본류 바이오매스(예: 밀짚)보다는 회분용융온도가 1000℃ 이상인 목질 바이오매스에 보다 더 적합하다.

BFB 가스화장치에서는 상향 유동하고 있는 가스의 속도가 CFB보다 낮고, 층의 팽창을 유도하는 불활성 층의 유동화가 반응기의 하부에서 제한적으로 이루어진다. CFB 가스화장치에서는 입자들이 유동화 가스에 의해 상부로 이송되므로 반응기 자체 내에서 팽창된 층이 순환되면서 반응기 내 모든 공간을 점유하게 된다. 모래와 char의 일부가 가스기류와 함께 반응기로부터 외부로 배출된다. 그중 일부는 사이클론에서 가스기류와 분리, 포집되어 가스화장치로 되돌아간다. 유동층 가스화장치의 성능 보장을 위해서는 연료 입자들의 크기를 비교적 작게 하여 층 물질과의 양호한 접촉을 유도해야 한다. 따라서 연료 크기가 BFB에서는 80mm 미만, 그리고 CFB에서는 40mm 미만이어야 한다. BFB와 CFB 가스화장치는 층의 열적 관성이 높아 연료 관련 유연성이 매우 탁월하므로 다양한 연료의 사용이 가능하다.

CFB는 BFB와 비교하여 가스속도가 높기 때문에 열전달이 향상되고 char 체류시간이 연장되므로 반응기 규모의 축소가 가능하다. 따라서 char 변환과정의 개선이 가능하고 반응장치에 소요되는 비용을 절감할 수 있다.

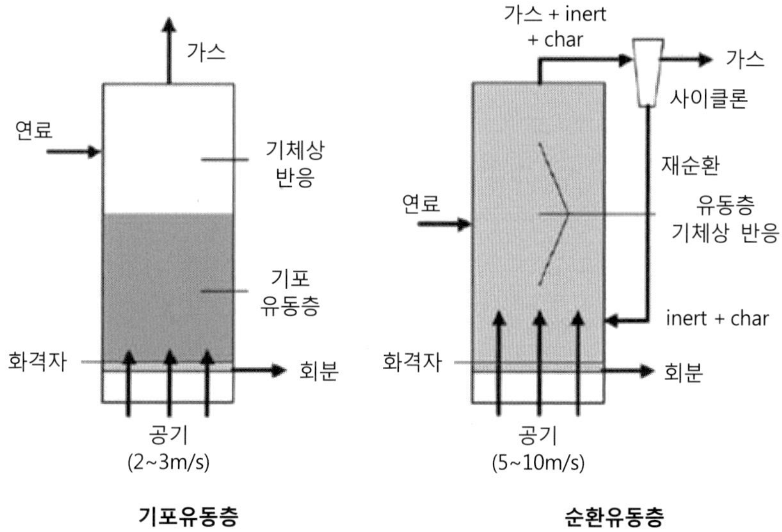

그림 2.38 기포유동층(좌)과 순환유동층(우)

(3) 혼입 유동층가스화장치

혼입 유동 가스화장치(EFG(entrained flow gasifier))는 매우 짧은 시간 내(수 초)에 연료와 산소의 혼합물을 고온(1,200℃ 이상 거의 2,000℃에 접근)과 고압(50bar 이상)의 난류성 분진 화염으로 변환시킨다. 일반적인 산화제로는 가스의 질소함량 감소를 통하여 NO_x 배출량을 줄이기 위해 산소를 사용하고 있다. 연료의 변화 효율을 높이기 위해서는 미분 고체(입자크기 1mm 미만)나 액체(즉, 열분해)를 사용해야 한다.

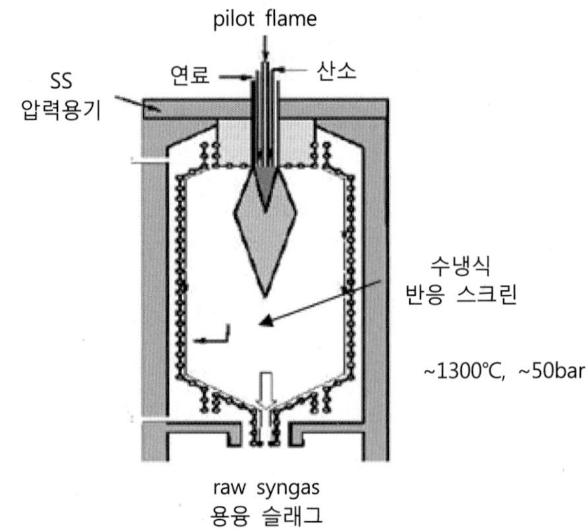

그림 2.39 혼입 유동 가스화장치

고체 바이오매스를 가스화할 경우에는 회분용융 거동과 관련된 문제가 발생할 수 있다. 이처럼 높은 온도에서는 회분이 액체상태가 되기 마련이며, 그 중 일부가 가스화장치의 벽면에 퇴적될 것이다. 혼입 유동 가스화장치는 액상 회분이 하부로 이동하여 syngas와 함께 가스화장치를 빠져 나가도록 설계되어 있다. 그러나 이와 같은 거동은 가스화 조건과 연료특성의 조합에 의한 결과이므로 모든 바이오매스에 적용할 수 있는 것은 아니다. 또한, EFG에 적용이 가능할 정도로 바이오매스를 미분화하는데도 많은 비용이 소요된다. 비용을 상승시키는 또 다른 요소로는 순수 산소의 생산과 고압의 형성을 들 수 있다. EFG 기술은 석유 잔사들에 대해서는 이미 성숙되어 상용화되었고 석탄에 대해서도 실증단계를 거쳤지만 아직도 바이오매스에 대해서는 경험이 일천한 상황이다. 석탄에 대해서는 GE/ChevTex사, Conoco E-gas사 및 Shell사 등에 의해 몇 가지 상용화된 설계가 있으나 이들의 설계에서도 바이오매스 혼소비율이 10~15% 이상인 경우에는 운전이 불가능한 것으로 알려져 있다. EFG에는 고체연료를 고압으로 투입하는 저비용방법인 슬러리 투입방식을 이용하여 직접 가스화방식으로 운전이 가능하므로 석탄에 주로 적용한다. 그러나 바이오매스는 높은 공극률로 에너지 밀도가 낮고 슬러리 상태에서 수분보유능력이 높아 슬러리 투입방식의 적용이 불가능하다. EFG에는 기류 투입방식도 적용이 가능한데, 예를 들어 톱밥이나 미세 분쇄된 바이오매스에 적용할 수 있지만 슬러리 투입방식에 비해서는 효과가 적은 것으로 알려져 있다. Emergy Energy사는 바이오매스에 EFG를 적용하는 신 개념을 개발한 바가 있으나 상세한 내용은 공개되지 않았다.

저온 가스화(low temperature gasification)는 새로운 개념의 가스화 기술로, 초임계수(supercritical water)(200~400bar)에서 가스화가 이루어진다. 초임계수 가스화는 온도 500~700℃ 수준에서 진행되며, 젖은 상태인 바이오매스에 적용이 가능하다. 그러나 지금까지는 초임계수 가스화에 대한 경험이 실험실 수준에 그치고 있는 실정이다.

4) 혼소시스템의 제한요소와 관련 문제 완화방법

바이오매스와 석탄의 혼소에는 연료준비, 취급, 저장, 분쇄, 투입, 서로 다른 연소거동, 총효율 변동 가능성, 퇴적물 발생(슬래깅과 파울링), 응집과 소결, 부식/침식과 설비 수명변화, 회분 재활용 및 전반적인 경제성 등 많은 과제들이 산재해 있다. 물론 모든 시스템에서 상기의 과제들이 모두 발생되는 것은 아니다. 최적화된 연소기술을 적용한다면 청정한 바이오매스를 낮은 혼소비율로 사용하는 경우와 같이 아무런 문제가 발생하지 않을 수도 있다. 그러나 특히, 직접 혼소방식에서 가능한 혼소비율을 증가시키는 한편, 저급한 바이오매스를 활용하고자 하는 의도로 인하여 많은 과제들이 관심의 대상이 되는 것이다.

마주치게 될 당면 과제들은 다음과 같은 조건들에 의해 발생될 것이다:

- 혼소방식 - 직접 혼소시스템에서는 우선 바이오매스 분쇄가 해결과제로 떠오른다. 기존 석탄 분쇄기는 일정 능력을 지니고 있는 반면에 바이오매스의 발열량은 석탄의 1/2정도에 지나지 않는다. 따라서 기존 분쇄기를 이용하여 석탄과 바이오매스를 함께 분쇄하는데 문제가 발생할 수 있다. 또한, 분쇄기 자체가 섬유적 특성을 지닌 바이오매스의 분쇄에 적합하지 않을 수도 있다. 이와 같은 문제는 별도의 공정에서 바이오매스를 분쇄하여 보일러에 투입하는 간접 혼소나 병렬 혼소시스템에서는 발생되지 않는다. 직접 혼소와 간접 혼소시스템에서 전형적으로 발생되는 문제점들은 그림 2.40~2.41과 같다.
- 연소 또는 가스화 장치 - 화격자형 연소로에서는 예를 들어 목재연료와 밀짚과 같이 서로 연소거동이 다른 연료들을 함께 연소시킬 수 없다. 유동층 연소시스템은 연료에 대한 유연성이 우수하지만 층 응집이라는 문제가 발생할 수 있다.

- 바이오매스의 형태 - 초본류 바이오매스는 석탄 분쇄기에서 분쇄가 어렵고, 알칼리와 염소 함량이 높아 부식과 퇴적 문제를 야기할 가능성이 높지만 목질 바이오매스는 회분과 알칼리 성분 함량이 낮아 선호되고 있다.

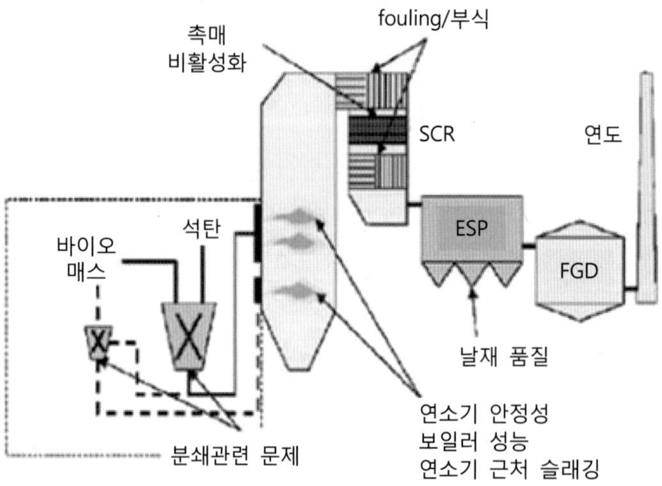

그림 2.40 직접 혼소에서 발생 가능한 문제(SCR–selective catalytic reduction, ESP–electric precipitator, FGD–Flue gas desulphurisation)

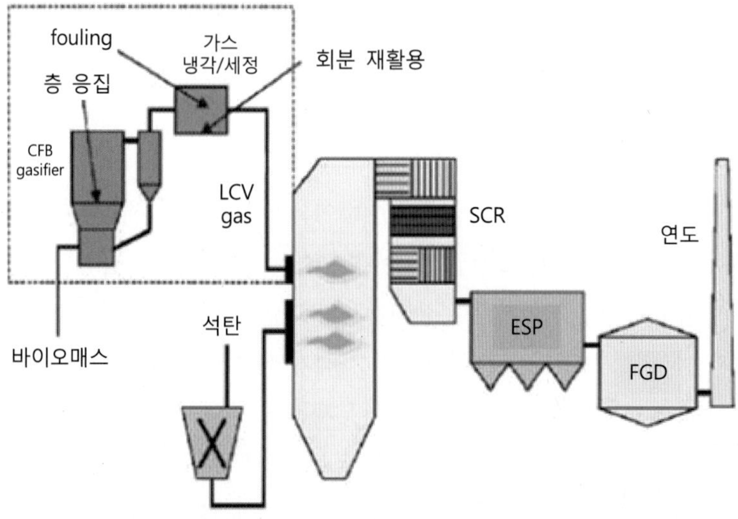

그림 2.41 간접 혼소에서 발생 가능한 문제(SCR–selective catalytic reduction, ESP–electric precipitator, FGD–Flue gas desulphurisation)

혼소 시스템의 어려움을 보다 체계적으로 나타내는 방법으로 바이오매스-에너지 체인을 분석하다보면 문제를 확인할 수 있다. 바이오매스 공급과정에서도 낮은 에너지 밀도에 따른 수송비 증가, 저장 중 자체 가열(self-heating)과 건량손실(dry matter loss) 등 많은 과제들과 마주치게 된다. 바이오매스 취급과정(저장, 취급, 분쇄, 투입)과 변환과정 자체(슬래깅, 파울링 등) 및 공정 후 과정(회분 재활용)에서도 많은 문제가 기다리고 있다.

혼소시스템과 관련된 문제점들은 다양한 방법으로 접근이 가능하다. 일예로 부식되거나 노후된 설비의 교체, soot blowing을 통한 퇴적물 제거, 응집된 층 물질 교체 등의 방법으로 접근이 가능하다. 그러나 이 방법의 단점으로는 발전소의 운전을 일시 중단해야 하므로 에너지 공급의 연속성에 차질을 빚을 뿐만 아니라 발전소 재가동도 필요하다.

또 다른 방법으로 공정에 화학물질들을 첨가하는 것이다. 암모늄 황산염을 첨가함으로써 부식속도와 퇴적속도를 최고 50%까지 줄일 수 있었다는 보고도 있다. 회분용융온도를 증가시켜주는 백운석이나 고령토를 첨가하여도 알칼리 화합물의 부정적인 효과를 감소시킬 수 있다. 그러나 이 방법은 에너지 변환과정에서만 접근이 가능하며, 원하는 수준의 반응이 보장될 수 있을 정도로 충분한 양을 첨가하고 있는 지를 확인하기 위해서는 연료 혼합물의 화학적 조성과 공정조건들을 계속 감시해야만 한다.

기존 석탄 시스템에 바이오매스 전용의 공정을 추가하는 것도 방법이 될 수 있다. 직접 혼소 시스템에서는 석탄과 바이오매스가 동일 보일러에 투입되므로 원칙적으로는 기존 석탄관련 공정을 그대로 이용하게 된다. 그러나 경험에 의하면 기존 공정의 개선이나 바이오매스 전용의 공정이 필요하다. 직접 혼소시스템에 대한 영국의 사례를 보면 바이오매스 저장과 취급 설비의 상당한 개선이 요구되고 있으며, 바이오매스 전용 분쇄공정과 분쇄된 바이오매스를 보일러에 투입하는 기류이송시스템도 요구된다.

직접 혼소시스템에 바이오매스 전용 공정을 추가하는 것에 대한 대안으로 병렬 혼소와 간접 혼소 시스템을 들 수 있다. 이 방식들에서는 연료의 준비와 투입과정이 물리적으로 독립되어 있다. 이 방식들의 장점은 바이오매스의 분쇄와 투입 관련 문제 감소로 연료관련 유연성과 시스템 운전성이 우수하다는 것이다. 석탄과 바이오매스가 개별적으로 에너지로 변환되므로 각 변환과정에 최적의 조건을 적용할 수 있다. 또 다른 장점으로는 회분도 개별적으로 발생되므로 재활용 문제를 해결할 수 있다. 그러나 혼소시스템이 개선될수록 투자비용도 증가되기 마련이다. 또한, 병렬 혼소의 경우 증기터빈과 같은 기존 공정들의 용량이 제한요인이 될 수가 있다. 혼소가 가능한 바이오매스의 양은 증기발생기의 용량에 따라 결정되므로 적용 대상 발전소의 증기터빈은 바이오매스 연소에 의해 발생되는 추가동력을 수용할 수 있을 정도로 충분한 용량을 지녀야만 한다.

혼소 관련 문제를 줄일 수 있는 또 하나의 방법으로 연료혼합비 조절을 들 수 있다. 적절한 연소시험과 층 물질 및 퇴적물 품질 평가 등을 통하여 최적의 바이오매스 연료 혼합비율을 결정할 수 있다. 그러나 연료 관련 유연성이 저하되고 결정된 최적의 혼합비로 인하여 전반적인 혼소비율이 제한되기 때문에 이 방법에도 한계는 있다.

마지막 방법으로 바이오매스 전처리를 들 수 있다. 바이오매스의 특성을 개선함으로써 문제의 근원에 접근하는 방법으로 많은 관심이 집중되고 있다.

5) 결론

현재로서는 직접 혼소방식이 기존 석탄 발전소를 혼소 발전소로 변환하는데 비교적 투자비용이 적게 소요되므로 바이오매스와 석탄의 혼소에 가장 많이 적용되고 있다. 병렬 혼소는 펄프제지 산업의 발전소에 주로 사용되고 있다. 간접 혼소방식은 비용이 많이 소요되므로 유럽의 경우 시장에 도입되기까지에는 앞으로도 많은 시간이 필요할 것으로 예상되고 있다. 그러나 혼소의 미래를 예상할 때 시스템의 우수한 운전성과 연료에 대한 유연성 및 회분 재활용 가능성 등으로 인하여 투자회수기간이 크게 단축될 것으로 기대된다.

세 가지 기본적인 연소시스템 형태 이외에 유동층 연소를 혼소에 적용하는 방법은 함수율, 발열량 및 회분함량과 관련하여 가장 탁월한 연료 관련 유연성을 지니고 있으므로 기존 발전소에서 다양한 연료들을 사용할 수 있게 해준다.

석탄 가스화 관련 최신 기술로 알려져 있는 혼입 유동기술은 많은 투자비용을 요구하지만 고도로 고정(immobilization)된 회분을 발생시키므로 회분의 재활용이 용이하다. 현재까지 실증되었고 비용도 적게 소요되는 기술로는 순환 유동층 가스화를 들 수 있다.

4.2. 바이오매스 전용 발전소와 열병합발전소

바이오매스만을 전용 발전소에서 연소시켜 터빈을 통하여 발전하거나 열병합발전 하는 것도 가능하다. 이러한 전용 플랜트들의 일반적인 규모는 해당 지역의 낮은 연료 가용성과 높은 수송비용으로 인하여 석탄 전용 발전소 규모의 1/10 수준(1~100MW)이 보통이다. 이처럼 대형 플랜트들이 운전 중인 예는 몇 기 되지 않는다. 규모가 작으면 석탄 전용 플랜트에 비하여 1kW당 투자비용이 대략 2배 정도로 상승되고 발전효율도 낮아진다. 플랜트 효율은 그 규모에 따라 달라지지만 대개 30% 수준이다. 따라서 바이오매스 전용 발전소는 대량의 부산물이나 폐기물(예: 사탕수수 bagasse)을 처리하기 위하여 적용되는 것이 일반적이다. 고품질의 목재칩을 사용하는 최신식 열병합발전소(증기 최고온도 540℃)의 발전효율은 순발열량 기준 최고 33~34% 수준이며, 만일 발전모드로만 운전된다면 그 효율은 최대 40%에 이르게 된다. 임업과 농업 관련 바이오매스를 이용하면 발전하는데 소요되는 화석계 에너지의 최종 생산 에너지에 대한 비율을 2~5% 수준까지 낮출 수 있다. 전주기평가(LCA(life cycle assessment))에 의하면 바이오매스 전용 발전에 의해 배출되는 단위전력당 순수 탄소의 수준은 화석계 연료에 기초한 경우의 약 10% 미만이다.

고체 도시쓰레기(MSW(municipal solid wastes))를 이용할 경우에는 부식의 문제로 증기온도가 제한되어 발전효율이 약 22%까지 저하된다. MSW를 이용하는 최신 설계의 CHP 플랜트는 발전효율이 최고 28~30%에 이를 것으로 기대되고 있으며, 열 생산과 부하의 균형이 잘 이루어질 경우 열병합발전 모드에서의 효율은 85~90% 이상을 기대할 수 있을 것으로 예상되고 있다. 사실 MSW 소각은 이미 성숙된 기술이다. 오염물질과 다이옥신 배출은 효과적인 제어가 가능하지만 많은 국가들에서 시민들의 강력한 설치 반대에 직면하고 있으며 폐기물 재활용 산업부문과의 경쟁도 치열해지고 있다. MSW의 소각도 이산화탄소 저감의 효과를 지니고 있다. MSW 1톤을 소각하면 약 600kWh의 전력을 생산할 수 있으며, 여기에 20~40% 정도 포함되어 있던 화석계 물질들로 인하여 220~440kg의 이산화탄소를 배출하게 된다. 그러나 석탄을 이용하여 600kWh를 생산하는 과정에서는 약 590kg의 이산화탄소가 발생된다. 최신식 MSW 매립지에서 발생되는 메탄가스의 양은 50~100kg/ton(1150~2300kg의 이산화탄소에 해당) 수준이며, 이 중 50%가 포집되고 나머지 50%는 대기 중으로 배출된다. 따라서 MSW를 이용한 발전은 MSW 1톤당 725~1520kg의 이산화탄소를 줄일 수 있다고 할 수 있다. 이는 열병합발전보다 높은 수준이다.

4.3. 혐기성 소화와 매립지 가스

무공기 상태에서 축산분뇨, 유기성 폐기물 및 에너지작물들은 박테리아에 의한 발효로 바이오가스로의 전환이 가능하다(이산화탄소와 소량의 황산 및 암모니아가 포함된 농도 40~75%의 메탄가스). 또한 혐기성 소화는 도시쓰레기로부터 매립지 가스(landfill gas)를 생산하는 기본적인 과정도 된다. 이 기술은 큰 잠재력을 지니고 있지만 플랜트 규모가 작다는 특징도 지니고 있다. 혐기성 소화는 전력망과 연결되지 않은 소규모로 적용되는 사례가 증가하고 있다. 폐기물 처리에 소요되는 비용의 증가는 이 기술의 경제적 타당성을 향상시켜주고 있다. 현대식 매립지에서 메탄가스 발생량은 MSW 1톤당 50~100kg 수준이다. 일반적으로 이 가스의 약 50%가 회수되어 발전과 열생산에 사용된다. 이 바이오가스는 순도와 등급의 상승을 통하여 열생산 플랜트, 고정식 엔진, 천연가스 망 또는 수송용 연료(압축 천연가스(CNG (Compressed Natural gas))로 사용이 가능하다. MSW, 농업부산물 및 유기성 산업폐기물들을 이용하는 대규모 소화플랜트의 경우 설치용량 1MW당 연간 8000~9000톤의 MSW가 필요하다. 연간 500만톤 이상의 MSW를 이용하는 플랜트가 전 세계에서 약 200기 정도 운전 또는 건설 중에 있는 것으로 알려져 있다.

4.4. 바이오리파이너리와 수소

바이오리파이너리(bio-refinery)는 이론적으로 바이오고분자, 액상 바이오연료, 바이오가스, 전력 또는 수소 등 다양한 산물들을 생산할 수 있다. 적절한 원료를 사용하고 생산과정의 시너지를 활용한다면 바이오리파이너리는 양호한 경제적 타당성을 확보할 수 있을 것이다. 식품산업과 펄프제지산업은 이미 각기 다른 시장을 위한 다양한 제품들을 생산하는 플랜트를 지니고 있지만 에너지 전달매체가 항상 전술한 것들 중의 하나인 것은 아니다. 바이오매스로부터 수소를 얻는 방법에는 여러 가지가 있지만 가장 직접적인 방법은 바이오메탄이나 바이오에탄올을 개질(reforming)하는 것이다. 공정은 잘 알려져 있지만 효율과 비용적 측면은 개선이 요구되고 있다.

4.5. 소요비용

원료와 변환과정이 다양하여 바이오매스 에너지에 대한 소요비용을 확인하는 것은 쉽지 않다. 가장 경제적인 접근방법은 해당 지역의 바이오매스를 활용함으로써 많은 비용과 에너지가 소요되는 수송과정을 피하는 것이다. 펠릿성형을 통하여 수송과정을 편리하게 할 수도 있지만 모든 바이오매스가 쉽게 성형되는 것은 아니다. 캐나다와 러시아로부터 유럽으로 펠릿을 수출하는 새로운 수송경로들이 개발된 바 있다. 바이오매스와 석탄을 혼소하기 위한 플랜트 개조에 추가되는 투자비용은 1kW당 50~250USD 수준이다. 거의 무료로 연료를 얻을 수 있는 경우라면 혼소를 통하여 발전비용을 최소 20USD/MWh까지 낮출 수 있다고 한다. 만일 3.0~3.5USD/GJ의 가격으로 바이오매스를 확보할 수 있다면 일반적인 석탄 발전소의 발전비용(30~50USD/MWh)보다 높아진다.

고체 바이오매스 전용 발전 플랜트의 발전비용은 적용 기술, 연료 품질과 비용, 지역의 위치 및 플랜트 규모에 따라 달라진다. 대규모 플랜트는 장거리의 바이오매스 수송거리를 요구하게 된다. 한편, 소규모 플랜트는 석탄 플랜트에 비하여 1kWh당 높은 투자비용과 낮은 발전효율을 감수해야 한다. 미국의 바이오매스 가스화 발전 플랜트의 투자비용은 2,000~3,000USD/ kW 수준이며, 일반적인 발전비용은 90USD/MWh 정도이다. 만일 이 플랜트를 지역난방에 연결된 열병합발전 모드로 활용한다면 비용적 측면의 효율을 개선할 수 있다. 바이

표 2.10 바이오매스를 이용한 발전기술 비교(IRENA, 2012)

적용기술	효율(%) (NCV 기준)	용량 (MWe)	비용	
			투자비용(USD/kW)	발전비용(USD/kWh)
혼소	35~40	10~50	1100~1300	0.05
전용 증기사이클	30~35	5~25	3000~5000	0.11
IGCC	30~40	10~30	2500~5500	0.11~0.13
가스화+엔진 CHP	25~30	0.2~1	3000~4000	0.11
스털링엔진 CHP	11~20	<0.1	5000~7000	0.13

*바이오매스 기준가격 3USD/GJ, 할인율 10%, 열 기준가격 5USD/GJ

오매스 연소 증기사이클과 열병합발전 플랜트에 대한 투자비용을 그 목표인 1,000USD/kW까지 절감할 수 있다고도 한다. 유럽의 바이오매스 플랜트에 대한 투자비용은 플랜트 적용 기술, 기술의 성숙도 및 플랜트 규모에 따라 1,000~5,000USD/kW 범위에서 큰 변이를 보이고 있다. 바이오매스의 플랜트 도착가격을 3USD/GJ로 가정하면 아주 우수한 효율을 기초로 하여도 바이오매스 가스화 플랜트의 발전비용은 100~130USD/MWh 수준에 달하는 것으로 추정되며, 이는 화석계 연료 전용 발전 플랜트의 2배 이상이다. 물론 이 비용은 기술의 발전에 따라 크게 절감될 수 있을 것이다.

IRENA(2012)가 최근 바이오매스 발전과 관련된 비용을 분석한 결과는 표 2.11과 같았다. 이 결과에 따르면 투자비용은 적용된 발전기술과 국가에 따라 큰 차이를 보였다. 예를 들어 2010년 기준으로 스토커 보일러의 투자비용은 1,880~4,260USD/kW 이었지만 혐기성 소화기술을 이용한 발전에 소용되는 투자비용은 2,570~6,100USD/kW 수준이었다. 한편, 열병합발전(CHP)의 경우가 발전만을 목적으로 하는 경우에 비하여 투자비용이 크게 증가됨을 확인할 수 있다.

이 분석과정에서 적용된 LCOE(levelized cost of electricity generation)의 개념은 투자비용, 운전/유지관리 비용, 연료 구매비용, 할인율 및 시스템 수명 등 발전과 관련된 제반 비용들을 함께 고려하여 서로 비교할 수 있도록 한 것으로 다음과 같은 식으로 표현된다.

$$LCOE = \frac{\sum_{t=1}^{n} \frac{I_t + M_t + F_t}{(1+r)^t}}{\sum_{t=1}^{n} \frac{E_t}{(1+r)^t}} \qquad [2.1]$$

여기서 I_t는 t년도의 투자비용, M_t는 t년도의 운전/유지관리 비용, F_t는 t년도의 연료 구매비용, E_t는 t년도의 발전량, r은 할인율, 그리고 n은 시스템 수명을 의미한다.

발전비용에서 운전/유지관리(operation and maintenance(O&M))에 소요되는 비용은 9~20% 범위인 것으로 나타났으며 특히, 가스화장치와 매립지 가스를 이용할 경우의 발전비용이 다른 기술들에 비하여 높게 나타나고 있다. 분석과정에서 바이오매스 연료의 가격은 가장 낮은 수준인 폐기물의 10USD/톤에서 가장 높은 수준인 목재펠릿의 160USD/톤을 기준으로 하였다.

표 2.11 바이오매스 발전 기술에 따른 발전비용 비교(IRENA, 2012)

발전 기술	투자비용(USD/kW)	LCOE 범위(USD/kWh)
스토커 보일러	1,880~4,260	0.06~0.21
기포 및 순환 유동층 보일러	2,170~4,500	0.07~0.21
고정층 및 유동층 가스화장치	2,140~5,700	0.07~0.24
스토커 CHP	3,550~6,820	0.07~0.29
가스화장치 CHP	5,570~6,545	0.11~0.28
매립지 가스	1,917~2,436	0.09~0.12
소화기(digesters)	2,574~6,104	0.06~0.15
혼소	140~850	0.04~0.13

4.6. 현황과 전망

현재 바이오매스는 전 세계 1차 에너지의 약 10%를 담당하고 있으나 그 대부분이 개발도상국들이 난방과 취사에 사용하고 있는 장작과 숯에 의한 것이라 한다(Loo, 2010). 주로 오스트리아, 독일, 영국, 덴마크, 핀란드 및 스웨덴 등 유럽을 중심으로 바이오매스를 발전과 열병합발전에 활용하는 사례가 꾸준히 증가되고 있으며, 대개 목재부산물과 MSW를 열병합발전에 사용하고 있다. 특히, 스칸디나비아 지역의 유럽 국가들은 바이오매스 자원이 풍부하고 국가정책도 지원하고 있어 바이오전력(bio-power)의 생산뿐만 아니라 관련 설비와 기술의 수출에도 전력을 다하고 있다.

REN21 Global Status Report 2006에 따르면 2005년에 전 세계에서 추가된 바이오전력 발전용량은 2~3GW로 총 발전용량이 약 44GW로 증가되었다고 한다. 2004년 독일, 헝가리, 네덜란드, 폴란드 및 스페인의 연간 바이오전력 발전용량 증가율이 50~100% 또는 그 이상이었다고 보고된 바 있다. 같은 해 호주, 오스트리아, 벨기에, 덴마크, 이탈리아, 대한민국, 뉴질랜드 및 스웨덴의 증가율은 10~30% 범위였다. 바이오매스 발전 산업은 미국에서도 활성화되어 있으며, 총 목재가공부산물(임업부산물 제외)의 약 85%가 발전에 사용되고 있다. 주요 사탕수수 생산국들도 bagasse를 이용한 발전을 하고 있다.

발전 플랜트와 바이오가스 소화기를 포함한 소규모 프로젝트들도 증가하고 있다. 그러나 각 지방에서 사용하는 바이오에너지를 추적하기는 쉽지 않다. 현대식 바이오매스 활용방법을 개발도상국가들(REN21)에서 아직도 사용하고 있는 전통식 바이오매스 활용방법과 구분하기도 쉽지 않다. 중국, 브라질, 남미, 태국, 캄보디아 및 인도는 태양광, 소수력 및 풍력 발전과 함께 바이오매스 발전과 가스화에도 투자를 증가시키고 있다. 인도에는 비전력망 발전용 소규모 바이오매스 가스화 장치의 총 용량이 약 70MW에 이르며 380만기의 가정용 바이오가스 플랜트가 설치되어 있다고 한다. 중국은 2005년 현재 바이오가스 사용자가 1,700만명에 이른다고 한다. 모로코, 우간다, 말라위 및 에티오피아 등 아프리카 국가들에서는 바이오매스 난로의 사용이 증가되고 있다. 2005년 전 세계적으로 재생에너지(대규모 수력발전 제외)에 투자된 380억 달러의 약 7%가 바이오매스를 이용한 열과 전기 생산 분야에 투자되었다.

그림 2.42는 EPRI(2010)가 제시한 현재까지 제시된 각종 바이오매스 발전기술들의 현 수준을 도시한 것이다. 고체연료 연소와 같이 이미 성숙된 기술들이나 가스화와 같이 상용화가 목전에 있는 기술들이 있는 반면에 연료전지 기술과 같이 아직도 연구개발의 초기단계에 있는 기술들도 있다.

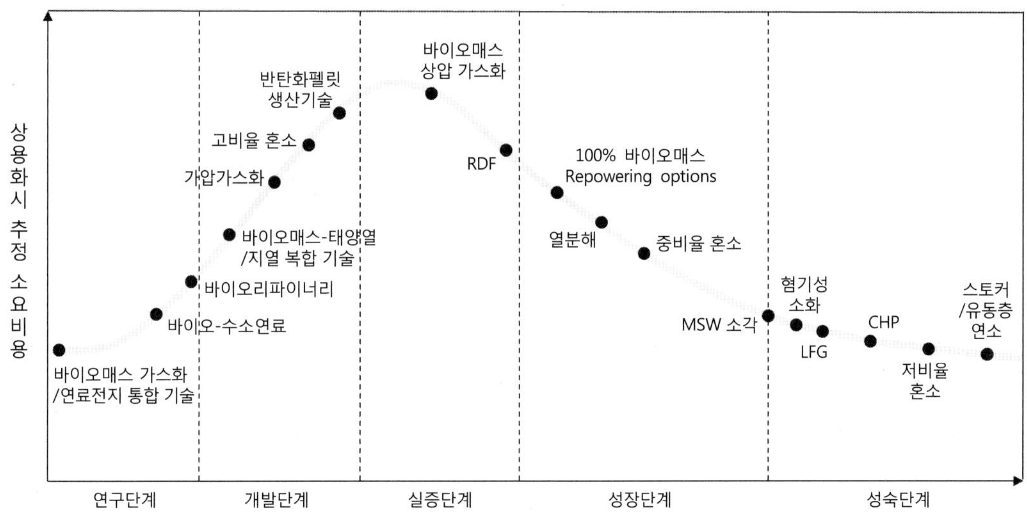

그림 2.42 바이오매스 발전기술의 수준 현황(EPRI, 2010)

단기적 관점에서 혼소는 가장 효과적인 바이오매스 발전방식으로 남아 있을 것이라 기대된다. 전 세계 발전량의 40%가 석탄에 의한 것이므로 이 중 1%를 바이오매스로 전환할 경우 약 8GW의 바이오매스 발전용량이 되며, 이로 인하여 매년 6,000만톤의 이산화탄소를 저감할 수 있다. 이 수치는 가용한 소규모 저효율의 바이오매스 전용 발전 플랜트들의 효과를 모두

합한 것보다 많다. 석탄 플랜트에서의 혼소는 회분, 분진, NO_x 및 SO_x의 배출량도 감소시킨다. 무독성의 폐기물을 선별하여 혼합한다면 연료기반이 확충되어 혼소 잠재력을 증강시킬 수 있다.

중기적 관점에서는 BIG/GT, 바이오리파이너리 및 소규모 혐기성 소화 등이 높은 잠재력을 지닌 기술들이라 할 수 있다. IEA의 Energy Technology Perspectives에 의하면 전 세계 발전량 중 바이오매스 발전량이 차지하는 비율이 2006년 현재 1.3%에서 2050년에는 3~5%로 증가될 것으로 예상되고 있다. 이는 절대량 비교에 의하면 약 5~8배 정도 증가되는 것으로, 이로 인한 이산화탄소 저감에 대한 기여도 클 것으로 예상된다. 2007년 현재 전 세계의 산업용 바이오매스 에너지 사용량은 연간 약 9EJ 수준이다. 2050년까지 산업용 바이오매스 생산의 전 세계 잠재량에 대한 추정결과는 변이가 심하다. 향후 수십년간 가뭄이 없고 식량 생산수율이 증가되며 작물의 유전적 개선이 이루어진다고 가정할 때 연간 100~200EJ(2050년 추정 1차에너지 공급량의 10~20% 수준) 정도로 추정된다. 이 경우 경작이 가능한 면적의 20~50%가 바이오매스 생산에 사용될 수 있을 것으로 추정되고 있다. 연간 약 50EJ은 목질계 셀룰로오스 계통의 원료로부터 조달되며 이들은 진보된 공정(효소 가수분해 등)을 통하여 바이오연료 생산에 사용될 수 있다. 경작이 불가능한 지역도 중요한 역할을 할 수 있다. 현재 최고의 바이오매스 경작수율은 연간 건량기준 10~15톤/ha이며, 만일 11,000ha를 경작한다면 30MW급 바이오매스 발전소의 운영이 가능하며, 이 발전량은 3만 가구에 공급이 가능한 수준이다.

그러나 바이오매스 발전에 대한 주요 장애요소로는 비용, 낮은 변환효율 및 연료 가용성 등을 들 수 있다. 가장 중요한 것은 에너지 안보 개선과 이산화탄소 배출 저감을 위한 효과적인 정책들과 발전관련 외부비용의 국내화(internalisation)에 대한 노력의 부족이다. 장기적 관점에서 바이오전력의 잠재력은 기술진보와 연료에 대한 경쟁 및 경작지에 대한 식량과 섬유 생산분야와의 경쟁에 의해 좌우될 것으로 예상된다. 만일 산업규모의 생산과 국제규격이 바이오매스의 국제적 교역을 원활하게 해준다면 2020년까지 경쟁은 문제가 되지 않을 수 있다. 장거리 수송이 바이오매스의 경제적 및 환경적 이점을 훼손시키는 반면 열분해에 의해 생산되는 바이오오일은 국제 교역을 보다 쉽게 해줄 수 있다. 다양한 바이오매스 이용방법과 관련된 위험요소들은 집중적 경작, 비료와 화학약품의 사용 및 생물학적 변환과 관련되어 있다. 국유림과 국유지 관리 개선을 위해서는 바이오매스가 지속가능한 경로로 생산되고 있다는 증명이 필요하다. 바이오매스 회분의 형태로 영양분들을 다시 산지와 토지로 돌려보내 영양소 손실에 따른 비료의 필요성을 해소시켜야 한다. 개발도상국들에서 과도한 바이오매스의 개발은 피해야 하지만 이 지역의 사회경제적 이익을 보장하는 한편 잉여 토지를 이용한 바이오매스의 생산은 중요한 일이 될 수 있을 것이다.

Chapter 3

바이오매스 열병합발전

1. 열병합발전

이산화탄소 배출량 저감 목표를 달성하기 위하여 각국에서는 열병합발전(combined heat and power(CHP)) 시설을 크게 늘리고 있다. 그만큼 열병합발전은 이산화탄소 저감 잠재력이 가장 큰 분야 중 하나로 인식되고 있다. 유럽연합에서는 2010년까지 전체 발전량 중 20%를 열병합발전으로 충당하는 목표를 설정하기도 하였다.

CHP는 전기와 열을 동시에 생산함으로써 손실을 최소화하는 기술이다. 일반 발전소에서는 냉각탑을 통하여 열을 발산하므로 상당한 양의 에너지를 폐기하게 된다. CHP에서는 이처럼 폐기되는 열을 난방이나 산업에 사용할 수 있도록 한다. 3세대 CHP에서는 흡수식 냉동기를 이용하여 냉방을 제공할 수도 있다. CHP의 전체 효율은 80∼90%에 이르며, 기존의 응축형(condensing) 발전소의 발전효율은 40% 수준이다.

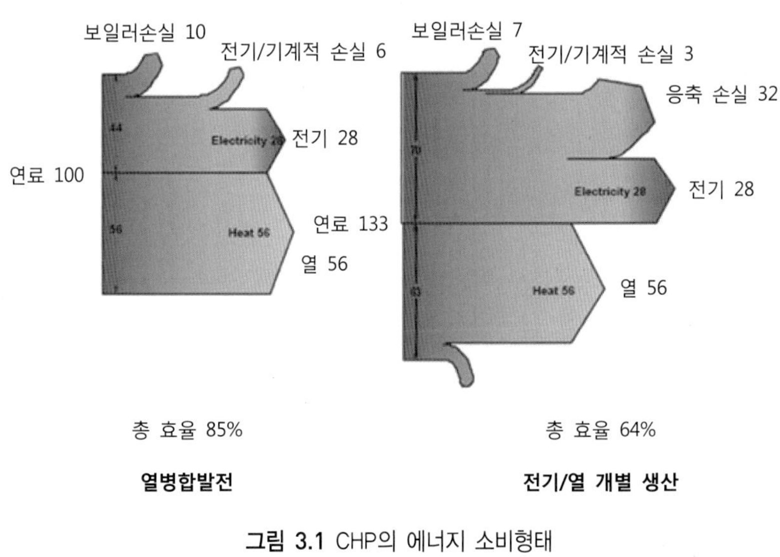

그림 3.1 CHP의 에너지 소비형태

이 장에서는 유럽국가 중에서도 바이오매스를 이용한 열병합발전의 경험이 비교적 풍부한 핀란드의 바이오매스 CHP에 대한 기술적 해결방안과 관련 경험들을 정리하고자 한다. 핀란드에서는 도시 난방에 CHP를 널리 사용하고 있으며, 산업 폐기물을 이용한 열과 전기 생산에도 CHP가 적용되고 있다. 핀란드는 CHP를 활용하여 응축형 발전소에 비하여 연간 국가 1차 에너지 소비량의 11%에 달하는 에너지를 절감하고 있다. 2000년도 초 핀란드의 총 CHP 발전용량은 산업용 1570MWe와 지역난방용 3320MWe 이었다. 지역난방(district heating(DH))이란 중앙의 어느 한 장소에서 열을 생산하여 배관망을 통해 소비자나 건물들에 온수나 증기의 형태로 열을 공급하는 과정으로 정의된다. 생산된 열은 난방뿐만 아니라 산업적 목적으로 사용되기도 한다.

1999년도 핀란드에서 사용된 전기의 약 32%(77.8TWh)가 CHP로부터 생산된 것이다. 여기서 산업용과 지역난방용 CHP의 비율은 각각 47%와 53% 이었다. 1999년도 핀란드의 산업부문에서 사용된 에너지가 전체 발전량의 56%이었으므로 거의 30%에 달하는 전기가 CHP에 의해 생산된 것이라 할 수 있다. 1999년도 전체 지역난방 중 75%가 CHP에 의해 이루어졌으며, 지역난방은 핀란드 전체 난방부하의 48%를 담당하고 있다.

풍부한 산림자원을 지닌 핀란드는 바이오매스 CHP 기술분야에 오랜 전통을 갖고 있다. 1920년대 말과 1930년대 초 사이 핀란드에 최초의 산업용 CHP가 설치되었으며, 최초의 지역난방 CHP는 1950년대에 설치되었다. 그 목적은 당연히 전력공급의 경제성과 안정성을 개선하기 위함이었으며, 초기에는 해당지역에서 발생되는 에너지원을 이용하였다.

산업용 발전에는 주로 펄프제조과정에서 발생되는 흑액이 사용되고 있다. 흑액은 유기성 목질폐기물이므로 연소에 적합하다. 핀란드의 제지용 펄프 제조산업은 이미 1880년대부터 시작되었다. 그러나 그 당시에는 흑액이나 기타 폐기물들을 활용하지 못하였다. 펄프와 종이 생산에 필요한 열은 주로 목재와 석탄으로부터 얻었다. 1920년대 연료가격이 크게 상승하자 펄프산업에서 발생되는 흑액의 활용에 관심이 집중되면서 이를 열과 전기 생산에 활용하려는 시도가 이루어지기 시작한 것이다.

핀란드의 지역난방은 1950년대와 1960년대에 대도시를 중심으로 시작되었으며, 1970년대 석유파동 이후 중소도시로 확대되기 시작하였다. 현재 핀란드에는 200여개 이상의 지역난방 시설들이 분포해 있으며, 그 소유권은 시민들에 있는 것이 일반적이다. 현재 핀란드에서는 지역난방의 수익성이 보장되는 거의 모든 인구밀집지역들에 CHP가 설치되어 있다고 해도 과언이 아니다.

많은 대도시들은 자체의 열과 전기를 동시에 생산하는 CHP를 보유하고 있다. 여기서 생산되는 전기와 열은 자체 도시 내에서 전량 판매되고 있다. 중소도시에서는 CHP로부터 열을 구입하거나 열만을 생산하는 보일러를 설치하여 자체적으로 열을 공급받기도 한다. 핀란드에서는 자유로운 전기시장에서 어느 업체로부터도 전기를 구입할 수 있다.

CHP와 관련된 중요한 용어들에 대한 정의는 다음과 같다.

난방도일(heating-degree day)

: 지리적으로 다른 지역들 간의 열소요량을 비교분석하기 위하여 사용된다. 지역적으로 실내외 온도에 차이가 있게 마련이다. 일예로 그리스와 포르투갈의 난방도일은 1000~2000이지만 덴마크는 3000~4000, 그리고 핀란드는 4000~6000에 이른다. 한편, 국가에 따라 난방도일을 계산하는 방법에 약간의 차이가 있을 수도 있다.

발전-대-열생산 비율(power to heat ratio)

: 총 발전량의 열생산량에 대한 비율(0.30~0.95)로 정의된다. 이 비율은 동일 CHP에서도 항상 일정하게 유지되지 않는다. 이 비율은 CHP의 역압(back pressure)과 지역적 수요에 따라 달라진다.

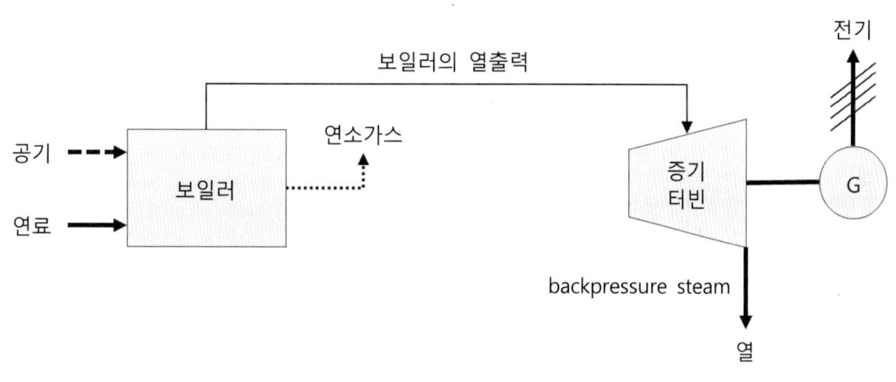

그림 3.2 CHP의 열출력과 발전

2. 열병합발전용 소규모 공정기술

바이오매스 CHP는 발전용량이 아닌 열출력의 차원에서 검토하는 것이 바람직하다. 잉여열을 폐기하는 것 보다 전력망을 통하여 전기를 구매하거나 판매하는 것이 훨씬 더 용이하기 때문이다. 열생산에는 발전이 항상 동반되며, 여름철에도 적정한 수준의 부하가 요구된다. 따라서 주택 난방보다는 산업이나 호텔 또는 병원 등에 열을 공급하는 것이 더 적합하다. 소형 바이오매스 발전은 바이오매스를 사용하기 때문에 열을 적절히 사용하지 않을 경우 비교적 효율이 낮은 것이 사실이다. 3세대 CHP에서는 여름철 잉여열도 이용할 수 있지만 아직은 안정화되지 못한 것도 사실이다.

1~2MWe 규모 이상에서는 일반 과열증기터빈 기술을 적용하면 합리적인 효율을 기대할 수 있다. 가스터빈을 이용한 바이오매스 가스화 역시 많은 사례를 통하여 높은 출력수준을 나타낸 바 있다. 그러나 요구되는 출력수준이 낮은 경우에는 이와 같은 사양들이 모두 부적합하게 된다. 많은 기술들이 개발 중에 있지만 아직 성숙된 기술은 없으며 특히, 소형의 경우 더욱 그러하다. 시스템을 고려할 때 이 점을 항상 기억해야 한다.

이 장에서 다루게 될 3MWe 급 미만의 발전에 대한 대안들은 다음과 같다:

- **소형 증기터빈이나 증기엔진과 연결된 가스화장치나 직접연소장치**

  : 이 대안의 발전-대-열생산 비율은 낮은 편이며, 소형 증기사이클의 낮은 효율로 인하여 비투자비용은 높은 편이다. 한편, 이 공정 개념은 완전히 상용화된 유일한 대안이라 할 수 있다.

- **목재 직접연소 가스터빈**

  : 이 시스템은 미국과 유럽에서 개발된 것이나 성공한 사례는 아직 없다. 그 이유는 다음과 같다; a) 연소시 발생되는 알칼리성 금속류들이 터빈 날개의 부식을 촉진한다, b) 목재를 건조분말로 전처리 하는 작업에 많은 비용이 소요되고 목재분말을 고압의 연소기에 투입하는 것에도 문제가 있다.

- **스털링엔진(stirling engine)**

  : 상용화가 눈앞에 다가와 있으며, 500kWe급 미만의 소형 시장에 가장 적합할 것으로 예상된다. 덴마크에서 최근 개발된 엔진은 미래가 매우 밝은 것으로 판단되고 있으나 엔진의 기술적 및 경제적 성능에 신뢰성이 확보되려면 아직도 몇 년 정도 더 소요될 것으로 예상된다. 소형 가스화장치는 스털링 엔진에의 적용에 있어 직접 연소형 시스템에 비하여 부식과 침식 방지 및 연소조건 제어가 비교적 용이하다는 점 등 몇 가지 장점을 지닌 것으로 평가되고 있다.

- **대량의 열분해 오일을 생산하여 소규모 엔진형 발전소에 공급**

  : 디젤엔진에서 열분해 오일을 직접 연소시키는 과정에 대한 기술적 타당성이 아직 입증되지 못했지만 현재 여러 연구개발과제가 진행 중에 있으며, 수년내에 상용화가 가능할 것으로 예상된다.

- **디젤이나 가스 엔진과 연결된 고정층 가스화장치**

: 현재 유럽에서는 이에 대한 많은 연구개발이 집중되고 있다. 스위스, 독일, 덴마크, 영국 및 네덜란드에서는 이의 산업화에 대한 프로젝트가 진행 중에 있으며, 핀란드에서는 촉매세정기술과 복합한 새로운 가스화장치에 대한 개발이 진행되고 있다. 경쟁력 있는 기술들은 대개 고전적인 하향식 고정층 가스화장치를 약간 현대화한 기술에 기초하고 있다. 덴마크와 미국에서는 촉매 가스세정시스템을 갖춘 상향식 고정층 가스화장치를 개발하고 있다. 그러나 지금까지 상용화된 예는 없다.

1) 가스화

가스화는 제2장에서 설명한 바와 같이 열분해의 일종이다. 가스화에서는 가스 생산을 위해서 고온과 보다 많은 양의 공기가 요구된다. 가연성 가스 생산을 위해서는 우선 바이오매스를 가열해야 한다. 가열에 필요한 열은 대개 바이오매스의 일부를 연소시킴으로써 얻게 된다. 가열을 통하여 연료가 건조되고, 건조가 완료되기 전까지는 온도가 상승되지 않는다. 온도가 약 200℃에 이르면 소위 열분해가 시작되면서 연료의 휘발성 조성분들이 발생된다. 이 과정에서 가스와 타르가 축적된다. 열분해가 완료되면 연료는 이미 휘발성 물질들로 변환되며, 고체 탄소만이 남게 된다.

공기, 이산화탄소 또는 수증기 등과 같은 유동화 물질을 투입해주면 char도 가스로 변환할 수 있다. 만일 이산화탄소나 수증기를 이용한다면 열이 필요하며, 적어도 약 800℃ 이상의 온도에서만 어느 정도 원하는 속도를 얻을 수 있다. product gas에 포함되어 있는 가연성 조성물들은 주로 일산화탄소, 수소 및 메탄이다. 가스화에 공기를 사용할 경우에는 이들 조성물들이 가스체적의 약 40%를 차지하게 되지만 그 나머지는 주로 질소와 이산화탄소 등과 같은 불연성 물질들이 차지한다. 고온의 char 가스화 영역을 통과시키면 900~1,200℃로 가열되어 열분해에 의해 발생되는 타르의 상당 부분을 가스로 변환할 수 있다.

가스는 원래의 고체 바이오매스(주로 목재나 석탄)보다 사용이 편리하다. 가스를 연소시켜 열과 증기를 생산하거나 내연엔진이나 가스터빈에 투입하여 전기를 생산할 수도 있다. 이 기술이 알려진 후 100년여 동안 다양한 가스발생장치들이 개발되어 왔다. 일반적으로 가스발생장치는 연료와 공기의 상대적인 투입방법(즉, 하향식과 상향식)에 의해 구분된다. 물론 유동층 가스화처럼 가스화원리에 의해 구별되기도 한다.

가스화장치는 다양한 규모와 형태로 상용화되어있으며, 목재, 석탄, 코코넛 껍질 및 쌀겨 등 다양한 연료들을 이용하여 운전이 가능하다. 발전규모는 바이오매스 공급의 경제성에 의해 결정되지만 대개 최고수준은 80MW_e 정도이다.

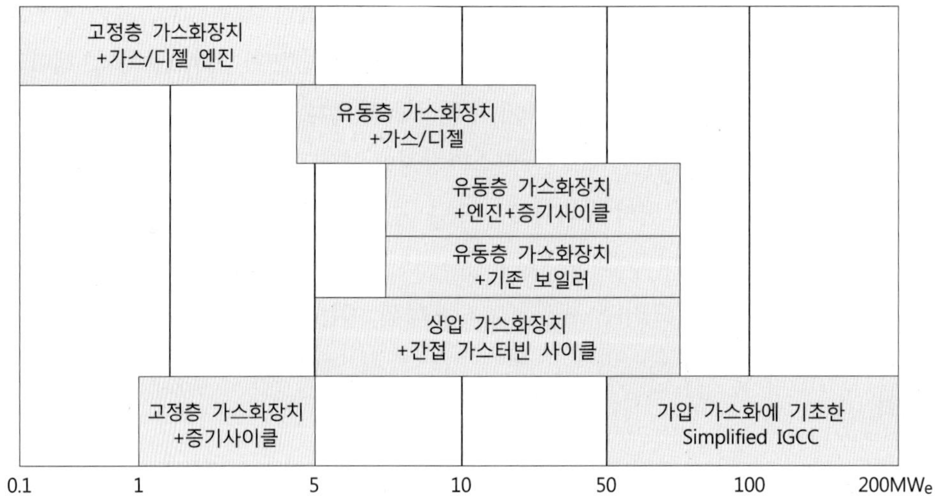

그림 3.3 발전소 규모에 따른 적정 고체 연료 가스화 기술

갓 생산된 바이오매스는 에너지 밀도가 석탄의 1/10보다 낮은 수준이므로 바이오매스를 장거리 수송하는 것은 비경제적이다(대개 100km 미만). 이것이 바로 석탄발전소에 비하여 바이오매스 발전소의 규모가 작은 이유이다. 소규모 발전소에 대한 투자비용은 대규모 발전소에 비하여 상대적으로 매우 높은 편이다. 따라서 기존 발전소에 바이오매스를 이용하는 기술에 많은 관심이 집중되고 있다. 가스화기술이 바이오매스를 중대규모 석탄보일러에 활용할 수 있도록 해준다.

바이오매스를 가스화하여 기존 석탄보일러에서 product gas를 연소시키는 공정은 다음과 같은 많은 장점들을 지니고 있다:

- 이산화탄소의 회수
- SO_2와 NO_2 배출 감소
- 바이오매스 재활용 연료들의 효과적 이용

투자비용과 운전비용 역시 낮은 수준이며, 기존 발전소를 활용할 수 있다. 보일러에 대한 약간의 변경만이 요구된다.

건조 바이오매스에 대한 상압 CFB 가스화기술은 상용화되어 있다. product gas는 상압에서도 쉽게 연소된다. 그러나 미리 바이오매스를 전용 건조기를 이용하여 건조해야 하므로 상당한 투자비용이 소요된다. 습윤한 바이오매스의 가스화에 아무런 기술적 문제는 없다. 그러나 보조연료 없이 보일러만으로 가스화하면 가스의 발열량이 매우 낮아 연소가 어렵다. 이에 대한 해결방안은 석탄이나 기름을 이용하는 대형 보일러에 고온의 가스를 직접 투입하여 가스 버너에서 희박가스(lean gas)를 함께 연소시킬 수 있도록 하는 것이다. 혼합 연료의 함수율을 조절할 수 있는 연료공급시스템이 개발되어 가스의 발열량 조절이 가능하며, 이 시스템을 이용하면 고가의 연료건조기가 필요 없게 된다.

상향식 가스화장치는 내화처리된 연소로를 갖추고 있다. 연료는 공급장치에 의해 상부로부터 반응기 속으로 투입된다. 반응기 바닥에는 유압으로 회전되는 기계식 화격자가 있다. 가스화 공기는 화격자를 통하여 반응기 속으로 투입된다. 상승하고 있는 공기기류와 연료가 반응하여 연료가 완전히 가스화 된다. 회분은 가스화장치 바닥에 설치되어 있는 회분 배출시스템에 의해 제거된다. 상향식 가스화장치를 온수나 증기 보일러와 연결하여 열과 전기를 생산할 수도 있다. 발전소는 연료 저장, 이송 및 취급 부분으로 구성된다. 연료는 다양한 연료를 취급할 수 있도록 설계된 공급시스템에 의해 가스화장치로 투입된다. 가스화장치에 의해 생산된 발열량이 낮은 가스를 가스보일러에서 직접 연소하여 온수나 증기를 생산할 수 있다. 보일러의 버너는 낮은 발열량의 가스를 낮은 배출가스 수준에서 연소시킬 수 있도록 설계된다. 온수는 대개 지역난방에 사용된다. 증기는 증기터빈에 이용하여 열병합발전 한다. 발전소는 일반적인 발전소와 같은 설비들로 구성된다. 이 기술은 100~3,000kWe의 범위의 규모에 적용이 가능하다. 핀란드와 스웨덴에서는 1988년부터 9기의 상향식 가스화장치(Bioneer gasifier)가 열생산을 위하여 상용 운전 중에 있다(1~15MWth).

핀란드에서는 가스엔진을 위한 가스를 생산하는 가스화 발전소도 개발된 바 있다. 이 발전소는 CHP 형태로 건설되었으며, 가스엔진을 통하여 전기와 지역난방용 열을 생산한다. 가스화장치로부터 발생된 product gas는 촉매를 거치면서 타르 성분이 제거된다. 촉매는 칼슘이나 니켈을 기반으로 하고 있다. 경험에 의하면 적절한 촉매를 적용할 경우 온도 850~1,000℃ 수준에서 타르가 완전히 분해된다. 가스를 200℃ 정도로 냉각 후 직물필터를 거치도록 하여 product gas에 포함되어 있는 입자상 물질들을 제거한다. 필터를 거친 배출가스는 거의 상온에 가까운 수준으로 냉각된다. 상향식 가스화장치에 기초한 CHP의 일반적인 성능은 표 3.1과 같다.

하향식 가스화장치에서는 연료가 가스화장치의 상부로부터 공급되어, 장치의 바닥에 이를 때까지 다양한 과정을 거치게 된다. 공기는 가스화장치의 중앙부나 연료저장고의 상부로부터 공급되며, 연료와 같은 방향으로 이동하면서 가스를 생산해내게 된다. 타르, 유기산 및 기타 열분해 산물들이 연소영역을 거치면서 가볍고 가연성의 기체상 물질로 분해되므로 목재와 같이 타르를 생성하는 연료에 특히 유용하다. 고전적인 설계의 하향식 가스화장치는 회분 용융점이 낮은 연료에는 적합하지 않다는 단점이 있다. 또 다른 단점으로는 연료의 허용 가능한

표 3.1 상향식 가스화장치와 가스엔진의 성능 비교(Loo, 2010)

발전소 형태	단위	가스화장치 증기사이클	가스화장치 증기사이클	가스화장치 가스엔진
발전	MW	2.0	5.0	2.0
바이오매스 연료 투입량	t/h	2.9	6.8	0.76
열생산	MJ/s	6.3	14.6	4.5
발전-대-열생산 비율	-	0.32	0.34	0.44
발전 효율(NCV기준)	%	20.9	22.3	58
총 효율(NCV기준)	%	86.7	87.5	90

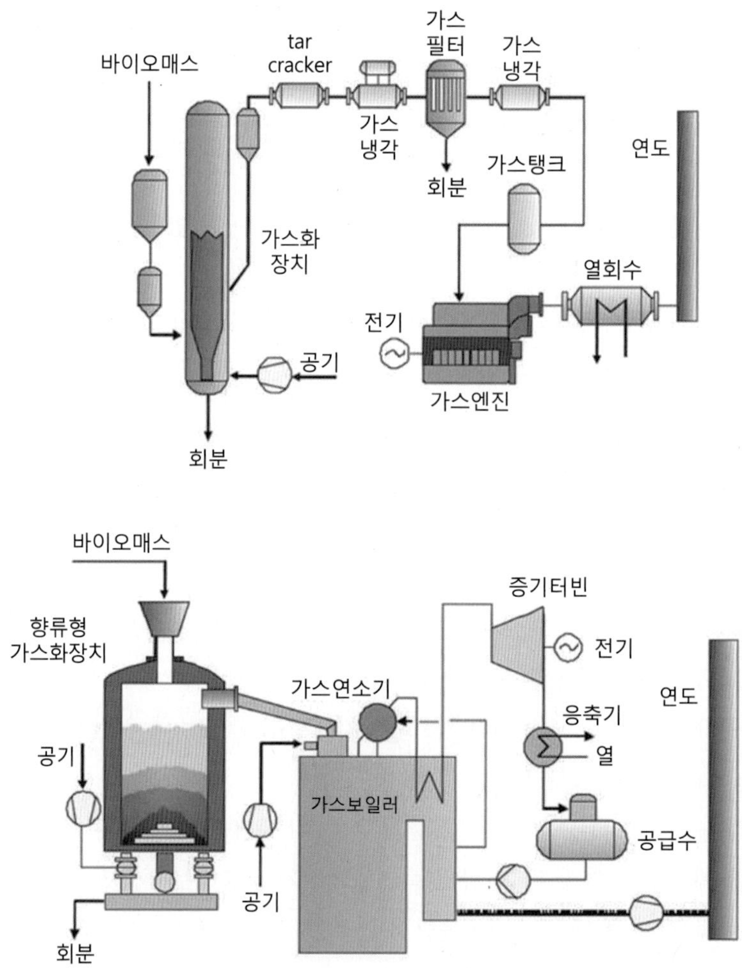

그림 3.4 증기터빈이나 가스엔진에 기초한 가스화장치와 발전시스템

최고함수율이 25~30% 수준일 정도로 비교적 건조된 연료를 요구한다는 점을 들 수 있다. 핀란드에서는 2MW급의 하향식 가스화장치를 이용한 CHP에 0.5MWe급 엔진이 연결된 사례가 있다.

발전소는 목재 수급 및 저장설비, 건조장치, 가스화장치, 집진장치 및 디젤엔진 발전시스템 등으로 구성된다. 반응기는 고정층 가스화장치이다. Condens Oy사와 VTT Energy사는 새로운 형태의 고정층 가스화장치인 Novel(1~15MW)을 개발한 바 있다. 촉매를 이용한 가스 세정기술을 통하여 가스화장치가 발전에 적합하도록 설계하였다(1~3MWe). Novel 가스화장치는 톱밥, 수피 및 임지폐잔재 등 습윤한 목질연료(함수율 0~60%)에도 적용이 가능하다.

반응기 상부로부터 목재연료가 투입되고, product gas가 층의 고온부분을 거치면서 열분해에 의해 생성된 타르가 연소가 비교적 쉬운 화합물들로 분해된다. 연료가스는 사이클론을 거쳐 공기예열기로 향하여 가스화 공기를 300℃까지 가열한다. 가스는 최종적으로 약 40℃ 수준으로 냉각되며 가스에 포함되어 있는 수증기는 응축된다. 마지막으로 직물필터에 의해 가스가 여과되면서 남아 있던 고체 입자들이 제거된다. 디젤엔진에 공급되는 에너지의 약 15%는 경유로 충당되며, 나머지는 모두 연료가스에 의해 충족된다. 엔진에는 turbo-charger가 없으며, 엔진의 효율은 약 33%이며, 100kWe급에서 발전기 효율은 약 92%이다.

통합 가스화 복합사이클(IGCC)은 원래 화석계 연료를 이용하는 발전을 위하여 개발되고 입증된 기술이다. 주요 특징으로는 가스가 가스터빈의 연소기에 투입되기 전 고압 하에서 가스로부터 분진이나 황 등 불순물들을 제거할 수 있으며, 발전효율도 비교적 높다는 점을 들 수 있다. 효율이 높다는 것은 배출수준이 낮다는 것을 의미하기도 한다.

바이오매스 가스화는 가장 최신의 바이오매스 에너지 변환공정으로, 가스터빈기술을 활용하여 바이오매스를 이용한 발전의 효율 향상과 투자비용 절감을 위하여 최고 50MWe까지 활용되고 있다. 가스터빈의 폐열을 회수하여 증기터빈에 사용할 증기를 생산하는 복합사이클 가스터빈 시스템을 적용하면 최고 50%의 높은 효율을 얻을 수 있다. 경제성 분석에 의하면 바이오매스 가스화 발전소가 기존의 석탄 발전소와 경쟁이 가능하다. 그러나 원하는 수준까지 가스를 세정하는 것은 아직도 극복해야 할 도전과제로 남아 있다.

현재 전 세계에서 가동 중인 1세대 가스화 복합사이클 발전소의 예로는 스웨덴 Varnamo에 위치한 폐목재를 활용하는 6MW급 발전소를 들 수 있다. 미국 미네소타주에서 추진 중인 알팔파를 활용하는 75MW급 가스화 복합사이클 발전소가 완공된다면 이 규모에서 에너지작물을 이용하는 세계 최초의 발전소가 될 것이다. 그 외 여러 기의 발전소들이 건립되었지만 상당수가 타당성이 부족한 것으로 판정된 바 있다.

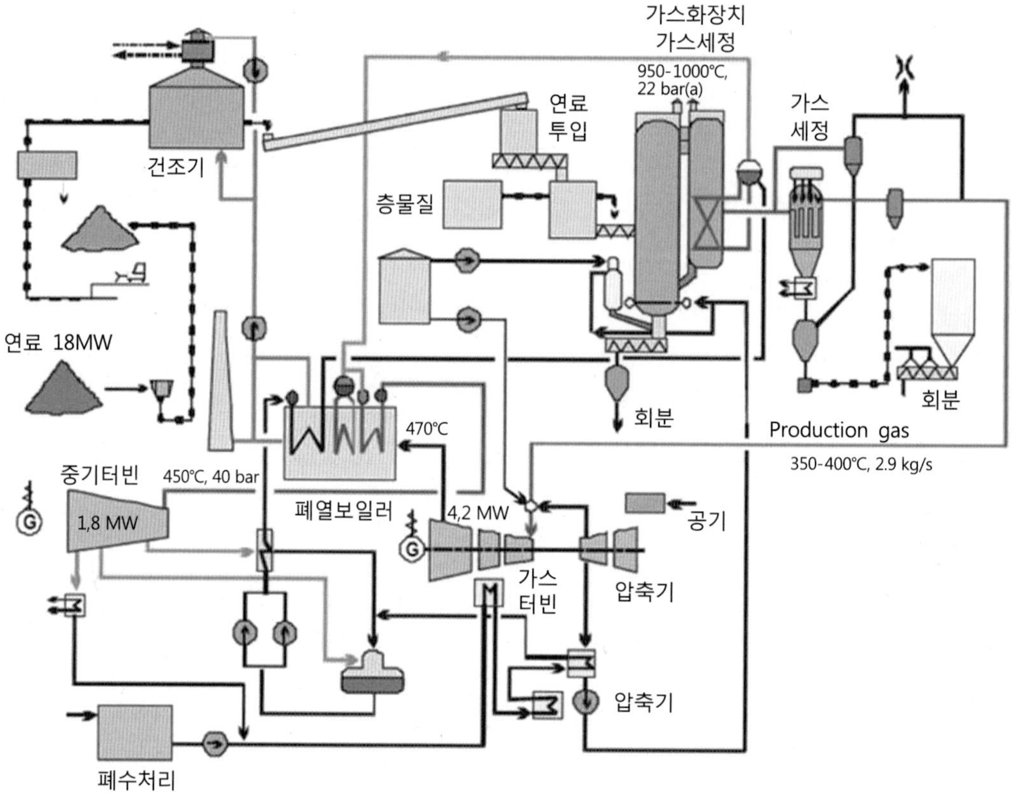

그림 3.5 스웨덴 Varnamo의 IGCC 공정도(6/9MW)

2) 급속 열분해

열분해는 고체 바이오매스를 보다 유용한 액체 연료로 변환하기 위한 기본적인 열화학적 공정이다. 바이오매스를 무산소 상태에서 가열하거나 또는 제한된 양의 산소만을 공급하여 부분적으로 연소시키면 탄화수소가 풍부한 가스혼합물과 기름 같은 액체 및 탄소가 풍부한 고체 잔사를 얻을 수 있다. 여기서 생산된 열분해 오일 또는 바이오오일은 수송이 간편하고 원유와 마찬가지로 일련의 제품들로 정제가 가능하다.

고체 바이오매스를 수송과 저장이 간편하고 디젤엔진과 가스터빈을 이용한 발전이 가능한 액상 제품으로 변환할 수 있는 새로운 기술들이 바이오매스 열분해 기술을 통하여 제시되고 있다.

바이오매스로부터 생산된 열분해 오일을 경유 발전소에 공급하면 발전이 가능하다. 최신 경유 발전소는 효율이 40~44% 수준이며, 발전-대-열생산 비율도 높은 편이다. 습윤한 목재 칩으로부터 열분해 오일을 생산하는 에너지 효율도 보통 65~90% 수준이다.

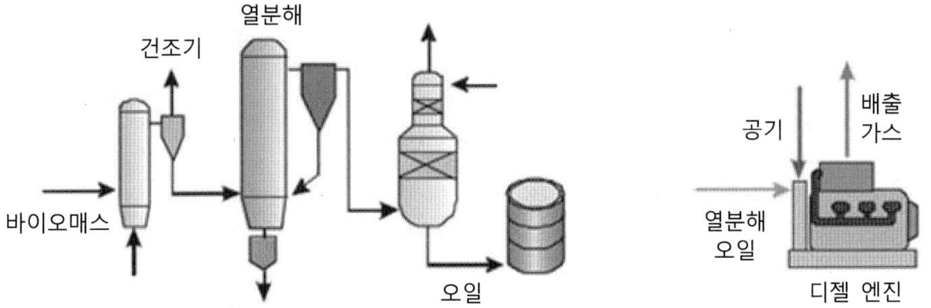

그림 3.6 급속 열분해와 디젤엔진

핀란드에서는 시장성이 충분하다는 판단 아래 1993년도부터 열분해 오일 생산과 활용이 시작되었다. VTT사, Vapo Oy사, Fortum사 및 Warrsila사 등 업체들이 구성한 컨소시엄은 특성, 안정성 및 보일러의 기술적 한계 등에 대한 연구를 수행한 바 있다. 오늘날의 도전과제는 열분해 오일의 품질이 12개월 저장 중 전혀 변함없이 유지될 수 있도록 열분해 오일의 특성을 이해하고 개선하는 일에 집중되고 있다. 이러한 문제들이 해결되는 순간 바이오매스 열분해 기술은 0.1~10MW 급 고효율 경유 발전소를 이용한 열병합발전소가 동급의 기존 석유 발전소를 대체할 수 있는 새로운 바이오에너지 시장을 창출할 수 있을 것이다.

열분해 기술이 바이오에탄올이나 바이오디젤에 비하여 액체 바이오연료를 생산할 수 있는 가장 매력적인 방법임은 분명하다. 현재의 가격구조에서도 바이오오일이 핀란드에서는 경유와, 그리고 스웨덴에서는 경유 및 중유와의 경쟁이 가능하고 덴마크에서는 CHP 분야에서 경쟁력이 있는 것으로 여겨지고 있다.

바이오오일은 급속 열분해에 의해 생산된다. 오일은 보일러 또는 발전소의 연소엔진 연료로 활용될 수 있다. 전술한 모든 적용사례들은 현재 각기 다른 개발단계에 있다. 급속 열분해는 제품 활용 과정에서 고체 취급단계를 분리해준다. 예를 들어 디젤 엔진에서 액체 연료 생산과 발전을 서로 분리할 수 있다. 경우에 따라서는 이 점이 매우 큰 장점이 될 수 있다.

급속 열분해는 파일럿 규모 운전에서만 입증된 상태이다. 급속 열분해의 상용 운전이 가능하려면 아직도 몇 년 정도가 더 소요될 것으로 예상되며, 상용화 잠재력 수준의 평가에는 많은 불확실성이 내포되어 있다. 바이오오일 사용에 있어 소비자가 마주치는 가장 큰 문제는 제품이 정확히 정의되어 있지 못하다는 점이다. 바이오매스를 이용한 바이오오일은 바이오매스의 종류에 따라 그 특성도 다르게 마련이다. 개방된 시장에서 경쟁하려면 연료의 품질이 정확히 정의되어야만 하며, 제품 품질의 개선 역시 필요하다. 바이오오일이 시장에 성공적으로 진입하려면 점도, 안정성 및 고체함유량 등이 크게 개선되어야만 한다.

3) 스털링 엔진과 ORC

스털링 엔진(stirling engine)은 소규모 발전분야에서 기대되는 대안이다. 스털링 엔진과 관련된 잠재적 장점으로는 특수 설계된 스털링 엔진을 사용할 경우 고효율이며, 소규모화가 가능하고 연소가스의 오염도에 상대적으로 덜 민감하다는 점 등을 들 수 있다.

오스트리아와 덴마크에는 이 엔진에 대한 시장이 형성되어 있다. 바이오매스를 이용한 가열장치(오스트리아의 경우 2500기 이상)로 스털링 엔진이 사용되고 있으며, 이를 통한 열병합발전으로 소요전력을 충당하고 있다. 스털링 엔진의 일반적인 전력 출력은 30~60kWe 범위이다.

스털링 엔진에서는 엔진 내에 가연성 기체 연료 혼합물이 존재하지 않고 가스만이 작동유체로 작용하여 가열되고 다시 냉각된다. 스털링 엔진 작동유체의 가열을 위한 열은 연소과정에서 얻어진다. 연소과정으로부터 엔진 작동유체로의 열전달은 열교환기에 의해 이루어진다. 스털링 엔진의 장점은 다른 내연 엔진에서처럼 바이오매스의 연소가 실린더 내에서 이루어지지 않는다는 점에 있다. 스털링 엔진은 폐쇄회로에 기초하고 있으므로 작동가스가 저온 실린더에서 압축되고 고온 실린더에서 팽창된다. 연소 연료로부터 공급되는 열은 외부로부터 고온의 열교환기에 의해 작동가스로 전달된다. 이 열은 축의 작동에 사용되지 않으므로 온도 300~350K의 저온 열교환기에 있는 냉각수로 모두 전달된다.

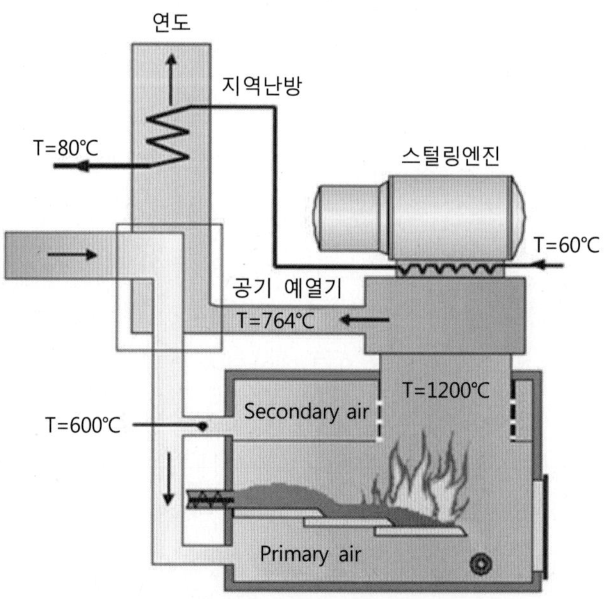

그림 3.7 스털링 엔진과 CHP

실험결과에 의하면 버너의 손실이 없을 경우 고온 열교환기로 전달된 열량에 대한 축 동력의 비로 계산되는 효율은 최대 부하시 약 35% 수준이라 한다. 목재칩의 함수율이 40%일 때 발전 효율은 19% 수준이다. 스털링 엔진을 CHP에 사용한다면 전체 효율은 약 87%가 된다. 현재 일반적인 출력수준은 50kWe 미만이다.

유기 랭킨 사이클(Organic 랭킨 사이클(ORC))에서는 열원이 증발기에서 유기용액을 증발시키고, 증발된 용액은 고속 터보 교호터빈(alternator turbine) 속에서 팽창된다. 이후 팽창된 증기는 응축기에서 응축되고 다시 고압 증발기 쪽으로 펌핑된다. 응축기는 회수되는 온수 등과 같은 적정한 냉각매체에 의해 냉각된다. 핀란드에서는 고효율(발전-대-열생산 비율 0.35)의 고속기술에 기술개발이 집중되고 있다. 발전소의 출력은 350~3,500kWe 범위가 일반적이다. ORC 공정은 고체, 액체 또는 기체 연료뿐만 아니라 폐열을 이용한 발전에 적합하다. 그러나 바이오매스를 이용한 ORC 발전소가 상용화된 예는 아직 없다.

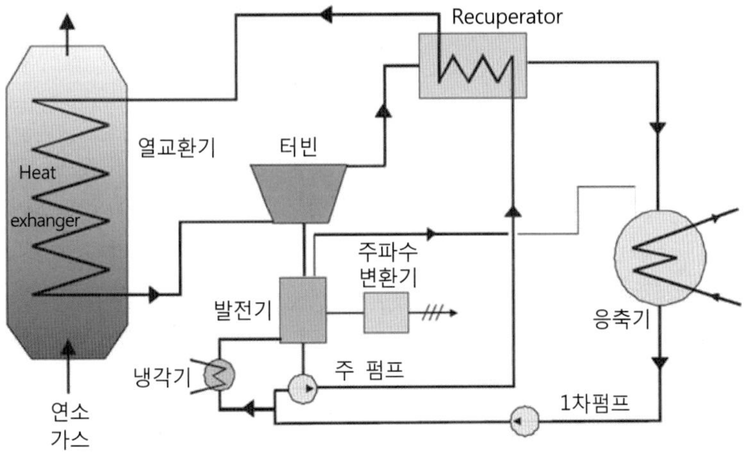

그림 3.8 ORC 공정

4) 혐기성 소화와 엔진

바이오가스 생산이나 혐기성 소화(anaerobic digestion) 공정은 20세기 중반부터 개발되기 시작하였으며, 초기인 세계 제 2차대전 즉, 1950년대에는 국지적인 에너지 생산에 대한 수요가 컸으므로 축산 분뇨들을 이용하여 에너지를 발생시키는 낮은 수준의 기술로부터 시작되었다. 이때에는 혐기성 소화가 농장규모의 바이오가스 생산을 위한 수준 정도로 적용되었으나 이후 호수와 강에서의 환경적 문제가 크게 증가되는 한편, 전 세계에서 맑은 물에 대한 요구가 급격히 상승되면서 혐기성 소화에 대한 관심이 증폭되기 시작하였다. 따라서 유기성 폐기물의 상당 부분을 제거함과 동시에 에너지를 생산할 수 있는 혐기성 처리시설을 포함하고 있는 폐수처리장에 대한 투자가 증가하기 시작하였다. 오늘날 유럽의 선진국가들에서 가장 널리 보급되어 있는 바이오가스 생산시설은 혐기성 소화를 응용한 폐수처리장이라 할 수 있다. 덴마크와 스웨덴에서는 유기성 폐기물과 축산 분뇨를 이용한 열병합발전기술을 개발하여 왔으며, 덴마크에는 현재 20기의 대형 처리시설이 설치되어 있다. 특히, 습윤한 바이오매스와 폐기물의 혐기성 소화는 상업적으로도 입증된 기술이다. 유럽에서만도 소규모 시설을 포함하여 최소 1,700기 이상의 시설들이 현재 운전 중에 있다. 그러나 이 시설들의 발전규모는 200kWe 미만으로 제한되어 있다. 그 이유는 이 시설들의 주목적이 폐기물 처리이며, 발전은 단지 부산물로 취급되기 때문이다. 혐기성 소화 시스템을 이용하여 습윤한 바이오매스를 처리할 수 있다면 열적 변환을 위하여 비용이 많이 소요되는 건조공정을 피할 수 있다. 한편, 대개의 경우 바이오가스 생산과 연소 사이에는 완충공간이 필요하다.

혐기성 소화란 무산소 환경에서 박테리아의 활동을 통하여 습윤한 바이오매스를 분해함으로써 바이오가스로 알려져 있는 메탄과 이산화탄소의 혼합가스를 생산하는 과정을 말한다. 매립된 도시 고체쓰레기가 혐기성 소화되면 매립가스로 불리는 가스가 발생되는데, 이 가스는 유기물이 장기간에 걸쳐 박테리아에 의해 분해되면서 자연적으로 생성된다. 매립지에서 발생되는 메탄가스는 궁극적으로 대기 중으로 그대로 배출된다. 그러나 천공관을 매립지에 꽂으면 매립가스를 얻을 수 있다. 관을 통하여 이동된 가스는 에너지원으로 사용이 가능한 동시에 온실가스 저감의 효과도 얻을 수 있다.

바이오가스는 여러 가지 가스들의 혼합물이나 메탄과 이산화탄소가 주를 이루고 있다. 평균적인 바이오가스(메탄(CH_4) 함유율 60%)의 특성은 다음과 같다:

- 최저 발열량 약 21,500kJ/m^3
- 화염속도 약 25cm/s
- 화학당량적 공기-연료비율 5.71
- 옥탄가 130
- 메탄의 최저 자연발화온도 600℃ 부근

현재 독일에는 600개 정도의 농산 바이오가스 생산시설이 운전 중에 있으나 오스트리아, 스위스 및 덴마크에서도 농장규모의 바이오가스 생산시설 숫자가 크게 증가되고 있다. 축산 분뇨를 물과 섞어 잘 저어 준 다음 소화기(digester)라 불리는 공기 밀폐형 용기에 넣어 따뜻한 장소에 놓아둔다. 소화기의 크기는 가정용의 1m^3로부터 대형 상용화 시설의 2,000m^3에 이

표 3.2 각종 소형 바이오매스 CHP 시스템의 현황과 비교(Jones와 Hogan, 2006)

국가	회사명	시스템	출력	홈페이지(www.)
네덜란드	KARA Energy Sys.	가스화장치+가스엔진	4~500kWe	kara.nl
독일	Adoratec	ORC	315~1,600lWe	adoratec.com
	Summachine	스털링엔진	1.5~3kWe	sunmachine.com
덴마크	Stirling Denmark	향류형 가스화장치+스털링	35 & 75kWe	stirling.dk
	TK Energi	가스화장치+내연엔진	–	tke.dk
미국	Alternative Energy Solutions	증기보일러+증기터빈	400kWe~8MWe	aesenergy.net
아일랜드	Innovation Technologies	Fluidyne 병류형 가스화장치+내연엔진	35kWe 이상	innovation-tech.co.uk
오스트리아	Kohlbach	ORC	200~1,600kWe	kohlbach.at
영국	Bioflame	증기보일러+증기터빈	1MWe 이상	bioflame.co.uk
	Biomass CHP	병류형 가스화장치+내연엔진	120kWe~5MWe	biomasschp.co.uk
	Biomass Engineering	병류형 가스화장치+기스엔진	250kWe	biomass-uk.com
	Mawera UK	바이오매스보일러	스털링(35~70kWe) ORC(300~1,500kWe) 증기터빈(100~2,500kWe)	mawera.co.uk
	Talbott's	화격자+초소형가스터빈	100kWe	talbotts.co.uk
	Waste to Energy	가스화장치	10kWe~1MWe	wastetoenergy.co.uk
이탈리아	Turboden	ORC	200~2,000kWe	turboden.it
핀란드	Entimos	가스화장치+디젤엔진	400kWe 이상	entimos.fi
	wartsila Biopower	회전 화격자보일러+증기터빈	1.1MWe 이상	wartsila.com

제조업체	적용기술	열출력 (kWth)	발전용량 (kWe)	소요연료량 (kg/hr@%MC)	효율 (%)	허용최고 함수율(%)	연료소요량 @35%MC (kg/hr)	열출력 500MWh를 위한 연료소요량(톤)	열출력 500MWh시 발전량(MWh)
Biomass CHP	병류형 가스화장치+가스엔진	200	130	110@0%	45-57	50	170	425	325
Biomass Engineering	병류형 가스화장치+가스엔진	200	100	100@15-20%	73	20	123	310	250
Innovation Technologies	병류형 가스화장치+내연엔진	200	100	100@6%	60	35	145	360	250
Mawera UK	스털링엔진	250-300	35	160@50%	77-90	50	123	250	70
Stirling Denmark	향류형 가스화장치+스털링엔진	145	35	50@25%	90	50	58	200	125
Talbott's	초소형 가스터빈	200	90	100@20-25%	76	40	123	310	225
Waste to Energy	병류형 가스화장치+개조 디젤엔진	100	100	100@20%	49	20	123	615	500

르기 까지 다양하다. 바이오가스는 Otto(스파크 점화), 디젤(압축점화) 또는 Sabathe(혼합형) 사이클의 내연엔진에도 사용이 가능하다. 이들 엔진을 기계적 동력이나 발전에 이용하게 된다. 바이오가스를 열병합발전에 이용하면 에너지 효율이 우수함은 이미 입증된 바 있다. 엔진에 의해 발생되는 폐열(최고 70%)은 온수의 형태로 회수된다.

소형(2MW$_e$ 이하) 바이오매스 CHP 시스템 제작업체들의 현황과 시스템의 비교는 표 3.2와 같다.

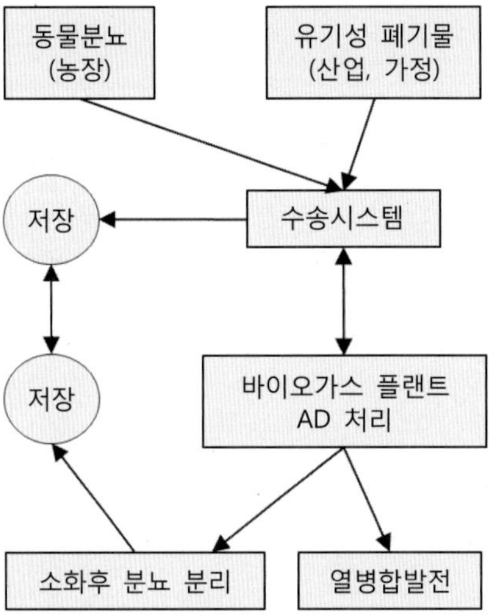

그림 3.9 중앙집중식 바이오가스 발전소

3. 유럽의 바이오매스 CHP 현황

현재 세계에서 가장 활발하게 바이오매스를 이용하여 열병합발전을 시행하고 있는 지역으로 유럽을 들 수 있다. 그림 3.10은 2007년도 현재 유럽 각국의 열병합발전소 보유 현황이다. 총 126기의 CHP가 가동 중에 있으며, 혼소 유무에 관계없이 독일이 가장 많은 CHP를 보유, 가동하고 있고, 오스트리아가 그 뒤를 잇고 있다. 덴마크와 핀란드 및 스웨덴도 비교적 많은 수의 CHP를 보유하고 있는 것으로 나타나고 있다. 한편, 바이오매스 전소 또는 혼소 CHP의 수는 18기로, 전체의 약 14%를 차지하고 있으며, 향후 급속히 증가될 것으로 예상되고 있다.

그림 3.11은 2007년도 현재 유럽의 바이오매스 CHP의 현재 상항을 제시하고 있다. 실제 상용화되어 가동되는 바이오매스 CHP의 비율이 68%에 이를 정도로 유럽은 상용화 수준에

거의 접근한 것으로 나타나고 있다. 한편, 실증과정에 있는 CHP도 13%에 이르며, 파일럿과 실험 수준에 있는 CHP의 비율도 각각 7%와 6% 수준에 있다.

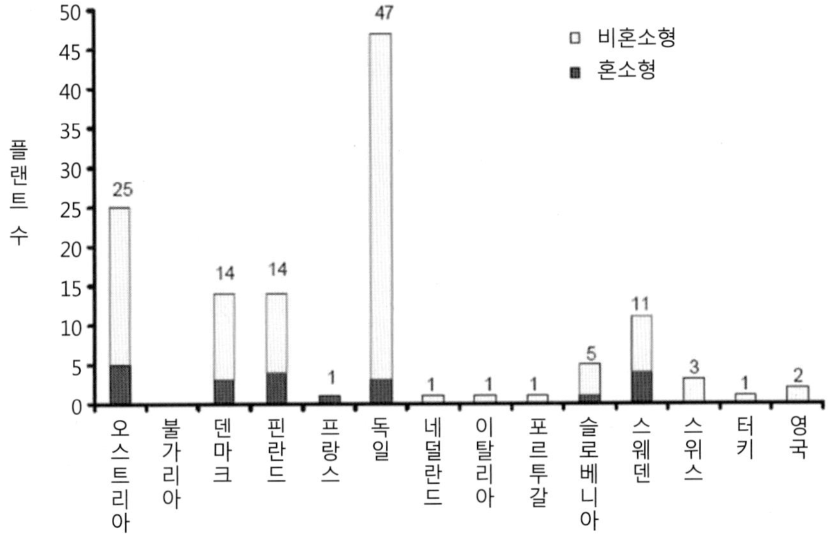

그림 3.10 유럽 각국의 CHP 플랜트 설치 현황(2007년도 현재)
(Hannes Schwaiger 등(2007))

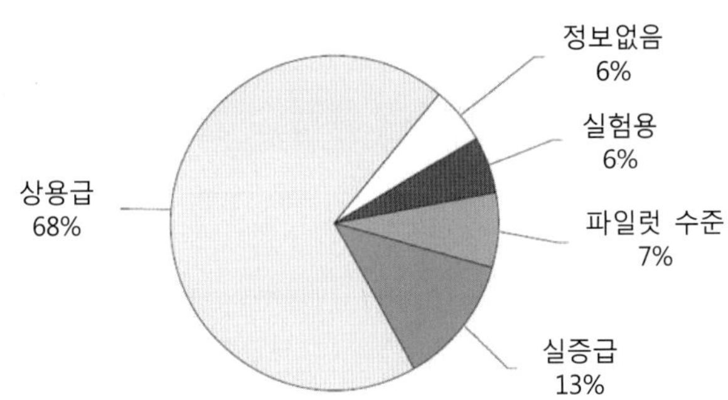

그림 3.11 유럽 바이오매스 CHP 플랜트의 현황(Loo, 2010)

유럽의 CHP에 적용되고 있는 기술들의 현황은 그림 3.12와 같다. 증기터빈이 58%의 높은 비율을 차지하고 있어 아직도 증기터빈기술이 가장 일반적인 열병합발전기술임을 확인할 수 있다. 그 다음으로 증기엔진이 18%를 차지하고 있으며, 높은 효율로 관심의 대상이 되고 있는 ORC도 약 7%의 비율을 보이고 있다. 미래의 기술로 인정되고 있는 스털링엔진은 3%에 그치고 있으며, 대규모 열병합발전에는 적용이 아직도 어려운 것으로 판단되고 있다.

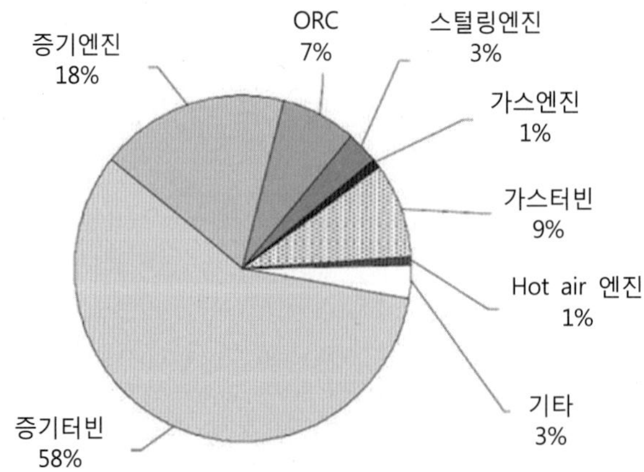

그림 3.12 유럽 CHP 플랜트 적용 기술(Loo, 2010)

그림 3.13은 유럽 CHP들의 규모 분포에 대한 것이다. 일반적으로 CHP의 규모는 1MW이상 5MW미만의 중소규모가 주종을 이루고 있는 것으로 판단된다. 열병합발전의 특성상 열을 사용할 수 있는 열수요처가 필요하기 때문에 비교적 규모가 작은 CHP에 집중되어 있는 것으로 판단된다. 그러나 스웨덴과 핀란드의 경우에는 20MW 이상의 CHP가 차지하는 비중이 매우 높음을 알 수 있다.

그림 3.14는 유럽 바이오매스 CHP 플랜트에서 사용하고 있는 바이오연료들의 비율을 보여주고 있다. 예상대로 목재칩이 전체의 60% 이상을 차지하고 있으며, 그 중에 임업부산물로부터

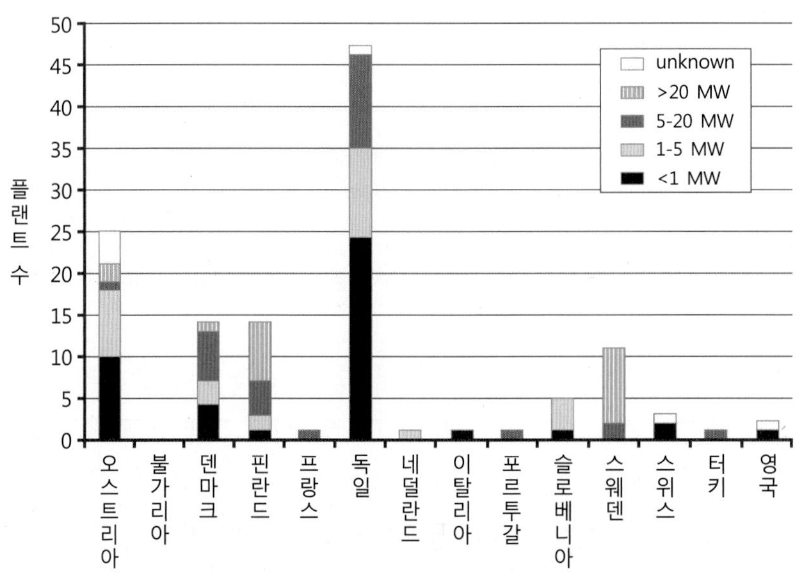

그림 3.13 유럽 CHP 플랜트의 발전규모 분포(Loo, 2010)

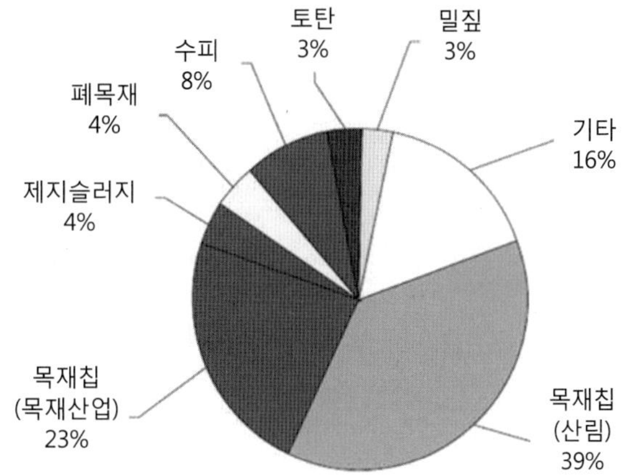

그림 3.14 유럽 바이오매스 CHP 플랜트의 바이오연료 분포(Loo, 2010)

직접 생산된 목재칩이 목재가공산업으로부터 발생되는 목재칩에 비하여 더 많이 활용되고 있음을 확인할 수 있다. 그 외에도 제지산업에서 발생되는 슬러지와 수피 및 폐목재의 활용도 이루어지고 있다. 국내의 경우 제지산업이 크게 발달되지 못하고 있고, 자체 발생되는 슬러지는 자체적으로 활용하는 것이 일반적이다. 또한, 박피공정이 적용되는 목재산업의 예가 적어 이들의 활용은 어려울 것으로 판단된다. 한편, 폐목재의 활용의 경우 발생되는 폐목재의 특성에 따라 환경적 문제가 발생될 가능성이 높다. 따라서 국내의 경우 역시 목재칩이 바이오매스 CHP의 연료로서 주종을 이룰 것으로 판단된다. 다만, 국내 발생 목재칩의 총량이 매우 부족할 것으로 예상되고 있으므로 해외 바이오매스 자원의 도입을 위한 준비가 필요할 것으로 판단된다.

유럽 CHP 플랜트 터빈의 발전규모에 따른 효율은 그림 3.15와 같다. 발전규모가 증가할

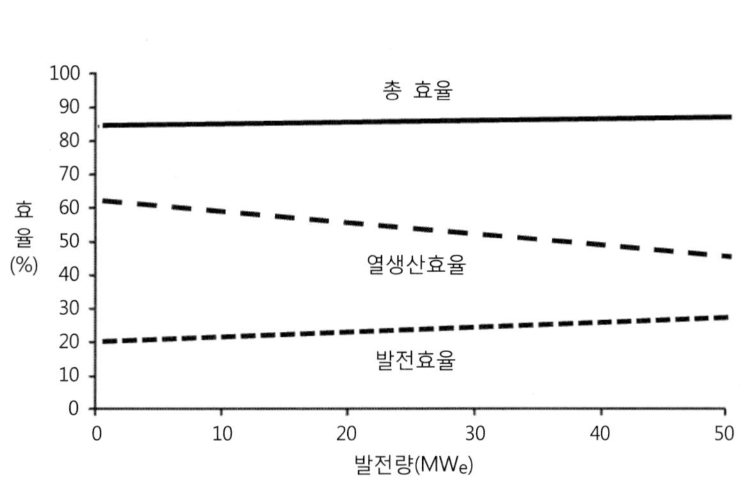

그림 3.15 유럽 CHP 플랜트 터빈의 발전규모별 열/전기 생산효율(발전규모 50MWe 미만)

수록 열생산효율은 감소하는 반면 발전효율은 증가함을 알 수 있다. 한편, 전체적인 효율은 발전규모가 증가할수록 약간 하락하는 것으로 나타나고 있다. 바이오매스 CHP의 경우 일반적으로 총규모 20MW 수준이 경제적 타당성을 지니기 시작하는 수준으로 여겨지고 있으므로 열과 전력 생산의 비율에 따라 차이가 있을 수 있지만 전체적인 효율은 약 80% 이상을 상회할 것으로 기대된다.

4. 실증 사례

4.1. 100kW$_e$ 미만(바이오가스와 엔진)

영국 Walford 대학 농장에서는 혐기성 소화 시스템을 이용하여 청결하고 냄새가 없으며 간단하게 축산 분뇨를 처리하는 동시에 열병합발전을 하고 있다. 260ha인 농장에서는 130두의 젖소와 160두의 돼지 및 비육우를 사육하고 있다. 이 농장에서는 연간 3,000톤의 분뇨가 발생된다. 1994년 10월 혐기성 소화 시스템과 CHP 시설이 도입되어 3년간의 실증연구가 수행되었다. 축사로부터 발생된 슬러리는 저장소로 모이게 된다. 모여진 슬러리는 펌프(chopper pump)에 의해 지상의 용량 335㎥ 소화조로 옮겨진다. 소화에는 16~20일이 소요되며, 1일 생산되는 450㎥/day의 바이오가스는 CHP의 연료로 사용되고 엔진의 냉각수와 배기시스템으로부터 열이 회수된다. CHP가 고장인 경우 또는 추운 날씨가 계속되는 경우에는 보조 보일러를 이용하여 소화조에 열을 공급한다.

소화 후 처리된 슬러리는 체를 이용한 선별기를 거친다. 여기서 제거된 섬유질은 퇴비저장소로 옮겨지고, 남은 폐액은 950㎥의 저장탱크로 향한다. 이 폐액은 농장의 기존 관개시스템을 이용하여 초지에 뿌려지도록 되어 있다.

CHP 시설의 출력은 35kW$_e$와 57kW$_{th}$ 수준이다. 1일 19.5시간 동안 평균출력은 18.22kW$_e$이다. 약 30kW$_{th}$의 열은 소화기의 온도를 35~37℃로 유지하는데 사용된다. 이 시스템에서는 1일 15㎥의 폐액과 3톤의 섬유질이 발생된다. 생산되는 전기의 가격은 연간 27,200유로에 달하며, 온수의 가치는 연간 4,185유로에 해당된다. 투자비용은 212,800유로였다.

4.2. 100kW$_e$ 이상 1,000kWe 미만(화격자 연소와 증기엔진)

제재소와 기타 목재가공공정에서 발생되는 폐기물을 연소시 배출물질을 최소화하면서 고효율을 얻으려면 최신의 연소기술이 요구된다. 핀란드의 IPO Wood-Iisalmen Sahat사가 개발한 하입식 회전 화격자(underfeed rotating grate)를 이용하는 새로운 개념의 화격자 연소방법은 습윤한 목재연료에 적용하기 위한 것이었다. 하부공급 회전 화격자의 장점은 다음과 같다:

- 간단하고 신뢰성 높은 운전
- 연료의 함수율 최고 65%까지 적용 가능
- 목재 칩, 수피, 톱밥 및 가공폐재까지 적용 가능
- 넓은 용량범위(1～10MW)

Iisalmen Sahat사(IPO Wood)는 1922년 설립된 개인 제재소이다. 이 제재소의 연간 제재목 총 생산량은 약 8,000㎥ 정도이다. 핀란드 Kiuruvesi시에 설치된 하입식 회전 화격자 보일러는 증기엔진을 위한 증기를 생산한다. 엔진에서 배출된 증기는 열교환기에서 지역난방을 위한 열을 생산한다. 응축수는 다시 증기보일러로 되돌아간다. Kiuruvesi시에서는 42GWh의 열을 생산하며, 이 열의 90% 이상이 Kiuruvesi시의 지역난방을 맡고 있는 Savon Voima사에 판매된다. 새로 건설된 CHP의 설계 발전출력은 약 5GWh이다. 목재회사인 Kiuruvesi Timber사는

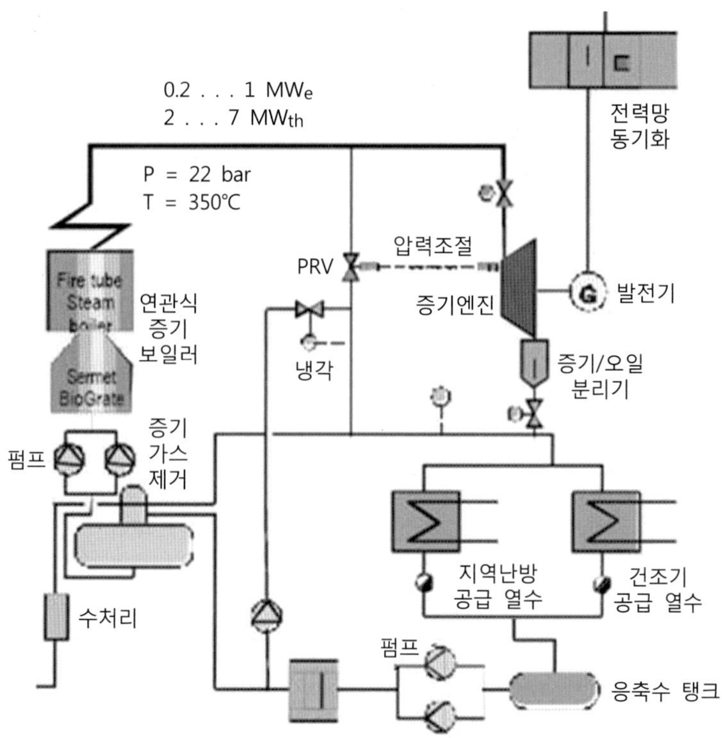

그림 3.16 소규모 CHP(Sermet사)

1999년 CHP에 총 270만유로를 투자하였으며, 투자비용의 약 1/2정도가 발전설비에 소요되었다. Sermet사가 전체 시스템을 수주하였으며, 건설에 약 반년이 소요되었다. 단순화 기술과 모듈방식 건설로 투자비용을 절감하였다. Sermet사는 여러 가지 다른 요소들을 가능한 큰 단위들로 조합하였다. Sermet사의 두 번째 바이오매스 발전소는 Karstula시(10/1 MW)에서 2000년부터 운전 중이며, 이 발전소에서는 통나무집 업체인 Honkarakenne사로부터 폐목재(대팻밥, 수피 및 톱밥 70GWh/년)를 공급받아 연료로 사용하고 있다. 이 발전소에서는 3MW의 공정증기와 3MW의 열을 Honkarakenne사에 공급하고 있으며, 동시에 3MW를 Karstula시의 지역난방에 공급하고 있다. 관련 기술자료는 표 3.3과 같다.

표 3.3 Kiuruvesi 발전소(IPO Wood)의 기술자료

발전량	$0.9MW_e$
지역난방 열	$6MW_{th}$
연료 투입량	$8.1MW_{fuel}$
투입연료	수피와 톱밥 혼합물(톱밥 60%)+목재 칩
투입연료 함수율(습량기준 %)	50~65%
순 발전효율(NCV 기준)	11%
총 순 효율(NCV 기준)	85%
증기압력	25bar, 10ton/hr
증기온도	350℃

4.3. $1MW_e$ 이상 $10MW_e$ 미만

1) 핀란드의 Kuhmo 발전소

핀란드 최초의 Pyroflow Compact(순환유동층형) 열병합발전소는 1992년 Kuhmo시에서 가동을 시작하였다. Kuhmo 발전소는 2세대 유동층 연소기술을 채택하고 있다. 기존의 단독형 사이클론 고체 분리장치와 달리 연소실과 고체 분리장치 및 대류표면 등이 하나의 간결한 구조로 복합되어 있다. 이처럼 통합된 구조로 인하여 발전소의 규모도 축소되었다. 이 새로운 Pyroflow Compact 보일러에는 모래 분리를 위한 사이클론이 필요 없다. 연소실 후단에 전통적으로 연결되던 비냉각 사이클론은 냉각 사이클론으로 대체되었다. 발전량은 약 $5MW_e$이며, 목재 제재업체인 Kuhmo Sawmill사의 공정증기와 Kuhmo시 지역난방 열로 $13MW_{th}$를 공급한다. Kuhmo 발전소의 기술자료는 표 3.4와 같다.

표 3.4 Kuhmo 발전소의 기술자료

발전량	4.8MWe
지역난방과 공정증기 열	12.9MWth
열 생산량	18MWth
투입연료	목재공업 폐목재
순 발전효율(NCV 기준)	24%
총 순 효율(NCV 기준)	88%
증기압력	81bar
증기온도	490℃

2) 스웨덴 Varnamo의 통합 가스화 복합사이클

Varnamo의 실증 발전소는 세계 최초의 형태이다. 이 발전소의 목적은 바이오매스를 이용하는 복합 사이클 발전소와 가스화 공정을 통합한 형태의 가능성을 입증하는 것이다. 즉, 완벽하게 최적화된 발전소의 운영보다는 기술의 입증이 목적이라 할 수 있다.

각 공장에서 공급된 연료는 배출가스를 활용하는 건조기를 이용하여 함수율 5~20%까지 건조된다. 건조 및 파쇄된 목재연료는 밀폐형 호퍼(lock-hopper) 시스템에서 가스터빈 압력비에 의해 결정된 수준까지 압축된 후 스크루공급기에 의해 가스화장치에 바닥으로부터 수 m가 채워질 때까지 공급된다. 가스화장치의 운전온도는 950~1,000℃이며, 압력은 약 18bar 정도이다. 가스화장치는 순환유동층 형식이며, 가스화장치와 사이클론 및 사이클론 return leg 등으로 구성된다.

연료는 가스화장치에 투입되자마자 열분해 된다. 가스에 의해 층 물질이 이송되고 잔존 char는 사이클론으로 향한다. 사이클론에서 고체의 대부분이 가스로부터 분리되고 return leg를 통하여 다시 가스화장치 바닥으로 되돌아간다. 재순환된 고체에는 약간의 char가 포함되어 있으며, 공기가 투입되는 가스화장치 바닥근처에서 char는 연소되며, 이 연소에 의해 가스화장치 내 원하는 온도가 유지된다. 사이클론을 빠져 나온 가스는 가스 냉각장치와 고온가스 필터로 향한다. 가스 냉각장치는 연관형(fire tube)으로 설계되어 있으며, 가스를 온도 350~400℃ 수준으로 냉각한다. 가스는 candle filter 용기로 투입되어 입자가 제거된다. candle filter와 가스화장치 바닥으로부터 배출된 회분은 압력해제 시스템에 투입되기 전 냉각된다.

가스화장치는 공기 투입형이다. 따라서 공기의 약 10% 정도가 가스터빈 압축기로부터 추출되어 booster 압축기에서 더욱 압축된 다음 마지막으로 가스화장치 바닥을 통하여 분사된다.

발생된 가스는 연소실에서 연소되며, 가스터빈 내에서 팽창하여 전기를 생산한다. 터빈은 단축 산업용 가스터빈이다. 연료공급 시스템, 연료 분사기 및 연소기는 저발열량 가스(5MJ/m³)에 적합하도록 재설계되어 있다.

가스터빈으로부터 배출된 고온의 배출가스는 열회수 증기발생기로 공급되어 증기를 생산하며, 가스 냉각장치로부터 배출된 증기는 다시 과열(40bar, 455℃)되어 증기터빈으로 공급된다. 관련 기술자료는 표 3.5와 같다.

표 3.5 Varnamo 가스화 복합 사이클 발전소의 기술자료

발전량	$6MW_e$
지역난방 열	$9MW_{th}$
연료 투입량	$18MW_{fuel}$(85%ds)
투입연료	목재 칩
순 발전효율(NCV 기준)	32%
총 순 효율(NCV 기준)	83%
증기압력	40bar
증기온도	455℃

3) 영국의 경작가능 바이오매스 재생에너지

바이오매스 통합 가스화 복합 사이클(BIG-CC)은 바이오매스 가스화장치와 가스터빈 및 가스터빈 폐열을 이용하는 증기터빈을 채용하고 있다.

목재는 화석계 연료에 비하여 수소/탄소 비율과 산소/탄소 비율이 높다. 따라서 가스화공정에서 가스와 타르와 같은 탄화수소류들의 수율이 높다. 타르의 양과 조성은 연료, 열분해 조건 및 2차 기체상 반응 등에 따라 달라진다. 이 타르는 고분자화나 응축이 되지 않는 한 문제가 되지는 않는다.

특허 등록이 되어 있는 TPS 공정에서는 가스화장치에서 생성된 타르가 백운석이 들어 있는 CFB 용기(가스화장치의 바로 뒤에 위치)내에서 촉매작용을 통하여 보다 단순한 화합물들로 분해된다. 이러한 타르 변환과정이 가스의 화학적 에너지를 크게 감소시키지는 않는다. 타르를 보다 가벼운 화합물들로 변환함으로써 가스 세정장치에서 가스에 포함되어 있던 입자들과 알칼리성 물질들이 제거된다.

BIG-CC는 다음과 같은 요소들로 구성된다:

- 상압 CFB에서 가스화
- 2차 CFB 시스템에서 백운석 촉매를 이용한 타르 분해
- 필터/세정 장치에서 최종 가스의 냉각과 세정
- 다단 압축기에서 가스 압축과 가스터빈에서 가스 연소와 팽창
- 회수된 폐열을 이용한 증기발생과 연료 건조
- 가스터빈과 증기터빈에 의한 발전

가스터빈의 출력은 4.75MWe이고 증기터빈의 출력은 5.25MWe이다. 배출가스는 목재칩 건조에 사용된다. 이 발전소의 순수 발전출력은 8MW가 되며, 이때 전체 순효율(순발열량 기준)은 30%이다. 30MW 정도로 규모가 확대되면 전체 순 효율이 40% 이상으로 향상될 것으로 기대된다.

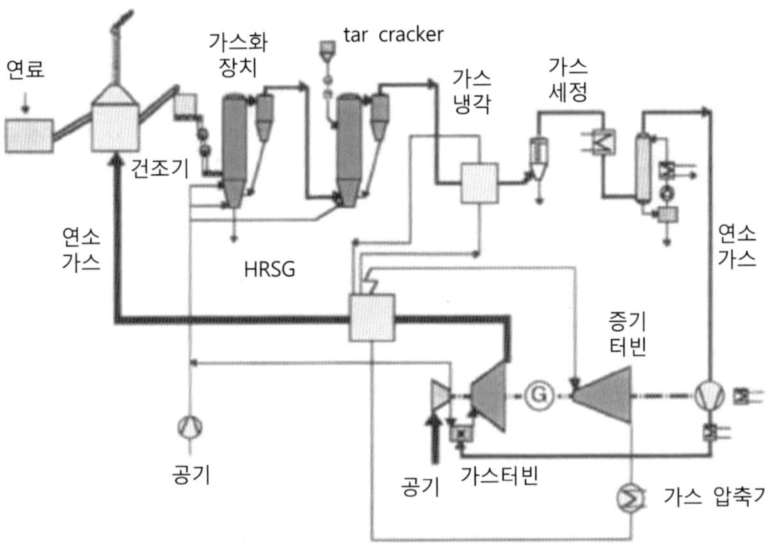

그림 3.17 ARBRE의 공정도

4) 스웨덴 Sodra Nas Vimmerby Energi사의 바이오매스 지역난방 플랜트

Vimmerby시는 700여년 전 스웨덴 남부에 조성된 도시로 주거인구는 약 16,000명이다. Vimmerby Energi사는 Sodra Nas라는 이름의 플랜트를 설립하였으며, 2기의 보일러는 1984년에, 그리고 1기의 보일러는 1999년에 설치하였다. 1984년에 설치된 보일러의 용량은 각각 5MW이며, 1999년에 설치된 보일러와 연소가스 응축기는 각각 8MW와 2MW였다. 1984년 설

치된 보일러들은 바이오매스 브리켓(briquette)을 연료로 사용하는 반면, 1999년에 설치된 보일러는 수피와 목재칩을 연료로 사용하고 있다. 1999년에는 가스 플랜트도 설치하여 하수슬러지 처리과정에서 발생되는 가스도 연료로 사용하고 있다. 한편, 3.5MW급 기름보일러 4기도 설치되어 있다. 총 18명의 직원이 근무하며, 보일러 가동에는 주간 2명, 그 외 시간에는 5명이 배치된다. 새로운 세 번째 플랜트는 2000년부터 가동을 시작하였다.

주요 연료는 수피와 톱밥이다. 탱크로리로 수송된 연료는 저장고에 하역된다. 연료는 이송저장고(delivery bin)로부터 scoop을 통하여 2차 저장고로 이송된다. 이후 스크래퍼 컨베이어와 컨베이어를 통하여 이송된 후 스크루 컨베이어에 의해 연소로로 투입된다. 두 저장고의 용량은 모두 합하여 3,000㎥이며, 이 양은 4일간의 가동을 가능케 한다.

출력 8MWth 신형 바이오매스 보일러는 화격자형으로 배출온도는 200℃이다. 보일러 후단의 배출가스 응축기를 통과하면 배출가스의 온도는 45℃로 떨어진다. 이때 가스 응축기의 출력은 2MWth 이다.

연간 가동시간은 8,760시간/년이다(신형 보일러는 6,000시간/년). 기온이 영상 5℃인 경우 신형 보일러의 가동만으로 충분하며, 기온이 그 이하가 되면 구형 보일러들의 가동이 시작된다. 하수슬러지 가스는 연중 계속 연소한다. 특이한 것은 배출가스 응축형이므로 연료의 함수율이 50% 미만일 경우에는 물을 연료에 첨가해주어야만 한다.

주요 연료인 수피와 목재칩의 비율은 73.4%인 반면, 브리켓은 23.6%이며, 석탄과 가스는 각각 2.2%와 0.8%로 매우 적다. 연료 수송거리는 평균 37.2km이다.

겨울철 1일 연료소요량은 약 300㎥/일 수준이며, 1일 3~4대의 로리가 연료를 수송해준다.

표 3.6 스웨덴 Sodra Nas Vimmerby Energi AB 바이오매스 지역난방 플랜트 기술자료

항목	내용
신형 바이오매스 보일러 열출력(MW)	8
효율(DIN 1942 기준)(%)	85
배출가스 응축기 열출력(MW)	2
응축기 열출력 고려시 효율(%)	110
보일러 형태	화격자형
압력(bar)	16
연료	수피와 목재칩

5) 이탈리아 Trento의 목재칩 CHP

2003년 11월부터 목재칩을 이용하여 성공적으로 가동하고 있다. 중요한 기술자료는 다음

표와 같다.

표 3.7 이탈리아 Trento의 목재칩 CHP 상세 기술자료

항목	내용
보일러 출력(MWt)	3.5+2.5
보일러 형태	경사 이동식 화격자
연간 발전량(MWh/yr)	200
연간 열출력(MWh/yr)	7,000
보일러 평균효율(%)	90
총 투자비용(유로)	6,040,000

연간 7,500톤의 목재칩(함수율 35~40%)을 사용하고 있으며, 25일분의 소요량을 저장할 수 있는 목재칩 저장고(5,500m³)를 보유하고 있다. 저장고로부터 1기의 mechanical shovel을 이용하여 2기의 사일로로 목재칩 연료를 이송하고 있으며, 유압식 투입장치를 이용하여 연소로에 목재칩 연료를 투입하고 있다.

그림 3.20 목재칩 저장고의 모습

6) 독일 Brunsbuttel의 바이오매스 CHP

Stadtwerke Flensburg GmbH사와 Novus Energy사가 공동 출자한 조인트 벤처기업에 의해 2008년 7월부터 가동을 시작하였다. 총 용량은 7.5MWe와 20MWt이다. 목재칩을 연료로 사용하여 독일 Brunsbuttel 지역 13,620가구에 열을 공급하고 있으며, 산업용 증기를 생산하는데 소요되었던 연간 4,000톤~5,000톤의 중유를 대체하고 있다.

7) 스웨덴 Stadtwerke Esslingen am Keckar의 목재칩 CHP

2003년 4월에 준공하여 2004년 6월부터 가동을 시작한 이 목재칩 CHP의 상세 기술자료는 표 3.8과 같다. 1일 약 200㎥의 목재칩을 사용하고 있으며, 연간 63,000㎥의 목재칩이 소요된다. 이를 위하여 1,400㎥ 규모의 목재칩 저장고를 보유하고 있다. 목재칩의 원료로는 조경부산물이 70%를 차지하고 있고, 그 나머지인 30%는 임업부산물로 충당하고 있다.

연간 최대 40M kWh 규모의 화석계 연료 절감을 통하여 연간 최대 10,000톤의 이산화탄소 배출량을 저감하고 있다. 열매체유 가열기를 포함한 목재연소시스템에 총 210만유로가 투자되었으며, ORC 플랜트와 기타 건설비용에 각각 165만유로와 145만유로가 투자되어 총 투자규모는 520만유로였다. 이중 약 74만유로를 주정부에서 지원하였다.

표 3.8 스웨덴 Stadtwerke Esslingen am Keckar의 목재칩 CHP 상세 기술자료

항목	내용
최대 열출력(MWh$_t$)	8
ORC module의 발전량(MWh$_e$)	1
ORC module의 열출력(MWh$_t$)	5.3
연간 열생산량(kWh)	38M
연간 발전량(kWh)	5.4M

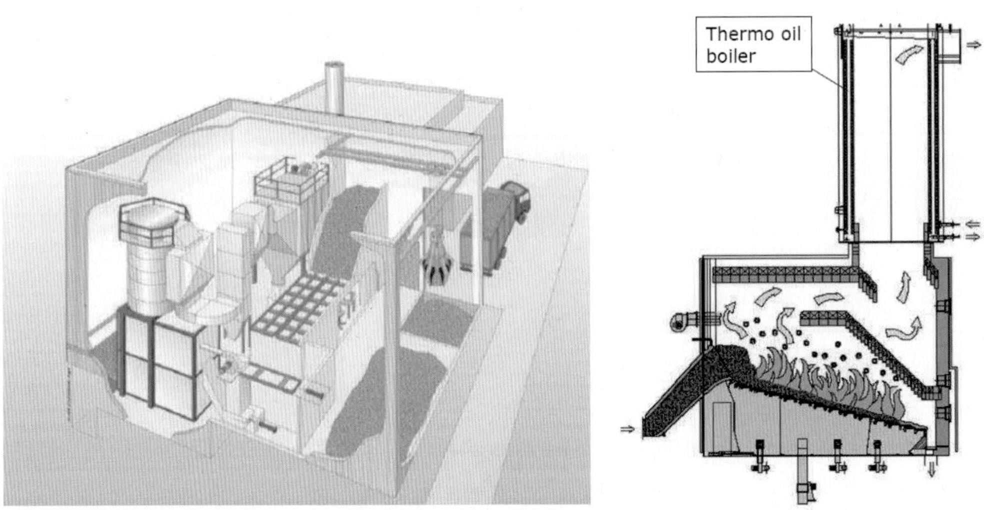

그림 3.21 스웨덴 Stadtwerke Esslingen am Keckar의 목재칩 CHP 연소실 구조(열매체유 보일러)

8) Wartsila Biopower사의 설치사례

스웨덴의 Wartsila Biopower사는 회전 원추형 화격자(rotating conical grate) 방식을 개발하여 특허를 획득한 이후 유럽에서 많은 설치실적을 쌓아왔다. 이 방법은 긴 수명과 안정적 운전, 높은 효율 및 NO_X 저감능력이 우수한 것으로 알려져 있다.

그림 3.20 회전 원추형 화격자 바이오매스 연소시스템의 모습(Wartsila Biopower사)

이 회사가 설치한 주요 사례는 표 3.9와 같다.

표 3.9 Wartsila Biopower사의 설치 사례

설치기업명	국가	출력	증기보일러	준공시기
Tranas Energi(지역난방회사)	스웨덴	$8MW_{th}/1.8MW_e$	350℃, 16bar	2002년
Kiuruvoima(제재소)	핀란드	$7MW_{th}/0.9MW_e$	355℃, 25bar	1999년
Koskinen(제재소)	핀란드	$15MW_{th}$	204℃, 16bar	-
Tammisaaren Energia(지역난방회사)	핀란드	$15MW_{th}$	150℃(온수)	2001년
Finnforest Vilppula(지역난방공사)	핀란드	$13.5MW_{th}/2.9MW_e$	450℃, 50bar	2003년
Finnforest Renko(지역난방공사)	핀란드	$132GW_{th}/23GW_e$	450℃, 23bar	2003년
Grainger Sawmills(제재소)	아일랜드	$3.5MW_{th}/1.8MW_e$	450℃, 23bar	2004년

4.4. 10MWe 이상

1) 핀란드 Forssa의 지역난방 열병합발전소

Forssa의 바이오 발전소는 목질 바이오매스를 이용한 핀란드 최초의 지역난방 열병합발전소이다. 이 발전소는 고체 바이오연료를 이용할 수 있도록 설계된 보일러를 갖춘 counter pressure 플랜트이다.

주요 연료는 목재가공산업에서 발생되는 톱밥과 수피(54%), 임지에서 생산된 칩(34%) 및 건축폐목재와 목재를 포함하고 있는 폐기물 등이다. 한편, 인근 폐기물처리시설로부터 생산된 RDF 연료를 4% 사용한다. 1999년에 사용한 고체연료의 총량은 720TJ(200GWh) 이었다. 목재칩은 Forssa를 중심으로 반경 50km 내 지역에서 공급된다. 임지 발생 칩은 판매용 목재와 동시에 생산된다. 벌채시 임지폐잔재를 칩퍼(chipper)를 이용하여 목재칩으로 생산한다. 칩퍼가 도로변의 로리(lorry)까지 칩을 운반하면, 로리가 이 칩을 발전소로 수송한다. 겨울철 생재 칩의 함수율은 50% 이상이다. 칩의 95% 이상이 크기 45mm 미만이다. Forssa에서는 생재 칩의 염소로 인한 고온 부식에 대하여 연구한 바 있다. 과열기 관은 매년 부분적으로 교체가 불가피하다. 발전소에서는 대규모 야적장에 바이오연료를 저장한다. 아스팔트 포장된 야적장의 표면적은 1ha에 이른다. 야적된 더미의 최대크기는 가을철에 약 70,000㎥ 정도이며, 이 양을 다음 해 여름철까지 사용하는 것이 목표가 된다. 야적장의 다른 기능은 다양한 연료들 즉, 수피, 톱밥, 임지 칩 등의 연료 품질을 균질화 하는 것이다. 야적시 불도저를 이용하여 연료들을 압축함으로써 자체 발열에 의한 발화와 에너지 손실을 방지하고 있다.

연료는 유동층 연소로에서 연소된다. 보일러의 높이는 20m이며 단면적은 25㎡이다. 연소로에서 분리 모래층이 화격자의 역할을 하며, 이 속을 예열된 공기가 통과한다. 연료가 유동화된 모래층으로 투입되면 바로 점화되고 연소가 시작된다. 연소에 필요한 보조공기는 층 위의 닥트를 통하여 공급된다. 유동층 연소의 장점은 연소온도(800~850℃)가 낮아 질소산화물 배출량이 적다는 점이다. 목재연료를 이용한다면 황산화물 배출은 없다. 1999년도의 보일러 효율은 91.5%였다. 1996년 이 발전소에 투자된 비용은 1,710만유로였으며, 이중 130만유로는 지역난방망 건설에 소요되었다. 발전소에 대한 비투자비용은 925유로/kWe로서 이 정도 규모의 다른 발전소에 대하여 상대적으로 낮은 수준이었다. 보일러 저장고 전까지의 연료 취급시스템에 투자된 비용은 총 비용의 7%인 110만유로 이었으며, 보일러에 투자된 비용은 총 투자비용의 28%인 490만유로 이었다. 총 유지비용은 연간 5만~6만유로 수준이다. 발전소의 연간 가동시간은 평균 311일이었다. 이 발전소와 관련된 기술자료는 표 3.10과 같다.

표 3.10 Forssa 지역난방 열병합발전소의 기술자료

발전량	17.2MW_e
지역난방 열	48MW_{th}
연료 투입량	71.7MW_{fuel}
투입연료	목재 칩, 목재산업 폐기물(톱밥, 수피 등)
순 발전효율(NCV 기준)	24%
총 순 효율(NCV 기준)	91%
증기압력	62bar
증기온도	510℃

2) 스웨덴 Ena Kraft CHP plant

Enkopings Varmeverk사와 Vasteras Stads Kraftvameverk사 합작의 스웨덴 회사이며, 연료로 목재칩을 사용하고 있다. 그러나 목재칩 연료 수급이 어려울 경우 부탄가스나 난방유로 100% 대체가 가능하도록 설계되어 있다.

이 CHP 플랜트에 설치된 보일러의 내용은 다음과 같다:

- FLS miljo high pressure natural circulation water tube multi-fuel steam boiler
- Three section super heater
- High temperature air preheater
- Economiser
- Rotating regenerative air pre-heater(연소가스를 115℃까지 냉각)

연소시스템은 다양한 연료 적용이 가능한 수냉식 화격자형태로 설계되었으며, 목재칩 중간 저장고에 1시간분의 연료가 저장되도록 하고 있다. 목재칩은 사일로로부터 정량투입 스크루 컨베이어를 통하여 연료 분산 스토커(spreader stokers)에 공급된다.

플랜트 효율 향상을 위하여 연소가스 응축기를 장착(연소가스의 함유열량을 회수하여 지역난방에 활용) 하였으며, 비촉매형 NO_X 저감시스템을 이용하여 NO_X 배출량을 40mg/MJ 수준으로 저감하였다. 이 CHP플랜트의 상세 기술자료는 표 3.11과 같다.

표 3.11 Ena Kraft CHP plant의 기술자료

항목	내용
주요 연료	목재칩
허용 가능한 목재칩 최대 함수율(%)	60
연료 소요량(함수율 45% 기준)	31
증기 생산량(톤/hr)	108(30kg/s)
증기압력(bar)	102
증기온도(℃)	542
보일러 효율(%)	92
출력(MW)	22.5
공정증기(MJ/s)	45.8
플랜트 효율(연소가스 응축기 가동시)(%)	108

3) 덴마크 Assens시의 CHP

덴마크의 현존 최대 사유 CHP로, 1999년 5월 11일 준공하였다. Funen섬의 소도시 Assens시(주민 10,000명)의 모든 소요전력(26,000MWh/년)과 열(50,000MWh/년)을 공급하고 있다. 총 투자비용으로 1,270만 DKK(덴마크 크로네)가 소요되었으며, 총부하시 1일 150톤의 목재를 사용하고 있다(4.68MW_e/day + 10.4MW_{th}/day).

2기의 전자동 크레인이 연료를 야적장으로부터 보일러 앞의 공급기 사일로로 목재연료를 이송하면 air spouts가 연료를 화격자 위로 보낸다. 톱밥과 같이 가벼운 연료는 날아가면서 연소되고 규격이 큰 연료는 화격자 위에서 연소된다.

발생되는 증기의 온도와 압력은 각각 525℃와 75bar이다(발전효율 27%). 7만 볼트 DC 정전형 집진기로 배출가스를 집진(회분의 90% 정도가 날재)하며, 배출가스의 온도는 110℃ 수준이다. 터빈을 떠나는 증기의 온도와 압력은 각각 85℃와 0.6bar이며, 이 증기를 이용하여 지역난방망의 회수온수를 37~75℃까지 가열한다. 겨울철에 목재칩과 같이 습윤한 연료 사용량이 증가하는 시기에는 연소가스 응축기를 이용하여 3.5MW의 열을 회수하고 있다. 한편, 잉여 열은 용량 2,500㎥인 온수탱크 2기에 저장한다.

4) 핀란드의 Alholmens Kraft사(보일러 550MW_{th}과 발전 240MW_e)

2001년 당시 바이오연료를 이용하는 세계 최대의 순환 유동층 보일러가 핀란드 서부해안 Pietarsaari시의 Alholmens Kraft 열병합발전소에 설치된 바 있다. 이 발전소에서 생산된 증기는 인근 UPM-Kymmence Wisaforest사 펄프제지공장의 공정증기와 Pietarsaari시의 지역난방용

으로 공급된다.

Alholmens Kraft사의 CFB 보일러는 수피, 토탄(peat) 및 목질폐기물을 주요 연료로 하는 다중 연료 보일러이다. 연간 연료 사용량은 12,600TJ로, 목재, 토탄 및 석탄이 각각 40%, 45% 및 15%를 차지하고 있다. 이 발전소는 탄력적인 연료 활용(바이오매스 100% 또는 석탄 100%)이 가능하도록 설계되어 있다.

이 발전소는 연간 150,000~200,000㎥의 벌채 폐기물을 이용할 목적으로 건립되었다. 벌채 폐기물은 발생시 상태 그대로 또는 베일(bale)의 상태로 발전소에 도착된다. 현재 새로운 벌채방법을 개발하여 입목상태에서 별채 폐기물을 베일화 하고자 하고 있다. 가장 중요한 아이디어는 전통적인 벌채 장비를 활용하는 것이다. forwarder의 적재공간을 특별히 넓게 설계하여 수송능력을 4.3㎥에서 7.8㎥로 증가시켰다. bailing machine으로 Fiberpack 370을 도입하였으며 이 장비는 시간당 20개의 베일을 생산해낸다. 베일 하나의 체적은 약 0.5㎥(450~500kg, 길이 3.3m)이다. 일반적인 원목수송용 트럭을 이용하면 한번에 60~70개의 베일을 적재할 수 있다. 발전소에 도착된 연료는 칩핑된다. 베일링 비용에 대한 연구결과에 의하면 최장 수송거리 80km와 임지내 수송거리 300m 가정시 약 7.5~9.2유로/MWh 였다. 연간 작업기간은 10개월이며, 2교대로 이루어진다. 관련 기술자료는 표 3.12와 같다.

표 3.12 Alholmens Kraft 발전소의 기술자료

발전량	240MW_e
열생산량	공정증기 100MW_{th}, 지역난방 60MW_{th}
연료 투입량	580MW_{fuel}
투입연료	수피, 토탄, 목질폐기물, 슬러지, 석탄
증기압력	165/37bar
증기온도	545/545℃

5) 핀란드 Lahti의 Kymijarvi CHP

Lahden Lampovoima사는 핀란드의 도시 에너지회사이다. 이 회사의 Kymijarvi 발전소는 석탄과 천연가스를 사용하며, 출력은 350MW_{th}이다. 보일러는 Benson형 관류형 보일러이다. 이 발전소는 습윤 바이오연료를 직접 가스화하여 고온이지만 발열량이 낮은 가스를 기존 석탄 보일러에 상용화 규모에서 활용하는 가능성을 입증하기 위하여 1996년 THERMIE 프로젝트를 통해 시작되었다. 상압 CFB 가스화장치의 효과는 40~70MW_{th}이며, 연료로는 고체 바이오연료와 각종 폐기물로부터 재활용된 연료(refuse derived fuel(RDF))가 사용된다. 가스화장치의

능력은 연료의 함수율에 따라 달라진다.

CFB 가스화장치의 내화처리 강철 용기에서 고온 유동화 가스에 의해 연료가 가스화 된다. 가스화장치에서 온도 850℃의 상압조건으로 연료가 가연성 가스로 변환된다. 단류(uniflow) 사이클론을 통과한 고온 가스는 공기예열기에서 냉각된 후 주 보일러로 투입된다. 이때 공기예열기에서 가스화 공기가 가열되어 가스화장치로 투입된다.

이 설비에서는 연료의 건조가 필요 없으나 연료의 허용 가능 최고 함수율은 60% 정도이다. 설비의 기계적 관점에서 보면 표준적인 상압 바이오매스 가스화장치에 비하여 몇 가지 다른 점들이 있으며, 이는 연료들의 특성에 따른 것이다. 가스화장치로부터 발생된 고온 가스가 공기예열기를 거쳐 보일러의 석탄 버너 밑에 위치한 2기의 버너로 향한다. 가스는 주 보일러에서 연소되면서 보일러에 사용되는 석탄의 일부를 대체하게 된다. 연료가 습윤할 경우에는 가스의 발열량이 매우 낮아진다. 일반적으로 연료의 함수율이 약 50%일 때 가스의 발열량은 약 2.2MJ/kg에 지나지 않는다.

보일러는 연간 약 180,000톤(5,760TJ/yr)의 석탄과 약 1,440TJ의 천연가스를 사용한다. 1999년 가스화설비는 1,249TJ의 연료를 사용하였는데, 목질 폐기물과 RDF가 각각 57%와 42%를 차지하였다. RDF에는 플라스틱, 목재, 종이 및 판지 등이 포함되어 있다. 현재 50여개 연료 공급업체로부터 100여 가지의 연료를 공급받고 있다.

총 투자비용은 1,200만유로 이었으며, 자본회수기간은 약 10년으로 추정되었다. 운전 및 유지비용은 연간 약 50만유로 정도이다. 연료취급과 가스화장치에 대한 연간 유지비용은 각각 약 20만유로와 6.2만유로 정도이다. 1998년과 1999년의 운전결과는 성공적이었다. 가스화장치에서 약간의 문제만이 발생한 바 있으며, 1998년 가동을 시작한 이후 높은 가동률을 유지하고 있다. 대개의 문제는 연료처리와 투입에 관련되어 있다. 가스화장치와 전체적인 혼소개념은 기술적으로 우수함이 입증되었다.

4.5. 덴마크 사례연구

덴마크의 지역난방용 에너지 중에서 재생에너지가 차지하는 비율은 33%에 이른다. 재생에너지 중에서 밀짚과 목재가 각각 18%와 29%를 차지하고 있다. 현재 덴마크에서는 약 150기의 바이오매스 지역난방 플랜트가 가동 중에 있다. 이중 60기가 밀짚을 연료로 하는 플랜트이며, 나머지 90기의 플랜트에서는 목재칩과 목재펠릿을 연료로 사용하고 있다. 이 플랜트들의 규모는 대개 1～10MW 범위이며 이외에 몇 기의 대형 혼소 CHP 플랜트들을 보유하고 있다.

덴마크는 수십년 동안 지역난방에 대한 경험을 축적하여 왔다. 오랜 경험을 통하여 열병합발전 시설 설치에 대한 기술을 축적하여 왔고 열 시장이 이미 성숙되어 있어 지역난방이 빠르게 도입될 수 있었다. 밀짚은 덴마크에서도 가용한 자원이므로 연료로서도 적합하다.

덴마크에는 현재 밀짚 연소형 플랜트 59기가 가동 중이다. 가장 큰 플랜트는 Ringsted에 위치하고 있으며 4,253명의 소비자들에게 열을 공급하고 있다. 한편, 가장 작은 플랜트는 Mid-Jutland에 위치하며 단 72명의 소비자들에게 공급하고 있다.

1994년 에너지 목적으로 사용된 밀짚의 총량은 73.1만톤이었다. 이중 지역난방시설에만 약 6.2만톤이 사용되었고 그 나머지는 각 농장이나 발전시설 등에서 사용되었다. 수많은 지역난방시설들에는 다양한 형태의 1차에너지를 사용할 수 있는 잠재력이 있다. 59개 플랜트 중 11개에서는 목재칩, 펠릿 또는 기타 유사한 연료들을 사용할 수 있다.

최근 구축되는 시설들에는 각종 연료 사용이 가능한 기술과 배출가스 세정이나 기타 환경시설들이 적용되어 있다. 그로 인하여 단위출력 당 가격이 상승되어 1980년대 평균 2.5백만 DKK/MW이던 것이 1995년에는 4~5백만 DDK/MW로 상승하였다.

덴마크에서는 Sabro 지역난방 플랜트와 Masnedo CHP 플랜트가 최신형 플랜트의 좋은 예가 된다.

1) Sabro 지역난방 플랜트

Jutland의 Aarhus시 서쪽에 위치한 Sabro 플랜트는 지역난방 시스템에 열을 공급하고 있으며 Aarhus시가 운영하고 있다. 짚단은 우선 용량 200톤 규모의 저장시설에 옮겨진다. 이 규모는 겨울철 6~8일 동안 소요될 연료의 양에 해당된다.

이동식 화격자 위에서 연소가 이루어지며, 화격자가 연료를 회분구(ash pit) 쪽으로 지속적으로 밀어낸다. 공기투입구를 조절하여 연소가스와 효율적으로 혼합시킨다. 모든 연소과정은 자동으로 제어된다. 연소가스 통로에 산소센서(Lambda sensor)가 장착되어 연소가스 산소함량 정보를 알려준다. 이 정보는 제어시스템이 연료투입속도와 연소공기 투입량을 조절하도록 하여 배출량을 최소화할 수 있는 최적의 연소조건을 조성하도록 한다.

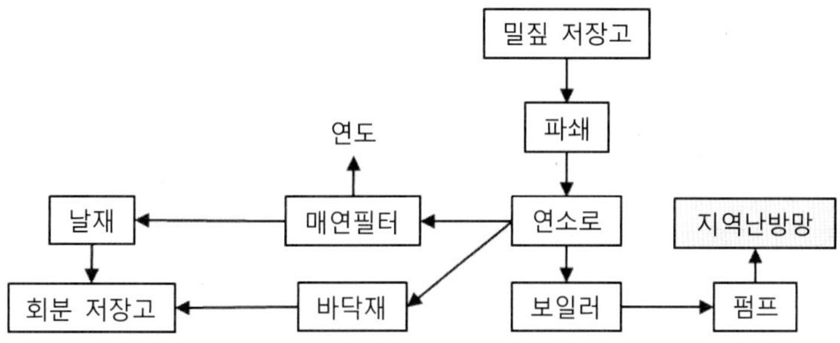

그림 3.21 Sabro 지역난방 플랜트의 공정도

회분은 물이 들어 있는 회분구로 향한다. 스크루 컨베이어가 젖은 회분을 회분구로부터 회분저장고 쪽으로 이동시킨다. 연소가스는 순환배관을 통하여 연소가스 세정시스템으로 향한다. 멀티사이클론과 백필터를 거치면서 세정된 연소가스는 120℃ 정도의 온도로 굴뚝을 통해 배출되며, 이때 분진함량은 40mg/m³ 미만이다. 이 플랜트의 연료-대-열 효율은 85%이다.

2) Masnedo CHP 플랜트

밀짚을 이용하는 Masnedo CHP 플랜트는 1986년 덴마크 정부와 전력회사 사이의 협약에 의해 건설되어, Vordingborg의 지역난방망을 위한 열을 생산하고 있으며, 생산된 전기는 국가 전력망에 공급하며, 총 발전능력과 열생산 능력은 각각 8.3MW와 20.8MJ/s이다.

1995년부터 가동을 시작하였으며 Vordingborg 지역 18,000가구에 열을 공급하고 있고 전체 열 소요량의 90%를 충족시키고 있다. 총 열 소요량은 430TJ/년 수준이다.

Masnedo CHP 플랜트는 오직 밀짚과 목재칩만을 사용하고 있는 덴마크 유일의 플랜트이다. 밀짚은 Lolland-Falster와 남부 Zealand 지역 농장으로부터 공급되며, 연간 43,000톤의 바이오매스를 이용하고 있다. 1997년 38,000톤의 짚과 5,000톤의 목재칩을 사용하였으며, 밀짚의 최고 30% 정도를 목재칩으로 대체할 수도 있다. 목재칩 대신에 사탕수수, 올리브 기름박, 조경수 가지치기 산물과 폐목재 등을 사용하기도 하였다. 이는 밀짚에 각종 유기성 폐기물들을 혼합하여 사용할 수 있도록 설계되었음을 의미한다.

이 플랜트의 짚 저장능력은 2,000 베일(1,000톤) 수준이며, 이 양은 총부하 가동 기준 3일분량에 해당된다. 총 면적은 3,700m²이며, 가장 큰 건물인 밀짚 저장고의 면적은 2,600m²이다. 그 외 보일러실, 터빈 및 지역난방건물 및 제어센터 등이 있다.

이 플랜트의 공정은 그림 3.22와 같다. 짚 연료는 짚 저장고로부터 컨베이어벨트에 의해

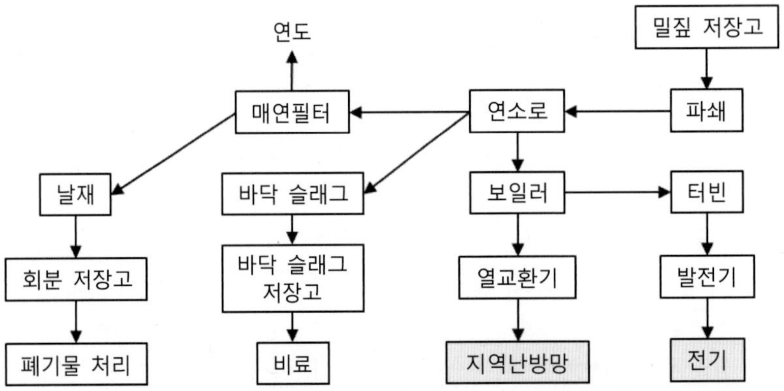

그림 3.22 밀짚을 이용한 CHP 플랜트의 공정도

표 3.13 Masnedo CHP 플랜트의 기술, 성능 및 경제성 관련 자료

항목	자료
밀짚 저장능력	2,000짚단(1,000톤)
보일러 온도와 압력	520℃, 90bar
연간 바이오매스 소비량	43,000톤
밀짚	38,000톤
목재칩	5,000톤
화석계 연료 대체능력	16백만 ㎥ 천연가스/년
NO_x 배출량	<250mg/N㎥/년
분진 배출량	<50mg/N㎥/년
날재 축적량	1,000톤/년
바닥재 슬래그	4,000톤/년
습윤 슬래그	4,000톤/년
건조 슬래그	2,000톤/년
연간 발전량	35.5GWh
연간 열생산량	356TJ
공칭 발전능력	8.3MW(발전효율 25%)
공칭 열능력	20.3MJ/s(열효율 63%)
투자비용(금융비용 제외)	234백만 DKK(1995년 기준)
운전/관리비용(연료비용 제외)	10백만 DKK(1997년 예산)

화격자형 보일러로 이송된다. 충부하 시 1시간당 19개의 짚단(짚단 1개당 500kg)이 연소된다. 보일러의 벽체는 물이 채워진 관으로 구성되어 있다. 보일러의 고온에서 물은 증기화 되어 터빈으로 유입된다. 터빈은 발전기와 연결되어 전기를 생산한다. 증기가 터빈을 통과할 때 2기의 지역난방 열교환기에서 응축된다. 지역난방을 위한 온수는 60℃에서 90℃로 가열되어 지역난방망 속으로 펌핑된다.

연소가스를 굴뚝을 통하여 배출하기 전 정전식 집진기를 통과시켜 날재의 99%를 제거한다. 정전식 집진기는 세정능력이 뛰어나지만 소형 짚연소형 보일러 플랜트에 설치하기에는 많은 비용이 소요된다. 그러나 운전비용은 백필터에 비하여 낮은 수준이다. Masnedo CHP 플랜트의 입자상 물질 배출량은 40mg/N㎥ 미만이므로 환경보호청의 밀짚연소형 보일러에 대한 권장 제한기준을 만족시킨다. 그러나 적정한 집진과정을 위해서는 집진기 도착전 연소가스 온도를 125℃ 미만으로 낮추어야만 한다.

열소요량이 적은 기간 동안에 지역난방용 온수를 저장하기 위해서 5,000㎥ 용량의 축열조가 사용되고 있다. 이를 통하여 열과 전기 생산의 유연성을 크게 확보하게 된다. 연료가 지닌 에너지를 효율적으로 활용해야만 에너지를 절감하고 환경적 성능을 개선시킬 수 있다.

3) Grena의 짚-석탄 혼소 CFB 보일러

밀짚은 여러 국가에서 잠재력이 있는 바이오매스로 여겨지고 있다. 덴마크 Grena의 80MWth 급 CHP는 밀짚-석탄 혼소를 적용하고 있다. 1992년에 가동되기 시작된 이 발전소는 성공적으로 운전되면서 밀짚이 효율적이고도 환경 친화적으로 발전에 활용될 수 있다는 사실을 확인해 주었다. 밀짚은 알칼리와 염소 함량이 높은 편이라 연소가 까다로운 연료로 분류되어 왔다. Grena에서도 가동 초기에는 여러 가지 문제와 심각한 과열기 부식이 발생하였다. 부식문제는 과열장치 조절을 통하여 해결되었다. 기타 문제점들은 알칼리성 물질 축적을 피하기 위하여 연소온도를 낮추고 층 조성을 조절함으로써 해결되었다.

이 발전소는 Djursland Halmsammenslutning 지역의 농장들과 연간 밀짚 공급 계약을 체결하고 있다. 밀짚을 면적이 120×130cm이고 길이가 약 240cm인 커다란 베일로 압축한다. 베일의 평균중량은 약 500kg이다. 허용 가능한 최고 함수율은 24%(대개 15~17%)이다. 이 발전소에서는 목재펠릿, 해바라기 씨 기름 잔사 및 기타 농산 폐기물들과 같은 건조 바이오매스 연료도 사용하고 있다. 총 연료 사용량은 1,917TJ이며, 짚 42%, 석탄 43%, 건조 바이오매스 연료 14% 및 기름 1% 등으로 구성된다. 연간 밀짚 공급량은 거의 55,000톤에 이른다.

밀짚 베일은 크레인에 의해 880개의 베일을 저장할 수 있는 실내 저장고로 투입된다. 베일의 중량과 함수율은 자동으로 측정된다. 밀짚은 약 5cm 미만의 크기로 세단된다. Grena의 보일러는 순환 유동층형이며, 석탄 단독 또는 밀짚 60%까지 혼합하여 운전할 수 있도록 설계되어 있다. 연소로의 온도는 슬래깅 현상을 피하기 위하여 820~830℃로 유지된다. 1992년의 총 투자비용은 550만유로였다. 관련 기술자료는 표 3.14와 같다.

표 3.14 Grena 혼소 발전소의 기술자료

발전량	$18.6MW_e$
지역난방 열	$60MW_{th}$
연료 투입량	$85MW_{fuel}$
투입연료	밀짚, 석탄
순 발전효율(NCV 기준)	19%
총 순 효율(NCV 기준)	86%
증기압력	92bar
증기온도	505℃
배출가스 세정	석회석 분사에 의한 층내 탈황, 정전식 집진장치

4) Aabenraa의 밀짚/목재 활용 CHP

덴마크 Aabenraa 지역의 지역난방을 담당하고 있으며, 연간 12만톤의 밀짚과 3만톤의 목재칩을 사용하여 19만톤의 이산화탄소를 감축하고 있다.

보일러를 기존 석탄 화력발전소에 통합하여 생산된 증기를 길이 500m 배관을 통하여 기존 고압증기회로로 이송함으로써 총 37.5MWe를 생산하고 있다.

이 보일러의 특징은 two boiler 시스템으로 우선 짚연소 보일러를 이용하여 470℃ 증기를 생산한 후 이 증기를 다시 목재칩 연소를 통하여 542℃로 승온한다는 점이다. two boiler 시스템을 선택한 이유는 짚의 높은 염소함량으로 부식이 심하여 온도를 낮춤으로써 부식속도를 줄이기 위함이다.

밀짚과 목재칩 각각에 대한 별도의 저장시설을 갖추고 있으며, 밀짚의 경우 24개 베일(베일당 500kg)을 실은 로리 40대가 매일 도착하고 있고, 목재칩의 경우 로리 5대가 1일 80~100m^3의 목재칩을 운송하고 있다. 한편, 발생된 회분은 농장의 비료로 활용하고 있다.

표 3.15 Aabenraa의 밀짚/목재 활용 CHP의 기술자료

항목	내용
연소시스템	수냉식 진동 화격자
주요 연료	밀짚 78% + 목재칩 22%
밀짚의 최대 함수율	25%
연료 소요량	밀짚 20톤/시간 + 목재칩 5.6톤/시간
증기생산량	122톤/시간
증기압력	210bar
증기온도	470 / 542℃
공습수 온도	179℃
보일러 효율	91%
순 발전출력	37.5MW
플랜트 효율	40%

5. 바이오매스 열병합발전의 경제성

바이오매스(목질계) 자원이 풍부한 핀란드의 경우 CHP를 건립하는 이유는 예산상의 이익 때문이다. 따라서 동일 전력과 열을 생산하는데 있어 다른 방법들에 비하여 열병합발전이 저렴해야 한다. 발전소의 예상 수명기간동안 다른 대안들의 수익성을 철저히 분석해야만 한다.

다른 방법들에 비하여 CHP를 건립하는데 많은 비용이 소요되지만 운전비용은 오히려 절감된다. 생산되는 전력과 열은 발전소 소유자가 사용하거나 또는 다른 소비자들에게 판매도 가능하다.

발전소와 관련하여 환경보호를 위한 비용도 CHP나 다른 방법들의 경제성에 영향한다. 핀란드에서는 동일 규모의 다른 방법들과 같은 수준의 환경관련 요구사항을 CHP에도 적용하고 있다. 열병합발전은 일반적으로 전력이나 열 중 하나만을 생산하는 시설에 비하여 많은 투자비용이 소요된다. 그러나 1차 에너지의 소비량이 적기 때문에 CHP의 생산비용이 낮아질 수 있다. 바이오매스 CHP의 경제성과 투자비용의 수익성은 열 소비자, 열부하의 크기와 성능 및 가용한 연료의 가격 등과 같은 지역적 조건에 따라 크게 달라진다.

현재 핀란드에서 상용화가 가능한 유동층 연소에 기초한 소규모 CHP의 출력은 보통 20MW의 지역난방 열과 $6MW_e$의 발전능력이다. 2000년대 초 발전능력 $1MW_e$ 미만의 발전소 2기가 두 곳의 목재산업단지에 건립된 바 있다. 이 사례에서 주정부가 투자비용을 지원하였으며 발전된 전력은 전량 판매되었다.

지난 20여년간 기술발전과 연료비용 절감을 통하여 경제적 규모의 한계가 낮아져 왔다. 핀란드의 예를 보면 1979년부터 1991년까지의 기간 중 CHP에 대한 투자비용이 1/3으로 낮아졌다. 목재연료 생산기술의 발달로 바이오매스 연료(주로 목재)의 가격도 낮아졌다. 이후 제시될 비용분석 사례에서 목재연료의 가격은 2.1유로/GJ로 가정되고 있다.

연간 최고치 운전시간 4,000시간인 $6MW_e$급 CHP의 투자비용 중 10~20%를 지원할 경우 고체 바이오매스 연료를 이용한 발전의 경제적 타당성이 확보된다. $3MW_e$, $6MW_e$ 및 $17MW_e$급 CHP에 대한 투자비용은 각각 2,000유로/kW_e, 1,500유로/kW_e 및 1,200유로/kW_e 이었다.

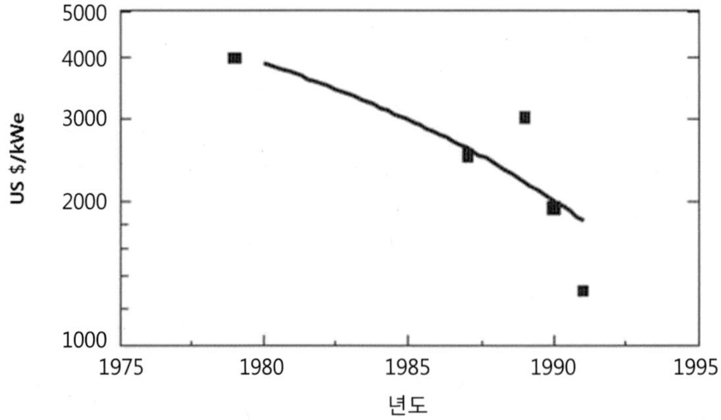

그림 3.23 핀란드의 바이오매스 CHP 투자비용 절감(7~14MW_e)

목재산업 폐기물의 가격이 낮고 연간 운전시간이 길기 때문에 핀란드의 목재산업에서 CHP를 이용하여 발전되는 전력의 가격은 매우 수익성이 좋은 수준이다.

VTT Energy는 IEA task의 일부로 CHP 생산비용을 연구한 바 있다. IEA Bionergy Task인 "Techno-Economic Assessments for Bioenergy Applications"라는 과제에서 목질 바이오매스로부터 소규모 발전하는 경우를 대상으로 하였다. 발전규모 2MWe급을 대상으로 다음과 같은 내용들이 연구되었다:

- 소형 발전규모에서 상용 증기 보일러 발전소가 신 개념의 발전소와 어느 정도 경쟁이 가능한가?
- 신 개념의 비용과 성능에 관한 평가는 어떠한가?

비교 대상 시스템들은 다음과 같았다:

- 랭킨 증기보일러 발전소
- 가스화 연료가스를 이용하는 가스엔진 발전소(가스화장치와 엔진 통합)
- 급속 열분해 액을 연료로 하는 디젤 발전소(액 생산과 발전소는 분리)

이 시스템들의 총괄 효율은 다음과 같았다: 랭킨 사이클 17.5%, 가스화-가스엔진 23.9%, 열분해-디젤 엔진 24.7%. 상기 각 기술들의 개선 가능한 수준은 각각 23, 32.4 및 31.5%이다. 기본적인 발전시설에 대한 비 투자비용은 각각 2,100, 3,800 및 3,300유로/kWe 이었다.

연구결과에 의하면 랭킨 사이클이 비용적 측면에서 가스화-가스엔진과 열분해-디젤엔진보다 우수함을 알 수 있다. 연료비용을 기본가격 2.1유로/GJ보다 높게 산정하면 신기술의 경쟁력이 더욱 개선되지만 그래도 랭킨 사이클이 연간 가동시간 전반에 걸쳐 비교적 경제적임을 확인할 수 있다. 연료가격이 높으면 연간 가동시간 4,000시간 미만에서는 디젤과 랭킨 간의 차이가 거의 무시할 정도가 된다. 매우 장기간의 가동시간을 가정하면 가스엔진이 랭킨 발전소에 비하여 그다지 비싼 편이 아니다.

각 기술들에 대한 개선이 타당하다고 가정할 때 대안들 간의 차이는 전반적으로 상당히 작은 편이다. 랭킨과 최소비용 신 사이클의 변이는 약 10% 정도로, 연구의 정확도 측면에서 그리 큰 차이는 아니다. 한편, 열병합발전이 소규모 발전의 경제성을 크게 향상시키는 것으로 밝혀졌다. 랭킨 사이클은 연구 대상이 된 모든 경우에서 최소비용이 가능한 대안으로 남아 있었다.

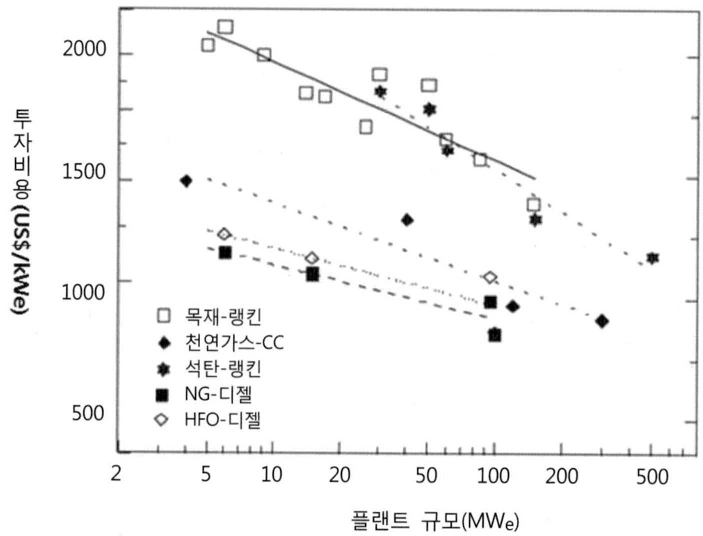

그림 3.24 핀란드의 발전소 비투자비용(1994~1997)

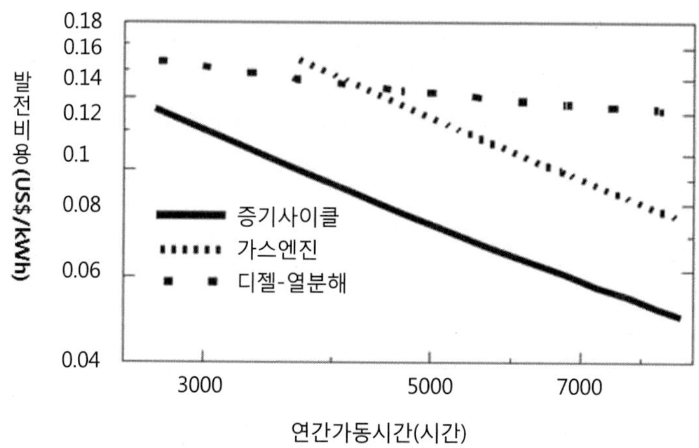

그림 3.25 소규모 열병합발전의 기술별 비용 비교

결론적으로 새로운 발전기술이 랭킨 사이클에 비해 경쟁력을 갖추려면 특히 투자비용이 낮아져야만 한다. 소규모 발전분야에서 투자비용 절감 없이는 발전 단독이나 열병합발전 모두에서 랭킨 사이클과의 경쟁이 어렵다.

상기 세 가지 기술들을 열병합발전과도 비교하였다. 각 경우의 열생산능력은 약 $6MW_{th}$로 고정하였으며, 발전능력은 각 기술들의 발전-대-열생산 비율에 의해 결정된다. 이와 같은 비교방법을 선택한 것은 CHP의 규모가 열소요수준에 따라 결정되기 때문이다. 각 경우의 성능은 표 3.16과 같았으며, 신기술의 성능을 보면 가까운 장래에 타당성을 갖출 것으로 기대된다.

표 3.16 CHP 개념의 성능

항 목	랭킨 발전소		가스화-가스엔진		열분해-디젤	
	현재	미래	현재	미래	현재	미래
발전량 MW_e	2.0	2.0	5.0	5.0	6.2	6.2
열생산 MW_{th}	6.8	5.8	6.0	5.7	6.5	6.5
발전효율 %	17.5	23.0	23.9	32.4	24.7	31.5
총 효율 %	88.0	90.0	85.0	90.0	58.5	66.0
발전-대-열생산 비율	0.30	0.35	0.83	0.88	0.95	0.95

VTT Energy사에서는 핀란드에서 개발된 새로운 고정층 가스화 기술에 기초한 다양한 형태의 가스화공정들에 대한 경제성을 분석하기도 하였다. 세 가지 규모별 성능과 비용은 표 3.17과 같았다. 비교의 기준이 되는 기존 증기-사이클 발전소(랭킨)의 성능과 비용은 핀란드 시장에 기초한 'Electrowatt-Ekono'라는 과제에서 분석한 자료를 사용하였다.

신 개념의 가스화장치-엔진 발전소의 발전효율(함수율 50%인 바이오매스의 낮은 발열량 기준)이 높은 것은 가스 냉각과 응축 세정기에서 회수된 열을 효과적으로 활용하기 때문이다. 이 열은 주로 가스화공기의 예열과 연료의 건조에 사용된다.

발전비용은 연간 가동시간의 함수로 계산되었다. 바이오매스 연료와 생산된 열의 가격들이 변수로 사용되었다. 최저 연료가격 0유로/MWh는 바이오매스 폐기물의 다른 용도가 없을 경우에 적용되며, 중간 연료가격 5유로/MWh는 핀란드에서 수피와 폐목재의 일반적인 가격을, 그리고 최고 연료가격 10유로/MWh는 특별히 생산된 고품질의 목재칩에 적용된다.

표 3.17 신 개념 가스화-엔진 발전소의 규모별 추정 성능과 투자비용

규모, kW_e	증기사이클	580	1200	2400
목재 투입량, MJ/s(NCV 기준)[1]	5.6	1.7	3.3	6.7
순 발전량, MW_e	1.0	0.58	1.2	2.4
열생산량, kJ/s	4.0	0.87	1.73	3.55
발전효율, %	17.5	34.0	36.0	36.0
열효율, %	71.5	51.0	52.5	53.0
총 효율, %	89.0	85.0	88.5	89.0
총 투자비용, 백만유로	2.84	1.8[2]	2.5[2]	3.6[2]
비 투자비용, 유로/kW_e	2,840	3,100	2,100	1,500
비 투자비용, 유로/연료-kW	510	1,060	750	540

[1]목재 함수율 50%, 가스화 전 20%까지 건조 기준

[2]첫 번째 상용화 발전소의 총 투자비용

생산된 열에 대해서는 두 가지 가격이 고려되었다: 단지 발전만 할 경우의 가격 0과 핀란드의 소규모 지역난방 평균가격에 상응하는 중간가격. 가스화장치-엔진과 기존 증기사이클 발전소 모두 완전 자동 운전을 가정하였으며, 운전비용은 1인의 정식직원을 기준하여 계산하였다. 투자비용은 이자율 5%와 수명 20년을 기준으로 계산하였다.

분석 결과는 그림 3.26~3.27과 같았으며, 부산물인 지역난방 열에 의한 수익이 전력가격에 미치는 영향을 보여주고 있다. 이 자료들은 중간 연료가격인 5유로/MWh를 기준으로 하고 있다. 두 가지 대규모 가스화장치 엔진 개념들은 지역난방용 열을 생산하지 않을 경우 증기사이클과 경쟁이 가능할 것으로 판단된다. 핀란드의 전형적인 소규모 지역난방 사례의 경우 가장 규모가 큰 가스화장치-엔진 개념만이 증기사이클과의 경쟁이 가능하였다.

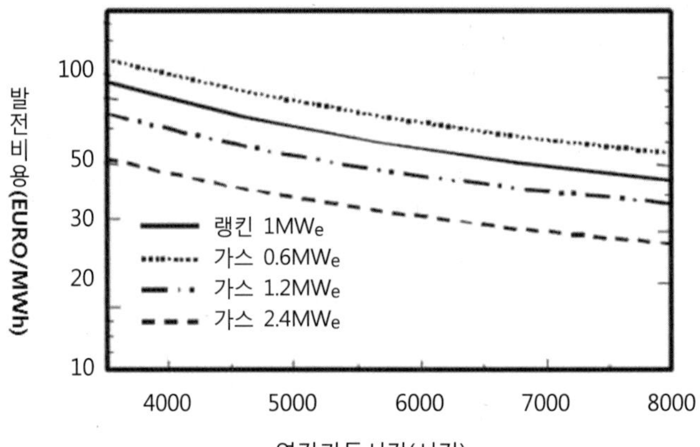

그림 3.26 발전비용(중간 연료가격, 부산물 없음)

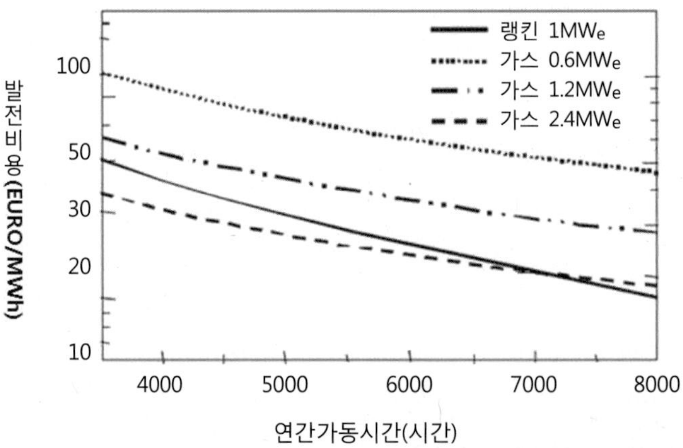

그림 3.27 발전비용(중간 연료가격, 부산물인 열에 대하여 중간 가격)

그림 3.28은 연료가격이 높은 경우 연료가격이 핀란드의 전형적인 지역난방 체제에서 신기술들의 경쟁력에 미치는 영향을 보여주고 있다(생산된 열에 평균 가격 적용). 연료가격이 높을 경우(10유로/MWh) 핀란드 지역난방 분야에서 두 가지 대규모 가스화장치-엔진 공정이 증기사이클과 경쟁이 가능하였다.

추정된 발전비용을 현재의 실제 전력가격과 비교해보면 어떠한 소규모 발전개념도 발전업체가 전력망에 전기 판매시 받는 가격과 경쟁이 불가능하였다(바이오매스 가격 5유로/MWh 이상). 그러므로 이와 같은 시스템들은 다음의 세 가지 경우에서만 핀란드 시장에서 경쟁이 가능하다:

- 발전된 전력을 전력망에 판매하지 않고 소비할 경우. 그 예로 비교적 높은 전기가격(30~40유로/MWh)을 지불해야 하는 소규모 제재소를 들 수 있다.
- 바이오매스를 이용한 발전에 투자비용 보조가 가능할 경우. 녹색 전기에 대한 보조금이나 화석연료에 대한 세금을 발전에 사용한다.
- 마이너스 또는 가격 0유로의 원료 사용이 가능할 경우.

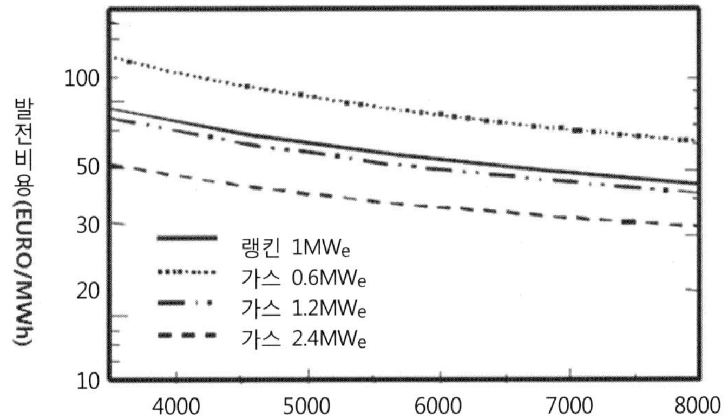

그림 3.28 발전비용(높은 연료가격, 부산물인 열에 대하여 중간 가격).

Elomatic Papertech는 핀란드에서 바이오매스 ORC 열병합발전소에 관한 비용을 추정한 바 있다. 연간 peak operating time이 6,850시간인 480kW/5MW 급의 발전비용은 2.75유로센트/kWh였다. ORC 발전소의 발전부문 투자비용은 60만유로 이었다. 투자비 지원율이 높으면(30%) 발전비용은 2.2유로센트/kWh로 절감이 가능하다. 연간 발전량은 약 3350MWh로 추정된다.

덴마크의 바이오가스 관련 경험에 기초한 처리비용과 에너지 판매는 표 3.18과 같다. 이 계산은 1일 바이오매스 처리능력 300㎥인 가상의 중앙집중형 바이오가스 발전소에 기초하고 있다. 계산과정에서 바이오매스 1㎥당 평균적으로 30㎥의 바이오가스가 생산되는 것으로 가정하였다(폐기율 약 20%). 남는 바이오매스는 슬러리이다. 바이오가스의 가격은 0.23유로/㎥이며, 이자율로는 5%가 적용되었다. 바이오가스 발전소의 감가상각 기간으로는 15~20년이 적용되었다. 순수한 처리비용은 바이오매스 1㎥당 1.47유로로 나타났다.

표 3.18 덴마크 사례의 처리비용과 에너지 판매

항 목	바이오매스 1㎥당 유로/㎥
바이오매스 수송	
- 수송비용	2.01
- 투자비용	0.54
혐기성 처리	
- 처리비용	2.28
- 투자비용	3.48
총 처리비용	8.31
에너지 판매	6.83
순 처리비용	-1.47

Chapter 4

바이오매스 연료

1. 바이오매스의 원천

바이오매스의 원천(source of biomass)은 크게 수목, 에너지작물, 농업부산물 및 폐기물로 나눌 수 있다.

가. 수목(trees)

가장 확실한 바이오매스 원천은 수목이다. 고품질 목재 생산을 보장하기 위한 지속적 산림관리의 일부인 간벌과 가지치기 등 일반적인 산림관리 작업으로부터 목재연료가 발생된다.

나. 에너지작물(energy crops)

에너지작물(energy crop)이란 연료로 사용하고자 경작하는 작물로, 최소의 투입(비료, 관리노력 등)으로 경작지 1ha당 최대의 수확량 획득이 가능한 작물의 탐색과 개발을 위하여 노력하고 있다.

유럽의 경우 에너지작물을 다음의 4가지로 분류하고 있다:

① 단기순환 에너지작물(short rotation energy crops)
② 초본류와 비목재 에너지작물(grasses and non-woody energy crops)
③ 농산 에너지작물(agricultural energy crops)
④ 수생 에너지작물(aquatics(hydroponics))

다. 농업부산물(agricultural residues)

농업부산물의 종류와 형태는 매우 다양하며, 그에 따른 최적의 에너지변환 기술과 취급방법 등이 달라진다. 농업부산물을 분류하는 가장 일반적인 방법은 발생 당시의 함수율 수준에 따라 건조 부산물(예: 짚)과 습윤 부산물(예: 동물 슬러리)로 나누는 것이다.

에너지로 활용될 수 있는 농업 부산물들의 원천에는 다음과 같은 것들이 포함될 수 있다:

① 경작 가능한 작물의 부산물(예: 짚(straw)이나 껍질(husks))
② 동물 분뇨와 슬러리
③ 동물용 바닥깔개(bedding)
④ 과잉생산이나 부족한 시장으로 발생되는 거의 모든 유기물질(예: 초본류)

라. 폐기물(wastes and residues)

타 공정이나 산업에서 폐기물이나 부산물의 형태로 발생되는 물질 중 에너지로 활용 가능한 것들을 통칭한다. 에너지로 활용가능한 대표적인 폐기물로는 식품폐기물과 산업폐기물을 들 수 있다.

① 식품폐기물(food waste)
(과일 껍질, 견과류 껍질, 과일이나 채소의 속심(core), 종자유박. 생선 대가리, 주정박, 주스박, 기름박, 커피박, 폐식용유 등)
② 산업폐기물(industrial waste and co-products)
산업폐기물은 크게 목재와 비목재로 나뉘며, 가장 대표적인 목재 폐기물로는 목재가공 폐목재와 건축폐목재 및 생활폐목재 등을 들 수 있다.

2. 유럽의 바이오매스 관련 규격

유럽에서는 국가별로 부분적으로 서로 다른 방법으로 고밀도화된 바이오매스 연료의 품질을 규정하는 표준과 품질규정들을 갖추고 있다. 현재 고체 바이오매스 연료에 대한 유럽표준이 작성되어 있으며, 여기에는 당연히 펠릿과 브리켓에 대한 표준도 포함될 것이다. 유럽표준과 함께 각국의 표준들도 소개하고자 한다.

유럽에서는 바이오매스 펠릿이 발전용으로부터 가정 난방용까지 다양한 용도로 사용되고 있으므로 그 규격이 매우 상세하게 규정되고 있다.

일예로 주택난방용 펠릿 시장에서는 주로 소형 연소로에서 펠릿이 사용되므로 고품질의 펠릿이 요구된다. 세계에서 가장 주택난방용 펠릿 시장이 잘 발달되어 있는 오스트리아에서는 펠릿 관련 3가지 표준을 제시함으로써 이와 같은 상황을 수용하고 있다:

ONORM M7135 "Compressed wood or compressed bark in natural state – pellets and briquettes"

ONORM M7136 "Compressed wood or compressed bark in natural state – pellets – quality assurance in the field of logistics of transport and storage"

ONORM M7137 "Compressed wood in natural state – wood pellets – requirements for storage of pellets at the ultimate consumer"

제목에서 알 수 있듯이 ONORM M7135는 고밀도화 바이오매스 연료 즉, 펠릿과 브리켓에 대한 일반적인 표준인 반면, ONORM M7136과 7137은 펠릿에만 관련된 표준들이다. 참고로 오스트리아의 OKL guideline N° 66은 건물 내 목재펠릿 중앙난방시스템을 결합하는 일에 대한 것이다.

이후 제시될 표준들은 100kWth 미만의 소형 연소로에 펠릿을 사용하는 상황에 대한 것들이므로 완전 자동화와 원활한 운전을 보장하기 위해서는 높은 기준이 요구된다. 한편, 2등급 즉, 몇몇 국가에서 통칭하는 산업용 펠릿(industrial pellets)은 저급의 품질도 사용할 수 있는 100kWth 이상의 연소로에 사용할 수 있다. 산업용 펠릿은 100kWth 미만의 소형 펠릿 연소로에서의 사용을 피해야하지만 이 역시 예외 없이 변성이나 처리가 되지 않은 천연의 바이오매스로만 제조되어야 한다. 표준 상 차이점은 큰 직경, 낮은 입자밀도, 높은 회분과 질소 함량 및 높은 마멸도 등이 허용된다는 것이다. 오염된 원재료의 사용을 피하려면 DIN 51731에 따라 중금속 시험을 해야 한다. 산업용 펠릿은 대형 연소로 사용자에게 적합하며, 지속적인 구입이 이루어진다면 상대적으로 소형 연소로 사용자의 고품질 펠릿에 비하여 낮은 가격으로 구입이 가능하다. 시스템의 심각한 오작동을 원치 않는다면 산업용 펠릿을 소형 연소로에서 사용하는 일을 절대적으로 피해야 한다는 점을 강조하고 있다.

2.1. 정의

여기서는 바이오매스 연료 특히, 펠릿 관련 표준에 사용되고 있는 용어들에 대하여 설명하고자 한다.

1) 일반 정의

펠릿(pellet)이라는 용어는 작은 직경의 물질을 의미한다. 그러므로 펠릿은 구형 또는 원통형으로 압축된 작은 물질이라고도 할 수 있다. 일반적으로 펠릿은 대량으로 소모되므로 pellets라는 복수형으로 사용된다.

다양한 제품과 물질들이 펠릿으로 성형되어 다음과 같이 에너지나 물질로 다양하게 사용될 수 있다:

- 제철을 위하여 제조되는 철광석 펠릿
- 동물 사료의 취급을 용이하게 하기 위한 사료용 펠릿(예: 어사료 펠릿, 말 사료펠릿 등)
- 맥주제조를 위한 호프 펠릿
- 연료요소 생산을 위해 제조되는 우라늄 펠릿
- 비균일 촉매 화학반응에서 실제 촉매 이송매체로 사용되는 촉매 펠릿
- 제약산업에서 전구제품들을 펠릿으로 성형하여 이후 정으로 압축하거나 캡슐에 채움
- 인형, 동물장난감, 놀이용 공기, 정형외과용 쿠션, 간호용 쿠션 및 포장 등에 사용되는 폴리스틸렌 펠릿
- 예를 들어 폐지를 이용하여 단열에 사용되는 단열용 펠릿
- 혐기성 발효에 사용되는 펠릿. 혐기성 박테리아가 응집하여 이루어진 2~3mm 크기 과립
- 축사 등에서 동물을 위한 깔개용으로 사용하기 위해 톱밥, 대팻밥, 짚, 건초 또는 대마로 제조된 펠릿
- 목재, 토탄, 초본류 바이오매스 또는 폐기물로 제조되어 에너지 활용목적으로 사용되는 펠릿

상기 목록은 일부에 지나지 않으며 다양한 분야에서 수많은 종류와 목적의 펠릿이 사용되고 있다. 여기서는 에너지 활용목적으로 사용되는 마지막 펠릿 형태에 대해서만 언급하고자 한다. 초점은 주로 목재 펠릿에 맞추어지고 있다. 경우에 따라서는 그 종류를 백색(white), 갈색(brown) 및 흑색(black) 펠릿으로 나누기도 한다. 백색 펠릿은 수피 없이 톱밥이나 대팻밥만으로 제조한 것이다. 갈색 펠릿은 수피를 포함한 원재료로 제조된다(단, 오직 수피만으로 제조되는 수피펠릿과 다름). 흑색펠릿은 폭쇄 목재펄프나 반탄화 목재로 제조된다. 흑색펠릿에 대해서는 상황에 따라 제한적으로 언급되고 있다. 초본류 바이오매스를 이용한 펠릿(예: 짚 펠릿) 역시 상황에 따라 제한적으로 언급하고 있다. 앞으로 제시될 모든 정의는 모두 상기

의 내용을 기초로 하고 있다.

펠릿성형(pelletization)이란 부분적으로 입자의 크기가 서로 다른 분말상, 과립상 또는 거친 물질들을 이용하여 일정한 규격의 물체를 생산하는 과정을 의미한다. ONORM M7135에 의하면 압축목재(compressed wood)란 목재 입자의 고밀도화를 통하여 제조된 다양한 형태와 크기의 연료를 의미한다. 치수에 따라서 목재펠릿(wood pellets(class HP1))이나 목재브리켓(wood briquettes(class HP3))으로 나뉜다. class HP2에는 명칭이 없다. 압축수피(compressed bark)는 수피를 고밀도화 하여 얻게 되는 다양한 형태와 크기의 연료를 의미한다. 역시 치수에 따라 수피펠릿(bark pellets(class RP1))과 수피브리켓(bark briquettes(class RP3))으로 나뉜다. class RP2에도 별도의 명칭이 없다.

ONORM 표준에 의하면 생물학적 첨가물(biological additives)은 분쇄 옥수수, 옥수수 전분 또는 호밀가루 등과 같이 화학적 변성이 되지 않은 천연의 임산 또는 농산 바이오매스로 제조된 것으로 규정하고 있다.

여기서 사용되는 함수율(moisture content(M))은 항상 습량기준(wet-based(w.b.))에 기초하며, 식[4.1]과 같이 정의된다:

$$M[wt.\%(w.b.)] = \frac{m_{H_2O}}{m_{H_2O} + m_{ds}} \times 100 \qquad [4.1]$$

ONORM M7136에 따르면 중간저장고(interim storages)란 펠릿 생산과 최종 소비 사이에 적용되는 모든 저장공간을 의미한다. 또한, ONORM M7137에 따르면 저장용기(storage containers)란 모든 면이 폐쇄된 저장설비로 금속, 플라스틱, 목재 또는 합성섬유로 제조되어 구조물 없이 독립적으로 설치가 가능하다.

세계 각국은 국가별 표준규격을 갖추고 있으며, 따라서 각 국가별 표준규격의 통칭이 매우 다양하다. 다음은 각 주요 국가별 표준규격의 통칭이다.

독일(DIN, DINPlus)	핀란드(SFS)
스웨덴(SS)	네덜란드(NTA)
오스트리아(ONORM)	덴마크(DK)
영국(BSI)	노르웨이(NT)
이탈리아(CTI)	호주(AS)
미국(PFI, ASTM, ASABE)	일본(JIS)

한편, ISO Technical Committee 238은 대륙간(주로 유럽대륙과 북미대륙) 무역 촉진을 위하여 2007년 발족되었으며 현재 세계의 고체 바이오매스 표준을 분석, 평가하여 통일된 새로운 표준규격을 수립하는 일을 맡고 있다.

2) CEN 고체 바이오연료 관련 용어

CEN(Comite Europeean de Normalisation(European Committee for Standardization))은 다음의 중요한 4가지 사항들을 생산해내도록 되어 있다.

▷ European Standard(EN)

규칙, 지침 또는 정의로 사용되는 기술적 표준이다. 기본적으로 의견일치를 통하여 개발된 사항들을 수행하는 반복가능한 방법이라 할 수 있다. 각 표준들은 모든 이해 당사자들의 의견을 종합하여 제정된다. 각국의 표준관련 당국들은 유럽표준을 각국의 국가 표준으로 적용해야 한다.

▷ CEN Workshop Agreement(CWA)

CWA는 CEN Workshop을 통하여 개발된 표준에 대한 합의서이다. CEN Workshop은 해당 합의서 제정에 관심이 있는 누구라도 직접 참여가 가능하다. CWA의 개발은 신속하고 유연하며, 대개 10~12개월 정도가 소요된다. CWA는 유럽표준의 지위를 갖지 못하며 각국의 표준관련 당국들이 본 합의서를 국가표준으로 적용해야 할 의무는 없다.

▷ Technical Specifications(CEN/TS)

TS(기술규격)는 기술위원회에 의해 제시되고 승인되는 정식 표준이다. 기술위원회는 혁신적 기술에 대한 요구가 있거나 유럽표준(EN)으로의 의견일치가 부족하여 여러 가지 대안들이 필요할 때 TS를 예비표준(pre standard)으로 개발할 수 있다. 전술한 바와 같이 TS는 EN과 같은 지위를 갖지는 못하지만 국가표준으로 적용이 가능하다.

▷ Technical Report(CEN/TR)

TR(기술보고서)은 표준화 작업의 기술적 내용에 대한 정보를 제공한다. CEN 회원국들, 유럽의회 또는 그 외 국가나 유럽 이외 단체들에게 정보를 추가로 제공할 필요가 있을 때 기술보고서를 제시할 수 있다. 기술보고서에 수록된 내용은 유럽규격(EN)에 일반적으로 수록되는 내용과 다를 수 있다. 기술보고서는 기술위원회에서 단순한 다수결에 의해 승인된다.

표 4.1 CEN/TC 335가 제정한 고체 바이오연료에 대한 기술규격

번 호	제 목	내 용
prEN 14588	고체 바이오연료	용어, 정의와 설명
EN 14774-1	고체 바이오연료	함수율의 정의 - 전건법 제1부: 총 수분 - 기준 방법
EN 14774-2	고체 바이오연료	함수율의 정의 - 전건법 제2부: 총 수분 - 단순화 방법
EN 14774-3	고체 바이오연료	함수율의 정의 - 전건법 제3부: 일반 분석 시료의 수분
EN 14775	고체 바이오연료	회분함량 결정
prEN 14778	고체 바이오연료	시료 채취
prEN 14780	고체 바이오연료	시료 준비
EN 14918	고체 바이오연료	발열량 결정
prEN 14961	고체 바이오연료	연료 규격과 등급, 종류별 표준 제1부: 일반 요구사항(기 공고 - EN 14961-1) 제2부: 비산업용 목재펠릿 제3부: 비산업용 목재브리켓 제4부: 비산업용 목재칩 제5부: 비산업용 화목 제6부: 비산업용 비목재 펠릿
EN 15103	고체 바이오연료	겉보기밀도 결정
prEN 15104	고체 바이오연료	탄소, 수소 및 질소 결정 - 기구적 방법
prEN 15105	고체 바이오연료	염소, 나트륨 및 칼륨 수용성 함량 결정
EN 15148	고체 바이오연료	휘발성 물질 함량 결정
EN 15149-1	고체 바이오연료	입자크기분포 결정 - 제1부: 눈 규격 1mm 이상 진동체 이용 방법
prEN 15149-2	고체 바이오연료	입자크기분포 결정 - 제2부: 눈 규격 3.15mm 이하 수평체 이용 방법
prEN 15150	고체 바이오연료	입자밀도 결정
EN 15210-1	고체 바이오연료	펠릿과 브리켓의 기계적 내구성 결정 제1부: 펠릿
prEN 15210-2	고체 바이오연료	펠릿과 브리켓의 기계적 내구성 결정 제2부: 브리켓
prEN 15234	고체 바이오연료	연료품질 인증, 종류별 표준 제1부: 일반 요구사항 제2부: 비산업용 목재펠릿 제3부: 비산업용 목재브리켓 제4부: 비산업용 목재칩 제5부: 비산업용 화목 제6부: 비산업용 비목재 펠릿
prEN 15289	고체 바이오연료	황과 염소 총 함량 결정
prEN 15290	고체 바이오연료	주요 원소 결정
prEN 15296	고체 바이오연료	기준 변경시 분석결과의 변환
prEN 15297	고체 바이오연료	부수 원소 결정
prEN 15370	고체 바이오연료	회분용융거동 결정

CEN TC335 위원회는 고체 바이오연료에 대한 27가지 기술규격(초안)을 제정하였으며 이 기술규격이 보완되어 유럽표준(EN)을 구성하게 된다. EN표준이 실행되면 국가별 표준은 기각되거나 또는 이 EN표준을 수용해야 한다. 이 표준에는 "Solid biofuels - Terminology, definitions and descriptions"라는 조항이 있다.

이 유럽표준에는 CEN/TC 335에서 다루는 표준화 작업에 사용된 모든 용어들이 포함되어 있다. CEN/TC 335에 따르면 다음의 원재료들이 고체 바이오연료에 적용되고 있다:

- 농산물과 임산물
- 농림업의 식물성 폐기물
- 식품가공산업의 식물성 폐기물
- 폐목재. 단, 목재방부제나 코팅 처리에 의해 할로겐화 유기화합물이나 중금속이 포함된 폐목재는 제외되며, 건축 폐재로 제조된 입자상 폐목재도 제외된다.
- 코르크 폐기물
- 천연 펄프와 펄프를 이용한 종이 제조과정에서 발생된 섬유상 식물성 폐기물을 제조장소에서 혼소하여 열을 얻을 경우

CEN/TC 335는 건축 폐목재도 목재방부제나 코팅 처리에 의해 할로겐화 유기화합물이나 중금속을 포함하고 있지 않을 경우 CEN/TC 335와 mandate M/298 "solid biofuels"의 범주에 포함된다고 판정하고 있다. 그러나 의심의 여지를 불식시키기 위하여 건설폐목재(demolition wood)는 이 유럽표준에서 취급하지 않고 있다.

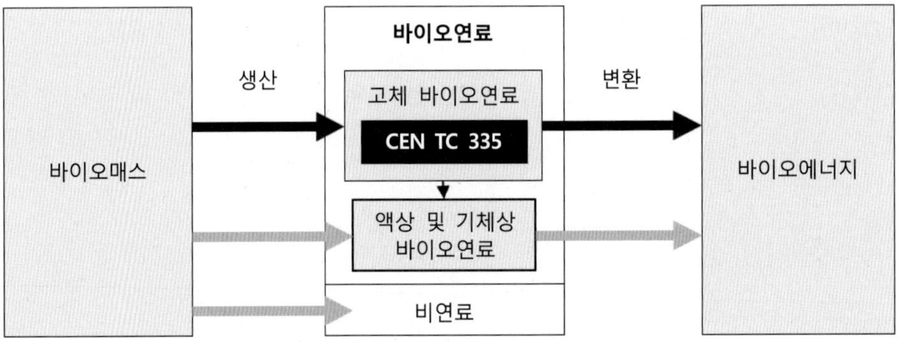

그림 4.1 바이오매스-바이오연료-바이오에너지 분야에서 CEN/TC 335의 위치

여기에는 펠릿 원재료(목질계 바이오매스, 초본 및 과실(fruit) 바이오매스), 펠릿생산, 연료 규격과 등급 및 품질관리(주요 특성의 분석) 등에 관련된 CEN 고체 바이오매스 용어집이 포함되어 있다. 그러므로 새로운 유럽규격의 용어를 완벽히 정의하고 있다고 할 수 있다.

도착된 상태(as received) 또는 수송하여 도착된 상태(as received basis as delivered)는 수송 시 물질에 대한 계산의 기초가 된다.

회분(ash)이란 연료(fuel)의 연소로 남는 잔사(residue)이다(총 회분(total ash)과 회분 용융도(ash fusibility) 참조). 연소효율에 따라 회분에 가연성 물질이 포함되어 있을 수도 있다. 이 정의는 ISO 540:1995로부터 채용되었다.

회분 용융도 또는 회분 용융 거동(ash melting behaviour)은 특정 조건 하 가열에 의해 발생되는 회분의 물리적 특징을 의미한다. 회분 용융은 산화 또는 환원 조건 하에서 결정된다(회분 형성 온도(ash formation temperature), 회분 유동 온도(ash flow temperature), 회분 반구 온도(ash hemisphere temperature) 및 회분 구 온도(ash sphere temperature) 참조). 이 정의는 ISO 540:1995로부터 채용되었다.

- 바이오에너지(bioenergy)란 바이오매스로부터 얻은 에너지를 의미한다.
- 바이오연료(biofuel)란 바이오매스를 이용하여 직간접적으로 생산된 연료이다.
- 혼합 바이오연료(biofuel blend)란 의도적으로 여러 가지 바이오연료들을 혼합하여 제조된 바이오연료이다.
- 바이오연료 혼합물(biofuel mixture)이란 여러 가지 바이오연료 그리고/또는 여러 가지 형태의 바이오매스가 천연적 또는 비의도적으로 혼합되어 발생된 바이오연료이다.
- 바이오연료 펠릿(biofuel pellet)이란 분쇄된 바이오매스에 첨가물을 투입하거나 투입하지 않은 상태에서 고밀도화된 바이오연료로서 대개 길이 5~40mm인 원통형으로 제조되며, 그 끝은 부러진 상태이다. 바이오연료 펠릿의 원재료로는 목재 바이오매스(woody biomass), 과실 바이오매스 또는 혼합 바이오매스(biomass blend)와 바이오매스 혼합물(biomass mixture) 등이 있다. 바이오연료 펠릿은 성형 다이(die)를 이용하여 제조된다. 바이오연료 펠릿의 총 함수율은 대개 10wt%(습량기준) 미만이다.
- 바이오매스(biomass)는 기술/과학적 관점에서 땅속에 묻혀 화석으로 변환되는(변환되지 않을 수도 있음) 물질들을 제외한 생물학적 원재료로 정의된다. 법규적으로 바이오매스는 각 규정의 관점과 목적에 따라 다양한 방향으로 정의되고 있다(예: Directive 2001/77/EC of the European Parliament and the Council; Commission Decision

(2007/589/EC), 2007년 7월 18일). 그러나 정의가 법규적 정의에 상반되지는 않는다(초본류 바이오매스, 과실 바이오매스 및 목재 바이오매스 참조).

- 겉보기 밀도(bulk density)란 특정 조건 하에서 고체 연료가 용기 내 차지하는 체적으로 해당 고체 연료의 질량을 나눈 값이다. 이 정의는 ISO 1213-2:1992로부터 채용되었다.
- 발열량(calorific value 또는 heating value)(q)이란 완전 연소에 의해 단위체적 또는 단위질량 당 발생되는 에너지의 양이다.
- 화학적 처리(chemical treatment)란 공기, 물 또는 열이 아닌 화학물질로 이루어지는 모든 처리를 의미한다(예: 접착제와 도료).
- 건설폐목재(demolition wood)란 건물이나 구조물의 해체로부터 발생된 이미 사용되었던 목재를 의미한다. 이 정의는 prEN 13965-1:2000로부터 채용되었다.
- 고밀도화 바이오연료(densified biofuel) 또는 압축 바이오연료(compressed biofuel)는 바이오매스를 기계적으로 압축하여 밀도를 높이는 동시에 원하는 규격의 육면체, 압축통나무, 바이오연료 펠릿 또는 바이오연료 브리켓 등으로 제조한 고체 바이오연료이다(바이오연료 펠릿과 바이오연료 브리켓 참조).
- 건량기준(dry basis)이란 계산 시 고체연료에 수분이 전혀 없는 상태를 기준으로 하는 것이다. 이 정의는 ISO 1213-2:1992로부터 채용되었다.
- 에너지 밀도(energy density)란 겉보기 체적(bulk volume)에 대한 순수 에너지 함량의 비이다. 에너지 밀도는 순발열량(net calorific value)과 겉보기 밀도를 이용하여 계산한다.
- 미분(fines)은 3.15mm 미만인 모든 물질의 집합으로 정의된다.
- 임목과 조림목(forest and plantation wood)은 산림과 조림, 천연연료림(energy forest trees), 조림연료림(energy plantation trees), 임지폐잔재(logging residues), 간벌폐잔재(thinning residues), 임목 일부(tree section) 및 전체 임목(whole tree)으로부터 얻어지는 목질계 바이오매스이다.
- 과실 바이오매스(fruit biomass)란 종자(예: 견과류, 올리브)를 포함한 식물의 일부로부터 얻어지는 바이오매스를 의미한다.
- 연료 분류(fuel classification)란 각종 연료들을 이미 정의해 놓은 연료종류에 따라 물리적으로 분류함을 의미한다. 분류의 목적은 연료의 특성을 설명하고 입자분포를 얻고 각 종류들을 분석할 수 있기 때문이다.
- 연료품질표시(fuel quality declaration)란 생산자/공급자가 일자와 서명을 기입하여 소매자나 최종소비자에게 전달하는 서류로서, 여기에는 생산지역과 원재료, 유통형태 및 그

특성 등이 포함되어 있다.

- 연료규격(fuel specification)이란 연료에 요구되는 사항을 명시한 서류이다.
- 총발열량(gross calorific value)이란 특정 조건의 봄베열량계(bomb calorimeter) 내에서 단위질량의 연료를 산소와 함께 연소시켜 얻게 되는 비연소에너지(specific energy of combustion) 측정값을 의미한다. 연소 후 결과물은 기체상 산소, 질소, 이산화탄소 및 이산화황, 연소봄베 반응 조건 하에서 이산화탄소에 포화된 물(수증기와 평형) 및 고체 회분 등으로 구성되는 것으로 추정되며 모든 요소들은 기준 온도에 있으며, 체적도 일정한 것으로 가정된다. 지금까지 사용되었던 용어는 고위발열량(higher heating value (HHV))이었다. 이 정의는 ISO1928:1995로부터 채용되었다.
- 초본류 바이오매스(herbaceous biomass)란 목질계가 아닌 식물의 줄기 등으로부터 생산된 바이오매스를 의미하며, 이 식물들은 생장기간이 지나면 생을 마감한다(에너지 초본류(energy grass) 참조). 이 정의는 BioTech's Life Science Dictionary로부터 채용되었다.
- 불순물(impurities)이란 연료 자체 이외의 물질들을 의미한다. 바이오연료의 불순물의 예로는 돌, 흙, 금속조각, 플라스틱, 로프, 얼음 및 눈 등을 들 수 있다.
- 로트(lot)란 품질이 정의되어 있는 연료의 일정량을 의미한다(sub-lot 참조). 이 정의는 ISO13909:2002로부터 채용되었다.
- 주요 원소(major elements)란 궁극적으로 회분을 구성하게 될 연료 구성원소들을 의미한다. 이 원소들로는 알루미늄(Al), 칼슘(Ca), 마그네슘(Mg), 인(P), 칼륨(K), 실리콘(Si), 나트륨(Na) 및 티타늄(Ti)이 있다.
- 기계적 내구성(mechanical durability)이란 고밀도화된 단위 연료가 취급과 수송 중 마찰과 충격을 견디어 원래의 상태를 유지할 수 있는 능력을 의미한다.
- 미량원소(minor elements)란 연료 내 농도가 낮은 요소들을 의미한다. 추적원소(trace elements)란 용어가 유사한 의미로 사용되기도 한다. 만일 요소들이 금속류라면 추적금속(trace metals)이란 용어를 사용할 수 있다. 고체 바이오연료의 경우 일반적인 미량원소들로는 비소(As), 카드뮴(Cd), 코발트(Co), 크롬(Cr), 구리(Cu), 수은(Hg), 망간(Mn) 니켈(Ni), 납(Pb), 안티모니(Sb), 주석(Sn), 바나듐(V) 및 아연(Zn)이 있다.
- 수분(moisture)이란 연료가 포함하고 있는 물을 의미한다.
- 순발열량(net calorific value)이란 반응생성물의 모든 물이 0.1MPa의 수증기로 잔존하는 조건 하에서 봄베열량계 내에서 단위질량의 연료를 산소와 함께 연소하여 얻게 되는 연소에너지를 계산한 것이다. 순발열량은 일정 압력 또는 일정 체적에서 결정할 수 있다.

연료규격과 등급 표준(prEN 4961-1)에서는 일정 압력 하 순발열량이 요구된다. 예전에는 저위발열량(lower heating value(LHV))이라는 용어를 사용하였다. 도착 시 순발열량(net calorific value as received)은 당시 건량의 발열량과 총 수분량을 이용하여 계산한다. 이 정의는 ISO1928:1995로부터 채용되었다.

- 입자크기(particle size)란 정의된 연료입자의 크기를 의미한다. 크기결정 방법에 따라 입자의 크기가 달라질 수 있다.
- 입자크기분포(particle size distribution)란 고체 연료 내 여러 가지 입자크기들의 비율을 나타낸다. 이 정의는 ISO1213-2:1992로부터 채용되었다.
- 압축 보조제(press aid)란 고밀도화 연료 생산 효율화를 위하여 사용되는 첨가물들을 의미한다.
- 납품지점(point of delivery)이란 일정량의 연료(fuel lot)에 대한 소유권과 책임이 하나의 조직이나 단위로부터 다른 조직이나 단위로 넘겨지는 약정에 명시되어 있는 장소를 의미한다.
- 품질(quality)이란 일련의 기본적인 특성요구사항들의 수준이다. 이 정의는 ISO9000:2005로부터 채용되었다.
- 품질보증(quality assurance)이란 품질관리(quality management)의 일부로서, 품질요구사항들이 충족될 수 있음을 증빙한다. 이 정의는 ISO9000:2005로부터 채용되었다.
- 품질제어(quality control)란 품질관리의 일부로서, 품질요구사항을 충족시키는데 초점이 맞추어져 있다. 이 정의는 ISO9000:2005로부터 채용되었다.
- 시료(sample)란 품질 결정 대상인 대량의 물질을 대표할 수 있는 일정량의 물질을 의미한다. 이 정의는 ISO13909:2002로부터 채용되었다.
- 시료준비(sample preparation)란 원래의 시료로부터 연구용이나 실험용으로 대표성을 지닌 소량의 시료를 채취하는 행위를 의미한다.
- 시료채취(sampling)란 시료를 발췌 또는 조성하는 과정을 의미한다. 이 정의는 ISO 3534-1:1993에 의거하였다.
- 톱밥(sawdust)이란 목재의 톱질과정에서 발생되는 미세 입자들을 의미한다. 톱밥 입자의 일반적인 길이는 1~5mm 수준이다.
- 고체 바이오연료(solid biofuel)란 바이오매스로부터 직간접적으로 생산된 고체 연료들을 의미한다.
- 수간목(stemwood)이란 가지가 제거된 입목 줄기를 의미한다.

- 공급자(supplier)란 제품을 공급하는 조직이나 개인을 의미한다. 이 정의는 ISO 9000:2005로부터 채용되었다. 공급자는 최종소비자에게 직접 전달하거나 또는 여러 생산자들로부터 연료 전달의 책임을 맡을 수 있다.
- 공급망(supply chain)이란 원재료의 취급과 가공으로부터 최종 소비자로의 납품지점에 이르기까지 모든 과정을 포함한다.
- 총회분량(total ash) 또는 회분함량(ash content)이란 특정 조건 하에서 연료 연소 후 남게 되는 무기성 잔존물의 질량을 의미하며, 일반적으로 연료 내 건조물 질량의 백분율로 나타낸다(무연(無緣) 회분(extraneous ash)과 천연회분(natural ash) 참조).
- 총탄소량(total carbon)이란 전건 연료의 탄소함량을 의미한다. 이 정의는 ISO 1213-2:1992로부터 채용되었다.
- 총염소량(total chlorine)이란 전건 연료의 염소함량을 의미한다.
- 총수소량(total hydrogen)이란 전건 연료의 수소함량을 의미한다(건량기준). 이 정의는 ISO 1213-2:1992로부터 채용되었다.
- 총수분량(total moisture) 또는 함수율(moisture content)이란 특정 조건 하에서 제거 가능한 연료 내 수분을 의미한다. 혼선을 피하기 위하여 적용기준(건량/건량기준 또는 총량/습량기준)을 명시해야 한다. 연료규격과 등급 표준에서 도착 시 함수율(moisture content as received)은 M으로 표시된다. 예전에 사용된 용어는 함수율이다. 이 정의는 ISO 1928:1995로부터 채용되었다.
- 총질소량(total nitrogen)이란 전건 연료의 질소함량을 의미한다, 이 정의는 ISO 1213-2:1992로부터 채용되었다.
- 총황량(total sulphur)이란 전건 연료의 황함량을 의미한다. 이 정의는 ISO 1213-2:1992로부터 채용되었다.
- 습량기준(wet basis)이란 수분을 함유하고 있는 고체 연료 조건을 의미한다.
- 목재연료(wood fuels), 목질계 연료(wood based fuels) 또는 목질계 바이오연료(wood-derived biofuels)는 목질계 바이오매스로부터 직/간접적으로 얻어지는 모든 형태의 바이오연료를 의미한다. 이 정의는 FAO unified bioenergy terminology(UBET)로부터 채용되었다.(화목(fuelwood), 산림연료(forest fuels) 및 흑액(black liquor) 참조).
- 목재가공산업 부산물과 잔사(wood processing industry by-products and residues)란 펄프제지산업과 목재가공과정에서 발생되는 목질계 바이오매스 잔사들을 의미한다. 그 예로는 수피, 코르크 잔사, 길이재단 자투리, 폭 재단 자투리, 섬유판 잔사, 섬유 슬러지,

연삭 분진, 삭편판 잔사, 합판 잔사, 톱밥, 슬랩 및 대팻밥 등이 있다.

- 목재 대팻밥(wood shavings) 또는 절삭밥(cutter shavings)은 목재 평삭과정에서 생성되는 목질계 바이오매스의 일종이다.
- 목질계 바이오매스(woody biomass)란 입목, 관목 및 저목(shrubs)으로부터 발생되는 바이오매스를 의미한다. 이 정의에는 일반 입목과 조림목, 목재가공산업 부산물과 잔사 및 재사용목재 등이 포함된다.

3) CEN 연료규격과 등급

연료규격과 등급표준(prEN 14961)에는 "Solid biofuel-Fuel specification and classes"라는 제목 하에 다음과 같은 부분들이 포함되어 있다:

- Part 1: General requirements (일반 요구사항)(2010년 1월 공표)
- Part 2: Wood pellets for non-industrial use (비산업용 목재펠릿)
- Part 3: Wood briquettes for non-industrial use (비산업용 목재브리켓)
- Part 4: Wood chips for non-industrial use (비산업용 목재칩)
- Part 5: Firewood for non-industrial use (비산업용 화목)
- Part 6: Non-woody pellets for non-industrial use (비산업용 비목질계 펠릿)

Part 1-일반적인 요구사항에는 모든 고체 바이오연료들이 포함되어 있으며, 모든 사용자 집단들에 초점이 맞추어져 있다. 이 제품표준에서 비산업용 용도란 가정과 소규모 상업 및 공공건물 등에 소량으로 적용되는 연료를 의미한다.

가. 기원의 분류

고체 바이오연료의 분류(Part 1)는 그 기원(origin)과 원천(source)에 기초한다. 전체 망(chain)에서 연료의 생산망은 확실한 추적이 가능하다. 고체 바이오연료는 prEN 14961-1의 분류를 위하여 4가지 하부군 즉, 목질계 바이이오매스, 초본류 바이오매스, 과실 바이오매스, 배합물 및 혼합물 등으로 나뉜다.

만일 정확하다면 바이오매스의 실제 종류도 언급이 가능하다. 예를 들어 목재 수종은 EN 13556 "Round and sawn timber nomenclature"에 따라 언급할 수 있다.

표 4.2 EN 14961-1에 따른 목질계 바이오매스의 분류

1.1. 산림, 조림 및 기타 처녀목	1.1.1. 뿌리 제외 전목	1.1.1.1. 활엽수 1.1.1.2. 침엽수 1.1.1.3. 단기순환작물 1.1.1.4. 관목 1.1.1.5. 혼화 및 혼합물
	1.1.2. 뿌리 포함 전목	1.1.1.1. 활엽수 1.1.1.2. 침엽수 1.1.1.3. 단기순환작물 1.1.1.4. 관목 1.1.1.5. 혼화 및 혼합물
	1.1.3. 수간목	1.1.1.1. 활엽수 1.1.1.2. 침엽수 1.1.1.3. 혼화 및 혼합물
	1.1.4. 벌채 부산물	1.1.4.1. 활엽수 생재(잎 포함) 1.1.4.2. 침엽수 생재(잎 포함) 1.1.4.3. 저목 활엽수 1.1.4.4. 저목 침엽수
	1.1.5. 근주/뿌리	1.1.1.1. 활엽수 1.1.1.2. 침엽수 1.1.1.3. 단기순환작물 1.1.1.4. 관목 1.1.1.5. 혼화 및 혼합물
	1.1.6. 수피(벌채 부산물)*	
	1.1.7. 정원, 공원, 도로관리, 포도원 및 과수원 등에서 발생되는 목질부산물	
	1.1.8. 혼화 및 혼합물	
1.2. 목재가공산업 부산물	1.2.1. 비화학적 처리 목질 부산물	1.2.1.1. 활엽수(수피 제외) 1.2.1.2. 침엽수(수피 제외) 1.2.1.3. 활엽수(수피 포함) 1.2.1.4. 침엽수(수피 포함) 1.2.1.5. 수피(산업 부산물)*
	1.2.2. 화학적 처리된 목질 부산물, 섬유 및 목재 구성요소들	1.2.2.1. 수피 제외 1.2.2.2. 수피 포함 1.2.2.3. 수피(산업 부산물) 1.2.2.4. 섬유와 목재 구성요소들
	1.2.3. 혼화 및 혼합물	
1.3. 기 사용 목재	1.3.1. 비화학적 처리 목재	1.3.1.1. 수피 제외 1.3.1.2. 수피 포함 1.3.1.3. 수피*
	1.3.2. 화학적 처리 목재	1.3.2.1. 수피 제외 1.3.2.2. 수피 포함 1.3.2.3. 수피*
	1.3.3. 혼화 및 혼합물	
1.4. 혼화 및 혼합물		

* 코르크 폐기물은 수피의 하부군에 속함

분류의 목적은 필요한 만큼 가능한 자세하게 기원에 기초하여 원재료를 명시할 수 있도록 하기 위함이다. 상기 표의 형태로 작성된 품질분류는 현재 거래되고 있는 주요 고체 바이오연료들에 대해서만 제공되고 있다.

나. 연료 규격

다양한 형태를 취하고 있는 브리켓, 펠릿, 목재 칩, 호그 연료(hog fuel), 통나무/화목, 톱밥, 대팻밥, 수피, 밀짚 짚단, 갈대와 거대억새(miscanthus), 에너지 곡물, 올리브 잔사 및 종자씨 등 각종 고체 바이오연료들에 대한 특성은 다음 표들(EN 14961-1)에 제시되어 있다. 다음 표들에 제시되어 있지 않은 고체 바이오연료들에 대해서는 일반 기준표를 이용하면 된다.

모든 고체 바이오연료에서 가장 중요한 특성으로는 함수율(M), 입자크기/규격(P 또는 D/L) 및 회분함량(A)이다. 예를 들어 연료의 평균함수율이 M10으로 표시되었다면 연료의 평균함수율이 중량비 10%(w.b.(습량기준))보다 낮아야 함을 의미한다. 한편. 겉보기밀도와 같은 몇 가지 특성들은 강제적으로 표기해야 하는 것은 아니며 자의에 의해 표기가 가능하다.

제품표준(펠릿에 대한 Part 2)에서는 모든 특성들이 기준이 되며 이 특성들이 목재펠릿에 대한 A1, A2 및 A3와 같은 등급을 형성한다. 소규모 소비자들의 보호를 위하여 목재펠릿과 브리켓에 대해서 몇 가지 중금속들도 기준에 포함된다. 목재펠릿에 대한 특성등급 A1은 처녀목(virgin wood)과 화학적 처리가 되지 않은 목재 부산물을 의미하며, 이들은 회분과 염소 함량이 낮다. 회분과/또는 염소 함량이 약간 높은 연료들은 등급 A2에 속하게 된다. 특성등급 B에서는 화학적 처리가 된 산업용 목재 부산물과 폐목재 및 재활용목재도 허용된다. 표시기호와 숫자는 특정한 특성수준을 나타내기 위한 것이며, 화학적 특성을 표시하기 위해서는 S(황), Cl(염소), N(질소) 등과 같은 화학기호가 사용되고, 여기에 숫자가 첨가되어, 일예로 S0.20이란 황함량 기준이 중량비 0.20%(d.b.(건량기준))임을 의미한다.

공급자는 고체 바이오연료에 대한 연료품질서를 작성하여 최종소비자나 소매업자에게 제공해야 한다. 이 연료품질서는 정의된 로트(defined lot) 각각에 대하여 발행되어야 한다. 로트의 양은 공급약정서상에 정의되게 된다. 공급자는 발행일자를 기입하고 공급 후 최소 1년간 그 기록을 보관한다. 연료품질서에는 prEN 14961의 해당 Part에 의거한 품질이 표기되어야 한다.

표 4.3 비산업용 목재펠릿 규격

특성(분석방법)	단위	A1	A2	B
원천		1.1.3.수간목 1.2.1.화학적 무처리 목재부산물	1.1.1.총체(뿌리제외) 1.1.3.수간목 1.1.4.벌채부산물 1.1.6.수피 1.2.1.화학적 무처리 목재부산물	1.1.산림, 조림 및 기타 처녀목 1.2.목재가공산업의 부산물과 잔사 1.3.기사용 목재
직경 D[a]와 길이 L[b] 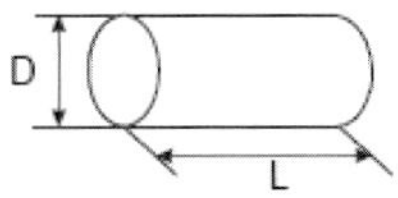	mm	D06±1.0 3.15≤L≤40 D08±1.0 3.15≤L≤40	D06±1.0 3.15≤L≤40 D08±1.0 3.15≤L≤40	D06±1.0 3.15≤L≤40 D08±1.0 3.15≤L≤40
함수율 M(EN 14774-1과 2)	중량비$\%_{ar}$	M10≤10	M10≤10	M10≤10
회분 A(EN 14775)	중량비%(d.b.)	A0.7≤0.7	A1.5≤1.5	A3.5≤3.5
기계적 내구성, DU (EN 15210-1)	중량비$\%_{ar}$	DU97.5≤97.5	DU97.5≤97.5	DU96.5≤96.5
벌크수송시(적재시)와 소형(최고 20kg)과 대형 백포장시(포장시나 최종소비자에게 배달시) 분진함유량, F(EN 15149-1)	중량비$\%_{ar}$	F1.0≤1.0	F1.0≤1.0	F1.0≤1.0
첨가제	중량비%(d.b.)	≤2 종류[c]와 양 표시	≤2 종류[c]와 양 표시	≤2 종류[c]와 양 표시
순발열량, Q(EN 14918)	MJ/kg 또는 kWh/kg	16.5≤Q≤19.0 또는 4.6≤Q≤5.3	16.3≤Q≤19.0 또는 4.5≤Q≤5.3	16.0≤Q≤19.0 또는 4.4≤Q≤5.3
겉보기밀도, BD(EN 15103)	kg/m^3	BD600≥600	BD600≥600	BD600≥600
질소, N(prEN 15104)	중량비%(d.b.)	N0.3≤0.3	N0.3≤0.3	N1.0≤1.0
황, S(prEN 15289)	중량비%(d.b.)	S0.03≤0.03	S0.03≤0.03	S0.04≤0.04
염소, Cl(prEN 15289)	중량비%(d.b.)	Cl0.02≤0.02	Cl0.02≤0.02	Cl0.03≤0.03
비소, As(prEN 15297)	mg/kg(d.b.)	≤1	≤1	≤1
카드뮴, Cd(prEN 15297)	mg/kg(d.b.)	≤0.5	≤0.5	≤0.5
크롬, Cr(prEN 15297)	mg/kg(d.b.)	≤10	≤10	≤10
구리, Cu(prEN 15297)	mg/kg(d.b.)	≤10	≤10	≤10
납, Pb(prEN 15297)	mg/kg(d.b.)	≤10	≤10	≤10
수은, Hg(prEN 15297)	mg/kg(d.b.)	≤0.1	≤0.1	≤0.1
니켈, Ni(prEN 15297)	mg/kg(d.b.)	≤10	≤10	≤10
아연, Zn(prEN 15297)	mg/kg(d.b.)	≤100	≤100	≤100
회분용융거동, DT[d](prEN 15370)	℃	표시해야 함	표시해야 함	표시해야 함

*주: prEN 14961-2(최종안, 2010년 3월)에 기초; a)선택된 펠릿 크기; b)길이 40mm 이상 펠릿의 양은 중량비 최대 1%까지; 최대 길이는 45mm; c)전분, 옥수수분말, 식물성 기름 등; d)산화조건에서의 모든 특성온도가 표시되어야 함(SST, DT, HT 및 FT)

표 4.4 EN 14961-1에 의거한 바이오매스 펠릿 기준특성 규격

	기준표			
	원천: EN 14961-1의 표 1,2 및 3에 따름 유통형태		목질계 바이오매스(1), 초본계 바이오매스(2), 과실계 바이오매스(3), 배합물과 혼합물(4) 펠릿	
명시특성	규격(mm)	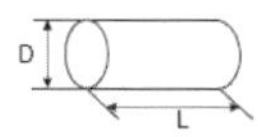		
	직경(D)과 길이(L)[a]			
	D06	6mm±1.0mm, 3.15≤L≤40mm		
	D08	8mm±1.0mm, 3.15≤L≤40mm		
	D10	10mm±1.0mm, 3.15≤L≤40mm		
	D12	12mm±1.0mm, 3.15≤L≤50mm		
	D25	25mm±1.0mm, 10≤L≤50mm		
	함수율, M(중량비$\%_{ar}$)			
	M10	≤10%		
	M15	≤15%		
	회분, A(중량비%(w.b.))			
	A0.5	≤0.5%	A3.0	≤3.0%
	A0.7	≤0.7%	A5.0	≤5.0%
	A1.0	≤1.0%	A7.0	≤7.0%
	A1.5	≤1.5%	A10.0	≤10.0%
	A2.0	≤2.0%	A10.0+	>10.0%
	기계적 내구성, DU(시험후 펠릿의 중량비%)			
	DU97.5	≥97.5%		
	DU96.5	≥96.5%		
	DU95.0	≥95.0%		
	DU95.0-	<95.0%(최소 제한값)		
	미분 함량, F(중량비%, <3.15mm) 생산후 적재나 포장시			
	F1.0	≤1.0%		
	F2.0	≤2.0%		
	F3.0	≤3.0%		
	F5.0	≤5.0%		
	F5.0+	>5.0%(최고 제한값)		
	첨가물(고밀도화 대상물질중 중량비 %)			
	성형 보조제, 슬래깅 방지제 또는 기타 첨가제의 종류와 함량을 표시해야 함			
	겉보기밀도, BD(kg/m^3) 도착시			
	BD550	≥550kg/m^3		
	BD600	≥600kg/m^3		
	BD650	≥650kg/m^3		
	BD700	≥700kg/m^3		
	BD700+	>700kg/m^3		
	순발열량, NCV(MJ/kg 또는 kWh/kg) 도착시			
	최소값을 표기해야 함			

*주: [a)]길이 40(또는 50)mm 이상 펠릿이 중량비 최대 5%까지 허용되며 등급 D06, D08 및 D10의 최대길이는 45mm 미만이다. [b)]미분함량은 prEN 15210-1에 제시된 바와 같이 수작업 선별을 통하여 결정된다. [c)]첨가제의 최대 허용량은 중량비 20%이며. 그 형태(예: 전분)를 명시해야 되고, 만일 그 양이 클 경우 펠릿용 원재료는 배합물이 된다.)

표 4.5 prEN 14961-1에 의거한 펠릿의 기준 특성 규격

명시특성/참조특성	**황, S**(중량비%(d.b.))		
	S0.02	≤0.02%	명시 특성: 화학적 처리 바이오매스(1.2.2; 1.3.2; 2.2.2; 3.2.2) 또는 황함유 첨가제를 사용한 경우 참조 특성: 모든 연료가 화학적 처리가 되지 않은 경우(*주를 참조)
	S0.05	≤0.05%	
	S0.08	≤0.08%	
	S0.10	≤0.10%	
	S0.20	≤0.20%	
	S0.20+	>0.20%(최고값을 표시해야함)	
	질소, N(중량비%(d.b.))		
	N0.3	≤0.3%	명시 특성: 화학적 처리 바이오매스(1.2.2; 1.3.2; 2.2.2; 3.2.2) 참조 특성: 모든 연료가 화학적 처리가 되지 않은 경우(*주를 참조)
	N0.5	≤0.5%	
	N1.0	≤1.0%	
	N2.0	≤2.0%	
	N3.0	≤3.0%	
	N3.0+	>3.0%(최고값을 표시해야함)	
	염소, Cl(중량비%(d.b.))		
	Cl0.02	≤0.02%	명시 특성: 화학적 처리 바이오매스(1.2.2; 1.3.2; 2.2.2; 3.2.2) 참조 특성: 모든 연료가 화학적 처리가 되지 않은 경우(*주를 참조)
	Cl0.03	≤0.03%	
	Cl0.07	≤0.07%	
	Cl0.10	≤0.10%	
	Cl0.10+	>≤0.10%(최고값을 표시해야함)	
참조 특성: 회분용융거동(℃)			변형온도, DT를 표시해야 함

*주: 유칼립투스, 포플러, 단기순환맹아(short rotation coppice, 밀짚, 거대갈대 및 올리브박(olive stone) 등과 같은 몇몇 바이오매스들에 대해서는 회분용융거동에 각별한 관심을 두어야 한다.)

4) 상품 설명과 기호체계 일치를 위한 국제협정

HS code는 오늘날 전 세계적으로 거래되고 있는 모든 제품들의 98%를 다루고 있는 제품분류이다. World Customs Organization(WCO)는 국제적인 Harmonized System(HS) 상품 용어를 유지하고 있으며, 국제무역기구협약(World Trade Organization(WTO) Agreements)에서 Customs Valuation and Rules of Origin에 대한 기술적 부문을 관장하고 있다. 현재의 code는 1988년 채택되었으며 시장에 새로운 상품이 출현할 때마다 지속적으로 개량되고 있다. 이 code는 전 세계적인 통계의 기초가 되며 무역관련 법규와 규제에 매우 중요한 도구이다. 이 code는 10개의 숫자로 구성되어 모든 상품군들을 관리하며, 그 의미는 다음과 같다:

- 처음 2개의 숫자는 장(chapter)을 의미한다.

- 처음 4개의 숫자는 장과 제목(heading)을 의미한다.
- 처음 6개의 숫자는 장, 제목 및 부제목(subheading)을 의미한다.
- 모두 10개의 숫자는 장, 제목, 부제목 및 상품(commodity)을 의미하며, 여기서 상품을 의미하는 마지막 4개의 숫자는 국가마다 차이가 있어 현 단계에서는 아직 완벽하게 일치되지 못한 상태이다. 마지막 4개의 숫자는 동일 상품에 대해서도 국가에 따라서 이 상품이 수출된 상품인가 아니면 수입된 상품인가에 따라 달라지기도 한다.

다음과 같은 code들도 있다:

- Standards Industrial Classification(SIC)
- SIC를 대신하는 North American Classification System(NAICS)
- Standard International Trade Classification(SITC)(1950년도에 UN에 의해 개발되어 국제무역통계 보고를 위하여 사용되었음)

해당 국가마다 적용 가능한 HS code를 찾으려면 세관당국이나 관련 정부부처에 문의해야 하는 것이 좋다. 이 code는 펠릿과 브리켓과 같은 모든 상품들의 수출입에 적용되며, 펠릿에 대한 Material Safety Data Sheet(MSDS) 상에도 표시되어야 한다.

목재펠릿과 브리켓에 대한 HS code의 처음 6개 숫자(4401-30-xx-xx)는 서로 같으며 마지막 4개 숫자는 국가별로 지정되어 있다.

5) 펠릿에 대한 국제해사기구 code

해상운송은 전 세계 무역의 90% 이상을 담당하고 있으며 비용측면에서 효과적이고 청결하며 안전한 수송수단을 제공하고 있어 아마도 세계에서 가장 국제적인 산업이라 할 수 있을 것이다. 수송선과 관련된 소유와 경영 망에는 많은 국가들이 포함되어 있을 수 있어 수송선은 다양한 관할권 사이를 오가며 그 수명을 다하게 된다. 국제해사기구(International Maritime Organization(IMO))는 1948년도에 설립되었고 그 목적은 해상운송에 대한 포괄적인 규제의 틀을 개발하고 유지하기 위함이었으며, 오늘날에는 안전, 환경적 문제, 법적 문제, 기술적 협력, 해상보안 및 효율적 해상운송 등도 포함하고 있다.

목재펠릿과 직접적으로 연관된 code 중 하나로 Solid Bulk Cargoes에 대한 안전수칙 code(소위 BC Code)를 들 수 있다. 2002년도 목재펠릿의 해상운송과정 중 발생된 사고를 발단으로 캐나다가 목재펠릿에 대한 code의 개발과 BC code에로의 편입을 요청하였다. 2004년 BC code 개정을 통하여 목재펠릿이 화물(cargo)로 분류되어 포함되었다. 현재의 code에는 해상운송 중 산소결핍과 가스방출 등과 같은 위험한 조건을 야기할 수 있는 물질특성들이 규정되어 있다. 또한, 이 code에는 출입허가, 가스감시 및 화재 시 소화 요령 등과 같은 요구사항들이 명시되어 있다.

2.2. 유럽과 북미의 펠릿 생산표준

ONORM 7135 "Compressed wood or compressed bark in natural state-pellets and briquettes - requirements and test specifications(천연상태 목재나 수피의 압축물-펠릿과 브리켓-요구조건과 시험규격)"과 DIN_{plus}에 따르면 펠릿과 브리켓은 천연상태의 목재나 수피만으로 제조되어야만 한다. 스웨덴 표준 SS 187120에 따르면 펠릿은 벌채와 목재가공 폐재, 산지와 목재산업의 부산물, 짚 또는 종이로 제조되는 것이 일반적이다. DIN 51731에 따르면 펠릿은 오직 기계적으로만 처리된 천연상태의 목재로 제조된다. 이탈리아 표준 CTI에 따르면 펠릿을 위한 원재료의 근원과 종류는 CEN/TS 14961에 따라 분류되어야 한다. prEN 14961-2에 따르면 펠릿은 입목의 수간이나 화학적으로 처리되지 않은 목재 폐잔재(class A1), 뿌리를 제외한 모든 입목, 수간, 벌채 폐잔재, 수피, 화학적으로 처리되지 않은 목재 폐재(class A2), 산지, 조림지 및 기타 처녀목, 목재가공산업의 부산물과 폐잔재 또는 재활용목재(class B) 등으로 제조되어야 한다.

표 4.6에 오스트리아, 스웨덴, 독일 및 이탈리아, 그리고 향후 제시될 유럽 펠릿생산표준의 펠릿관련 표준들을 정리하였다. 모든 표준들은 직경과 길이에 기준하여 펠릿의 등급이나 집단을 구분하고 있다. 주택난방 부문에 대해서는 가장 합당한 규격 등급들이 있으므로 표 4.6에는 각 표준에서 가장 작은 규격 등급들에 대한 한계값들 만이 제시되어 있다. 주택난방용 펠릿직경의 경우 오스트리아에서는 6mm로 합의되어가고 있다. 실제로 모든 펠릿이 이 규격으로 생산되고 사용되고 있어 ONORM M 7135에서 다른 규격들도 허용하고 있음에도 불구하고 많은 펠릿보일러 제조업체들은 이 규격을 요구하고 있다. 독일이나 난방용 소형시스템이 주를 이루고 있는 다른 국가들(예: 이탈리아)도 동일한 상황이다. 대형 시스템(예: 발전소)에 사용되는 펠릿은 그 직경이 8mm 또는 그 이상이 보통이다. 오스트리아는 상황이 다르지만 대형 발전소에서 펠릿을 전적으로 이용하거나 혼소하고 있는 네덜란드나 벨기에에서는 큰 규격의 펠릿이 사용되고 있다. 스웨덴에서는 소형 시스템 시장에서도 직경 8mm 펠릿이 주를 이루고 있다.

밀도 변수와 관련하여 스웨덴, 이탈리아 및 유럽 표준은 겉보기밀도를 적용하는 반면, 오스트리아와 독일 표준에서는 변수로 펠릿의 입자밀도(particle density)를 사용하고 있다.

ONORM과 DIN_{plus}는 함수율, 회분, 황, 염소 및 질소 함량에 대하여 매우 엄격하다. 한편, 스웨덴 표준에는 펠릿의 질소함량에 대한 제한이 전혀 없다.

오스트리아에서는 생물학적 첨가제에 대한 규제가 엄격하여 천연상태 산림과 농업 바이오매스로부터 얻어진 산물로 화학적 처리가 되지 않아야만 한다. 스웨덴에서는 사용된 생물학적 첨가제의 종류와 양이 명시되어야만 하며, 독일 표준에서는 생물학적 첨가제에 대한 규제가 없다. 오직 DIN_{plus} 인증에만 오스트리아 표준에 상응하는 규제가 포함되어 있다. 그러나 독일 표준에는 EOX(extractable organic halogens)와 특정 중금속들에 대한 제한이 포함되어 있다.

독일 DIN 51731 표준에는 기계적 내구성에 대한 규제는 없으나 이 변수의 중요성을 감안할 때 이는 본 표준의 결함이 아닌 가 생각된다. 오스트리아, 스웨덴 및 유럽 표준에서 마멸에 대한 시험방법이 서로 다르므로 그 제한값들은 서로 비교가 불가능하다. ONORM M 7135는 Ligno-Tester LT II나 그에 상응하는 시험장치의 사용을 규정하고 있다. 스웨덴 표준 SS 187120에 따르면 마멸은 per SS 187180에 의해 결정되어야 한다. 이 표준은 그림 4.3과 같은 육각형의 회전드럼을 사용하도록 하고 있으며, 이 드럼에는 5kg의 펠릿이 채워진다. 드럼의 회전속도는 8분간 13회전이다. 회전완료 후 3mm 체를 이용하여 펠릿을 선별하여 마멸의 정도를 계산한다. 총 두 번의 측정을 실행하여 두 측정치 간의 차이가 6% 미만이어야 한다. 유럽 표준은 ASAE의 tumbler 사용을 요구하고 있다.

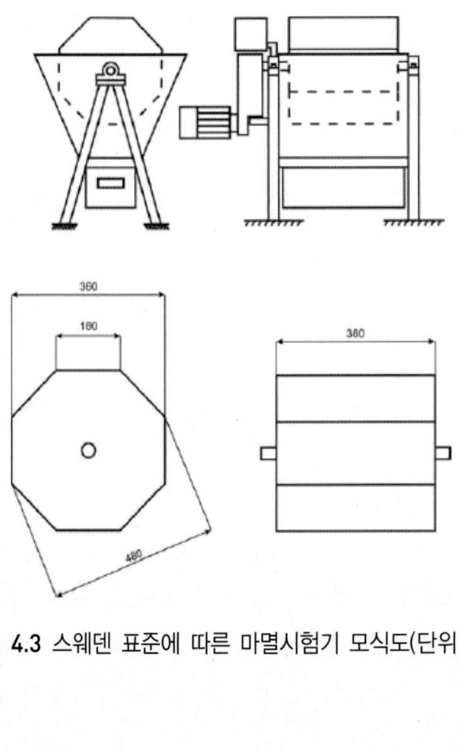

그림 4.3 스웨덴 표준에 따른 마멸시험기 모식도(단위 mm)

표 4.6 펠릿 표준의 비교

변수	단위	prEN 14961-2 최종안			ONORM M7135	SS 187120	DIN 51731	DINPLUS	CTI
		등급 A1	등급 A2	등급 B					
직경	mm	6 또는 8[13]	6 또는 8[13]	6 또는 8[13]	4-10	[18]	4-10	4-10[14]	6[15]
길이	mm	3.15-40	3.15-40	3.15-40	≤5×D[1]	≤4×D[2]	≥50	≤5×D[1]	D-4×D
겉보기밀도	kg/m^3	≥600	≥600	≥600		≥600[2]			620-720
입자밀도	kg/dm^3				≥1.12		1-1.4	≥1.12	
함수율	중량비%(w.b.)	≤10	≤10	≤10	≤10	≤10	≥12	≤10	≤10
회분함량	중량비%(d.b.)	≤0.7[6]	≤1.5[6]	≤3.5[6]	≤0.5[7]	≤0.7[6]	≥1.5[7]	≤0.5[7]	≤0.7[6]
순발열량	MJ/kg(w.b.)	16.5-19.0	16.3-19.0	16.0-19.0	≥18.0[3]	≥16.9	17.5-19.5[4]	≥18.0[3]	≥16.9
황함량	중량비%(d.b.)	≤0.03	≤0.04	≤0.04	≤0.04	≤0.08	≤0.08	≤0.04	≤0.05
질소함량	중량비%(d.b.)	≤0.30	≤0.50	≤1.0	≤0.30		≤0.30	≤0.30	≤0.30
염소함량	중량비%(d.b.)	≤0.02	≤0.02	≤0.03	≤0.02	≤0.03	≤0.03	≤0.02	≤0.03
기계적 내구성	중량비%(w.b.)	≥97.5	≥97.5	≥96.5	≥97.7[9]	≥99.2[2][9]		≥97.7[9]	≥97.5
미분	중량비%(w.b.)	≤1.0[10]	≤1.0[10]	≤1.0[10]	≤1[8]				≤1.0
첨가제	%	≤2.0[11]	≤2.0[11]	≤2.0[11]	≤2[5]	[11]		≤2.0[5]	[11][16]
회분용융거동	℃	[12]	[12]	[12]		IT[18]			
비소	mg/kg(d.b.)	≤1	≤1	≤1			≤0.8		
카드뮴	mg/kg(d.b.)	≤0.5	≤0.5	≤0.5			≤0.5		[17]
크롬	mg/kg(d.b.)	≤10	≤10	≤10			≤8		[17]
구리	mg/kg(d.b.)	≤10	≤10	≤10			≤5		
수은	mg/kg(d.b.)	≤0.1	≤0.1	≤0.1			≤0.05		[17]
니켈	mg/kg(d.b.)	≤10	≤10	≤10					
납	mg/kg(d.b.)	≤10	≤10	≤10			≤10		[17]
아연	mg/kg(d.b.)	≤100	≤100	≤100			≤100		
EOX	mg/kg(d.b.)						≤3		

*주: [1]펠릿길이 최대 7.5 × D가 중량비 20% 미만; [2]생산자의 저장공간; [3]건량 기준; [4]수분과 회분 전무; [5]천연상태 산림과 농업 바이오매스로부터 얻어진 화학적 무처리 제품; [6]550℃에서 결정; [7]815℃에서 결정; [8]적재 중; [9]마찰로 정의(=100 − 기계적 내구성); [10]최종소비자로의 수송을 위하여 공장출하점을 떠날 때 즉, 최종소비자에게 직접 수송할 경우나 또는 직접 전달되지 않을 경우에도 최종 저장지점이나 공장을 떠날 때 제한값이 지켜져야 함; [11]종류와 양을 표시해야 함; [12]모든 특성온도를 표시해야 함(SST, DT, HT, FT); [13]±1mm; [14]실제 직경은 명시된 직경의 ±10% 이내여야 함; [15]±0.5mm; [16]무첨가제 등급 A에는 첨가제 허용 불가; [17]무처리 원재료로부터 생산된 펠릿의 납, 수은, 카드뮴 및 크롬의 총 함량 20mg/kg 이하; [18]명시되어야함

이탈리아 CTI(Comitato Termotecnico Italiano)는 CEN/TS 14961:2005에 기준하여 자체 펠릿 표준을 개발하였다. 분석방법들은 CEN/TC 335를 따르고 있으며 펠릿특성표에서는 4가지 등급을 정의하고 있다(무첨가제 A등급, 첨가제 포함 A등급, B등급 및 C등급). 이탈리아 표준은 CEN/TS 14961에 따라 원재료의 기원만을 분류하고 있다. 프랑스와 일본에서도 표준화 활동이 이루어지고 있다. 프랑스의 바이오에너지전문가 국제협회(International Association of Bioenergy Professionals(ITEBE))는 최근 프랑스에서 펠릿의 고품질 보장을 목적으로 품질표준을 개발한 바 있다. 일본에서도 Pellet Club Japan(PCJ)이 표준화를 시도하고 있다.

표준의 보급과 관련하여 DIN_{plus} 인증과 함께 ONORM M 7135와 DIN 51731이 특히 잘 구성되어 있어 널리 사용되고 있다. 오스트리아에서는 이미 언급한 바와 같이 모든 펠릿 생산자들이 ONORM M 7135에 따라 인증을 받고 있다. 또한, 많은 생산자들 특히, 국제시장에서 활동적인 생산자들은 DIN_{plus}에 따른 인증도 받고 있다. 한편, 여기서 언급된 표준들은 국제 표준으로도 확립되어 있으므로 펠릿분야에서는 잘 알려져 있다. 특히, DIN_{plus} 표준은 유럽 국가들뿐만 아니라 아르헨티나, 브라질 및 아시아에서도 국제적으로 채용되고 있다.

스위스는 독일의 DIN 51731에 기초하여 2001년도에 자체 펠릿 표준을 제정하였다. 그러나 ONORM M 7135와 DIN 51731은 유사 표준으로 인정되고 있으며 스위스 표준이 채용되고 있다.

스칸디나비아 지역에서는 소위 Swan-labelling 이라 불리는 Nordic Ecolabelling system이 사용되고 있다. 이 시스템은 매우 넓은 범위의 제품들에 적용되고 있으며, 제조, 사용 및 수명완료 후 취급 중 환경적 특성과 관련된 기준들도 각 제품형태에 따라 정해져있다. 펠릿과 관련해서 Swan-labelling은 연료특성에 관한 요구사항뿐만 아니라 제조방법, 수송 및 저장에 관한 요구사항들도 포함하고 있다. 그 목적은 환경적 관점에서 가장 최상의 품질이 무엇인 가를 찾기 위함이다. 또한 펠릿을 사용하기 편리하게 하고 연소가 건강과 환경에 악영향을 미치지 못하게 하고자 함이다. 펠릿의 경우 원재료, 제조 시 에너지소비량, 연료특성 및 이들에 대한 제조자의 지속적인 평가 등에 관한 요구사항들이 기준에 포함되어 있다. 연료특성에 대한 요구사항들은 prEN 14961-2의 등급 A1의 것과 매우 유사하다. 다만 직경, 겉보기밀도 및 황함량에 대해서만 보다 엄격한 수치가 제시되어 있다. 한편, 회분용융거동과 관련해서는 IT와 HT 모두 제한되고 있다.

원재료는 CEN/TS 14961의 등급 "화학적 처리되지 않은 목재 폐잔재와 수피가 없는 목재" 또는 등급 "입목과 조림목, 수간"에 속해야 한다. 접착제나 기타 오염물질들을 함유한 목재가공 폐잔재들은 원칙적으로 사용이 허용되지 않는다. 또한, 도시쓰레기를 분쇄한 칩도 사용이 불가능하다. 만일 처녀목을 원재료로 사용한다면 처녀목으로부터 얻은 원재료의 적어도 70%

이상이 인증된 산림에서 생산되어야 한다.

펠릿생산과정에서는 펠릿 1톤당 소요되는 에너지가 1,200kWh를 초과하지 못하도록 규제하고 있다. 이 조항에는 수피 분리(박피), 칩핑, 건조, 분쇄, 조습, 성형, 냉각, 선별 및 컨베이어 벨트와 같은 중간공정 등의 공정들이 포함된다. 만일 전기를 사용한다면 소비전력(kWh_{el})에 2.5를 곱하여 그에 상응하는 1차에너지를 산출하도록 되어 있다.

벨기에의 법에 따르면 지금까지 펠릿 품질과 이용에 관련된 표준이 없었다. 그러나 명령 즉, "King decree regulating minimal requirements and pollutant emission levels for heating devices fed by solid biofuels"를 제정하여 2009년도 말에 시행에 들어갔다. 이 명령에는 CEN TC 335에 의해 마련된 내용에 기초한 펠릿품질 관련 내용이 포함되어 있다. 난방장치 부분은 이미 Belgian legislation에 NBN EN 303-5로 포함되어 있는 EN 303-5에 기초하고 있다.

덴마크 목재펠릿시장에서 펠릿에 대한 품질표준은 그리 큰 관심의 대상이 아니다. 중소규모 펠릿시장에서 펠릿은 사적인 표준이나 "HP-quality"와 "Celsico" 등과 같은 상품명, 그리고 지금까지의 경험에 따라 대량으로 구매되고 있다. 상품명에 따른 구매가 주를 이루지만 CEN, DIN+. ONORM 또는 Nordic ecolabel 등과 같은 표준들도 사용되고 있다. 시장이 성숙해지면서 비교적 모호한 상품명에 따른 접근보다 전술한 표준들이 선호되기 시작하고 있다. 대규모 시장에서는 펠릿의 거래와 공급제어에 CEN이나 DIN과 같은 표준들이 일반적으로 사용되고 있다. 대량 거래자들은 공급자들이 반드시 펠릿품질과 원재료 기원 등을 명시하도록 하고 있다. 덴마크는 고체 바이오매스에 대한 국제적 표준화 작업에 동참하고 있으며 CEN 내용을 바이오매스 연료 표준에 대한 주된 기준으로 사용하게 될 것이다.

2.3. 유럽의 펠릿 분석 표준

연료에 대한 기술적인 요구사항 이외에도 각 표준들은 펠릿이나 다른 바이오매스 연료들의 특징을 나타내는 여러 가지 변수들에 대한 시험규격도 포함하고 있다. 이 절에서는 ONORM M7135, DIN_{plus} 및 CEN/TS 14961-1에 따라 각 변수들을 결정하는 방법들에 대하여 논하고 비교하고자 한다.

ONORM M 7135에 따라 규격을 결정하기 위해서는 20~100g 정도의 펠릿(펠릿 약 20개 정도에 해당)을 모두 측정하여 그 평균을 취해야 한다. DIN_{plus}에서는 최소 무게 0.5kg인 시료군 5개로부터 하나의 시료군을 택하여 이중 약 20개의 펠릿을 선택, 측정하도록 하고 있다.

ONORM M 7135와 DIN_{plus}에서는 DIN 52182에 따른 입자밀도 결정을 요구하고 있는데, 10개의 수치를 결정하여 그 산술평균을 내도록 하고 있다. CEN/TS 14961-1은 입자밀도 결정을 요구하지 않는 대신 CEN/TS 15103에 따른 겉보기밀도의 결정을 요구하고 있다. 일정 체적(예: 펠릿의 경우 5리터)을 지닌 표준화된 용기에 펠릿을 채우고 3회 충격(15cm 높이에서 용기를 3회 떨어뜨림)을 준 후 겉보기밀도를 측정하도록 하고 있다.

ONORM M 7135와 DIN_{plus}에서는 DIN 51718에 따른 함수율 측정을 요구하고 있으며, 이때 시료의 양은 10～100g 수준이 되어야 한다. DIN 51718과 달리 분석 전 시료를 분쇄할 필요는 없다. CEN/TS 14961-1에서는 CEN/TS 14771-1에 따른 측정을 요구하고 있다. 최소 300g의 시료를 사용해야 하며, 105±2℃에서 건조한다.

회분함량은 DIN 51719(ONORM M 7135와 DIN_{plus})에 의거하여 결정된다. 그러나 주어진 온도 850℃가 너무 높은 수준이어서 알칼리금속과 같은 휘발성 물질들이 이 온도에서 이미 기체상태가 되어 분석결과에 영향을 주게 된다. 그러므로 유럽 표준화 작업에서 이미 채택된 550℃에서 회분함량을 결정해야 하며, CEN/TS 14775에 제시되어 있다.

순발열량(NCV)은 총발열량(GCV)으로부터 계산하며, 총발열량은 DIN 51900-1～3에 따라 결정한다(ONORM M 7135와 DIN_{plus}의 요구사항). 만일 완벽한 분석이 이루어지지 않는다면 표준으로부터 수소함량에 대한 안내값을 취할 수 있다. CEN/TS 14961에서는 CEN/TS 14918에 따른 총발열량 결정을 요구하고 있으며, 이에 기초하여 순발열량을 계산하도록 하고 있다.

황, 질소 및 염소 함량은 DIN 51724-1, DIN 51722, DIN 51727 또는 그에 상응하는 방법들에 의거하여 결정한다(ONORM M 7135와 DIN_{plus}의 요구사항). 각 요소들의 결정에 대하여 황과 염소의 경우 CEN/TS 15289, 그리고 질소의 경우 CEN/TS 15104에 따른다.

ONORM M 7135와 DIN에서는 Ligno-Tester(Borregaard Lignotech사의 Ligno-Tester LT II, 그림 4.4 참조) 또는 그에 상응하는 시험기를 이용하여 다음 시험규격에 따라 내마멸성(abrasion)을 측정하도록 하고 있다. 내마멸성 시험 전 DIN ISO 3310-1에 따라 3.15mm 체를 이용하여 수작업으로 미분을 제거해야 한다. 분석을 위하여 100±0.5g의 시료를 준비, 70mbar의 기류하에서 60초 동안 시험장치로 처리한다. 이후 다시 펠릿의 중량을 측정하고 내마멸성의 정도를 백분율로 계산한다(식[4.2]). 총 5회의 측정을 실시하여 평균을 낸다. 평균값에 허용되는 편차는 0.2%이다. 내마멸성 대신에 변수로 사용되는 기계적 내구성은 100과 내마멸성 사이의 차이(%)이다. CEN/TS 14961에 따라 기계적 내구성을 결정하려면 CEN/TS 15210-1을 적용해야 한다. 이 점에서는 미국 표준 ASAE S269.4에 의거하여 수행하는 내구성 시험이 더 신뢰성이 높은 것으로 판정되었으며, 따라서 유럽표준도 이 방법을 채택하고 있다. ASAE tumbler를 이용하여 측정하기 위해서는 500g의 시료가 필요하며 시료를 tumbler에 투입하고 50rpm으로 10분간 회전시킨다. 선별은 원형의 구멍을 지닌 3.15mm 체를 이용하여 수행한다.

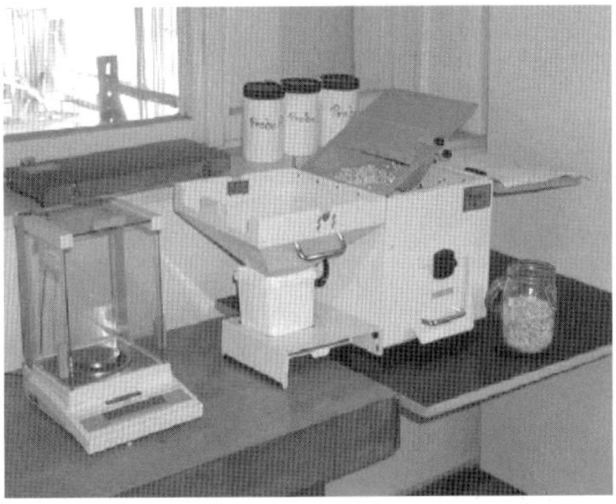

그림 4.4 Ligno-Tester LT II

$$AB(\%) = \frac{m_{\varepsilon} - m_{out}}{m_{\varepsilon}} \cdot 100 \quad [4.2]$$

AB : 내마모도(%)
m_{ε} : 시험전 투입 펠릿질량
m_{out} : 시험후 펠릿질량

CEN/TS 14961에 따른 미분량 결정은 CEN/TS 15210-1에 제시된 수작업 선별에 의한다. CEN/TS 14961-1에 따른 회분용융거동은 CEN/TS 15234에 의거하여 결정한다. 비소, 카드뮴, 크롬, 구리, 납, 수은, 니켈 및 아연의 함량은 CEN/TS 15297에 의거하여 결정한다.

2.4. 유럽의 펠릿품질 인증 표준

가장 엄격한 품질인증제도의 하나가 ONORM M 7135에 포함되어 있다. 이 표준에 의한 인증은 1차 검사(품질확인), 지속적인 내부 품질관리 및 외부 품질관리에 의해 이루어진다.

1차 검사는 모든 표준 요구사항들이 만족되었는지의 여부를 최초로 시험하는 것이다. 이는 정부로부터 권한을 인정받은 오스트리아 검사자에 의해 이루어진다. 내부 품질관리는 각 생산자에게 의무사항이다. 자격이 있는 자가 최소 1주일에 1회 이상 다음과 같은 분석을 실시한다:

- 입자밀도 분석
- 함수율 분석
- 내마멸성 분석
- 사용 가능성이 있는 생물학적 첨가물들의 종류와 양 기록

내부 품질관리의 결과는 문서화되어 외부검사 시 검사관에게 제시되어야 한다. 검사자와의 계약에 기초한 외부 품질관리는 연간 최소 1회 이상 정부로부터 권한을 위임받은 검사자에 의해 실시되어야 한다. 이 검사는 사전 통보 없이 이루어지며 각 생산 장소에서 실시되어야 한다. 이때 다음과 같은 사항들이 실시된다:

- 생산자의 내부 품질관리 결과 검토
- 검사기관의 연구실에서 실시할 분석을 위하여 표준에 제시된 시료채취방법에 의거 생산제품의 시료 채취
- 생산제품과 관련된 생물학적 첨가물들의 형태와 양 결정(즉, 납품 서류에 의거)

만일 외부 품질관리 결과 내부 품질관리가 표준에 의거하여 실시되지 않았다거나 또는 생산자가 표준의 요구사항을 만족시키지 못하였다면 최장 6주 내에 다시 외부 품질관리가 실시되어야만 한다.

만일 생산자가 표준제품이라는 표시를 하였다면 모든 요구사항들이 만족되어야만 한다. 이 경우 생산자는 "ONORM M 7135 인증제품"이라는 표시를 할 수 있다.

오스트리아에서는 모든 펠릿 생산자들이 ONORM M 7135에 의해 인증을 받으므로 이 표준에 따라 펠릿을 생산한다.

품질인증과 관련하여 스웨덴 표준 SS 187120과 SS 187121에는 이와 관련된 아무런 조항이 없지만 독일의 DIN 51731 표준은 표준인증에 대한 증명으로 정부의 권한을 위임받은 검사자가 연 1회 검사할 것을 의무화하고 있다(시험 표시는 오직 연 1회 제공됨). 오스트리아처럼 사전 통보 없는 외부 품질관리가 요구되지 않는 점은 DIN 51731의 단점으로 지적되어야 한다.

독일에서는 인증프로그램 "Wood pellets for combustion in pellet boilers" 또는 "DIN_{plus}"가 독일표준협회에 의해 2002년도에 도입되었다. 이 프로그램의 범주 안에서 ONORM M7135와 DIN 51731의 요구사항들이 복합되어 있으며, 각 조항마다 DIN_{plus}가 보다 엄격한 제한값을 제시하고 있다. DIN_{plus}에서는 제시되는 표시 하에서 유통되는 펠릿이 그에 합당한 품질을 지니고 있음을 보장하기 위한 외부 품질검사를 명시하고 있다. 그러므로 DIN 51731의 두 가지 결점이 제거되었다고 할 수 있다.

유럽품질인증표준(European Quality Assurance standard)은 prEN 14961 표준과 마찬가지로 서로 다른 두 부분으로 나눌 수 있다. 품질인증표준 15234의 목적은 바이오연료의 효율적인 유통을 가능하게 할 수 있는 도구를 제공함에 있다. 그러므로,

- 최종 소비자는 그의 요구에 상응하는 연료를 구득할 수 있다.
- 생산자/공급자는 명확하고 안정적인 특성의 연료를 생산할 수 있으며, 이에 대하여 소비자들에게 설명할 수 있다.

품질인증을 위한 시스템을 품질관리시스템에 통합시킬 수 있으며(즉, ISO 9000 series) 공급자가 연료품질을 명시하고 공급자와 최종 소비자 사이에 적절한 신뢰를 구축하는데 사용할 수 있다.

ISO 9001에 의거한 품질관리시스템은 일반적으로 품질계획, 품질관리, 품질인증 및 품질개선 등으로 구성되어 있다. 유럽표준 prEN 15345-1에는 연료품질 인증(품질관련 요구사항들이 충족될 수 있다는 신뢰감을 제공하는데 초점이 맞추어진 품질관리 분야)과 품질관리(품질관련 요구사항들을 충족시키는데 초점이 맞추어진 품질관리 분야)를 모두 포함하고 있다.

이 EN 표준은 공급망의 품질인증과 제품 품질관리에 적용될 정보를 모두 포함하고 있으므로 추적이 가능하고 최종 소비자에게 납품되는 시점까지의 고체 바이오연료 전체 공급망에 포함되어 있는 모든 과정들이 관리되고 있음을 증명함으로써 신뢰감을 준다(그림 4.5 참조).

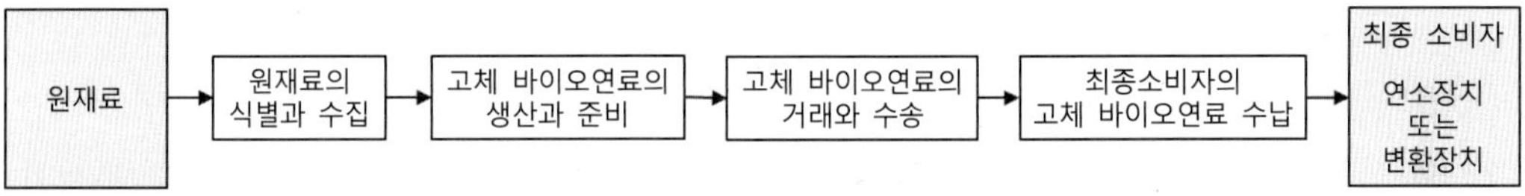

그림 4.5 prEN 15234-1에서 포괄하는 공급망

품질인증의 목적은 안정적 품질이 소비자들의 요구와 일치하면서 지속적으로 유지된다는 믿음을 주기 위함이다. 이와 같은 방법을 통하여 모든 고체 바이오연료 생산자들과 공급자들로 하여금 다음과 같은 사항들을 보장할 수 있는 연료품질인증시스템을 계획할 수 있게 해준다:

- 추적이 가능하다.
- 제품품질에 영향을 미치는 요구사항들이 관리된다.
- 최종 소비자들이 제품품질에 믿음을 가질 수 있다.

몇몇 조항들은 강제적인 반면 나머지 조항들은 자발적인 수행이 요구되고 있다. 품질인증 관련 강제적 조항들은 다음과 같다:

- 기원 명시(원재료의 추적가능성)
- 가공망에 포함된 단계들, 임계제어점(critical control points(CCPs)), 임계제어점에서 적절한 관리를 보장할 수 있는 기준과 방법, 확인되지 않은 제품(생산 요구사항들)
- 수송, 취급 및 저장 관련 내용
- 연료품질 표시(최종제품 규격)

임계제어점이란 관련 특성들을 가장 쉽게 평가할 수 있는 공정간 또는 공정 내 지점을 의미하며, 이 지점들이 품질개선을 위한 가장 큰 잠재력을 지니고 있다.

생산 품질인증 방법론을 단계별로 보면,

1단계 : 생산망 내 단계들의 명시

2단계 : 제품 규격의 정의

3단계 : 제품품질과 회사성능에 영향하는 인자들 분석(수송, 취급 및 저장 포함)

4단계 : 제품규격에 대응하는 임계제어점의 확인과 명시

5단계 : 규격의 현실화가 가능하다는 신뢰를 소비자들에게 줄 수 있는 적절한 방법 선택

- 임계제어점의 적절한 관리를 보장하는 기준과 방법의 확인과 명시
- 품질관련 요구사항 충족을 위한 생산공정 감시와 관리, 그리고 적절한 조절

6단계 : 확인되지 않은 원재료와 제품에 대한 별도의 취급을 위한 과정의 확립과 문서화. 만일 제품이 명시된 규격과 어떤 변이를 보인다면 변이를 보인 부분은 가능한 생산망으로부터 제거되어야 한다. 만일 변이를 보이는 제품이 생산자로부터 제거되지 않았다면 생산자는 이를 소비자에게 즉시 알리고 필요한 보완작업을 수행해야 한다.

고체 바이오연료의 생산, 저장 및 수송에는 적절한 방법들이 적용되어야만 하며, 연료에 불순물이 혼입되거나 손상되는 일을 막아야 한다. 예를 들어 불순물로는 돌, 금속조각 및 플라스틱 등을 들 수 있으며, 손상의 예로는 수분흡수에 따른 손상을 들 수 있다.

특별한 주의가 요구되는 요소들은 다음과 같다:

- 저장 중 기후와 날씨 조건(즉, 강우와 강설 위험) 및 덮개 필요성
- 저장 조건(즉, 환기, 수분흡수)과 예상 저장기간
- 저장고 구조물

- 모든 설비의 적합성과 청결도
- 연료 수송의 영향(즉, 분진 형성)
- 관련자의 숙련도

연료품질 신고서에는 prEN 14961의 관련 부분에 따라 품질이 명시되어야 한다. 연료품질 신고서에는 최소한 다음의 사항들이 포함되어야 한다:

- 연락처 정보를 포함한 공급자 또는 공급업체
- prEN 15234에 의거한 사실-연료품질인증(관련 부분)
- 기원과 원천(prEN 14961-1)
- 바이오매스가 수확되거나 또는 바이오연료로 최초 거래된 국가와 지역
- 유통 형태(즉, 펠릿)
- 기본 특성
- 화학적 처리가 된 바이오매스가 유통될 경우 화학적 처리에 대한 내용
- 서명(책임자), 성명, 일자와 장소

연료품질 신고서를 전자적으로 승인할 수도 있다. 서명과 일자는 화물 운송장에 서명하거나 EN 14961의 관련 부분과 일치하는 스탬프를 화물에 찍는 것으로 대신할 수 있다. 연료품질 신고서에 제시되는 품질정보는 고체 바이오연료의 포장 위에 표로서 표시할 수 있다.

펠릿 생산에 있어 회사별 성능에 영향하는 중요한 인자들로는 원재료, 원재료의 저장, 설비, 성형과정 및 직원들의 숙련도 등을 들 수 있다. 임계제어점의 예는 다음과 같다:

- 원재료의 선택(기원과 원천)
- 원재료의 도입/저장/시료채취(저장 조건, 불순물 배제, 시료채취 방법)
- 서로 다른 원재료들의 혼합(공정제어)
- 이송(적절한 이송설비)
- 선별(요구되는 입자크기)
- 건조(공기유량, 온도제어)
- 분쇄(균일한 원재료)
- 성형(전처리/첨가제, 설비)
- 펠릿의 저장(각기 다른 품질등급, 저장조건, 불순물 배제)

- 펠릿의 포장(펠릿 파손방지)
- 소매자와/또는 최종 소비자에게 납품(불순물 배제, 인증된 품질규격 충족)

펠릿 품질이 현실화 되었다는 믿음을 소비자에게 주기 위한 방법의 예는 다음과 같다:

- 전체 공정망 중 육안검사(펠릿의 색, 냄새, 크기, 내구성)
- 성형전과 소비자에게 납품 시점의 함수율(분석과 작업교육)
- 생산 후 특성 결정(분진량, 규격, 함수율, 기계적 내구성, 회분함량)
- 생산관리, 조건관리 및 설비조절
- 공정상 요구사항에 따라 적절한 주기로 투입 원재료가 달라진 후 특성들의 측정
- 필요시 설비의 보수 또는 변경; 생산관리시스템의 특성에 따라 몇몇 부품들은 주기적인 교체가 요구됨.

연료품질인증표준과 마찬가지로 연료규격과 등급도 EU가 지원한 프로젝트인 BioNorm과 BioNormII(품질인증시스템 개발을 위한 고체 바이오연료의 시료채취와 시험에 관한 예비기준 연구)를 통하여 여러 회사에 의해 예비시험을 거쳐 왔다.

2.5. 난방용 펠릿의 수송과 저장 관련 표준

오스트리아에서는 펠릿수송과 저장을 다루는 두 개의 표준과 하나의 지침이 존재한다. 이들은 ONORM M 7136의 "Compressed wood or compressed bark in natural state - pellets - quality assurance in the field of logistics of transport and storage", ONORM M 7137의 "Compressed wood in natural state - wood pellets - requirements for storage of pellets at the ultimate consumer" 및 OKL 지침서 N° 66이다.

ONORM M 7136은 펠릿이 생산자로부터 소비자들에게 전달되는 과정 중 펠릿 품질이 ONORM 7135에 따름을 보장하기 위하여 시행되었다. 그러므로 ONORM 7135에 따라 검사된 펠릿에 한하여 표준이 적용된다.

이 표준의 일반적인 요구사항은 문서화, 특정 원재료만의 이용 및 방수이다. 표준에 따르면 납품서에는 ONORM 7135에 따라 검사된 펠릿만이 납품되었음이 명시되어야 한다. 이 펠릿들은 인증되지 않은 펠릿, 직경이 다른 펠릿 및 기타 물질들과 격리하여 저장되어야 한다. 수송장비는 만일 이전에 다른 물질을 수송하였을 경우 인증된 펠릿으로 채우기 전에 반드시 비우고 청결하게 해야 한다.

펠릿을 취급하는 장소에는 반드시 지붕이 갖추어져야만 하며 청결을 유지해야 한다. 펠릿은 적절한 바닥(청결한 콘크리트나 아스팔트)을 갖춘 폐쇄된 창고에 저장해야 한다. 만일 이전에 다른 물질들을 저장하였다면 완벽히 치워야 한다.

펠릿을 수분으로부터 보호하는 것은 매우 중요한 사항이다. 펠릿은 건조된 상태로 저장과 수송이 이루어져야 한다. 특히, 눈, 비, 습한 벽체 및 응축된 물과 직접 접촉하는 일을 피해야 한다.

최종 소비자들에게 전달하기 위하여 수송차에 펠릿을 채우기 전에 분진을 제거해야 하며, 제거 후 분진의 비율이 1% 미만이 되어야만 한다. 적재와 하적뿐만 아니라 수송 도중에도 적절한 방법으로 펠릿을 수분으로부터 보호해야 한다. 트럭의 공급시스템이 펠릿에 가하는 기계적 변형도 1% 정도 분진량을 증가시킬 수 있다.

표준 개발을 위한 3년의 긴 기간이 지난 후인 2005년도 6월부터 적재용량 8톤 이상의 모든 펠릿 수송차량에는 자체 중량측정시스템의 장착이 의무화되었다. 사일로 트럭(silo truck)에는 저장고로부터 공기를 흡입하고 펠릿을 불어 넣어주는 흡입장치의 장착이 의무화되어있으며, 이때 저장고에 과도한 압력이 부가되는 것을 피하기 위하여 흡입능력이 공기를 불어 넣는 압축기의 능력보다 커야 한다. 사일로 트럭에는 최소 길이 30m 이상의 이송관도 준비되어야 한다.

표준에는 수송담당자의 자격에 대해서도 언급되어 있다. 소매자나 도매자는 수송담당자의 교육을 위한 프로그램을 설계해야 한다. 표준에는 교육 프로그램 내용에 포함되어야할 최소한의 요구사항들이 포함되어 있다. 수송 담당자는 각 최종 소비자에게서 점검목록을 작성해야하며, 이 점검목록 자체가 납품서류의 일부가 되어야 한다. 점검목록에는 적어도 난방시스템의 작동중지 여부, 저장고 폐쇄여부, 현재 저장되어 있는 펠릿의 대략적인 톤수와 사용된 관 길이 등이 포함되어야 한다. 플라스틱 차풍판(baffle)이 없다거나 또는 저장고 내에 분진이 퇴적되어 있었다는 등의 다른 특기사항들도 점검목록에 기록하게 된다.

표준에는 여러 가지 변수들에 대한 점검방법도 제시되어 있다. 문서화와 일시적 저장 및 이송으로부터 수송담당자의 자격조건에 이르기까지 관련된 모든 영역들이 포함된다. 표준의 목적은 저장과 수송 중 펠릿의 적절한 취급을 통하여 오류를 피함으로써 소비자의 만족을 보장하기 위함이다.

ONORM M 7137의 "Compressed wood in natural state- wood pellets - requirements for storage pellets at the ultimate consumer"에는 최종 소비자에게 요구되는 저장공간도 제시하고 있다. 이 표준의 주제는 신뢰성, 화재예방, 안정적 요구사항 및 펠릿품질 유지 등이다. 이 표준은 ONORM M 7135에 따라 HP1 펠릿에 적용된다.

모든 종류의 저장장소에 적용되는 몇 가지 일반적인 요구사항들이 표준에 제시되어 있다. 펠릿을 채워 넣을 때 펠릿에 가해지는 기계적 외력을 최소 수준으로 유지하기 위하여 관 길이 30m 이하에서 작업이 가능하도록 저장고를 설치해야 한다. 벽체와 지지부들은 이들에 가해질 정적 부하(static load)를 허용할 수 있도록 설계되어야 한다. 1회의 난방기간 동안 열부하 1kW당 0.6~0.7㎥의 펠릿 연료 소요량이 기준이므로 저장능력은 적어도 1회의 난방기간 동안 소요되는 연료량을 저장할 수 있을 정도로 설계되어야 한다. 펠릿이 채워져 있는 동안 물과 수분이 저장공간에 침입하지 못하도록 해야 하며, 응축수의 형성도 막아야 한다. 펠릿이 대기 중의 수분을 흡수하는 것을 막기 위해서 저장공간의 통기를 막아야 한다. 또한, 각종 설치물들은 방진(dust proof) 형태를 취해야만 한다. 저장공간 내 모든 설치물들(전기, 물, 폐수 및 기타)은 TRVB H 118(화재예방 기술지침-자동 목재연소시스템)에 따라 고정되어야 하며, 은폐하고 적절히 단열하며 기계적 응력으로부터 보호해야 한다. 안전을 위하여 플러그, 전등 또는 전등 스위치와 같은 개방형 전기 설치물들은 허용되지 않는다. 화재예방 방법은 역시 TRVB H 118에 의거하여 실시되어야 한다. 저장공간은 수리, 유지관리 및 청소가 쉽도록 설계되어야 한다.

이송관과 회수관은 금속재질로 제작되어야 하며 비틀림을 받지 않도록 고정되어야 한다. 가능하다면 실외로 유도하고, 이송관 연결부는 10m 이하가 되도록 하며, 방향전환부분은 아치형으로 한다. 만일 이송관이 실외로 유도되지 않고 이송라인이 다른 공간들을 통과해야 한다면 TRVB N 118에 따라 건축하면 된다. 이송관과 회수관의 규격은 표준에 의해 엄격히 제한되어 있다. 창고저장 후 관의 밀봉에는 차단플랜지(blind flanges)를 사용해야 한다.

배출시스템을 위한 베어링, 고정물들 또는 벽부싱(wall bushing) 등에 의해 구조적 음향(structure-borne sound)이 건물에 전달될 수 있다. 이것은 적절한 구조적 방법으로 방지할 수 있다. 저장공간이 주기적으로 비워지는 문제와 분진퇴적과 관련하여 보일러나 배출시스템 제조자는 적절한 정보를 제공해야 한다.

이상적인 사각형 형태를 지닌 저장공간에서는 아송관과 회수관을 폭이 좁은 측면에 고정해야 하며, 가능하다면 공간의 외벽에 고정해야 한다. 벽돌의 수분증가를 피해야 하며, 분진과 관련해서는 문의 밀폐에 집중해야 한다. 문은 바깥쪽으로 열려야 하며 문 측에 장착되어 하부로 내려앉을 수 있는 목재판과 같이 압력해소를 위한 구조를 지녀야 한다.

저장공간에는 적절한 이송관과 회수관(동일 벽에서 천장 아래로 최소 20cm, 회수관 플러쉬(flush)는 내벽에 장착, 이송관은 저장공간 속으로 30cm까지), 내마모성이고 내인렬성(tearproof) 재질로 제작된 차풍판, 저장공간 외부에 흡입 송풍기를 위한 전기 플러그, 각도 40±5°의 경사진 바닥과 매끄럽고 내마모성의 표면 등이 구비되어야 한다.

펠릿저장을 위하여 지하 저장탱크를 사용한다면 정전기 발생 방지와 함께 수분과 물로부터의 보호가 중요하다. 수분과 물로부터 안전하게 보호하기 위해서는 탱크에 솔기가 없도록 제작해야 하며, 탱크와 탱크 뚜껑은 내부식성 재료로 제작하는 동시에 기후조건에 견딜 수 있으며, 적재와 사용 중 정적 부하에도 견딜 수 있어야 한다. 탱크와 검사실에 언제라도 물이 유입되지 못하도록 해야 한다. 그러므로 탱크 뚜껑은 방수가 되도록 완벽히 밀폐 되어야 한다. 뚜껑 상부의 연결부들도 방수가 되어야 한다. 또한, 지하실 연결부도 방수되어야 한다. 제조자는 탱크에서 정전기 발생을 방지할 수 있는 적절한 방법을 적용해야 할 책임이 있다.

금속으로 제작된 저장탱크는 접지가 되어야 하며 부식을 방지해야 한다. 만일 저장탱크가 부전도체로 제작되었다면 배출시스템과 함께 모든 전도체 부분과 모든 연결부분들도 접지되어야 한다. 저장탱크에 정전기가 발생할 수 있으므로 불꽃발생을 방지할 수 있는 설계가 요구되며, 이는 제작자의 책임이다. 이송관과 회수관은 저장실의 외벽을 통하여 유도하거나 또는 저장탱크 자체에 직접 설치할 수 있다. TRVB H 118에 따른 기본적인 화재방지 요구사항이 준수되어야 함을 재차 강조하고자 한다.

만일 단지 소량의 펠릿을 저장한다면 벌크상태와 백포장 상태 각각에 따른 표준의 요구사항을 적용한다. 화재방지와 관련해서는 기존 관련법에 따르면 된다(여기서는 상세한 설명을 생략한다).

OKL guideline N° 66은 주거공간을 위한 펠릿난방시스템의 설치에 대한 규제의 틀을 제공하고 있다. 목재펠릿 난방시스템에 대한 일반적인 내용과 펠릿에 대한 정의가 우선적으로 제시되어 있고, 이후 펠릿사용을 위해 적용 가능한 연소로 기술, 소요 연료량 결정방법 및 연료 수송과 저장이 이루어지는 과정 등을 제시하고 있다.

적용 가능한 연소로 기술과 관련하여 이 지침에서는 연소로를 공간난방, 중앙난방 보일러 및 복합 보일러 등으로 구분하고 있다. 중앙난방 보일러는 다시 수주 또는 수개월 동안 사용할 수 있는 펠릿저장고를 갖춘 시스템과 별도의 저장공간과 적절한 배출시스템을 갖춘 시스템으로 나뉜다. 난방부하 1kW당 유용한 저장체적으로 1～1.2㎥을 적용하는 것이 저장공간 규격결정에 일반적인 기준이다.

연료수송에 있어서는 15kg 백이나 1,000kg의 대형백을 이용한 수송으로부터 수 톤을 한번에 수송할 수 있는 사일로 트럭을 이용하는 방법 등 수많은 방법이 있다.

저장공간 설계의 경우 이 지침이 ONORM M 7137과 부분적으로 중첩되고 있으나 ONORM이 OKL 지침보다는 저장공간 설계에 부분적으로 보다 엄격한 요구사항들을 적용하고 있다. 즉, ONORM은 안전을 이유로 전구, 플러그 또는 전구스위치 등 개방형 전기설치물은 모두 허용하지 않는다. 반면, OKL 지침에서는 폭발안전장치가 요구된다. 그러므로 저장공간 규격결정에는 ONORM M 7137을 추천할 만하다.

2.6. 인증시스템 ENPLUS

독일펠릿협회(DEPI)에서는 유럽의 예비표준인 prEN 14961-2에 기초한 인증시스템 ENPLUS를 시행하고 있다. 이 인증시스템의 주 목적은 최종소비자에게 고품질의 펠릿이 공급되는 것을 보장하기 위함이다. 그러므로 펠릿의 품질변수들뿐만 아니라 제조공정, 저장 및 최종소비자에게로의 운송에 이르기까지 ENPLUS에 의해 제어된다. 따라서 최종소비자의 저장고까지 펠릿의 전체 공급망도 인증시스템의 일부로 포함되어 있다. 연료품질 인증과 관련해서 ENPLUS는 prEN 15234에 기초하고 있다. 첫 단계에서는 오스트리아와 독일에서 각국의 펠릿협회(DEPI와 proPellets Austria) 사이의 공조를 통하여 ENPLUS가 시행되고 있다.

펠릿생산공장의 인증을 위해서는 우선 공인기관의 검토가 요구된다. 검토 보고서는 인증기관에 제출할 서류의 일부가 된다. 만일 모든 요구사항들이 만족된다면 ENPLUS인증서가 발급된다. 매년 인증서의 재발급이 필요하다.

포함되어야 할 검토사항들은 다음과 같다:

- 기술적 설비들의 육안검사
- 내부서류작업의 조정
- 공급서류에 해당되는 펠릿에 포함된 첨가물들의 형태와 첨가량 확인
- 품질인증 담당자의 적합성 검토
- 생산공장에서 운송되기 직전 펠릿 시료를 채취하여 분석하고 있는 지의 여부

펠릿 소매자와 중간저장고 운영자도 인증기관에 인증을 신청해야 한다. 이상이 없는 한 공인기관으로부터의 검사는 필요 없지만 품질관련 문제가 있을 경우 인증기관은 외부검사를 요청할 수 있다.

ENPLUS에는 펠릿 공급망 전반에 걸친 완벽한 추적가능 시스템이 포함되어 있어, 어떠한 품질관련 문제라도 그 원인을 파악할 수 있다. 시스템은 각 ENPLUS인증서 소지자에 대한 인식번호에 기초하고 있다. 이 번호는 운송장이나 백에 표시되어 있다.

ENPLUS인증서 소지자에게는 해당 펠릿에 대한 감시시스템에 참여할 의무가 있다. 그러므로 ENPLUS는 공급안정성 향상에 기여하게 된다.

인증시스템 ENPLUS는 prEN 14961-2에 따른 모든 특성등급을 포함하고 있으며, ENPLUS A1, ENPLUS A2 및 ENPLUS B로 나뉜다. 특성등급 A1은 특히 개인소비자에게 적정한 최고 등급의

품질 수준을 의미한다. 특성등급 A2에서는 회분함량, 순발열량, 질소함량, 염소함량 및 회분 용융거동에 대한 제한값에 대한 기준이 비교적 덜 엄격하다. 이 특성등급은 주로 공칭용량이 높은 상용 펠릿보일러를 사용하는 소비자들에게 적절하다. 특성등급 B는 산업용 펠릿에 적합하다. prEN 14961-2와 달리 특성등급 B에서도 화학적 처리목재는 사용이 금지되어 있다.

2.7. ISO 고체 바이오연료 표준

2007년 12월 ISO 238 기술위원회(ISO 238/TC) "고체 바이오연료"가 설립되어 고체 바이오연료 관련 CEN/EN 모든 표준들을 ISO 표준으로 승격시키기 작업을 해오고 있다. ISO 238/TC에는 다음의 5개 분과(working group(WG))가 있다:

- WG 1 : 용어
- WG 2 : 연료 규격과 등급
- WG 3 : 품질인증
- WG 4 : 물리/기계적 실험방법
- WG 5 : 화학적 실험방법
- WG 6 : 시료 준비와 채취

새로 제정될 ISO 238 표준이 고체 바이오연료 관련 EN 표준을 교체하게 될 것이다.

2.8. 주거난방분야 펠릿 연소로 관련 표준

고체 바이오연료의 연소 전용이고 실제 출력이 300kW 이상인 보일러에 대해서는 EN 303-5:1999이 적용된다. 이는 CEN에 의한 공식적인 유럽표준(European Standard(EN)이며 30개 회원국들의 국가 표준이기도 하다. 예를 들어 오스트리아에서는 ONORM EN 303-5가, 그리고 독일에서는 DS/EN 303-5가 적용된다. 모든 펠릿 보일러들은 각 국가별 합법적 신규 설치를 위한 EN 303-5에 의거한 최소한의 기준을 만족시켜야한다. 인증된 연구소(즉, 오스트리아의 BLT Wieselburg 또는 덴마크의 Danish Technological Institute)에 의해 형식시험(type tests)이 이루어져야 한다. 그러므로 이 표준에는 펠릿이나 브리켓과 같은 고밀도화 바이오매스 연료들을 위한 연소로도 포함되어 있다. 이와 같은 연소로들은 연료공급이 자동 또는 수동으로 이루어지므로 배출 제한 수치들과 보일러 효율 요구수준이 보일러 연료공급 방식에 따라 달라지지 않는다는 의미에서 중요한 차이를 보인다. 표준은 용어, 기술적 요구사항, 시험 및 표시 관련 법규들로 구성되어 있다.

난방시스템 관련 기술적 요구사항에는 보일러 효율, 배기가스 온도, 공급압력, 연소시간, 최소 열출력, 배출물질 및 표면온도 등에 관련된 법규가 포함되어 있다.

표 4.7과 그림 4.6은 고체연료를 연소하는 보일러의 효율과 관련하여 오스트리아에서 적용되는 기준이다. 이 기준에서는 수동 공급 연소로 시스템에 비하여 자동 공급 연소로 시스템에 적용되는 요구수준이 더 높음을 알 수 있다. 요구되는 보일러 효율은 두 경우 모두 공칭 보일러 출력이 증가되면 같이 높아진다. 최소 열출력(최소 연소부하)은 공칭 열출력의 30% 미만이 가능하며, 표 4.7과 표 4.12의 요구사항들도 최소 열출력을 따라야 한다. 한편, 이 요구사항들은 실제로 상당히 초과 달성된 상태이다. 최신 펠릿 연소로의 효율은 90% 이상이다.

표 4.7 ONORM EN 303-5에 의거하여 공칭 보일러 출력으로부터 유도된 보일러 효율 요구 수준

공칭 보일러 용량	보일러 효율
수동 공급	
최고 10kW	73%
10～200kW	$65.3 + 7.7 \log P_N$ %
200～300kW	83%
자동공급	
최고 10kW	76%
10～200kW	$68.3 + 7.7 \log P_N$ %
200～300kW	86%

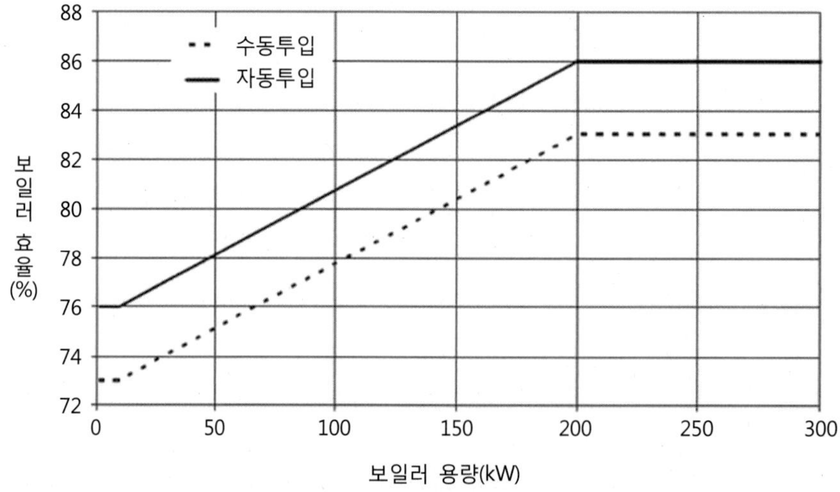

그림 4.6 ONORM EN 303-5에 의거하여 공칭 보일러 출력으로부터 유도된 보일러 효율 요구수준

배기가스 온도가 실온과의 온도차 160K 미만인 수준에서 공칭 부하로 운전되는 보일러의 경우 발생 가능한 검뎅, 불충분한 공급압력 및 응축을 피하기 위하여 배기가스 시스템 관련 정보가 제공되어야 한다. 공급압력의 경우 공칭 보일러 출력으로부터 최대값이 유도되며, 이는 동시에 굴뚝 규격결정에 대한 기준값의 역할을 하게 된다.

EN 303-5에 따른 CO, NOx, OGC 및 분진에 대한 배출한계는 국가(예: 오스트리아, 독일, 덴마크, 스위스, 노르웨이, 네덜란드 및 스웨덴)에 따라 다르며 표 4.8~4.11과 같다. 많은 국가에서 배출한계에 대한 기준으로 EN 303-5를 채택하고 있다. 그러나 역시 많은 국가에서 보다 엄격한 수치를 제시하고 있다.

예를 들어 표 4.8의 고체 바이오매스 연료를 연소하는 자동 및 수동 공급 연소로에 대한 오스트리아의 한계수치는 ONORM EN 303-5에 의거하여 결정되어 있다. mg/MJ을 mg/Nm³으로 변환하려면 식[4.3]을 적용하면 된다. 배출한계(mg/MJ)에 NCV를 곱하고 비배출가스체적으로 나누면 된다. 비배출가스체적은 사용된 연료의 화학적 조성에 따라 달라지므로 연료에 따라 달라진다. 이는 건조 배출가스와 관련이 있고 화학당량적 조건에 좌우된다. 목질계 바이오매스인 경우 비배출가스체적은 연료 1kg(건량기준)당 4.6Nm³ 정도가 일반적이다. 연료의 함수율과 배출가스 내 기준 산소농도를 고려해야만 기준 산소농도에서 건조 배출가스 단위체적당 특정 화합물의 농도(mg/Nm³)를 계산할 수 있다.

표 4.8 ONORM EN 303-5에서 정의된 배출한도

공급시스템	단위	CO	NO_x[2)]	OGC	분진
수동	mg/MJ[1)]	1,100	150	80	60
자동	mg/MJ[1)]	500[3)]	150	40	60
수동[4)]	mg/Nm³	2,460	330	180	135
자동[4)]	mg/Nm³	1,120[3)]	330	90	135

*주: [1)]연료의 NCV와 관련; [2)]목재연소로에만 적용; [3)]부분부하가 정상부하의 30%일 때 제한값이 50% 초과될 수 있음; [4)]식[4.3]을 이용하여 건조 배출가스와 체적비 10% 산소농도에서 단위를 mg/MJ에서 mg/Nm³로 변환

$$c\left[\frac{mg}{Nm^3_{FG_{dry},\ O_{2,ref.}}}\right]_i = c\left[\frac{mg}{MJ}\right] \cdot \frac{NCV\left[\frac{MJ}{kg_{fuel(w.b.)}}\right]}{\frac{kg_{fuel(d.b.)}}{kg_{fuel(w.b.)}} \cdot V_{FG,\ spec.}\left[\frac{Nm^3_{FG_{dry}}}{kg_{fuel9d.b.)}}\right] \cdot \lambda_{O_{2,ref.}}} \quad [4.3]$$

*주: 비배출가스체적은 사용된 연료에 따라 달라지며 $\lambda = 1$에서 연료 1kg당(건량기준) 3.7~4.7Nm³ 수준이다; 목질계 바이오매스의 경우 4.6Nm³를 적용하면 된다; 산소농도 체적비 10%일 때 $\lambda_{O_{2,ref.}} = 1.91$

독일에서는 최대 열출력 1,000kW까지는 연소로에 대한 특별한 허가 없이 목재펠릿을 사용할 수 있다. 짚 펠릿의 경우 허가 없이 사용할 수 있는 최대출력이 100kW이다. 목재펠릿 연소로에 대해 현 시점에서 타당한 배출규제(1.BImSchV)는 무처리 천연 목재칩과 화목에 대한 연소로와 동일한 방법으로 취급되고 있다. 2009년도까지 적용 가능한 요구사항들은 표 4.9~4.12에 제시되어 있다.

짚을 이용한 펠릿의 경우에만 출력 100kW까지 일산화탄소에 대한 한계가 없다는 점에서 약간의 차이가 있다(표 4.8). 이 한계들은 형식시험에서 뿐만 아니라 정상운전 중 정기적인 굴뚝 청소 점검에도 준수되어야 한다. 공칭 열출력 15kW 이상인 자동공급형 목재보일러는 모두 연 1회 점검을 실시한다.

독일의 배출기준은 의회결정을 통과하여 2010년부터 발효되고 있다. 목재펠릿 연소로에 대한 새로운 배출한계는 이전에 비하여 상당히 낮아졌다. 목재펠릿을 위한 중앙난방장치는 일산화타소와 분진 배출과 관련 더욱 엄격한 요구사항들을 충족시켜야만 한다(표 4.8과 4.11 참조). 새로 제시된 규정에서는 목재펠릿이 더 이상 높은 배출한계가 허용되는 목재칩이나 화목과 같은 방법으로 취급되지 않고 있다(4~1,000kW 출력범위의 모든 보일러들에 대해 총 분진 0.1g/Nm^3). 목재펠릿 난로에 대해서는 보일러보다 더 엄격하며(일산화탄소 400mg/Nm^3, 분진은 water jacket 유무에 따라 각각 30과 50mg/Nm^3), 다른 난방시스템들에 대해서도 기준이 다르다(타일난로(tiled stove)의 경우 일산화탄소 한계 2,000mg/Nm^3, 분진 한계 100mg/Nm^{3}가 제시됨). 법적 한계와 달리 자발적 한계수치가 자발적 인증에 사용되기도 한다. Federal Environmental Agency는 펠릿 보일러에 "Blauer Engel(blue angel)"이라는 표시를 부여한바 있다.

덴마크에서 목재펠릿 연소에 적용되는 배출한계는 정부명령에 정의되어 있는 다른 바이오매스 연료들과 동일하다. 한계수치들은 수많은 각종 정부명령들과 Environmental Protection Agency의 지침 등에 정의되어 있다. CO, NO_x, OGC 및 분진에 대한 한계수치는 모든 규모의 장치에 대하여 수록되어 있다. 또한, 제품에 대한 ecolabelling 관련 Nordic co-operation의 일부인 Ecolabelling Denmark는 펠릿을 포함한 바이오매스 연료들을 이용하는 소규모 연소로들에 대한 표시의 기준을 제시하고 있다.

노르웨이 목재난로 시험표준(NS 3059)에 의하면 목재난로 적용부분에서 난방용에 대한 유일한 배출한계는 분진에 대한 것으로 비촉매 적용과 촉매 적용에 대하여 각각 10g/kg-연료와 5g/kg-연료로 제시되어 있다. 펠릿난방보일러와 그보다 규모가 큰 펠릿연소적용분야에 대한 분진, CO 및 NO_x 배출한계는 일반적인 바이오매스 연소에 대한 한계에 맞추어 제시되는 것이 일반적이다. 네덜란드에서 바이오매스 펠릿의 연소에 적용되는 배출한계는 다른 바이오매스 연료에 대한 것과 동일하다.

스위스의 Building Regulations(BBR)에는 난방장치로부터 대기 중으로의 배출에 대한 강제 요구사항들이 제시되어 있다. 펠릿 연소용 보일러들은 연료자동공급형으로 분류되어 있으며, 이에 대한 배출한계수치들은 유럽규격 EN 303-5와 같다.

보일러 운전 중 사람과 접촉되는 부분들에 대한 최고 표면온도는 실온보다 다음의 온도 이상을 초과하지 않도록 해야 한다:

- 금속과 그에 상응하는 물질들에 대하여 35K
- 세라믹과 그에 상응하는 물질들에 대하여 45K
- 플라스틱과 그에 상응하는 물질들에 대하여 60K

이밖에도 시험 자체에 관련된 요구사항들도 명시되어 있다(기본 시험조건, 분석 장치와 방법, 시험 연료, 압력시험, 누출시험). 표준 준수 보장을 위하여 시험성능에 대한 규정도 명시되어 있다. 시험 기준 설립 관련 요구사항에는 시험대상 변수들과 시험기간 등이 포함되어 있으며, 공칭 보일러 출력, 보일러 효율 및 배출을 결정하는 방법도 규정되어 있다. 표준에는 시험절차와 기술문서 작성 방법에 대한 내용도 포함되어 있으며 제품 표시와 수송 및 교육지침서 등에 대해서도 언급되어 있다.

EN 303-5에 의거한 보일러 형식시험 외에도 연소로에 대하여 보다 엄격한 사항들을 요구하는 각종 표시나 인증도 있다. 예를 들어 덴마크에서는 펠릿보일러 제조업자와 수입업자에게 선택사항이 되는 승인절차가 있으며, 여기에는 요구되는 서류, 승인 취득 보일러들에 대한 공식목록에 등재 및 본 승인절차를 신청한 모든 제조업체들의 확인 등도 포함되어 있다. 시험을 거친 보일러들에는 배출과 효율 관련 지표가 표시되며, 이 지표들은 품질에 대한 평가가 아니라 배출과 에너지 관련 사실들만을 나타낸다.

스웨덴의 경우 SP(SP Technical Research Institute of Sweden)의 인증을 받으면 제품에 P 표시를 할 수 있도록 되어 있다. 이 인증은 제품의 품질관리와 제품이 표준, 관련부분 실행 code 및 기타 규정들의 요구사항을 모두 만족시켰으며, 모든 규정에 따라 지속적인 검사가 이루어지고 있다는 증거가 된다. 이 인증은 펠릿 적용장치의 인증, 기술적 요구사항 및 지속적인 검사와 품질관리에 요구되는 조건들을 규정하고 있다. 기술적 요구사항들에는 배출수준뿐만 아니라 안전, 효율 및 신뢰성에 관련된 규정들이 포함된다. 지속적인 품질관리는 주로 공급자에 의해 이루어지며 제품의 최종검사를 포함한 다양한 요소들로 구성되어 있다. 외부관리는 공급자의 검사와 품질관리 과정이 적절히 수행됨을 보장하기 위한 목적으로 SP에 의해 이루어진다. 외부관리 중에 완성된 제품으로부터 시료를 채취하여 성능시험을 하게 된다.

표 4.9 EN 303-5와 각국의 CO 배출한계(mg/Nm³)(Obernberger와 Thek, 2010)

공칭열용량(kW)	EN[a)]	AT[e)h)]	DE	DK	CH	NL	SE
<4	5,000[b)r)] 3,000[b)g)]	1,100[r)] 500[g)]	r)	2,000[b)r)m)] 400[b)g)m)]	4,000[d)]	t)	0.04[d)u)]
4-15	5,000[b)r)] 3,000[b)g)]	1,100[r)] 500[g)]	800[d)l)] 1,000[d)l)] 400[l)l)j)]	2,000[b)r)m)] 400[b)g)m)]	4,000[d)]	t)	r)
15-50	5,000[b)r)] 3,000[b)g)]	1,100[r)] 500[g)]	800[d)l)] 1,000[d)l)] 400[l)l)j)]	2,000[b)r)m)] 400[b)g)m)]	4,000[d)]	t)	r)
50-70	2,500[b)]	1,100[r)] 500[g)]	800[d)l)] 1,000[d)l)] 400[l)l)j)]	2,000[b)r)m)] 400[b)g)m)]	4,000[d)]	t)	r)
70-100	2,500[b)]	1,100[r)] 500[g)]	800[d)l)] 1,000[d)l)] 400[l)l)j)]	2,000[b)r)m)] 400[b)g)m)]	1,000[d)] 500[d)k)]	t)	r)
100-120	2,500[b)]	1,100[r)] 500[g)]	800[d)l)] 400[d)l)j)] 250[c)l)]	1,000[b)r)m)] 400[b)g)m)]	1,000[d)] 500[d)k)]	t)	r)
120-150	2,500[b)]	1,100[r)] 500[g)]	800[d)l)] 400[d)l)j)] 250[c)l)]	1,000[b)r)m)] 400[b)g)m)] 2,500[b)n)]	1,000[d)] 500[d)k)]	t)	r)
150-300	1,200[b)]	1,100[r)] 500[g)]	800[d)l)] 400[d)l)j)] 250[c)l)]	1,000[b)r)m)] 400[b)g)m)] 1,200[b)n)]	1,000[d)] 500[d)k)]	t)	r)
300-500	n.v.	p)	800[d)l)] 400[d)l)j)] 250[c)l)]	500[b)n)]	1,000[d)] 500[d)k)]	r)	r)
500-1,000	n.v.	p)	800[d)l)] 400[d)l)j)] 250[c)l)]	500[b)n)]	500[d)]	r)	r)
1,000-5,000	n.v.	p)	150[c)o)] 250[c)o)]	625[b)n)]	150[c)]	r)	r)
5,000-10,000	n.v.	p)	150[c)o)] 250[c)o)]	625[b)n)]	150[c)]	r)	r)
10,000-20,000	n.v.	p)	150[c)o)] 250[c)o)]	625[b)n)]	150[c)]	r)	r)
20,000-50,000	n.v.	p)	150[c)o)] 250[c)o)]	625[b)n)]	150[c)]	r)	r)
>50,000	n.v.	p)	r)	r)	150[c)]	r)	r)

*주: n.v. 유효 표준 없음; [a)]등급 3만 취급, 최고의 효율과 최저의 배출량 요구; [b)]체적비 10% O_2 dry flue gas 관련; [c)]체적비 11% O_2 dry flue gas 관련; [d)]체적비 13% O_2 dry flue gas 관련; [e)]mg/MJ_{NCV}; [f)]수동공급; [g)]자동공급; [h)]식[4.3]에 따라 mg/Nm³로 변환; [i)]목재펠릿 보일러에 대하여; [j)]2015년도부터 유효; [k)]2012년도부터 유효; [l)]밀짚과 그와 유사한 작물들의 연소 관련; [m)]Nordic Ecolabelling에 의거; [n)]일반적인 바이오매스 연료 관련; [o)]천연목재 연소에 유효; [p)]적용용도와 연료에 따라 다른 배출한계; [r)]일반적 한계 없음; [s)]EN 303-5에 의거; [u)]체적비%(많이 사용되고 있는 펠릿 난로에 유효

표 4.10 EN 303-5와 각국의 NO_X 배출한계(단위: mg/Nm³)(Obernberger와 Thek, 2010)

공칭열용량(kW)	EN	AT[e)h)]	DE	DK	CH	NL	SE
<4	rI	150	I)j)	340[b)m)]	250[d)v)]	rI	rI
4-15	rI	150	I)j)	340[b)m)]	250[d)v)]	rI	rI
15-50	rI	150	I)j)	340[b)m)]	250[d)v)]	rI	rI
50-70	rI	150	I)j)	340[b)m)]	250[d)v)]	rI	rI
70-100	rI	150	I)j)	340[b)m)]	250[d)v)]	rI	rI
100-120	rI	150	I)j)	340[b)m)]	250[d)v)]	rI	rI
120-150	rI	150	I)p)	340[b)m)]	250[d)v)]	rI	rI
150-300	rI	150	I)p)	340[b)m)]	250[d)v)]	rI	rI
300-500	n.v.	p)	I)p)	r)	250[d)v)]	rI	rI
500-1,000	n.v.	p)	I)p)	r)	250[d)v)]	rI	rI
1,000-5.000	n.v.	p)	p)	r)	250[c)v)]	200[f)]	rI
5,000-10,000	n.v.	p)	p)	300[b)n)]	250[c)v)]	150[c)]	rI
10.000-20,000	n.v.	p)	p)	300[b)n)]	150[c)]	150[c)]	rI
20,000-50,000	n.v.	p)	p)	300[b)n)]	150[c)]	150[c)]	rI
50,000-100,000	n.v.	p)	s)	200-650	150[c)]	150[c)]	600[a)w)] 400[a)x)]
100,000-300,000	n.v.	p)	s)	200-650	150[c)]	150[c)]	600[a)w)] 300[a)x)]
300,000-500,000	n.v.	p)	s)	200-650	150[c)]	150[c)]	600[a)w)] 200[a)x)]
>500,000	n.v.	p)	s)	200-650	150[c)]	150[c)]	200[a)x)]

*주: n.v. 유효 표준 없음; [a)]체적비 6% O_2 dry flue gas 관련; [b)]체적비 10% O_2 dry flue gas 관련; [c)]체적비 11% O_2 dry flue gas 관련; [d)]체적비 13% O_2 dry flue gas 관련; [e)]mg/MJ_{NCV}; [f)]체적비 6% O_2 dry flue gas 관련; [h)]식[2.3]에 따라 mg/Nm³로 변환; [i)]한계없음; [j)]N밀짚이나 유사 작물류의 연소에는 한계없음; [m)]ordic Ecolabelling에 의거; [n)]일반적인 바이오매스 연료 관련; [p)]적용용도와 연료에 따라 다른 배출한계; [r)]한계 없음; [s)]일반적/개별적 한계없음; [v)]질량유량 2,500g/h 이상의 경우 관련; [w)]기존 연소장치 관련; [x)]새로운 연소장치 관련

표 4.11 EN 303-5와 각국의 OGC 배출한계(단위: mg/Nm^3)(Obernberger와 Thek, 2010)

공칭열용량(kW)	EN	AT[e)h)]	DE	DK	CH	NL	SE
<4	150[b)f)] 100[b)g)]	80[f)] 40[g)]	i)j)	70[b)f)m)] 25[b)g)m)]	r)	t)	150[b)f)] 100[b)g)]
4-15	150[b)f)] 100[b)g)]	80[f)] 40[g)]	i)j)	70[b)f)m)] 25[b)g)m)]	r)	t)	150[b)f)] 100[b)g)]
15-50	150[b)f)] 100[b)g)]	80[f)] 40[g)]	i)j)	70[b)f)m)] 25[b)g)m)]	r)	t)	150[b)f)] 100[b)g)]
50-70	100[b)f)] 80[b)g)]	80[f)] 40[g)]	i)j)	70[b)f)m)] 25[b)g)m)]	r)	t)	100[b)f)] 80[b)g)]
70-100	100[b)f)] 80[b)g)]	80[f)] 40[g)]	i)j)	70[b)f)m)] 25[b)g)m)]	r)	t)	100[b)f)] 80[b)g)]
100-120	100[b)f)] 80[b)g)]	80[f)] 40[g)]	i)p)	50[b)f)m)] 25[b)g)m)]	r)	t)	100[b)f)] 80[b)g)]
120-150	100[b)f)] 80[b)g)]	80[f)] 40[g)]	i)p)	50[b)f)m)] 25[b)g)m)]	r)	t)	100[b)f)] 80[b)g)]
150-300	100[b)f)] 80[b)g)]	80[f)] 40[g)]	i)p)	50[b)f)m)] 25[b)g)m)] 100[x)]	r)	t)	100[b)f)] 80[b)g)]
300-500	n.v.	p)	i)p)	r)	r)	r)	r)
500-1,000	n.v.	p)	i)p)	r)	r)	r)	r)
1,000-5.000	n.v.	p)	p)	r)	r)	r)	r)
5,000-10,000	n.v.	p)	p)	r)	r)	r)	r)
10.000-20,000	n.v.	p)	p)	r)	50[c)y)]	r)	r)
20,000-50,000	n.v.	p)	p)	r)	50[c)y)]	r)	r)
>50,000	n.v.	p)	s)	r)	50[c)y)]	r)	r)

*주: n.v. 유효 표준 없음; a)등급 3만 취급, 최고의 효율과 최저의 배출량 요구; b)체적비 10% O_2 dry flue gas 관련; c)체적비 11% O_2 dry flue gas 관련; d)체적비 13% O_2 dry flue gas 관련; e)mg/MJ_{NCV}; f)수동공급; g)자동공급; h)식[4.3]에 따라 mg/Nm^3로 변환; i)목재펠릿 보일러에는 한계없음; j)밀짚과 유사작물류의 연소에는 한계없음; m)Nordic Ecolabelling에 의거; p)적용용도와 연료에 따라 다른 배출한계; r)한계 없음; s)일반적/개별적 한계없음; t)EN303-5에 의거; x)UHC(unburnt hydrocarbons); y)Cges

표 4.12 EN 303-5과 각국의 분진 배출한계(단위: mg/Nm^3)(Obernberger와 Thek, 2010)

공칭열용량(kW)	EN	AT[e)h)]	DE	DK	CH	NL	SE
<4	150[b)]	60	[r)]	70[b)r)m)] 40[b)g)m)]	[r)]	100[c)]	[r)]
4-15	150[b)]	60	60[d)i)] 100[d)i)] 20[d)i)i)j)]	70[b)r)m)] 40[b)g)m)]	[r)]	100[c)]	[r)]
15-50	150[b)]	60	60[d)i)] 100[d)i)] 20[d)i)i)j)]	70[b)r)m)] 40[b)g)m)]	[r)]	100[c)]	[r)]
50-70	150[b)]	60	60[d)i)] 100[d)i)] 20[d)i)i)j)]	70[b)r)m)] 40[b)g)m)]	[r)]	100[c)]	[r)]
70-100	150[b)]	60	60[d)i)] 100[d)i)] 20[d)i)i)j)]	70[b)r)m)] 40[b)g)m)]	150[d)] 100[d)k)r)] 50[d)k)g)]	100[c)]	[r)]
100-120	150[b)]	60	60[d)i)] 20[d)i)i)j)] 50[c)i)]	70[b)r)m)] 40[b)g)m)]	150[d)] 100[d)k)r)] 50[d)k)g)]	100[c)]	[r)]
120-150	150[b)]	60	60[d)i)] 20[d)i)i)j)] 50[c)i)]	70[b)r)m)] 40[b)g)m)] 150[b)n)]	150[d)] 50[d)k)]	100[c)]	[r)]
150-300	150[b)]	60	60[d)i)] 20[d)i)i)j)] 50[c)i)]	70[b)r)m)] 40[b)g)m)] 150[b)n)]	150[d)] 50[d)k)]	100[c)]	[r)]
300-500	n.v.	[p)]	60[d)i)] 20[d)i)i)j)] 50[c)i)]	300[b)n)]	150[d)] 50[d)k)]	100[c)]	[r)]
500-1,000	n.v.	[p)]	60[d)i)] 20[d)i)i)j)] 50[c)i)]	300[b)n)]	20[d)]	50[c)]	100[d)y)]
1,000-2.500	n.v.	[p)]	50[c)o)] 20[c)i)]	40[b)n)]	20[c)]	25[x)]	100[d)y)]
2,500-5,000	n.v.	[p)]	100[c)o)] 20[c)i)]	40[b)n)]	20[c)]	25[x)]	100[d)y)]
5,000-10,000	n.v.	[p)]	20[c)i)]	40[b)n)]	20[c)]	5[x)]	100[d)y)]
10.000-20,000	n.v.	[p)]	20[c)i)]	40[b)n)]	10[c)]	5[x)]	[z)]
20,000-50,000	n.v.	[p)]	20[c)i)]	40[b)n)]	10[c)]	5[x)]	[z)]

표 4.12 계속

공칭열용량(kW)	EN	AT[e)h)]	DE	DK	CH	NL	SE
50,000-100,000	n.v.	p)	r)	30-50[b)n)]	10[c)]	5[x)]	100[v)x)] 50[w)x)]
100,000-500,000	n.v.	p)	r)	30-50[b)n)]	10[c)]	5[x)]	100[v)x)] 30[w)x)]
>500,000	n.v.	p)	r)	30-50[b)n)]	10[c)]	5[x)]	50[v)x)] 30[w)x)]

*주: n.v. 유효 표준 없음; a)등급 3만 취급, 최고의 효율과 최저의 배출량 요구; b)체적비 10% O_2 dry flue gas 관련; c)체적비 11% O_2 dry flue gas 관련; d)체적비 13% O_2 dry flue gas 관련; e)mg/MJ_{NCV}; f)수동공급; g)자동공급; h)식[4.3]에 따라 mg/N㎥로 변환; i)목재펠릿 보일러에 적용; j)2015년도부터 유효; k)2012년도부터 유효; l)짚과 그와 유사한 작물들의 연소 관련; m)Nordic Ecolabelling에 의거; n)일반적인 바이오매스 연료 관련; o)천연목재 연소에 유효; p)적용용도와 연료에 따라 다른 배출한계; r)한계 없음; s)일반적/개별적 한계 없음; v)기존 연소장치 관련; w)새로운 연소장치 관련; 체적q; 6% O_2 dry fule gas 관련; y)일반적 권장사항; 일반적 binding 배출한계 없음, 그러나 관습적으로 체적비 6% O_2 dry flue gas에서 20~50mg/N㎥

독일에서는 관련법규 이외에도 펠릿보일러에 대한 자발적 인증인 소위 blue angel("Blauer Engel") label이 있다. 이 label은 연방환경청에서 발급된다. 이는 오직 펠릿만을 연료로 사용하고(다중연료형은 제외) 점화와 제어가 완전자동형이며(수동 공기공급량 제어형은 제외) 기존 보일러에 펠릿버너만을 적용하여 개조한 것이 아닌 공칭용량 최고 50kW까지의 펠릿보일러에 적용될 수 있다. 이 label은 기존 배출기준(1.BImSchV)보다 엄격한 배출기준과 EN 303-5보다 높은 효율을 요구하고 있다. 보조 전력소비량도 규제대상이다. 상세한 요구사항들이 연소, 운전매뉴얼 및 보일러 제작업체가 설치자와 최종소비자에게 제공해야 할 서비스에 대하여 명시되어 있다.

오스트리아에서는 소위 "Umweltzeichen"이라는 환경 label이 있다. 이 자발적 인증시스템은 자동 및 수동 난방시스템과 화목, 목재칩, 브리켓 또는 펠릿을 연료로 하는 공칭용량 최고 400kW까지의 보일러에 적용된다. label은 기존 법규보다 엄격한 효율과 배출기준을 적용하고 있다. 또한, 복사열손실과 보조전력소비량에 대한 최고값을 설정하고 있다. 연소로 제작업체가 설치자와 최종소비자에게 제공해야 할 서비스와 정보도 상세히 규정되어 있으며, 운전매뉴얼 내용에 대한 요구사항도 규정되어 있다.

2.9. ECODESIGN directive

유럽의회의 ECODESIGN directive 2005/32/EC는 에너지 관련 제품 설계에 관련된 수많은 실행제도에 대한 기초가 되고 있다. 이들 제품들에 대한 예비연구가 수행되었고 유럽의회는 이 연구결과를 바탕으로 유럽시장에서 판매되고 있는 제품들의 에너지 효율과 배출 및 제품 특성과 관련된 규제안을 제시할 수 있었다. energy labelling directive에 따라 제품의 에너지 효율을 표시하는 것도 요구될 수 있다. 이미 규정된 잘 알려진 규제의 예로는 냉장고, 세탁기 및 전구 등을 들 수 있다. 이 규제안이 적용되는 소형 연소시스템에는 기름, 가스 및 고체연료에 기초한 난방시스템, 온수가열장치, 실내 냉방장치, 실내 난방기 및 온수 중앙난방시스템 등이 포함된다. 결과적으로 펠릿난로와 펠릿 중앙난방시스템도 이 규제에 의한 영향을 받게 될 것이다.

ECODESIGN directive의 목적은 에너지 관련 제품의 에너지 효율을 향상시켜 전주기적 관점에서 환경적 친화성을 끌어올리기 위함이다. ECODESIGN directive는 제품의 시장출시만을 규제할 수 있을 뿐 그 사용에 대해서는 규제가 불가능하다. 그러므로 실험조건 하에서 배출에 대한 한계값과 최소 효율만을 제시할 수 있다. ECODESIGN directive는 배출가스 측정이나 연료형태에 대한 요구사항 등 최종소비지에서의 운전과 관련된 요구사항들을 제시할 수는 없다. 또한, 기존 플랜트와 관련된 의무사항이나 기존 플랜트의 교체도 불가능하다.

소형 난방시스템에 대해 반드시 적용되어야 할 것으로 예상되는 실행사항들은 다음과 같다:

- 에너지 효율 관련 실험 요구사항
- 주요 오염물질들(예비연구 결과 특히, 입자상 물질 배출) 배출에 대한 실험 요구사항
- 에너지 효율에 대한 labelling
- 보조열저장과 같은 특수 부분과 제어시스템에 대한 규제

2.10. 산업용 및 발전용 바이오매스의 규격

국제적으로 유통되는 목재펠릿에 대해서는 아직 널리 적용되고 있는 기술적 표준이 없는 실정이다. 일반적으로 혼소나 대형 지역난방플랜트를 위한 산업용 목재펠릿은 난로용 목재펠릿보다 품질요구수준이 낮다. 예를 들어 사용 중인 다른 연료들(즉, 석탄)의 회분함량도 매우 높기 때문에 회분함량에 의한 문제가 그리 심각하지 않고, 보일러 역시 회분 대량발생을 고려하여 제작되어 있다. 대규모 소비자들을 위한 가장 중요한 기준은 순발열량이다.

1) 지속가능성 기준, 인증 생산과 추적가능 망 관리

지난 십수년간 특히 수송용 액체 바이오연료들이 식량가격 상승을 촉발하여 열대우림의 황폐화를 야기함으로써 실제적인 온실가스 감축에 이르지 못하였다. 목재펠릿은 주로 산림 폐잔재나 부산물을 이용하므로 현재까지 이러한 주제에서는 제외되어 왔다. 그러나 고부가 가치 원재료를 사용하는 양과 장거리 무역이 증가되면 지속가능한 산림관리와 전체적인 온실가스 감축과 관련된 문제들이 점차 그 중요성을 더 해갈 수 있다. 액체 바이오연료들과 마찬가지로 EU에서는 목재펠릿을 포함한 고체 바이오매스 연료들에 대한 지속가능 생산 관련 인증이 실시되고 있다. 인증 생산과 추적가능 망 관리가 이미 포함된 사례의 하나는 벨기에의 GDF-SUEZ/Electrabel이다.

다른 많은 국가들과 마찬가지로 벨기에는 신재생에너지 사용량 증가에 대한 야심찬 정책적 목표를 가지고 있으며 특히, 발전에 바이오매스를 활용하는 데 주된 목적을 두고 있다. 이 목적을 위하여 신재생 발전에 대한 할당이 도입되었다. 에너지 목적으로 목재를 생산하는 것은 벨기에 산림정책의 목적이 아니며 산림부산물들은 점차 부족해지고 있으므로 벨기에는 신재생 에너지 목표 달성을 위하여 상당한 양의 바이오매스를 수입하게 될 것임을 예견하고 있기 때문이다.

2002년부터 벨기에 utility GDF-SUEZ/Electrabel은 미분탄 발전소에서 다양한 바이오매스 자원들을 혼소하여왔다. 2005년 Electrabel은 2기의 미분탄 발전소를 석탄이나 목재펠릿 혼소 대신에 100% 목재펠릿을 사용하는 형태로 개조하였다. Rodenhuize 발전소는 석탄(70%)과 목재펠릿(25%) 및 올리브케이크(5%)로 발전하고 있다. Les Awirs 발전소는 100% 목재펠릿 활용 형태로 개조되었다. 이 두 발전소의 펠릿 소비량은 연간 약 70만톤에 이른다. 전체적으로 약 15%의 원재료가 벨기에 자체에서 공급될 것으로 예상되며, 나머지는 Antwerp 항으로 도입되어 다시 바지선에 의해 발전소로 수송된다.

발전에 대한 녹색인증 확보를 위해 GDF-SUEZ/Electrabel에 대한 각 펠릿공급자들은 감사를 받아야 한다. 각 공급망은 지역의 독립적인 기관에 의해 분석되고, SGS 벨기에(이하 'SGS')에 의해 승인을 받으며, 여기서 SGS 벨기에는 녹색인증을 위해 벨기에 당국에 의해 인정된 독립기관이다. 무엇보다 먼저 전체 공급망의 에너지수지와 온실가스방출량이 분석된다. SGS는 목재의 원천(활엽수, 침엽수, 톱밥, 대팻밥, 맹아)과 원재료의 펠릿공장까지의 수송을 점검한다. 만일 1차적인 원재료가 사용된다면 식재, 시비, 수확 등에 소요되는 전체 에너지 소비량을 고려해야 한다. 또한, 펠릿생산공정 중 에너지 소비량(성형과 기타 설비에 사용되는 전력과 건조에 사용되는 화석계 연료 또는 바이오매스)과 항구로 최종 운송시 소요되는 에너지(트럭,

철도, 수송선)도 고려한다. 마지막으로 과정 중 소요된 모든 에너지를 인증된 녹색전기로부터 차감한다.

또한, 벨기에 당국은 산림자원의 지속가능 특성이 확실히 증명될 것을 요구한다. 지속가능성의 증거는 공급자가 최종점에 위치하게 되는 추적가능 망 관리시스템에 따라서, 그리고 자원의 지속가능성 보호를 위한 산림인증에 의해 제시된다(FSC, PEFC 시스템 또는 기타 동등한 시스템). 지속가능원칙이 만족되지 못하는 것으로 판정된 경우 벨기에 규제기관들은 녹색인증을 취소할 권한을 갖는다.

최근 몇 년간 Green Gold Label과 같은 지속가능한 고체 바이오매스 무역 보장과 인증을 위한 다른 이니셔티브들도 개발된 바 있다.

2) 산업용 목재펠릿에 대한 기술적 요구사항

지속가능성에 대한 요구 다음으로 이어지는 인증과정에서는 목재펠릿 공급 가능자들에게 열이나 전기 생산플랜트에서의 연소에 요구되는 모든 기술적 요구사항들이 제시된다.

이 모든 것은 "Pellet Supplier Declaration Form"이라는 서류에 집약되어 있다. 이 서류에는 생산업체 대표가 서명하도록 되어 있으며, 벨기에 당국으로 전달되기 전 인증된 검사기관(지역 SGS 대표부)에 의해 검증되고 직인을 받도록 되어 있다. 이 인증과정은 2006년부터 시작되었으며, 원재료 공급을 위한 30개 이상의 공급자들이 SGS에 의해 선별되어 있으며, 이를 통하여 전 세계 모든 곳에 위치한 펠릿공장들과 관련된 화석계 에너지 투입과 온실가스 방출량을 확인할 수 있게 되었다. 계산된 총 배출량은 18~32kg-CO_2 Eq./MWh-pellets 범위이며, 국가에 따라 다르다(독일이 낮고, 캐나다가 높음). 건조열원으로는 주로 지역의 바이오매스 자원을 활용하므로 건조과정이 온실가스 배출에 기여하지는 않는다. 지역에서 목재부산물을 펠릿공장으로 수송하는데 배출되는 양은 대개 2kg-CO_2 Eq./MWh-pellets 미만이다.

이 시스템에 대한 실제 경험에 의하면 과정이 신속하다. 당국에 의한 새로운 공급자의 인정은 2주 이내에 이루어진다. 비용도 저렴하여 인증비용은 대개 바이오매스 연료비용의 0.1% 미만이다.

이 과정을 통하여 원재료 자원의 추적가능성과 지속가능성에 대한 최소한의 보장이 가능하고, 국제 목재펠릿 공급망 인증이 현실적으로 타당하며 공급망에서 에너지 투입량과 온실가스 배출량을 최소화할 수 있는 명백한 인센티브를 제공할 수 있음이 입증되었다. 벨기에의 사례로부터 초기에는 지속가능 기준과 인증 요구사항들이 무역에 대한 부가적인 장애로 볼 수 있지만 장기적 관점에서는 목재펠릿 생산, 무역과 활용의 지속가능성을 확인하고 입증하기 위한 필요하고도 긍정적인 방법일 수 있다.

표 4.13 대형 발전소에 사용될 펠릿의 품질규격(Obernberger와 Thek, 2010)

변수	단위	값
직경	mm	4-10
길이	mm	10-40
휘발성 물질	중량비%(d.b.)	>65
함수율	중량비%(d.b.)	<10
겉보기밀도	kg/㎥	>600
순발열량	GJ/톤(w.b.)	>16
회분함량	중량비%(d.b.)	<2
수피함량	중량비%(d.b.)	<5
초기 용융온도(red cond)	℃	>1,200
염소	중량비%(d.b.)	<0.03
황	중량비%(d.b.)	<0.2
질소	중량비%(d.b.)	<0.5
불소	ppm	<70
인	ppm	<300
첨가제: 페이스트(오직 식물성) 식물성 기름	정성적	식물성만 허용
재활용 목재	정성적	금지
중금속(As = Co + cr + cu + Mn + Ni + Pb + Sb + V)	ppm	<800
비소	mg/kg(d.b.)	<2
카드뮴 + 티타늄	mg/kg(d.b.)	<1
크롬	mg/kg(d.b.)	<15
구리	mg/kg(d.b.)	<20
수은	mg/kg(d.b.)	<0.1
납	mg/kg(d.b.)	<20
아연	mg/kg(d.b.)	<20
할로겐화 유기화합물		
Benzo-a-pyrene	mg/kg(d.b.)	<0.5
Pentachiorphenol	mg/kg(d.b.)	<3
내구성	중량비%(d.b.)	94-98
펠릿 성형전 입자크기 분포		
<4.0mm	중량비%(d.b.)	100
<3.0mm	중량비%(d.b.)	>99
<2.0mm	중량비%(d.b.)	>95
<1.5mm	중량비%(d.b.)	>75
<1.0mm	중량비%(d.b.)	>50

표 4.14 국가 및 과정별 펠릿공급의 이산화탄소 수지(Obernberger와 Thek, 2010)

(단위: kg CO_2 /MWh-펠릿 순발열량)

단계	독일	발틱 국가	스웨덴	러시아	캐나다
지역 수송	1	1	2	2	2
펠릿성형	11	13	15	20	13
바다/강 수송[1)]	4	6	5	7	15
강 수송[2)]	2	2	2	2	2
합계	18	22	24	31	32

*주: [1)]바다나 강을 이용 Antwerp 항으로 수송; [2)]바지선으로 강을 통해 벨기에 발전소로 수송

2.11. 결론

난방을 위한 소규모 시스템에 펠릿을 이용하는 일에서는 환경에 충격을 거의 주지 않는 운전을 위하여 사용된 연소로뿐만 아니라 시스템 자체에 대해서도 고품질을 요구하게 된다. 펠릿과 관련하여 이러한 사항들은 항상 표준들에 의해 보장되며, 오스트리아에서는 펠릿의 생산과 수송 및 저장에 이르기까지 연료공급망 전체를 관리하는 세 가지 표준들로 관리되고 있다. 표준은 품질보장에 특히 중요하며 고품질의 균질한 연료 생산에 필수적이다.

국제적으로 여러 가지 국가별 표준과 품질규정이 있어 펠릿의 품질이 관리되고 있으며, 부분적으로는 각 표준이 서로 크게 다르기도 하다. 따라서 고체 바이오매스 연료에 대한 유럽표준 제정을 위한 노력을 통하여 최근 27개의 기술규격(예비표준)이 공표되었다.

현존하는 모든 표준과 규정들을 바탕으로 최종 소비자들은 실제적으로 그들의 시스템을 문제없이 운전할 수 있는 펠릿이 무엇인 가에 대한 질문에 도달하게 될 것이다. 보일러 제작업체들이 특정한 고품질의 펠릿(즉, 펠릿협회가 인증한)의 사용을 요구하고, 만일 그렇지 않을 경우 부분적 또는 전적으로 보증이 불가능하다는 불확실성이 있어왔다. 독일어 사용국가들에서 적용되고 있는 두 가지 중요한 표준인 ONORM M 7135와 DIN 51731은 이미 고품질 펠릿의 생산을 보장하고 있으므로 상기와 같은 의견은 과장된 것이라 할 수 있다. 또한, 기존 오스트리아와 독일 표준을 조합하여 두 기준 중 더 엄격한 기준을 적용한 소위 DIN_{plus}의 도입으로 관련분야의 많은 전문가들의 의견에 따라 오류 없는 시스템 운전을 위해 요구되는 펠릿의 생산을 보장할 수 있게 되었다. 소비자는 펠릿구매 시 표준(ONORM 또는 DIN_{plus})에 주의를 기울여야 하며, 그렇지 않을 경우 시스템의 오류나 고장의 위험이 발생할 수 있다.

prEN 14961-2에 따른 등급 A1 펠릿이나 DIN과/또는 ONORM 표준이 펠릿주거난방 분야에 사용될 펠릿과 관련하여 주도적 역할을 하게 될 것이다. 이 표준에 의거한 등급 A2도 이 등급

을 적용할 수 있는 펠릿 난방시스템이 출시되는 순간 주거난방 분야에서 사용될 펠릿에 대한 유효한 표준이 될 수 있다(높은 회분함량으로 개조가 요구됨). 초기에 등급 B는 산업용으로 사용될 펠릿을 위한 표준이었다(이 등급의 회분용융온도가 낮거나 회분함량이 높다는 여러 가지 특성들이 소규모 펠릿연소로에는 적용이 불가능하여 등급 B 펠릿은 주거난방분야에 사용할 수 없다). 많은 대규모 산업용 소비자들이 현재 자체 펠릿규격을 마련하고 있으므로 등급 B가 산업용 펠릿에 적합한 표준인가에 대한 의문은 아직 남아 있다.

현재 펠릿이 국제적 및 대륙 간 무역 대상 제품이 되었다는 사실 때문에 국제적 거래가 되고 있는 펠릿에는 HS code가 적용되어야 한다. HS code는 6개의 숫자로 이루어진다. 각 국가들은 관세와 수출을 목적으로 하여 HS 숫자를 8개 또는 10개까지 확장할 수 있다. 이 숫자는 모든 상품의 수출입에 강제적으로 적용되므로 펠릿에 대해서도 적용되어야 한다.

해상운송을 위한 규정의 틀을 제공하기 위하여 International Maritime Organization(IMO)가 1948년도에 설립되었다. 이 기구의 활동에는 안전과 환경 관련문제, 법적 문제, 기술적 협조, 해사안전(maritime security) 및 해상운송 효율 등이 포함되어 있다. 펠릿은 2004년도에 Code of Safe Practice for Solid Bulk Cargo(소위 BC code)에 포함되었으며 산소결핍과 가스방출 등과 같은 해상운송 중 위험한 상황들을 야기할 수 있는 물질의 특성들을 명시하는 한편, 출입허가, 가스감시 및 소화훈련 등과 같은 운영 상 요구사항들도 포함하고 있다.

펠릿에 대한 표준과 규정 이외에도 펠릿의 수송, 저장과 유통, 펠릿 사용 연소로에 대한 기술적 요구사항 등도 국가별로 각기 다른 표준들에 의해 규정되어 있다. 각국의 펠릿생산 표준과 마찬가지로 펠릿연소로 관련 각 규정들도 서로 큰 차이를 보이며 특히, 배출한계에 큰 차이가 있다. 펠릿 관련 배출한계에 대한 국제적인 비교를 해보면 사용단위, 기준 산소농도 및 출력범위별 할당 등이 서로 달라 각 국가들의 서로 다른 배출한계를 직접 비교하는 것은 불가능하다. 그러므로 세계적 수준에서의 통합이 강력히 요구되고 있다.

3. 고형 바이오연료 국제 규격 제정 동향

현재 세계에서 바이오매스 연료 사용의 중심이 유럽에 있음은 모두가 인정하는 사실이다. 따라서 고형 바이오연료에 대한 국제적 규격의 제정 역시 유럽의 방향을 기준으로 할 것이 예상되고 있다. 다음은 국립산림과학원 화학미생물과의 이수민 박사가 제5차 ISO/TC 238 Solid Biofuels 회의에 참석한 결과를 보고한 내용으로 향후 본 규격의 제정 동향을 파악할 수 있을 것으로 판단되어 인용하였다.

3.1. 서론

유럽연합에서는 2020년까지 총 에너지의 20%를 신재생에너지로 대체하는 것을 목표로 전체 산업의 구조를 바꾸는 과정을 진행하고 있다. 관련 연구도 지속적으로 진행되고 있으며, 이는 국제 사회에서 온실가스 배출 저감과 관련된 선도적인 역할을 수행하고 있는 상황이다.

더 나아가, 이제는 바이오매스 에너지 자원의 품질기준을 만드는 작업을 진행하고 있다. 유럽연합의 CEN/TC 335에서는 2002년부터 고형 바이오매스 연료 자원의 품질을 표준화하는 작업을 수행하여 2011년 가을 공식 품질기준을 발표하였다. 이와 더불어 이미 유럽에서는 국제기준인 ISO(International Standard Organization) 기준을 제정하기 위한 기술위원회(technical committee 238)를 2007년부터 운용하기 시작하였다. 2009년 제1회 공식 회의가 미국 시애틀에서 개최된 이후에 올해 2013년까지 5번의 회의가 개최되었다.

국내 시장의 경우, 바이오매스의 중요성은 산림청이 주도한 목재펠릿에서부터 시작되었다고 해도 과언이 아니다. 목재펠릿은 바이오매스 에너지를 대표하는 신재생에너지 자원으로 인식되고 있으며, 가정용 및 산업용으로 그 사용 규모가 확대되고 있다. 여기에 더하여, 전력분야의 신재생에너지 의무 발전제도(Renewable Portfolio Standard: RPS)는 국내 시장 확대의 인화점이 되었다. 이러한 시장 확대는 고형 바이오연료 제품의 품질기준에 대한 필요성 증가에 상당한 역할을 하고 있으며, 관련 제품의 국제 기준은 세계 시장에서 고형 바이오연료의 거래 증대와 신뢰성 확보 등에 기여하게 될 것이다. 여기서는 고형 바이오연료의 국제 표준 제정 동향을 제시함으로써 급격히 성장하고 있는 국내 바이오매스 에너지 산업에 이용 가능한 정보를 공유하고자 한다.

3.2. ISO/TC 238과 고형 바이오연료

ISO/TC 238은 국제표준화기구인 ISO(International Organization for Standardization)의 기술위원회(Technical Committee) 238을 의미하는 약자이다. 이 위원회의 정식 명칭은 고형 바이오연료(Solid Biofuels)인데, 이는 고형 바이오연료 관련 국제 표준 제정 및 개정 관련 업무를 수행하는 위원회라는 의미이다. 아직 고형 바이오연료의 국제 기준이 없는 상황이지만, 가까운 장래에 ISO/TC 238에서 제정된 고형 바이오연료 국제 기준이 발표될 것으로 예상된다.

현재 ISO/TC 238은 24개국의 P-member와 10개국의 O-member로 구성되어 있다. 대부분의 유럽과 북미 국가들은 이미 P-member로 활동하고 있으며, 우리나라도 기술위원회 초기부터 중국과 같이 P-member로 등록되어 있다. ISO/TC 238의 전신은 유럽 표준화 기구인 CEN/TC 335를 들 수 있는데, 2000년부터 유럽에서는 고형 바이오연료의 제품 및 시험방법 등에 대한 표준화 활동이 진행되어 왔다. 현재 ISO/TC 238에서 활동하는 대부분의 국가들도 유럽 CEN/TC 335에서 활동한 전문가들로 구성되어 있다.

표 4.15 ISO/TC 238 국가 구성

구분	국가	합계
P-Member	스웨덴, 스페인, 프랑스, 미국, 오스트리아, 바베이도스, 영국, 독일, 덴마크, 말레이시아, 대한민국, 헝가리, 벨기에, 네덜란드, 아일랜드, 폴란드, 남아프리카공화국, 중국, 캐나다, 핀란드, 노르웨이, 스위스, 태국, 이탈리아	24
O-Member	인도, 크로아티아, 콜럼비아, 아르헨티나, 이란, 세르비아, 일본, 이스라엘, 스리랑카, 체코슬로바키아	10

ISO/TC 238 회의는 2009년 미국 시애틀에서 1차 회의를 개최한 데 이어 2013년 5차 회의를 태국 방콕에서 개최하였다. TC 238 내에는 6개의 세부 작업반(working group9WG)으로 나누어져 있으며, 연 1회 이상의 작업반 회의를 개최한다. WG1은 용어의 정의 부분과 관련된 표준화 업무를 WG2는 고형 바이오연료의 분류와 품질기준, WG3는 고형 바이오연료의 품질 보증 관련 업무, WG4는 고형 바이오연료의 물리적 품질 측정 방법, WG5는 화학적 시험방법, WG6는 시료의 채취 방법 및 분석용 시료 준비 분야로 구분된다.

아직은 고형 바이오연료에 대한 국제 기준이 없는 상황이기 때문에 6개의 WG 중 WG2에 대한 관심이 매우 높다. 이는 WG2가 고형 바이오연료의 품질기준을 결정하는 곳이기 때문에 논쟁도 많이 발생하고, 국가 간 이해 대립도 쉽게 찾아볼 수 있다. 이와 더불어, 품질 시험방법을 다루는 WG4, WG5 등도 논의가 많이 되는데, 여기에는 또 다른 기술기반 상업성이 바탕에 깔려 있는 것으로 판단된다. 그 이유는 일반적으로 제품의 표준 시험방법이라 하면, 대부분의 이해 관계자가 가능하면 손쉽게 그 품질을 측정 및 분석하는 방법을 제시하는 것이 중요한 요소인데, 현 시험방법 표준화 WG들에서는 때때로 다른 국가들에서는 기술적으로 구현이 어려운 방법들도 표준 시험방법으로 선정을 위해 제기된다. 이는 앞으로 시장 확대 시에 관련 기술 분야 선점에 큰 역할을 할 수 있을 것으로 분석하고 있다. 반면, 고형 바이오연료 후발국인 우리나라는 선진국들의 이러한 경향을 면밀히 파악하면, 후발국인 우리나라가 기술력을 키울 수 있는 중요한 디딤돌이 될 수 있을 것으로 판단된다. 다만, 현재는 ISO/TC 238의 의장국이 스웨덴이며, 위원회를 주도하고 있는 국가들이 대부분 유럽 기준 제정에 참여하였던 유럽 국가들이기 때문에 유럽 기준이 상당히 많이 반영되고 있다고 볼 수 있다.

3.3. ISO/TC 238 WG2 연료 품질기준과 목재펠릿 품질기준

WG2는 ISO 17225-1부터 17225-7까지 7개의 소항목으로 구성된다. 일반적인 연료의 품질 구성 요건과 바이오매스 자원의 분류는 1항목에 취급하고 나머지 6개의 소항목은 각각의 고형 바이오연료 품질기준을 논하고 있다. ISO/TC 238에서 제정 중인 고형 바이오연료의 품질기준 품목은 목재펠릿, 목재브리켓, 목재칩, 비목재 펠릿, 비목재 브리켓, 장작으로 구분된다. 이 중 펠릿은 가장 큰 시장을 가지고 있는 분야로 많은 논쟁이 있는 분야로 본 내용에서는 목재펠릿의 품질기준 관련 내용을 주로 소개한다.

현재 WG2에서 다루어지는 대부분의 품질기준은 현재 ISO 기준의 마지막 단계인 DIS(Draft International Standard)의 단계를 밟고 있다. 목재펠릿의 품질기준은 ISO 17225-2 "Graded wood pellets"에서 다루어지는데 크게는 가정용과 산업용으로 구분되며, 가정용은 다시 A1, A2 그리고 B등급으로 세분되고, 산업용은 I1, I2 등급으로 세분된다. 주요 등급 기준 항목으로는 원료물질의 종류, 크기, 함수율, 회분, 내구성, 미세분, 겉보기밀도 등의 물리적 성질과 더불어 발열량, 질소, 황, 염소 및 비소, 카드뮴, 납 등 주요 유해 무기물 8종이 등급 기준에 포함되어 있다.

3.4. ISO 목재펠릿 품질기준 강화와 국내 목재펠릿 품질기준 비교

국내 목재펠릿의 품질기준으로는 국립산림과학원의 "목재펠릿 품질기준(고시: 국립산림과학원2009-2호)"이 있다. 최근 ISO의 품질기준 강화가 지속적으로 제기되고 있는데, 그 이유는 유럽의 목재펠릿 시장이 이미 성숙단계에 들어섰고, 품질 인증제가 2011년 도입된 이후에 안정적으로 유지되고 있으며, 펠릿의 연소 관련 기술도 상당 부분 개선되었기 때문으로 판단된다. ISO에서 품질기준을 공시하면, 국내 ISO 대응 기관인 기술표준원에서도 이의 KS화를 추진할 가능성이 높은 것으로 판단되기 때문에 국내 목재펠릿 생산 업체들도 세계 추세에 맞추어 제조 공정에서의 품질 향상 노력이 필요할 것이다. 이번 5차 ISO 회의에서 결정된 주요 품질기준 변경 내용으로는 가정용 목재펠릿의 등급기준에서 회분기준이 강화될 것이다. 현재는 0.7%, 1.5%, 3.0%로 구분되어 있으나, 0.7%, 1.2%, 2.0%로 강화될 예정이다.

이번 회의에서는 품질기준 강화와 관련하여 상당히 많은 논의가 진행되었다. 프랑스를 제외한 대부분의 유럽 국가들은 품질기준 강화에 찬성한 반면, 프랑스와 대한민국은 반대하는 입장을 표명하였다. 회의에 참석한 아시아 국가는 총 3개국으로 태국과 말레이시아 그리고 대한민국이었으며, 태국과 말레이시아는 품질 강화에 찬성하는 입장을 표명하였다.

동남아시아 국가들은 바이오매스 자원이 풍부하기 때문에 우리나라로서는 고형 바이오연료에 대한 이들 국가로부터의 수입이 증가하고 있는 추세이다. 향후 ISO 표준이 제시되면 우리로서는 이용가능 자원이 줄어든다고 말할 수 있어 이에 대한 대책이 필요한 상황이다.

우리는 일반적으로 기술 표준은 시장에서 확립된 기술과 제품이 일정 기준을 맞추어야 되는 것으로 인식한다. 때문에 첨단 기술의 개발과 표준을 별개로 생각하는 경향이 많다. 이번 ISO 고형 바이오연료 회의에서는 이와는 다른 방향을 엿볼 수 있었다. 품질을 측정하는 방법에서 연구 중인 방법들이 표준 시험방법으로 제시되기 시작한 것이다.

대부분 유럽 주도로 진행되고 있는 이러한 시험방법의 개발 방향은 향후 고형 바이오연료 시장에서 유럽 주도의 기술 시장 개척 및 선점에 중추적인 역할을 할 수 있을 것으로 판단된다.

이 중 한 예가 'X선을 이용한 바이오매스 내 무기물의 정량 정성 분석 방법'이다. 오스트리아에 의해 발의된 이 방법은 관련 기술에 있어서 상당한 반향을 가져올 것으로 예상된다. 이번 회의에서는 검증 가능한 데이터와 자료가 없는 상황으로 지속적으로 논의를 계속한다고 결론지었으며, 오스트리아에는 구체적인 분석자료 제시를 요청하였다. 향후 회의에서는 본격적으로 관련 자료들을 바탕으로 기술을 구체화해 나갈 것으로 판단된다. 이러한 노력은 현재 오스트리아가 바이오매스 분야에서 기술 강국으로 자리 잡고 있는 주된 요인들 중 하나라고 생각된다. 반면, 이러한 ISO 환경은 향후 우리나라에도 기회로 다가올 수 있을 것이다. 새로운 시험방법을 개발하여 제시함으로써 우리의 기술력 확보와 더불어 기술을 선점하는 노력이 필요하며, 이를 위해 지속적인 연구 투자가 있어야 필요한 시점이다.

3.5. 결론

국내 고형 바이오연료 시장이 빠르게 확대되고 있는 현재, 이용 가능한 바이오매스 자원의 지속적인 확보와 활용 방안 마련은 향후 우리나라에서 바이오매스가 재생에너지 분야에서 중추적인 역할을 수행할 것이다. 이러한 목표의 달성을 가능토록하기 위해서는 기본적인 틀 내에서 지속적인 인적, 물적 투자가 진행되어야 한다.

우선, 국내 전문가 풀의 구축과 활성이 시급하다. 국내 고형 바이오연료 시장은 이제 걸음마 단계에 들어섰다. 세계 시장이 이미 성숙 단계로 들어서고 있는 것에 비하여 느린 편이다. ISO/TC 내에서 우리나라가 입지를 강화하고 오피니언 리더로서의 역할을 수행하기 위해서는 국내 관련 업계의 지속적인 협조, 장기적인 정책 개발 및 전문가 풀 구성 등의 정부를 포함한 관·산·학·연 협의체 구축이 필요하다.

더불어, 고형 바이오연료의 기초 연구에 지속적인 투자가 필요하다. ISO/TC 238은 회의 시에 자료에 의한 검증을 중요시한다. 따라서 방대하게 축적된 자료는 아시아 국가들을 비롯한 우리나라의 상황을 설명하고 이해시키는 데 중요한 역할을 할 것이다. ISO는 공표 후에 매 3년 단위로 표준의 내용에 대한 개정이 가능하기 때문에 지금부터 차근차근 준비하는 것이 필요하다고 판단된다.

4. 국내 바이오매스 관련 법규와 규격

4.1. 자원의 절약과 재활용 촉진에 관한 법률

"자원의 절약과 재활용 촉진에 관한 법률"(이후 자재법)은 2003년 자원재활용을 촉진하여 폐기물을 적정하게 처리하고 자원을 효율적으로 이용하도록 함으로써 환경의 보전과 국민경제의 건전한 발전에 이바지함을 목적으로 제정되었다. 이후 여러 번의 개정과정을 거쳤으며, 현재 바이오매스의 활용이 크게 증가되면서 2013년 다시 법 개정을 위한 과정이 진행되었다.

2012년 6월 제시된 시행규칙 일부 개정령 안에서 환경부는 그 개정이유로 "폐기물의 친환경 에너지원으로의 전환을 촉진하기 위하여 팜껍질, 왕겨·쌀겨 등 바이오매스 및 폐고무류 등 가연성 사업장폐기물로 제조한 연료를 고형연료제품으로 추가 인정하고, 바이오 고형연료제품의 수분함량 등 품질기준을 신설하며, 제조·수입자 준수사항 및 시설기준 등을 탄력적으로 운영할 수 있도록 정비하는 한편, 플라스틱을 재료로 사용한 제품·재료·용기 중 일정비율 이상 회수·재활용이 가능한 경우 폐기물부담금을 면제하기 위한 방법과 절차 등 "자원의 절약과 재활용 촉진에 관한 법률" 시행령에서 위임한 사항을 정하기 위함"이라고 밝히고 있다.

개정령안에서 고형연료제품의 종류를 다시 고형연료제품(SRF(Solid Refuse Fuel)과 바이오 고형연료제품(BIO-SRF(Biomass-Solid Refuse Fuel))으로 나눈 것이다. 즉, 팜껍질, 땅콩껍질, 왕겨 등 에너지화에 제약이 있었던 다양한 바이오매스로 제조한 연료를 고형연료제품으로 추가 인정한다는 내용이었다. 따라서 바이오 고형연료제품의 수분함량 등 품질기준을 마련하고, 제조/수입자 준수사항 및 시설기준 등을 현실에 맞게 탄력적으로 운영할 수 있도록 정비하며, 환경부 고시로 고형연료제품 인증기관(한국환경공단)을 정하던 것을 시행규칙으로 규정하고 있다. 여기서 바이오 고형연료제품에 다음과 같이 폐기물들을 사용하여 제조한 경우로 한정하였다.

1) 폐지류
2) 농업폐기물(왕겨, 쌀겨, 옥수수대 등 작물에 한한다)

3) 폐목재류(제재부산물을 포함하며, 철도용으로 사용된 침목과 전신주로 사용된 것은 제외한다)

4) 땅콩껍질, 호두껍질, 팜껍질, 코코넛껍질, 귤껍질 등 식물성 잔재물(음식물류폐기물은 제외한다)

5) 초본류 폐기물

6) 그 밖에 에너지로 사용이 가능하다고 환경부장관이 인정하여 고시하는 바이오매스 폐기물

2013년 12월 24일 상기 일부법률개정안이 국회 본 회의를 통과하였고 2014년 1월 20일 "자원의 절약과 재활용 촉진에 관한 법률 개정안"이 공포되었다. 이 번 개정안은 고형연료제품의 수입 또는 제조자가 품질기준에 따른 품질검사를 받은 후 환경부장관 또는 자치단체의 장에게 신고해야하며, 품질기준에 적합하지 않는 경우가 확인되면 수입/제조 금지 또는 개선을 명할 수 있는 내용 등을 담고 있다.

이를 위하여 폐자원에너지화 촉진을 위한 전담기구(폐자원에너지센터)와 민간단체(한국폐자원에너지협회)도 설치되었다. 환경부는 고형연료제품 수입절차, 품질표시/검사 기준, 제조/사용/시설 관리기준 등을 담은 하위법령을 마련하여 2014년 7월부터 시행 중에 있다.

표 4.16은 바이오 고형연료제품의 규격으로 여기서 성형제품이란 펠릿형태로 성형된 바이오매스 제품을 의미한다.

표 4.16 바이오 고형연료제품의 규격

<table>
<tr><th colspan="2">구 분</th><th>단위</th><th>성형</th><th>비성형</th></tr>
<tr><td rowspan="2">모양 및 크기</td><td>직경</td><td rowspan="2">mm이하</td><td>50</td><td>-</td></tr>
<tr><td>길이</td><td>100</td><td>120×120</td></tr>
<tr><td>수분</td><td></td><td>wt.%이하</td><td>10</td><td>25</td></tr>
<tr><td>순발열량</td><td></td><td>kcal/kg이상</td><td colspan="2">3,000</td></tr>
<tr><td>회분</td><td></td><td>wt.%이하</td><td colspan="2">15.0</td></tr>
<tr><td>염소</td><td></td><td>wt.%이하</td><td colspan="2">0.5</td></tr>
<tr><td>황분</td><td></td><td>wt.%이하</td><td colspan="2">0.6</td></tr>
<tr><td rowspan="5">금속성분</td><td>수은(Hg)</td><td rowspan="5">mg/kg 이하</td><td colspan="2">0.6</td></tr>
<tr><td>카드뮴(Cd)</td><td colspan="2">5.0</td></tr>
<tr><td>납(Pb)</td><td colspan="2">100.0</td></tr>
<tr><td>비소(As)</td><td colspan="2">5.0</td></tr>
<tr><td>크롬(Cr)</td><td colspan="2">70.0</td></tr>
</table>

목질계 바이오매스의 경우에는 회분함량과 순발열량이 모두 본 규격의 수준을 크게 상회한다. 그러나 비목질계 바이오매스의 경우에는 바이오매스원에 따라 회분함량과 순발열량에 큰 차이가 있을 수 있다. 바이오매스 자원이 부족한 우리나라의 조건에서 해외 바이오매스 자원의 확보는 필수적이라 하겠다. 만약 도입되는 바이오매스의 규격을 과도하게 높이면 결국 바이오매스의 해외도입이 원천적으로 봉쇄될 가능성이 컸다. 따라서 본 규격이 적용될 경우 다양한 바이오매스 자원이 확보되고 도입되어 활용될 수 있을 것으로 기대된다.

4.2. 목재펠릿 규격/품질기준

2009년 5월 21일 제정된 "목재펠릿 규격/품질기준"(국립산림과학원 고시 제 2009-2호)과 2013년 6월 28일 개정된 "목재펠릿 규격/품질기준"(국립산림과학원 고시 제 2013-5호)은 가정용, 농업용 및 산업용으로 활용될 목재펠릿에 대한 내용으로 본 규격과는 적용대상이 다르다고 하겠다. 즉, 목재펠릿규격은 소비자들이 안전하게 사용할 수 있는 펠릿의 규격과 펠릿가격 산정을 위한 품질등급을 제시한 것이다. 한편, 바이오 고형연료제품의 규격은 국내산이나 도입제품을 불문하고 사용이 가능한 바이오 고형연료제품 품질의 문턱값(threshold)을 제시한 것으로 이해할 수 있다. 따라서 발전용 바이오매스에는 본 규격이 적용된다고 하겠다.

5. 목재칩 연료

세계적으로 가장 일반적으로 사용되고 있는 발전용 바이오매스 연료는 목재칩(wood chip)이라 할 수 있다. 따라서 여기서는 발전용 목재칩 연료를 중심으로 바이오매스 연료의 발생과 전처리로부터 품질관리 및 저장에 관련된 제반 사항들을 설명하고자 한다.

5.1. 연료용 목재칩의 발생원

연료용 목재칩을 생산할 수 있는 저급 목재 발생원의 범위는 매우 넓다. 주된 원천으로는 제재소와 목재가공공장의 부산물들 및 다양한 산림 부산물 등을 들 수 있다.

5.1.1. 공장 부산물

제재소에서는 원형 단면을 지닌 원목을 도입하여 사각형 단면을 지닌 제재목을 생산한다. 이 과정에서 상당한 양의 부산물이 발생된다.

이 부산물들을 취급하는 방법에는 제재소 규모에 따라 약간의 차이가 있을 수 있다. 대형 제재소에서는 제재 전 원목으로부터 수피를 제거하지만 소규모 제재소에서는 박피(debarking) 공정 없이 원목을 제재한다. 이는 연료공급원과 품질의 관점에서 매우 중요한 차이를 야기한다. 한편, 대형 제재소에는 공정 내 목재파쇄시스템이 갖추어져 있어 연속작업으로 목재칩이 생산된다. 이렇게 생산된 목재칩은 인근 시장에 판매된다. 그러나 소규모 제재소에서는 부산물을 파쇄 할 수 있는 설비를 갖추고 있지 못하여 부산물을 그대로 화목으로 판매하는 것이 일반적이다.

바이오매스 난방시스템용 고품질의 연료를 생산할 수 있는 제재소에게는 강력한 지역의 부산물 시장이 매우 중요하다. 그러나 목재칩을 생산하여 연료로 공급하는 일이 제재소의 주된 사업영역이 아님을 기억해야 한다. 부산물이 아닌 제재목을 생산하는 것이 그들의 주된 목적이다.

그림 4.7 원목의 제재(좌)와 목재칩 수송을 위한 트럭적재(우) 모습

5.1.2. 도시 폐목재

도시에서도 상당한 양의 목재 부산물들이 발생된다. 그 발생원으로는 건설폐목재와 조경수 전정 부산물 등을 들 수 있다. 많은 도시들에서 이 목재들을 목재 팔레트(pallet)나 조경용 멀칭(mulching) 재료 및 유기성 폐기물 발효용 등으로 사용하고 있다. 경우에 따라서는 이 원료들을 연료로 사용할 수도 있다. 그러나 건설폐목재를 연료로 이용할 경우에는 환경오염물질 배출방지를 위한 대책들이 요구된다.

만일 이 원료들을 바이오매스 시스템에 사용한다면 파쇄 후 자력선별을 통해 금속성 물질들을 완벽히 제거해야 한다. 그리고 선별을 통하여 분진과 과대규격 입자들을 제거해야만 우수한 품질의 연료가 될 수 있다. 그러나 도료, 접착제 또는 방부제 등이 처리된 목재는 확실하게 제거해야만 한다.

그림 4.8 도시 폐목재를 이용한 목재칩 생산

5.1.3. 산림 부산물

연료용 목재칩을 생산할 수 있는 산림 부산물로는 간벌 원목, 전목(whole tree) 및 가지치기 부산물 등을 들 수 있다. 이와 같은 부산물들은 대개 상업적 원목 생산이나 간벌 및 개발 프로젝트 등에 의해 발생된다.

1) 원목

소경원목은 칩핑(chipping)을 통하여 고품질의 연료가 될 수 있다. 칩퍼(chipper)에 투입되는 원목의 형태와 직경이 비교적 일정하고 투입속도 역시 일정하게 조절되기 때문에 형태와 규격이 일정한 칩의 생산이 가능하다. 소경원목의 직경은 20cm 미만이 일반적이며, 펄프용재라 불리기도 한다. 소경원목으로부터 칩을 생산하려면 벌채, 가지치기 및 집재 등이 요구되므로 소요비용이 높은 것이 일반적이다.

원목을 이용하여 고품질 목재칩을 생산할 수 있는 기술에는 몇 가지가 있다. 우선 칩퍼의 칼날을 항상 날카롭게 유지해주는 것이 매우 중요하다. 마모되거나 손상된 칼날은 과대규격의 섬유상 입자(stringer)들의 발생량을 증가시키고, 투입장치가 막힐 가능성이 높다. 다음으로는 원목을 집재장소로 옮기는 방법을 들 수 있다. 원목집재기(log skidder)를 이용하여 원목을 지면에 접촉된 상태에서 끌게 되면 수피에 많은 양의 토양과 이물질이 끼게 된다. 이로 인하여 칩퍼의 칼날 마모가 촉진된다. 따라서 칩핑 전에 수피를 제거하는 박피공정을 도입하면 고품질 목재칩 생산이 가능할 것이다.

가지치기를 하지 않고 전목(whole tree)을 수송하여 칩을 생산할 경우 중급 정도의 품질을 예상할 수 있다. 가지치기한 원목으로부터 생산된 목재칩에 비하여 회분함량이 상당히 높지만(잎과 수피의 광물질 함량이 높기 때문) 수피와 잎에 대한 백색목재의 비율이 상당히 높기 때문에 비교적 양호한 품질의 목재칩을 생산할 수 있다.

전목을 이용하여 목재칩 품질을 극대화할 수 있는 몇 가지 전략이 있다. 칩핑 전 벌채된 수목들을 현장에 일정기간(수개월) 방치하여 건조를 유도한다. 마른 잎은 생잎에 비하여 매우 쉽게 제거할 수 있다. 가능하다면 현장에서 가지치기와 박피도 수행하면 보다 높은 품질의 목재칩을 얻을 수 있다.

그림 4.9 연료용 목재칩 생산을 위한 소경원목(좌)과 전목을 이용한 목재칩 생산(우)

2) 가지치기 부산물

생산된 원목의 가지치기 과정에서도 상당한 양의 부산물이 발생된다. 벌채방법과 가지치기 장소에 따라서 이 부산물을 연료용 칩으로 이용이 가능하다. 그러나 이 부산물의 경우 전목에 비하여 수피와 잎에 대한 백색목재의 비율이 매우 낮다.

그림 4.10 가지치기 부산물

이처럼 낮은 등급의 원료로부터 고품질의 목재칩을 생산할 수 있는 취급기술은 다음과 같다. 가능하다면 발생 현장에 수개월 방치하여 건조되도록 한다. 건조될수록 잎 제거가 용이하다. 또한, 디스크 칩퍼를 사용할 경우 밑판을 제거하여 과소규격 입자들이 밑으로 그대로 배출되도록 하면, 분진이 칩과 함께 불려 나가지 않아 칩의 전반적인 품질이 향상되고 칩퍼의 생산성도 향상된다.

3) 입목 바이오매스 총량

표 4.17은 미국 예일대학에서 개발한 입목 바이오매스 총량 계산 프로그램인 Hubbard Brook single-tree biomass program을 이용하여 총 6가지 수종에 대해 입목 1그루에서 생산이 가능한 바이오매스 총량을 줄기, 가지, 잎 및 뿌리 별로 흉고직경을 10cm와 20cm로 나누어 분석한 결과이다.

분석결과 직경 10cm인 입목의 경우 바이오매스 총량이 평균 39.29kg으로 20cm의 210.09kg의 18.7%에 지나지 않아 직경에 따라 바이오매스 총량의 차이가 매우 큼을 알 수 있었다. 한편, 줄기, 가지, 잎 및 뿌리의 평균 바이오매스 량은 각각 54.28%, 19.89%, 3.98% 및 21.20%로 나타났다. 가공을 통한 목제품으로 사용될 줄기의 바이오매스 량이 60%에 미치지 못하는 반면, 지하부인 뿌리의 바이오매스 량이 20%를 넘고 있으며, 가지의 바이오매스 량을 함께 고려할 경우 40%를 초과하고 있다.

따라서 지금까지 수송과 취급의 어려움으로 줄기만을 바이오매스로 이용하였던 전례로부터 벗어나 상당한 잠재력을 지닌 가지와 뿌리를 바이오매스로 활용하는 것이 매우 중요한 일로 판단된다.

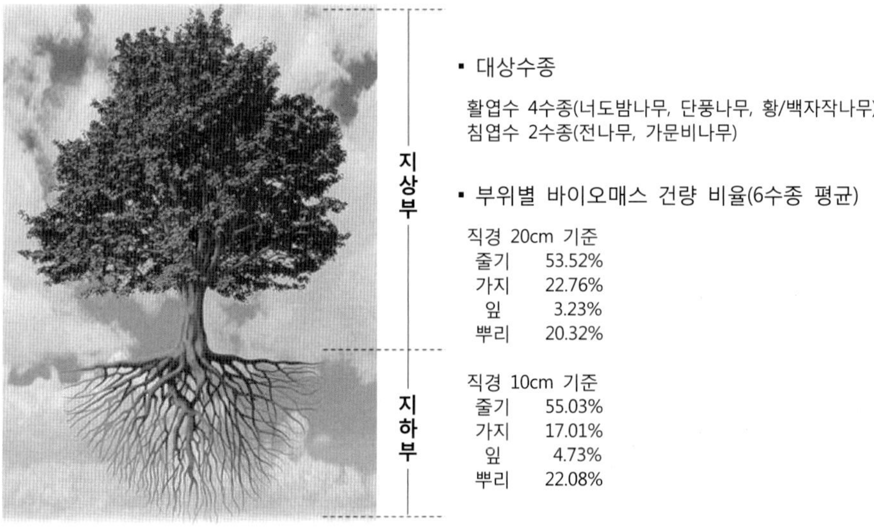

그림 4.11 수목의 부위별 바이오매스 총량

표 4.17 Hubbard Brook single-tree biomass program에 의한 단일 입목의 수종과 직경별 바이오매스 총량 분석결과

수종	너도밤나무		단풍나무		황자작나무		전나무		가문비나무		백자작나무		평균	
흉고직경(cm)							**20**							
수고(m)	14.73		16.41		13.86		11.40		12.88		13.64		13.82	
단위	kg	%	kg	%	kg	%	kg	%	kg	%	kg	%	kg	%
줄기 총량	125.22	56.12	160.05	56.63	123.19	52.04	72.77	52.82	75.87	51.44	121.27	52.09	113.06	53.52
가지 총량	51.00	22.86	68.40	24.20	66.55	28.11	23.12	16.78	25.71	17.43	63.31	27.19	49.68	22.76
잎 총량	4.50	2.02	5.73	2.03	5.21	2.20	7.48	5.43	8.06	5.46	5.15	2.21	6.02	3.23
지상부 총량	181.02	81.13	234.18	82.86	194.95	82.36	103.37	75.03	109.65	74.34	191.73	82.35	169.15	79.68
뿌리(지하부) 총량	42.10	18.87	48.45	17.14	41.76	17.64	34.39	24.96	37.84	25.66	41.10	17.65	40.94	20.32
바이오매스 총량	223.13	100.00	282.63	100.00	236.71	100.00	137.77	100.00	147.49	100.00	232.83	100.00	210.09	100.00
흉고직경(cm)							**10**							
수고(m)	10.23		11.59		9.27		6.38		8.22		10.33		9.34	
단위	kg	%	kg	%	kg	%	kg	%	kg	%	kg	%	kg	%
줄기 총량	27.42	58.01	31.70	63.64	20.85	56.09	11.75	45.83	17.40	50.71	23.23	55.91	22.06	55.03
가지 총량	8.88	18.79	6.80	13.65	8.05	21.66	4.24	16.54	3.23	9.41	9.14	22.00	6.72	17.01
잎 총량	1.31	2.77	1.35	2.71	1.42	3.82	2.24	8.74	2.27	6.62	1.54	3.71	1.69	4.73
지상부 총량	37.61	79.56	39.85	80.00	30.32	81.57	18.22	71.06	25.28	73.68	33.90	81.59	30.86	77.91
뿌리(지하부) 총량	9.66	20.44	9.96	20.00	6.85	18.43	7.41	28.90	9.03	26.32	7.65	18.41	8.43	22.08
바이오매스 총량	47.27	100.00	49.81	100.00	37.17	100.00	25.64	100.00	34.31	100.00	41.55	100.00	39.29	100.00

5.2. 목재칩의 취급

바이오매스의 활용 효율 극대화를 위해서는 각 적용기술마다 요구되는 규격이 달라진다. 표 4.18은 바이오매스 발전에 적용되고 있는 변환기술들에 요구되는 바이오매스의 크기와 함수율을 제시하고 있다. 이와 같은 조건들을 만족시키기 위해서는 바이오매스의 종류별 적절한 전처리(파쇄, 분쇄 및 건조 등) 방법들이 적용되어야만 하며 특히, 전처리과정에 소요되는 에너지와 비용의 측면에서 최적화가 가능한 방법들을 모색해야 한다.

표 4.18 바이오매스 변환기술에 따른 바이오매스 연료 요구 규격(US EPA, 2007)

변환기술	주요 연료 형태	요구 입자크기	요구 함수율	평균 용량범위
스토커 화격자 보일러	톱밥, 수피, 대팻밥, 칩, 호그연료, 사탕수수 bagasse, 왕겨 및 기타 농업부산물	6～50mm	10～50 %wb	4～300MW (주로 20～50MW)
유동층 연소기	사탕수수 bagasse, 저알칼리 연료, 고함수율 목재연료	<50mm	<60 %wb	～300MW (주로 20～25MW)
미분탄 혼소	톱밥, 수피, 대팻밥, 목분, 마쇄분(sander dust)	<6mm	<25 %wb	～1,500MW
스토커, 유동층 혼소	톱밥, 수피, 대팻밥, 목분, 호그연료, 사탕수수 bagasse	<72mm	10～50 %wb	～300MW
향류형 고정층 가스화장치	목재칩, 호그연료, 왕겨, 건조 하수슬러지	6～100mm	<20 %wb	5～90MW
병류형 이동층 가스화장치	목재칩, 펠릿, 목재가공폐재, 견과류껍질	<50mm	<15 %wb	25～100MW
순환유동층 가스화장치	거의 모든 목재와 파쇄된 농업부산물 (단, 분말이나 오염된 물질은 제외)	6～50mm	15～50 %wb	5～10MW
혐기성 소화	동물분뇨와 축사깔개, 식품가공부산물, MSW, 기타 유기성 산업폐기물	-	65～99.9 %wb	-

그림 4.12는 바이오매스 처리량 규모에 따른 바이오매스 연료의 전처리와 취급에 소요되는 단위 투자비용을 미국의 상황에서 비교한 것으로, 처리규모가 500톤/일로 증가됨에 따라 소요비용이 크게 감소함을 알 수 있다. 이는 규모의 경제가 이 분야에서도 적용됨을 의미한다. 따라서 적정규모의 처리량을 결정하는 것도 바이오매스 발전의 경제성에 매우 중요한 요소임을 기억해야 한다.

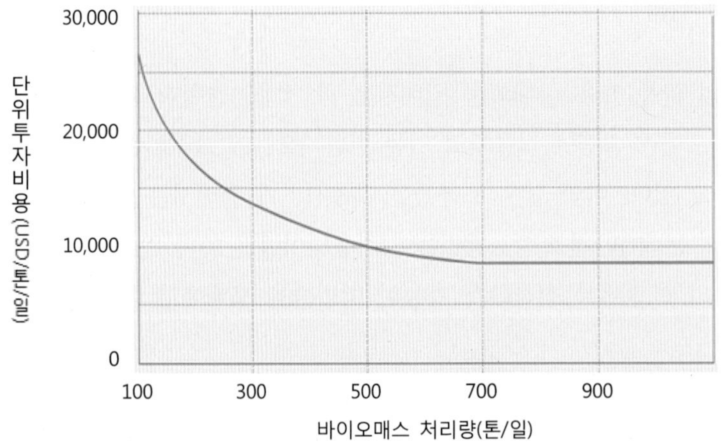

그림 4.12 바이오매스 처리량과 전처리/취급 관련 투자비용의 관계(US EPA, 2007)

5.2.1. 규격 감소

산림에서 생산된 목재칩의 일반적인 처리와 취급과정은 그림 4.13과 같다. 목재를 바이오매스 난방 및 발전 시스템에 적합한 연료로 만들기 위하여 기계적으로 규격을 감소(size reduction)시키는 방법에는 칩핑(chipping)과 분쇄(grinding)의 두 가지 방법이 있으며, 각 방법별로 장단점이 있다. 칩핑은 목표 규격과 형태를 지닌 비교적 일정한 연료를 대량으로 생산할 수 있다는 장점을 지니고 있다. 참고로 일반적인 펄프용 목재칩의 크기는 길이 약 20mm와 두께 약 3mm이며 폭은 길이보다 약간 작은 수준이다.

목재칩 제조과정인 칩핑은 연소에 적당한 크기의 목재연료를 만드는 가장 간단하고도 저렴한 방법이라 할 수 있다. 그러나 목재칩은 겉보기밀도가 매우 낮고(200kg/㎥ 미만), 따라서

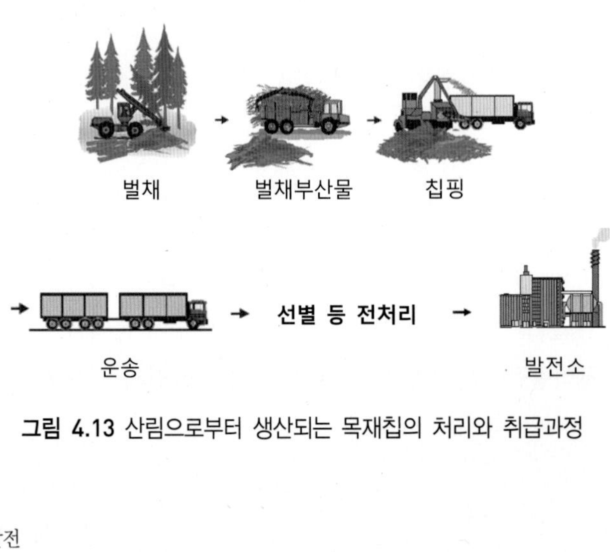

그림 4.13 산림으로부터 생산되는 목재칩의 처리와 취급과정

낮은 에너지 밀도로 인하여 다른 연료들에 비해 단위에너지당 소요되는 운송비용이 매우 높은 단점이 있다. 따라서 단거리의 운송이 가능할 경우에만 연료로 적용하는 것이 경제적이라 할 수 있다. 칩핑이란 용어는 목재를 작은 규격의 칩으로 가공한다고 하여 붙여진 것으로, 벌채된 원목 전체 또는 일부를 칩퍼(chipper)에 투입하여 가공하게 된다. 목재칩을 생산하는 방법에는 칩의 제조 장소에 따라 임지 내 칩핑, 집재지내 칩핑 및 소비지 칩핑 등의 세 가지로 나눌 수 있으며, 전술한 바와 같이 운송비용 등 경제성을 고려하여 선택되어야 한다.

한편, 목재의 칩핑 시 가장 적당한 함수율 수준은 35% 이하인 것으로 알려져 있다. 이 정도의 함수율 수준에서는 목재의 경도가 비교적 낮은 편이고 칩핑 시 수분이 윤활제의 역할을 해주므로 소요동력을 줄일 수 있다.

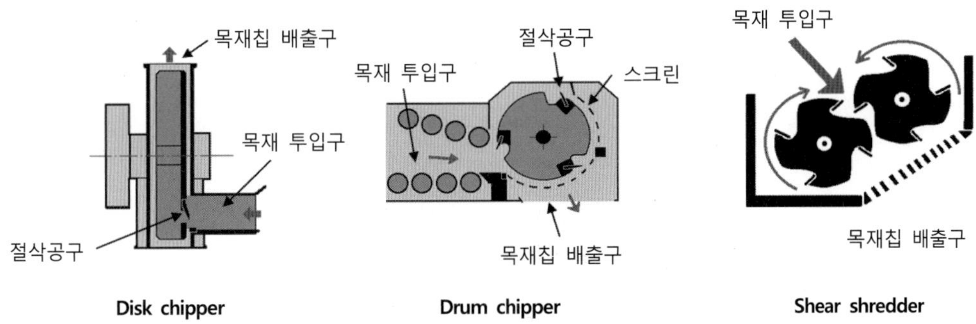

그림 4.14 각종 칩퍼의 칩핑 원리

1) 디스크 칩퍼

디스크 칩퍼(disk chipper)에서는 원재료가 디스크에 다양한 각도로 투입되면서 디스크에 방사방향으로 장착된 칼날들에 의해 절단된다. 디스크 뒤편에는 제품 이송을 위한 shovel들이 장착되어 있다. 배출구의 강철 comb은 2차 분쇄장치 역할을 한다.

일반적으로 디스크 칩퍼에는 투입되는 목재와 45도 각도로 만나게 되는 커다란 디스크가 장착되어 있다. 디스크에는 여러 개의 사각형 홈이 나 있고, 각 홈의 전방 모서리에는 칼날이 장착되어 있다. 목재가 투입되면 회전하는 디스크에 의해 목리의 직각방형으로 슬라이싱을 하게 된다.

유압에 의해 원료가 호퍼로부터 디스크 쪽으로 투입되면 회전하고 있는 디스크 위의 칼날들이 칩으로 절삭해낸다. 디스크형 칩퍼는 드럼형에 비하여 에너지효율은 우수하지 못하지만 비교적 일정한 규격과 형태의 칩을 생산할 수 있다. 현재 대개의 회사들이 이러한 형태의 칩퍼를 사용하고 있으며, 투입 가능한 원료의 규격범위는 15~60cm 수준이다. 산업용 칩퍼의 디스크 직경은 최대 4m에 이르며 소요동력은 최대 4,000~5,000마력에 이른다. 디스크에 장착된 칼날의 속도는 20m/sec 정도가 일반적이다(Gravelsins, 1998).

목재 칩퍼의 비절삭에너지는 평균적으로 약 6kWh/ton(건량기준) 수준이나 대상 목재의 밀도와 함수율에 따라 달라진다. 목재는 함수율이 낮아질수록 전단강도도 낮아지므로 함수율이 높아질수록 비절삭에너지는 증가된다. 일예로 생재상태의 목재를 칩핑할 경우 기건상태에 비하여 비절삭에너지가 약 20% 정도 증가된다(Gravelsins, 1998). 한편, 함수율이 낮을수록 분진의 발생량도 증가된다.

목재칩의 품질은 적용된 설비의 형태와 그 관리상태에 따라 크게 좌우되며, 칩퍼에 투입되는 원료에 따라서도 달라진다. 규격이 균질한 원목이 잘 관리된 디스크 칩퍼에 투입된다면 당연히 일정한 품질의 목재칩이 생산될 것이다. 반면, 직경과 형태가 일정치 않은 원료가 투입된다면 칩의 균질성은 불량하게 될 것이다.

그림 4.15 핀란드 F사의 디스크 칩퍼

2) 드럼 칩퍼

드럼칩퍼(drum chipper)는 가장 먼저 상용화된 칩퍼로, 현재도 제작 및 판매가 되고 있다. 모터와 벨트로 구동되는 커다란 강철 드럼이 주된 역할을 한다. 그러나 최근 개발된 형태들보다 안전하지 못하다는 단점이 있다. 또한 작동 시 소음이 매우 크게 발생하고, 얇은 재료가 투입될 경우에는 원하는 형태가 아닌 길쭉한 형태의 칩(slivers)이 제조될 가능성이 매우 높다. 한편, 드럼과 엔진의 분리가 불가능하므로 너무 크거나 긴 원료가 투입될 경우 기계가 정지하는 일이 빈번하게 발생된다.

드럼칩퍼는 칼날이 다양한 형식으로 배열되어 있는 수평회전드럼으로 구성된다. 칩핑된 제품은 송풍기나 컨베이어벨트에 의해 이송된다. 제품은 배출되기 전 교체가 가능한 표준망을 거치게 됨으로써 일정한 제품이 보장된다. 최근 개발된 디지털 제어형 모델들은 유압장치 등을 이용하여 전술한 문제점들을 대부분 해결하고 있다. 최신 드럼형 칩퍼에 투입 가능한 원료의 크기범위는 15~48cm 수준이다.

Model	3220	3230	6040
Maximum Horsepower	200	200	1000
No. of Knives	4	4	8
Drum RPM	720	720	360
Chips per Hour (m^3) – SPF	85	125	425
Chips per Hour (units) – SPF	15	22	75
Green Tons per Hour (SWE) – SYP	37	55	185
Inlet Opening	16"×20"	16"¡±×30"¡±	28"¡±×40"¡±
Weight (Lbs.)	6200	7800	20000

그림 4.16 캐나다 B사의 드럼형 칩퍼와 규격

한편, 스크루 칩퍼는 대개 원뿔형 스크루로 구성되며, 그 위에 칼날들이 용접되어 있다. 스크루가 원목을 잡아당겨 분쇄하고 배출한다. 그러나 구조가 영구 밀폐형으로 되어 있어 칼날의 재연마가 어렵고 투입가능 규격에도 제한이 있다.

표 4.19는 각종 목재용 칩퍼들의 특성과 성능을 비교하고 있다.

표 4.19 각종 목재용 칩퍼들의 특성 비교

칩퍼 형태	디스크 칩퍼	드럼 칩퍼	콘스크루 칩퍼
원리	• 투입 롤러와 수직으로 설치된 회전 디스크 위에 칼날들을 장착 • 보다 일정한 칩 규격을 위해서 수직으로 절단	• 투입 롤러와 수직으로 설치된 회전드럼 위에 길이방향으로 칼날들을 장착 • 원목을 드럼의 상부나 하부에서 칩핑할 경우 칩규격의 변이 발생이 가능함	• 투입장치와 일직선상에 설치된 원추형 스크루의 각 모서리에 칼날들을 장착 • 칩 규격은 스크루 피치에 의해 결정되며, 매우 일정한 규격의 칩 생산 가능
대상 원목 규격	• 대경목 칩핑을 위한 대형 칩퍼도 있으나 투자비용이 매우 높고 이동이 어려움 • 투입구는 사각형이며 디스크 크기에 따라 제한됨. 일반적인 이동식 디스크 칩퍼의 투입 가능 최대직경은 약 50cm임 • 단척재인 경우 길이가 긴 slivers의 발생비율이 높아짐	• 대형 드럼칩퍼는 대개 투입구의 폭이 높이보다 큼 • 투입구 크기 80cm(높이) × 120cm(폭) • 칩퍼 내부에 선별망이 없을 경우 단척재를 투입하면 다량의 길이가 긴 sliver 발생 가능	• 직경 50cm 이상의 원목에도 적용이 가능하나 가격이 높음 • 대개 2cm나 25cm 이며, 간혹 35cm도 가능함 • 단척재인 경우 길이가 긴 sliver 발생비율이 높아짐

표 4.19 계속

칩퍼 형태	디스크 칩퍼	드럼 칩퍼	콘스크루 칩퍼
선별 시스템	• 선별시스템이 장착되어 있지 않으나 과대규격 칩의 비율을 낮추기 위하여 sliver breaker를 장착할 수 있음	• 대개의 경우 칩퍼 내부에 선별망이 장착되어 있어 효과적인 과대규격 칩 선별이 가능함 • 그러나 이로 인하여 분진발생 비율이 높아질 수 있음	• 자체 선별시스템은 없으나 과대규격 칩의 비율을 낮추기 위하여 sliver breaker를 장착할 수 있음
칩품질	• 칩퍼의 관리가 양호하고 장척재를 투입할 경우 칩품질은 매우 우수함	• 과대규격 칩 비율이 낮아 일정한 품질 유지가 가능하나 분진 비율은 높음	• 장척재인 경우 분진비율이 매우 낮고 규격이 일정한 매우 우수한 품질의 칩 생산 가능
생산성	• 매우 생산성이 우수하며, 적절한 대상물을 투입할 경우 비용도 낮은 수준임	• 동일 출력의 경우 디스크 칩퍼에 비하여 생산성이 낮음	• 투입원료가 적정한 경우 생산성이 매우 우수하고 다른 칩퍼들에 비하여 동력소모도 낮은 편임

3) 새로운 형태의 칩퍼

Whole tree chipper나 Recyclers 등과 같은 대형기계들은 원목 직경 60~180cm 까지 처리가 가능하다. 이와 같은 기계들은 드럼, 디스크 또는 두 가지를 함께 사용하기도 한다. 목재가공기계 중 가장 규모가 크다고 알려져 있는 Tub grinder는 직경 250cm 이상도 처리가 가능하며, 목재를 절삭하는 것이 아니라 카바이드 팁이 장착된 채찍과 같은 형태의 해머를 이용하여 목재를 파쇄한다. 이 기계의 소요동력은 200~1,000마력 수준이다.

파쇄기에는 여러 개의 해머가 장착된 드럼이 있어, 회전하는 드럼에 의해 목재가 작은 입자들로 파쇄된다, 일반적으로 목재 목리와 평행한 방향으로 파쇄가 이루어지므로 길이가 긴 연료의 발생량이 높다.

그림 4.17 Whole-tree chipper(좌)와 Tub grinder(우)

4) 분쇄

원목으로부터 생산된 목재칩(산림 목재칩과 산업 부산 목재칩)의 처리에는 두 가지 방법이 있다. 칩 자체를 건조하거나 또는 건조 전 칩을 분쇄를 하는 것이다. 칩 자체의 건조는 각 칩의 불균일한 함수율로 인한 문제가 야기될 수 있다. 만일 건조 전 원재료가 분쇄되었다면 보다 균일하게 하는 한편 건조 중 형성될 수 있는 덩어리를 파쇄하기 위하여 건조 후 다시 분쇄해야 한다. 2차 분쇄과정은 톱밥과 대팻밥의 경우와 동일하다.

또한, 목재칩보다 더 작은 규격의 원료가 요구된다면 목재칩을 대상으로 한 분쇄가 필요하다. 적정한 미세수준과 균질성을 위하여 해머밀(hammer mill)이 원재료의 분쇄에 주로 사용된다. 해머밀의 모습은 그림 4.18과 같으며, 그 원리는 그림 4.19와 같다. 카바이드 코팅된 해머

그림 4.18 Hammer mill(좌)과 Chop mill(우)

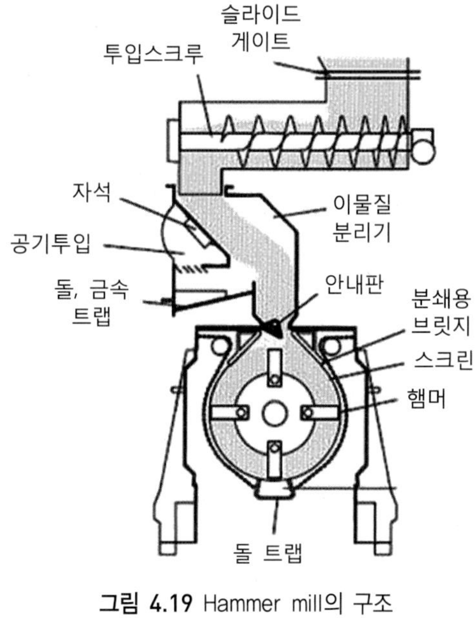

그림 4.19 Hammer mill의 구조

들이 해머밀의 회전축에 정착되어 있다. 해머들이 원재료를 해머밀 몸체에 장착되어 있는 분쇄용 브릿지(grinding bridge)에 내침으로써 대상물이 분쇄된다. 배출되는 입자크기는 입자가 통과해야 할 스크린에 의해 결정된다. 그림 4.18의 우측은 톱밥제조기(chop mill)이라 하며, 칩으로의 1차 파쇄 없이 원목상태 그대로 투입하여 칩보다 작은 규격의 입자를 얻을 수 있다.

한편, 칩핑과정과 마찬가지로 습윤한 목재칩을 분쇄하는 것은 건조된 목재칩의 분쇄에 비하여 더 많은 에너지를 소모한다. 이것이 목재칩 분쇄에 몇 기의 해머밀을 연속하여 사용하거나 대형 분쇄기를 사용하는 이유이며, 이로 인해 투자비용이 증가된다. 이러한 단점에도 불구하고 건조 전 1차 분쇄하는 것이 제어가 보다 쉽기 때문에 더 선호되고 있다.

해머의 속도는 대개 50~65m/sec 수준이며, 목재의 분쇄기 내 체류시간은 장착된 스크린의 규격에 따라 달라지지만 평균 3~4초 정도로 알려져 있다. 분쇄기의 비절삭에너지는 수종과 목적하는 입자규격에 따라 달라진다. 예를 들어 목적하는 입자규격이 20mm인 경우 기건상태와 생재상태 가문비나무에 대한 분쇄기 비절삭에너지는 각각 14와 31kWh/ton(건량기준)인 반면 단풍나무에 대한 것은 각각 33과 83kWh/ton(건량기준)으로 큰 차이를 보인다(Gravelsins, 1998). 활엽수인 단풍나무는 침엽수인 가문비나무에 비하여 그 현미경적 구조가 매우 복잡하여 분쇄과정에 상당히 많은 에너지가 요구된다. 한편, 수피(bark)의 분쇄에 소요되는 에너지는 목재 자체에 비하여 약 50% 수준에 지나지 않을 정도로 적은 것이 일반적이다.

5) 설비의 선택

규격감소를 위한 설비의 선택에는 많은 사항들을 고려해야 한다. 예를 들어 퇴비제조용 원료를 생산해야 한다면 분쇄기(grinder)를 선택하는 것이 가장 바람직 할 수 있다. 분쇄기는 가공과정에서 원료를 타격하여 균열을 발생시킴으로써 작은 입자들로 규격을 감소시키기 때문에 미생물들의 활착이 가능할 수 있는 수많은 미세표면들(micro surfaces)을 만들어주기 때문이다(Goldstein과 Diaz, 2010). 그러나 종류나 규격 또는 유연성 등이 매우 다양한 원료들을 처리해야 할 경우라면 칩퍼나 분쇄기보다는 파쇄기(shredder)가 최상의 선택이 될 수 있다. 이외에도 단위시간당 처리능력, 에너지소비량, 유지관리 요구수준 및 비용 등도 함께 고려되어야만 한다.

5.2.2. 중간 저장과 적재

만일 목재를 칩핑하여 즉시 수송용 차량이나 화물칸에 적재하지 않는다면 오염의 가능성이 있다. 야적장에 그대로 쌓아 둔 목재칩은 과도한 수분을 흡수하게 되고, 적재 시 이물질의 혼입이 가능하다. 만일 수송 전 목재칩의 저장이 요구된다면 콘크리트나 아스팔트 위에 쌓아두는 것이 수송을 위한 적재 시 이물질 혼입을 최소화할 수 있는 방법이 된다. 한편, 유럽에서는 저장 중인 칩더미 내부의 열축적에 의한 화재를 예방하기 위하여 더미의 높이가 10m를 초과하지 않도록 하고 있다. 미국과 캐나다의 경우 소방당국에 의해 목재칩 더미의 크기가 제한되고 있다. 칩더미의 높이와 폭 및 길이는 각각 60ft(18m), 300ft(90m) 및 500ft(150m)를 초과하지 않도록 하고 있다.

5.2.3. 칩 수송

1) 수송방법

목재칩 수송방법에는 몇 가지 대안이 있으며, 최종소비자의 성향에 의거하여 선택하면 된다. 표 4.20은 가장 일반적인 목재칩 수송방법들을 비교하고 있다.

그림 4.20 목질계 바이오연료의 운송부피 비교

표 4.20 목재연료 수송시스템

차량형태	크기(m^3)	특징
walking floor 트레일러	75	접근과 회전 공간이 확보된 대형 프로젝트에 적합
tipping hool lift bin	35	중소규모 표준형 보일러에 적합 tipped body 최고 높이 약 8.2m
walking floor를 갖춘 hook lift bin	35	보일러에 직접 투입 가능 비용이 높지만 토목공사 감축 가능
농업용 트레일러와 트랙터	최대 25	생산지와 근접한 경우에만 적합 적재량의 자유로운 조절 가능
기류이송형 수송차량	약 30	접근이 어려운 장소에 적합 20m 상부까지 칩 이송 가능 소요시간이 김(최장 45분) 과대규격 칩이나 과다한 분진으로 막힘 가능

그림 4.21 walking floor 트레일러(좌)와 덤프 트럭(중) 및 기류이송형 수송차량(우)

한편, 칩수송에 소요되는 에너지를 다음의 유럽사례를 대상으로 분석해보면 함수율 30%인 목재칩을 16km 수송할 경우 수송대상 목재칩 총에너지의 약 0.23%만이 수송에 소요된다. 만일 수송거리가 240km로 연장된다고 하더라도 수송에너지 비율은 단 1.9%에 지나지 않는다. 그러나 이는 단지 에너지의 관점에서만 분석한 것이며, 이를 비용적 측면에서 분석한다면 목재칩 연료의 가격이 그리 높지 않음을 감안할 때 수송비용이 목재칩 가격에서 차지하는 비율이 매우 높을 것으로 판단된다. 따라서 비용절감을 위해서라도 가능한 근접한 지역에서 목재칩을 확보하여 수송거리를 줄이는 것이 바람직하다.

다음은 수송대상 목재칩이 보유한 에너지 중에서 수송에너지가 차지하는 비율을 계산한 예이다. 이 예들에서 보는 바와 같이 수송에너지의 비율은 최대 2% 미만인 것으로 추정되고 있다. 그러나 적재량의 규모가 감소할수록 그 비율은 커지게 되므로 가능한 대량 수송의 방법을 강구하는 것이 바람직 할 것으로 판단된다.

사례 1: hook lift bin 장착 35㎥ lorry

- 함수율 35% 목재칩 8.5톤 수송
- 목재칩 에너지량 12.7GJ/톤 × 1000kg/톤 ÷ 3.6 kWh/GJ = 3530kWh/톤
- 연료소비량 20리터/100km; 연료 에너지량 10.7kWh/리터
- 수송거리 16km; 연료소비량 6.44리터
- 단위 중량당 수송에너지 = 6.44 × 10.7 ÷ 8.5톤 = 8.11kWh/톤
- 수송에너지 비율 = 8.11kWh/톤 ÷ 3530kWh/톤 × 100 = 0.23%

사례 2: Articulated 75㎥ lorry

- 함수율 45% 목재칩 25톤 수송
- 목재칩 에너지량 9.46GJ/톤 × 1000kg/톤 ÷ 3.6 kWh/GJ = 2627kWh/톤
- 연료소비량 48.1리터/100km; 연료 에너지량 10.7kWh/리터

- 수송거리 241km; 연료소비량 116.11리터
- 단위 중량당 수송에너지 = 116.11 × 10.7 ÷ 25톤 = 49.69kWh/톤
- 수송에너지 비율 = 49.69kWh/톤 ÷ 2627kWh/톤 × 100 = 1.89%

2) 목재칩 겉보기밀도

상기와 같은 목재칩 수송 관련 문제에서 목재칩의 겉보기밀도(bulk density)는 매우 중요한 역할을 하게 된다. 표 4.21은 유럽산 수종들의 전건상태 밀도인 기본밀도(basic density)이다. 그러나 원목상태의 목재가 목재칩으로 분쇄되면 자체 팽창이 발생되고 칩과 칩 사이에 공간이 발생되므로 단위체적당 중량은 크게 감소하게 된다. 이를 목재칩의 겉보기밀도라 한다. 목재칩의 겉보기밀도는 함수율 45% 수준에서 침엽수의 경우 270~300kg/㎥ 정도이며 활엽수의 경우에는 320~370kg/㎥ 정도이다. 따라서 전건된 목재칩의 겉보기밀도는 침엽수와 활엽수 각각 150~165kg/㎥과 180~205kg/㎥ 정도로 감소된다.

표 4.21 유럽산 수종들의 원목상태 단위체적당 전건중량

수종	단위체적당 전건중량(kg/㎥)
너도밤나무/참나무	580
물푸레나무	570
버즘나무	540
자작나무	510
소나무	480
가문비나무	390
포플러	380

3) 적하율

적하율(stowage factor)(ft^3/ton)은 주로 수송선에 적용되는 겉보기밀도의 척도이다. 예를 들어 겉보기밀도 700kg(w.b.)$_p$/㎥를 식[4.4]를 이용하여 적하율로 변환하였다. 결국 적하율이란 겉보기밀도의 역수이다. 이를 ㎥/ton으로 환산하면 1.43이 된다.

$$Stowage\,factor = \frac{35.31ft^3/m^3}{700kg/m^3} \cdot 1{,}000kg = 50.4ft^3/\text{ton} \qquad [4.4]$$

수송선이나 열차로 장거리를 대량으로 벌크 수송하는 경우 수송 중 진동에 의해 펠릿이 다

져져 표준 겉보기밀도에 비해 체적이 최고 3~5% 감소될 수 있다.

유럽기술규격 "고체연료-겉보기밀도의 결정"(CEN/TS 15103:2005)에 규정되어 있는 제한된 충격에 벌크상태 시료의 노출방법에 따라 충격유무에 따른 다짐효과의 차이를 측정하였으며, 그 결과는 그림 4.22와 같았다.

제한된 충격에 의해 체적이 일정수준 감소되고, 이는 생산 과정 중 발생되는 다짐효과의 원인이 되기도 한다. 이와 같은 효과들은 유럽 겉보기밀도 측정기준에서 선택하고 있는 겉보기밀도 측정장비보다 훨씬 커다란 용기나 저장고에 연료가 저장되거나 수송된다는 사실에 기인한다. 그러므로 실제 질량부하가 높을수록 부하압력도 증가되어 연료가 다져지고 수송 중 진동도 이와 같은 현상을 촉진하게 된다. 또한, 실제 적재나 하적 과정에서 낙하되는 거리 역시 실행된 시험에 비해 매우 크다. 한편, 낙하되는 펠릿의 운동에너지가 증가되어 다짐현상이 더 촉진된다. 그러므로 시료에 제한된 충격을 적용하는 과정은 충격 없이 실시되는 방법에 비하여 실제 겉보기밀도에 보다 가까운 수준을 제시한다고 믿어왔다. 수송된 연료의 질량이 현재 많은 국가들에서 사용되고 있는 수송장비의 적재체적을 기준하여 추정되었다면 이것은 사실이라 할 수 있다. 충격에 대한 노출에 의한 각종 고체 바이오연료들의 다짐효과는 6~18% 수준이다.

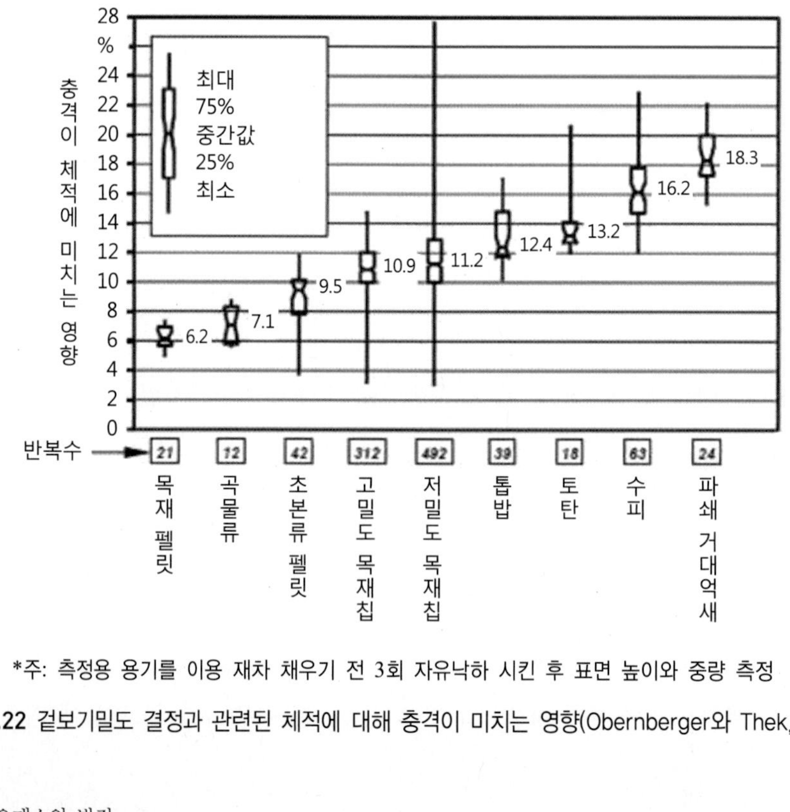

*주: 측정용 용기를 이용 재차 채우기 전 3회 자유낙하 시킨 후 표면 높이와 중량 측정

그림 4.22 겉보기밀도 결정과 관련된 체적에 대해 충격이 미치는 영향(Obernberger와 Thek, 2010).

5.2.4. 선별

경우에 따라서는 목재칩의 규격별 선별이 요구될 수도 있다. 모든 칩이 원하는 규격을 지닌 것이 아니다. 만일 과대/과소 규격의 칩이 다량 존재한다면 선별이 필요하다.

선별 메커니즘에는 여러 가지가 있다. 대개의 경우 과대/과소 규격 연료들을 제거하고 그 나머지를 사용하게 된다. 이상적인 것은 1회의 통과로 과대규격 입자와 분진을 동시에 제거하는 것이다. 선별은 목재칩의 품질 개선에 매우 중요하지만 추가적인 비용이 요구된다. 만일 선별장치를 칩핑설비와 연결한다면 최고의 효율을 달성하여 가공비용을 최소화할 수 있을 것이다. 참고로 영국 런던의 경우 폐목재를 이용하여 연료용 목재칩을 생산한 후 선별한 결과 표 4.22와 같은 규격분포를 얻은 바 있다.

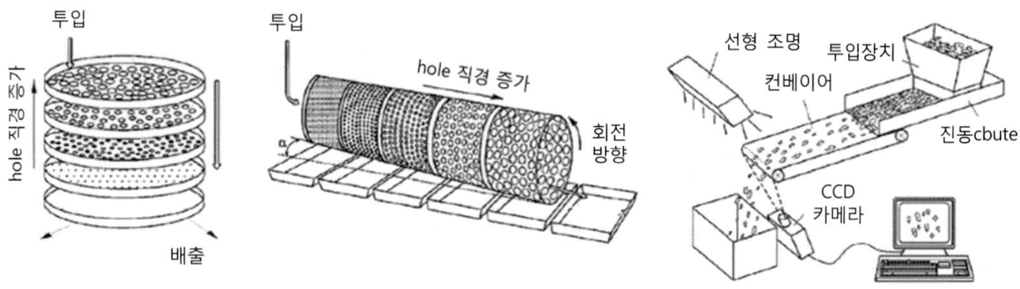

그림 4.23 목재칩 규격 선별방법(좌부터 수평스크린(horizontal screen)형, 회전스크린(rotating screen)형, 화상분석(image analysis)형)

표 4.22 폐목재를 이용한 연간 1,100톤의 목재칩 생산시 규격분포(Obernberger와 Thek, 2010)

규격 범위(mm)	중량비 %
5 × 5 미만	2 ~ 3
5 × 5 ~ 10 × 10	6 ~ 11
10 × 10 ~ 15 × 15	12 ~ 19
15 × 15 ~ 20 × 20	20 ~ 24
20 × 20 ~ 25 × 25	25 ~ 30
25 × 25 ~ 30 × 30	9 ~ 10
30 × 30 ~ 35 × 35	약 5
35 이상	약 3

바이오매스의 특성은 다른 재료들에 비하여 변이의 폭이 매우 넓어 특정 바이오매스에 적절한 선별장치나 방법을 선택하는 것이 쉽지 않다. 또한, 동일한 바이오매스라 하더라도 선별

공정이 설치될 장소의 조건 즉, 요구되는 처리량, 위치, 온도, 함수율 및 가동시간 등이 선별 공정의 효율에 영향을 미친다. 한편, 선별공정의 목적이 과대규격이나 과소규격 또는 두 가지 규격 모두를 제거하는 것인 지 등도 고려해야만 한다. 다음은 목재 바이오매스에 대하여 일반적으로 적용되고 있는 선별장치들의 특성이다.

(1) 디스크 선별기(disc screen)

일정 간격으로 배치되어 있는 회전축에 디스크들이 장착되어 있다. 회전축과 회전축 사이의 간격(slot length)과 디스크와 디스크 사이의 간격(interface opening)에 의해 선별 규격이 결정된다. 회전하고 있는 디스크 위로 바이오매스가 투입되므로 바이오매스는 디스크에 의해 그 회전방향으로 이송된다. 상기 간격들보다 작은 입자들은 하부로 낙하되어 선별된다. 따라서 요구되는 처리량과 원하는 규격에 따라 회전축과 디스크의 폭, 길이 및 개수와 간격들이 결정된다. 경우에 따라서는 각 부분별로 간격을 달리하여 여러 가지 규격으로 선별도 가능하다.

디스크의 단면모양은 처리대상 바이오매스의 특성에 따라 달라질 수 있으며, 회전축의 화전속도는 비교적 느린 편이다(30～40rpm). 간극 사이에 대상물이 끼어 과부하가 발생할 경우에는 자동탐지하여 수초동안 역회전하였다가 다시 정회전함으로써 문제를 해결할 수 있다.

일반적으로 디스크 스크린은 과대규격 원료의 제거를 목적으로 한다. 따라서 이송이나 선별공정의 최초 과정으로 선택되는 것이 보통이다.

(2) 선회체 선별기(gyratory screen)

선회체 선별기는 여러 층의 선회체들로 구성된 상자의 형태를 취하고 있다. 이 상자를 수평방향으로 선회시키면 여러 규격의 입자들로 선별된다. 일예로 최상층에는 직경 45mm, 중간층 직경 13～16mm, 최하층 직경 3～5mm의 천공 체를 두면 4가지 규격으로의 구분이 가능하다.

선회체 선별기는 다른 선별기들에 비하여 단위면적 당 처리능력이 크고 소요동력은 적은 장점이 있다. 선회주기는 약 200～300rpm, 스트로크 38～50mm, 체 경사도 5～10도 정도이다. 따라서 대상물에 대한 부드러운 취급이 가능하지만 체의 눈이 막힐 가능성이 높다. 이 경우에는 체와 체 사이에 bouncing ball을 투입하여 ball들이 상하부 체에 충격을 가해줌으로써 눈막힘 문제를 방지할 수도 있다. 그러나 ball의 손상에 의한 이물질 발생도 고려해야 한다.

선회체 선별기는 주로 제재소, 목질판상재료 제조공장 및 펄프제지공장 등에서 많이 사용하고 있으며 특히, 목재칩, 톱밥, 대팻밥 또는 목재펠릿 등의 취급에 적합하다.

(3) 진동체 선별기(vibrating screen)

진동체 선별기 역시 선회체 선별기와 마찬가지로 여러 층의 체들로 구성된다. 다만, 체의 운동이 선회가 아닌 진동으로 이루어진다. 진동수는 800~1000rpm, 스트로크는 6~10mm, 경사도는 15~20도 수준이 일반적이다. 경사각도는 선회체 선별기에 비하여 큰 편이다.

수직방향으로의 진동을 주어 진동체가 대상물질 입자들을 공중에 띄워 경사진 진동체 위로 다시 떨어지게 한다. 따라서 체의 구멍보다 작은 입자들은 체 하부로 배출되는 반면 구멍보다 큰 입자들은 체 상부에서 흘러내리게 된다. 이 형태의 단점으로는 높은 진동수로 인해 체가 쉽게 손상되어 유지비용이 높고 소음이 큰 점 등을 들 수 있다.

(4) Flip-flow 선별기

이 선별기는 여러 개의 유연한 폴리우레탄 천공판으로 구성되어 있다. 천공판은 양쪽 두 개의 강철프레임 사이에 장착되어 늘려졌다가 다시 원상태로 되돌아가는 과정을 반복함으로써 판위에 놓여 있는 대상물질을 공중에 띄우게 된다. 목재칩의 경우 판의 설치각도는 약 20도 정도이다.

대상물질에 강력한 g-force를 줄 수 있으므로 동결되거나 서로 응집된 물질에도 적용이 가능하다. 또한, 판 자체가 늘려지게 되므로 구멍이 막히는 현상은 거의 발생되지 않는다.

(5) 회전 선별기

회전 선별기(trommel screen)는 회전하는 둥근 원통형의 체로 구성된다. 설치각도는 2~8도 정도이며 원통 길이방향으로 각기 다른 규격의 체를 설치하면 한번의 작업으로 여러 가지 규격으로의 선별이 가능하다.

평면형의 선별기들에 비하여 상대적으로 대상물질과의 접촉면적이 작아 규격 대비 선별기 규모가 큰 단점이 있으나 투자비용이 비교적 낮고 진동이 없으며 소음이 적은 장점이 있다.

(6) 그리즐리 선별기

그리즐리 선별기(Grizzly screen)는 여러 개의 평행한 강철막대들을 20도 이상의 높은 경사도로 설치한 형태를 취하고 있다. 막대와 막대 사이의 간격보다 작은 물질들은 하부로 배출된다. 경우에 따라서는 진동을 주어 체류시간을 연장함으로써 선별효율을 극대화할 수도 있다.

일반적으로 이 선별기는 1차선별과정에서 매우 크고 무거운 물질들을 선별하는데 적용한다.

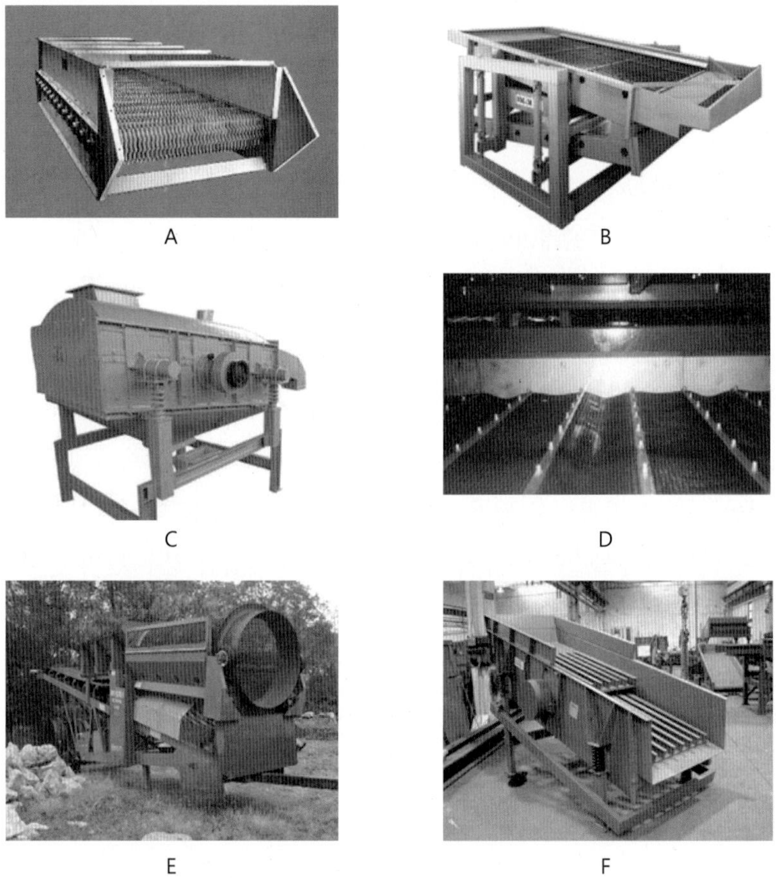

그림 4.24 A: 디스크 선별기그림, B: 선회체 선별기, C: 진동체 선별기, D: Filp-flow 선별기, E: 회전 선별기, F: 그리즐리 선별기

5.3. 목재칩 품질

목질계 바이오연료(biofuels)에는 가장 단순한 화목(firewood)으로부터 단순히 규격을 축소한 칩(chip)과 압축을 통한 일정 형태로의 성형과정을 거친 펠릿(pellet)이나 브리켓(briquette), 그리고 열분해를 거쳐 생산되는 바이오오일(bio-oil)에 이르기까지 매우 다양한 형태와 특성의 연료들이 포함된다.

화목 | 목재칩 | 톱밥과 대팻밥 | 브리켓과 펠릿

그림 4.25 목질계 고체 연료의 형태

목재칩의 특성과 연료로서의 전반적인 품질에 영향하는 인자는 매우 다양하다. 목재는 다양한 형태와 규격으로 도입될 수 있으며, 다음은 연료로서 칩의 품질을 결정하는 가장 중요한 변수들이다.

5.3.1. 품질 영향인자

1) 바이오매스 발생원

가. 활엽수와 침엽수

목재산업에서 발생된 목재칩(industrial wood chips(IWC))이란 주로 제재산업의 목재가공과정으로부터 발생된 기계적 파쇄 부산물을 의미한다. 한편, 산림에서 발생된 목재칩(forest wood chips(FWC))이란 산림에서 직접 발생된 것으로 열적 활용을 목적으로 한다. 대팻밥과 톱밥은 모두 절삭공정에서 발생된다.

목재의 발열량은 4,500~6,800kcal/dry-kg 수준으로 그 변이가 매우 크다. 수피의 발열량도 4,000~6,000kcal/dry-kg 수준이다. 목재의 수종이 목재칩의 발열량을 결정하기도 한다. 그러나 일반적으로 침엽수가 활엽수에 비하여 발열량이 높은 편이다. 수종별 변이의 중요한 인자는 함수율과 밀도이다. 또한, 유지함량이 높은 특정 수종의 경우 높은 발열량을 나타내기도 한다.

각종 수종별 순발열량이 원재료 선택의 기준이 되지는 못하며, 침엽수는 일반적으로 회분함량 기준치를 만족시키나 활엽수는 초과하는 경우가 많다. 한편, 대개의 경우 침엽수는 질소, 황 및 염소 농도에 대한 연료 기준치를 만족시키지만 경우에 따라서 황 농도만이 기준치를 초과할 수도 있다. 활엽수의 경우 너도밤나무는 질소 기준치를 초과하는 경우도 있다.

제재소로부터 발생되는 목재칩의 경우 저장고 설계(포장 또는 비포장)에 따라 무기물 오염이 가능하다. 목재가공산업에서 발생되는 목재칩의 경우 본 산업에서 제재목을 사용하고 있으므로 무기물 오염의 정도가 낮을 것으로 예상할 수 있다. 톱밥과 대팻밥도 일반적으로 이물질에 의한 오염이 거의 없거나 오염의 수준이 낮다. 그러나 산림으로부터 발생되는 목재칩은 채취와 수송 과정에서 오염될 수 있다.

표 4.23 각종 목질계 바이오매스의 특성(Obernberger와 Thek, 2010)

변수	단위	제한값	원재료 평균값	비고
순발열량	kWh/kg(w.b.)	h	약 4.9	활엽수(너도밤나무)
			약 5.2	침엽수(가문비나무)
회분함량	중량비%(d.b.)	0.7	1.0-1.3	활엽수(너도밤나무, 참나무)
			0.37-0.77	침엽수(가문비나무, 전나무)
질소함량	중량비%(d.b.)	0.3[1)]	0.21-0.41	활엽수(너도밤나무, 참나무)
			0.07-0.11	침엽수(가문비나무, 전나무)
황함량	중량비%(d.b.)	0.03[1)]	0.02-0.05	활엽수(너도밤나무, 참나무)
			0.01-0.05	침엽수(가문비나무, 전나무)
염소함량	중량비%(d.b.)	0.02[1)]	약 0.01	활엽수와 침엽수
광물질오염	중량비%(d.b.)	l	가능	저장공간 설계에 따라 IWC로부터 보일러연료
			낮음	벌채와 목재생산에 의한 FWC
			매우 낮음	목재가공산업으로부터 IWC 톱밥과 대팻밥
			2.8-63[2)]	IWC, FWC 대팻밥
			5-12	톱밥
입자크기	mm	<4	<5	목분
			<0.315	보드제조산업으로부터 IWC와 톱밥
			40-55	목재가공산업으로부터 IWC와 톱밥
			<20	벌채 시 FWC
함수율	중량비%(d.b.)	8-12	40-60	일반 작업 후 FWC
			25-35	목분
			<10	너도밤나무
			21.9-24.0	가문비나무
			20.8-30.0	전나무
리그닌함량	중량비%(d.b.)	h	약 27.0	낙엽송
			26.0-28.6	참나무
			27.5-28.6	

*주: [1)]prEN 14961-2 등급 A1의 기준치; [2)]ONORM 7133에 따른 최빈 입자크기의 분포; h: 가능한 높은 수준으로; l: 가능한 낮은 수준으로

나. 수피

수피(bark)는 나무줄기 최 외층으로, 박피(debarking)과정에 의해 분리된다. 박피는 주로 제재소와 펄프공장에서 이루어지므로 이 두 곳이 수피의 주요 발생장소라 할 수 있다.

수피의 순발열량은 목재와 거의 같다. 회분함량은 상당히 높으며, 이는 무기질 함량의 차이 이외에도 수피 생산 이전 단계(벌채, 집재, 운재 및 저장)에 의한 영향이 더 클 수도 있다. 수피의 회분함량은 매우 높으며 질소, 황 및 염소 함량도 수피가 목재에 비하여 높으므로 이 또한 수피이용에 대한 제한요소가 된다.

수피는 제재소나 제지공장에서 다양한 크기의 입자로 분쇄된 상태로 출하되므로 다른 형태로의 성형 전 분쇄과정을 거쳐야 한다. 또한, 수피의 초기함수율이 45~65%(습량기준)에 달하므로 건조과정도 필수적이다. 하지만 수피는 목재처럼 분쇄가 쉽지 않기 때문에 수피의 분쇄에 많은 어려움을 겪게 된다. 그러므로 일반적으로 절삭형 분쇄기(cutting mill)가 적용되고 있다.

표 4.24 수피의 연료적 특성(Obernberger와 Thek, 2010)

변수	단위	제한값	평균값	비고
순발열량	kWh/kg(w.b.)	4.5	4.9-5.6	수피, 혼합
회분함량	중량비%(d.b.)	1.5	2.0-5.0	비오염 수피 최고값 5%, 광물질오염에 의한 높은 값
질소함량	중량비%(d.b.)	0.5[1]	0.3-0.45	
황함량	중량비%(d.b.)	0.03[1]	0.035-0.055	
염소함량	중량비%(d.b.)	0.02[1]	0.015-0.02	
광물질 오염	중량비%(d.b.)	l	비교적 높음	예비공정에 기인함
입자크기	mm	<4	>>4.0	형태가 매우 불규칙하여 길이가 최장
함수율	중량비%(d.b.)	<18	45-65	50cm
리그닌함량	중량비%(d.b.)	h	16.2-50.0	제재소 발생 수피의 일반 함수율 수피, 혼합

*주: [1]prEN 14961-2 등급 A2의 기준치; l - 가능한 낮은 수준으로; h - 가능한 높은 수준으로

다. 에너지작물

에너지작물(energy crops)이란 에너지 활용의 목적으로 경작한 목재를 말한다. 에너지생산에 활용 가능한 속성 수종의 예로 포플러, 오리나무 및 버드나무를 들 수 있다. 이 수종들은 일반적으로 펠릿성형이 잘 되므로 펠릿성형에의 적용가능성은 의심의 여지가 없다. 버드나무와 포플러는 펠릿생산에 매우 적합하며 펠릿의 품질도 우수하다.

그러나 펠릿생산을 위해서는 수확한 목재를 분쇄하고 건조해야 하므로 경제적 관점에서 펠릿생산을 위하여 에너지작물을 심는 것은 최근까지도 의문시 되어 왔다. 오히려 목재칩을 중대형 규모 플랜트에 직접 사용하는 것이 경제적 관점이나 배출가스 관점에서도 더 합리적일 수 있다. 회분과 칼륨 함량이 높아 분진배출량이 증가되므로 집진이 요구된다. 또한, 단기순환작물로 prEN 14961-2의 등급 A1이나 A2 펠릿을 제조할 경우 회분, 질소 및 황 함량이 문제가 될 수도 있다.

표 4.25 포플러와 버드나무의 회분, 질소, 황 및 염소 함량(Obernberger와 Thek, 2010)

성분	단위	제한값[1)]	제한값[2)]	함량
회분	중량비%(d.b.)	0.7	1.5	0.6-2.3
질소	mg/kg(d.b.)	3,000	5,000	1,000-9,600
황	mg/kg(d.b.)	300	300	300-1,200
염소	mg/kg(d.b.)	200	200	100

*주: [1)]prEN 14961-2 등급 A1 기준; [2)]prEN 14961-2 등급 A2 기준

2) 총발열량, 순발열량 및 에너지밀도

고체연료의 총발열량은 완전연소 시 열에너지와 고체연료 질량의 지수로 정의되며, 여기서 연소 중 형성되는 물은 액체상태이며 연료의 연소 전 온도와 연소 생성물들은 일정한 값을 지닌다. 고체연료의 순발열량도 역시 완전연소 시 열에너지와 고체연료 질량의 지수로 정의되며, 여기서 연소 중 형성되는 물은 기체상태이며 연료의 연소 전 온도와 연소 생성물들은 일정한 값을 지닌다.

에너지밀도는 사용된 원재료 즉, 원재료의 화학적 조성에 전적으로 달려 있으므로 다른 영향을 받지 않는다. 일반적으로 목질계 바이오매스(수피 포함)의 총발열량은 건량기준 20.0MJ/kg 수준이며, 초본류 바이오매스는 18.8MJ/kg 수준이다. 총발열량은 DIN 51900에 의거하여 봄베열량계를 이용하여 결정할 수 있다. 또한, 연료에 대한 원소분석(ultimate analysis)이 가능하다면 총발열량을 추정할 수 있다.

순발열량은 연료의 총발열량, 함수율 및 수소함량에 따라 달라지며, 식[4.5]를 이용하면 계산할 수 있다. 목질계 바이오매스의 수소함량은 중량비 6.0%(건량기준) 수준이며, 초본계 바이오매스는 중량비 5.5%(건량기준) 수준이다.

$$NCV = GCV \cdot (1 - \frac{M}{100}) - 2.447 \cdot \frac{M}{100} - \frac{X_H}{200} \cdot 18.02 \cdot 2.447 \cdot (1 - \frac{M}{100}) \quad [4.5]$$

NCV : 순발열량 (MJ/kg(w.b.))

GCV : 총발열량 (MJ/kg(w.b.))

M : 함수율(중량비 %(w.b.))

X_H : 수소함량(중량비 %(w.b.))

식[4.6]은 EN 14961-1에 의거하여 순발열량을 계산하는데 필요한 식이다. 식[4.5]와 달리 산소함량과 질소함량도 입력변수로 필요하다. 그러나 이 변수들은 쉽게 구할 수가 없고 특히 산소함량은 결정하기가 어렵다는 점이 본 식의 단점으로 지적된다. 두 식의 결과를 비교해보면 거의 비슷한 수준임을 알 수 있다. 함수율 0~65%(습량기준) 범위의 일반적인 목재펠릿에 대한 순발열량을 비교해 본 결과 함수율 65% 수준에서도 두 식의 상대적 차이는 단 0.13%에 지나지 않으므로 무시할 정도의 수준이다.

$$NCV = [GCV - 0.2122 \cdot X_H - 0.0008 \cdot (X_O + X_N)](1 - \frac{M}{100}) - 2.443 \cdot \frac{M}{100} \quad [4.6]$$

X_O : 산소함량(중량비 %(습량기준))

X_N : 질소함량(중량비 %(습량기준))

에너지밀도는 순발열량과 겉보기밀도를 곱한 것으로 식[4.7]을 이용하여 계산한다. 에너지밀도가 증가되면 요구되는 수송과 저장 능력을 감축할 수 있어 경제적 측면에서 높은 에너지밀도는 중요한 사항이 된다.

$$\rho_e = NCV \cdot \rho_b \quad [4.7]$$

ρ_e : 에너지밀도 (MJ/m³)

ρ_b : 겉보기밀도 (kg/m³)

총발열량, 순발열량(함수율 포함) 및 에너지밀도는 연소로와 연료저장고 규격결정뿐만 아니라 제어시스템에도 영향을 미친다. ONORM M 7135나 DIN 51731과 같은 표준에 의해 인증된 제품처럼 펠릿의 품질이 우수하다면 상기 변수들은 높은 균질성을 보일 것이며, 이로 인하여 연소로와 제어시스템을 연료에 최적화 시킬 수 있게 된다.

분석대상인 목재로 제조된 바이오매스 연료들의 총발열량은 19.8~20.7 MJ/kg 수준이며,

밀짚으로 제조된 연료의 총발열량은 18.6~19.0MJ/kg 수준으로, 관련 자료와 일치한다. 열대재와 유칼립투스의 총발열량도 비슷한 수준이다. 연료의 함수율과 수소함량에 의해 좌우되는 순발열량은 식[4.6]에 따라 총발열량을 이용하여 계산한 결과는 그림 4.26과 같았다.

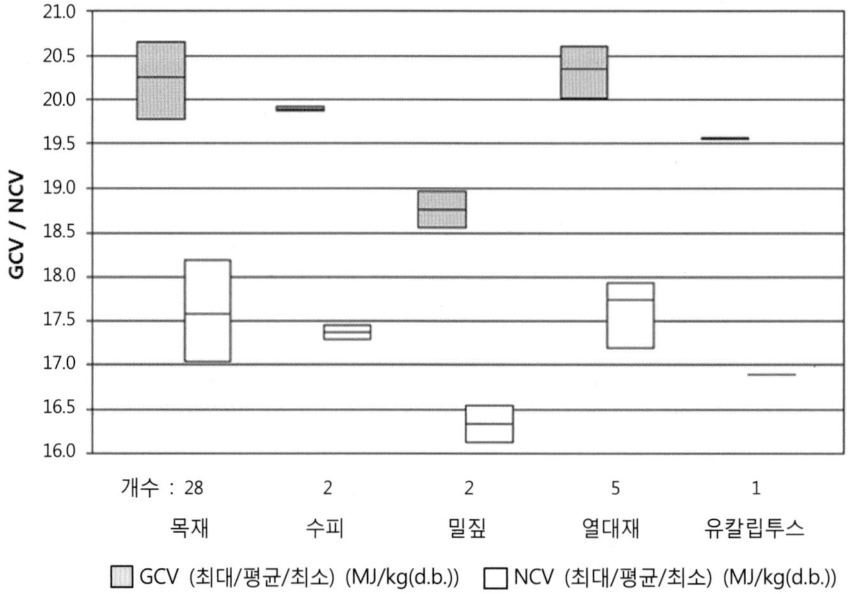

그림 4.26 바이오매스 펠릿연료의 총발열량과 순발열량(Obernberger와 Thek, 2010).

3) 함수율

목재연료가 함유한 수분은 연소 중 증발되면서 에너지를 흡수한다. 이 수분은 가열된 수증기의 형태로 굴뚝을 통해 배출되는 것이 일반적이다. 대개의 침엽수 수종들은 5,000kcal/dry-kg의 높은 총발열량을 지니고 있다. 그러나 함유수분에 의해 발열량은 순발열량 수준으로 낮아진다. 즉, 높은 함수율은 낮은 연소효율을 의미한다. 또한, 만일 연료의 함수율이 높을 경우 취급이 어려워지고, 겨울철에는 동결의 위험이 있으며, 건조 연료와 동일한 에너지를 얻기 위하여 상당히 많은 양의 연료를 연소시켜야 한다. 만일 연료가 과도하게 건조된 경우에도 분진에 의한 문제가 야기될 수 있고, 입자상물질의 배출량도 증가된다.

목표 함수율은 30~35%이지만 대개의 목재칩 연소시스템은 함수율 15~50% 범위의 목재연료를 취급할 수 있다. 하지만 생재상태 침엽수는 함수율이 50%를 초과할 수도 있다. 따라서 목재칩의 함수율이 허용 가능한 범위 내에서 일정하다는 것도 매우 중요한 사항이다.

여기서 사용되는 함수율(moisture content(M))은 항상 습량기준(wet-based(w.b.))에 기초하며, 다음 식과 같이 정의된다:

$$M[wt.\%(w.b.)] = \frac{m_{H_2O}}{m_{H_2O} + m_{ds}} \times 100 \qquad [4.8]$$

여기서 m_{H_2O}는 함유 수분의 질량을, 그리고 m_{ds}는 고형분의 질량을 의미한다.

4) 회분함량

가. 원재료의 회분함량

가능하다면 주택난방에 사용되는 바이오매스 연료의 회분함량을 가능한 낮추어야만 소비자의 편리함을 보장할 수 있다. 왜냐하면 낮은 회분함량은 회분통을 비우는 주기를 연장할 수 있기 때문이다. 공칭 보일러 출력 15kW인 바이오매스 중앙난방시스템과 전부하(full load) 운전시간 연간 1,500시간 및 회분함량 중량비 0.5%(d.b.)를 가정할 경우 회분의 총량은 약 30kg/년이 된다. 회분통 비우는 주기의 연장과 사용의 편리함을 위하여 회분통 규격 결정에 이 수치를 고려해주어야 한다. 연료의 낮은 회분함량을 선호하는 또 다른 이유는 회분량 증가가 슬래그 발생과 퇴적물형성의 위험을 증가시켜 결국 고장의 원인이 될 수 있다는 사실이다. 또한, 연료의 회분함량이 높으면 연소 중 분진배출량도 증가된다.

Vigants(2009)가 수행한 분석프로그램에서는 두 가지 다른 방법으로 회분함량을 결정하였다. 첫 번째 방법은 스웨덴 표준 SS 187171에 의거하여 550℃에서, 그리고 나머지 방법은 독일표준 DIN 51719에 의거하여 815℃에서 각각 회분함량 $X_{ash,550}$과 $X_{ash,815}$를 결정한다.

$$\triangle_{ash} = 100 - \frac{X_{ash,815}}{X_{ash,550}} \cdot 100 \qquad [4.9]$$

그의 실험결과에 의하면 815℃에서 결정된 회분함량이 일반적으로 550℃에서 결정된 것보다 낮았다. 목재펠릿 회분함량의 상대적 차이($\triangle_{ash}$)는 15~32% 범위로 중간값은 23%였다. 목재브리켓의 중간값은 25%보다 약간 높았으며 상대적 차이는 22~30% 범위였다. 수피 브리켓도 비슷한 범위를 보였으며 밀짚펠릿의 회분함량의 상대적 차이는 5% 수준으로 작았다.

815℃에서 낮은 회분함량을 보인 것은 보다 높은 온도에서 탄소 분해가 증가되고 알칼리금속 특히, 칼륨과 염소 등이 부분적으로 기화되었기 때문이다. 그러나 회분함량의 차이와 칼륨함량의 차이 사이의 직접적인 상관관계는 밝힐 수 없었다.

이 결과들에 따르는 한편, 이 분야에서 수행된 다른 연구들에 기초하면, 고체 바이오매스 연료들의 회분함량은 일반적으로 550℃에서 결정되어야 한다. 그러므로 이후부터 제시되는 회분함량은 오직 550℃에서 SS187171에 의거하여 결정된 것만을 의미한다.

목재, 수피, 밀짚, 열대재 및 유칼립투스 등으로 제조된 생물학적 고밀도화 연료들의 회분함량은 그림 4.27에 제시되어 있다. 수피와 밀짚으로 제조된 연료의 높은 회분함량은 각 회분함량이 수피의 경우 중량비 2.0~5.0%(d.b.)와 밀짚의 경우 중량비 4.9~6.0%(d.b.) 수준이라는 관련문헌의 자료와 잘 일치하고 있다.

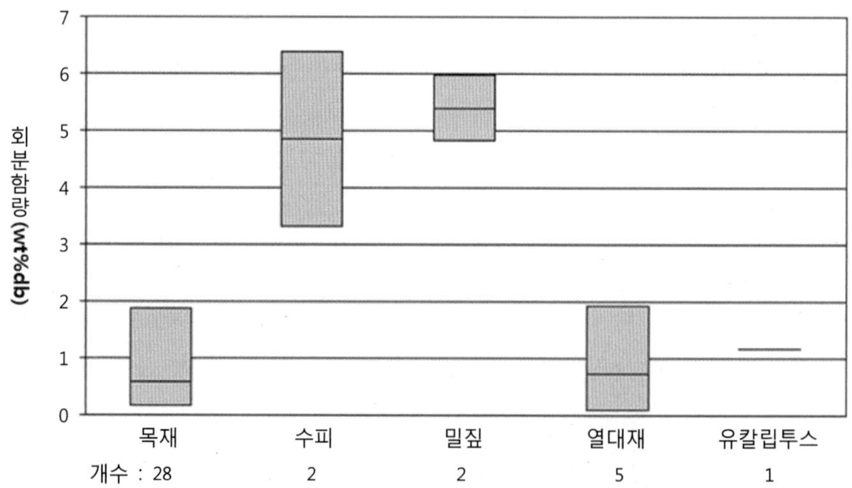

그림 4.27 각종 고밀도화 바이오매스 연료들의 원재료에 따른 회분함량(Obernberger와 Thek, 2010).
(범위 : 최대/평균/최소)

관련문헌에는 침엽수와 활엽수의 회분함량이 각각 중량비 0.4~0.8%(d.b.)와 1.0~ 1.3%(d.b.) 수준으로 제시되고 있다. 분석대상 목재의 회분함량은 중량비 0.17~1.88%(d.b.) 수준이므로 문헌 자료와는 부분적으로 차이가 있다. 따라서 특별히 높은 회분함량에 대해서는 더 깊은 연구가 요구된다. 전술한 바와 같이 중량비 최고값 13%(d.b.)는 활엽수의 사용으로 설명할 수 있다.

표 4.26 각종 바이오매스의 일반적 회분함량(Vigants, 2009)

연료종류	회분함량(중량비 %(d.b.))
침엽수(수피제거)	0.4-0.8
활엽수(수피제거)	1.0-1.3
수피	2.0-5.0
밀짚	4.9-6.0

열대재와 유칼립투스로 제조된 고밀도화 바이오매스 연료들의 회분함량은 다른 목재수종들로 제조된 연료들의 회분함량과 유사한 수준을 보였다. 목재가공산업으로부터 발생된 목재칩은 회분함량이 대개 1.5% 미만이다. 관목 숲(bush)으로부터 생산된 목재칩의 회분함량도 3% 미만이 일반적이다. 그러나 산지에서 생산된 목재칩의 회분함량은 3% 이상이 보통이며 20%에 이르기도 한다.

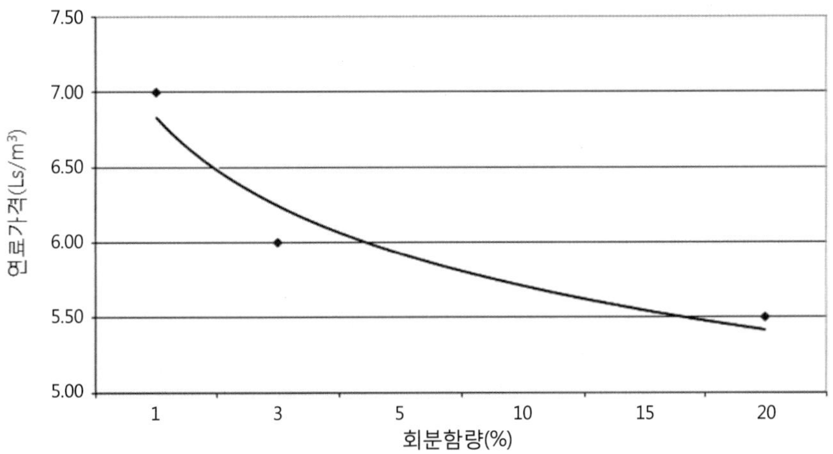

*주: Ls : 라트비아 화폐단위(Vigants, 2009)

그림 4.28 회분함량과 연료가격

나. 주요 회분형성 요소들

칼슘, 마그네슘, 실리콘 및 칼륨과 같은 요소들이 목재 내 회분을 형성하는 주요 요소들이다. 주로 회분 내 칼슘, 마그네슘 및 칼륨의 농도가 시스템의 신뢰성에 직접 관련되어 있는 회분용융 거동에 영향하며, 회분 내 나트륨도 이에 영향을 미친다. 칼슘과 마그네슘은 일반적으로 회분의 용융온도를 상승시키는 반면 칼륨과 나트륨은 오히려 그 온도를 낮춘다. 낮은 회분 용융온도는 연소로와 보일러 내 슬래그 발생과 퇴적물 형성을 야기한다.

칼륨은 중요한 에어로졸 형성원소이다. 그러므로 칼륨의 농도가 높으면 연소 중 에어로졸 형성이 촉진되어 미세입자들의 배출이 증가될 뿐만 아니라 보일러의 파울링(fouling)도 증가된다.

회분 내 상기 원소들의 농도에 대한 제한수준은 표 4.27과 같으며 각종 바이오매스 연료들의 회분분석 결과와 비교하였다.

표 4.27 회분 내 연소 관련 원소들의 농도(Obernberger와 Thek, 2010) (단위: 중량비 %)

원소	목재 (가문비나무)	수피 (가문비나무)	짚 (밀, 호밀)	총체 (밀, 라이밀)
Ca	26-38	24-36	4.5-8.0	3.0-7.0
K	4.9-6.3	3.5-5.0	10.0-16.0	11.0-18.0
Mg	2.2-3.6	2.4-5.6	1.1-2.7	1.2-2.6
Na	0.3-0.5	0.5-0.7	0.2-1.0	0.2-0.5
P	0.8-1.9	1.0-1.9	0.2-6.7	4.5-6.8
Si	4.0-11.0	7.0-17.0	16.0-30.0	16.0-26.0

목질계 바이오매스는 대개 회분용융 거동에 영향하는 요소들에 대한 제한수준을 만족시키고 있다. 그러나 짚과 총체(whole crops)는 이 수준에 미치지 못하므로 기술적 관점에서 볼 때 시스템에 문제를 야기할 수 있는 것으로 간주해야 한다.

연료의 광물질 함량은 몇 가지 이유에서 목재칩 품질에 매우 중요한 인자이다. 목재 내 함유된 광물질은 목재 연소 시 회분형성의 원인이 된다. 연료 내 특정 광물질들은 바이오매스 난방시스템의 구조를 더욱 복잡하게 만들 수 있다. 일반적으로 광물질 또는 회분함량이 낮을수록 좋으며, 난방용 목재칩의 이상적인 회분함량은 3% 미만이다. 회분은 두 가지 중요한 원천으로부터 형성된다:

- 수목 자체가 함유한 천연적인 광물질들
- 벌채와 채집과정에서 토양으로부터 도입된 이물질들

회분의 실리카와 알칼리성 광물질 함량도 또 다른 중요 인자이다. 상당한 양의 칼륨이나 나트륨, 황, 염소 및 실리카를 함유한 목재연료는 연소 시 클링커(clinker)를 형성하여 연소 화격자와 연소실 내벽에 들러붙어 공기유동을 방해하여 연소효율을 크게 저하시킨다. 회분의 알칼리 함량이 0.72kg/백만kcal에 접근하게 되면 광물질 용융에 의한 문제 발생 가능성이 심각하게 증가된다. 동일 수목에서도 각 부위별로 광물질의 함유 수준과 형태가 달라진다. 순수 목재는 회분형성 광물질 함량이 1%미만이지만 수피의 함량은 최고 6~7%에 달한다. 침엽수 잎은 광물질 함유수준이 비교적 높으며, 목재연료 실리카 함량의 주된 요인이 되고(전체의 20%), 따라서 표준 연소온도에서도 회분용융의 원인이 될 수 있다. 침엽수 잎은 특히 알칼리성 광물질의 농도가 높다.

총회분함량이 8% 보다 높을 경우 대개의 목재칩 난방시스템에서 문제가 야기될 수 있다. 고품질의 연료라면 회분함량이 가능한 낮아야만 한다.

다. 중금속

회분 내 중금속 농도 제한수준은 표 4.28과 같다. 카드뮴과 아연 등과 같은 중금속들은 환경적 관점에서 특히 회분 내 농도가 제한된다. 각 제한수준이 각종 바이오매스 연료들의 회분 분석결과와 비교되어 있다.

표 4.28 각종 바이오매스 연료들의 중금속 농도(Obernberger와 Thek, 2010) (단위 : 중량비 %)

원소	제한값[1]	목재 (가문비나무)	수피 (가문비나무)	밀짚 (밀, 호밀)	총체 (밀, 라이밀)
As	≤1	0.0-1.5	0.2-5.0	1.6	0.6
Cd	≤0.5	0.06-0.4	0.2-0.9	0.03-0.22	0.04-0.1
Cr	≤10	1.6-1.7	1.6-14	1.1-4.1	0.4-2.5
Cu	≤10	0.3-4.1	1.5-8.0	1.1-4.2	2.6-3.9
Pb	≤10	0.3-2.7	0.9-4.4	0.1-3.0	0.2-0.7
Hg	≤0.1	0.01-0.17	0.01-0.17	0.01	0.0-0.02
Ni	≤10	1.7-11	1.6-13	0.7-2.1	0.7-1.5
Zn	≤100	7-90	90-200	11-57	10-25

*주: [1]prEN 14961-2에 의거

초본류 바이오매스는 일반적으로 목질계 바이오매스에 비하여 매우 낮은 중금속 농도를 보이며, 이는 생장기간이 짧고, 임지토양에 비하여 농지토양의 pH값이 높기 때문으로 설명할 수 있다(식물이 흡수할 수 있는 중금속이 적음).

중금속은 회분품질과 연소 중 입자방출에 크게 영향한다. 따라서 환경학적 측면에서 펠릿의 중금속함량은 제한되어야만 한다. 일반적으로 집진장치가 구비되지 않고 회분을 가정집 정원의 비료로 사용하게 되는 소형 연소로에서는 이 점이 특히 중요하다. 폐목재와 같은 화학적 처리된 원재료나 기타 펠릿제조에 허용되지 않는 이물질들이 포함되면 중금속 함량이 증가될 수 있다.

5) 이물질 함량

연료의 청정도도 회분함량과 밀접한 관계가 있는 중요한 인자이다. 이물질은 회분발생량 증가뿐만 아니라 파쇄설비나 연료를 연소실로 이송하는 취급설비들에 심각한 마모를 야기할 수 있다. 목재연료는 청정상태를 유지해야 하며 못, 파쇄기 칼날, 볼트 등과 같은 금속성 이물질들을 제거해야 한다.

6) 칩 규격, 형태 및 균질성

고품질의 칩은 형태와 규격이 일정해야 한다. 일반적으로 고품질 칩의 규격은 1inch × 1inch × 1/8inch(25.4mm × 25.4mm × 3.2mm)～2.25inch × 2.25inch × 0.25inch(57.2mm × 57.2mm × 6.4mm) 범위이다. 칩은 얇은 사각형 형태로, 컨베이어 이송, 스크루 이송 및 시스템으로의 투입 등이 용이해야 한다. 대개의 목재칩 난방시스템들이 어느 정도의 과대규격 연료들은 취급할 수 있지만 길이가 긴 섬유상 입자(stringer)가 투입될 경우 스크루 공급장치가 막혀 시스템 가동이 중단될 가능성이 높다. 길이가 긴 모양의 목재는 브릿지(bridge) 현상을 야기하여 하부 연료가 배출된 후에는 저장고 내 공동이 발생될 수도 있다. 따라서 연료 저장고가 채워진 상태에서도 연료가 없는 것으로 인지되어 시스템 가동이 중단되기도 한다. 마찬가지로 대개의 목재칩 난방시스템들은 일정량의 목재 분진을 취급할 수 있도록 설계되어 있으나 분진이 과도하게 많을 경우 함수율이 너무 높거나 또는 너무 낮은 경우 발생되는 문제와 같은 상황을 야기할 수 있다.

5.3.2. 목재칩 품질관리

1) 목재칩 규격

규격과 함수율 관련 분석을 위해서는 우선 칩더미의 여러 지점으로부터 대표적인 시료를 채취하는 것이 중요하다. 칩 규격은 일련의 각기 다른 mesh의 체를 이용하면 분석이 가능하다. 분석에 많은 시간이 소요되지만 가장 정확한 방법이며, 이를 통하여 칩의 품질을 보다 정확히 파악할 수 있다. 다음은 유럽의 목재칩 규격 관련 기준이다.

Sieve screen 규격

IS EN 15149-1 Oscillating Screen Method for particles greater than 3.15mm

IS EN 15149-2 Vibrating Screen Method for particles less than 3.15mm

표 4.29 유럽의 목재칩 규격별 등급 기준

등급	주 규격 (중량비 80% 이상)	과소 규격 (중량비 5% 미만)	과대 규격(중량비 1% 미만) 최대길이 85mm미만
P16	$3.15 \le P \le 16$mm	<1mm	> 45mm
P45	$3.15 \le P \le 45$mm	<1mm	> 63mm
P63	$3.15 \le P \le 63$mm	<1mm	>100mm
P100	$3.15 \le P \le 100$mm	<1mm	>200mm

2) 목재칩 함수율

가장 간단하고 신뢰성 있는 방법은 100℃ 이상의 건조기에서 시료를 항량에 도달할 때까지 건조하는 전건법을 들 수 있다. 이 방법에는 통상 24시간 정도가 소요된다.

이처럼 전건법에 소요되는 시간을 단축하기 위하여 가정용 microwave oven을 이용한 목재칩 함수율 측정방법이 제시된 바도 있다(ASTM protocol E 1358-97: Standard Test method for determination of Moisture Content of Particulate Wood fuels Using a Microwave Oven). 그 과정은 다음과 같다.

1. 3장의 종이타월의 중량측정
2. 목재칩 시료 50g을 채취하여 종이타월 위에 놓음
3. 오븐에서 일정 시간간격으로 가열 후 중량 측정
4. 전후 중량차이가 0.50g 미만일 경우 실험 종료
5. 함수율 계산

한편, 현장에서 즉시 연료의 함수율을 측정할 수 있는 각종 함수율계가 출시되어 있다. 그러나 정밀도가 각기 다르고 보정에 많은 관심을 두어야만 한다. 그림 4.29는 전기저항식과 유전율식의 함수율 측정장치로서, 현장에서 바로 사용할 수 있다는 장점을 지니고 있다. 그러나 전기저항식의 경우 목재의 섬유포화점인 약 30% 이상의 함수율 수준에서는 정확도가 매우 크게 저하된다는 단점이 있다. 현재 도입되고 있는 대부분의 목재칩이 함수율 30% 이상임을 감안할 때 정확한 함수율의 측정은 거의 불가능하다고 할 수 있다. 한편, 유전율식은 높은 함수율에서도 비교적 안정적인 측정이 가능하나 전자기장의 침투깊이가 10cm를 넘지 못하므로 목재칩 더미의 표층부위만을 대상으로 함수율을 측정하는 결과가 야기된다. 또한, 측정 가능 면적이 좁으므로 대표성을 지닌 측정값을 얻기는 어렵다.

그림 4.29 휴대용 목재칩 함수율 측정장치(좌: 전기저항식, 우: 유전유식)

유전율식 측정장치의 측정깊이 보완을 위하여 그림 4.30과 같이 측정 프로브가 긴 유전율식 측정장치가 출시되어 있으나 이 또한 측정 가능 면적이 매우 좁아 현 실정에는 적합하지 못한 것으로 판단된다.

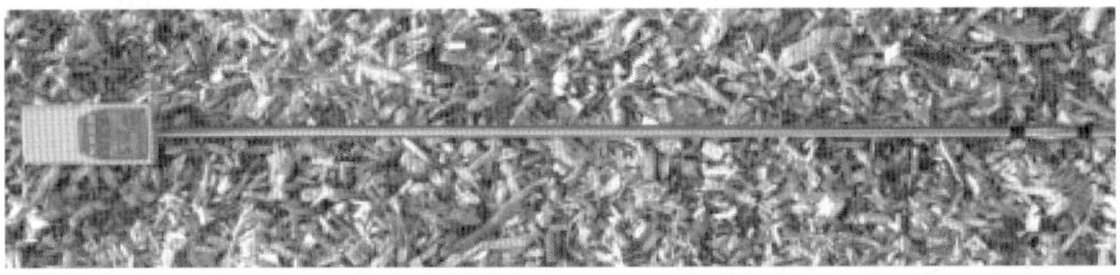

그림 4.30 장 프로브형 유전율식 함수율 측정장치

그림 4.31은 호주 Callidan Instruments사가 개발한 마이크로파식 함수율 측정장치로, 연속적으로 이송되고 있는 목재칩의 함수율을 비파괴적인 방법으로 측정할 수 있다. 연속식이며, 비교적 정확한 측정이 가능하지만 투자비용이 매우 높아, 연료용 목재칩의 함수율 측정에는 적합하지 못한 것으로 판단된다. 이 장치는 대개 삭편판(particle board)이나 중밀도 섬유판(medium density fiberboard) 산업에 주로 적용되고 있다.

그림 4.31 마이크로파식 함수율 연속 측정장치

3) 겉보기밀도(bulk density)

도입된 목재칩의 겉보기밀도 역시 실제 도입된 목재칩의 중량을 추정하는데 중요한 역할을 한다. 겉보기밀도가 높을수록 도입체적에 비하여 보다 많은 중량의 연료가 도입됨을 의미한다. 도입 시 수송차량에 적재된 목재칩의 중량은 truck scale을 이용하여 측정이 가능하지만 그 체적을 정확히 측정하기 어렵다. 따라서 북미 등지에서는 도입된 목재칩에서 시료를 채취하여 다음과 같은 방법으로 겉보기밀도를 측정하고 있다.

H. Hartmann 등이 제시한 겉보기밀도 방법에서는 다음 기준(ASAE standard S269.4, 1991)에

제시된 용기들을 사용하도록 하고 있다.

직육면체 용기 200리터, 50리터

원통형 용기 55.89리터, 14.73리터

상기 용기에 목재칩을 가득 담고 현 상태 그대로 체적을 측정한 후 150mm 높이에서 5회 낙하 후 다시 체적을 측정한다. 이 과정을 6회 반복 후 측정값들을 평균한다. 이를 통하여 얻어진 체적을 이용하여 다음 식에서처럼 건량기준 겉보기밀도를 계산한다.

$$BD_{dw} = BR_{ar} \times \frac{(100 - MC)}{100} \quad [4.10]$$

BD_{dw} : 건량기준 겉보기밀도(kg/m³)

BD_{ar} : 도착 시 겉보기밀도(kg/m³)

MC : 함수율(습량기준 %)

다음은 Kent 등(NA)이 직접 측정한 자료들로, 포장도로를 지나온 경우보다 비포장도로를 지나온 경우 목재칩의 겉보기밀도가 높음을 알 수 있다. 이는 비포장도로를 경유하면서 수송 중 진동에 의하여 목재칩이 압축되었음을 의미한다.

표 4.30 연료형태별 겉보기밀도와 에너지밀도(Kent, NA)

구분	조건	겉보기밀도(ar) (kg/m³)	함수율 (%)	겉보기밀도(dw) (kg/m³)	순발열량 (GJ/톤)	에너지밀도 (kWh/m³ lv*)
화목	포장	310	52.5	145	7.8	675
	비포장	341	57.8	143	6.7	634
원목	포장	274	47.9	141	8.8	672
	비포장	296	53.0	138	7.7	636
전목	2007	269	47.4	140	8.9	668
	2006	235	39.0	140	10.8	702

*lv : loosed volume(압축하지 않고 그대로 쌓았을 경우의 체적)

4) 공극률(porosity)

공극률이란 물질이 차지하는 전체 체적에 대한 공간의 비율을 의미한다. 목재칩의 경우 쌓여 있는 목재칩 더미 내 공간의 비율을 의미하게 될 것이다. 이 공간은 결국 공기의 함유량을 의미하게 되며, 이는 곧 저장 중 목재칩 발효에 의한 자체가열 등에 영향을 미치게 되지만 목재칩 품질에는 직접적인 관련이 크지 않은 것도 사실이다.

Rosen 등(2000)이 제시한 "Five gallon pail method"는 다음과 같다.

1. 비어 있는 원통형 용기에 5갤런의 물을 채우고 그때의 수위 표시
2. 물을 쏟아내고 대상물질로 용기의 1/3까지 채움
3. 높이 150mm에서 10회 낙하
4. 대상물질로 용기의 2/3까지 채움
5. 높이 150mm에서 10회 낙하
6. 1번의 수위 표시까지 물질로 채움
7. 높이 150mm에서 10회 낙하
8. 다시 1번 수위 표시까지 물질로 채움
9. 물을 1번 수위 표시까지 채움
10. 첨가된 물의 체적 측정
11. 다음 식으로 공극률 계산

$$P = \frac{V}{5} \times 100 \qquad [4.11]$$

P : 공극률(%)

V : 첨가된 물의 체적(갤런)

12. 상기 과정을 6회 반복하여 공극률 평균 계산

한편, Ima 등(2007)은 함수율에 따른 공극률, 겉보기밀도, 안식각 및 마찰계수에 대한 측정 결과를 보고한 바 있다. 이 실험에서 적용된 목재칩의 크기분포는 다음과 같다.

〈 2mm(4.9%); 2~2.4mm(2.5%); 2.4~3.4mm(4.5%); 3.4~6.7mm(14.2%);
3.4~6.7mm(14.2%); 6.7~19mm(49.9%); 19~25mm(9.5%); 〉 25mm(14.4%)

표 4.31에서 안식각은 목재칩을 적재할 경우 자연스럽게 목재칩이 흘러내릴 수 있는 최소 각도를 의미하므로 목재칩 저장고 설계 시 상기 제시된 안식각 이상의 각도를 주어야만 목

재칩이 용이하게 배출되게 된다. 한편, 마찰계수는 저장고 내벽 표면의 표면상태의 기준이 된다.

표 4.31 목재칩의 함수율에 따른 공극률, 겉보기밀도, 안식각 및 마찰계수(Ima와 Mann, 2007)

함수율(%)	공극률(%)	겉보기밀도(kg/㎥)	안식각(도)	마찰계수
40	63±1.3	286±1.7	38±1.6	0.51±0.02
60	61±1.4	299±2.5	37±1.4	0.53±0.04
80	60±1.2	314±2.4	41±2.1	0.53±0.03

5.4. 목재칩의 전처리

5.4.1. 목재칩의 저장과 건조

수목의 지상부 전체(수간, 수피, 가지 및 잎 등 포함)로부터 생산된 칩을 전목칩(whole-tree chips)이라 부른다. 전목칩은 청결하고 박피된 목재칩에 비하여 저장 중 부후율이 매우 높으므로 안전한 저장을 위한 건조가 요구된다.

지금까지의 연구에 의하면 전목칩은 청결한 칩에 비하여 건량손실 속도가 6배 빠르며, 부후율도 3배 정도가 빠른 것으로 알려져 있다. 이처럼 전목칩의 부후율이 빠른 이유는 수피와 잎이 포함되어 있기 때문임이 입증된 바도 있다. 연구결과에 따르면 부후율의 정도는 다음과 같은 순서였으며 특히, 잎의 경우에는 청결한 칩의 10배에 달하였다.

청결한 칩 〈 전목칩 〈 수피 〈 잎

전목칩의 부후율이 빠르고 발열속도도 빠르기 때문에 동일한 크기의 칩더미(chip pile)라 하더라도 청결한 칩에 비하여 자체발화의 가능성이 높다. 미국 Mead사의 경험에 의하면 전목칩을 18개월간 야적한 결과 1975년 칩더미에 화재가 발생하여 약 5만톤의 생칩이 전소되었다. 화재의 원인을 밝히기 위하여 약 11m 높이의 활엽수 전목칩 더미를 조성하여 10일간 칩 더미 내 온도를 측정한 결과 최고 97℃에 도달함을 확인하였다. 이후 다시 온도는 하강하여 57℃ 수준으로 낮아졌지만 야적 41일만에 다시 온도가 상승하기 시작하여 102℃에 도달하였으며, 49일째에는 115℃까지 상승하였다. 칩더미 내 온도가 82℃에 도달하면 자체 발화의 가능성이 높은 것으로 알려져 있다. 이 연구결과를 바탕으로 Mead사는 목재칩에 대한 선입선출 전략을 적용하였으며, 20일 이상 저장하지 않도록 한 바 있다.

부후와 자체 발화를 방지할 수 있는 전목칩 저장 방법으로는 다음의 세 가지를 들 수 있다.

- 무산소 상태 저장
- 저장 전 화학처리
- 칩 건조 후 지붕 설치 저장고에 저장

1) 무산소 상태 저장

무산소 상태 저장은 실제 현장의 경우 불가능하다. 실험실 수준에서 높이 1.2m 칩더미를 조성하여 비닐을 덮어 준 결과 산소농도가 1% 정도로 낮아지면서 부후와 자체발화를 막을 수 있었다. 그러나 산소농도가 4~5% 정도만 되어도 공기에 노출시키는 경우와 부후율의 차이가 거의 없었다. 하지만 거대한 규모의 칩더미를 비닐로 덮어 산소농도를 1% 미만으로 유지하는 일은 현실적이지 못하다.

2) 저장 전 화학처리

야적된 목재칩의 방부를 위한 화학처리방법의 개발에 많은 노력이 집중되어 왔다. 그러나 아직까지는 비용적 측면에서 효율적인 방법이 출현하지 못하고 있다.

3) 칩 건조 후 저장

목재를 섬유포화점(20~24%) 미만으로 건조하면 박테리아나 균류의 침해를 받지 않는다는 사실은 잘 알려져 있다. 따라서 칩을 건조한 후 재흡수하지 않도록 지붕이 설치된 저장고에 저장하거나 포장을 덮어주면 안전한 저장을 기할 수 있다. 이 방법은 소요되는 비용이 높은 것으로 생각할 수 있지만 자체 발화에 의한 손실을 고려해보면 오히려 경제성이 있는 방법이라 할 수 있을 것이다.

함수율은 연료품질을 결정하는 가장 중요한 물리적 변수이므로 목재칩 수확과 활용 사이 연결망에서 저장과 건조과정의 역할은 매우 중요하다. 바이오매스의 품질은 발열량, 회분함량과 함께 저장, 가공 및 취급에 대한 적합성에 의해 좌우된다.

대규모 플랜트에서 바이오매스 활용의 경우 보일러의 정상가동에 지장을 초래하지 않는 일정 수준의 함수율이 요구된다. 또한, 건조공정은 가용연료 단위당 수송비용을 절감해주고 연소실로 투입되는 물의 양을 줄일 수 있게 해준다.

한편, 저장은 건조시간과 소요면적을 최소화하는 동시에 화학적 및 생물학적 열화로 인한 에너지 손실을 줄일 수 있도록 최적화되어야 한다. 저장 연료의 함수율 균일도 역시 관리 대상이 된다.

파쇄된 물질을 대량으로 저장하게 되면 생물학적 및 비생물학적 발열과정이 신속히 진행되므로 복잡한 일이 된다. 경험에 의하면 더미상태로 쌓아서 저장된 바이오매스에서는 건량손실이 발생되고 자체발화도 가능하다. 또한, 곰팡이와 균류의 생장으로 인체에 해가 되기도 한다.

건량손실이란 습윤한 목질계 바이오매스가 함유한 리그닌, 셀룰로오스 및 헤미셀룰로오스의 분해에 의한 손실을 의미한다. 건량손실의 정도는 주로 물질의 함수율에 의해 좌우된다. 함수율이 매우 높은 목질계 바이오매스의 경우 곰팡이와 균류의 발생이 매우 신속히 진행된다. 이 미생물들의 대사활동에 의해 열이 발생되고 그 결과 산화, 수분흡수, 가수분해, 열분해 및 기타 화학적 과정들이 진행되면서 건량손실로 이어진다. 결국 건량손실은 전체 에너지 함량의 감소로 이어지며, 회분함량도 증가된다. 목재를 칩핑 하면 미생물 활동의 표적이 되는 노출면적이 크게 증가되며, 작은 입자들이 공기유동을 방해하는 한편 열방출을 막게 된다. 동시에 세포들이 방출하는 수용성 요소들은 미생물들의 양분이 된다.

칩핑 후에도 미생물의 활동과 세포의 호흡활동이 발열의 주요 원인으로 여겨지고 있다. 과도한 발열은 자체발화로 이어질 수 있다. 칩더미의 높이보다는 그 형태가 온도상승에 더 많은 영향을 미치는 것으로 밝혀진 바 있다. 칩더미의 형태에 따라 환기효과가 달라지기 때문이다. 환기나 자연건조 또는 강제건조 등을 통하여 발생된 열을 방출하게 함으로써 연소위험을 감소시켜야 한다. 그러나 환기의 경우 산소농도를 오히려 높이는 효과를 주게 된다. 연구결과에 의하면 산소농도가 4% 정도로 매우 낮은 수준에서도 자체발화가 가능하다고 한다.

곰팡이와 *actinomycetes*(균류와 유사한 생장형태를 지닌 박테리아)는 비교적 짧은 수명에도 불구하고 다량의 소포자(microspore)들을 생성한다. 이 소포자들은 목재칩 취급 중 대기로 방출된다. 공기 중에 부양되어 있는 다량의 소포자들에 노출되면 인체에 해롭다. 유기분진 독성 증후군(organic dust toxic syndrome(ODTS))과 알러지성 폐포염(*alveolitis*)이 소포자 흡입으로 인해 발생되는 가장 일반적인 질병이다.

5.4.2. 함수율의 영향

바이오매스를 에너지 목적으로 활용할 경우 함수율 감소는 매우 중요한 사항이 된다. 함수율은 수송과 저장에도 큰 영향을 미친다.

전건 목섬유의 에너지함량인 총발열량은 약 20.30MJ/kg(4782kcal/kg) 수준이다. 그러나 습윤 목재의 경우 중량 중에 수분중량이 포함되어 있으므로 단위중량당 에너지함량이 낮다. 예를 들어 함수율 50%인 목재의 총발열량은 10.15MJ/kg(2,391kcal/kg)이 되며, 함수율 40%인 경우에는 12.18MJ/kg(2,869kcal/kg)이 된다. 목재 내 포함되어 있는 수분의 증발을 위한 에너지도 필요하므로 연소과정의 효율도 낮아지게 되며, 재킷으로부터 복사되는 열이 활용되지 못할 경우에는 재킷손실(jacket losses)도 발생된다. 증발에 의한 손실은 물 1kg당 2.442MJ/kg(584kcal/kg)으로 추정할 수 있다. 한편, 목재의 에너지함량은 수종에 따라 약간의 차이가 있으며, 소나무 4,913kcal/kg, 포플러 4,804kcal/kg, 그리고 박달나무 4,697kcal/kg 수준이다.

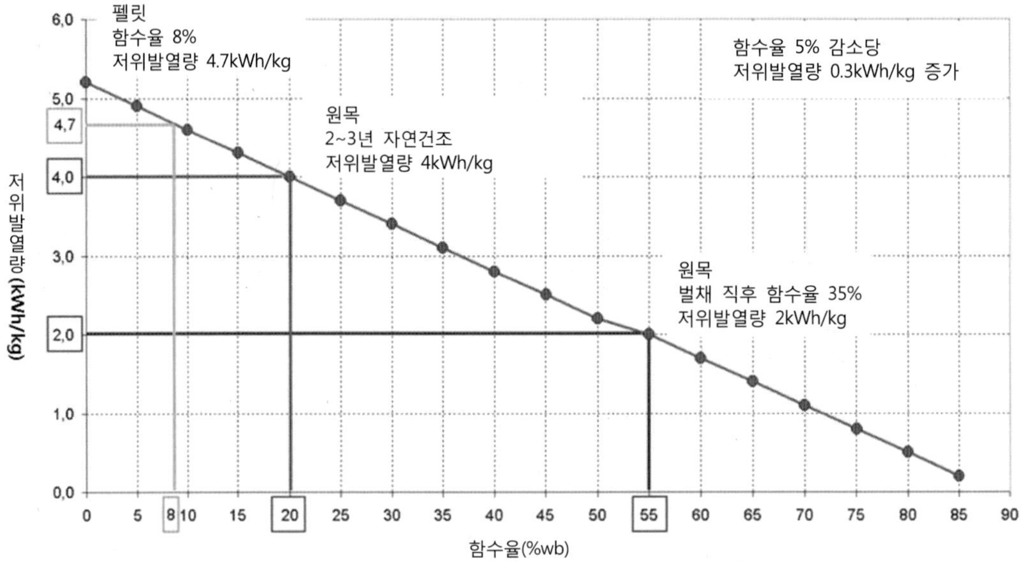

그림 4.32 목재의 함수율에 따른 발열량 변화

목재칩의 함수율이 50%에서 40%로 낮아지면 증발에 의한 열손실도 감소되므로 연소시스템의 총효율은 자동적으로 향상된다. 모든 연소시스템은 각기 특정 함수율 범위에 맞추어 설계되어있으므로 목재칩 함수율이 그 수준을 초과할 경우 효율은 낮아지게 마련이다. 만일 연소시스템이 함수율 40%에 맞추어 설계되어 있다면 효율이 5% 포인트 향상되므로 단위중량의 칩이 전달할 수 있는 열량은 30% 정도 증가된다:

- 함수율 50% = 20.3MJ/kg × 0.5 × 0.60 = 6.09MJ/kg
- 함수율 40% = 20.3MJ/kg × 0.6 × 0.65 = 7.92MJ/kg

한편, 연소시스템이 함수율 50% 목재칩에 맞추어 설계되었다면 함수율 40% 목재칩의 연소가 완벽히 이루어지지 않아 효율이 60%에 그대로 머물러 단위중량의 칩이 전달할 수 있는 열량은 20% 정도만 증가된다.

- 함수율 40% = 20.3MJ/kg × 0.6 × 0.60 = 7.31MJ/kg

함수율이 연소특성에 미치는 영향을 완벽히 파악하기 어려울 수도 있으므로 상기의 계산이 약간은 학술적 수준이라 할 수도 있지만 목재칩의 건조에 따른 효과의 잠재력은 매우 크다. 미네소타에서 실시된 연구에 의하면 54℃ 수준의 폐 연소가스를 야적된 연료용 원목의 하부로 불어 넣어줌으로써 30일만에 약 700kg의 수분을 제거하여 함수율을 44%에서 20%로 낮출 수 있었다. 그 결과 단위중량의 목재칩이 전달하는 열량을 65%까지 증가시켰다.

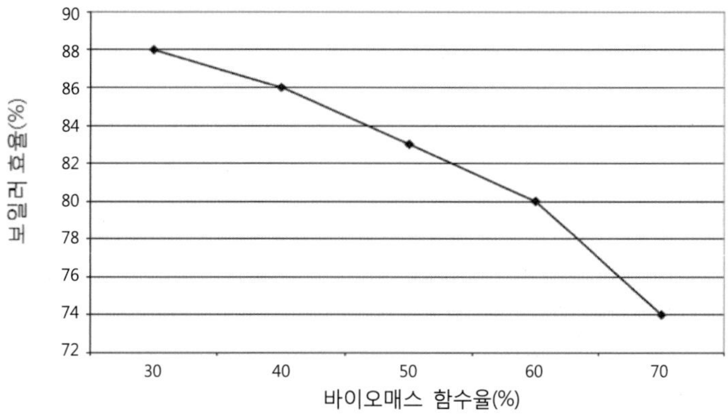

그림 4.33 바이오매스 함수율이 보일러 효율에 미치는 영향(Vigants, 2009)

연소시스템 내에서 연료가 함유한 수분은 연소 1단계가 시작되기 전 제거되어야만 하며, 이를 위한 에너지가 요구되므로 전체 시스템의 효율이 낮아지고 연소온도도 최적의 수준보다 낮게 될 가능성이 높다. 이로 인하여 불완전연소가 야기되면 타르와 크레오소트의 배출이 유도된다. 수분은 연소가스 내에서 다시 응축할 수도 있으며, 이로 인하여 연소가스에 의한 부식이 심화되고 기타 물질들이 들러붙어 유동통로가 막힘으로써 화재의 원인이 될 수도 있다.

바이오매스의 함수율이 높은 경우 순에너지밀도(net energy density)가 낮아지므로 수송효율이 크게 저하된다. 저장 중에도 역시 효율이 저하되고, 바이오매스의 부후와 온도상승에 의한 화재의 위험이 커지며, 곰팡이가 발생하게 된다. 따라서 환기와 공기순환이 양호하도록 하여야만 상기의 문제점들을 최소화할 수 있다.

목질계 연료의 함수율은 연료수송망과 보일러 모두에 영향을 미친다. 생재상태 산림부산물의 함수율은 통상 50% 이상이다. 그러나 양호한 환경 하에서 건조된 연료의 함수율은 30% 미만이 되기도 한다. 이처럼 큰 연료 함수율 범위로 인하여 연소실 내 연소제어가 어렵게 된다. 소형 보일러의 경우 건조된 바이오연료를 이용하는 것을 기초로 하여 설계되는 것이 보통이다. 그러므로 산림에서 채취된 연료는 연소 전 건조하는 것이 일반적이다.

단위 kWh/kg으로 표시되는 순발열량은 함수율에 의해 크게 달라진다. 그러나 수송비용의 관점에서는 kWh/lcm(lcm: loose-m^3)으로 표현하는 것이 바람직하다. 만일 함수율이 30%에서 60%로 증가되면 kWh/kg 단위에서는 51.1%가 감소되지만 kWh/lcm 단위에서는 단 14.5%만이 감소된다. 젖은 칩이라고 해서 트랙터나 트럭의 운영이 건조된 칩에 비하여 반드시 증가되는 것은 아니다.

건량손실 역시 발열량을 감소시키는 원인이며, 이 두 가지 요소들이 일정량의 연료의 발열량을 결정하게 된다. 건물질(dry matter)의 밀도는 일정한 것으로 가정된다. 연료의 섬유포화점(함수율 약 30%) 이상에서는 건조 중 수축이 중요하지 않다. 또한, 건량손실에도 불구하고 탄소와 수소의 상대적인 양은 변하지 않으므로 건물질의 발열량 역시 일정한 것으로 가정한다.

만일 생재의 함수율이 55%이고 저장 중 최종적으로 함수율 30%까지 건조되었다면 건량손실은 10.2% 미만이 되어야 한다. 따라서 1년간 저장한다면 건량손실은 0.85%/월 미만이 되어야 한다. 두 그림의 정보를 조합하면 장기저장을 통한 건조방법이 항상 연료 발열량에 이롭다고는 할 수 없을 것이다.

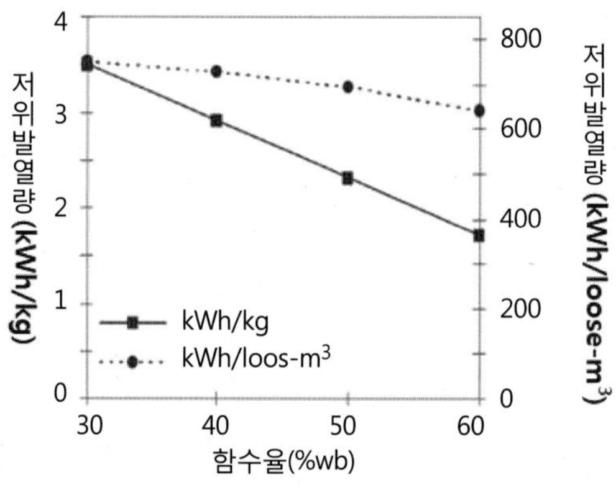

그림 4.34 연료 함수율에 따른 유효발열량의 변화

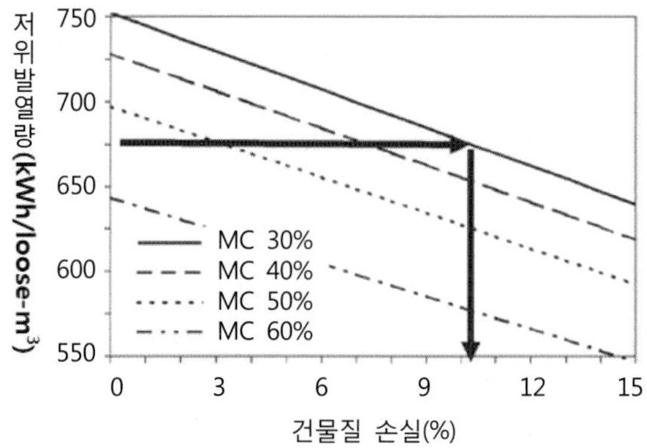

그림 4.35 건량손실과 함수율에 따른 유효발열량의 변화

연료 함수율이 증가되면 수분증발을 위한 에너지가 요구되므로 연소실 온도가 하강한다. 또한, 연료 건조를 위하여 1차공기 투입량이 증가되면 역시 연소실은 냉각된다. 온도강하는 열적 성능과 보일러 배출물질 측면에서 해로운 요소가 된다. 여러 연구자들에 의해 수립된 화격자형 보일러 내 점화전선 전이모델을 보면 전이속도와 화격자 요구면적이 연료 함수율에 따라 달라짐을 알 수 있다. 목재칩의 경우 함수율이 30%에서 60%로 증가되면 화격자 요구면적은 약 120% 증가된다. 화격자 위 이론적 요구 연소면적은 그림 4.36과 같다. 이 자료는 과도공기비율 1일 때 최대 전이속도로부터 유도된 것이다. 이 이론적 곡선에는 건조단계가 제외되어 있다. 만일 이를 곡선에 반영한다면 곡선의 기울기는 더욱 증가하게 될 것이다.

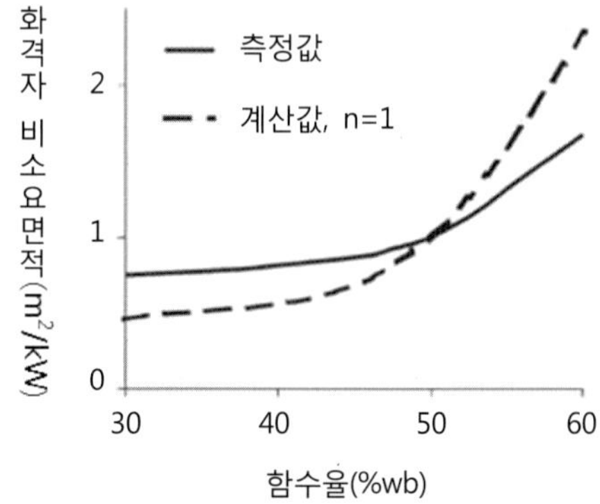

그림 4.36 연료 함수율에 따라 요구되는 화격자 비소요면적

5.4.3. 목재칩 건조의 장점

최근 바이오매스 연료의 연소 전 건조에 의해 얻을 수 있는 이점에 대하여 연구된 바 있다. 연료 건조를 통하여 동일 출력을 위한 연료투입량을 줄일 수 있었다, 즉, 칩 건조를 통하여 효율을 향상시키는 동시에 증기생산량을 증가시킬 수 있다. 보일러에 투입된 연료가 포함하고 있는 수분은 일단 가열되고 증발되어야만 한다. 따라서 다량의 열이 굴뚝을 통해 빠져나가게 된다. 한편, 만일 연소시스템에서 배출되는 연소가스를 건조에 활용한다면 건조기에 투자된 비용을 수년 내에 회수할 수 있을 것이다.

전술한 내용과 관련 연구결과를 종합하여 칩 건조의 장점들을 정리하면 다음과 같다:

- 연소로 능력 증가
- 연소로 효율 향상
- 연소가스 배출량 저감
- 입자상 물질 배출량 저감

최근의 연구결과에 따르면 함수율 63%인 연료 대신에 함수율 28%인 연료를 사용함으로써 보일러의 증기출력이 거의 2배로 증가된 바 있다. 또한, 입자상 물질의 배출량도 0.3grain/ft^3 수준에서 0.1grain/ft^3 수준으로 낮아졌다. 이때 연소가스 유량은 동일하였다.

발전소나 열플랜트에서는 항시 연료 재고를 유지하고 있다. 만일 전목칩을 연료로 사용한다면 도입된 칩을 건조하여 저장 후 연소로에 투입하는 과정을 거치게 된다. 건조전 생칩의 경우 20일 이상 저장이 어렵지만 건조된 칩은 6개월 이상 저장도 가능하다

5.4.4. 목재칩 건조방법

1) 목재건조의 기초

목재는 여러 가지 방법으로 수분을 함유하고 있다. 우선 비결합수, 소위 자유수 또는 모세관수가 있다. 두 번째는 세포벽 내 결합된 수분이 있다. 일반적으로 자유수는 양이 많으며 쉽게 제거된다. 그러나 결합수는 많은 수고를 해야만 제거가 가능하다. 따라서 함수율이 낮아질수록 건조속도도 감소된다.

목재에 더 이상의 자유수가 존재하지 않는 상태를 섬유포화범위(fiber saturation range)라 한다. 이는 목재 수종에 따라 18~26%(w.b.) 범위이다. 각종 수종별 섬유포화범위는 표 4.32와 같다.

표 4.32 목재 수종별 섬유포화범위

목재 수종	섬유포화점(중량비%(w.b.))
너도밤나무, 오리나무, 자작나무, 포플러	24-26
가문비나무, 전나무, 소나무, 낙엽송	23-25
참나무, 벚나무, 물푸레나무, 호두나무, 밤나무	18-19

원료에 관계없이, 생산된 연료는 사용될 보일러 관련 규격을 만족시켜야만 한다. 소형 보일러의 경우 함수율 30% 미만인 고품질의 목재칩을 요구한다. 이 함수율은 칩핑 전 목재를 천연건조하거나 또는 칩핑하여 칩 자체를 보수적(passive) 또는 적극적(active) 방법으로 건조하면 도달이 가능하다. 그러나 공간이 한정적인 경우에는 건조가 불가하다. 다단계형 화격자를 갖춘 대형 보일러(180kW 이상)는 함수율 최고 50%까지의 젖은 칩도 적용이 가능하다.

2) 건조방법의 분류

보수적 건조방법에서는 분해가 시작되면서 목재칩이 가열되기 시작하여 수분을 배출하는 과정에 기반을 두고 있다. 적극적 건조방법에서는 목재칩 더미에 대기나 가열공기를 인위적으로 불어 넣어주는 방식으로 에너지를 투입하여 건조를 촉진하게 된다. 보수적 건조방법은 칩더미의 높이가 4m이상으로 칩의 양이 비교적 많을 경우 성공적인 것으로 알려져 있다. 지붕이 있고 환기가 잘 되는 장소에서 하거나 또는 야외 콘크리트 바닥위에 쌓인 칩더미에 반투과성 천을 덮어 건조를 진행시킨다. 이 천을 통하여 증발된 수증기는 배출되고 빗물은 차단된다. 실제 칩을 함수율 30%까지 건조시키는데 약 3~4개월 정도가 소요된다. 비용이 적게 들어 적용사례가 늘고 있지만 넓은 면적의 콘크리트 포장바닥이 요구된다.

적극적 건조방법에서는 칩 저장고 바닥의 구멍으로 공기를 강제 유도하여 칩을 건조하는 방법이 가장 일반적이다. 대기를 그대로 사용하여도 신속한 건조를 기대할 수 있으나 송풍 등을 위한 에너지 투입은 불가피하다.

가. 자연건조

자연건조(natural drying)는 많은 경제적 장점들을 지니고 있지만 기후조건이 적절하고 장기간 저장에 적절한 내부구조를 갖추고 있다고 하더라도 함수율 20% 미만으로 건조하기는 어렵다. 따라서 단기간 내 함수율을 낮추어야 하거나 장기간 저장이 불가능할 경우에는 강제건조(forced drying)가 대안이 된다.

나. 고정층 건조기

그림 4.37의 천공바닥형 고정층 건조기(perforated floor fixed-bed dryer)는 가장 기초적인 단속식 통기순환형(through-circulation) 건조기의 모습이며, 연속식으로도 설계할 수 있다. 그러나 단속식은 투자비용이 저렴하다는 장점이 있다. 이 건조기의 경우 $3MW_{th}$ 이하의 소형 플랜트에 적합하다.

이 건조기는 기본적으로 천공된 바닥을 지닌 저장고로 구성되어 있다. 천공된 바닥을 통하여 열풍이 유동되며, 건조성능은 투입되는 건조매체의 습도에 의한 영향을 크게 받는다. 건조대상 습윤물질은 천공바닥 위에 고정층을 이루도록 투입되어 있으며 그 깊이는 40~60cm 정도가 적당하다. 처리시간은 수 시간 정도이다. 대상물질의 투입과 배출을 자동화할 수도 있다. 만일 바닥이 천천히 움직이도록 한다면 연속작업도 가능하다. 배출가스의 속도와 온도가 모두 낮으므로 별도의 세정과정은 필요 없다.

통기순환형 고정층 건조방법의 단점은 건조층 내에 수직방향으로 함수율 경사가 크게 형성된다는 것이다. 그러므로 건조된 연료는 건조 후 사용 전 완벽하게 혼합한 후 중간저장고(buffer silo)에서 일정기간 평형을 이루도록 방치해두어야 한다. 효율을 극대화하기 위하여 주 건조기로부터 배출되는 에너지가 풍부한 가스를 응축기를 통과시킨 후 이 건조기에 투입하여 예비건조(pre-drying) 과정으로 활용할 수도 있다.

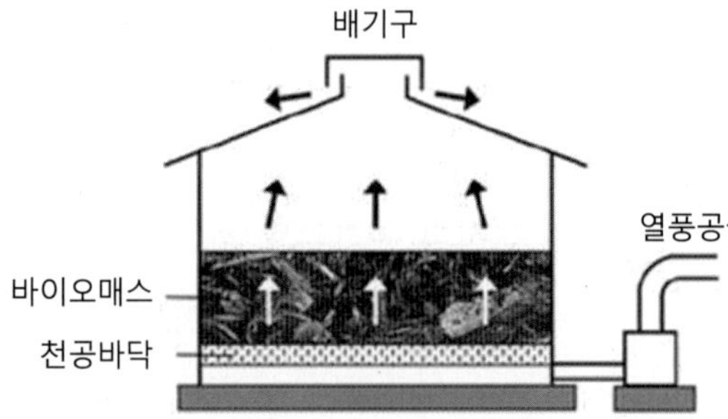

그림 4.37 천공바닥형 고정층 건조기

다. 회전건조기

회전건조기는 기존의 대규모 바이오매스 플랜트에서 가장 일반적으로 사용하고 있는 건조기 형태이다. 회전건조는 매우 습윤하고 입자가 큰 바이오매스에 주로 적용된다. 피건조대상물이 고온 유체와 함께 이동하면서 물질 내 수분이 제거된다. 유동 채널인 드럼 자체가 회전하면서 물질과 건조매체 사이의 접촉을 가능하도록 해준다. 물질의 이동은 드럼 경사, 회전 및 드럼 내벽 표면형태에 의해 유도된다. 드럼의 직경은 1~6m 수준으로, 생산량에 따라 달라진다.

총괄열전달은 통기순환형에 비하여 낮은 편이므로 상당히 많은 양의 건조매체가 요구된다. 플랜트 배출가스를 이용한 목재칩 건조에 적용되는 투입온도는 보통 250~400℃ 범위이다. 건조기 배출가스로부터 분진을 제거하는 사이클론에 의해 포집된 분진을 연소하여 열풍을 만들 수도 있다.

열유동 방향에 따라 병류형(cocurrent type)과 대향류형(counter-current type)으로 나뉜다. 병류형의 경우 건조매체와 물질이 동일한 방향으로 전진하므로 건조매체는 전진하면서 습도가 증가되어 최종지점에서 포화상태가 될 가능성도 있으며, 건조효율도 낮아진다. 대향류형의 경우에는 건조매체와 물질이 서로 반대방향으로 전진한다. 따라서 병류형에 비하여 비교적 효과적이고 일정한 건조가 가능하다. 그러나 바이오매스는 점화온도가 낮아 화재발생 위험이 크다. 건조매체(대개 공기)의 일반적인 투입온도는 200~500℃ 범위이며 배출온도는 90~120℃ 수준(굴뚝에서의 열손실과 응축 방지를 위함) 이다. 또한, 굴뚝 전에는 분진회수시스템을 설치하는 것이 일반적이다.

일반적인 바이오매스로부터 물을 제거하는데 소요되는 에너지는 2.6MJ/kg 이상이다. 바이오매스의 순발열량이 대개 18~21MJ/kg 수준이며, 목재의 경우 생재함수율이 50%를 초과한다는 사실을 생각하면 상당한 에너지가 건조공정에 소요됨을 알 수 있다.

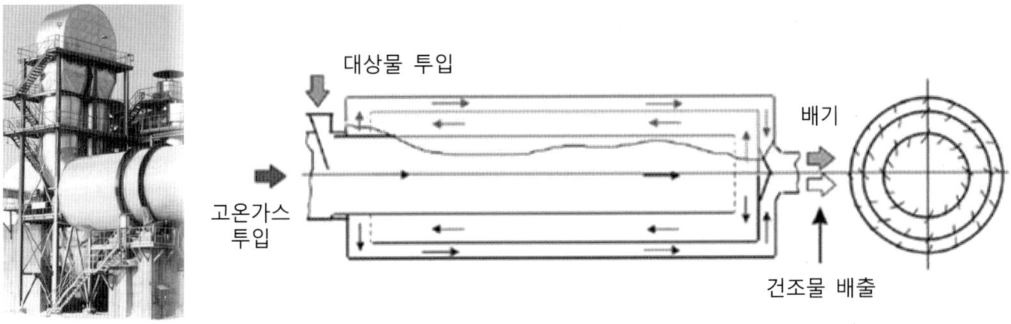

그림 4.38 3중 덕트식 회전건조기의 단면

회전건조기의 열요구량은 증발수분 1톤당 약 1,000kWh 정도이다. 물질의 혼합과 열전달은 관다발건조기와 비슷하다. 회전건조기는 옥외 설치에 아무런 문제가 없으며, 투자비용은 관다발건조기에 비해 약간 낮은 편이다.

열병합발전소나 발전소 자체에 목재칩 전처리 특히, 건조공정을 설치할 경우에는 발전소로부터 발생되는 폐열을 이용하여 회전건조기에 열에너지를 공급할 수 있다. 이 경우 폐열 활용과 목재칩 연료 함수율의 저하를 통하여 전반적인 에너지효율을 크게 향상시킬 수 있다.

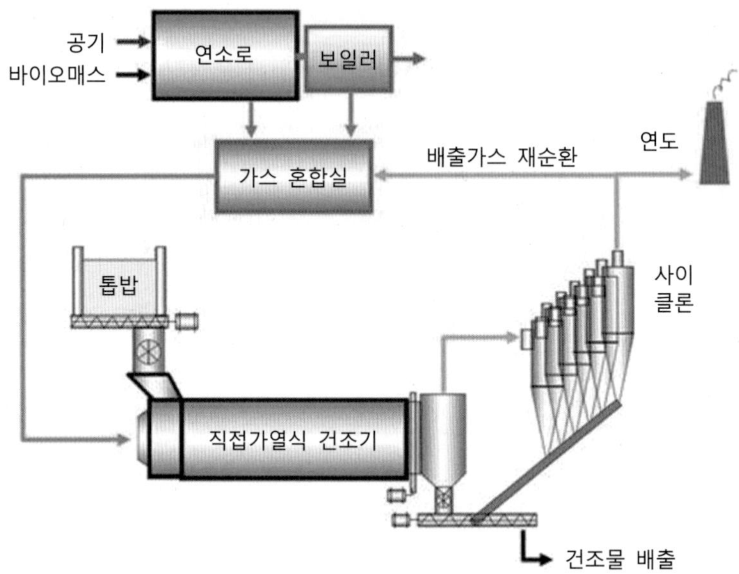

그림 4.39 발전소 폐열을 이용한 회전건조기

라. 밴드 컨베이어 건조기

연속식 통기순환형 건조기는 바이오매스 건조에 매력적인 대안이 될 특징들을 많이 지니고 있다. 가장 많이 사용되고 있는 상압 밴드 컨베이어 건조기 또는 벨트 건조기(band dryer 또는 belt dryer)에서는 건조매체가 투기성 밴드 위에 얇고 넓게 펼쳐져 있는 건조대상물질을 통과하도록 되어 있다. 일반적으로 밴드 건조기는 펠릿생산용 톱밥의 건조에 널리 사용되고 있다. 가스의 유동은 상향 또는 하향으로 선택이 가능하다. 1단형 설계에서는 연속된 밴드가 건조기 전체 길이에 걸쳐 설치된다. 다단형에서는 여러 개의 밴드가 수직방향으로 배열되어 있다. 건조매체로는 대개 공기나 연소산물을 사용하며 송풍기를 이용하여 건조기 내부를 순환하도록 한다. 건조공기 가열을 위해서는 온수나 저압의 증기가 사용된다.

밴드 건조기의 제어는 매우 용이한 편으로, 체류시간, 함수율 및 제품의 최고온도 등을 제어할 수 있다. 건조대상 물질의 깊이가 비교적 작기 때문에(대개 2～15cm) 균일한 건조가 가능하다. 그러나 다른 건조기에 비하여 매우 큰 부피와 공간이 요구된다. 또한, 건조대상물질의 입자크기는 장치의 규모와 비용에 크게 영향한다. 톱밥(최대 6mm) 건조에는 목재칩(60～100mm) 건조보다 작은 규모가 요구된다. 최고 건조공기온도는 대개 90～120℃ 수준이며, 요구되는 최종제품의 품질에 따라 달라진다. 건조매체의 속도가 느리고 비교적 정적인 상태로 건조대상물질이 이동하게 되므로 분진의 혼입은 적은 편이다, 그러나 지역별 법규에 따라서는 백필터(bag filter)가 요구될 수도 있다. 그러나 규모가 클 경우에는 백필터가 아닌 습식세정기가 필요할 수도 있다.

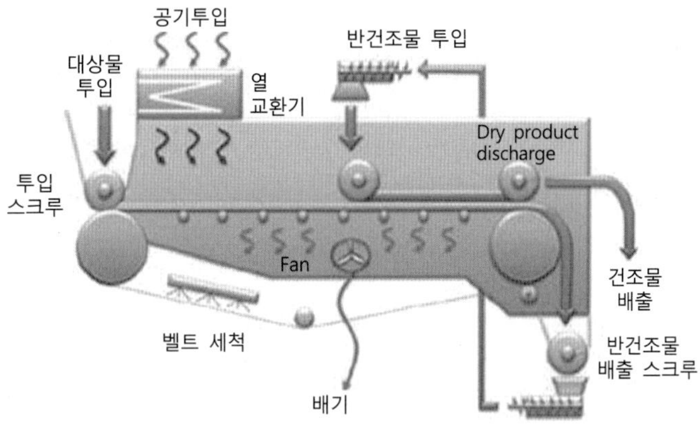

그림 4.40 벨트 건조기

벨트건조기는 공정열에 의한 직접가열방식과 증기, 열매체유 또는 온수를 이용하는 열교환기에 의한 간접가열방식 모두 적용 가능하다. 실제 가열매체는 항상 건조대상물질과 접촉한다. 공급스크루에 의해 벨트 위에 원재료가 연속적으로 일정하게 놓인다. 배출송풍기에 의해 건조기체가 벨트와 원재료 속을 통과한다. 벨트는 회전 브러시에 의해 연속적으로 청소된다. 주기적으로 고압 벨트청소시스템이 작동되기도 한다.

열요구량은 증발수분 1톤당 1,200kWh 수준으로, 관다발건조기, 드럼건조기 또는 과열증기건조기에 비하여 약간 높은 편이다. 적절한 제어계측시스템을 이용하면 벨트건조기의 완전자동화가 가능하다. 건조제품의 함수율을 측정하여 그에 따라 벨트속도를 조절하면 된다.

벨트건조기는 동일 생산규모의 관다발건조기나 드럼건조기에 비하여 덩치가 크고(특히, 길이) 더 비싸다. 그러나 정상적인 조건에서 벨트건조기는 저온으로 운전되므로 열소비량을 줄일 수 있고 폐열 활용 잠재력이 크다는 점으로 전술한 단점을 극복할 수 있을 것이다. 바이오매스 연소로나 열병합발전소의 배기가스 응축장치는 비교적 낮은 온도의 가열매체를 공급할 수 있으므로 이 장치와 벨트건조기의 결합은 매력적인 대안이 될 수 있다.

유럽에서 바이오매스 건조에 투자와 운전비용이 모두 높은 벨트건조기를 많이 사용하는 이유는 바이오매스의 고온건조 시 배출되는 휘발성 유기화합물(volatile organic compound (VOC))을 줄일 수 있기 때문이다.

마. 간접가열식 증기 관다발 건조기

만일 증기를 열원으로 사용할 수 있다면 회전건조기에 간접가열방식을 적용할 수 있다. 가장 일반적인 이 형태의 건조기로는 증기 관다발 건조기(indirect tubular steam dryer)를 들 수 있다. 여러 줄의 증기관이 건조기 전체 길이에 걸쳐 건조기 내부에 설치되어 있다. 증기관의 설치 줄 수는 투입물질의 특성에 따라 달라진다. 관다발은 건조기 좌우 끝 격판에 고정되어 드럼과 함께 회전한다. 열전달은 증기온도 수준인 관 표면과의 접촉에 의해 이루어진다. 포화증기의 압력은 대개 0.6～1MPa 수준이며, 증기관은 이를 통과하는 증기가 완벽히 응축되도록 설계되어야 한다. 그러나 투자비용이 높은 단점이 있다.

이 방법에서는 90℃ 정도에서 원재료가 천천히 건조된다. 또한, 낮은 건조온도로 인하여 유기물질과 냄새의 방출이 감소된다. 가열매체로는 증기, 열매체유 또는 온수가 사용된다. 공급온도는 건조기형태와 가열매체에 따라 다르며 대개 150～210℃ 범위이다. 관다발건조기는 대개 대향류원리로 작동되므로 가열매체의 투입구가 건조대상물 투입구의 반대쪽에 있다. 소요열량은 증발수분 1톤당 약 1,000kWh 수준이다.

이 건조기의 중앙에는 수평축을 중심으로 회전하는 가열된 관다발이 장착되어 있다. 중심축 주위로 마치 별모양으로 용접되어 있는 관들의 배열에 의해 가열표면이 구성된다. 가열매체는 관 속을 흐르고, 건조대상물은 관 사이에 위치한다. 관다발 바깥쪽 끝에는 hub와 축을 따라 건조대상물을 수평으로 이동시켜 연속적으로 가열표면과 접촉하게 하는 이송날개들이 있다. 이처럼 반복적으로 뒤집어 줌으로써 가열표면과의 접촉이 이루어져 양호한 열전달이 이루어진다. 이송날개가 장착된 관다발의 모습은 그림 4.41과 같다.

고온의 공기나 배기가스를 분사해주면 열전달이 더욱 개선되어 건조시간을 단축할 수 있다. 관다발건조기에는 배출기준 준수를 위하여 배출증기흡입과 집진 시스템이 갖추어져 있다.

그림 4.41 관 다발 건조기(좌)와 관 다발(우) 모습

이 건조기를 야외에 설치할 수도 있으나 이 경우 건조기가 완전히 고립되게 된다. 관다발 건조기에 제어계측 시스템을 장착하면 완전 자동화가 가능하다. 관 다발건조기는 목재칩, 톱밥, 대팻밥 등의 건조에 적합하며, 펠릿생산 공정에서는 최신의 기술이라 할 수 있다.

관다발건조기의 투자비용은 제작업체와 설계에 따라 다르지만 증발율 2.5와 3.5톤/시간 규모에 대하여 각각 42만과 55만 유로 수준이다. 마모가 쉬운 부품들이 적어 유지관리비용도 비교적 낮은 편이다.

Haarslev Industries사가 개발한 Rotadisc dryer는 그림 4.42와 같으며, 핀란드 Vapo Oy사의 펠릿공장 3곳에서 사용되고 있다. 건조시스템은 폐쇄형이며, 배출가스는 백필터에 의해 세정된다. 설계에 있어 가장 중요한 요소는 건조시스템의 압력과 물질의 입자크기이다. Ponndorf Machinenfabrik GmbH사는 증기관다발 열교환기를 갖춘 목재칩 건조용 회전건조기를 공급하고 있다.

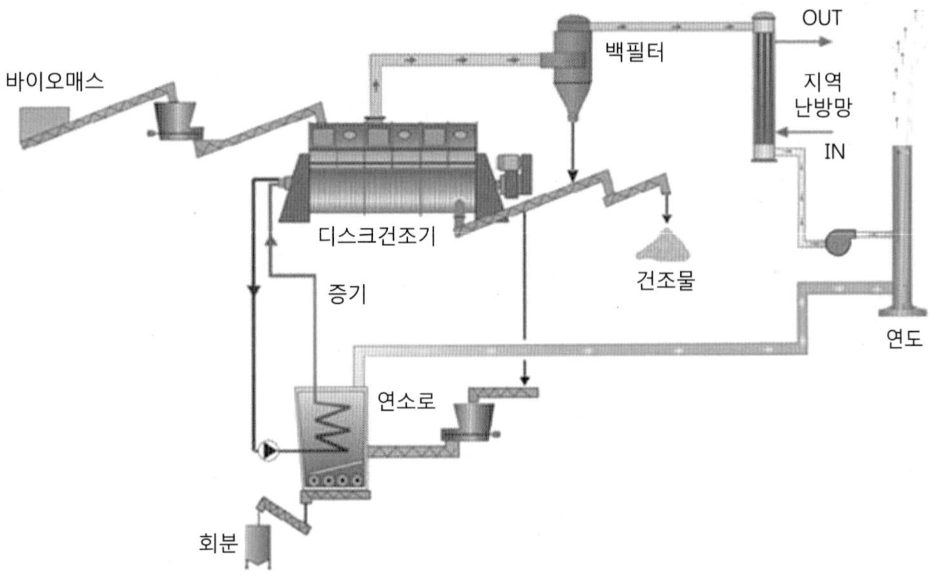

그림 4.42 플랜트 폐열을 이용한 바이오매스 건조용 Rotadisc dryer

Swiss Combi사는 폐쇄형 증기시스템과 소각시스템이 통합되어 있는 간접가열식 ecoDryer를 개발한 바 있다. 이 건조기는 플랜트 규모(수분증발량 5~40톤/시간)에 대한 유연성이 우수하며, 에너지원으로 천연가스, 기름 및 목재 등 다양한 연료를 사용할 수 있다. 이 건조기의 또 다른 장점으로는 배출수준과 에너지 소비량 및 화재위험 등이 모두 낮다는 점들을 들 수 있다.

스웨덴 Vansbro에 위치한 Vasterdala Bioenergi AB사는 2006년 톱밥과 목질계 바이오매스 건조를 위하여 간접가열식 2단 관다발 건조기술을 선택하였다. 지역난방용 열생산과 펠릿생산을 결합하였다. 그 목적은 예비건조와 폐열회수를 통하여 건조에 소요되는 순에너지소요량을 최소화하는 것이었다. 건조기는 AB Torkapparater사에서 공급하였으며, 응축기는 Sven나 RokgasenergiAB사에서 공급하였다. 최종건조는 바이오연료 보일러로부터 공급되는 1.6MPa 증기로 가열되는 고온건조기를 이용하여 수행된다. 고온의 응축수는 저온의 전건조기에 사용된다. 온도 300℃인 보일러의 배출가스는 건조기의 환기에 사용된다. 예비건조기에서 배출되는 가스의 온도는 약 105℃이며, 고온건조기의 배출가스 온도는 약 200℃이다. 증발능력은 약 6~7톤/시간 수준이다. 보일러의 배출가스는 톱밥을 건조기 내부에서 이송하는데 사용되며, 건조 소요에너지의 약 85% 정도가 회수된다.

간접가열식 관다발 건조기는 폐쇄형 시스템과 건조기 내 불활성 환경을 제공할 수 있다. 배출가스 내 분진은 사이클론에 의해 제거된다. 배출가스는 일단 응축되고, 습식 정전형 집진기를 통과한 후 굴뚝으로 향한다. 폐수는 3개의 연속된 모래층(sand bed)에 의해 처리되며, 하수로 버리기 전 석회를 이용하여 pH가 조절된다. 화격자형 연소로에서는 기본적으로 형성된 타르가 연소되지만, 응축물 표면에 형성된 타르를 추출하기는 어렵다.

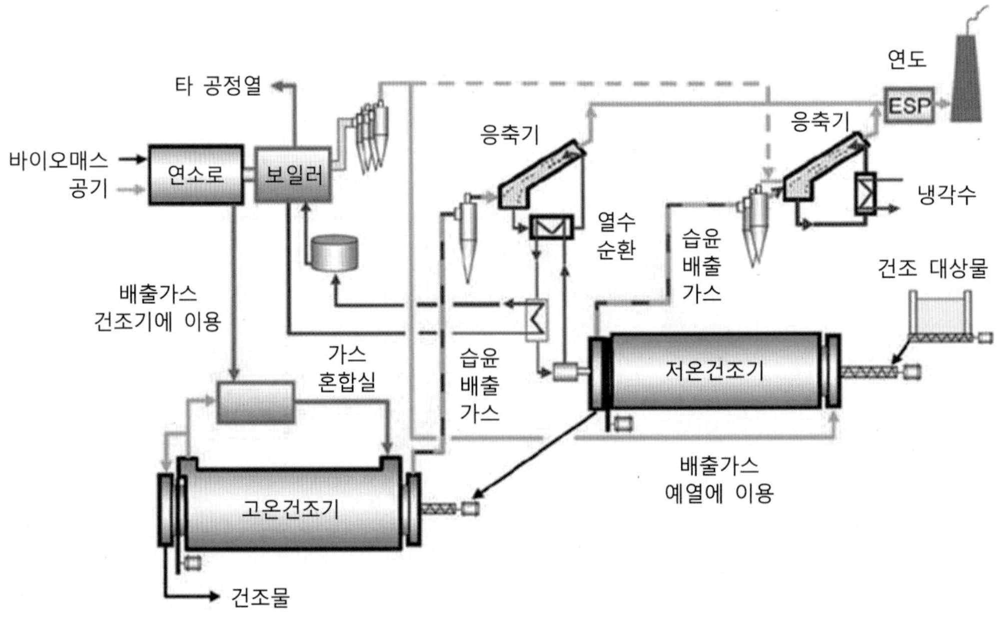

그림 4.43 2단 간접가열식 건조공정

바. 유동층 건조기

일반적인 유동층 건조기(fluid bed dryer)에서는 열풍이나 배출가스를 이용하여 바이오매스를 건조하지만 설치된 예는 많지 않다. 이 건조공정은 일반적으로 매우 신속하고 효과적이며, 다른 기술들에 비하여 설비의 크기도 작은 편이다. 유동층 건조에서는 건조대상 입자들이 하부로부터 유입되는 가스에 의해 부양된다. 증기 유동층 건조는 과열증기건조의 장점과 유동층의 우수한 열/물질전달특성을 결합하고자 한 것이다.

Niro Inc.사(현재는 GEA Process Engineering Inc.사)가 개발한 고압 증기 유동층 건조기(pressurized steam fluid bed dryer)는 원래 주조, 식품 및 설탕 생산을 위한 것이었으나 스웨덴의 Boras Energi사에서는 목재칩 건조에 이를 적용한 바 있다. 1994년도부터 가동하였으며, 이를 통하여 플랜트에 소요되는 석탄을 건조 목재가 대체하게 되었다.

목재로부터 발생된 증기는 저압 증기건조기의 열원이 된다. 저압증기는 고압증기(최고 2.5MPa, 250℃)에 의해 열교환기를 통하여 200℃까지 간접 가열된 후 유동층 건조기로 향한다. 연속적으로 배출되는 과도 증기는 약 0.28MPa(150℃) 수준이므로 다른 공정에서 사용도 가능하다. 이 건조기에 적합한 입자크기는 0.5~50mm 수준이다. 이 건조기는 증기를 회수할 수 있으므로 이를 활용한 용도가 존재해야만 하지만 매우 효율이 높다. 특히, 바이오매스 플랜트에 적합하다고 할 수 있다. 또한, 대기 중으로의 가스배출이 전혀 없으므로 환경적으로도 매우 우수하다. 그러나 투자비용이 높고 플랜트의 규모가 상당히 커야 한다는 제한이 있다.

최근 Ventilex B.V.사는 바이오매스 건조를 위하여 sub-fluid bed drying 기술을 개발한 바 있다. 이 건조기에서는 상향하는 기체유동과 함께 유동층 분배판의 기계적 수직방향 진동을 통하여 고체 입자들이 유체상태로 이동된다. 그러므로 기체와 물질이 격렬히 혼합되어 높은

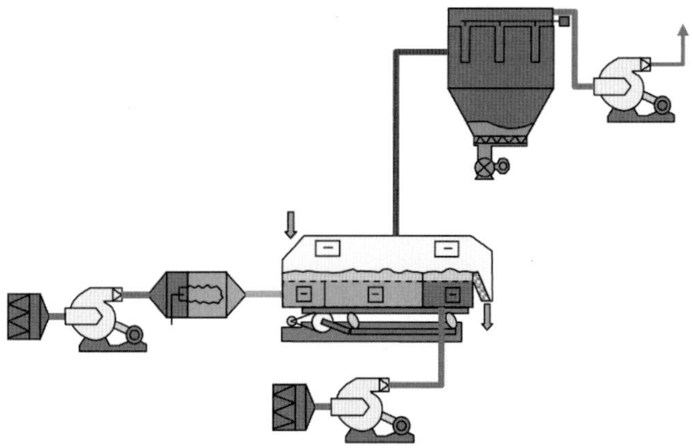

그림 4.44 유동층 건조기

열전달율과 적정한 건조조건이 달성된다. 최장 체류시간 2시간과 최고 건조온도 600℃까지 가능하다. 물질의 층두께는 5~60cm 범위이다. 분진은 사이클론과 백필터에 의해 재거된다.

네덜란드 에너지센터(ECN)에서는 반탄화 시스템을 위하여 목재칩을 함수율 15%까지 건조하는데 2단 sub-fluid bed dryer를 적용한 바 있다. 이때 투입되는 목재칩의 길이는 15~40mm 수준이다. 응축기를 통한 열회수로 인하여 비소요에너지가 낮은 편으로, 약 2.2MJ/kg-water 수준이다. 열회수를 통하여 건조과정의 열손실을 거의 보상하고 있다. 특히, 바이오매스 반탄화 플랜트와 결합할 경우 열회수 효율을 극대화할 수 있을 것이다.

사. 기류이송형 과열증기건조기

기류이송형 건조기(pneumatic conveying dryer)는 고속의 유동기체 속에 물질을 혼입하여 짧은 체류시간 내 신속히 건조할 수 있다. 주로 매우 크기가 작은 입자에 적합하다. 그러나 스웨덴에서는 입자크기 최대 50mm까지 적용이 가능한 폐쇄회로형 기류이송건조기를 개발한 바 있다. 이 건조기에서는 증발된 수분 증기를 간접 가열하여 이를 이송과 건조 매체로 사용한다. 이 기술은 1970년대 초 Gothenburg의 Chalmers Univeristy of Technology와 Modo-Chemetics AB사가 공동으로 개발한 것으로, 현재는 스웨덴의 Exergy AB사가 Exergy 증기건조기라는 제품명으로 출시한 바 있다. 이 건조기의 특징은 에너지회수율이 높고 가스 배출이 없다는 점을 들 수 있다.

압력 0.2~0.6MPa의 과열증기가 건조기 내를 순환하면서 열교환기(증기압력 0.8~2.5MPa) 관 사이로 입자들을 기류 이송한다. 건조된 물질은 사이클론에서 증기와 분리되고 증기는 송풍기에 의해 재순환된다. 건조기에서 증발된 과도증기는 시스템으로부터 배출되어 압력 0.2~0.6Mpa의 공정증기로 사용이 가능하다. 또는 증기재압축을 통하여 재사용도 가능하다. 건조기 내 물질의 체류시간은 10~30초 정도이며 균일한 최종함수율을 얻을 수 있다.

설치규모는 증발량 10톤/시간 이상으로 큰 것이 일반적이다. Exergy 증기건조기가 최초로 상용화된 것은 스웨덴 Rockhammar mill의 펄프건조공정이다. 목재연료 건조를 위한 최초의 상용화는 1980년대 Husum 펄프공장에서 이루어졌다. 2003년에는 덴마크 Koege에 위치한 Danish Energgi E2 A/S사의 목재펠릿공장에도 설치되었다. 유사한 설비가 스웨덴 Hedensby에 위치한 Skelleftea Kraft사의 목재펠릿공장에도 설치되었다. 두 펠릿공장 모두 바이오매스 CHP 플랜트와 결합된 형태이다.

Skelleftea Kraft사의 공장에서는 톱밥을 건조하기 전 선별하며 0.7~2.6Mpa의 증기를 사용한다. 0.4MPa의 순환증기는 관 내부에서 건조물질을 이송한다. 이 건조기에는 직경 110mm인 관 121개로 구성된 높이 30m 응축기 2기가 설치되어 있다. 연료는 대형 송풍기에 의해 관을 통과하게 되며, 건조기 내에서 약 30초를 체류하여 함수율 9%까지 건조된다. CHP로부터 공급된 건증기는 관 외부에서 응축되므로 연료로부터 발생된 증기와 섞이지 않는다. 따라서 건조기로부터 발생된 응축수는 다시 사용이 가능하다. 고압 증기건조기는 고온수준에서 에너지 회수가 가능케 한다. 이 플랜트의 최대 출력은 4.9MW$_{el}$이다.

과열증기건조기(superheated steam dryer)는 셀룰로오스, 암면, 목재칩, 대팻밥, 톱밥, 수피, 하수슬러지, 어분 및 담배의 건조에 사용되고 있다. 펠릿성형을 위한 톱밥의 건조에도 적용 가능한 기술임이 입증된 바 있다.

이 공정에서는 과열증기의 건조능력을 이용하여 물질로부터 수분을 제거한다. 그림 4.45의 예는 소위 'exergy dryer'라 불리는 작동원리를 보여주고 있다. 8~15bar 정도 압력의 포화증기로 운전되는 열교환기에 의해 과열증기가 생성된다. 포화증기 대신 열매체유나 온수를 사용할 수도 있다. 건조기 내를 순환하는 과열증기의 압력은 2~5bar 수준이며, 건조대상물의 이송매체 역할도 한다. 건조기로의 물질공급은 회전밸브에 의해 이루어진다. 건조기 내에서 물질의 온도는 115~140℃ 정도에 도달하게 된다. 건조 물질은 사이클론에서 증기와 분리되고 회전밸브에 의해 배출된다. 시스템 내에는 증기가 남아있게 된다. 건조 중인 물질로부터 발생된 과도증기는 계속 배출된다. 아직도 과열증기상태인 이 증기를 공장의 다른 부분에서 활용

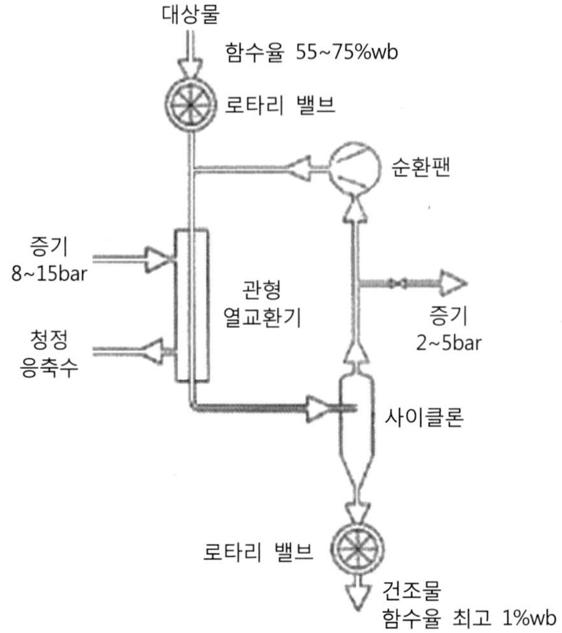

그림 4.45 과열증기건조기의 작동원리('exergy dryer')(좌)와 과열증기 순환시스템을 갖춘 유동층건조기(우)

할 수 있으며, 그 압력은 시스템의 증기와 같다. 건조기 내 체류시간은 물질에 따라 5~10초 범위이다. 톱밥 건조에는 10~20초 정도가 소요된다.

과도증기를 연속적으로 배출함으로써 쉽게 열회수를 할 수 있어, 이 점이 과열증기건조기의 중요한 장점이 된다. 회수된 열의 활용방식에 따라 열회수율이 최고 95%에 이른다. 예를 들어 지역난방이나 공정가열시스템 또는 발전시스템 등 다양한 방식으로 회수된 증기를 활용할 수 있다. 또한, 이 시스템은 분진이나 냄새 원인물질을 배출하지 않는다. 한편, 재활용된 증기의 응축수는 반드시 일정 방법으로 처리해야 한다(대개 지역 하수시스템에 배출). 마지막으로 증기가 가득한 환경에서 건조가 이루어지므로 분진폭발의 위험이 없고 혼합도 잘 이루어진다.

수분 증발능력이 50kg/hr부터 30,000kg/hr에 이르기까지 다양한 규모의 과열증기건조기를 선택할 수 있다. 열요구량은 증발수분 1톤당 약 750kWh 수준이며, 전술한 바와 같이 열회수율 최고 95%까지 가능하다. 이송시스템, 회전밸브 및 송풍기 작동에 증발수분 1톤당 40~60kWh의 전기에너지가 추가로 소요된다.

표 4.33 바이오매스용 건조기의 형태별 성능비교

건조기 형태	밴드건조기	회전건조기	증기회전 건조기	가압유동층 건조기	기류증기 건조기
투입물	톱밥, 대팻밥, 목재칩	톱밥, 목재칩, 수피	톱밥, 가공폐재	목재칩	톱밥, 수피, 산림부산물
투입속도 (톤/시간)[1]	8~9	6~7	5~6	9	25
투입 함수율 (%습량)	50~60	50~60	50~60	50~60	50~60
배출 함수율 (%습량)	10~15	10~15	10~15	10~15	10~15
건조매체	공기, 연소가스 (50~120℃)	공기, 연소가스 (250~400℃)	증기(대기압)	재순환 저압증기 (0.3~0.4Mpa)	재순환 저압증기 (0.3~0.4Mpa)
가열매체	열풍	연소가스	고압증기 (0.6~1MPa)	고압증기 (2.6MPa)	고압증기 (0.7~2.6MPa)
증발능력 (톤-H_2O/시간)	10	7~8	6~7	5~40	25
소요증발 에너지 (MJ/kg-H_2O)	4~5	4~5	3~4 (에너지회수 0.8~1)		2~3 (에너지회수 0.5~0.7)

[1]: 건량기준

수분증발능력 3,000kg/hr인 건조기의 투자비용은 약 170만 유로 정도이다(가열매체와 건조대상물에 따라 달라짐). 이처럼 고가인 것은 고압시스템이기 때문이며, 이 점이 과열증기건조기의 단점이다. 물질의 투입과 배출에 요구되는 기술적 난이도 역시 투자비용 상승의 원인 중 하나이다. 그러므로 회수된 열을 활용할 수 있는 대규모 시스템에 적당하다.

5.4.5. 목재칩의 저장

오랫동안 바이오매스는 가능성이 있는 주요한 재생에너지원으로 인식되어 왔다. 활용 가능한 바이오매스 연료에는 여러 가지가 있지만 목재칩은 이중 가장 중요한 바이오매스인 것이 사실이다. 그러나 바이오매스 플랜트(발전소나 지역난방 플랜트)는 1일 24시간 연중 가동해야 하는 반면, 목재칩 생산은 특정 계절에 국한되어 있다. 일예로 목질계 에너지작물(예: 단기순환작물(Short Rotation Coppice(SRC)))은 해당 작물의 휴면기간에 수확한다. 한편, 간벌과 산림관리과정에서 발생하는 임지폐잔재(forestry residues(FR))는 반출할 수 있는 기간에 악천후로 인하여 반출이 제한될 수도 있다. 따라서 플랜트에 대한 안정적인 연료공급 보장을 위해서는 목재칩의 저장이 요구된다.

목재칩 연료를 플랜트에 적용하기 위해서는 일정 규격을 만족시켜야만 한다. 관련 규격에는 함수율, 회분함량, 입자크기분포 및 발열량 등이 포함된다. 예를 들어 버드나무 SRC의 경우 수확 시 함수율은 50~55%에 이르지만 특히, 가스화 플랜트에서는 최고 30% 미만의 함수율을 요구한다. 따라서 어떠한 저장방법이 적용된다고 하더라도 건조가 진행되어야만 한다. 목재 저장 중에는 그 특성에 영향을 미칠 수 있는 생화학적 변화도 발생 가능하다. 이러한 변화로 인하여 발열량과 입자크기분포의 측면에서 목재의 연료 활용 가능성에 영향을 미칠 수 있다. 그러므로 건조가 가능한 동시에 생물학적 분해를 제한하여 목재칩 품질을 유지할 수 있는 저장전략이 요구될 것이다. 플랜트 운전자의 입장에서도 저장 중 변화를 경제적 관점에서 이해해야 한다. 저장 중 발열량 손실은 경제적 손실로 이어지기 때문이다.

1) 관련 연구사례

Kofman과 Sppinelli(1997)은 연구를 통하여 버드나무 SRC 저장이 매우 어려운 일임을 밝힌 바 있다. 특히, 과소규격 칩은 2개월 이상의 저장에는 적합하지 않으며, 상당한 수준의 건량 손실과 발열량 소실이 발생되고 미생물에 의한 감염 가능성도 매우 높았다. 따라서 SRC의 경우 수확 즉시 플랜트로 수송하는 것이 가장 좋은 대안이며, 만일 저장을 해야만 할 경우에는 칩핑을 하지 않은 상태로 저장하는 것이 바람직하다는 결론을 내리고 있다. 한편, 2개월 이상

장기간 저장해야만 한다면 밀폐형 저장고에 저장하는 것을 권장하고 있다

목재칩 저장에 대한 연구는 여러 수준에서 이루어진 바 있다. 캐나다 밴쿠버의 임산물연구소(Forest Products Laboratory)에서 1932년 실시한 실험결과에 의하면 칩더미 내 온도가 약 70℃이라 보고하고 있다. 그러나 저장에 영향하는 인자들이 매우 다양하기 때문에 이 연구결과에 대해서는 많은 논란이 있었던 것도 사실이다. 목재칩 저장 관련 영향인자들은 다음과 같다:

- 칩더미 크기와 저장관련 미세기상(micro-climate)에 의한 영향
- 온도상승과 화재위험
- 저장물질의 조성 - 활엽수, 침엽수, 잎, 초기함수율
- 저장물질의 크기분포
- 칩더미 조성 방법 - 압축 또는 비압축
- 포장의 유무
- 기후 - 강우, 기온 및 일사량

강우의 경우 연간 강수량이 486mm(486kg/㎡)인 경우 만일 저장기간이 15개월이라면 강수량은 총 607mm에 이르게 된다.

그러나 목재칩의 저장특성에 대한 관련문헌은 극히 드문 실정이다. 목재펄프/제지와 같은 목재산업에서 약간의 연구가 진행된 바 있으나 바이오매스산업을 위한 대규모 목재칩 저장에는 적용되기 어려운 것도 사실이다. ARBRE Energy Limited사는 영국 최초의 바이오매스 발전소를 North Yorkshire에 건립한 바 있다. 연료로는 임지폐잔재와 단기순환작물인 버드나무(willow)와 같은 에너지작물을 혼용하고 있다. SRC는 3년 주기로 겨울철에 수확하며, 생산 즉시 발전소로 수송할 수 없는 경우가 많다. 따라서 목재칩을 생산현장이나 발전소 인근 저장소에 일정 기간 저장해야 한다. 마찬가지로 임지폐잔재 역시 발전소가 요구하기 전까지는 산지 근처에 야적해야만 한다. 그러나 이러한 시간적 지연을 통하여 천연적인 건조를 기대할 수도 있다. 발전소에 도입되는 연료의 함수율은 발전효율 유지를 위하여 30% 미만이 되어야 한다. 또 다른 중요한 연료규격으로는 입자크기를 들 수 있으며, 이상적인 목재칩의 크기는 3mm 이상 30mm 미만이다.

ARBRE사는 예전에 단면이 사다리꼴 형태인 대형 저장고를 건설한 바 있다. 목재칩은 수송 전 중장비를 이용하여 다져진다. 이처럼 압축하는 것은 공기유동을 감소시켜 호기성 분해과정을 최소화하기 위함이지만 이 방법을 적용한 경우에도 생물학적 분해의 문제는 해결되지

못하였다. 오래된 목재칩 더미에서는 온도상승으로 화재가 발생하였으며, 바로 이 점이 최상의 저장방법을 찾는 것이 매우 중요한 일임을 반증하고 있다.

2) 연료 품질 요구사항

플랜트에서 발생되는 폐열을 목재연료의 예비건조에 활용할 수 있다. 가스화 플랜트의 경우 가스터빈에서 연소가 가능한 수준으로 연소가스의 발열량을 유지하기 위해서는 가스화 전 투입연료의 함수율을 20% 이하로 조절하는 것이 이상적이다(Livingstone, 19997). 다양한 연구들이 연료의 전건조와 관련하여 진행된 바 있다(Livingstone 1997, Nellist 등 1993). 적극적 예비건조 방법에서는 연료의 건조를 위한 동력과 열에 비용이 소요된다. 연료의 함수율이 매우 높을 경우에는 예비건조 설비의 용량이 부하율(loading rate)을 제한할 수도 있다. 건조기에 투입될 연료의 최고 함수율은 30% 수준이다. 그러나 전체 플랜트 효율이 낮아진다고 하더라도 건조시스템은 함수율 최고 40%까지는 취급할 수 있도록 설계되어야 한다.

소극적 예비건조 방법에서는 저장 중 칩더미 내부발생 열을 이용하여 함수율 수준을 낮추게 되지만, 이때에는 관련 인자들을 완벽히 이해해야만 한다. 이 인자들은 칩더미의 조성과 구조 및 내/외부 발생 수분 유동 메커니즘에 의한 영향을 받게 된다.

3) 칩더미 크기

다양한 범위의 칩더미 크기에 대하여 연구된 바 있다. Lamond 등(1993)은 단지 0.1㎥ 수준인 밀폐형 저장고를 이용하여 수확 직후인 Sitka spruce에 대한 밀폐형 저장의 영향을 조사한 바 있다. 1개월 당 건량손실과 에너지 손실은 표 4.34와 같았다.

표 4.34 파쇄 Sitka spruce의 밀폐 및 개방형 저장에 따른 손실률

구분	건량손실 %/개월	에너지 손실 %/개월
밀폐	1	2.9
개방	2	2

이 수치들은 낮은 함수율의 칩을 야적할 경우 발생되는 손실률 3%에 비하여 비교적 양호한 수준이다. 칩의 야적에 관한 연구들에 의하면 칩더미 온도와 목재부후 사이의 상관관계를 확인할 수 있다. Gjolso(1991)은 벌채 직후 생산된 전목칩 더미에 대한 생물학적 열화에 관한 연구에서 더미의 각 부분에 따라 총 중량손실률이 6~20%에 달하며 온도와 목질 손실 사이에

명확한 상관관계가 있음을 보고한 바 있다.

Buggelen(1999)은 높이 30m 칩더미의 온도분포를 보고한 바 있다. 중심의 온도는 60℃를 초과하며, 칩더미의 상부와 측부를 통하여 열손실이 발생되었다. 열과 수분이 상부로 이동하였으며, 칩더미 하부의 온도는 50℃를 초과하지 않았다.

Nicholls와 Feng(1992)도 칩더미 내 온도변이와 함수율 수준 저하와 관련하여 높이 9m인 침/활엽수 혼합 450톤 규모 칩더미를 대상으로 1990년 1월부터 3.5개월간의 변화를 조사하였다. 시료는 표면과 표면으로부터 2m, 4.5m 및 6m 깊이에서 각각 채취하였다. 표면 칩의 함수율은 50% 미만으로부터 65% 수준까지 상승하였다. 깊이 4.5m 칩의 평균함수율은 연구종료 시 약 35%까지 낮아졌다.

칩더미에 대한 포장의 필요성에 대한 문제는 더욱 복잡한 문제이다. Nurmi(1991)는 각각 3,000㎥ 규모인 2개의 비압축 칩더미를 대상으로 포장에 의한 영향을 조사한 결과 플라스틱 포장을 한 경우가 오히려 손실이 컸고 함수율이 높았다. 플라스틱 포장에 의해 수분과 열이 배출되지 못한 것이므로 수분과 열의 배출이 저장에 매우 중요함을 확인할 수 있었다.

4) 온도상승과 화재위험

저장 중인 목재의 발효와 미생물학적 부후에 의해 온도가 상승된다. 칩더미의 온도는 저장 2주 만에 66℃에 도달할 수 있으며, 온도상승속도에 영향하는 인자들도 매우 다양하다. 그 인자들로는 칩더미 높이, 표면적과 체적의 낮은 비율, 낮은 복사 및 대류 손실, 목재의 저장기간(오래된 칩일수록 압축되어 있음), 적은 공기 유동, 수피, 부후된 목재 및 톱밥과 같은 불순물 혼입 등을 들 수 있다.

칩더미의 체적은 2차원적 크기의 3승에 비례하여 증가된다. 따라서 더미가 클수록 더 많은 열이 발생되기 마련이다. 그림 4.46(Fuller, 1985)은 더미의 높이가 높을수록 내부온도가 상승되거나 적어도 그 수준을 유지하게 됨을 보여주고 있다. 초기 2주간의 온도상승은 바이오매스 구성요소 중 하나인 유세포(ray cell)의 호흡에 의한 것이며, 약 40일 이후부터는 박테리아와 그로 인한 균류의 활동에 의해 온도가 상승된다. 압축되어 있는 높은 칩더미에서는 연소가 발생될 수 있다. 압축이 덜 된 칩더미 하부의 온도는 자체산화(autoxidation)가 시작되는 온도인 54℃ 이하를 유지하고 있다.

캐나다 온타리오 주에서는 소방당국이 칩더미의 높이를 18m 이하로 제한하여 목재 칩더미를 높이 쌓지 못하도록 규제하고 있다. 또한, 폭과 길이 역시 각각 90m와 150m로 제한하고 있다.

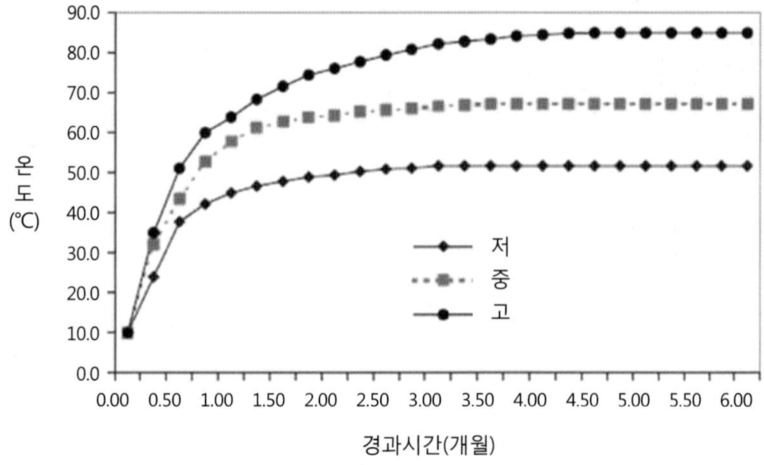

그림 4.46 칩더미의 높이가 온도에 미치는 영향(Fuller, 1985)

Fuller(1985)는 벌채 시 수피, 잎 및 목질 내 아직도 살아 있는 세포들이 존재하는 최초 1주간 온도상승에 기여하는 변호들을 조사한 바 있다. 이 세포들은 원목상태로 저장할 경우 최장 6개월간 생존이 가능하다. 목재를 칩핑하게 되면 살아 있는 세포들은 우선 손상부위 치료를 위한 반응을 하게 된다. 따라서 호흡이 증가되고 그 결과 열이 발생된다. 깊고 압축된 칩더미일수록 가열대상 목질이 증가되므로 열발산이 감소된다. 발생된 열은 목재의 수용성 추출물을 먹이로 하는 박테리아의 발달에 좋은 조건을 제공하게 된다. 7~14일이 경과되면 칩더미의 온도는 최고 50℃에 도달하게 된다.

저장기간 2~5주 동안에는 칩더미 내 공기순환을 제한하는 인자들에 의한 영향이 커진다. 압축정도와 높이 또는 과소 입자들의 비율이 큰 칩더미 일수록 순환율이 낮아진다(Springer와 Hadjny, 1970). 열발산이 늦어지면서 온도는 약 65℃에 도달하게 된다. 이 온도수준에서는 셀룰로오스에 붙어 있던 아세틸기가 체인으로부터 떨어져 나와 초산을 형성한다.

5) 함수율

Nellist등(1993)이 가문비나무와 자작나무 칩을 대상으로 평형함수율을 조사한 결과 상대습도 80~90% 범위에서도 평형함수율이 20~30%에 도달함을 확인 한 바 있다. 따라서 적절한 저장방법과 충분한 기간이 보장된다면 소극적 건조방법만으로도 원하는 함수율 수준의 목재칩을 얻을 수 있다.

6) 목재칩의 조성과 저장손실

목재칩의 화학적 조성은 저장특성 결정에 매우 중요하다. Chum 등(1993)이 조사한 결과는 표 4.35와 같다.

표 4.35 목질계섬유소 물질들의 화학적 조성(단위:%)

구분	침엽수	활엽수	초본류
셀룰로오스	41-43	43-45	35-39
리그닌[평균 범위)	28(24-33)	22(16-24)	16(15-18)
Xylan(오탄당)	8-14(5-10)	20-30(12-24)	27-34(25-29)

목재의 리그닌화(lignification) 수준은 셀룰로오스와 헤미셀룰로오스가 박테리아에 의해 분해되어 오탄당을 생성하는 과정에서 박테리아의 접근을 제한하는 척도가 된다. 침엽수의 경우 활엽수에 비하여 탈리그닌화(delignification)가 비교적 어렵고 세포벽 구조를 열어 셀룰로오스에 접근하는 것도 어렵다. 평균적으로 침엽수는 활엽수에 비하여 탄수화물과 셀룰로오스 함량도 낮은 편이므로 오탄당 생성량도 적게 된다. 반면, 활엽수는 침엽수에 비하여 아세틸 농도가 높고 대개의 초본류들은 특히, 초산 생성율이 높다.

가. 화학적 변화 – 저장손실

목재칩 저장 관련 대개의 연구들이 셀룰로오스 섬유의 수율 극대화와 변색 방지에 초점을 맞추고 있는 제지산업에 의해 이루어져 왔다(Fischer, 1991). 경험에 의하면 연료용 목재칩의 경우 변색은 문제가 되지 않는다. 표 4.36은 저장에 의한 화학적 변화에 관한 자료이다.

표 4.36 수확된 SRC와 임지폐잔재의 수확직후와 12개월 저장 후의 조성변화(Fischer, 1991)

조성	12개월 저장 후	수확직후 SRC	수확직후 임지폐잔재
pH	3.2	-	-
건량(%)	57.3	50.4	64.0
수용성 탄수화물(%)	-	1.94	0.68
초산(mg/kg))	5,440	325 미만	32.5 미만
유산(mg/kg)	527	5,774	1,586

유산(lactic acid) 수준은 유산균 생성이 발생되는 목질 내 수용성 발효성 탄수화물과 직접

적인 관계가 있다. MacDonald(1981)는 유산균 활동과 초산 사이의 관계를 다음과 같이 규명한 바 있다.

$$C_6H_{12}O_6 + 2ADP \rightarrow 2CH_3CHOHCOOH + 2ATP$$

1몰의 glucose나 fructose가 2몰의 초산을 생성한다. 헤미셀룰로오스로부터 유도된 오탄당이 유산균에 의해 발효되면 1몰의 초산과 1몰의 유산이 생성된다.

$$C_5H_{10}O_5 + 2ADP \rightarrow CH_3CHOHCOOH + CH_3COOH + 2ATP$$

목재칩 더미 내 환경은 사일로 저장의 경우보다 매우 변이가 많다. 칩 크기와 과소규격 입자들의 비율이 공기와 열의 유동을 변화시키며 대개의 박테리아에 의한 발효는 호기성이다. 셀룰로오스와 헤미셀룰로오스로부터 유도된 오탄당으로 인하여 유산, 초산, 물 및 이산화탄소가 발생된다. Jirjis(1995)는 휘발성 물질들의 존재가 저장 목재칩의 건량 결정의 오차 원인이 됨을 보고한 바 있다. 건량결정을 위한 전건법에서 에너지가 풍부한 휘발성 물질이 대기 중으로 손실되므로 톨루엔 적정법을 사용하기도 한다.

장기간 저장되었던 목재칩은 초산 함량이 높은 상태가 된다. Fuller(1985)에 의하면 압축된 상태의 칩더미 내 온도가 약 65℃에 도달하게 되면 셀룰로오스 분자로부터 아세틸기가 분리되어 초산이 형성된다. 그로 인하여 칩이 변색되고 셀룰로오스의 구조가 약화되며 pH가 낮아진다. 일반적으로 온도가 상승할수록 화학반응은 더욱 활성화된다. 높이가 낮고 압축되지 않은 칩더미는 열발산이 활발하여 높은 내부온도를 피할 수 있으나 초기 온도상승기간이 종료되어 온도가 50℃ 미만으로 하강되면 목재부후균의 활동이 시작된다.

나. 건량손실

목재 특히, 수령이 낮은 목재는 생물학적으로 활성인 물질이다. 저장 중의 모든 변화를 겪은 화석계 연료와는 다르다. 유기물질의 생물학적 열화속도는 온도의 함수이므로 칩더미 온도와 목재부후 사이에는 상관관계가 있다(Buggeln, 1999). 개방형 칩더미의 온도는 66～72℃ 정도로 보고되고 있다. Hakkila(1989)에 의하면 호흡은 온도 40℃까지 온도에 따라 증가되며, 호기성 열화의 최적온도는 20～30℃라 한다. 균류와 박테리아는 수피, 형성층 및 잎으로부터 질소원을 얻는다.

건조전 생재를 칩핑하여도 형성층의 살아 있는 세포들은 호흡을 계속하지만 이 과정은 그리 길게 유지되지 않는다. 생재가 작은 입자들로 칩핑 되면 세포의 화학물질들이 공기에 노출되면서 화학반응이 즉시 발생된다. Fesit(1973)은 이 반응들이 발생되면 온도 55℃보다는 65℃에서 더 많은 열화가 진행됨을 확인한 바 있다. 그러므로 온도만으로도 목재칩의 열화가 촉진된다는 사실을 알 수 있다. 따라서 칩더미 내 열축적과 그의 발산이 칩 관리에 매우 중요하다.

수피와 형성층에 함유된 질소는 균류에 필요한 유기질소원이다. 수피의 질소함량은 목질부의 3~8배에 이른다, 형성층을 포함한 변재는 심재에 비하여 부후가 신속히 진행된다.

Buggelin(1999)은 야적 목재칩의 목질 손실률을 1개월당 1%로 규정하고 있다. Rushton(1999)은 포플러와 버드나무 칩더미를 대상으로 포장하여 9개월간 실험한 결과 각각 11.9%와 5.7%의 건량손실률을 보고하였다. 즉, 1개월당 평균 1% 정도가 된다. 야적 칩더미의 경우 각각 15.7%와 4.3%로, 그 평균은 9개월당 약 10% 수준이었다. Gojlsjo(1994)는 자작나무 칩더미를 대상으로 8개월 간 저장한 결과 대형과 소형 칩더미에 대하여 각각 9.7%와 7.5%의 건량 손실률을 보고하였다. 생세포의 비율이 높을수록 저장 중 손실이 증가되었다.

다. 호흡 손실

Nellist 등(1993)은 건량 손실률 1%(10g/kg-dm)가 160kJ/kg-dm에 해당된다고 보고하였다. 만일 기화잠열이 2500kJ/kg이라면 칩더미 내 수분증발에 이 에너지가 사용될 경우 160÷2500=0.064kg-water/kg-dm 즉, 6.4%가 된다. 함수율 50%인 칩의 경우 함수율이 48.3%로 낮아진다. 건량기준 발열량이 일정하다면 1kg-dm 당 에너지 손실은 190kJ가 되어 총 에너지량의 1%에 해당된다. 이를 기준으로 12개월간 재습윤화 없이 호흡에 의한 발열로 건조가 이루어질 경우 1개월당 1%의 건량손실을 감안할 때 건량은 12% 손실되지만 함수율도 20% 감소된다.

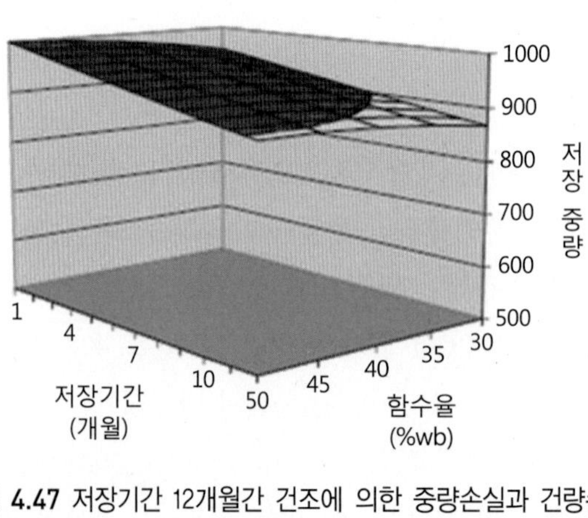

그림 4.47 저장기간 12개월간 건조에 의한 중량손실과 건량손실

즉, 12개월간 건량이 12% 손실됨과 동시에 함수율도 50%에서 30%로 낮아지게 된다. 그림 4.48은 최초에 함수율 50%인 목재칩 1,000톤이 1년 후 함수율 30%인 목재칩 867톤으로 변환된다. 함수율 30%인 목재칩이 함수율 50%인 목재칩에 비하여 단위중량당 순에너지함량은 높지만 건조와 건량손실로 인하여 그 효과가 상쇄될 수 있다.

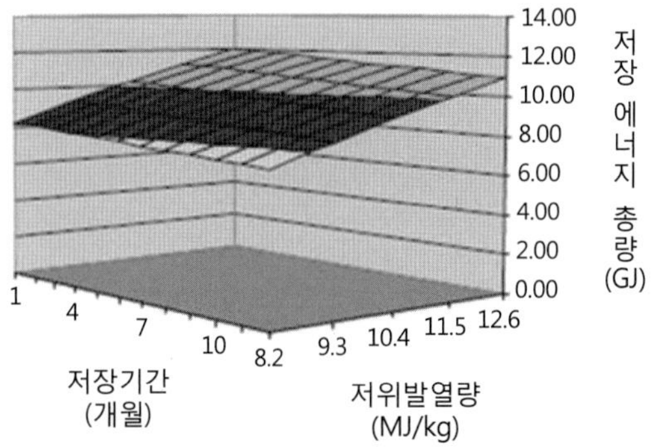

그림 4.48 저장기간 12개월간 건조와 건량손실에 의한 순에너지의 변화

Nellist 등(1993)이 제시한 함수율(MC_{wb})에 따른 순에너지함량(NE) 관계식은 다음과 같다:

$$NE = 19.2 - 0.2195 \times MC_{wb} \qquad [4.12]$$

라. 균류에 의한 분해 - 부후

활엽수는 침엽수에 비하여 오탄당과 아세틸 조성분이 많아 더 많은 산을 생성하게 된다. Buggeln(1999)은 실험결과를 바탕으로 활엽수가 침엽수에 비하여 연부후균(soft rot fungi)에 더 쉽게 침해된다고 밝힌 바 있다. 낮은 pH에서 수용성 탄수화물 발생과 셀룰로오스 분해가 증가되면서 이 현상은 더욱 촉진된다. 침엽수가 함유한 수지와 테르펜도 연부후에 대한 저항물질의 역할을 할 수 있다. 대규모 칩더미 내 균류발달에는 온도, 수분, 호기성 박테리아 발달 정도 및 저장기간 등이 영향을 미친다.

대개의 목재 부후균들(백색부후균과 연부후균)은 온도 25~45℃ 범위에서 가장 활발하게 활동하여 최적의 온도조건이 30℃ 중간대역으로 알려져 있으며 호열성(thermophilic)이라기보다는 어느 정도 열을 견딜 수 있다. 그러나 Hellenbrand와 Reade(1990)은 균류 감염의 변이에도 불구하고 목재칩에 유해한 미생물이 전혀 없을 수는 없으므로 이의 방지와 억제를 위한 조치가 필요하다고 주장한 바 있다.

7) 재고전략

저장 중 손실 최소화를 위하여 연료 칩 재고량을 적게 유지하는 전략은 예측 불가한 상황에 의한 재고 고갈 시 위험한 일이 될 수 있다. 재고고갈은 오히려 많은 비용을 발생시킬 수 있고, 플랜트의 규모가 클수록 그 영향은 크게 증대된다. Finke(1984)가 제시한 그림 4.49에서는 적정한 재고수준이 존재함을 보여주고 있다. 초기의 낮은 재고수준은 재고고갈에 의한 비용 급등의 위험을 안고 있는 반면, 과도한 재고수준은 재고비용과 저장 중 손실의 증가를 야기할 수 있다.

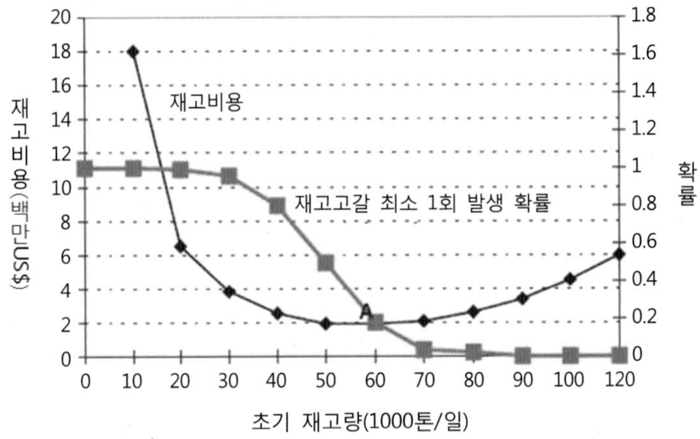

그림 4.49 적정 재고수준 결정을 위한 분석(Finke, 1984)

8) 저장 시설의 설계

연료용 목재칩은 표 4.37에서 보는 바와 같이 다른 연료들에 비하여 단위체적당 에너지밀도가 매우 낮은 수준이다. 따라서 다른 연료들에 비하여 큰 저장용량 등 차별되는 저장시설의 설계가 요구된다. 따라서 20,000kWh의 에너지를 연료의 형태로 저장하기 위해서는 그림 4.50과 같은 체적이 요구될 것이다. 즉, 목재칩은 기름, 목재펠릿 및 원목에 비하여 각각 8~12배, 4배 및 2배의 체적이 요구된다.

표 4.37 연료별 겉보기밀도와 에너지밀도

연료	겉보기밀도(kg/m³)	에너지밀도(kWh/m³)	25MWh당 체적(m³)
석탄	850	7,200	3.47
목재펠릿	600-700	3,250	7.69
원목(함수율 20%)	350-500	1,800	13.89
목재칩(함수율 30%)	250	880	28.41

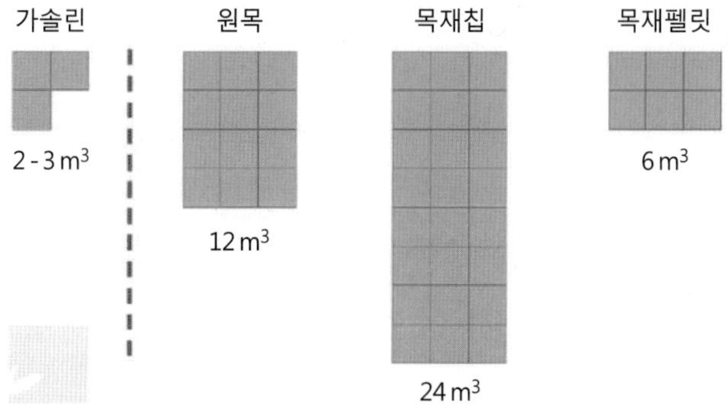

그림 4.50 연료별 20,000kWh의 에너지 저장을 위해 요구되는 체적

그림 4.51은 연료용 바이오매스를 도입하는 연료도입부(fuel receiving)의 모습이다. 이 설비의 바닥에는 연료를 한 방향으로 이송하는 drag chain이 설치되는 것이 보통이다.

그림 4.51 Fuel receiving 부(좌)와 drag chain floor(우)

여기서 공정으로 투입된 연료는 이송시스템을 통하여 플랜트로 향한다. 연료의 형태와 규격이 매우 다양할 수 있으므로 일반적으로 벨트컨베이어를 이송장치로 사용하고 있다. 경우에 따라서는 과대규격의 연료와 금속과 같은 이물질 제거를 위하여 선별장치와 마그네트 등을 이송과정 중에 설치하기도 한다.

플랜트에 도착한 연료는 보일러에 투입되기 전 다시 중간 저장과정을 거치게 된다. 일예로 용량 1,000kW 보일러인 경우 연간 600~800톤의 연료가 필요하며, 이를 체적으로 환산하면 1,800~2,400m^3이 된다. 한편, 연소에 필요한 공기를 저장고 내를 통하여 공급하도록 설계하면 저장고 내에 항상 약간의 음압이 형성되고 따라서 배출되는 분진의 양을 감소시킬 수 있을 뿐만 아니라 분진에 의해 발생되는 안전관련 문제도 어느 정도 완화시킬 수 있다. 작업자는 항상 필터마스크(P3급)를 착용해야 하며, 지하 저장고는 산소수준이 낮으므로 홀로 작업하는 것을 금지해야 한다. 또한, 산소공급이나 환기장치가 요구된다.

그림 4.52 바이오매스 연료의 이송

그림 4.53 바이오매스 연료 선별용 선별기와 마그네트

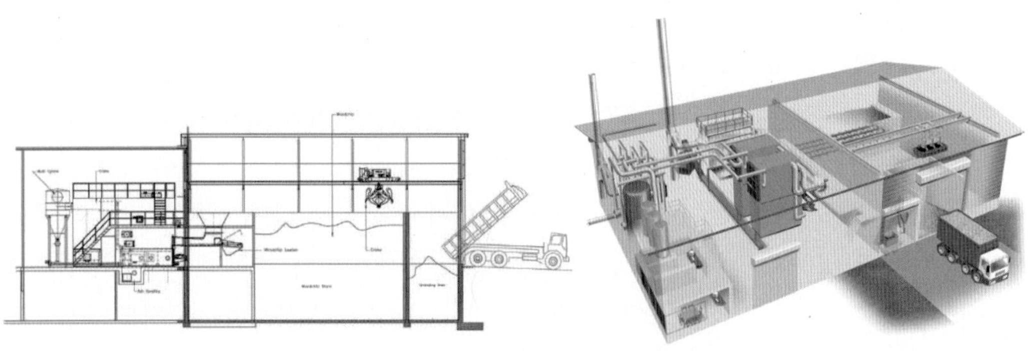

그림 4.54 보일러실과 바이오매스 연료저장고

5.4.6. 바이오매스 발전플랜트와 건조공정의 통합

연소에 크게 영향하는 일반적인 연료특성으로는 함수율을 들 수 있다. 바이오매스를 연료로 사용할 경우 바이오매스가 함유한 수분으로 인하여 발생되는 습윤한 연소가스에 의해 야기되는 회수 불가능한 열손실로 인해 연료의 함수율이 증가할수록 발열량이 저하된다. Boriouchkine 등(2012)이 바이오매스 전용보일러에 목재칩 연료의 함수율이 미치는 영향에 대한 연구결과에 의하면 함수율이 낮을수록 연소가스의 온도가 상승되는 반면 함수율이 높을수록 연료의 총 변환효율이 낮아진다.

일반적으로 최신 바이오매스 연소시스템들은 배출과 효율 관련 기준에 따라 수용 가능한 연료의 함수율범위를 정해놓고 있다. 만일 고체연료의 함수율이 이 기준을 초과하게 되면 시스템이 자동적으로 가동이 중지되도록 설계되기도 한다. 바이오매스의 함수율은 그 범위가 매우 넓어 곡물류 짚은 10% 미만인데 반하여 원목 벌채 부산물의 함수율은 최고 50~70%에 이르기도 한다. 슬러지와 같은 산업폐기물들은 매우 높은 함수율을 나타내며 신선한 미세조류(micro-algae)의 함수율은 90%를 넘기도 한다. 고함수율의 바이오매스는 직접 연소에 적합하지 못하다. 따라서 플랜트의 배출과 효율 기준 만족을 위해서는 적절히 건조하거나 다른 보조연료들과 혼합해주어야만 한다. 건조된 연료를 사용하면 효율이 개선되어 증기생산량이 증가되고 배출이 감소되는 동시에 보일러 운전도 개선된다. 이처럼 많은 장점이 있음에도 불구하고 바이오매스의 건조는 에너지집약적인 공정이므로 비교적 낮은 열효율인 25~50%를 가정할 경우 건조공정에 소용되는 에너지는 전체 산업용 에너지소비량의 최고 15%에 이르게 된다. 건조대상 입자의 크기 역시 건조온도에 영향한다(Gebreegziabher 등, 2014). 따라서 건조공정에 의한 에너지 비용 상승과 화석계 연료 연소에 따른 온실가스 배출 증가의 관점에서 건조공정의 에너지집약적인 특성, 바이오매스 형태와 크기의 변이 및 각종 건조설비의 열효율 차이 등을 고려한 개선방법의 탐색이 요구된다.

발전플랜트로부터 발생되는 증기나 폐열을 건조공정에 활용하는 것은 에너지비용의 획기적인 절감을 가능하게 할 수 있다. 증기플랜트에서는 증기터빈에서 배출되는 중압(10~40bar) 및 저압(2~5bar) 증기를 보일러 공급수의 예열에 사용하고 있다. 보일러 공급수 예열은 응축기 열손실을 줄여주므로 발전플랜트의 전체적인 열효율을 향상시켜준다. 바이오매스의 건조공정에서도 이와 동일한 효과가 기대된다. 증기를 이용한 바이오매스 건조는 응축기와 보일러 모두에서 에너지손실을 줄여줄 수 있다.

1970년대 말 에너지위기 이후 산업 공정들의 에너지 소요량 절감 또는 에너지효율 개선을 위한 많은 노력이 경주되어 왔다. Linnhoff와 Flower(1978)는 화학공정에서 열교환망(heat exchange networks) 최적화를 위한 열병합 접근방법인 "Pinch Analysis"를 제시한 바 있다. 이 연구는 이후 상용규모 발전플랜트의 설계에 응용되었으며 최근에는 이 기술이 각종 발전플랜트들의 효율개선에 적용되고 있다.

화력발전에 일반적으로 사용되는 연료인 석탄과 달리 바이오매스는 매우 높은 함수율을 지니고 있다. 이와 같은 고함수율은 운전의 어려움을 가중시키고 연소효율을 낮추는 한편 환경적 문제를 야기할 수 있다. 대개의 최신 바이오매스 발전플랜트들은 바이오매스가 보일러에 투입되기 전 바이오매스가 파쇄되고 건조되는 설비를 갖추고 있다. 보일러 내 지속적인 연소를 위해서는 함수율 수준이 55~65% 미만이면 되지만 적정 수준은 10~15% 정도로 낮다(Ross, 2008). Brammer와 Bridgewater(2002)는 중소규모 바이오매스 가스화플랜트에서 열과 전력을 생산하는데 바이오매스 함수율이 매우 중요함을 밝힌 바 있으며 고함수율이 시스템의 성능뿐만 아니라 product gas의 품질마저도 저하시킨다고 보고한 바 있다. 일예로 Shuit 등(2009)은 대표적인 팜유산업 부산물인 EFB(empty fruit bunch)와 PKS(palm kernel shell)의 효과적인 연소를 위해서는 연소 전 적어도 함수율 20% 미만으로 건조할 것을 권장하고 있다.

발전플랜트의 폐열을 이용하여 바이오매스를 건조한다면 매우 경제적일 수 있다. Gebreegziabher 등(2014)은 바이오매스의 적정 건조 목표함수율을 결정하는 수학적 모델을 제시한 바 있다. 이 모델에는 바이오매스의 발열량 향상을 위한 적정 함수율 결정을 위한 물질과 에너지 수지뿐만 아니라 열전달과 건조특성 등이 포함되어 있다. Andersson 등(2006)은 펄프공장과 연계되어 있는 바이오연료의 건조와 펠릿성형 공정에 증기건조, 연소폐가스 건조 및 진공건조의 세 가지 방법을 적용하는 연구를 수행한 바 있다. 이 연구의 결과에 의하면 펠릿만을 생산하는 경우에 비하여 에너지 회수와 이산화탄소 배출량 저감의 가능성이 높음을 확인해준 바 있다. Holmberg와 Ahtila(2004)는 건조매체로 공기만을 사용하는 바이오연료 건조공정에 대하여 연구하였다. 이 연구에서 폐증기는 각 건조단계에서 공기를 예열하는데 사용되었으며, 그 결과 총 건조비용을 절감할 수 있었다.

이미 언급한 바와 같이 건조공정은 에너지와 비용 집약적인 공정이다. 건조공정의 에너지 비용은 저급한 폐열을 활용할 경우 절감이 가능하지만 단위시간당 처리가능량이 감소되어 건조기 규모가 확대되어야 하기 때문에 많은 용적을 차지하고 투자비용이 증가된다.

Song 등(2012)은 바이오매스 발전플랜트에 건조공정을 통합할 경우의 효과에 대하여 연구한 바 있다. 보일러 연소폐가스를 바이오매스 연료 건조에 사용한 결과 총 효율을 3.1% 향상시킬 수 있어 발전플랜트와 건조공정의 통합이 바람직하다는 점을 입증하였다. 이 연구에서는 EFB를 연료로 사용하는 바이오매스 발전플랜트에 다단계형 건조공정을 적용하였다.

Boriouchkine 등(2012)도 EFB를 연료로 하는 발전플랜트에 열풍건조공정을 통합할 경우의 효과를 분석한 바 있다. 열풍의 투입온도를 100℃로 가정하는 한편 건조기로부터 배출되는 공기의 온도는 (연료의 투입시 온도+10℃)로 가정하고, 함수율 60%인 EFB를 먼저 48% 수준으로 기계적으로 탈수한 다음 연소전 함수율 10%로 열풍건조하는 과정을 가정하고 있다. 그 결과 함수율 60%인 EFB를 그대로 연소하는 경우의 총 에너지효율이 21.56%에 그친 반면 열풍건조공정을 통합할 경우 총 에너지효율이 25.99%까지 향상될 수 있다고 예상한 바 있다. 한편, 중압수준의 증기를 재활용한 과열증기건조공정을 단독 적용할 경우의 총에너지효율은 23.18%, 그리고 열풍과 과열증기 건조공정을 복합할 경우 26.90%로 예상되었다.

Chapter

5 에너지작물

1. 바이오매스 현황

2009년 우리 정부는 녹색성장정책을 수립하여 2009년 당시 총 1차 에너지 소비량의 2.5% 수준인 신재생에너지 비율을 2020년 까지 10% 수준으로 높인다는 목표를 설정하였다. 특히, 신재생에너지 공급의무화(RPS: Renewable Portfolio Standard) 제도를 수립하여 바이오에너지에 의한 발전량을 2008년 대비 2020년까지 20배 정도를 증가시키는 방안을 제시하였다.

본 제도는 일정규모 이상의 발전설비를 보유한 발전사업자에게 총 발전량의 일정량 이상을 신재생에너지로 생산한 전력을 공급토록 의무화한 제도이다(신재생에너지 개발/이용/보급 촉진법 제12조의 5). 본 제도를 통하여 발전사에게 직접적으로 신재생에너지) 공급을 의무화함으로써 보급을 촉진하는 것이 주목적이다. 이를 통하여 신재생에너지의 조속한 산업화와 시장 확대 등으로 산업 경쟁력 강화와 일자리 창출을 도모하고자 하였다. 한편으로는 당시까지 신재생에너지 보급에 중추적인 역할을 하고 있던 발전차액(FIT) 제도 이행비용을 전력시장을 통하여 보전함으로써 정부예산을 절감하고자 하는 목적도 있었다.

본 제도가 적용되는 공급의무자로는 신재생에너지 설비를 제외한 설비규모 50만kW 이상의 발전설비를 보유하는 업체 및 K-water와 한국지역난방공사 등 총 13개 사가 포함되었다. 그러나 2012년도에 공급의무대상자들은 공급의무량 대비 약 64.7%만을 이행하였으며 태양광 발전은 95.7%인 반면 비태양광 부문은 63.3%로 저조하였다. 따라서 총 253억여 원의 과징금이 부과되는 상황으로까지 이어졌다.

이와 같이 비태양광 신재생에너지부문의 실적이 저조한 것에는 여러 가지 원인이 있을 수 있으나 바이오매스의 경우 현재 대부분의 공급의무대상자들이 목재펠릿에만 의존하고 있는 실정을 들 수 있다. 2013년 국내 목재펠릿 총 생산량은 약 8만여 톤 수준인 반면 발전용으로 사용된 펠릿의 양은 약 40만 톤에 이르는 것으로 추정하고 있다(Ahn 등, 2013: Han, 2013). Lee(2012)는 현재의 RPS제도가 지속될 경우 2020년 우리나라의 목재펠릿 소요량을 500만 톤 이상으로 예상한 바 있으나 우리 정부는 2020년 국내 목재펠릿 자급 목표량을 100만 톤으로 확정한 바 있다(Han, 2013). 실제로 국내 목재펠릿시장은 발전용 목재펠릿 사용량의 급증으로 2009년 1만8천톤에서 2015년 147만8천톤으로 대폭 성장하였으며, 이중 95%이상인 141만톤이 수입되었다(투데이에너지 2016년 7월 7일자). 결국 앞으로도 최소 80% 이상의 고형 바이오연료를 해외로부터 도입해야만 국내 소요량을 충족시킬 수 있음을 알 수 있다.

세계 목재펠릿 시장에 대해 제시한 전망은 표 5.1과 같다(Poyry, 2012). 2010년도 전 세계의 목재펠릿 생산량은 1,660만 톤이었으며, 1,551만 톤이 소비되어 비교적 균형을 이루었다. 한편, 본 자료에서는 중국이 자국 수요량의 100%를 자체적으로 공급할 수 있다는 가정을 하고 있으나 이는 매우 실현이 불가능한 상황이라 판단된다. 2020년도 서유럽 전체의 수요량이 2,380만 톤으로 예상되는 반면, 중국은 서유럽의 42% 수준인 1,000만 톤 규모로 예측되고 있다. 만일 중국의 자체 공급능력이 크게 저하될 경우 전 세계적으로 심각한 공급 부족 사태가 초래될 것으로 예상된다.

2011년 기준으로 전 세계 목재펠릿 제조공장은 870여개로 파악되고 있으며, 이중 70% 이상이 연간 생산능력 5만 톤 미만의 중소형 규모를 나타내고 있다(Arnold, H, NA). 약 20% 정도인 150~160개 공장이 연간 생산능력 5~10만 톤 규모이며, 최근 들어 연산 10만 톤 이상의 초대형 목재펠릿 제조공장이 준공되거나 계획되는 사례가 크게 증가하고 있다. 2015년까지 펠릿 소요량이 약 2배 증가할 것이며, 그에 따라 생산능력도 증가될 것으로 예상한 결과 2015년에도 균형을 이룰 수 있을 것으로 예상한 바 있다. 그러나 2020년에는 그 균형이 깨져 공급부족의 상황을 예측하고 있으며, 공급부족의 주된 원인은 중국을 비롯한 한국과 일본의 수요가 크게 증가하기 때문인 것으로 예측되고 있다.

표 5.1 세계 목재펠릿시장의 현황과 전망(Poyry, 2012) (단위: 백만톤/년)

Region	Production(P)			Consumption(C)			P-C		
	2010	2015	2020	2010	2015	2020	2010	2015	2020
North America	4.90	8.50	11.00	3.40	4.30	5.60	1.50	4.20	5.40
South America	0.10	3.00	4.40	0.05	0.12	0.20	0.05	2.88	4.20
West Europe	7.70	10.70	13.00	10.80	16.40	23.80	-3.10	-5.70	-10.80
East Europe	2.20	2.80	3.30	0.40	0.60	0.80	1.80	2.20	2.50
Russia	0.80	1.40	1.60	0.03	0.05	0.05	0.77	1.35	1.55
China	0.60	3.00	10.00	0.60	3.00	10.00	0.00	0.00	0.00
Korea/Japan	0.10	0.40	1.10	0.20	3.80	5.50	-0.10	-3.40	-4.40
Oceania	0.20	0.40	0.80	0.03	0.06	0.13	0.17	0.34	0.67
Total	16.60	30.20	45.20	15.51	28.33	46.08	1.09	1.87	-0.88

공급과 수요의 차이가 크면 대상물의 가격상승은 필연적인 현상이다. 연료가격의 급격한 상승은 결국 다른 연료들에 대비한 해당 연료의 경제적 타당성이 크게 손상되어 고려대상에서 제외될 가능성이 높아지게 될 것이다. 이와 같은 상황은 곧 재생에너지로서 목재펠릿 나아가 바이오매스 연료 또는 고형 바이오연료에 대한 기피현상을 초래할 수 있다. 따라서 안정적인 수급과 가격수준으로 목재펠릿을 대체할 수 있는 새로운 연료용 바이오매스 자원의 발굴과 개발이 절실히 요구되고 있다.

2. 에너지작물

2.1. 유럽의 에너지작물 현황과 잠재력

조림과 육림에 많은 시간과 비용이 소요되는 목질계 바이오매스를 대신할 수 있는 에너지작물(energy crops)도 대안으로 부상되고 있다. 고수율의 에너지작물들은 농산 바이오가스 생산(옥수수와 축산분뇨 혼합물)과 같이 검증된 시스템에서는 이미 많이 활용되고 있다. 바이오가스는 대개 열병합발전(CHP)(발전용량 수백kW에서 최대 40MW)에 사용되고 있으며, 이는 특히 독일, 오스트리아, 이탈리아 및 덴마크에서 활성화되어 있다. 고품위화 된 바이오가스를 수송용 바이오연료로 사용하는 것이 비교적 최근에 개발된 기술이나 이로 인하여 앞으로 옥수수나 기타 에너지작물들의 사용량이 증가될 수 있을 것이다. AEBIOM은 2006년 60만ha의 경작지가 바이오가스를 위한 에너지작물 생산에 사용되었을 것으로 추정한 바 있다.

유럽의 경우 2007년 5만~6만 ha의 토지가 고체 바이오매스 에너지작물 재배에 사용되고 있다. 수송용 바이오연료를 위해 재배된 고전적인 에너지작물들(대개 곡물과 유채)에 소요된 약 250만ha에 비하면 매우 작은 수준이다. 영국(주로 거대억새(miscanthus)와 버드나무(willow)), 스웨덴(버드나무, reed canary grass(RCG)), 핀란드(RCG), 독일(거대억새, 버드나무 등), 스페인과 이탈리아(거대억새, 포플러) 등이 비교적 넓은 경작지를 에너지작물 생산을 위해 사용하였다. 다른 유럽국가들에서는 고체 바이오연료 생산을 위한 에너지작물 재배에 대한 통계가 거의 전무한 상태이다.

2008년 유럽연합은 2020년까지 신재생에너지의 비율을 20%까지 증가시키는 야심 찬 계획을 수립한 바 있다. 또한, 회원국들은 2020년까지 수송용 연료의 10%를 바이오연료로 대체하는 것에도 동의하였다. 바이오에너지는 주로 산림바이오매스로부터 충당될 것이지만 목표 달성을 위해서는 다른 에너지작물들 즉, field crops의 역할도 매우 중요하게 되었다.

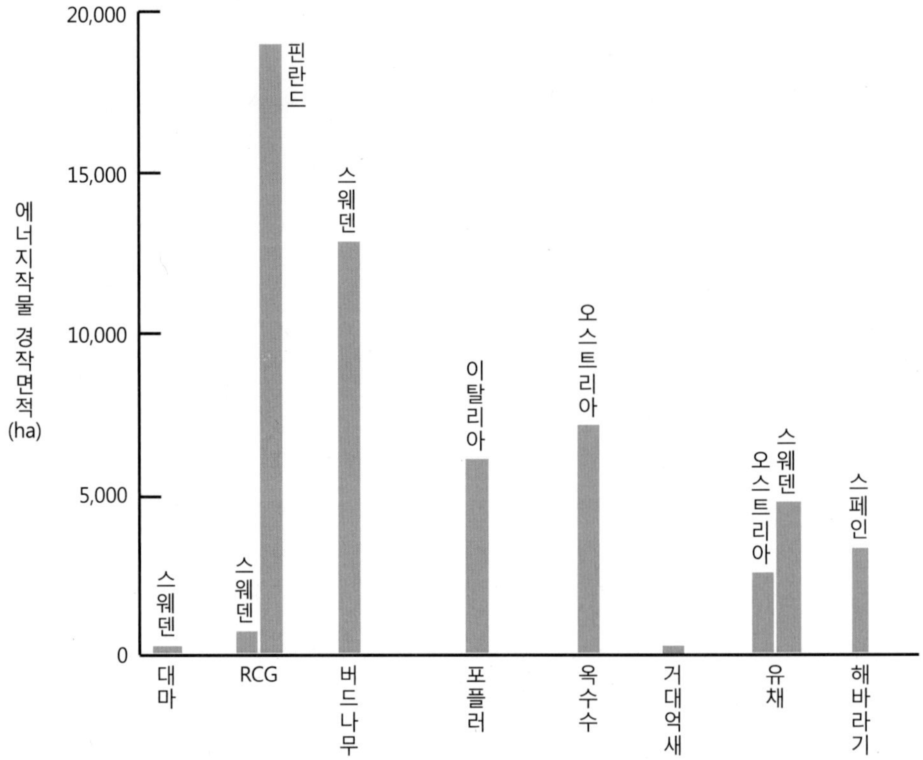

그림 5.1 2008년도 유럽 각국의 에너지작물 경작지 현황(독일, 영국, 덴마크 자료 미포함)(AEBIOM, 2009)

경작지에서 생산된 바이오매스는 일반적으로 부산물들(짚, 입목 초두부(tree tops) 등)과 작물들(거대억새, 포플러, 버드나무, RCG, 유채 씨, 옥수수 등)로 나눌 수 있다. 그러나 이들의 일부는 가축 사료와 토양 비료 등으로 사용되어야 하기 때문에 모든 것들이 바이오에너지로 사용될 수 있는 것은 아니다. 유럽연합 27개국(EU-27)들의 가용한 잠재력은 1~3EJ(1EJ = 10^{18}J) 수준으로 알려져 있다. 이 에너지의 상당 부분이 밀짚에 함유되어 있으며, 독일, 프랑스, 스페인 및 영국 등의 잠재력이 가장 큰 편이다. 덴마크는 현재 밀짚을 에너지 생산에 가장 적극적으로 활용하고 있는 나라이다.

바이오에너지 작물의 잠재력을 평가할 때에는 먼저 식량생산에 필요한 면적을 추정하는 일이 요구된다. EU-27의 경우 경작 가능한 면적이 약 11,100만ha로 추산되며, 6,900만ha는 영구초지(permanent grassland)이다. 가까운 장래에 EU-27의 인구가 빠르게 증가할 가능성은 매우 낮다. 추정에 의하면 지금의 상태를 유지할 경우 EU-27의 인구에 대한 식량 생산을 위해서는 경작 가능면적의 62% 정도가 필요하다고 한다. 전 세계 인구는 2050년 90억명을 초과할 것으로 예상되며, 이 인구에 식량을 공급하기 위해서는 지구의 전체 경적 가능 면적의 65%가 필요하다. 따라서 EU-27의 경우 경작 가능면적의 10～30%를 바이오에너지 작물 재배에 활용할 수 있을 것이다. 만일 수율을 $10t_{dm}$/ha로 가정한다면 총 2～6EJ을 생산할 수 있다.

일반적인 상황을 가정할 때 EU-27의 에너지작물 총 잠재력은 2050년까지 약 3EJ에 이를 것으로 추정된다. 만일 식생활에서 육류의 비중이 높아진다면 그 잠재력은 감소될 것이다. 에너지작물 생산이 증가될 가능성이 가장 높은 지역은 식품생산 수율이 서유럽의 수준에 거의 도달한 동유럽이 될 것이다. 에너지작물의 종류에 있어서는 이미 수십년간 거대억새, RCG, 버드나무, 포플러, 옥수수와 바이오가스용 클로버(clover), 밀 및 유채씨 등에 많은 연구가 진행되어 왔고 현재 사용되고 있으므로 그 종류가 바뀌지는 않을 것으로 판단된다.

작물 부산물과 에너지작물 전용을 모두 합하면 바이오에너지 잠재력이 3～9EJ 정도가 된다. 이는 2020년 EU-27의 총 에너지 소비량 추정치의 약 4～13% 수준에 이른다. 여기서 축산분뇨에 의한 바이오가스는 포함되지 않았으나 에너지작물로부터 생산되는 바이오가스는 포함되어 있다.

2.2. 에너지작물의 연료적 특성과 지원제도

최상의 에너지작물은 지속가능성이 높고, 건량수율이 높고 일정하며, 생산비용도 낮은 작물이라 할 수 있다. 다년생이고 농화학적 요구량이 낮으며, 태양에너지를 바이오매스로 변환하는 능력이 우수하고, 이를 다시 유용한 에너지로 쉽게 전환할 수 있다는 것은 높은 에너지 생산효율을 보장하는 것이며 동시에 환경적 충격도 적다는 것을 의미한다. 연소 가능한 작물의 경우 건조되었을 때 수확하는 것이 현실적이다. 바이오가스용 작물이라면 작물이 대개 사일로에 저장되므로 낮은 함수율이 그리 중요치 않다. 이 경우에는 바이오가스가 적정 수준에서 생산될 수 있도록 작물을 수확해야만 한다.

만일 에너지작물이 기존 발전소에 적합하고 혼소가 가능하다면 매우 바람직한 일이다. 이 경우 예를 들어 바이오매스 베일(bail)의 파쇄와 공급을 위한 공정이 생략되는 등 투자비용을 낮출 수 있게 된다. 회분함량은 낮아야 하고, 회분용융점은 충분히 높아야 하며, 연소 시 염소나 중금속들과 같은 유해한 요소들이 발생되지 않아야 한다. 분쇄한 에너지작물들은 대개 목재칩, 토탄(peat) 또는 석탄과의 혼소가 가능하다. 예를 들어 RCG, 대마(hemp) 및 짚은 목질계 연료들에 비하여 회분함량이 높고 회분용융점이 낮으므로 연료혼합비율을 결정할 때 이 점을 반드시 고려해야만 한다. 만일 바이오연료들의 건량을 고려한다면 발열량의 차이는 2차적 문제가 된다(표 5.2). 실제로 바이오연료의 함수율은 그 발열량에 영향을 미친다.

재배로부터 발전소에 이르기까지 에너지작물의 공급망이 매우 복잡하고 화석계 연료에 비하여 발전소에 소요되는 투자비용이 높기 때문에 재정적 지원 없이는 에너지작물이 수익을 보장할 수 없다. 따라서 국가들마다 다양한 지원제도를 운영하고 있다.

핀란드에서는 RCG를 재배하면 다른 작물들과 동일한 수준의 농업보조금을 지원해준다(500~700유로/ha/년). 이는 RCG 연료공급망의 경제성에 근간이 된다. 한편, 모든 작물에 대하여 보조금이 동일하므로 농민은 연료가격이 낮을 경우 RCG를 재배할 이유가 없는 시스템이라 할 수 있다. 결국 핀란드의 경우 에너지작물 재배나 에너지생산에 에너지작물을 이용하는 것에 대한 지원이 없다고도 할 수 있다. 발전소들은 투자지원(투자비용의 15~30%)을 받을 수 있고, 화석계 연료 대신에 바이오연료를 사용함으로써 배출거래비용을 피할 수 있을 뿐이다.

이탈리아에서는 2009년 1월부터 새로운 지원 제도에 의해 바이오연료만을 이용하여 전력을 생산할 경우 이를 지원하는 녹색인증 메커니즘이 개정되었다. 소형 발전소(〈1MW)는 지원금 0.22유로/kWh, 그 이상 규모의 발전소는 녹색인증을 받고 여기에 추가로 10%의 보너스를 지원받는다.

표 5.2 각종 바이오연료들의 연료적 특성(Alakangas, 2000)

항목	단위	버드나무	대마	RCG	포플러	침엽수
함수율	%	50	10-15	10-15	50-55	50
건량수율	ton/hr/yr	6-10	5-10	4-10	10-20	3-8
회분함량	%	2.9	1.5	1.0-8.0	0.5-1.9	1.0-2.0
총발열량	MJ/kg	19.97	18.79	19.20	19.43	20.3
순발열량	MJ/kg	18.62	17.48	17.28-18.7	18.10	18.97
C	%dm	49.8	47.3	48.6	39.7	50.6
H	%dm	6.26	6.0	6.1	7.7	6.24
S	%dm	0.03	0.04	0.04-0.17	0.2	0.03
N	%dm	0.39	0.7	0.3-2.0	0.9	0.1
Cl	%dm	0.03	0.01	0.01-0.09	0.04	0.01
Al	g/kg-ash	2.2	2.1	2.8	16.7	16.0
Ca	g/kg-ash	243.0	240.0	66.5	189.3	238.8
K	g/kg-ash	123.3	44.7	129.5	28.6	80.7
Mg	g/kg-ash	23.4	24.0	21.7	42.9	31.4
Na	g/kg-ash	2.5	3.5	7.0	3.6	4.6
P	g/kg-ash	36.9	49.3	32.3	17.9	12.4
Si	g/kg-ash	93.3	160.0	218.3	178.0	73.9
회분용융점	℃	1490	1610	~1400	1160	1200

대마와 RCG: 봄철 수확분

스페인에서도 에너지작물을 이용한 발전에 대한 지원제도를 갖추고 있다. 최초 15년 동안 2MW 이하에 대해서는 0.1696유로/kWh를, 그리고 2MW 이상에 대해서는 0.1559유로/kWh를 지원한다.

스웨덴에서는 1990년대 초부터 재생에너지 활용에 대한 지원제도가 실시되어 왔다. 가장 중요한 사항은 화석계 연료를 이용하여 열을 생산할 경우 발생되는 이산화탄소 배출에 대하여 세금을 부과하는 제도로, 1991년에 최초로 도입되었다. 바이오연료와 같은 재생에너지원을 이용하면 탄소세가 면제된다. 탄소세 수준은 1990년대 초 이산화탄소 1kg당 0.025유로로부터 2002년 0.063유로로 상승하였으며, 2007년에는 다시 0.006유로가 더 추가되었다. 1980년대부터 상당한 수준의 지원금이 바이오연료를 이용하는 열병합발전소(CHP) 설치에 이용 가능하게 되었다. 예를 들어 Enkoping CHP는 발전용량 1kW당 400유로의 지원을 받았으며, 이는 전체 투자금액의 약 40%에 이른다. 또한, 바이오연료를 이용하는 CHP는 녹색전력인증(Green Electricity Certificate), 배출권거래(Emission Trading) 및 산업분야 에너지효율 프로그램(Program for Energy Efficiency in industry(PEE)) 등과 같은 제도들에 의한 지원도 받을 수 있다. 농민들에게는 버드나무 생산을 권장하기 위하여 1980년대 말부터 지원제도를 시행하고도 있다. 농민들은 최초에는 1,000유로, 그리고 향후 500유로의 지원을 받게 된다. 그러나 불행히도 다른 에너지작물들에 대한 지원은 없다.

오스트리아에서는 바이오가스를 이용한 전력생산에 대하여 10년동안 발전용량에 따라 11.30센트/kWh(〉1000kW)와 16.95센트(〈100kW) 지원을 각각 보장하고 있다. 11년차에는 지원금의 75%, 그리고 12년차에는 50%를 받게 된다. 에너지작물로의 대체에 대한 비용이 높기 때문에 오스트리아 발전소 소유자들은 2008년에 1kWh당 4센트의 보너스를 추가로 받았다. 한편, 오스트리아 정부의 새로운 바이오가스 발전소에 대한 지원예산은 연간 510만유로로 제한되어 있다.

2.3. 유럽의 에너지작물 활용 사례

1) 핀란드의 reed canary grass(RCG)

2000년대 초부터 핀란드의 RCG 생산량은 급속히 증가되어 왔다. 2008년 핀란드의 RCG 재배면적은 약 20,000ha 였다. 스웨덴의 생산면적은 1,000ha 미만이었으며, 다른 EU 국가들에서는 실험용 이외에는 RCG를 재배하지 않고 있다. RCG는 겨울이 매우 추운 스칸디나비아 지역에 적합하며, 겨울에 작물의 품질이 개선되고 봄에 수확하면 건조되고 품질이 우수한 연료를 생산할 수 있다.

그림 5.2 핀란드의 Reed canary grass 재배지

핀란드 농림부는 2016년 전까지 재배면적을 10만ha로 증가시키는 것을 목표로 하고 있다. 핀란드의 경우 자국의 식량생산을 위해서는 180만ha가 필요하다. 따라서 50만ha를 에너지와 같은 다른 목적으로 사용할 수 있을 것이다. 또한, 핀란드에는 RCG를 베일(bale)체로 또는 혼합연료로 하여 사용할 수 있는 발전소가 20여기 이상이 된다.

핀란드의 RCG 실제 수율은 수확 시 손실을 감안할 경우 4~7t_{dm}/ha 정도이다. 수율은 10t_{dm}/ha 정도 되지만 오래되지 않은 재배지의 수율은 단 3t_{dm}/ha에 지나지 않는다. RCG의 에너지함량은 약 4.5MWh/t_{dm}이므로 수율을 5t_{dm}/ha으로 가정하면 에너지생산량은 450GWh/년 수준이 된다. 만일 RCG 재배면적을 10만ha로 증가시킨다면 에너지생산량은 약 2.25TWh가 된다. 이는 핀란드 전체 에너지소비량의 약 0.6%에 해당된다.

가. RCG 재배와 수율

RCG는 추위에 강하고 생산성이 우수하며 지속성이 강한 초본계 작물이다. 핀란드에서 가장 오래된 시험재배지에서는 15년 이상 생산이 지속되고 있다. RCG는 초기 2회의 여름동안 뿌리를 형성하므로 씨를 뿌린 후 2년 후에야 최초의 수확이 가능하다. 따라서 3년 이상이 되어야 최고의 수율을 얻을 수 있다.

RCG는 어떤 토양조건에서도 잘 자라지만 특히, 습윤한 부식토(mold soil)나 고운 사토(fine sand soil)에서 최고의 수율을 기대할 수 있다. RCG 재배지는 가능한 평탄하고 암석이 없어야만 지면에 가깝게 절단하여 아주 짧은 그루터기만을 남길 수 있다. 한편, 어린 RCG는 잡초에 매우 약하기 때문에 RCG 재배전 여름철에 잡초들을 확실하게 제거해야만 한다. RCG의 파종은 마초용 초본류와 마찬가지로 하면 되지만 경험에 의하면 피복작물(cover crops) 없이 실시하는 것이 가장 좋은 결과를 얻을 수 있었다. 시비는 수확 후 봄에 60~80kgN/ha 정도 해주면 좋다. 석회처리(liming)와 시비도 RCG 재배에 적합하다.

핀란드와 스웨덴에서는 눈이 녹은 후 봄에 건조된 RCG를 수확하여 연료품질을 높이고 있다. 봄에 수확된 것은 가을에 수확된 것에 비하여 회분함량이 낮고 회분용융점도 높다. 또한, Cl. K, Ca, N 및 P 함량도 겨울 중에 감소된다. 회분함량은 비료와 토양에 따라 2~10% 범위에서 달라진다. 회분함량은 잎에 비하여 줄기가 낮은 편이다. 봄에 수확되는 바이오매스의 최고 70% 정도가 줄기이다.

나. RCG 수확

최초의 수확은 파종 후 2년 뒤에 가능하다. 이후부터는 매년 4~5월에서 지속적인 수확이 가능하다. 만일 땅에 서리가 내렸다면 눈이 녹은 후 곧 바로 수확이 가능하다. 서리가 없다면 수확용 컴바인을 지탱할 수 있을 정도로 땅이 건조된 상태이다. 새로이 자라고 있는 어린 RCG가 10~15cm를 초과하기 전 RCG를 수확해야만 한다. 생재상태의 바이오매스를 수확하면 연료품질이 떨어지고 새로이 자라나는 작물의 성장을 지연시킨다. 봄 수확시 RCG의 함수율은 대개 10~15% 수준이다. 한편, 수확용 장비가 고가이기 때문에 매수 계약자가 직접 수확하기도 한다.

RCG 베기에는 컨디셔너 장착 또는 비장착 형의 디스크형 수확기(disc mower)가 일반적으로 사용되고 있다. 봄철 수확을 위해서는 그루터기 높이 설정을 가능한 짧게 해야만 한다. 불량하게 식재된 작물을 벨 경우 그루터기가 너무 길게 남을 수 있으며, 그 결과 수확 손실이 증가된다. 목초 갈퀴질에 사용되는 rotary rake가 적절하다.

핀란드에서는 RCG 수확에 원형 베일러(baler)가 주로 사용되고 있다. 원형 베일러가 사각형 베일러에 비하여 저렴하고 중량도 가볍다. 그러나 사각형 베일러는 처리능력이 크고 보다 단단히 베일을 만들어주므로 원형 베일러에 비하여 베일의 모양이 양호하다. 원형 베일러에 비하여 사각형 베일러는 30~50% 정도 더 무거운 짐을 운송할 수 있다. 이러한 이유로 RCG 수확에 사각형 베일러가 사용되는 예가 점차 늘고 있다.

베일링하는 목적은 수송에 적합한 규격으로 매우 밀도가 높고 모양이 양호한 베일을 만드는 것이다. 베일 규격은 RCG 재배 계약시 결정된다. 건조된 RCG는 압축이 쉽지 않으므로 단단하게 압축된 베일을 만들기 위해서는 베일러의 조절이 필요하다. 원형 베일의 밀도는 대개 130~150kgdm/㎥ 수준이고 사각형 베일의 밀도는 170~200kgdm/㎥ 수준이다. 원형 베일러는 묶는데 베일그물이나 로프를 사용하지만 사각형 베일러는 오직 로프만을 사용하고 있다.

그림 5.3 봄철 디스크형 수확기에 의한 RCG 수확(좌)과 사각형 베일러(우)

베일화하지 않고 작물을 그대로 수확하는 loose harvest의 장점은 수확 중 생산되는 작물의 길이가 짧아 발전소 투입공정에 적합하다는 것이다. 따라서 loose harvest에서는 베일의 파쇄가 필요없다. RCG 재배지와 발전소 또는 연료터미널 사이의 거리가 최대 10~15km 정도로 짧을 때에는 loose harvest가 적합하다. 자체구동 또는 트랙터 구동 목초 chopper를 이용하면 이 방법으로 RCG를 수확할 수 있다. 파쇄된 작물은 트랙터에 의해 저장고로 수송되고 저장더미는 tarpaulin 덮개를 씌운다. 이후 파쇄된 작물은 연료용 토탄이나 목재칩과 혼합되어 발전소로 수송된다.

다. 수송과 물류

RCG 베일은 트럭 수송을 대기하거나 터미널 저장고에 저장하기 위해서는 재배지로부터 중간 저장고로 수송되어야만 한다. 만일 재배지가 발전소와 가깝다면(30km 미만) 베일을 재배지로부터 발전소 저장고로 직접 운송할 수도 있다. 단거리 수송에는 대개 front-loader 트랙터와 트레일러 등을 이용한다. 단거리 수송 중에는 베일의 형태를 유지하는 것이 중요하다. 무정형의 베일은 트럭에 상차 중이나 베일 파쇄기 투입 시 문제를 야기할 수 있다. 수분으로부터 베일을 보호하려면 가능한 베일 더미를 높이 쌓고 tarpaulin 덮개로 씌우는 것이 현명한 일이다. 그리고 tarpaulin 덮개의 끝 가장자리들을 흙으로 덮어 고정하는 것도 바람직하다. 재배로부터 중간 저장고까지의 작업은 재배자의 몫인 것이 일반적이다.

RCG 분쇄물은 밀도가 매우 낮기 때문에(70kgdm/㎥) RCG는 대개 베일상태로 수송하거나 주연료와 혼합한 상태로 수송하는 것이 일반적이다. 만일 이 분쇄물을 압축하지 않은 상태로 트럭 상차시 체적 150㎥의 중량은 약 10톤에 지나지 않는다. 그러나 원형 베일인 경우 15~18톤, 그리고 사각형 베일인 경우 20~25톤 수준이 된다. 베일상태로 RCG를 수송할 경우 수송거리 70~80km 이하여야만 경제성이 유지된다.

펠릿이나 브리켓으로 성형하면 RCG의 밀도를 개선할 수 있다. 그리고 펠릿이나 브리켓의 수송과 연소는 용이하고 효과적이다. 그러나 성형비용이 높아 핀란드에서는 RCG에 적용되는 사례가 거의 없다. 핀란드의 RCG 생산경로는 다음과 같다:

- 생산경로 1 (베일 경로): 베기, 베일링, 중간저장고, 장거리 수송, 자동파쇄, 자동혼합, 연소
- 생산경로 2 (베일과 분쇄물 복합 경로): 베기, 베일링, 터미널로 수송, 터미널 저장, 분쇄, 주연료와 혼합, 장거리 수송, 연소
- 생산경로 3 (loose harvest 경로): 베기, loose harvest, 터미널로 수송, 터미널 저장, 주연료와 혼합, 장거리 수송, 연소

라. 에너지 생산기술

핀란드에서는 열병합발전소에서 주연료에 RCG를 혼합하여 사용하고 있다. 대개의 경우 주연료는 토탄이며, RCG 분쇄물과 혼합하여 보일러에 투입한다. 주연료로 목재나 목재와 토탄 혼합물을 사용하기도 한다. RCG는 베일, 분쇄물 또는 주연료와의 혼합물 형태로 발전소에 수송된다. 보일러에 투입하려면 분쇄물이 50mm 미만이 되어야만 투입공정에서 막히는 문제를 예방할 수 있다.

현 시점에서 RCG 연소를 위하여 설계된 상용급 발전소는 없다. RCG는 토탄, 목재 또는 석탄과 같은 일반적인 고체연료들에 비하여 밀도가 낮고 염소함량과 알칼리 함량이 높으며 회분융용온도는 낮다. 따라서 RCG 혼합비율은 혼합연료 전체 에너지 함량의 10~20% 수준으로 제한되는 것이 일반적이다. 이를 체적비율로 환산하면 전체 혼합연료 체적의 20~40% 수준이 된다. 오직 RCG만을 연소할 경우 부식, 보일러 오손 및 회분용융으로 인하여 보일러에 문제를 야기할 수 있다. 아마도 짚을 연소하도록 설계된 보일러에서는 RCG 전용 연소가 가능할 것으로 판단된다. 그러나 아직 이에 대한 입증자료는 없는 실정이다.

그림 5.4 재배지에서의 파쇄(좌)와 발전소에서 RCG 분쇄물과 목재연료의 혼합 현장

〈연료준비와 연소기술〉

RCG를 주연료와 혼합하는 가장 간단한 방법은 wheel loader를 이용하여 토탄이나 목재칩과 RCG를 여러 층으로 펼쳐 저장더미나 수송트럭 또는 보일러에 투입하는 것이다. 그러나 이 방법을 적용할 경우 혼합이 불균일할 수도 있다.

만일 목재파쇄기를 이용하여 RCG와 목재를 함께 분쇄한다면 완벽한 혼합이 가능하다. 파쇄기는 이동식일 수도 있고 발전소 투입공정의 한 부분이 될 수도 있다. 그러나 목재만을 파쇄하는 것에 비하여 파쇄능력은 저하된다.

만일 RCG 파쇄를 위한 베일파쇄기만 설치되었다면 분쇄물을 주 연료 이송 컨베이어위에 공급하거나 배관을 통하여 기류식으로 보일러에 직접 공급할 수도 있다. RCG가 유동층을 형성하여 분리를 방지하고 신속히 연소되기에 충분할 정도로 잘 혼합되기 위해서는 기류이송시스템의 설계에 많은 관심을 가져야 한다.

핀란드에서는 다음의 주요 세 가지 형태의 보일러들이 열병합발전소나 열생산 플랜트에 사용되고 있다:

- 화격자 보일러
- 기포유동층보일러(bubbling fluidized bed boilers(BFD boilers))
- 순환유동층보일러(circulating fluidized bed boilers(CFD boilers))

화격자 시스템은 10kW급 난방용 보일러로부터 25MW급 산업용 및 지역난방용 보일러에 주로 사용되고 있다. 가장 간단한 형태는 경사화격자이지만 보다 큰 규모의 보일러들에서는 대개 기계적 구동형 화격자가 사용되고 있다. 핀란드에서는 목재칩, 수피, 톱밥 및 토탄 용으로 화격자 보일러를 적용하고 있다. 따라서 화격자 보일러의 공급시스템은 가벼운 RCG 분쇄물의 취급에 부적합하기 때문에 주 연료와 RCG를 완벽하게 혼합하여야만 한다. 만일 혼합이 불균일할 경우 가벼운 RCG 분쇄물이 연소가스와 함께 쉽게 날아가 연료층에 빈 공간이 형성되면서 연소제어가 어렵게 된다. 회분용융문제를 예방하기 위해서는 화격자가 움직여야만 한다. RCG보다 연소가 더 어려운 짚을 이용하는 보일러에서도 이와 같은 문제들이 해결된 바 있다.

기포유동층 보일러는 바이오연료, 토탄 및 슬러지까지도 사용이 가능한 다연료형 보일러(multifuel boilers)이다. 이 보일러에서는 보일러 하부의 고온의 모래층 위에서 연료들이 연소된다. 연소공기는 모래층을 통과하여 이동된다. 출력범위는 5~250MW 수준이다. 순환유동층 보일러의 출력은 20~550MW 수준이다. 순환유동층 보일러 역시 다연료형 보일러로, 석탄까지 사용이 가능하다. 고온의 모래가 보일러 내를 순환하며, 연료는 모래 속에서 연소된다. 연소와 배출 제거가 매우 우수하다.

만일 RCG가 주연료와 잘 혼합되어 있고 RCG의 혼합비율이 비교적 적다면 유동층 보일러가 RCG 연소에 매우 적합하다고 할 수 있다. 핀란드의 경우 유동층 보일러 이용시 토탄이 RCG와 함께 사용할 수 있는 가장 좋은 주 연료이다.

〈RCG의 유동층 연소〉

RCG는 다른 바이오연료들과 마찬가지로 반응성이 좋은 연료이며 신속하고도 완벽하게 연소된다. RCG는 토탄이나 목재보다 연소함량이 높아 연소 중 칼륨과 칼슘에 의해 염소염들을 생성하며, 이로 인하여 보일러 파울링과 과열기 부식의 위험이 야기될 수 있다. 또한, 회분용융점도 낮다. 유동층 보일러에서는 유용성, 연소성 및 배출문제 등의 관점에서 층모래의 유동화가 매우 중요한 인자이다. 토탄연소를 제외하고는 층모래의 응집이나 소결은 바람직하지 못하다. 만일 오직 목재나 RCG만을 이용할 경우 소결의 위험이 있다. RCG를 목재와 혼소할 경우에는 RCG 회분의 silicate(SiO_2)가 목재회분의 칼륨과 반응하여 점착성의 유리성분을 형성한다.

토탄은 그 회분이 RCG 회분과 활발히 반응하지 않으며, 토탄의 황이 RCG의 칼륨과 반응하면 potassium sulphate를 형성하여 부식성의 potassium chloride 형성을 억제하므로 RCG에 대한 좋은 주연료가 된다.

표 5.3에는 안전한 RCG 혼합비율이 제시되어 있다. 이 비율들은 체적으로 볼 때 매우 큰 수준이므로 RCG 사용비율을 초과하기는 어렵다. 그리고 연료 공급시스템의 처리능력이 충분치 못하여 RCG 최고 혼합비율을 적용하기가 어렵다.

표 5.3 유동층 보일러에서 RCG의 추천 최대 혼합비율(Vapo, 2008)

연료혼합	에너지함량 기준 RCG의 최대 혼합비(%)	체적 기준 RCG의 최대 혼합비(%)
RCG + 토탄	20	40
RCG + 목재칩	10	20
RCG + 토탄 + 목재칩(토탄 비율 50% 이상)	15	30

〈에너지와 온실가스 수지〉

RCG 연소중 배출되는 이산화탄소는 작물이 성장할 때 대기 중에서 흡수된 것이다. 따라서 RCG는 이산화탄소 중립적 연료에 속한다.

RCG 재배, 수확, 수송 및 발전소에서의 처리에는 비료와 엔진연료 등과 같은 비재생에너지가 요구된다. 그러나 계산에 의하면 생산경로는 연소 중 발생되는 에너지의 6~8% 정도밖에는 에너지를 소모하지 않는다(표 5.4). 마찬가지로 온실가스(CO_2, CH_4, N_2O) 배출도 생산되는 에너지에 비하여 매우 적다. RCG를 대규모 발전소에서 연소할 경우 목재연료에 비하여 에너지와 온실가스 수지가 약간 약할 뿐이다. 바이오매스를 열과 전기로 직접 변환하는 것이 수송용 연료로의 변환에 비하여 에너지 효율이 우수하다.

표 5.4 보일러 형태별 에너지와 온실가스 수지(Makinen 등, 2006)

바이오연료	에너지수지 (GJ_{input}/GJ_{output})	온실가스 수지 (tonne CO -ekv/GJ_{output})
RCG(loose chopped) + CHP	0.078	0.015
RCG(bales) + CHP	0.077	0.015
목재칩(임지폐재) + CHP	0.025~0.027	0.002
목재칩(그루터기) +CHP	0.038	0.003
목재칩(소경목) + CHP	0.036	0.003
에탄올(호밀)	0.8	0.105
바이오디젤(유채씨)	0.5	0.11
Fischer-Trosch-diesel	0.5	0.02~0.03

〈시장과 생산 경제성〉

핀란드에서는 RCG에 대한 농업보조금이 다른 작물들과 같다. 또한, 새로이 RCG 재배지를 조성하면 영구적인 초지 보조금 지급 대상이 된다. RCG에 대한 농업보조금은 약 500 ~700유로/ha 수준이며, 이는 25~35유로/MWh에 해당된다. 보조금은 RCG 생산의 수익성에 매우 중요한 역할을 한다. 도로변에 야적된 RCG에 대한 시장가격은 4~8유로/MWh 수준이다. 재배지와 발전소 간 거리가 시장가격에 큰 영향을 미친다. 최장거리는 약 80km 정도이며, 발전소로부터 멀리 떨어진 곳에서의 재배는 수익성이 없다. 현재 농민에게 있어 RCG 생산은 보통 정도의 수익성을 보장하고 있으며, 발전소에는 가격 경쟁력이 있는 연료가 되고 있다.

핀란드에서 RCG연료에는 보조금이 없으며, 20MW 이상의 발전소에서 가장 경제성이 우수하다. 이 발전소들은 RCG 사용을 통하여 배출권 관련 비용을 절감할 수 있다. 앞으로 바이오연료에 대한 수요가 증가되어 가격이 상승되면 배출권 관련 비용은 더욱 상승할 것으로 예상된다. 현재 핀란드에는 약 35기의 열과 발전 플랜트에서 RCG를 사용하고 있으며, 적어도 100기 이상으로 증가될 것이다. 파쇄 되지 않은 베일을 플랜트에 사용하려면 RCG의 연료로의 이용을 제한하는 요소인 파쇄와 공급공정에 투자가 필요하며, 투자비용에 대한 보조도 가능하다(15~30%).

마. 성공사례

Kokkolan Voima Ltd의 발전소는 2001년 준공되었으며, 유동층 보일러와 증기터빈을 이용하여 20MW의 전기와 50MW의 지역난방열을 생산할 수 있다. 2008년에는 토탄 170GWh, 임업부산물 50GWh, 목재칩 95GWh 및 RCG 5GWh를 사용하였다. 2006~2007년 동안에는 바이오매스를 위한 파쇄와 공급시스템을 신규 설치하였다. 이 시스템은 저장고, 베일 파쇄공정 및 보일러로의 기류이송공정 등이 포함되어 있다.

파쇄기술은 덴마크 Reka사에서 원래 밀짚 베일 파쇄를 위하여 개발한 방법에 기초하고 있다. 파쇄기의 명목 처리능력은 1,000kg/hr이다. 이 시스템에는 길이 50m의 베일 컨베이어가 포함되어 있으며, 하루에 베일이 2회 얹어진다. 파쇄기는 자동으로 운전된다. 파쇄기는 저속형이므로 분진문제를 야기하지 않아 화재위험과 환경적 문제를 줄일 수 있다. 파쇄기는 원형과 사각형 베일 모두 처리가 가능하다.

파쇄 드럼 하부의 스크루가 RCG 분쇄물을 기류이송장치에 공급한다. 기류이송 배관의 직경은 100mm이며, 파쇄기로부터 보일러까지의 거리는 100m 이상이다. RCG는 보일러의 주 연료 공급지점과 동일한 지점에서 같은 높이로 공급된다.

이 시스템은 연간 15GWh의 바이오매스를 처리하도록 설계되었으며, 이는 플랜트 전체 에너지의 약 5%에 해당된다. RCG는 주로 약 50여 농민들로부터 계약에 의해 공급되고 있다. RCG 재배면적은 약 600ha이다. 발전소 주변의 농민들은 베일을 직접 발전소의 저장시설로 수송한다. 발전소로부터 먼 곳에서 생산된 RCG는 재배지 근처에 저장되었다가 벌채부산물 수송트럭에 의해 발전소로 수송되며, 한 번에 약 70베일(15톤)이 수송된다. 사각형 베일을 이용하면 수송량을 늘일 수 있다. 그러나 농민들로부터 RCG를 직접 구매하는 것은 발전에 상당한 행정적 부담을 주는 일이다.

이 사례의 장단점은 다음과 같이 정리할 수 있다;

+ 효과적인 물류를 이용하여 RCG 베일을 발전소로 수송한다.
+ 덮개를 씌워 저장하므로 물류와 관계없이 높은 연료품질이 보장된다.
+ 파쇄 품질이 우수하고 에너지 효율적이다.
+ 이 방법을 이용하면 다른 연료들의 처리와 공급에 대한 문제를 야기하지 않는다.
- 투자비용이 요구되고 발전소에 충분한 공간이 필요하다.

그림 5.5 RCG를 사용하고 있는 Kokkolan Voima Ltd 발전소(좌)와 발전소에서 실증시험 중인 RCG 베일 분쇄기

2) 스웨덴의 버드나무

버드나무(*Salix spp.*)에는 여러 가지 관목 수종들이 포함되며, 빠르게 성장하므로 스웨덴에서는 1970년대 1차 오일쇼크부터 에너지산림(energy forests) 조성과 에너지생산을 위하여 식재되어 왔다. *Salix viminalis* 클론(clone)이 에너지산림에 주로 이용되어 왔다. *Salix dasyclados* 등과 같은 다른 수종들도 식재된 바 있으나 그 양은 매우 제한적이다. 버드나무의 발열량은 일반 목재연료와 거의 같은 수준인 18.6MJ/kg_{dm}이다.

버드나무는 거의 대부분 스웨덴의 남부지역에서 재배되고 있으며, 2010년 현재 1,250여 농가들이 상업적 목적으로 약 13,500ha를 경작하고 있다. 재배지 확립기간과 수확기의 간격은 대략 3~5년이며, 수율은 연간 8~10톤/ha수준이지만 지역과 년도에 따라 큰 차이가 나고 있다.

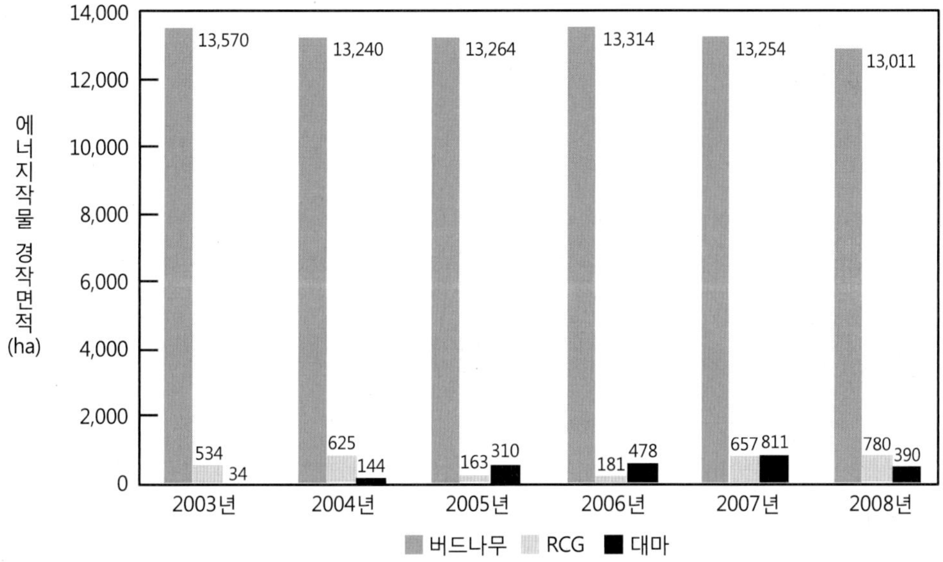

그림 5.6 스웨덴의 에너지 작물 경작면적

현재 스웨덴의 전체 에너지 소비량의 약 20%가 바이오에너지로 충당되고 있다. 그러나 목재산업 부산물에 비하여 직접 재배에 의해 생산된 바이오연료의 기여도는 매우 낮다(바이오가스용 작물 제외시 2008년도 기준 1TWh 미만). 하지만 그 잠재력은 매우 커서 바이오에너지의 기여도가 최대 220TWh까지 상승할 수 있을 것으로 기대되며, 장기적 에너지작물 재배가 이중 10%를 차지할 것으로 예상된다. 현재 버드나무 칩의 직접 연소가 가장 일반적인 이용방법이 되고 있다.

가. 재배, 수확 및 물류

버드나무 조림은 봄철 베기로부터 시작된다. 품질 보장을 위해서는 조림용 재료를 믿을 수 있는 업체로부터 구매하는 것이 바람직하다. 버드나무에는 2~3m 길이의 가지들이 나며, 이들은 싹이 완전히 동면한 상태인 12월~3월 중에 잘라낸다. 이들은 곧바로 다시 식재하거나 또는 저온(-2~-4℃)에서 사용 전까지 저장할 수 있다. 다만 저장 중과 식재 전까지 수분이 제거되는 일을 방지하는 것이 필요하다. 싹이 난 상태에서는 뿌리를 내리기 어려우므로 직접 식재가 불가능하다.

버드나무 식재를 위한 특별한 설계(복열(twin rows)설계)와 기술들이 개발된 바 있다. 식재 전 길이 2~3m인 버드나무 가지를 15~20cm 길이로 분할한다. 복열설계에서는 열 사이 간격 0.75m를 두고, 복열 사이 간격으로는 1.5m를 둔다. 따라서 식재밀도는 약 13,000cuttings/ ha가 된다.

첫해 잡초제어는 매우 중요하다. 버드나무 근계(root system)가 첫해에 형성되는데, 이때에는 잡초와의 경쟁을 이겨내기 어렵다. 식재지에 잡초를 완벽히 제거하는 방법들을 적용해야만 한다. 식재 전 가을에 깊게 경작지를 일궈 준비해야 한다. 식재 전 또는 식재 후 2~3주 내에 glyphosate(a type Roundup Bio)와 같은 광역 접촉식 제초제를 이용하여 다년생 잡초들을 제어해야 한다. 기계적 잡초제어도 대안이 될 수 있다. 또한, 잔존 토양에 작용하는 제초제를 이용하여 잡초의 발아를 제어할 수도 있다. 버드나무가 잘 자라 잎이 무성해지면 그늘이 조성되어 잡초의 성장이 어렵게 될 것이다.

버드나무 재배에는 많은 물과 영양분이 요구되며, 일반적으로 성장기간 중 1일 3~5mm의 물이 요구된다. 영양분 요구량은 조림연령과 작물발달단계에 따라 달라진다. 예를 들어 스웨덴에서는 조림초기 질소 시비가 필요 없지만 그 다음해(최초 수확년도)에는 1ha당 45kg의 질소가 필요하다. 그리고 3차년도와 4차년도에는 100~150kg이 요구된다. 연구에 의하면 관개(irrigation)에 폐수를 사용하고 슬러지를 바이오연료 연소로부터 발생된 회분과 함께 비료로 사용함으로써 경제적 및 환경적 이득을 얻을 수 있다고 한다. 또한, 버드나무는 유기오염물질들과 중금속들에 의해 오염된 토양을 치유할 수 있다고 한다.

질병의 제어도 요구된다. 진균류와 잎을 먹는 해충들이 버드나무에 피해를 줄 수 있다. 그러므로 언제나 다양한 수종들을 함께 식재하는 것이 바람직하다. 연구개발에 의해 melampsora rust와 같은 질병과 willow beetle과 같은 해충들에 의한 피해에 저항력이 향상된 새로운 버드나무 수종들이 개발되고 있다. 환경적 관점에서 볼 때 해충의 화학적 제어는 바람직하지 못하지만 경우에 따라서는 제한적으로 살충제를 이용하여 willow beetle을 제어할 수도 있다.

버드나무는 땅이 얼어 있고 바이오매스의 함수율이 가장 낮은 겨울철에 수확하는 것이 좋다. 버드나무는 식재 후 3~5년만에 수확한다. 베고 칩핑하는 과정을 단일 또는 분리 공정으로 하면서 수확하며, 스웨덴에서는 복열설계를 통하여 1회 통과하면서 2개 열을 동시에 수확한다.

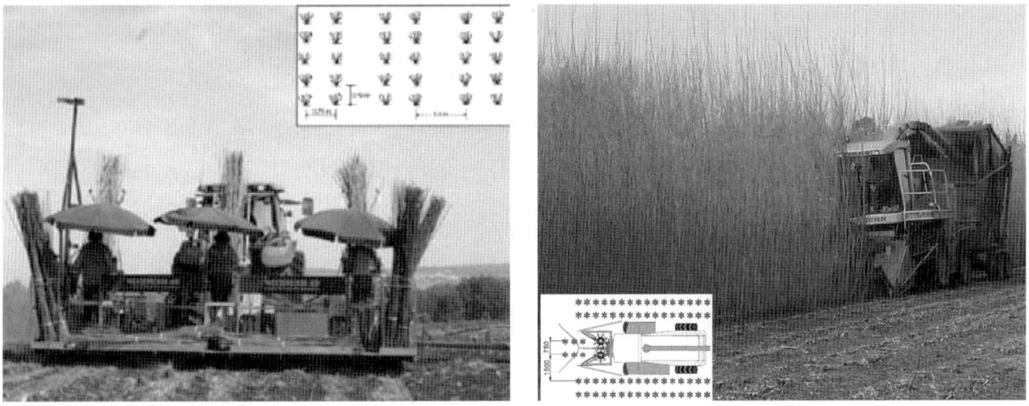

그림 5.7 Step Planter를 이용한 복열설계 버드나무 식재(좌)와 수확(우)

버드나무 바이오매스는 일반적으로 재배지에서 수확과정에 베기와 칩핑이 모두 이루어진다. 칩은 지역난방이나 열병합발전 플랜트로 직접 수송되며, 여기서 저장 및 이용된다. 일반 목재 칩핑용 설비를 이용하여 버드나무 칩을 만들 수 있다. 버드나무 칩과 목재칩 사이에 저장과 관련된 차이점은 없다. 다만 버드나무는 칩핑 전 다발로 묶어 장기간 저장하여도 품질에 별다른 문제가 없다는 점이 다르다.

나. 에너지 생산기술과 지원제도

버드나무 칩은 대개 난방이나 열병합발전용 보일러에서 직접 연소되는 고체연료로 사용되고 있다. 그러나 버드나무는 연소과정에서 부식과 슬래깅 등의 발생위험을 높일 수 있는 원소들(K, Cl, Na, N, Mg 등)의 함량이 목재연료보다 높기 때문에 연료혼합비율이 20%를 넘지 않도록 하고 있다. 그 외에는 목재칩과 마찬가지로 이용되며, 발열량 수준도 비슷하다. 버드나무 분말, 펠릿 및 브리켓의 연소실험이 실시된 바 있으며, 앞으로 다른 연료들과의 혼소 연구도 진행될 예정이다.

스웨덴에서는 다른 유럽국가들과 마찬가지로 지속적 개발 촉진을 위한 에너지작물 재배를 권장하고 있다. 특히, 버드나무의 에너지 작물 재배는 식량안보에 영향을 미치지 않으며, 가능하다면 식량과 다른 산업용 작물들과 함께 윤작할 수도 있다. 한편, 토양과 조경적 특성에 방해가 되거나 생산지역의 생태에 지장을 주어서는 않되며 생산과정도 환경적 목표에 부합되어야만 한다.

이러한 목표들을 달성하기 위해서는 버드나무 생산관리와 관련된 법규가 반드시 필요하다:

- 슬러지와 기타 고체 유기성분들은 사용에 주의를 기해야 한다.
- 질소 시비는 연간 10kg/hr를 초과해서는 않된다.
- 유수에 의한 인 소실은 연간 0.2kg/hr를 초과해서는 않된다.
- 질병/잡초 등의 관리를 위한 농화학적 제품의 사용량은 연간 0.7kg/hr를 초과해서는 안된다.
- 토양의 중금속 함량을 증가시키는 어떠한 행위도 허용되지 않는다.

버드나무 바이오매스를 탄소중립적 연료로 사용하고 황 배출수준이 낮을 경우에는 사용자에게 정부의 정책과 인센티브에 의한 보상이 주어질 수 있다. 스웨덴에서 바이오연료 사용촉진을 위한 가장 중요한 정책은 이산화탄소 배출에 대한 세금부과이다. 이 정책은 1991년부터 시행되었으며, 바이오연료에는 탄소세가 면제된다.

버드나무를 사용하는 열병합발전소는 녹색전기인증(Green Electricity Certificate), 배출권 거래(Emission Trading) 및 산업 에너지효율 프로그램(Program for energy efficiency in industry (PEE)) 등의 다른 제도들에 의한 지원을 받을 수 있다.

농민들의 버드나무 사업 진출 장려를 위한 몇 가지 인센티브 프로그램들도 1980년대에 이미 시작되었다. 현재 농민들은 버드나무 조림을 위한 보조금을 정부로부터 약 500유로 정도 지원받을 수 있다.

다. 성공 사례

Enkoping 지역의 다기능적 버드나무 조림은 대규모 에너지작물 재배의 가장 성공적 사례 중 하나이다. 폐수처리, 슬러지 재활용, 누수 여과 및 중금속 정화 등이 버드나무 바이오매스 재배와 복합되어 있다. 버드나무 바이오매스는 Enkoping의 ENA Energy사의 열병합발전소에 칩상태로 공급되며, 이 발전소의 출력은 전기 23MW와 열 55MW 수준이다. 연간 350GWh(전기 100GWh와 열 250GWh)의 에너지를 생산할 수 있다.

원래의 개념에는 약 80ha의 버드나무 조림, 관개시스템과 도시 폐수처리장과 연결된 3개의 연못 등이 포함되어 있다. 일반 정화과정을 통하여 매년 약 200,000㎥의 영양분이 풍부한 폐수가 350km에 이르는 관개 배관을 통하여 80ha의 버드나무 재배지에 공급된다. 이 계획은 1993~1994년에 시작되었으며, 2001년에 비로서 시스템 사용이 가능해졌다.

ENA Energy사의 개념으로 얻을 수 있는 이득은 다음과 같이 정리할 수 있다:

- 지역의 에너지원을 사용한다 - 단거리이고 연료 수송비용을 절감할 수 있다.
- 폐기물을 비료로 재활용할 수 있다 - 비료 구매비용을 줄이고 환경적 문제도 해결한다.
- 발트해로의 질소누출을 감소시킨다 - 또한 환경적 위험을 최소화할 수 있다.
- 일반 질소제거시설 설치비용을 절감할 수 있다.
- 폐기물 취급에 소요되는 에너지를 절감할 수 있다.
- 버드나무에 의해 토양환경을 개선할 수 있다.

3) 스웨덴의 대마

대마(*Cannabis sativa* L.)는 1년생 자웅이체 초본류이다. 대마는 다목적 식물로, 줄기는 인피섬유(bast fiber), 종자는 오일의 원료가 된다. 유럽에서 자라는 대개의 대마는 섬유생산에 이용되고 있다. 이 섬유는 펄프제지산업에 사용되며, 나머지 잔사들은 축사깔개로 사용된다. 대마줄기 전체를 고체연료의 형태로 에너지생산에 사용하는 것은 비교적 새로운 시도라 할 수 있다.

스웨덴에서 에너지 생산용 대마는 현재 소규모로 재배되고 있다. 그러나 대마는 1년생이므로 버드나무와 RCG와 같은 다년생 식물들에 비하여 재배시스템에 유연성이 높아 농민들의 관심이 집중되고 있다.

대마는 농약이 필요 없으므로 유기농업의 관점에서도 관심의 대상이 된다. 대마를 밀식하게 되면 잡초에 그늘을 지울 수 있어 잡초제어용으로도 적용이 가능하다. 정부의 목표는 2010년까지 스웨덴 농가의 최소 20%가 유기농 인증을 받는 것이었다. 대마는 유기농업에서 작물순환의 대상으로 많은 관심을 받고 있다.

대마의 재배면적은 2003년부터 2007년까지 지속적으로 증가되어 2007년에 약 800ha에 달하였으나 2008년에는 그 1/2정도인 400ha 정도만 대마 재배에 사용되었다.

가. 재배, 수확 및 물류

성장기 대마를 완벽하게 이용하려면 가능한 이른 봄에 파종해야 한다. 2~3cm 깊이에 열간격 25cm로 파종하는 것이 가장 좋다. 0℃ 수준에서도 발아와 생존이 가능하지만 토양온도 8~10℃가 가장 적합하다. 발아를 위해서는 토양수분이 충분해야 하며, 잘 자라기 위해서는 특히, 최초 6주간 강수량이 적정해야 한다. 에너지 생산을 목적으로 할 경우 파종량은 20~40kg/ha가 적당하다. 성장을 위해서는 질소 110kg/ha와 칼륨 40~90kg/ha의 시비가 요구된다. 그러나 질소 시비량이 200kg/ha를 초과하여도 좋은 결과를 얻은 바 있다.

대마를 에너지원으로 생산하려면 성장기가 완료된 후인 늦은 겨울이나 봄에 수확해야만 낮은 함수율의 연료를 얻을 수 있다. 이는 성장기 전체를 활용함으로써 바이오매스 수율을 높일 수 있음을 의미한다. 겨울철에는 낙엽이 지고 회분함량이 낮아진다. 또한, 겨울철에는 질소, 황, 염소 등과 같은 원치 않는 원소들의 일부가 용탈되므로 초본류보다 양호한 연료를 얻을 수 있다.

대마는 베기와 베일링 또는 chopper를 이용하여 파쇄물로 수확할 수 있다. 베일은 비를 피하기 위하여 실내에 저장하거나 또는 방수 포장을 할 수도 있다. 파쇄물은 덮개가 있는 사일로나 관속에 저장할 수 있다. 한편, 대마는 섬유가 강하여 기계 회전부의 작동을 멈추게 할 수도 있으므로 일반 수확기를 사용할 경우 문제가 발생될 수 있다.

RCG나 밀짚과 같은 다른 에너지 작물들과 마찬가지로 물류가 문제이다. 대마는 1년에 1회 수확하며 수확기가 난방수요가 낮은 봄철이다. 즉, 수확물의 저장기간이 길다는 것을 의미한다.

베일링은 수집과 취급 및 저장을 위한 효과적인 방법이지만 생산경로에서 중요한 비용발생 요인이 되기도 한다. 대마를 대규모 난방이나 발전 플랜트에 사용하려면 연소전 절단과 타 연료와의 혼합이 요구된다. 따라서 파쇄 대마의 취급에 많은 관심이 집중되고 있다. 파쇄물을 압축하여 수송하는 것도 수송비용 절감의 방법이 될 수 있다.

대마의 수송비용 절감을 위하여 파쇄물 압축을 위한 다양한 방법들이 시도되고 있다. 터미널에 모인 파쇄 대마를 목재칩, 수피 및 토탄과 같은 다른 연료들과 혼합한다. 그리고 혼합된 연료를 플랜트로 수송하여 연소시킨다. 이 방법을 적용하면 매우 함수율이 높은 연료(예: 수피)의 발열량을 개선할 수도 있다.

그림 5.8 대마용 수확기(좌)와 Roll-pac을 이용한 대마 파쇄물의 압축(우)

나. 에너지 생산기술과 지원제도

대마의 에너지밀도를 증가시키고 취급특성을 개선하기 위하여 펠릿이나 브리켓으로 정제할 수도 있다. 이 연료들은 일반 가정용 난방기구나 대규모 플랜트에서도 사용이 가능하다. 그러나 대마를 대규모 플랜트에서 사용할 경우에는 펠릿이나 브리켓으로 성형하는 것이 불필요할 수도 있다. RCG나 버드나무처럼 다른 연료들과 대마 파쇄물을 혼합하여 사용하는 방법이 현재 연구되고 있다. 한편, 연소에서는 회분관련 문제인 슬래깅 경향 등이 중요하다.

스웨덴에서는 2003년부터 대마를 에너지작물로 재배하기 시작하였다. 다른 작물들과의 차이점이라면 EU가 산업용 대마로 인증한 것들만이 사용 가능하다는 것이다. 인증된 것들의 tetrahydrocannabiol(THC) 함량은 0.20% 미만이다.

다. 성공 사례

스웨덴의 대마 재배는 소규모 도시의 수준을 넘지 않고 있다. 바이오에너지를 위한 대마 생산의 좋은 사례로는 Falkoping 지역의 Gudhems Kungsgard를 들 수 있다.이 농장은 가족경영체제를 갖추고 있으며 100ha의 대마를 재배하여 브리켓으로 생산하고 있다. 대마 브리켓 생산은 2004년에 시작되었다. 생산된 브리켓은 주위 최종소비자들에게 공급되고 있다. 이 농장의 보고에 따르면 바이오매스 수율이 약 10톤/ha이며, 함수율은 11%이다. 대마는 겨울/봄에 자체구동 정밀파쇄기(precision chopper(Claas Jaguar))로 수확된다. 파쇄물은 실내에서 저장된 후 브리켓 압축기로 투입된다. 압축기는 독일산 RUF이며, 생산능력은 300kg/hr 수준이다. 대마 브리켓은 소포장(15kg)과 대포장(600~700kg)으로 판매되며, 소비자가격은 1.50~3SEK/kg 수준이었다.

4) 스페인과 이탈리아의 포플러

포플러(*Populus spp.*)는 *Salicaceae*에 속하는 수종으로, 오래전부터 수목재배와 임업에서 널리 이용되어 왔다. 광범위한 토양조건들을 적용할 수 있으나 일반적으로 깊고 비옥한 토양에서 잘 자라며 서리에 매우 민감하기 때문에 지중해 기후가 가장 적합하다. 최적의 조건이라면 단기순환임업(short rotation forestry(SRF))의 포플러 조림을 통하여 생산성 약 20톤$_{dm}$/ha/년까지 가능하다.

포플러는 현재 이탈리아의 SRF에서 가장 중요한 수종이다. 모든 현존 상업용 조림은 이탈리아 북부지역(Lombardia, Piemonte, Veneto, Friuli, Emilia Romagna)과 중부지역(Marche, Umbria, Lazio, Toscana)에 집중되어 있으며, 수확면적은 총 약 5,700ha 정도이다.

지역개발프로그램 자금과 지역 보조금 덕분에 Lombardia 지역에서 2000년 초 SRF에 대한 최초의 상용화가 시작되었다. 초기에는 스웨덴 모델(식재밀도, 매년 수확 등)이 적용되어 좋은 결과를 얻었으나 농민들의 인식과 현장경험이 부족하여 SRF에 약간의 여유토지를 할당하거나 조림지의 관리와 시비 등에 충분한 노력을 기울이지 않는 등 많은 곤란을 겪기도 하였다.

바이오매스 발전소에 투자할 의사가 있는 운영자들이 많다는 것은 가까운 장래에 목재연료에 대한 강력한 잠재력을 지닌 시장이 형성될 것임을 의미한다. 그러나 곡물용 작물의 수익성이 변동되면서 지난 수년간 SRF에 대한 농민들의 관심이 줄어들어 왔다. SRF는 아직도 수익성을 지니고 있으나 현 시점에서 곡물용 작물에 비해서는 경쟁력이 있다고 보기 어렵다.

이탈리아에서 에너지작물로부터 목재연료를 생산하고 활용하는 일을 더욱 촉진시키려면 다음과 같은 사항들이 요구된다:

- 계약조건과 인센티브 개선을 위한 농민과의 협의
- 에너지 효율 극대화
  - 발전만이 아닌 열병합발전
  - 지역난방과 열병합발전소로의 수송비용절감을 위한 지역 중소규모 공급경로형성

스페인의 ON CULTIVOS Project(2005~2012)에서는 바이오에탄올 생산과 유채(*Brassica napus*)뿐만 아니라 carinata(*Brassica carinata*), 포플러(*Populus spp*), forage sorghum(*Sorghum bicolor*) 등이 포함된 에너지작물들에 대한 계획을 수립한 바 있다.

프로젝트 완료시기에 추정되는 실증면적은 스페인의 북부(Navarra, Aragon, Cataluna, Castillay Leon), 중부(Castilla la Mancha, Madrid) 및 남동부(Andalusia, Extremadura) 등에 약 10,000ha가 될 것으로 예상하였다. 이 계획에는 난방, 발전, 바이오연료 개발 및 가스화 등이 포함되어 있다.

표 5.5 스페인의 에너지작물 실증 재배면적

에너지작물	재배면적(ha)
Sorghum	104
Brassica Napus	348
Brassica Carinata	23
Populus Spp.	18
옥수수	31
밀	15
보리	16.5

포플러 clone과 hybrid를 연구하는 목적은 지속적 생산을 위한 지식과 경험을 얻기 위함이다. 물과 같은 부족한 자원을 효과적으로 활용하고, 공간/순환을 고려한 생산의 최적화, 수확과 물류를 위한 설비류의 검토와 선택 및 경제/에너지/환경적 균형이 포플러를 에너지작물로 추진하는 가장 중요한 목적이다.

스페인의 신재생에너지계획의 바이오매스 생산 목표에서는 에너지작물이 40%를 차지한다. 이 계획에 의하면 2010년까지 연간 1.9Mtoe의 에너지를 전력과 열로 활용해야하며, 이는 바이오연료로 연간 2.2Mtoe에 달한다.

가. 재배, 수확 및 물류

이탈리아의 SRF에 대한 연구는 포플러를 이용한 바이오에너지 작물 생산 초기단계부터 시작되었으며, 주로 유전학적 개량과 clone 선택, 수확기술 최적화, 바이오매스 생산을 위한 수확, 기계화, 저장 및 물류 등에 집중되어 있다. 최근 수년간 매우 중요한 연구결과들이 발표되고 있다.

그림 5.9 봄철 수확전 포플러 조림지(좌)와 반자동 베기에 의한 조림지 확립(우)

수확기술 최적화의 경우 다음과 같은 중요한 단계들을 거쳐야만 한다:

- 조림 확립: 조림 확립은 봄철 베기(길이 20～30cm로)로부터 시작된다. 기계화 연구를 통하여 기계 수송장치의 최적화(이탈리아 Spappen사 개발)에 성공하였으며, 이 장치의 처리능력은 최적의 조건하에서 1일 최고 35,000 cuttings 수준이다.

- 최적의 coppice rotation 확인: 연구결과에 의하면 장기적 관점에서는 최적의 기후조건 하에서 1년에 1회 수확하는 것이 가장 좋은 결과를 기대할 수 있다. 만일 조건이 양호하지 않다면 3~5년 주기의 순환이 더 안정적이다.
- 식재 밀도: 초기 스웨덴 모델에서는 1년에 1회 수확주기에 ha당 10,000~15,000 주로 계획되어 있으나 현재는 2~3년 수확주기에 7,000~10,000 주 또는 5년 수확주기에 2,000~3,000 주 수준으로 변환되는 경향이 있다. 식재는 복열이 아닌 단열로 이루어진다.
- 시비: 식재 전 초기 시비가 권장되고 있으며, 영양분이 천천히 흡수되게 하기 위해서는 무기질 비료와 유기질 비료를 복합하여 적용하는 것이 좋다. 예상되는 목표 생산성에 따라 수확 직후 식재열 사이에 주기적으로 질소비료를 적용해주면(약 60~80kg/ha) 새순의 빠른 성장을 촉진할 수 있다.
- 조림지 제거: 주기 완료시(10~12년) 전통적인 임업기계(milling cutter)를 이용하면 낮은 비용(약 300유로/ha)으로 SRF 포플러 조림지를 제거할 수 있다; 포플러의 뿌리는 상당한 양의 수분을 지니고 있으며, 뿌리조직도 비교적 연약하다.

그림 5.10 개량된 자체구동 forage chopper

SRF를 위한 기계화 연구도 매우 집중적으로 수행되어 왔다. 수확과 관련하여 초기에는 SRF 수확을 위한 방법은 오직 Claas Jaguar 자체구동 수확기뿐이었다. 여기에는 두 가지 주요인자들이 있다. 수확기 비용이 높아 기계의 연간 가동시간을 늘려 단위비용을 줄이려면 조림규모를 확대해야 한다. 또한, 이 수확기로는 직경 6cm 이상의 입목을 수확하기 어려우며, 2~3년생의 경우 직경 6cm 이상이 된다.

최근 수년간 이와 같은 문제점들을 극복할 수 있는 세 가지 수확모델들이 제시된 바 있다:

- 자체구동 Claas Jaguar 수확기와 개량된 GBE harvesting head를 이용한 완전자동 수확기술: BIOMASSE EUROPA GROUP이 Claas 컴바인 수확기로도 2~3년생 수확이 가능토록 해주는 새로운 harvesting head(GBE-1)을 개발하였다.
- 완전자동 트랙터 구동형 SPAPPERI 수확기: 가격이 비교적 저렴하여 중소규모 조림지와 2~3년생 순환주기에 이상적이다.
- Salixphere Bender VI: 2~3년 주기의 베기와 칩핑이 가능하다. 이 장비는 지면이 고르지 않은 상황에서도 작업이 가능하며, 가격은 Claas사와 Spapperi사 장비의 중간 정도이다.
- 전통적 임업기술과 장비를 이용한 3단계 수확: 수확주기가 긴 상황에 적합하다(3~5년 주기). 이 경우 식재밀도는 감소되고 입목의 높이도 2년생 이상을 초과할 수 있다. 입목은 다음의 3단계를 통하여 수확된다: 벌채(커터나 체인톱을 이용한 인력), 트랙터와 포크리프트를 이용한 벌채목 쌓기, 독립적 칩핑설비를 이용한 칩핑.

에너지작물은 일반적으로 에너지 변환 플랜트 주변의 지역 업체들에 의해 유통되며, 다른 바이오매스(초본류나 목재) 처리에 사용되는 기존 시스템을 통하여 유통될 수도 있다. 수송비용 절감을 위하여 에너지플랜트 인근에 조림지를 조성하기도 한다. 트럭의 최대 적재능력은 90㎥이다.

수확 상태 포플러 바이오매스의 함수율은 약 55%이다. 그러므로 목재칩을 실외에 대형 더미로 쌓아 놓으면 발효가 발생할 수 있으며, 그로 인하여 1개월 당 건량손실이 최고 5%에 달할 수도 있다.

이 문제를 극복하기 위해서 최선의 저장방법을 찾기 위한 연구가 진행되고 있다. 최근의 경향은 다음과 같다:

- 덮개를 씌운 저장(소규모 목재칩 더미에 적합)
- 최적의 더미규격 확인: 더미규격은 증발과 강우 흡수능력 사이의 균형에 영향을 미친다.
- canvas(plastic net)나 수분 배출은 가능한 반면, 강우에 비투과성인 특수 천(Top Tex)을 이용한다.

다발(bundle)로 묶는 작업은 생재상태 목질계 바이오매스와 관련된 생물학적 활동과 열화를 억제할 수 있으므로 장기간 저장을 위해서는 칩형태보다는 다발형태가 더 편리하다.

그림 5.11 이탈리아에서 개발한 중소규모 포플러 조림지의 수확과 칩핑 장비

나. 에너지 생산 기술

ORC 터빈은 랭킨사이클 기술을 이용하여 중소규모 시스템(단위당 200kW$_e$~2MW$_e$)에 서 열과 전기를 생산할 수 있다. 투열성(diathermic) 기름보일러와 연결된 터보발전기가 고효율 열병합발전 플랜트(전력 18%와 열 79%)의 완벽한 예이다. 목질계 바이어매스가 공급되는 투열성 기름보일러는 기름을 최고 300℃까지 가열하여 터보발전기에 요구되는 열을 공급함으로써 전기에너지와 90℃의 열출력을 낼 수 있다.

이 시스템은 지역적으로 바이오매스 가용능력이 제한적이어서 플랜트 규모를 감소시켜야 하는 경우에 적합하며, 일반적인 플랜트 복잡성을 간소화하고 저장, 수송 및 물류 비용을 최적화할 수 있다는 점 외에도 열병합발전에 의한 열을 청정한 환경과 에너지 및 경제적 관점에서 보다 양호하게 활용할 수 있게 해준다.

스페인 북부에서 상압유동층연소(AFBC(atmospheric fluidized bed combustion)) 기술을 이용하여 석탄과 함께 직접 혼소하는 50MW급 열병합발전소에서는 등급외 석탄 59.8%, 석탄 35.3% 및 목질계 바이오매스 4.9%를 이용하여 82.59%의 열효율 얻고 있다. 흡수물질로는 석회석(95.5% $CaCO_3$)을 사용한다. 1시간당 연료소모량과 흡수물질 소모량은 각각 64톤과 5톤이다. 목질계 바이오매스와 에너지작물 활용의 장점으로는 산림 가치증대, 이산화탄소 배출 감소 및 지역 고용확대 등을 들 수 있다.

다. 에너지와 온실가스 수지

에너지를 위한 바이오매스 활용은 환경적 지속성 기준에 부합되어야만 하며, 에너지와 배출에 대한 기여도를 정확히 평가하기 위해서는 생산, 변환 및 활용 과정의 각 단계를 평가해야만 한다. 표 5.6에는 각종 연료들의 1TJ 생산을 위한 전체 사이클에서 배출되는 이산화탄소 배출량을 제시하고 있다. 목재연료의 영향은 경유와 천연가스에 비하여 현저히 낮음을 알 수 있다.

표 5.6 각종 연료들의 생산시 이산화탄소 배출량(이탈리아)

이산화탄소 배출량 (kg/Tj-유용에너지)	목질계 바이오매스	디젤연료	천연가스
연소에 의한 배출	150,000	78,700	57,700
연료조달에 의한 배출	-148,000	11,900	7,900
플랜트 건설과 관리와 관련된 간접적 배출	1,460	1,370	771
합계	3,460	91,970	66,371

스페인 북부에서 포플러 SRF에 대하여 수행된 AGROSOST Project(2004~2007)에 의하면 표 5.7에서 보는 바와 같이 매우 긍정적인 에너지수지를 나타내고 있다. 에너지투입량은 에너지 생산량의 2~7% 수준이다. 무기질 비료와 제초제 사용은 시스템의 환경적 비용에 매우 치명적이며, 전체 환경적 충격의 40~90%에 달한다.

대형 발전소에서 전기에너지를 생산하기 위하여 고체 바이오매스를 활용하는 경우 미세입자의 완벽한 제거를 위한 필터의 사용이 요구된다. 이탈리아의 기술관련 법규에는 배출한계가 엄격히 정의되어 있으며, 기술적 관점에서 우수한 필터기술들이 개발되어 있고 경제적으로도 적용 가능한 수준이다.

표 5.7 포플러 연료의 에너지수지

에너지 형태	생산량(MJ)	소비량(MJ)
바이오매스에 저장된 직접 에너지	18,200	368
열에너지 생산량(85%)	15,470	
전기에너지 생산량(27%)	4,910	

라. 시장과 생산 경제성

이탈리아에는 포플러 SRF에 의한 바이오매스에 현재 두 개의 시장이 형성되어 있다:

- 바이오매스 발전소와 중소규모 열병합발전소/지역난방
- 판상재료, 목재 및 가구 산업

이탈리아 중부와 북부 지역에는 SRF로부터 생산된 목재칩을 이용해야 하는 약 5개의 바이오매스 플랜트가 있다(설치용량 약 60MWe). 이와 관련된 이탈리아의 통계자료는 다음과 같다:

- 평균 장작 가격 : 플랜트 공장도착가 40~50유로/톤(함수율 40%)
- 입목 평균가격 : 생재상태 바이오매스 1톤당 18~20유로/톤(수확과 수송비용 불포함)
- 1ha당 생재상태 35톤에 의한 평균수익 : 630~700유로/ha/년
- 초기 조림지 조성에 대한 지역개발 프로그램의 보조금(직접비용의 약 40%)

스페인의 경우 에너지작물 생산이 아직 초기단계이므로 확실하게 시장이 확립되지 않고 있다. 스페인의 몇몇 주요 회사들은 SRF 목질계 바이오매스를 단독 또는 다른 연료들과 혼합하여 사용하는데 관심을 기울여 왔다:

- ACCIONA : 대형 국영 에너지기업으로 발전사이며, 상징적으로 곡물 짚을 이용하는 25MWe급 바이오매스 발전소를 소유하고 있다.
- VALORIZA : 중요한 에너지기업이자 발전사이며, 올리브유 잔사를 이용하는 바이오매스 발전소 여러 기를 소유하고 있고, 장래에는 포플러를 사용할 계획이다.
- HUNOSA : 석탄회사이며, 버드나무를 포함한 목질계 연료와 석탄을 혼소할 계획이다.
- ENCE : 대형 펄프제지 회사이며, 이베리아반도와 남미에 바이오매스 발전소를 가지고 있다.

스페인의 남부지역과 관련된 몇 가지 통계자료는 다음과 같다:

- 평균 장작가격 : 현지 생재상태 바이오매스 가격 40~50유로/톤
- 베기 비용 : 0.12~0.15유로/unit
- 유지관리비용 : 560~570유로/ha/년(대부분 비료와 관개 비용)
- 식재비용 : 기계식 0.1유로/plot, 수작업 0.14유로/plot

마. 관련 법규와 인센티브 프로그램

이탈리아에서는 현형 법적 구조로 인한 여러 가지 불확실성에 의해 장기 대규모 프로젝트

들의 개발이 지연되어 왔음에도 불구하고 지원책이 신재생에너지와 바이오에너지 프로젝트에 집중되고 있다. 여기서는 이탈리아의 기존 정책에 대하여 살펴보고자 한다.

〈지역개발 프로그램 2007~2013〉

다른 EU 회원국들과 마찬가지로 이탈리아에서도 국가 전략 계획(National Strategic Plan)에 각 지자체에서 기획한 지역개발 프로그램을 통하여 EU 규정을 적용하고 있다. 그리고 프로그램에 포함되어 있는 정책들을 농민과 지역 당국에게 홍보하고 있다.

보조금 형태로 지원되는 인센티브는 건물에 대한 소규모 난방, 지역난방, 바이오매스와 식물성 기름의 혼소 및 혐기성 소화 등 바이오에너지 프로젝트에 대한 초기 투자비용의 35~55% 수준이다.

〈지역운영 프로그램(Regional operative programmes)〉

Reg. EC 1783/99에 의거하여 설립된 유럽 지역개발 자금(European Regional Development Fund(ERDF))은 각 유럽지역들 간의 사회/경제적 결합을 목적으로 하는 또 하나의 EC 구조자금이다.

〈녹색전기에 대한 국가 방안과 인센티브〉

녹색전기에 대한 이탈리아 정부의 인센티브 제도가 수립되고 있다. 바이오매스로부터 생산된 전기는 현재 다음의 두 가지 계획에 관련되어 있다:

- 표준 녹색인증 계획(Standard Green Certificate scheme)

다른 모든 신재생에너지 시스템과 마찬가지로 바이오매스(고체 바이오매스, 바이오가스 또는 식물성 기름)를 이용한 발전은 녹색인증 대상이 되며, 전기 자체를 전력망에 직접 판매할 수도 있고, 시장에서 교환하거나 또는 국가 "clearing house"의 역할을 하고 있는 GSE(국가 전력 관리기관)에 고정 가격으로 송전할 수도 있다. 이 경우 2008년도에 제정된 Financial Law에 의거하여 녹색인증에 대한 프리미엄으로 가격의 10%를 더 산정해준다.

- 인센티브 지급 계획

- 1MWe 이하의 소형 바이오매스 이용설비에 대해서는 0.22유로/kWh의 인센티브가 지급된다(녹색인증과 기존 생산전기 가격에 대한 표준 보조금을 대체)
- 또한, 200kWe 미만의 소형 시스템(소형 식물성 기름, 열병합발전 또는 바이오가스 플랜트)에는 "net metering" 계획이 적용되어 소비자가격과 동일한 가격으로 전력망에 공급할 수 있다. 이 시스템의 장점은 자체 수요를 위하여 전기를 생산하고자 하는 소비자에게 유리하다는 것이다. 만일 생산된 전기가 소요되는 전기의 양과 동일하다면 에너지비용은 전혀 들지 않게 된다.
- 개인 사용자와 소형 바이오매스 활용설비에 대한 세금 감면

2007년의 Financial Law에서는 상업적 목적이 아닌 개인 사용자가 건물의 에너지효율과 신기술 적용을 위하여 소요되는 초기 투자비용의 최고 55%까지 세금 감면을 받을 수 있다. 화석계 연료를 사용하는 보일러를 바이오매스 보일러로 교체할 경우 이 인센티브를 받을 수 있는데, 이때 요구되는 최소 에너지 효율은 다음과 같다:

▷ 300kW 미만의 보일러의 경우 EN 303-5 norm의 class 3을 준수하여야 한다
▷ 300kW 이상의 보일러는 효율 82% 이상이어야 한다

이탈리아에서는 에너지작물 바이오매스를 활용하여 에너지를 생산하는 것을 강제하는 특별한 인센티브 계획은 없다.

그림 5.12 핀란드에서 개발한 소형 열병합발전 시스템 GasEK(출력은 90 또는 150kW이며, 발전비율은 33%이고, 함수율 40% 미만의 목재칩을 가스화하여 사용)

바. 성공 사례

〈Apiro 자치제의 중규모 지역난방과 열병합발전 플랜트〉

이탈리아 중부의 인구 2,500명인 소도시 Apiro 지자체에서는 신재생에너지 생산과 혁신적이고도 지속적인 토지관리 촉진을 위하여 Clean Energy Project를 도입하였다. 이 프로젝트는 지자체가 소유하고 있는 5개 건물(시청, 학교 2곳, 극장과 병원)에 열을 공급하는 열병합발전소 설치에 기초하고 있으며, 궁극적으로는 개인 주택과 상업용 건물들에도 열을 공급할 계획이다.

지역난방 계획은 2008년 3월 31일 수립되었으나 열병합발전 플랜트는 향후 건립될 예정이다. 모든 공공건물들은 이미 지역난방 서비스를 받고 있으나 거주지역과 발전소 간 연결은 향후 이루어질 계획이다. 열생산설비의 용량은 1.44MW이며, 함수율과 회분함량이 다른 다양한 연료들도 연소할 수 있도록 연소실에 moving grid를 갖춘 보일러가 적용되었다.

목질계 바이오매스의 일부는 지자체 소유 인근 농장의 단기순환 포플러 조림지 122ha로부터 공급된다. 발전소와 농장의 거리는 4km이며, 조림지로부터 0.5km 떨어진 곳에 목재칩의 건조와 안전한 저장을 위하여 지붕이 설치된 저장소 2곳을 설치하였다. 2007년에 SRF 포플러 10ha가 조성되었으며, 목표는 SRF를 60ha까지 늘리고, 이외에도 에너지용 fibre sorghum과 전통 작물들(곡물, 콩과식물 등)도 재배할 예정이다.

〈스페인 Puente Genil의 Valoriza Energy Plant(10MWe)〉

이 시설은 올리브산업, 기타 지중해 바이오매스 작물 및 포플러 에너지작물로부터 에너지를 생산/활용 전용으로 건설되었다. 벌채부산물은 칩핑되어 발전소로 수송되면, 대규모 더미로 저장된다. 올리브유 잔사도 건조후 더미 상태로 저장된다. 이상적인 수집반경은 30km이지만 올리브유 잔사 가용성에 따라 100km까지 연장도 가능하다.

이 플랜트의 주 목적은 모든 가용한 농산 바이오매스를 수용하고, 전기를 생산하는 고효율의 해결책을 찾는 한편, 지역경제를 개선하고자 함이다. 이 플랜트는 연료공급시스템이 두 개로 나뉘어져 있어 여러 가지 다른 형태의 바이오매스들을 이용할 수 있다. 이 지역에서 지속적인 공급이 가능한 바이오매스 량은 연간 45,000톤 수준이며, 함수율 10%의 올리브유 잔사가 주를 이루고 있다.

이 플랜트의 위치적 장점은 다음과 같다:

- 해당 지역의 바이오매스 생장량이 높다.
- sorghum과 포플러 등 가능성이 있는 에너지작물들을 보유하고 있다.

- 임업 부산물 바이오매스 생산에 대한 접근성이 양호하다.
- 전력선이 132kV와 66kV이다.
- 관개와 천연가스가 가용하다: 가스관 설치
- 도시 중심과의 통신과 거리가 양호하다.
- 올리브 나무 재배면적이 세계에서 가장 크다(50% 이상).
- 고효율의 관개가 가능한 올리브 나무 재배지가 많다(1500m^3 water/ha).

올리브유의 초기 압착으로부터 발생되는 폐기물은 지역 공장들(Almazaras)에서 대량으로 발생되고 이들이 함유된 폐수를 강(Alpechin)에 방류할 경우 심각한 환경적 문제가 야기되므로 이 공정은 본 폐기물을 활용함으로써 환경적 문제까지도 해결하는데 그 목적이 있다.

발전플랜트에는 바이오매스 보일러와 10MWe급의 증기터빈 발전기가 포함되어 있다. 연소시스템은 이동식 진동 화격자(mobile oscillating grate)에 기초하고 있으며, 유압식 연료 살포기(spreader)가 바이오매스를 부양된 상태로 투입하므로 규격이 크고 함수율이 높은 입자들만 화격자 위에서 연소되므로 균일한 연소가 가능하다. 또한, 입자, 일산화탄소 및 이산화탄소의 배출량을 연속적으로 감시하는 시스템이 갖추어져 있어 시간당 및 연간 배출수준이 기록된다.

그림 5.13 스페인 Puente Genil의 VALORIZA 플랜트

5) 오스트리아와 독일의 에너지작물 바이오가스

바이오 폐기물이나 도시폐기물뿐만 아니라 에너지작물로부터 바이오가스를 생산하는 일은 오스트리아, 덴마크, 독일 및 이탈리아에서 매우 많은 관심이 집중되고 있는 분야이다. 최근

수년간 바이오가스 플랜트의 수가 연 20~30% 정도 증가되었으며, 이들 국가에서는 상당한 규모의 바이오가스 시장이 형성되고 있다. 현재 바이오가스 초창기가 완료되고 최첨단의 바이오가스 기술들이 적용되고 있다. 바이오가스 시장은 급속히 성장하고 있는 신재생에너지 산업에서 매우 중요하고도 독자적인 역할을 하고 있다. 경험이 축적된 많은 전문 업체들이 이 분야에 종사하면서 새로운 기술들을 활용하고 있다. 많은 과학자들이 기술의 진보를 위하여 전체 바이오가스 사이클에 대하여 집중적으로 연구하고 있다.

유럽의 경우 바이오가스는 열병합발전에 많이 적용되고 있다. 최근의 소규모 바이오가스 전력망이나 바이오가스의 바이오메탄으로의 등급향상 등은 바이오가스 관련 최신 기술들이며, 바이오가스의 새로운 시장을 열고 있다. 바이오메탄은 천연가스망에 공급되거나 또는 수송용 연료로도 사용이 가능하다.

경험에 의하면 성공적인 바이오가스 플랜트 운영자, 농민 및 투자자들 모두 바이오가스 생산과 관련된 전문적인 지식을 갖추어야만 한다.

가. 오스트리아와 독일의 현재 생산량과 장래 잠재력

오스트리아에서는 2002년 녹색전기법이 실시되면서 바이오가스 전력을 전력망에 공급하고 받을 수 있는 역 구매율이 높아져 농업 바이오가스 플랜트 건설이 크게 활성화되었다. 승인된 바이오가스 플랜트의 수가 2002년 12월 9개소에서 2005년 12월에는 325개소로 크게 증가되었다. 이때까지 총 231개소의 바이오가스 플랜트가 건설되었으며, 그 총량은 50.67MW 였다.

그러나 2005년 이후 오스트리아의 신규 바이오가스 플랜트 승인은 정체되고 있다. 그 원인은 2006년에 도입된 새로운 녹색전기법이었다. 정부가 신규 바이오가스 플랜트에 대한 지원금을 연간 510만 유로로 제한하는 한편, 보장된 면세 기간을 단축하였기 때문이다. 2008년 현재 오스트리아에는 승인된 바이오가스 플랜트가 340개소 있으며(294개소는 이미 건설됨) 총 90MW를 생산할 수 있는 규모이다. 2007년 오스트리아의 바이오가스 플랜트가 생산한 전력은 총 440GWh였다.

2010년 오스트리아의 초지 중 26.2%에서 바이오매스가 생산되었다. 특히, 15.6%의 초지에서는 엄청난 량의 바이오매스가 생산되었다. 가장 큰 장점은 이 지역들이 식품산업과 경쟁하지 않는다는 점이다. 이 바이오매스의 메탄 생산 잠재력은 연간 36,500~61,500만㎥ 정도로 추정된다. 이것은 336~564MW의 열, 또는 140~240MW의 전기에 해당된다. 전술한 바와 같이 모든 바이오가스 플랜트에서 생산되는 전력이 현재 75MW이므로 바이오가스 생산능력을 2~3배 증가시킬 수 있다는 것이다.

Leipzig의 Institut fur Energetik und Umwelt에서는 오스트리아에서 천연가스 망에 바이오가스를 얼마나 공급할 수 있는 지 조사한 바 있다. 이 연구결과에 따르면 오스트리아 천연가스 소비량의 1.7~6.7%를 바이오가스로 대체할 수 있다고 한다.

독일에서는 바이오가스 플랜트 대부분이 최근에 건설되어 바이오가스 기술과 연구가 아직 개발 초기단계로 여겨지고 있으며, 공공지원과 식품생산 가격수준에 민감하게 반응하고 있다. 농장에 기초한 바이오가스 플랜트의 총 수는 1980년대 초 몇 개소 되지 않다가 현재 약 4,000개소(약 1,400MW)로 증가되었다. 그 원인은 효율, 생태 및 배출감소를 위하여 재생에너지원을 이용한 발전에 우선권을 주는 법이 시행되었기 때문이다. 공공지원의 결과, 독일에서는 에너지작물 활용비율이 크게 증가되었다. 2009년 지원제도를 변경하면서 축산분뇨의 기여도가 다시 높아졌다. 또한, 2008년 3월부터 새로운 바이오가스 망 관련 법규가 제정되어 농장 바이오가스 플랜트와 폐기물 처리에 대한 새로운 인센티브 제도가 마련되었다. 이 모든 것이 2030년까지 천연가스 망에 대한 바이오가스 비율을 10%로 올리려는 독일정부의 목표 달성에 기여하게 될 것이다.

또한, 매립지가스와 하수처리 가스 등과 같은 다른 다양한 바이오가스 원들의 독일 내 총 바이오가스 생산량은 연간 약 240억m^3 정도로 추정된다. 이는 전기와 열 5,000만 MWh에 해당된다. 에너지원 잠재력으로 보면 연간 417PJ로, 독일의 2007년 총 1차에너지 소비량인 13,878PJ의 3%에 이른다. 한편, 독일의 바이오가스 생산 잠재력의 약 85%를 농업분야가 보유하고 있다.

나. 지속가능한 에너지 작물의 재배

보다 많은 에너지작물들이 재배되고 바이오가스 생산에 활용될수록 지속가능한 생산은 더욱 중요해진다. 지속가능성은 균형 잡힌 경제성과 환경 즉, 에너지작물의 재배가 자연이 대응할 수 있을 정도의 양의 바이오매스를 생산해야함을 의미한다. 또한, 개선된 작업조건과 새로운 수입원 창출 등 사회적 요인들과 부가가치가 향상된 농산물 생산을 항상 기억해야 한다. 바이오가스는 천연자원과 환경을 보호하고 개선하는데 좋은 기회를 제공할 수 있다.

그러나 대개의 바이오가스 플랜트들은 수익이 보장되는 전력망에 대한 전기공급만을 실시하고, 잉여 열은 활용되지 않는 경우가 많다, 지속가능성의 관점에서 볼 때 바이오가스로부터 전기만을 생산하고 면세를 통하여 보상받는 것은 효율이 충분이 높다고 볼 수 없다. 에너지작물 재배와 활용은 생산된 전기와 열이 모두 효과적으로 사용되었을 때에만 의미가 있는 것이다(예: 열병합발전). 경험에 의하면 만일 잉여 열 판매나 활용을 통한 추가적인 수익이 없을 경우 바이오가스 플랜트 소유자는 단기 및 장기적 생산비용 증가와 싸울 수밖에 없다. 바이오가스 플랜트는 대개 지방에 분산되어 있고 규모가 작다. 일반적 관점에서 볼 때 잉여 열을 활용하여 지속가능성을 개선할 수 있는 다양한 기회들이 있으나 이를 위해서는 가용한 기술들을 이해하고 미리 면밀히 계획해야만 한다.

그러나 에너지작물로부터의 바이오가스 생산 지속가능성을 개선하기 위해서는 보다 많은 점들을 고려해야 하며, 일예로 에너지작물은 농민의 생산물의 극히 일부만을 차지하고 있다. 경험에 의하면 토지의 최고 30%를 활용하는 것이 에너지작물 재배와 활용의 관점에서 가장 지속가능성이 높은 것으로 알려져 있다. 또한, 다양한 에너지작물들과 새로운 종류들을 작물 순환에 이용할 수도 있다. 새로운 생산기술들도 생산 중 상당한 에너지를 소비하게 하는 살충제와 비료의 사용량을 줄이는 방법이 된다. 바이오가스는 지역의 정책수단으로 사용될 수도 있다. 지방은 구조적으로 불리한 경우가 많으나 바이오가스는 지역에 새로운 수익을 창출해 준다. 결과적으로 신재생에너지원으로서의 에너지작물은 녹색에너지 생산을 촉진하고 화석계 연료 구입을 위한 비용을 절감시켜줄 뿐만 아니라 해당 지역의 자립도를 개선해주는 효과도 있다.

다. 바이오가스 에너지작물의 수확과 물류

수확으로부터 digestate/축산분뇨 살포에 이르기 까지 에너지작물 물류과정은 다음의 4가지 기술적 단계들로 나눌 수 있다:

다음 그림은 CLAAS 자체구동 chopper를 이용하여 사료용 옥수수를 수확하는 장면이다. 작물은 트랙터와 트레일러를 이용하여 silage clamp로 이송된다. 예를 들어 건초는 회전식 수확기로 베어 자체하역 트레일러에 실어 clamp로 이송된다.

그림 5.14 사료용 옥수수와 건초의 수확

작물은 사일로에 저장하여 보존한다. 갓 수확한 에너지작물을 사용할 수 있는 기간은 매우 짧다. 그러나 바이오에너지의 연속적 생산을 위해서는 기재(substrate)의 공급이 필요하다.

이를 혐기성 조건 하의 습윤저장(wet storage)이라 하며, 중장비를 이용하여 에너지작물을 압축하여 그에 포함되어 있는 공기를 제거해준다.

그림 5.15는 투입장치를 에너지작물로 채우는 장면이다. 이 용기는 1일 1회 채워준다. 소화조에는 일정 시간간격으로 자동으로 투입된다. 바이오가스 생산의 마지막 단계에서 발효 최종 산물(digestate)이 살포된다. 일반적으로 digestate는 슬러리 탱크운반차량이나 유연한 배관을 이용한 펌핑 등에 의해 살포된다.

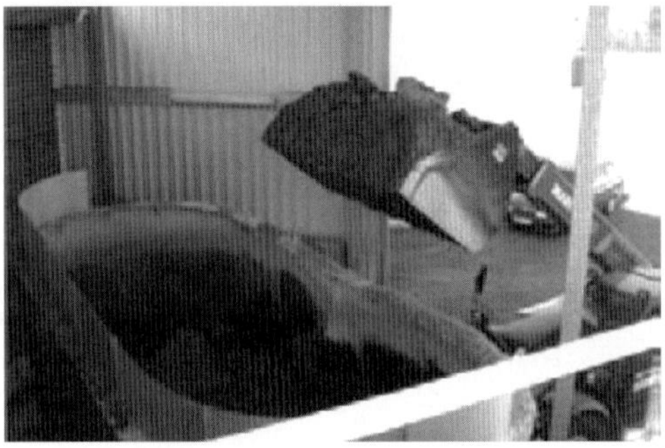

그림 5.15 소화조 투입과 digestate 살포

라. 에너지 생산기술

〈가스 생산〉

다음은 오스트리아 Strem이라는 마을의 바이오가스 플랜트의 공정이다.

상기 예에서는 사료용 옥수수, 건초 또는 해바라기 등과 같은 생재상태의 목질계 셀룰로오스 물질들을 기재로 사용하고 있다. 기재의 저장 중 에너지 손실을 방지하기 위해서는 많은 기술이 요구된다. 연구에 의하면 플라스틱 덮개를 사용할 경우 질량손실이 17%에 달하게 된다. 만일 기재를 건조된 digestate로 적절히 덮어주지 않을 경우 질량손실은 30%에 달할 수도 있다. 투입장치에 기재를 채워주면 소화조에 정기적으로 공급된다.

소화조는 발효가 진행되는 곳으로 콘크리트나 철로 제작된 용기이다. 현재 사용되고 있는 소화조에는 여러 가지 형태들이 있다. 반응기에는 세 가지 주요형태가 있다: 단속식 반응기, 자동공급이 가능한 1단 반응기와 2단 반응기. 그리고 완전 교반형 반응기와 plug flow형 반응기로 구분된다. plug flow 반응기는 수평형 소화조로, 기재의 평균 체류시간이 보장된다. 소화조를 습식과 건식 발효형태로 나누기도 한다. 습식 반응기는 총 고형비율 약 16% 수준에서 운전되며, 건식 소화는 고형비율 22~40%에서 이루어진다.

Strem의 바이오가스 플랜트에서는 digestate가 액상과 고상 부분으로 분리된다. 오스트리아에서는 digestate가 비료로 사용되며, 1년에 2회 경작지에 살포된다(봄과 가을). 따라서 digestate 저장능력은 약 180일 치에 이를 정도로 충분히 커야만 한다.

바이오가스 생산량은 일정치가 못하므로 가스엔진에 지속적으로 공급하기 위해서는 가스를 저장해야만 한다. 가스 저장탱크의 용량은 최소 1/2~1일 수준이 되어야 한다. 이 기간 중 가스 이용장치의 교정이 이루어져야만 한다. 과잉 생산된 가스는 연소시켜 없애야 한다.

〈열병합발전과 온실가스 수지〉

현재 오스트리아에서 바이오가스를 사용하는 가장 일반적인 형태는 열병합발전소에서 전기를 생산하는 방법이다. 바이오가스 플랜트의 전체 효율을 결정하는 가장 중요한 기준은 잉여 열의 활용이다. Strem 바이오가스 플랜트의 잉여 열은 지역난방망에 공급된다.

바이오가스 생산의 지속가능성에 대한 가장 중요한 주제 중 하나는 에너지변화과정에 사용된 1차에너지의 양과 온실가스 배출량이다. 1차에너지는 경작지를 일구고, 파종하며, 비료와 살충제를 생산하고, 수확과 수송을 하는데 사용된다. 식물의 전처리와 가공, 발효, 제품과 부산물의 회수와 정화 등에도 1차에너지가 요구된다.

만일 바이오가스를 바이오메탄으로 승급하려면 열병합발전소에서 바이오가스를 사용하는 것에 비하여 더 많은 에너지가 소요된다. 1차에너지 요구량과 별개로 공정에너지 원도 지속가능성의 관점에서 매우 중요하다. 예를 들어 바이오에탄올 생산에는 재생에너지 즉, 알코올 폐액(stillage)의 혐기성 소화를 통하여 상당한 량의 에너지가 공급된다. 거대억새와 버드나무 등과 같은 다년생 작물들의 재배에 소요되는 에너지는 사료용 옥수수와 같은 1년생 작물들에 비하여 매우 적다(표 5.8).

표 5.8 각종 에너지작물의 바이오가스 생산 에너지 효율(Uellendahl 등, 2008)

기재	발효공정	에너지 생산/투입 비율
옥수수	바이오가스 발효(무 전처리) 바이오가스 발효(습식산화 전처리)	7.2~9.5 6.8~8.9
거대억새	바이오가스 발효(무 전처리) 바이오가스 발효(습식산화 전처리)	6.9~7.8 11.6~13.1
버드나무	바이오가스 발효(무 전처리) 바이오가스 발효(습식산화 전처리)	7.3~12.3

바이오매스의 재배와 수확, 수송, 변화과정 및 제품의 이용에 이르기 까지 모든 생산과정에서 온실가스가 배출된다. 배출량은 발효에 사용된 원재료에 따라 달라진다. 만일 사료용 옥수수나 사탕무우(sugar beet) 같은 에너지작물들이 사용될 경우 비료에 의한 N_2O 배출은 전과정평가(LCA)에 부정적인 영향을 미친다.

만일 유기성 폐기물들이 혐기성 소화를 위한 기재로 사용될 경우 NH_3의 배출 등으로 상황은 더욱 악화된다. 발효 중 불완전한 기재 분해로 인하여 덮개가 없은 저장탱크로부터 추가적인 온실가스 배출을 야기할 수도 있다. 또한, 열병합발전소에서 메탄의 불완전연소로 온실가스 배출이 증가될 수도 있다.

재생에너지원을 사용하기 때문에 바이오가스의 이용은 온실가스 배출을 저감한다. 그러나 온실가스가 배출될 가능성이 있는 많은 단계를 거쳐야만 한다.

마. 시장과 생산 경제성

재생에너지원으로서 바이오가스가 비용효율적일 수 있는가? 는 경제성 관련 주요 주제이다. 독일에서는 정부가 보상을 해주므로 설치년도에 따라 달라지지만 20년 동안 고정된 수익률로 전기를 판매할 수 있다. 2009년 독일의 보상금 수준은 11.67~25센트/kWh였으며, 오스트리아의 보상수준은 이보다 낮다. 잉여 열의 가격은 변동이 되지만 대체되는 에너지의 가격에 따라 달라진다. 그러므로 최초 20년 동안 운영자는 수익을 내기 위하여 바이오가스 생산비용을 절감해야만 한다. 바이오가스 플랜트에 대한 간단한 타당성 조사에서는 플랜트의 평균수명 동안의 투자비용과 연간 운전비용을 검토하게 된다.

일반적으로 에너지작물과 액상 축산분뇨를 이용하는 바이오가스 플랜트에 대한 투자비용은 발전용량에 따라 3,000~5,000유로/kW 수준이 된다. 용량이 큰 산업용 바이오가스 플랜트가 되어야만 약 2,500유로/kW_e 수준이 되어 규모의 경제를 얻을 수 있다.

투자비용과 운전비용을 낮추어야만 바이오가스 플랜트의 수익성을 향상시킬 수 있으나 해당 지역의 조건에 맞추어 잘 설계되어야만 한다. 가능하다면 공적 투자 보조나 자체 노동력 투입 등을 통하여 투자비용을 절감할 수 있다. 기재가 운전비용의 1/2 이상이므로 물류, 재배 및 수확 비용을 절감할 수 있는 방법을 찾아야 한다. 또 다른 높은 운전비용은 열병합발전의 경우 유지관리이다. 가능하다면 기존의 바이오 폐기물이나 축산분뇨를 활용해야 한다. 화석계 연료 가격이 상승하고 있으므로 고효율을 목표로 해야 한다.

바. 관련 법규와 인센티브 프로그램

〈오스트리아의 바이오가스 플랜트에 대한 녹색전기법〉

오스트리아에서는 신재생 전기의 생산과 공급이 녹색전기법(Green Electricity Law)에 의해 관리되고 있다. 결정된 기간 동안 고정된 수준으로 감세가 되므로 녹색전기 생산자의 수익을 보장해준다. 전력망에 공급되는 바이오가스 전기의 역 구매율이 높아 에너지작물을 기재로 한 농업 바이오가스 플랜트의 건설이 크게 증가되었다.

감세율은 바이오가스 플랜트의 설치출력에 따라 달라진다. 출력이 높을수록 전력망에 녹색전기를 공급하는데 대한 감세율이 낮아진다.

2007년부터 녹색전기법에 따라 1,000kW 이상과 100kW 이하에 대하여 각각 11.30센트/kWh와 16.95센트/kWh로 정하여 10년간 지원을 보장하고 있다. 11년차에는 그 지원율의 75%로, 그리고 12년차에는 50%로 낮아진다. 13년차에는 일반 전기 판매가격과 같아진다.

에너지작물에 대한 기재 비용이 높아 오스트리아 플랜트 소유자들은 2008년에 추가로 4센트/kWh를 더 지원받았다. 신규 바이오가스 플랜트에 대한 정부지원은 연간 510만 유로로 제한되어 있다. 이 지원을 받으려면 생산된 열을 이용하는 계획을 수립해야만 한다. 최소 열이용율은 60% 이상이다.

〈독일의 바이오가스 플랜트 관련 신재생에너지법〉

German Renewable Energy Source Act(Erneuerbare Energien Gesetz(EEG))에서는 설치년도에 따라 20년 동안 고정된 비율로 보상을 보장하고 있다. 이 법이 시행되면서 독일에서는 2004년경 바이오가스 붐이 일었다. 이때에는 국가의 보장이 충분하여 바이오가스 기술에 투자하는 사람들의 수가 급증하였다. 또한, 이 당시 식품 가격도 역사상 매우 낮은 수준이었다. 식량 생산이 늘고 세계 식량시장이 단일화 되면서 과잉생산 되었기 때문이다. 식량 생산산업의 수익이 낮고 독일정부의 EEG로 상당한 지원이 이루어지자 에너지작물을 이용한 바이오가스 생산량이 폭증하게 되었다. 그 결과 2006년에는 800개소가 신규 설치되었다.

식량 재배 실패가 늘어나자 식량용 농산물 산업의 수익이 개선되었으나 항시 고공비행을 하고 있는 유가가 농산물 생산비용에도 직접적인 타격을 주었다. 이러한 상황 속에서 에너지작물의 생산비용이 높아지자 독일 농민들에게 바이오가스 판매는 매력적인 사업이 되지 못하였다. 많은 사람들이 계획을 변경하자 2007년 신규 설치는 200개소로 감소되었다. 2008년에는 2009년을 위한 EEG를 준비하던 해였다. 2009년의 새로운 재생에너지법에는 변화되고 있는 농업조건들을 고려하여 특히, 소규모 바이오가스 플랜트와 에너지작물 활용에 대한 보상수준을 상향하였다. 이 법이 시행되자 고전을 면치 못하던 바이오가스 산업계에 대한 지원이 보장되었고 독일의 신기술에 대한 투자가 증대되었다. 결과적으로 재정적 인센티브가 충분할 경우에만 에너지작물 재배와 활용이 이루어지고 있으며, 독일의 경우 국민의 세금이 아닌 모든 전기 소비자가 지불하도록 되어 있다.

사. 성공사례

오스트리아 South Burgenland의 바이오가스 생산 사례를 보면 커다란 구조적 변동으로 인하여 Strem의 수많은 농민들로 하여금 자신들의 농장을 전일근무로부터 부수적 사업들로 재구성을 하도록 하였다. 그 결과 사용되지 않는 초지가 크게 증가되었다. 이것이 바로 농민들이 발효기술을 이용하는 바이오가스 플랜트를 계획하게 된 이유이다.

2003년부터 Strem은 지역난방망에 바이오매스 난방 플랜트를 연결하고 있다. 이것은 바이오가스 플랜트를 경제적 측면에서 합리적으로 설치하게 된 좋은 시발점의 선례라 할 수 있다. 2003년 Oko Energie Strem은 Institute for Agrobiotechnology(IFA, University of Natural Resources and Applied Life Science)와 함께 국가연구네트워크의 새로운 일원으로서 혁신적인 바이오가스 플랜트를 계획하기 시작하였다.

ferro-concrete로 제작된 용량 1,500㎥인 단열 사일로 2기에서 클로버, 옥수수 및 총체(whole crop)를 온도 49.5℃에서 고체 발효시킨다. 생산된 바이오가스는 바이오매스 난방 플랜트의 전력공급센터에 위치한 2기의 열병합발전장치에 공급된다.

약 200만유로가 투자되어 2004년 가동을 시작한 이 플랜트는 연간 8,500시간을 가동하며, 발전용량은 526kW, 그리고 지역난방용 열은 600kW를 생산하여 연중 1,200가구에 전기를, 그리고 40가구에 난방열을 공급하고 있다.

이 프로젝트 성공의 주요 요인은 강력한 시민들의 연합된 힘과 함께 에너지자급으로 이미 유명해진 Gussing 지역과 인접하고 있다는 점을 들 수 있다. 이후 기존 바이오매스 지역난방 회사가 더 많은 열을 필요로 하게 되자 농민들은 더 많은 수입을 얻을 수 있게 되었다.

한편, 독일의 성공 사례는 프로젝트 목록인 www.encrop.net이나 www.gerbio.eu를 보면 몇 가지를 확인할 수 있다.

2.4. 에너지작물의 전망

지금까지 유럽의 사례를 살펴 본 바와 같이 대개의 에너지작물들은 현실 세계에서 우수한 효과를 보여줄 수 있다. 투입망이 합리적인 수준이고 변환기술이 열병합발전기술에 기반을 두고 있으므로 이들의 에너지 효율과 온실가스 수지는 매우 양호하다. 대개의 에너지작물들의 잠재력은 비교적 지속적이므로 다른 신재생에너지원들과 함께라면 2020년의 목표를 달성할 수 있다. 그러나 대부분의 경우 생산망에 경제적 지원이 이루어지지 않는다면 현재의 가격수준으로는 에너지생산의 수익성이 좋지 못한 것도 사실이다. 또 다른 가능성으로는 생산비용을 보상할 수 있도록 바이오에너지 가격을 인상하는 것이다.

각 국가들마다 작물을 이용한 에너지 생산을 촉진하고 지원하기 위하여 각기 다른 방법들을 모색하고 있다. 일예로 핀란드는 다른 국가들에 비하여 RCG 재배에 대해 보다 높은 농업지원금을 지급하고 있지만 RCG 활용에 대해서는 지원하지 않고 있다. 따라서 RCG 재배지가 초기 20,000ha까지 증가하였지만 최근에는 증가율이 크게 둔화되었다. 농민들은 분명 RCG에 대한 더 좋은 가격을 기다리고 있는 것이다. RCG 전기에 대한 FIT(feed-in tariff) 제도가 해결책의 하나로 제시되고 있다.

버드나무와 포플러 같은 목질계 에너지작물들은 이탈리아, 스웨덴, 영구 및 폴란드 등과 같은 나라에서 꾸준히 개발되어 왔다. 이 작물들은 바이오매스 플랜트에서 직접 연소가 가능하다. 최근 수행되고 있는 연구들에 의해 지역별로 다른 기후와 농업조건에 공정을 적응시키는데 좋은 결과들이 얻어 지고 있다. 이탈리아에서는 연구기관과 육종전문가들에 의해 생산성이 높고 질병에 대한 저항력이 강한 새로운 포플러 clone들이 선택되고 새로이 재배되고 있다.

기계화, 수확 및 물류 분야의 발전으로 단기순환작물들에 이용되는 기술들이 성숙되어 상용화를 목전에 두고 있다. 이탈리아와 그 외 유럽 국가들에서는 재배지 초기조성에 대한 부분적인 보조를 통하여 이 분야 성장을 지원하기 위하여 농민에 대한 구조적 자금을 조성하고 있다. 또한, 스웨덴, 이탈리아 및 스페인과 같은 나라들도 바이오매스로 생산되는 신재생 전기에 대한 특별한 FIT 제도를 도입하고 있다.

이와 같은 인센티브들에도 불구하고 최근 에너지작물 재배면적이 매우 신속하게 증가되지는 못하고 있다. 많은 경우에서 생산된 에너지작물에 대하여 플랜트 경영자가 농민들에게 제시하는 가격이 매력적이지 못하다는 점이 원인이 되고 있다. 이에 대한 가능한 해결책으로는 열병합발전소 폐열의 재활용, 수송비 절감을 위해 지역난방과 열병합발전을 위한 지역의 중소규모 공급망 확대 등을 들 수 있다. 이 방법을 통하여 플랜트에 증가된 수익의 일부를 보다 높은 원료가격의 형태로 농민들에게 보상할 수 있을 것이다.

에너지작물을 이용한 바이오가스 생산은 독일과 오스트리아에서는 성공 사례로 여겨지고 있다. 왜냐하면 농민이 바이오가스 생산을 위하여 다른 작물들을 선택하여 초본류, 클로버 또는 사료용 옥수수를 재배하여도 거의 동일한 농업지원금을 받을 수 있기 때문이다. 바이오가스 플랜트에 대한 투자지원이 되고, 바이오가스 전기에 대한 FIT가 높기 때문에 플랜트 운영자들은 농민들에게 적정한 가격을 지불할 수 있다. 또한, 에너지작물에 대한 FIT는 축산분뇨나 다른 폐기물들에 대한 것보다 높다. 이와 같은 이유들로 인하여 작물을 이용한 바이오가스 생산이 빠르게 증가하였으나 식량생산에 대한 위협은 되지 않았다.

에너지작물은 그 부산물들(예: 짚)과 함께 커다란 에너지잠재력을 지지고 있으며, 고용증대의 가능성도 지니고 있다. 관련 연구들에 따르면 EU에서 지속가능한 바이오에너지 작물 재배지가 전체 면적의 10~30%에 이를 것이며, 향후 세계적으로도 같은 수준으로의 확대가 가능하다고 예측하고 있다. 이것이 현실화되려면 에너지작물 생산망이 개발되어야 하고, 농민, 에너지 생산자 및 의사결정권자들이 에너지작물의 가능성에 대하여 깊이 인식하여야만 한다. 독일과 오스트리아의 예에서처럼 에너지작물 망의 모든 부분들이 적절한 경제적 보상을 받아야만 하는 것이다.

표 5.10은 에너지작물은 아니지만 농업분야에서 발생되는 농업부산물들 중에서 팜 바이오매스를 제외하고 저자가 활용 가능성이 높을 것으로 판단하고 있는 각종 바이오매스들의 연료적 특성들을 정리한 것이다.

표 5.10 각종 바이오매스의 연료적 특성

바이오매스	함수율(%wb)	순발열량(kcal/kg)	총발열량(kcal/kg)	회분함량(%)
사탕수수 bagasse	50	1,875	3,751	2.8
코코아 껍질(husk)	8	3,464	3,765	10.0
코코넛 껍질(shell)	8	4,300	4,674	4.0
커피 껍질(husk)	10	3,822	4,247	0.6
면화 대(stalk)	15	3,822	4,497	0.1
옥수수 속대(cob)	15	3,344	3,935	2.0
토탄	14	2,867	3,333	10.0
왕겨	9	3,344	3,675	19.0
밀짚	10	2,867	3,185	4.4
소나무 잎	-	-	5,088	5.9
swithgrass	-	-	4,587	3.5
해바리기씨 껍질	-	-	4,778	3.6

3. 팜 바이오매스

이 절에서는 현재 세계적으로 가장 안정적인 공급이 가능한 바이오매스로 인정받고 있는 팜 바이오매스를 대상으로 이를 활용한 발전에 대하여 논하고자 한다. 팜 바이오매스의 발생과 특성 및 활용에 대하여 논함으로써 새로운 바이오매스의 발굴을 위한 기본적인 자료를 제공하고자 한다.

3.1. 팜유 공급과 수요

2007년 기준 세계의 팜 재배면적은 주요 식물성 기름 작물 재배면적의 4.8%에 지나지 않지만 식물성 기름 총 생산량의 거의 35%에 이를 정도로 생산성이 우수하다. 일예로 팜, 유채, 해바라기 및 대두의 1ha당 연간 기름 생산량을 보면 각각 3.66톤, 0.6톤, 0.46톤 및 0.36톤일 정도로 팜유의 생상성이 매우 높다. 또한, 생산된 기름을 에너지로 환산한 양(output energy)의 기름 생산을 위해 투입된 에너지(input energy)에 대한 비율을 보면 팜 9.58배, 유채 3.04배, 및 대두 2.50배 등으로 팜유의 에너지수지(energy balance)가 매우 우수하다. 따라서 적도부근의 팜 재배가 가능한 국가들은 경쟁적으로 팜 재배를 하고 있다.

2011년 세계 식물성 기름 소비량의 32.8%를 차지한 팜유는 대두유(28.4%), 유채씨유(16.0%) 및 해바라기씨유(8.6%) 등 주요 식물성 기름에서 가장 높은 비율을 나타내고 있다. 팜유의 약 3/4는 식품제조에 사용되고 있으며, 그 나머지는 화학제품, 동물사료 및 연료 등의 산업에 사용되고 있다. 2010년도 세계의 연간 식물성 기름 수요는 120만톤이었으나 2050년에는 240만톤으로 2배정도까지 증가할 것으로 예상되고 있다. 따라서 팜유 역시 2010년 51만톤에서 2050년 75만톤으로 증가될 전망이다.

인도네시아는 2012년도 기준 세계 팜유공급량의 약 49%를 담당할 정도로 세계에서 가장 큰 팜유 공급국가이며 그 뒤를 말레이시아(2012년도 기준 약 37%)가 잇고 있다. 두 국가는 세계 팜유 공급량의 85% 이상을 담당하고 있다. 지난 수십년간 세계의 팜유 수요량은 연평균 2.3만톤씩 증가하여 왔다.

말레이시아의 팜 조림면적은 2011년 5백만 ha에 도달하였다. 2010년에 비하여 약 3% 정도 증가한 것으로 주로 Borneo Sarawak 지역의 경작면적 증가에 의한 것이다. 한편, 말레이시아의 팜 경작면적 중에서 가장 큰 비중을 차지하는 지역은 Borneo Sabah주로 전체의 약 28.6%(143만ha)에 이르며, 그 다음이 20.4%(102만ha)인 Sarawak 지역이다. MPOB(Malaysian Palm Oil Board)에 따르면 말레이시아에서 가능한 최대 경작면적이 560만ha라 하므로 2012년도 현재 확대 가능한 면적은 단 60만ha만이 남아 있다고 할 수 있다.

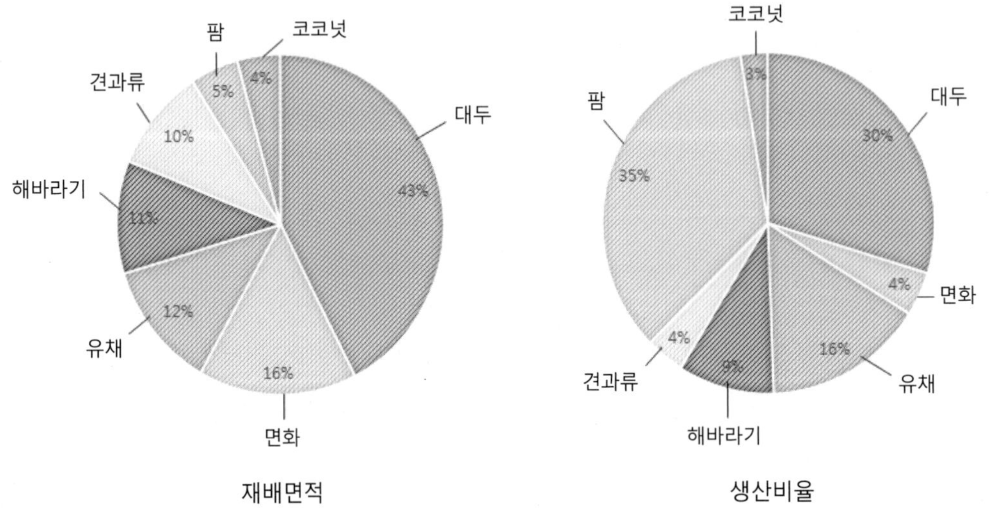

그림 5.16 2007년 세계의 각종 식물성 기름 생산 작물의 재배면적과 생산비율(RSPO, NA)

표 5.11 세계의 팜유 공급과 수요(2005년~2012년) (European Union Delegation to Malaysia, 2012)

(단위: 백만톤)

팜유 공급량								
연도	**2005**	**2006**	**2007**	**2008**	**2009**	**2010**	**2011**	**2012**
인도네시아	15.2	15.5	15.3	17.7	21.0	22.1	23.9	24.9
말레이시아	13.5	15.5	16.7	18.9	17.6	17.0	18.8	18.7
기타	4.7	5.0	5.7	6.0	6.7	6.8	7.3	7.6
합 계	33.4	36.0	37.7	42.6	45.3	45.9	50.1	51.2
성장률(%)	11.7	7.8	4.8	12.8	6.3	1.3	9.3	2.1
팜유 소비량								
연도	**2005**	**2006**	**2007**	**2008**	**2009**	**2010**	**2011**	**2012**
유럽연합	4.2	4.4	4.5	4.9	5.6	5.7	5.4	5.5
중국	4.3	5.2	5.5	5.7	6.0	6.0	6.2	6.6
인도	3.4	2.9	3.7	4.9	6.6	6.8	6.7	7.0
인도네시아	3.5	3.7	3.9	4.4	4.8	5.4	6.2	6.8
말레이시아	1.9	2.2	2.2	2.4	2.4	2.1	2.0	2.1
기타	15.4	17.0	17.7	19.0	20.0	20.5	22.2	23.0
합 계	32.7	35.4	37.5	41.3	45.4	46.5	48.7	51.0
성장률(%)	11.4	8.4	5.9	10.1	8.7	2.4	4.8	4.4

인도네시아는 말레이시아의 팜유산업 성장을 표본으로 하여 지난 십년간 팜 경작면적을 크게 확장하여 왔으며, 그 결과 경작면적이 연평균 37만ha씩 증가되었다. USDA(United States Department of Agriculture)에 의하면 2011년도 현재 765만ha에서 팜이 경작되고 있으며, 인도네시아 정부소유 토지 중 2,450만ha가 팜 경작에 적합한 것으로 판정되었다고 한다. 2012년까지 신규로 토지 용도변경을 허가해준 면적도 650~700만ha에 이른다고 한다. PwC Indonesia(2012)의 예상에 의하면 2020년까지 팜 경작면적이 1,300만ha로 증가될 것이라 한다. 그러나 최근 환경에 대한 관심이 높아지면서 노르웨이와 인도네시아 정부 사이에 팜 조림면적의 급속한 확대를 지연하기 위한 협약이 이루어지기도 하였다. 한편, 인도네시아에서도 Sumatra지역의 팜 원유생산량이 인도네시아 전체 팜 원유생산량(2010년 기준 1,980만톤)의 65%에 이를 정도로 Sumatra지역이 팜유산업의 중심이 되고 있다.

UNEP(2011)의 분석에 의하면 향후 팜 경작면적 증가의 가능성이 가장 큰 지역으로 브라질의 아마존강 유역을 들고 있다. 말레이시아와 인도네시아는 이미 포화상태에 있으나 브라질과 콩고가 팜 경작이 가능한 열대림 지역을 가장 많이 보유하고 있는 것으로 파악되고 있다.

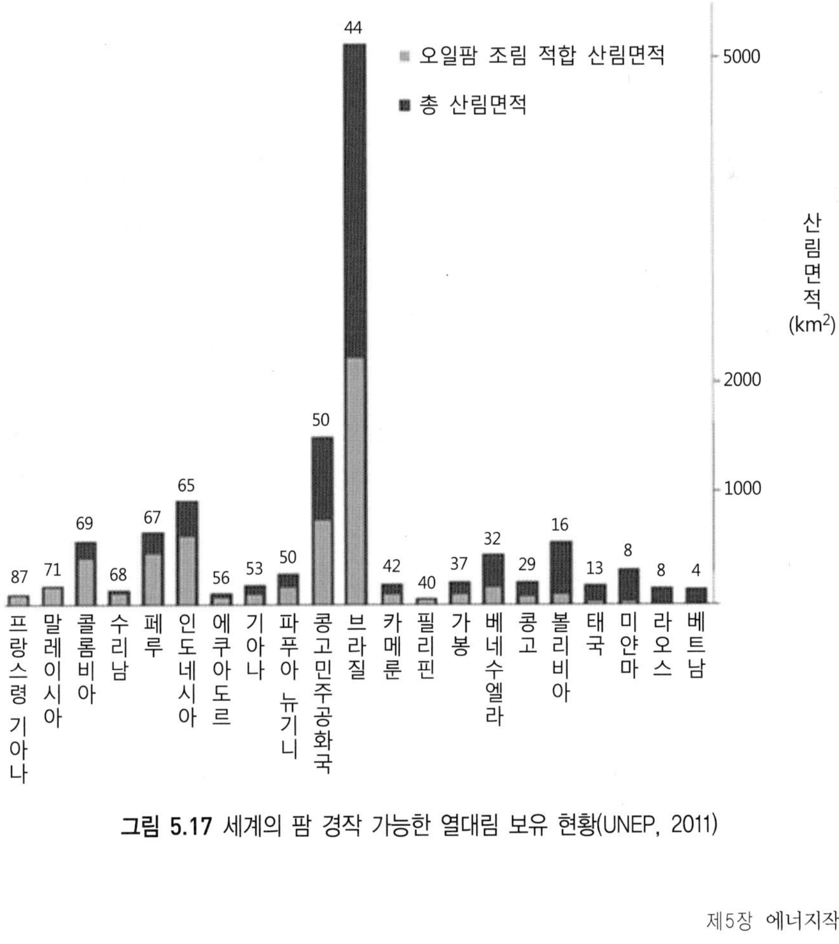

그림 5.17 세계의 팜 경작 가능한 열대림 보유 현황(UNEP, 2011)

3.2. 팜유 생산공정과 수율

열매가 숙성된 FFB(fresh fruit bunch)는 대부분 인력에 의해 수확된다. 연중 10~15일 간격으로 열매의 상태를 관찰하고 수확한다. 일반적으로 FFB의 중량은 약 25kg 정도이다. 수확된 FFB는 팜유공장으로 수송된다.

공장에 도착한 FFB는 증자(sterilizing)과정을 거친다. 고압 고온의 증기(140℃, 50분)를 이용하여 oil-splitting enzymes을 파괴하고 가수분해와 auto-oxidation을 방지하는 한편, 열매가 연결된 줄기를 연화시켜 열매의 탈리를 용이하게 해준다. 또한, 기름을 지닌 세포들이 분산되어 있는 단백질의 고화를 촉진하고 펄프구조를 약화시킨 동시에 연화시켜 착유시 섬유상 물질의 분리를 용이하게 해준다.

증자처리가 완료된 FFB는 회전드럼에 투입되어 열매 탈리를 진행한다. 탈리된 열매들은 파쇄기(shredder), 압착기(press) 및 digester(80~90℃ 열수)로 투입되어 기름을 섬유와 palm nut(종자)로부터 분리한다. 여기서 EFB(empty fruit bunch)가 발생된다.

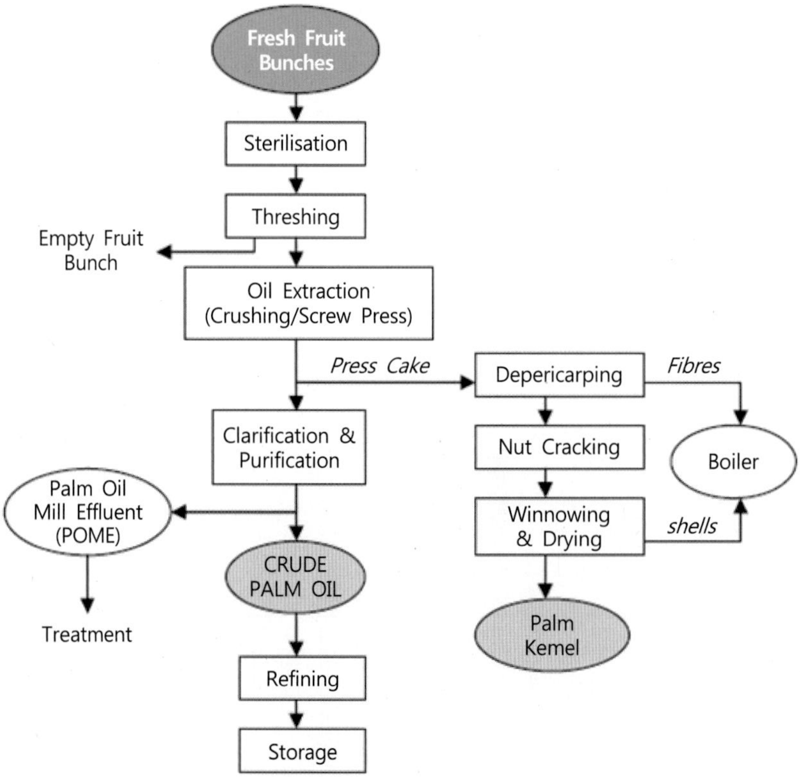

그림 5.18 팜유 생산공정과 팜 바이오매스의 발생

screw press를 이용한 압착과정을 통하여 착유된 후 발생되는 부산물이 MF(mesocarp fiber)이다. palm nut는 파쇄과정(nut cracker)을 거치며 껍질(PKS(palm kernel shell))과 kernel로 분리되고, kernel의 착유과정이 이어진다. 일반적으로 팜유 10톤 생산 당 palm kernel oil 1톤이 생산된다고 한다. 이렇게 생산된 기름들은 정제과정을 거쳐 최종적으로 팜 원유(CPO: crude palm oil)가 된다.

팜유는 다른 식물성 기름 생산 작물들에 비하여 경작면적 대비 수율이 매우 높다. 다른 작물들을 경작하는데 소요되는 면적의 5% 수준에서 전 세계 식물성 기름의 32.8%를 공급하고 있는 것이다. 인도네시아와 말레이시아의 팜 대부분은 Tenera hybrid type이다. 고수율형 종자 개발에 성공한 것은 최근의 일이다. 고수율 종자를 이용하면 1ha당 7~8톤의 팜유를 생산할 수 있다고 한다. 그러나 이 종자들은 판매되지 않고 다만 재식재 시 내부적으로 사용되고 있다. 1997년에서 2010년까지 15년간 말레이시아의 팜유 평균수율은 3.35~4.65톤/ha 수준이었다. 한편, 같은 기간 동안 인도네시아의 팜유 평균수율은 2.4~3.7톤/ha으로 말레이시아의 약 75% 수준 정도로 낮은 편이다.

팜유의 수확이 최고조에 이르기 위해서는 식재 후 8~10년이 소요되며, 팜의 수명이 22~25년에 이르기까지 약 12년간 생산이 가능하다. 한편, 1톤의 팜 원류 생산에 소요되는 평균비용이 2010년도 기준 말레이시아에서는 325유로 정도이지만 인건비가 낮은 인도네시아에서는 197~236유로 정도가 소요된다고 한다.

3.3. 팜 바이오매스의 발생

1) 팜 바이오매스의 발생

오일팜(oil palm(*Elaeis guineensis*)은 아프리카 서부와 중부에서 자생하는 African oil palm으로 알려져 있다. 오일팜 재배현장에서는 주기적으로 팜나무의 수간인 OPT(oil palm trunk)와 가지인 OPF(oil palm frond)가 발생된다. 만일 OPT의 수액(sap)을 이용하여 바이오에탄올을 생산한다면 압착에 의한 수액채취과정에서 고체인 섬유상 물질이 발생된다. OPF의 경우에도 건조와 분쇄과정을 거치면 섬유상 물질을 얻을 수 있다.

재배현장에서 수확된 FFB는 CPO공장으로 수송되어 팜원유 생산 공정에 투입된다. 그림 5.19와 같이 FFB로부터 열매(fruit)가 분리되고 이 과정에서 EFB가 발생된다. 분리된 열매는 압착과정을 통하여 과육으로부터 팜원유가 생산되고 여기서 팜유박이라 할 수 있는 섬유상의 MF(mesocarp fiber)가 발생된다. 한편, 열매의 과육으로부터 분리된 씨앗은 파쇄과정을 거쳐 다시 PKS와 kernel로 분리된다. kernel로부터도 압착과정을 거쳐 kernel oil을 생산한다. 역시 이 과정에서 PKE(palm kernel expeller)가 발생된다. kernel oil은 의약품 등 매우 부가가치가 높은 제품의 원료가 되며, PKE는 우수한 동물사료의 원료가 된다. 한편, 본 과정에 투입된 대량의 물은 공정 중 발생되는 팜원유 및 잔사들과 섞여 폐수의 형태로 배출되며 이를 POME(palm oil mill effluent)라 한다. POME는 혐기성 발효과정을 통하여 바이오가스 생산에 활용될 수 있다.

따라서 팜 바이오매스는 고체, 액체 및 기체 등 여러 가지 형태로 발생되며 특히, 고체 바이오매스로는 EFB, MF, OPT와 OPF의 섬유, PKE 및 PKS를 들 수 있다.

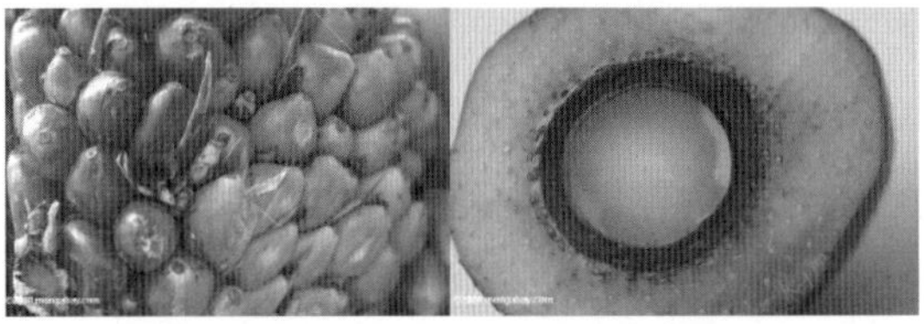

그림 5.19 palm fruit bunch와 fruit의 구조

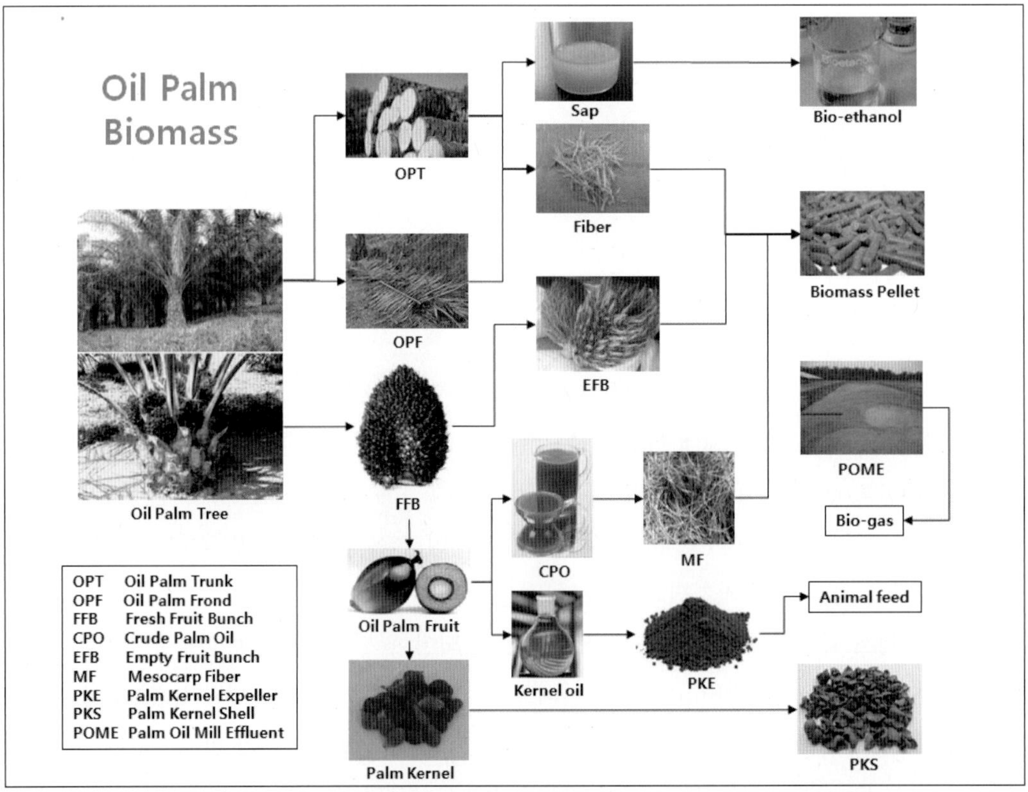

그림 5.20 오일팜 바이오매스의 분류

2) 팜 바이오매스 발생량

경작지 가지치기와 재조림에 의해 각각 발생되는 OPF의 발생량은 말레이시아의 경우 각각 연간 9.8ton-dry/ha와 14.9ton-dry/ha 수준이라고 보고되고 있다. OPF 중량의 약 25%가 헤미셀룰로오스이므로 이는 바이오연료 등에 중요한 자원이 될 수 있을 것이다. 그리고 재조림 과정에서 발생되는 OPT의 발생량은 연간 62.8ton-dry/ha 수준인 것으로 조사되었다(Aljuboori, NA).

한편, 팜유공장에서 발생되는 주요 바이오매스들에 대한 공정상 투입 중량은 FFB의 중량을 기준으로 한다. 말레이시아의 경우 FFB 투입량 1톤당 EFB, MF, PKS 및 POME는 각각 18%, 13%, 5.4% 및 64% 수준으로 알려져 있다. 팜원유 생산공장에서 1톤의 팜 원유 생산을 위해서는 5.0~7.5㎥의 물이 필요하며 이중 50% 이상이 POME로 배출되게 된다. 처리되기 전의 POME에는 고농도의 유기물질이 포함되어 있으므로(COD 69,500mg/l, BOD 25,000mg/l) 이를 이용하여 바이오가스의 생산도 가능할 것이다(Prasertsan과 Prasertsan, 1996).

그림 5.21은 FFB의 품질에 따라 팜 부산물의 발생률이 달라짐을 보여주고 있다. FFB의 품질은 FFB 단위중량 당 열매 총 중량의 비로 판정하는 것이 일반적이며 따라서 FFB의 품질이 저하될수록 팜유 수율은 하락하는 반면 팜 부산물의 발생률은 증가되기 마련이며, 팜유 생산공정의 효율과 적용기술에 따라서도 달라질 수 있다.

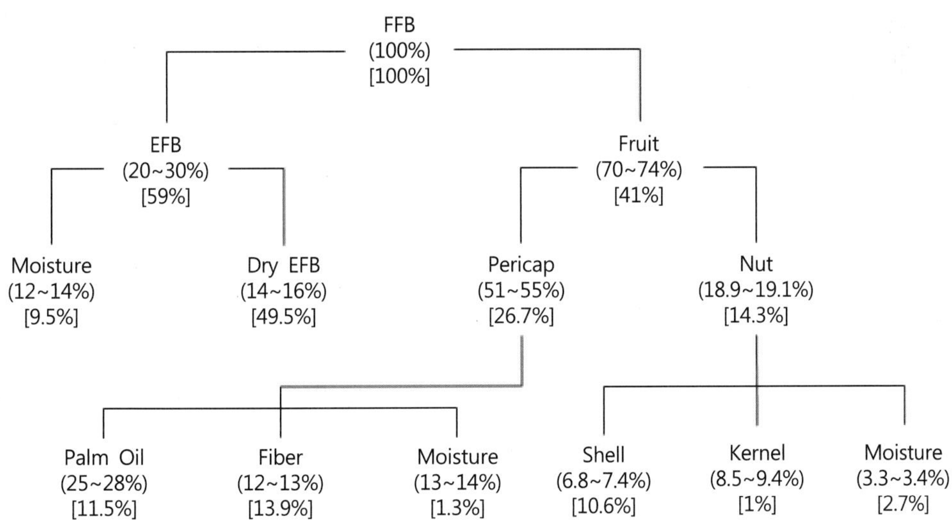

그림 5.21 FFB 품질에 따른 팜 바이오매스 발생율((고품질), [저품질])
(Prasertsan와 Prasertsan, 1996)

표 5.12는 Hong(2010)이 말레이시아 팜유공장을 대상으로 면적 1ha의 팜농장에서 수확하여 팜유를 생산할 때 연간 발생되는 팜 바이오매스의 양을 제시한 것이다.

표 5.12 연간 팜농장 1ha당 발생되는 팜 바이오매스의 양(Hong, 2010)

항 목	습량기준(톤/ha/년)	건량기준(톤/ha/년)
FFB	20.80	10.60
EFB (FFB의 22%)	4.42	1.55
MF (FFB의 13.5%)	2.71	1.63
PKS (FFB의 5.5%)	1.10	1.10
Total POME	13.45	0.67
Sterilizer condensate (FFB의 12%)	2.41	0.12
Clarification sludge (FFB의 50%)	10.04	0.50
Hydrocyclone washing (FFB의 5%)	1.00	0.05

표 5.13은 May와 Aziz(2012)가 보고한 2011년도 말레이시아의 팜 바이오매스 발생량 현황이다. 이 자료에서 EFB의 발생량은 418개 팜유공장에서 83백만 톤의 FFB를 처리할 경우를 기준으로 하였다. 한편, FFB 투입량에 비하여 EFB 등 고체 바이오매스의 발생량이 적은 것은 발생된 고체 바이오매스의 일부를 팜유공장의 자체 연료로 사용하였기 때문으로 판단된다.

Singh(2011)은 2010년 말레이시아 팜유 산업에서 발생된 고체 바이오매스가 건량기준으로 약 8,000만 톤에 달하였으며, 액체 바이오매스인 POME도 6,000만 톤 수준이었다고 보고하였다. 이는 표 5.13의 2011년도 통계와 유사한 수준이나 2020년까지 말레이시아의 팜 바이오매스 발생량은 고체와 액체(POME) 모두 최대 11,000만 톤/년으로 증가될 것으로 예상하고 있다.

표 5.13 2011년도 말레이시아의 팜 바이오매스 발생량(May and Aziz, 2012) (단위: 만톤/년)

팜 바이오매스	발생량(건량기준)
OPF(가지치기에서 발생)	4,365
OPF(5% 재조림에서 발생)	340
OPT(5% 재조림에서 발생)	1,547
EFB	640
MF	613
PKS	388
POME(FFB의 67%)	5,570

2012년도 세계 팜유생산량을 기준으로 하여 팜 바이오매스 발생량을 추정한 결과는 표 5.14와 같다. 팜원유 수율이 FFB 투입량 1톤당 평균 14%로 가정하면 연간 총 투입된 FFB는 약 3,200만톤 톤이 된다. 여기서 EFB, MF 및 PKS의 발생률을 각각 FFB 투입량의 23%, 12% 및 6%로 가정하였다.

따라서 전 세계에서 연간 약 15,000만 톤(습량기준) 규모의 팜 바이오매스가 팜유공장 자체에서 발생하는 것으로 추정할 수 있다. 이중 약 56%를 EFB가 차지하고 있으며, EFB의 함수율을 60%(습량기준)로 가정할 때 함수율 10%기준 건조 EFB의 연간 발생량은 약 3,700만 톤/년으로 추산된다. 여기에 MF 연간 발생량 약 1,900만 톤/년(함수율 10%기준)을 더하면 건량기준 연간 약 5,600만 톤/년의 섬유상 팜 바이오매스(EFB와 MF)가 팜유공장 자체에서 발생된다고 할 수 있다. 한편, 인도네시아의 팜 바이오매스 발생량이 전 세계 발생량의 약 49%를 차지하고 있다.

표 5.14 2012년도 세계 팜 바이오매스 연간 발생량 (단위: 만톤/년)

국가	인도네시아	말레이시아	기타	합계
팜 원유생산량	2,490	1,870	760	5,120
FFB	17,786	13,357	5,429	36,571
팜 바이오매스 발생량	7,292	5,476	2,226	14,994
EFB	4,091	3,072	1,249	8,411
MF	2,134	1,603	651	4,389
PKS	1,067	801	326	2,194

Carl Bro Intelligent Solutions(2004)의 분석에 의하면 투입된 FFB의 70% 정도가 폐기물로 배출된다. 이들이 제시한 팜유공장 자체의 에너지원으로 재활용하는 대안에서는 EFB가 투입 FFB의 약 23% 수준으로 발생하는 것으로 가정하고 있다. 즉, 습량기준 1톤의 FFB가 0.73톤의 증기와 함께 투입되면 140~220kg의 팜유가 생산된다. 이때 230kg의 EFB가 MF와 PKS 190kg과 함께 발생되고 이들을 모두 이용하게 되면 120kWh의 에너지 생산이 가능하다. 동시에 600~700kg의 POME가 발생되며 이를 이용하면 20m^{3}의 바이오가스도 생산할 수 있다고 가정하고 있다. 한편, FFB 1톤당 처리공정에 요구되는 에너지는 20~25kWh이므로 잉여 에너지의 판매도 가능하게 된다.

Patumsawad(2002)에 의하면 태국의 팜 바이오매스 발생률은 말레이시아와 다른 수준을 보이고 있다. 투입된 FFB의 습량기준 중량을 기준으로 EFB, MF 및 PKS가 각각 28%, 12% 및 8% 발생된다고 한다. 이처럼 팜 바이오매스의 발생률은 각 국가별로 식재되어 있는 팜 종자 및 가공방법과 적용기술 수준에 따라 달라짐을 알 수 있다.

OPT와 OPF는 재배현장에서 발생되어 채취와 수집에 많은 어려움이 있지만 이 역시 대량으로 발생되는 팜 바이오매스라 할 수 있다. 말레이시아와 인도네시아의 2011년도 팜 재배면적은 각각 500만ha와 765만ha이며, 2012년도 말레이시아의 OPT와 OPF 발생량인 1,547만 톤과 4,705만 톤의 발생비율을 인도네시아에 동일하게 적용할 경우 각각 2,367만 톤과 7,199만 톤이 발생되는 것으로 추정할 수 있다. 이때 OPT와 OPF의 함수율을 최고 85%(습량기준)로 적용하면 말레이시아와 인도네시아의 OPT와 OPF의 건량기준(함수율 105) 발생량은 표 5.15와 같이 추산된다. 따라서 두 나라로부터 OPT와 OPF를 이용하여 생산이 가능한 고형연료자원은 최대 2,373만 톤/년(OPT 587 만 톤/년, OPF 1,786만 톤/년)에 이를 것으로 추정된다.

표 5.15 2011년도 인도네시아와 말레이시아의 OPT와 OPF 연간발생량 (단위: 만톤/년)

국가	인도네시아	말레이시아	합계
건조전 OPT	2,367	1,547	3,914
건조전 OPF	7,199	4,705	11,904
소계	9,566	6,252	15,818
건조후 OPT	355	232	587
건조후 OPF	1,080	706	1,786
소계	1,435	938	2,373

말레이시아 OPT 발생량(건량기준)	232만톤/년
말레이시아 OPF 발생량(건량기준)	706만톤/년
인도네시아 OPT 발생량(건량기준)	355만톤/년
인도네시아 OPF 발생량(건량기준)	1,080만톤/년

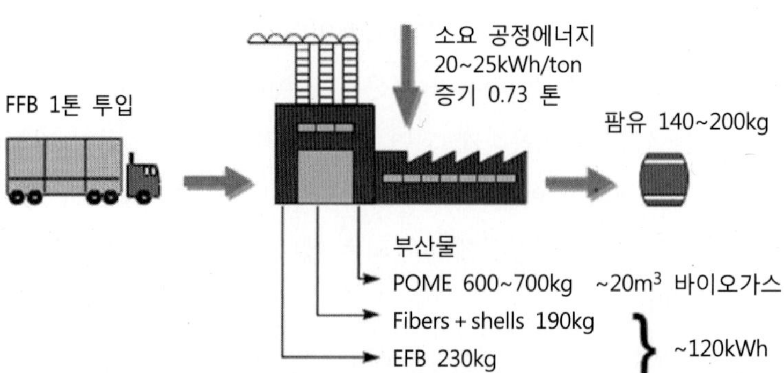

그림 5.22 팜유공장 폐기물의 자체 에너지원으로의 활용 대안

3.4. 팜 바이오매스의 연료적 특성

바이오매스는 연소, 가스화, 열분해 및 혐기성/호기성 소화 등과 같은 열화학적 및 생화학적 변환과정을 통하여 열과 전력을 생산할 수 있는 재생에너지자원의 하나이다. 바이오매스에는 에너지생산에 활용할 수 있는 에너지작물과 폐기물 또는 부산물들이 포함된다. 직접연소는 비용이 적게 들고 신뢰성이 높아 고체연료들에 가장 많이 적용되고 있는 열화학적 변환과정이다. 또한 연소는 증기생산을 위한 바이오매스 플랜트에서 가장 중요한 공정이다. 여기서 생산되는 증기는 산업적으로 활용되거나 발전에 사용된다. 바이오매스 연소시스템의 설계와 선택은 주로 사용된 연료의 특성, 환경관련 법규, 소요비용, 설비의 성능, 요구되는 에너지수준 및 용량에 의해 좌우된다.

1) 팜 바이오매스의 조성

Lam(2011)의 보고에 의하면 말레이시아 산 팜오일 부산물인 PKS와 EFB의 조성은 표 5.16과 같았다. PKS는 EFB에 비하여 질소함량이 높아 고온에서 연소될 경우 NO_x의 발생량이 많을 것으로 예상된다. 한편, PKS는 EFB에 비하여 셀룰로오스와 헤미셀룰로오스의 비율은 낮은 반면 리그닌과 추출물의 비율이 높은 것을 확인할 수 있다.

표 5.16 팜오일 부산물인 PKS와 EFB의 조성비교(Lam, 2011)

팜오일 부산물	PKS	EFB
Proximate analysis(wt%)		
함수율	5.92	7.38
휘발성 물질	71.31	76.41
고정탄소	17.81	11.57
총발열량(MJ/kg)	18.51	18.74
Elemental analysis(wt%)		
C	44.6	51.8
H	6.5	7.0
O	40.2	40.3
N	2.92	0.7
S	<0.1	0.2
Component analysis(wt%)		
셀룰로오스	30.59	43.80
헤미셀룰로오스	30.64	35.00
리그닌	20.41	16.04
추출물	18.36	4.80

May와 Aziz(2012)가 보고한 말레이시아 산 팜 바이오매스의 연료적 특성은 표 5.17과 같다. 팜 바이오매스 중에서는 PKS가 가장 높은 발열량을 보이고 있는 반면, OPF가 가장 낮은 수준이었다. 한편, EFB와 MF는 거의 비슷한 발열량 수준을 나타내었다.

Idris 등(2012)이 말레이시아 산 팜 바이오매스의 연소특성 분석을 위하여 그 연료적 특성을 석탄과 비교한 결과는 표 5.18과 같았다. 이 자료에 의하면 발열량의 경우 MF가 가장 우수하였으나 회분함량이 높은 편이었고, EFB는 중간 정도의 발열량을 보였으나 회분함량은 가장 낮은 것으로 나타났다.

표 5.17 팜 바이오매스의 연료적 특성(May와 Aziz, 2012)

팜 바이오매스	함수율(%)	평균 발열량(MJ/kg)	발열량 범위(MJ/kg)
EFB	66-69	18.88	18.00-19.92
MF	35-48	19.06	18.80-19.58
PKS	11-13	20.09	19.50-20.75
OPF	62-77	15.72	15.40-15.95
OPT	67-81	17.47	17.00-17.80
POME	90-95	16.99	16.10-17.65

표 5.18 말레이시아 산 팜 바이오매스와 석탄(Mukah Balingian coal)의 특성비교(Idris, 2012)

구 분	석탄	팜 바이오매스		
		MF	PKS	EFB
Proximate analysis(건량기준 중량비%)				
휘발성 물질	42.64	73.03	73.77	77.10
고정탄소	53.94	16.13	15.15	16.80
회분	3.45	10.83	11.08	6.10
Ultimate analysis(건량기준 중량비%)				
탄소	60.04	51.52	48.68	47.65
수소	5.06	5.45	4.77	5.20
질소	1.93	1.89	1.17	1.82
황	0.28	0.23	0.202	0.36
산소	32.62	40.91	45.27	44.97
H/C 비율	0.0843	0.1058	0.0980	0.1091
발열량(MJ/kg)	24.60	19.00	16.30	16.80

그러나 Park 등(2012)이 역시 말레이시아 산 EFB만을 대상으로 물리화학적 특성을 조사한 결과는 상기 표의 자료와 약간의 차이를 보이고 있다. 이는 팜의 재배지역과 조건 및 취급조건 등에 따라 EFB와 같은 팜 바이오매스의 특성이 달라질 수 있음을 말해주고 있다.

Idris 등(2012)의 열중량분석(thermogravimetric analysis)에 의한 결과를 보면 팜 바이오매스와 석탄과의 혼소과정에서 특별한 시너지 효과는 나타나지 않았으나 석탄 소비량 절감의 가능성을 보여주었다고 한다.

Patumsawad(2002)이 팜유공장에서 발생된 EFB, MF 및 PKS를 건조(함수율 8%), 분쇄 및 진동체로 선별하여 1.4~4.8mm 체를 통과하는 범위의 입자들(두께 0.3~1.0mm, 길이 3~10mm)을 대상으로 유동층 연소실험을 한 결과 과도공기비율(excess air ratio) 30, 50 및 65%에서 층온도(bed temperature)와 탄소연소효율(carbon combustion efficiency)이 각각 88.6, 92.5 및 86.7%로 나타났음을 보고한 바 있다.

한편, Deris 등(2006)이 OPT의 성분에 대하여 보고한 자료는 표 5.20과 같다.

표 5.19 말레이시아 산 EFB의 물리화학적 특성(Park, 2012)

항 목		평 균
Proximate analysis (중량비%)	함수율	3.0
	휘발성 물질	73.5
	고정탄소	20.5
	회분함량	3.0
Ultimate analysis (중량비%)	탄 소	47.5
	수 소	6.0
	질 소	0.8
	황	0.0
	염 소	0.2
	산 소	42.4
	회 분	3.1
총발열량(kcal/kg)		4,630

표 5.20 OPT의 성분(Deris, 2006)

Proximate analysis(wt%)		Ultimate analysis(wt%)	
함수율	5.89	탄소	40.64
휘발성 물질	76.84	수소	5.09
고정탄소	11.42	질소	2.15
회분	5.85	산소	53.12
발열량(MJ/kg)	17.27	황	0

Sue(NA)가 말레이시아산 palm kernel로부터 kernel oil을 추출하고 남은 palm kernel cake (PKC)의 조성을 분석한 결과는 표 5.21과 같으며, 주로 동물사료로 사용되고 있다.

표 5.21 PKC의 조성(Sue, NA)

성 분	함 량(wt%)
수분	7.1
오일	10.0
단백질	14.4
회분	3.9
이물질(껍질이나 분진)	11.9
대사가능 에너지(MJ/kg)	7.4

2) 팜 바이오매스의 함수율과 발열량

최근 Boriouchkine 등(2012)이 EFB의 조성에 대한 연구결과들을 종합하여 제시한 평균적인 조성은 표 5.22와 같다. 한편, 발열 연소반응에서 완전연소를 가정할 경우 EFB의 연소에 요구되는 이론 연소공기량은 식[5.1]과 같은 화학당량적 분석에 의해 결정할 수 있다. 그 결과 함수율 60%인 EFB인 경우 이론 공기-대-연료비율이 2.303 수준이 된다. 실제 상황에서 과도공기비율은 대개 20%를 적용하게 되므로 실제 공기-대-연료비율은 2.763이 된다.

$$2C_{3657}H_{4810}N_{39}S_5O_{2258}K_9Cl + 7549O_2 \rightarrow 7314CO_2 + 4810H_2O + 78NO_2 + 10SO_2 + 18K + 2Cl \quad [5.1]$$

건조된 바이오매스의 총발열량(GCV_{daf})(MJ/kg)은 무회분 상태에서 다음과 같은 Dulong식(식[5.2])에 의해 추정할 수 있다.

$$GCV_{daf} = (33.7x_C + 141.9(x_H - \frac{x_O}{8}) + 9.3x + 2.3x_N) \quad [5.2]$$

식[5.3]을 이용하여 함수율(MC)(%wb)과 회분함량(x_{Ash})(%wt)을 고려한 순발열량(NCV)(MJ/kg)을 구할 수 있다.

$$NCV = GCV_{daf}(1 - \frac{MC}{100} - \frac{x_{Ash}}{100}) \quad [5.3]$$

상기 식들을 이용하여 함수율 60%인 EFB의 순발열량을 구해보면 6.77MJ/kg으로 추정된다. 그러나 Dulong식은 연료의 산소함량이 10% 미만인 경우에 한하여 정확한 추정이 가능하다고 한다. EFB의 산소함량이 40%를 초과하므로 Thornton이 제시한 식[5.4]를 적용하는 것이 타당할 것이다(Boriouchkine 등, 2012).

$$NCV = 27.23 \times (\frac{4x_C}{12} + x_H - \frac{x_O}{8}) \quad [5.4]$$

Thornton식으로 추정한 함수율 60% EFB의 총발열량과 순발열량은 각각 19.79MJ/kg과 7.55MJ/kg으로 Dulong식에 의한 결과보다 높았다.

표 5.22 함수율 60%인 EFB의 이론 공기-대-연료비율(Boriouchkine 등, 2012)

성분	조성(wt%)	습윤상태 질량비(회분포함)(wt%)	산소와 EFB 질량비	공기와 EFB 질량비
C	51.08	19.50	0.520	2.231
H_2	5.60	2.14	0.171	0.734
N_2	0.64	0.24	0.006	0.024
S	0.19	0.07	0.001	0.003
O	42.05	16.05	-0.160	-0.689
K	0.41			
Cl	0.04			
회분	4.58			
합계			0.537	2.303

Lin과 Shimada(2009)는 EFB의 함수율에 따른 보일러의 효율을 추정한 결과 함수율 65% 이상에서는 보일러 효율이 약 68% 미만에 머물렀지만 함수율이 낮아질수록 효율이 상승되어 함수율 50% 수준에서는 효율 약 74%, 함수율 40%에서 약 77%, 함수율 30%에서 약 79%, 함수율 20%에서 약 80%, 그리고 함수율 10%에서 약 81%의 효율을 기대할 수 있을 것으로 추정한 바 있다.

따라서 보일러 투입전 EFB의 탈수와 파쇄 및 건조 등 전처리가 필수적임을 확인할 수 있으나 전처리에 소요되는 비용과 효율 상승에 따른 효과를 종합적으로 분석하여 전처리 정도의 수준을 결정해야 할 것이다.

3) EFB의 회분함량 감소

바이오매스의 비교적 높은 회분함량과 낮은 회분용융점은 열변환 시스템이나 연소로 내 잦은 슬래깅과 파울링 현상의 주된 원인으로 지목받고 있다. 바이오매스가 함유하고 있는 무기질들이 연소로 내 표면에 퇴적되는 현상을 파울링(fouling)이라 한다. 한편, 이 퇴적물들이 용융되어 Fe_2O_3와 K_2O 농도가 높은 유리와 같은 층이 형성되는 현상을 슬래깅(slagging)이라 한다. 그리고 퇴적층과 연소 내 금속표면과의 반응에 의하여 부식(corrosion)이 촉진된다. EFB가 함유하고 있는 KCl과 같은 K 화합물들은 기체상태가 되었다가 낮은 온도의 열교환기 표면에 응축되어 슬래깅을 야기하는 것으로 알려져 있다(Konsomboon 등, 2011). 즉, K 농도가 높으면 저회용융점 화합물 형성이 용이하게 되고 Cl이 K의 방출을 촉진하여 기체상태 KCl을 형성하게 되고 가열면에 침착된다. 한편, Si, Al 및 S는 알칼리 화합물을 포집하여 알칼리 농도를 저하시키는 효과가 있다.

Madhiyanon 등(2012)이 태국산 EFB의 회분조성에 대하여 분석한 결과는 표 5.23과 같다. 한편, Udoetok(2012)이 나이지리아산 EFB를 대상으로 연소시 발생되는 회분의 중금속 함량을 조사한 결과는 표 5.24와 같았다.

Abdullah와 Sulaiman(2013)이 제시한 각종 바이오매스들의 회분 조성의 비교는 표 5.25와 같다.

표 5.23 태국산 EFB의 회분조성(Madhiyanon 등, 2012) (단위: 중량비 %)

SiO_2	Al_2O_3	CaO	MgO	Na_2O	K_2O	SO_3	Cl	P_2O_3
12.12	0.26	9.65	1.90	0.09	55.48	1.66	6.84	3.58

표 5.24 나이지리아산 EFB의 연소시 발생 회분의 중금속 함량(Udoetok, 2012)

중금속	Cu	Cr	Zn	Ca	K	Na	Mg	Fe	Mn	Pb
mg/kg	nd	0.088	0.38	146.2	139.4	0.63	1.68	nd	nd	nd

*nd: not detected

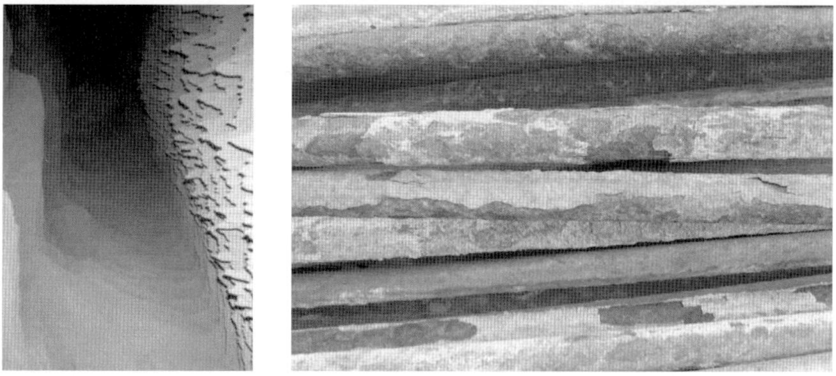

그림 5.23 과열기의 퇴적과 부식

그림 5.24 보일러에서 제거된 clinker

표 5.25 각종 바이오매스의 회분 조성(Abdullah와 Sulaiman, 2013) (단위: ppm)

바이오매스	Al	Ca	Fe	Mg	Na	K	P	Si
사탕수수 bagasse	NA	1518	125	6261	93	2682	284	17340
코코넛겉껍질 섬유	148	477	187	532	1758	2438	47	2992
코코넛 껍질	73	1501	115	389	1243	1965	94	256
옥수수 대	NA	182	24	1693	141	9366	445	9857
옥수수 줄기	1911	4686	518	5924	6463	32	2127	13400
견과류 껍질	3642	12970	1092	3547	467	17690	278	10960
왕겨	NA	1793	533	1612	132	9061	337	220690
볏짚	NA	4722	205	6283	5106	5402	752	174510
밀짚	2455	7666	132	4329	7861	28930	214	44440
팜 바이오매스	NA	14300	2900	1900	3300	86100	10600	19500

NA: not available

Jenkins 등(1996)은 밀짚의 회분함량을 인위적으로 감소시켜 슬래깅과 파울링 현상을 줄이기 위한 연구를 수행한 바 있다. 주로 K와 Na가 주를 이루고 있는 농업부산 바이오매스 회분 내 알칼리 성분은 일반 보일러에서 심각한 슬래깅과 파울링 현상을 야기한다. Das 등(2004)은 회분을 제거한 사탕수수 bagasse의 진공열분해에 대한 연구과정에서 회분에 함유되어 있는 알칼리 금속류가 잔류 오일들의 고분자화 반응에 촉매역할을 하여 오일의 점도를 높인다고 주장한 바 있다. 연구결과 수용탈(water leaching)을 통하여 추출물을 세척해냄으로써 추출물 함량을 중량비 25.8%에서 13.1% 수준으로 낮춘 바 있다. Scott 등(2000)도 포플러의 열수 세척을 통하여 90% 이상의 K와 65% 이상의 Ca을 제거할 수 있었다고 보고한 바 있다.

Abdullah 등(2011)은 100g의 EFB를 대상으로 세단 후 상온에서 증류수를 이용하여 간단한 수세척을 수행한 결과 표 5.26과 같은 결과를 발표한 바 있다. 실험결과에 의하면 약 20분 정도의 수침지만으로도 EFB의 회분함량을 5%이상에서 3% 미만으로 감소시킬 수 있었다. 침지하면 EFB의 함수율이 상승되어 건조에 보다 많은 에너지가 소요되겠지만 EFB의 초기함수율이 60% 이상임을 감안할 때 건조전 수세척을 행할 경우 침지에 의한 함수율 상승폭을 최소화하여 건조에 소요되는 에너지 역시 크게 증가되지는 않을 것이다. 한편, 세척수의 온도가 증가할수록 그 효과는 증대될 것이며, 사용된 세척수는 비료로의 활용을 검토할 수 있을 것이다.

표 5.26 EFB의 수체척에 의한 회분함량 감소결과(Abdullah 등, 2011)

회분함량(wt%)	수세척방법	입자크기	처리시간	증류수 량
5.43	무처리	-	-	-
3.68	수동 교반	2~3cm	1분	5리터
3.05	침지	2~3cm	10분	5리터
2.14	침지	2~3cm	20분	5리터
1.03	침지	250~355㎛	24시간	7리터

Lam(2013)은 EFB를 25℃ 물에 약 5분 정도 침수함으로써 회분함량을 50% 줄일 수 있었다고 보고한 바 있으며, 이때 사용된 세척수의 양은 EFB 중량의 약 20배이었다. 한편, 증기처리는 고온에 의해 헤미셀룰로오스가 분해되므로 오히려 회분함량이 높아질 수 있음을 지적하기도 하였다. 그리고 PKS에 대한 동일한 처리는 회분감량에 별다른 효과를 보이지 못하였다고 보고한 바 있다.

Madhiyanon 등(2012)의 EFB 연소에 관한 연구에 의하면 높은 K 함량으로 인하여 심각한 퇴적과 회분용융이 시작되는 것을 피할 수가 없는 것으로 나타났다. Konsomboon 등(2011)은 EFB의 연소시 Si와 Al이 주성분인 고령토(kaolin, Al_2O_3 $2SiO_2$)나 활석(talc) 또는 세라믹 장석

(ceramic feldspar)를 첨가하면 휘발성 K를 효과적으로 흡수하여 회분용융점을 상승시킬 수 있다고 보고하기도 하였다. 700~800℃의 비교적 낮은 연소온도에서는 투입되는 EFB의 건조중량 대비 8%의 고령토 첨가만으로도 주로 KCl이 주를 이루고 있는 K화합물들을 포집하기에 충분하였으나 연소온도가 900℃로 상승되면 고령토의 혼합비율을 16%까지 증가시켜야만 완벽한 포집이 가능하다고 하였다. 그러나 고령토의 높은 가격을 고려하면 새로운 방법의 모색이 요구된다(Madhiyanon 등, 2013). 일예로 저가의 흙 또는 홍토(laterite)를 활용할 수 있다. 그러나 알칼리성 흙을 사용할 경우에는 오히려 슬래깅 현상을 심화하게 되므로 첨가물 선택에 주의해야 한다.

한편, Hussain 등(2006)은 EFB의 순환유동층 연소특성 특성연구를 통하여 EFB의 신속한 열분해로 인하여 타르의 발생율이 낮아지는 반면 검댕과 char의 발생율이 증가함을 확인하기도 하였다.

4) 알칼리 지수

바이오매스의 연소나 혼소는 특히 높은 온도가 적용될 경우 파울링과 열전달 표면 부식을 야기하게 된다. 높은 보일러 효율은 열전달 표면의 온도가 높다는 것을 의미하므로 바이오매스 보일러의 효율을 개선하고자 한다면 파울링과 부식의 문제를 해결해야만 한다. 석탄 화력플랜트에서 파울링과 부식 기작의 주된 원인은 고체 알칼리 황산염이 퇴적되고 철산화물과 기체상태 SO의 반응에 의해 결과적으로 용융 alkali-iron trisulfate phase가 형성되기 때문이다. alkali-iron trisulfate의 용융점은 그 조성에 따라 달라지며 퇴적물의 알칼리 함량이 높을수록 용융점은 낮아지며 최저 용융점은 약 620℃이다. 따라서 석탄 화력플랜트가 증기온도를 580℃ 이하에서 운전하는 것이 일반적이다. 물론 파울링 가능성이 낮은 석탄을 사용하고 내부식성 합금을 사용한다면 증기의 온도를 상승시킬 수 있다. 석탄 화력플랜트에서 연료의 파울링과 슬래깅 위험도를 예측하는 가장 일반적인 방법은 식[5.5]와 같이 표현되는 알칼리 지수(alkali index)를 이용하는 것이다. 일반적으로 알칼리 지수가 0.34를 초과하게 되면 슬래깅 발생 가능성이 높아진다고 한다.

$$\text{Alkali index} = \frac{mK_2O + mNa_2O}{GCV} \qquad [5.5]$$

여기서 mK_2O와 mNa_2O는 회분분석에서 측정된 연료 내 각 성분의 중량비 농도를, 그리고 GCV는 연료의 총발열량을 의미한다.

한편, 파울링 발생가능성에 대한 지료가 되는 base-to-acid oxide ratio는 식[5.6]과 같이 표현된다. 연료의 K와 Cl의 함량의 Si와 Al의 함량에 대한 비율이 높아질수록 파울링과 슬래깅 발생 가능성이 높아진다.

$$\frac{mFe_2O_3 + mCaO + mMgO + mK_2O + mNa_2O}{mSiO_2 + mTiO_2 + mAl_2O_3} \qquad [5.6]$$

표 5.27은 석탄 회분 용융 평가를 위해 주로 사용되고 있는 기준들이며, 실제 회분용융온도 결정은 ASTM E953에 의거한다.

표 5.27 석탄 회분용융특성 평가를 위한 기준 비교

지수 구분	표현식	기준	슬래깅 발생정도
Base/acid ratio(B/A)	$(Fe_2O_3+CaO+MgO+Na_2O+K_2O)$ $/ (SiO_2+Al_2O_3+TiO_2)$	<0.206 0.206~0.4 >0.4	약 중 강
Slag viscosity index(G)	SiO_2 $/(SiO_2+Fe_2O_3+CaO+MgO) \times 100$	72~80 65~72 50~65	약 중 강
Si-Al ratio	SiO_2/Al_2O_3	<1.87 2.56~1.87 >2.56	약 중 강
Fouling index(Fu)	$(B/A) \times (Na_2O+K_2O)$	<0.6 0.6~40 >40	약 중 매우 강
Slagging index(Rs)	$(B/A) \times Sd$ Sd= % of S in dry fuel	<0.6 0.6~2.0 2.0~2.6 >2.6	약 중 매우 강
Alkali index(AI)	(Na_2O+K_2O) (kg/GJ)	0.17~0.34 >0.34	발생 가능 발생 확실
	Na_2O	<2.0 >2.0	약 강
	Na_2O+K_2O	<3.5 >3.5	약 강
염소함량		<0.2 0.2~0.3 0.3~0.5 >0.5	약 중 강 매우 강

5) 기타 특성

Law 등(2007)이 EFB의 해부학적 특성을 캐나다산 사시나무(aspen)와 비교한 결과는 표 5.28과 같았다. 섬유의 길이와 직경은 서로 비슷하였으나 EFB의 세포벽 두께가 사시나무에 비하여 매우 큰 것을 알 수 있다. 따라서 섬유의 조도(coarseness)와 강성(rigidity)이 목섬유에 비하여 크게 나타나고 있다. Kerdsuwan과 Laohalidanond(2011)의 보고에 의하면 폭 2cm, 길이 5cm 및 높이 5cm로 파쇄된 건조 EFB(함수율 8.34%)의 겉보기밀도는 약 112kg/㎥ 정도였다고 한다.

표 5.28 EFB와 사시나무의 섬유특성 비교(Law 등, 2007)

항　목	EFB 섬유	사시나무 섬유
섬유길이(mm)	0.99	0.96
섬유직경(㎛)	19.1	20.8
세포벽 두께(㎛)	3.38	1.93
섬유 조도(mg/m)	1.37	1.01
미세분 함량(<0.2mm)(%)	27.6	18.1
강성 지수	55.43	7.99

6) 팜 바이오매스 성형연료

가. EFB

팜 바이오매스에서 가장 큰 비중을 차지하고 있는 EFB의 일부는 지금까지 파쇄와 건조를 통하여 매트리스용 DLF(dried long fiber)로 가공되어 특히 중국을 중심으로 대량 수출되어 왔다. 그러나 불안정한 품질과 극심한 경쟁으로 최근 수요가 크게 줄고 있다. 또한, 말레이시아에서 EFB를 섬유판이나 플라스틱복합재료 등으로 개발하였으나 세계 건축경기 침체로 이 역시 EFB 활용의 대안이 되지 못하고 있다. 따라서 말레이시아와 인도네시아 등 대표적인 팜유 생산국들에서는 대량으로 발생되는 EFB의 새로운 활용방안 모색이 중요한 현안이 되고 있다.

Erlich와 Fransson(2011)은 EFB 펠릿을 목재펠릿 및 사탕수수 bagasse 펠릿과 비교한 바 있다. 그 결과는 표 5.29와 같았으며, 거의 대부분의 특성에서 EFB 펠릿은 목재펠릿과 비견할 수 있을 정도의 특성을 보여주고 있다. 다만, EFB 펠릿의 회분함량이 다른 펠릿들에 비하여 높게 나타나고 있은 점은 기억해야 할 것이다. 특히, EFB 자체의 회분함량이 5~6% 수준임에도 EFB 펠릿의 회분함량이 거의 8% 수준으로 나타난 것은 EFB의 취급과정에서 보다 철저한 관리가 요구된다는 점을 의미한다고 할 수 있다. 일예로 발생장소에서 EFB를 토양이 노출되어 있는 야적장에 방치한다면 회분함량은 당연히 상승할 수밖에 없을 것이다.

그림 5.25 베일화된 EFB DLF

그림 5.26 EFB 펠릿(좌)과 브리켓(우)

표 5.29 EFB 펠릿, 목재펠릿 및 사탕수수 bagasse 펠릿의 비교(Erlich와 Fransson, 2011)

항 목	EFB-8mm	EFB-6mm	Bagasse-6mm	Wood-6mm
탄소(%)	47.2	47.2	48.2	50.4
수소(%)	6.0	6.0	6.1	5.9
질소(%)	0.6	0.6	0.3	<0.1
산소(%)	38.2	38.2	44.3	43.3
회분(%)	7.9	7.9	1.1	0.3
황(%)	0.12	0.12	0.03	<0.01
염소(%)	0.46	0.46	0.05	<0.01
함수율(%)	11.3	11.0	9.7	7.5
총발열량(MJ/kg)	19.35	19.35	19.26	20.27
순발열량(MJ/kg)	18.05	18.05	17.93	18.99
입자밀도(kg/㎥)	1,040	1,152	1,049	1,013
겉보기밀도(kg/㎥)	580	630	590	600

Rahman 등(2013)은 말레이시아의 대표적인 팜 바이오매스인 EFB를 이용한 펠릿제조실험에서 sago 전분을 결합제로 적용하였을 경우의 효과를 검토한 바 있다. 이 결과를 보면 sago 전분과 같은 결합제의 혼합을 통하여 EFB 펠릿의 겉보기밀도를 최대 20%까지 향상시킬 수 있으며 보다 확실한 결합을 통하여 분진함량을 감소시킬 수 있음을 확인할 수 있다. 그러나 발열량에는 별다른 영향을 미치지 않은 것으로 나타났다. 다만, sago 전분의 혼합으로 펠릿의 함수율이 증가되면서 발열량이 낮아지는 경향이 뚜렷하였다. 한편, 일반적인 소나무 목재 펠릿의 발열량이 19MJ/kg(약 4,500kcal/kg) 수준이므로 EFB 펠릿의 발열량 17MJ/kg(약 4,000kcal/kg)은 그 보다 약 10% 정도 낮은 수준임을 알 수 있다.

표 5.30 말레이시아 산 팜 바이오매스 펠릿특성에 sago 전분 혼합이 미치는 영향(Rahman, 2013)

혼합비율(%)			겉보기밀도 (kg/㎥)	함수율 (%w.b.)	분진함량 (%)	발열량 (MJ/kg)
EFB	Sago	MF				
6mm-펠릿						
100	0	0	908	10.03	0.19	-
90	10	0	1,105	10.86	0.09	-
95	5	0	1,017	10.79	0.14	-
90	0	10	724	15.74	2.59	-
80	10	10	896	17.90	0.92	-
85	5	10	864	15.17	1.33	-
8mm-펠릿						
100	0	0	607	10.17	0.35	17.00
90	10	0	735	13.28	0.21	16.86
95	5	0	695	12.36	0.27	16.89
90	0	10	480	13.63	2.54	16.85
80	10	10	596	14.86	1.24	16.85
85	5	10	553	13.51	1.66	16.88

FRIM(2011)이 팜 바이오매스 펠릿의 특성을 밀짚 펠릿과 목재펠릿에 비교한 결과는 표 5.31과 같았다. 이 자료를 보면 팜 바이오매스 펠릿이 목재펠릿에 비하여 전반적으로 연료적 특성이 불량하지만 밀짚 펠릿에 비해서는 상당히 우수함을 알 수 있다. 특히, 회분함량과 발열량에서 그 차이가 현격히 나타나고 있다.

말레이시아 MPOB(2010)는 Global Green Synergy Sdn Bhd사와의 협동연구를 통하여 EFB와 PKS를 혼합한 briquette 제조에 성공한 바 있다. 직경 90~95mm, 길이 300mm, 중량 약 2.25kg의 briquette을 시간당 1.5톤 정도 생산할 수 있는 규모였으며, 자체 밀도는 1150~

1250kg/㎥ 수준이었다. 이 자료를 바탕으로 PKS 적용율을 50%라 가정할 때 시간당 60톤의 팜유를 생산할 수 있는 공장에서 연간 생산할 수 있는 briquette의 양이 연간 약 38,000톤 정도 될 것으로 추정하기도 하였다. 만일 EFB만을 이용한다고 하여도 연간 거의 3만톤에 이르는 양을 생산할 수 있을 것으로 추산된다.

표 5.31 팜 바이오매스 펠릿, 밀짚 펠릿 및 목재펠릿의 연료적 특성 비교(FRIM, 2011)

항 목	밀짚 펠릿	목재 펠릿	팜 바이오매스 펠릿
함수율(%)	7.5	7.5	5.9
휘발성 물질(%)	71.3	82.8	88.2
회분함량(%)	12.8	1.2	4.2
고정탄소(%)	8.4	8.5	1.6
입자밀도(kg/㎥)	1,060	1,265	982
발열량(MJ/kg)	15.8	19.1	19.7

표 5.32 팜유 60톤/시간 규모의 팜유공장에서 생산 가능한 EFB briquette의 양(MPOB, 2010)

원재료	투입량/발생량/생산량(톤/년)
FFB 연간 투입량	288,000
EFB 연간 발생량(FFB 투입량의 23%)	66,240
건조 EFB(함수율 10%)	29,808
PKS 발생량(FFB 투입량의 6%)	17,280
PKS 발생량의 50%를 활용	8,640
합계	38,448

나. OPT

OPT(oil palm trunk)의 활용에 대해서도 많은 연구가 진행되어 왔다. Erwinsyah(2008)은 OPT의 목재로서의 활용을 위한 연구에서 OPT의 물리적 특성에 대하여 분석한 결과 함수율은 부위와 계절에 따라 50~80%에 이를 정도로 매우 높은 편임을 확인한 바 있다. 또한, 밀도는 0.16~0.23g/㎤ 수준으로 일반 목재에 비하여 낮은 수준임을 보고하였다. 따라서 OPT를 에너지원으로 사용할 경우 높은 함수율과 낮은 밀도가 장애요인으로 작용할 수 있음을 예상할 수 있다.

Yoshida 등(NA)이 OPT, MF, Jatropha press cake 및 왕겨를 이용하여 제조한 펠릿의 특성을 비교한 결과는 표 5.33과 같았다. 이 자료를 보면 OPT 펠릿이 월등히 낮은 회분함량과 높은 겉보기밀도를 나타내어 펠릿의 품질이 우수함을 알 수 있다. 그러나 OPT의 경우에는 원목으로부터 톱밥형태의 입자로 분쇄하는 과정에 많은 에너지가 소모되므로 성형에 소요되는 에너지가 가장 높았다.

표 5.33 OPT, MF, Jatropha press cake 및 왕겨 펠릿의 특성 비교(Yoshida, NA)

구 분	회분함량 (%)	겉보기밀도 (g/㎤)	발열량 (MJ/kg)	성형 소요에너지 (Wh/kg)
OPT	3.1	0.75	17.0	2.56
MF	12.2	0.53	17.1	1.37
Jatropha press cake	8.6	0.63	16.3	0.56
왕겨	-	0.68	15.1	1.37

한편, OPT에는 사탕수수에 비견할 수 있을 정도로 다량의 당(sugar)성분이 포함되어 있어 바이오에탄올의 원료로서의 가능성도 매우 높은 편이다. Mori(2007)의 보고에 의하면 직경 38cm, 길이 10m, 생재비중 1.0인 OPT 1본으로부터 바이오에탄올의 원료가 되는 수액(sap) 107.8kg과 고체 317kg을 얻을 수 있다고 하였다. 이때 수액의 발효를 통하여 69.8리터의 바이오에탄올을 얻을 수 있다고 한다. 따라서 말레이시아와 인도네시아의 팜 재배면적을 각각 430만ha와 700만ha로 가정할 때 연간 각각 170만 kL와 280만 kL의 바이오에탄올을 생산할 수 있을 것으로 추산된다.

표 5.34 OPT의 당 함량(Mori, 2007)

구 분	사탕수수	OPT		
		중앙부	중간부	원주부
함수율(%)	70	83	75	68
juice 함유 당함량(%)	16	16	14	15
당류 함량(g/kg)	112		107.8	
단위면적 당 생산량(ton/ha)	60-90		154-168	
바이오에탄올 생산가능량(kL/ha)	4.5-7.2		9.5-10.3	

다. OPF

Trangkaprasith와 Chavalparit(2011)은 태국산 OPF(oil palm frond)를 이용한 펠릿의 발열량 향상을 위한 방법을 모색한 바 있다. 이들은 OPF 입자에 바이오디젤 제조공정으로부터 발생되는 글리세롤 폐기물을 1:1 비율로 첨가하여 펠릿을 제조함으로써 다음과 같은 특성의 OPF 펠릿을 얻을 수 있었다고 보고한 바 있다. 이 자료에서 특기할 사항은 겉보기밀도와 회분이 매우 높다는 점이며, 이는 글리세롤 첨가의 영향으로 생각된다.

겉보기밀도	994～997kg/㎥
발 열 량	17.78～20.51MJ/kg
함 수 율	2.12～4.35%
회 분	11.3～16.0%

7) EFB를 이용한 기타 바이오연료

바이오에탄올은 일반적으로 당을 함유한 바이오매스를 발효시켜 생산하고 있으며 대개 수송용 연료로 사용되고 있다. Bio-Centrum(2008)에 의하면 EFB를 이용하면 건량기준 1톤으로부터 388리터의 에탄올 생산이 가능하여 에탄올 생산수율이 약 39%에 이른다고 한다. 한편, OPT를 이용한 에탄올 생산수율은 EFB보다 높은 45%에 이르는 반면 OPF의 에탄올 생산수율은 약 37%를 초과하는 수준이라고 한다.

Azizan 등(NA)은 EFB의 열분해를 통한 바이오오일 생산관련 연구를 통하여 입자크기 250㎛와 온도 500℃에서 가장 높은 바이오오일 수율인 중량비 30%를 보고한 바 있다. 또한, Amin 등(2012)은 EFB를 NaOH 수용액으로 증해하는 알칼리 전처리를 통하여 바이오오일과 바이오디젤을 생산하는 실험을 수행하기도 하였다.

표 5.35 EFB, OPT 및 OPF의 에탄올 생산수율(Bio-Centrum, 2008)

바이오매스	EFB	OPT	OPF
Glucose g/g Dry matter	0.43	0.65	0.47
Xylose g/g Dry matter	0.26	0.12	0.24
Ethanol liter/ton Dry matter	388	451	377

3.5. 팜 바이오매스와 발전

인도네시아의 Kencana 그룹은 인도네시아 최초로 Bangka 지역에 EFB와 PKS를 연료로 사용하는 6MW급 바이오매스 발전플랜트를 지난 2008년에 준공한 바 있다. 보일러에는 이동식 화격자(traveling grate)형 보일러가 적용되었으며 38bar 450℃의 증기를 1시간당 35톤씩 condensing turbine에 공급하여 발전한다. 또한, Belitung 지역에도 진동 화격자(vibrating grate)형 보일러를 적용한 7.5MW급 발전플랜트를 준공한 바 있다(Maknawi, 2011). 말레이시아 Sabah주 Tawau지역에도 TSH Bio-Energy사가 EFB와 PKS를 이용하는 바이오매스 열병합플랜트를 건설, 운영하고 있다. 이 플랜트에서는 1일 1,000톤(습량기준)의 팜 바이오매스를 투입하여 14MW(증기 55%, 발전 45%)의 에너지를 생산하고 있다(Tanaka 등, 2006). 이 플랜트의 생증기 생산용량은 1시간당 80톤(66.5bar, 402℃)이며 보일러의 형태는 수냉식 inclined vibrating membrane grate 형이라 한다.

NEDO(2011)의 분석에 의하면 순환유동층형 연소의 경우 연소온도가 낮아(약 750℃) 클링커 형성을 막을 수 있고 연소로 내 이동장치들이 없어 유지관리가 편리하여 EFB의 전소나 EFB와 석탄과의 혼소가 모두 가능한 것으로 판단하였다. 그러나 화격자형 연소장치는 연소온도가 높고 불균일한 연소로 화격자에 과도한 고온 지점들이 발생할 가능성이 높아 심각한 클링커 발생이 예상되며 파울링 문제도 심각할 것으로 예상되어 적합치 않은 것으로 판단한 바 있다. 한편, 순환유동층의 연소효율은 약 86%로 추정하였으나 화격자형은 약 70% 정도로 추정하였다.

1) 동남아시아의 팜 바이오매스 발전

Ludin 등(2004)의 자료에 의하면 말레이시아 정부는 2004년 당시 신재생에너지를 이용한 발전계획에서 표 5.36과 같은 프로젝트들을 승인한 바 있다. 이 자료에 의하면 바이오매스를 이용한 발전이 매우 큰 비중을 차지하고 있으며, 특히 EFB를 이용한 발전이 전체의 50% 이상을 차지하고 있음을 알 수 있다. 이는 매년 대량으로 발생되고 있는 EFB의 처리에 많은 고민을 하였으며, 그 결과 신재생에너지 자원으로 활용하는 것이 가장 매력적인 대안임을 확인해주는 것이라 할 수 있다. 만일 이 계획이 차질 없이 진행되었고 앞으로도 확대된다고 하면 말레이시아에서 EFB를 도입하기는 어렵다고 할 수 있다. 그러나 바이오매스 발전에는 막대한 투자가 요구되므로 그 진행의 속도는 빠르지 못할 것으로 예상된다.

Rahman(2007)의 보고에 의하면 말레이시아에서 EFB, MF, PKS 및 POME를 이용하여 발전할 수 있는 총량을 각각 714MWe, 1,353MWe, 683MWe 및 428MWe로 추정하고 있다. 이를 종합하면 말레이시아에서 팜 바이오매스를 이용하여 발전할 수 있는 잠재력이 3,178MWe에 이름을 알 수 있다.

인도네시아의 전기보급률은 2010년 현재 약 69%정도로 낮은 편이며, 따라서 전기보급률을

2025년까지 93%로 향상하기 위하여 많은 노력을 기울이고 있고 특히, 발전분야의 석유의존도를 낮추기 위하여 다음과 같은 에너지혼합목표를 설정하고 있다.(일본 Engineering & Consulting Firms Association, 2009). 여기서 주목할 것은 바이오연료와 재생에너지의 비율을 2025년까지 5% 이상으로 증가시키고자 하는 목표이다. 인도네시아의 팜유산업 규모에 비추어 바이오연료와 재생에너지의 상당한 부분을 팜 바이오매스가 차지할 것이 분명하기 때문이다.

전술한 바와 같이 팜유 주 생산국인 인도네시아와 말레이시아의 신재생에너지 정책을 통하여 향후 이 국가들도 팜 바이오매스의 에너지원으로의 활용에 지대한 관심을 지니고 있음을 알 수 있다. 그러므로 팜 바이오매스 역시 무한한 자원이 아니며, 바이오매스 자원이 부족한 우리에게는 관련 국가들과의 협조체제를 구축하여 팜 바이오매스 자원을 확보하려는 노력이 절실히 요구된다고 하겠다.

표 5.36 2004년 9월 현재 말레이시아 정부의 신재생에너지 프로젝트 승인 현황(Ludin 등, 2004)

구 분	에너지원	프로젝트 수	용량(MW)	비율(%)
바이오매스	EFB	25	165.9	52.8
	폐목재	1	6.6	2.1
	왕겨	2	12.0	3.8
	생활폐목재	1	5.0	1.6
	혼합연료	3	19.2	6.1
매립지가스		5	10.0	3.2
소수력		25	95.4	30.4
풍력/태양광		0	0.0	0.0
합 계		62	314.1	100.0

표 5.37 인도네시아의 에너지혼합 목표

에너지원	2004년 현황	2025년 목표
석유	52.10%	<20%
가스	19.04%	>30%
석탄	21.52%	>33%
바이오연료	-	> 5%
지열	3.01%	> 5%
재생에너지	3.93%	> 5%
액화 석탄	-	> 2%

Ludin(NA)이 분석한 팜 바이오매스 활용 소규모 발전관련 자료를 보면 6MW 규모의 EFB 활용 열병합발전소 건설에 3,180만RM(한화 약 100억원)이 소요되며, POME를 활용하는 2.1MW급 가스발전시설 건설에는 820만RM(환화 약 27억원)이 소요된다고 한다. 한편, 1시간당 30톤의 FFB를 처리하는 팜유공장을 기준으로 여기서 발생되는 POME를 전량 활용하면 혐기성 소화를 통하여 1일 6,160Nm³/day의 메탄가스를 생산할 수 있으며 이를 에너지로 환산하면 61,300kWh/day가 된다(1Nm³ of methane = 8,550kcal = 9.94kWh).

Nystrom(2004)은 EFB를 이용한 열병합발전에 적용이 가능한 설비로 계단식 화격자(stepgrate) 보일러를 제시한 바 있다(그림 5.27).

표 5.38 말레이시아의 팜 바이오매스 활용 발전시설 관련 비용(출처: Ludin, NA)

항 목	EFB 활용 열병합발전소	POME 활용 가스 발전소
플랜트 규모(MW)	6	2.1
투자비용(백만 RM)	31.8	8.2
연료비용(RM/톤)	15	0
유지관리비용(RM/년)	1,220,000	273,505
부하율(%)	80	50-80
발전차액(RM/kWh)	0.167	0.167
CERs 발생(tCERs/year)	25,229	12,806-36,648

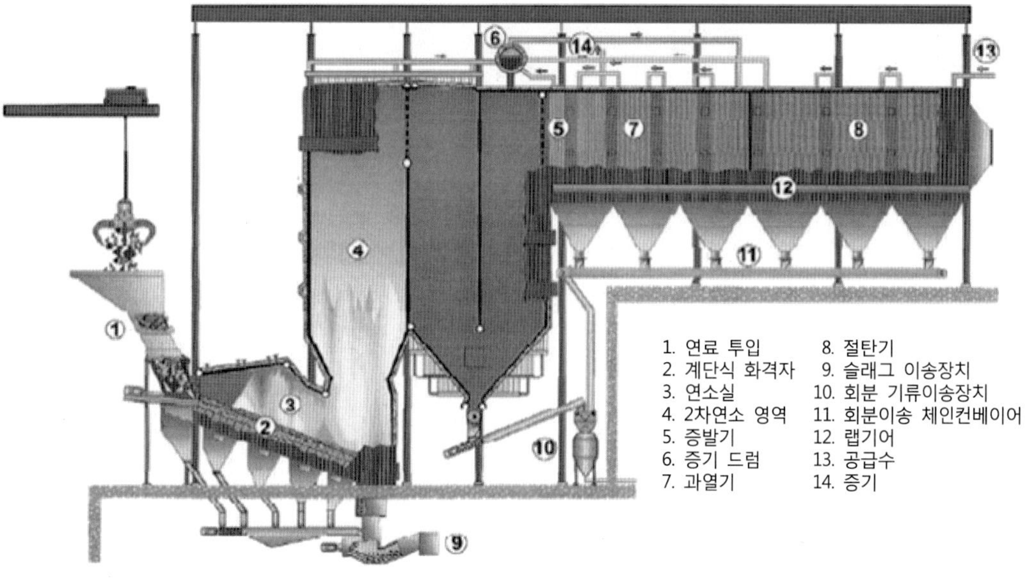

그림 5.27 EFB를 이용하는 열병합발전용 계단식 화격자 보일러의 구조

2) EFB 혼소

Hassan 등(2009)은 석탄과 EFB의 혼소특성 파악을 위한 실험실 수준의 유동층연소 연구에서 EFB의 낮은 발열량으로 인하여 EFB 혼소가 석탄만을 연소할 경우에 비하여 연소온도와 효율은 낮아지지만 오염물질 배출은 감소됨을 확인한 바 있다. EFB의 혼소비율이 높아질수록 CO_2, NO_x 및 SO_2의 배출량이 감소되었으며, SO_2와 NO_x 배출의 관점에서 최적의 혼소비율은 10～20%인 것으로 추정하였다.

Junker(2005)는 말레이시아의 500MW급 기존 석탄 화력플랜트에 팜 바이오매스인 EFB, PKS 및 MF를 혼소하는 경우에 대한 경제적 타당성 분석을 실시한 바 있다. 분석결과 혼소비율 EFB 10% 또는 PKS 5%까지는 기술적 문제가 거의 없는 것으로 판단하였다. 다만, EFB의 경우 많은 비용이 소요될 것으로 예상되는 연료전처리과정(탈수, 파쇄, 건조 등)의 최적화가 매우 중요할 것으로 예상하였다.

Chapter 6

바이오매스의 반탄화

1. 바이오매스의 반탄화

1.1 서론

세계는 현재 화석계 연료 의존도를 낮추고 지속가능한 재생에너지 공급량을 증가시켜야 하는 커다란 도전에 직면하고 있다. 재생에너지란 다양한 생태시스템들의 평형을 유지하는데 도움이 될 수 있는 각종 에너지원들을 의미한다. 이러한 재생에너지원들 중에서 바이오매스의 경우 배출되는 이산화탄소가 이미 탄소순환계의 일부분으로 포함되어 있어 탄소중립적으로 취급되므로 그 활용양이 크게 증가되고 있다(Arias 등, 2008).

바이오매스로부터 에너지를 생산하는 과정에는 열화학적(연소, 가스화 및 열분해), 생물학적(혐기성 소화와 발효) 또는 화학적(에스테르화) 과정 등이 있으나 현재로서는 직접적인 연소가 가장 현실적인 해결책으로 여겨지고 있다(Arias 등, 2008). 그러나 낮은 겉보기밀도, 높은 함수율, 친수성 및 낮은 발열량 등 바이오매스 물질들이 지니고 있는 고유한 단점들이 바이오매스의 활용을 제한하고 있는 것도 사실이다(Arias 등, 2008). 실제로 화석계 연료들에 비하여 에너지밀도가 낮아 상대적으로 많은 양의 바이오매스가 요구되므로, 결국 저장, 수송 및 취급 등과 관련된 문제점들이 도출되고 있다. 또한, 바이오매스의 분쇄 역시 소요비용이 높아 경우에 따라서는 비현실적이 되기도 한다. 그러나 다른 한편으로 이 모든 단점들은 바이오매스 연료의 품질을 향상시킬 수 있는 새로운 기술들의 개발을 유도하게 될 것이다.

전술한 바와 같은 바이오매스의 단점들을 극복하기 위하여 바이오매스 특히, 목재의 반탄화에 대한 관심이 최근 크게 증가되고 있다. Pentananunt 등(1990)은 방콕의 Asian Institute of Technology에서 반탄화 실험을 수행한 바 있다. 2~3시간 반탄화한 목재의 연소특성을 비교한 결과 반탄화 목재가 무처리 목재에 비하여 연소시 연기발생량이 감소됨을 보고한 바 있다. 브라질에서는 Campinas 대학에서 원료, 온도 및 체류시간이 반탄화 목재의 특성에 미치는 영향을 실험실 수준으로 확인하기도 하였다(Felfli 등, 1998). 미국 콜로라도 주의 National Renewable Energy Center(NREL)와 스웨덴 스톡홀름의 Royal Institute of Technology에서도 최근 반탄화에 대한 연구를 진행한 바 있다. 이처럼 바이오매스의 반탄화는 바이오매스의 원초적 한계를 극복하기 위한 매력적인 대안으로 부상되고 있다.

1.2. 바이오매스의 주요성분

바이오매스는 기본적으로 탄수화물 고분자들과 약간의 무기물질 및 추출이 가능한 저분자량의 유기성분들의 화합물이라 할 수 있다. 그림 6.1은 저분자량과 고분자량의 거대분자 고분자들과 소중합체(oligomer) 및 리그닌 등으로 나뉘는 식물성 바이오매스의 조성을 보여주고 있다. 바이오매스 내 미세분자와 거대분자 물질들은 바이오매스의 형태에 따라 달라진다(예: 목질계와 초본계). 리그닌의 비율은 일반적으로 중량비 18~35% 수준인 반면 셀룰로오스의 비율은 중량비 65~75% 수준이다. 무기물질을 포함한 저분자량 물질들의 비율은 10% 미만인 것이 보통이다. 표 6.1과 6.2는 몇 가지 식물성 바이오매스의 전형적인 조성비율을 보여주고 있다.

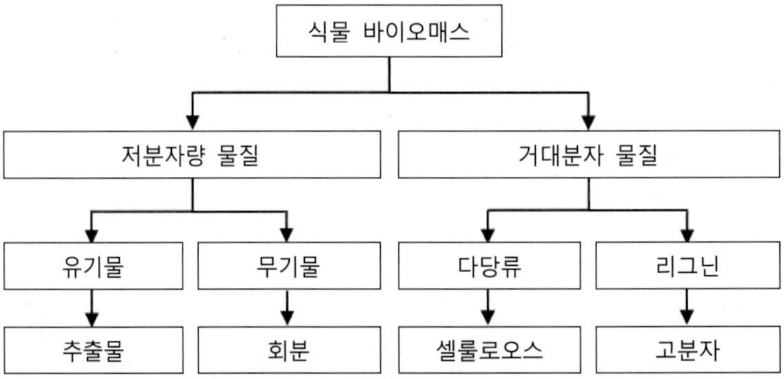

그림 6.1 식물성 바이오매스의 조성

표 6.1 식물의 목질섬유소(lignocellulose) 함량(Mohan 등, 2006)

바이오매스	함량(%)		
	헤미셀룰로오스	셀룰로오스	리그닌
초 본 류	40.0	32.0	4.7
볏짚	27.2	34.0	14.2
자작나무	25.7	40.0	15.7

표 6.2 바이오매스의 헤미셀룰로오스, 셀룰로오스 및 리그닌 함량(Bridgeman 등, 2008)

바이오매스	함량(%)			
	리그닌	샐룰로오스	헤미셀룰로오스	합계
Reed canary grass	7.6	42.6	29.7	79.9
밀짚	7.7	41.3	30.8	79.8
버드나무	20.0	49.3	14.1	83.4

셀룰로오스는 고분자량 고분자(분자량 최대 10^6 이상)로, 목재와 기타 바이오매스들의 섬유를 구성한다. 이는 미세섬유들의 격자가 함입되어 있는 탄수화물 matrix인 세포벽의 강도를 결정하므로 식물 세포의 강성을 대변한다고 할 수 있다. 셀룰로오스는 240~350℃ 수준에서 분해되기 시작하여 무수 셀룰로오스와 levoglucosan이 된다(Mohan 등, 2006). 결정성 구조로 인하여 헤미셀룰로오스에 비하여 열분해에 대한 저항성이 크다. 셀룰로오스의 비결정영역에는 수분이 포함되어 있으며, 식물체 내 자유수를 유지해준다. 신속히 가열될 경우에는 이 수분이 증기로 변환되어 셀룰로오스 구조를 파괴할 수도 있다.

셀룰로오스와 달리 헤미셀룰로오스는 짧은 사슬을 지닌 분지중합체(branched polymer)(다당류)이다: 셀룰로오스의 경우 고분자 당 7,000~15,000개의 글루코오스 분자들이 포함되어 있는 반면 헤미셀룰로오스의 경우에는 500~3,000개의 당 단위(sugar unit)들만이 포함되어 있다. 건조 목재의 경우 중량비 약 25~35%에 달한다. 헤미셀룰로오스는 130~260℃에서 저속열분해(slow pyrolysis)의 형태로 열분해 되기 시작하며, 그 화학적 특성과 세포 내 리그닌과의 관계에 따라 다르지만 대부분의 중량손실은 약 180℃ 수준에서 발생된다(Demibras, 2009; Mohan 등, 2006). 헤미셀룰로오스는 가벼운 휘발성물질들로 분해되는 것이 일반적이어서 셀룰로오스에 비하여 타르와 char의 발생량이 적다.

리그닌은 무정형의 고분지성 교차결합 거대분자 폴리페놀 수지이다. 리그닌은 세포벽 내에서 셀룰로오스, 헤미셀룰로오스 및 펙틴 조성분들 사이의 공간을 채워주고 있다. 리그닌은 헤미셀룰로오스와 공유결합 되어 있고 따라서 각종 식물성 다당류들과 교차결합 되어 있어 세포벽 나아가서 전체 식물체의 기계적 강도에 기여하고 있다. 리그닌은 280~500℃로 가열되면 에테르 결합이 분리되고 탄소-탄소 결합이 파괴되면서 페놀류로 분해된다(Demibras, 2009; Mohan 등, 2006). 리그닌은 탈수(dehydrate)가 어려워 셀룰로오스나 헤미셀룰로오스보다 char로 변환되는 경향이 강하다.

유기성 추출물에는 지방류, 왁스류, 알칼로이드, 단백질, 페놀류, 단당류, 펙틴류, 점장제(mucilages), 고무류(gums), 수지류(resins), 터펜류, 전분류, 배당체(glycosides), 사포닌류(saponins)

및 정유 등이 포함되어 있다(Mohan 등, 2006). 한편, 각 성분들의 양과 조성은 바이오매스의 종류에 따라 달라진다. 따라서 불휘발성 거동은 바이오매스 내 추출물들의 양과 위치에 따라 좌우된다.

1.3. 반탄화 과정

1) 반탄화의 정의

반탄화(torrefaction)는 온도범위 200~300℃에서 대기압 무산소 환경으로 열화학적 처리하는 과정을 의미한다. torrefaction이란 용어는 원래 커피를 볶는 과정에서 유래된 것이나 이 과정에서는 적용 온도가 낮고 산소도 존재한다는 점이 다르다. 그러나 반탄화가 바이오매스에 미치는 기계적 영향은 커피에 대한 영향과 동일하여, 처리 후 부서지기 쉬운 구조를 갖게 된다. 반탄화에는 여러 가지 동의어가 있는데 그 예로 배소(roasting), 저속/온순 열분해, 목재증해(wood cooking) 및 고온건조(high-T drying) 등이 있다. 반탄화 과정은 열분해공정의 초기 분해반응의 일부라 할 수 있다.

반탄화를 이용한 바이오매스 탄화기술을 적용하면 바이오매스의 함수율을 낮추고 발열량을 증가시킴으로써 바이오매스의 에너지밀도를 높일 수 있다. 반탄화는 바이오매스의 연료적 특성들을 개선시키는 유용한 방법으로 인정받고 있다(Sadaka와 Negi, 2009). 여기에는 불활성 환경에서 바이오매스를 최고온도 300℃까지 서서히 가열하는 과정이 포함되어 있으며(Fonseca 등, 1998), 따라서 200~300℃ 온도범위에서 부분적으로 제어되는 등온열분해(isothermal pyrolysis)과정으로 정의되고 있다(Bergman과 Kiel, 2005). 이 과정을 통하여 원래의 바이오매스에 비하여 낮은 함수율과 높은 에너지밀도를 지닌 균질한 고체 제품을 얻을 수 있게 된다. 반탄화는 바이오매스의 O/C(산소/탄소) 비율도 낮춰주므로 가스화와 연소 등에의 적용을 보다 효율적으로 만들어준다(Bourgois와 Doat, 1984; Bourgois와 Guyonnet, 1988; Pentananunt 등, 1990; Pach 등, 2002).

반탄화 과정의 바이오매스 초기가열 중 비결합수가 제거된다. 계속 가열하면 결합수가 화학적 반응들을 통하여 제거된다. 대부분의 결합수가 이산화탄소 형성이 시작되는 160℃ 이상에서 진행되는 열-응축과정(thermo-condensation process)에 의해 제거되는 것으로 추정된다(Zanzi 등, 2002). 180~270℃의 온도범위에서 더 가열하면 발열반응이 야기되면서 헤미셀룰로오스의 분해가 시작되고 이로 인하여 바이오매스는 수분, 이산화탄소 및 다량의 초산과 페놀류 등을 잃으면서 변색된다. 이 화합물들의 에너지적 가치는 비교적 낮은 수준이므로 바이오매스의 에너지밀도가 크게 증가되게 된다(Zanzi 등, 2002). 이 과정은 280℃ 이상의 온도조건에서 완벽한 발열반응형으로 전환되므로 이산화탄소, 페놀류, 초산 및 기타 고위 탄화수소(higher hydrocarbons) 등의 발생량이 크게 증가된다(Zanzi 등, 2002). 대표적 바이오매스인 목재도 온도범위 180～270℃에서 갈변현상이 시작되면서 수분, 이산화탄소 및 다량의 초산과 함께 약간의 페놀류를 배출한다. 외부로부터의 열공급이 더 이상 필요 없고 오히려 외부로 열을 방출하는 발열반응상태에 이르기 전까지 페놀류의 발생량은 비례적으로 계속 증가한다.

목질섬유소 물질들을 반탄화 하면 리그닌과 셀룰로오스에 비해 많은 양의 헤미셀룰로오스가 분해된다. 이 분해반응에 의하여 수산기(OH)가 파괴되면서 제품의 밀도와 비발열량(specific heating value)이 더욱 증가된다. 또한, 수산기의 파괴는 제품을 비친수성(hydrophobic)화 하게 되므로(수분 흡수율 1～6%) 열악한 저장환경에서도 생물학적 분해 등이 없이 안정적으로 유지될 수 있다(Hakkou 등, 2006). Arias 등(2008)은 목질계 바이오매스를 반탄화 하게 되면 분쇄특성과 반응성에 큰 변화가 있게 된다고 보고한 바 있다. Bergman 등(2005)은 반탄화 과정이 최종제품 품질의 균질성도 향상시킨다고 주장하기도 하였다. 이 연구에서 원목, 건축폐목재 및 일반 폐목재를 각각 반탄화 한 결과 서로 유사한 물리/화학적 특성을 나타냈음을 확인하였다. 또한, 물리/화학적 특성에 대한 계절적 영향도 감소된다는 사실도 확인하였다.

한편, 250℃ 이하에서 반탄화 하게 되면 흡열반응이 야기되어 오히려 에너지효율이 저하될 수 있다. 그러나 시스템의 에너지수지와 경제성에 대한 몇몇 연구결과를 보면 반탄화 된 바이오매스를 석탄과 함께 가스화하거나 혼소하는 것도 좋은 대안이 될 수 있음을 알 수 있다(Bergman 등, 2005; Prins 등, 2006a; Kavalov와 Peteves, 2005).

2) 반탄화 과정에서의 분해 메커니즘

목질계 바이오매스의 세포는 비교적 복잡한 구조를 지니고 있다. 다당류가 긴 사슬의 형태로 배열되어 미세섬유(microfibril)를 이루고 여기에 무정형의 리그닌이 함침 되어 결정성 셀룰로오스의 핵심을 구성한다. 그리고 셀룰로오스를 헤미셀룰로오스가 둘러싸고 있다. 이 모든 구성요소들은 그 정도의 차이는 있으나 열에 의한 영향을 받지만 그 온도영역은 서로 다르다. 바이오매스의 반탄화 중 물리화학적 변화는 그림 6.2와 같다.

바이오매스의 3가지 주성분인 셀룰로오스, 리그닌 및 헤미셀룰로오스 중에서 셀룰로오스의 함량이 가장 크기 때문에 바이오매스 열분해에서 가장 많은 관심이 셀룰로오스에 집중되게 된다. 그러므로 셀룰로오스 분해에 대한 열분해 연구가 매우 중요하지만 온도범위 200～300℃에서는 셀룰로오스 분해가 활발하지 못하다. 반탄화 과정중 질량감소는 주로 헤미셀룰로오스와 약간의 리그닌에 의해 이루어진다. xylan을 기반으로 한 헤미셀룰로오스는 일반적으로 250～280℃에서 최고의 분해속도를 나타낸다. 리그닌의 열분해는 비교적 천천히 이루어지지

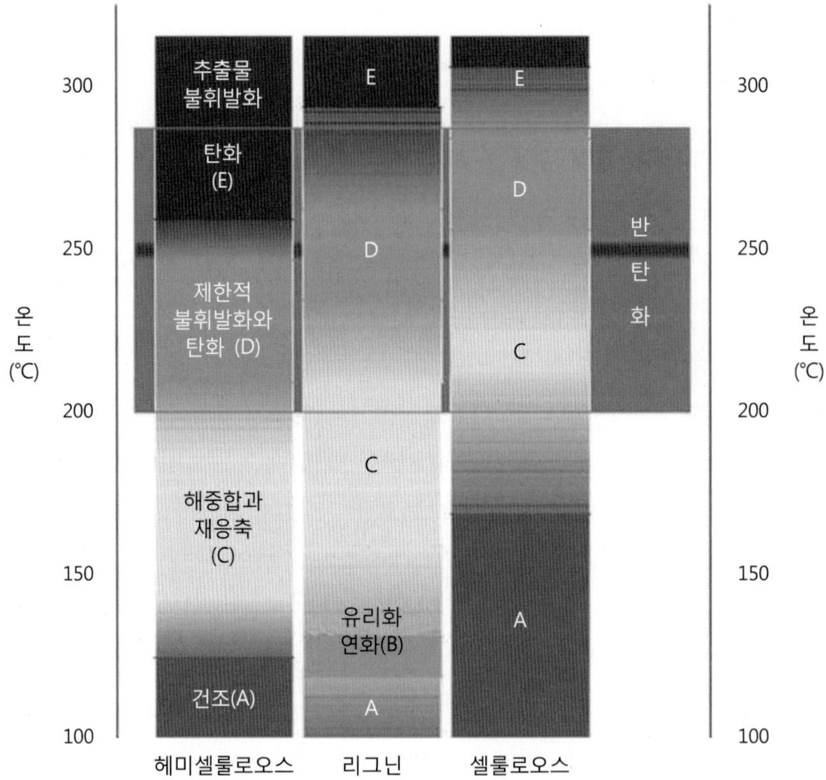

그림 6.2 반탄화 중 바이오매스의 물리화학적 변화

만 200℃ 부근에서 열분해속도가 점차 증가하기 시작한다. 그러나 바이오매스를 구성하고 있는 각 고분자들의 열분해 거동은 바이오매스 자체와 다를 수 있음을 기억해야 한다. 그림 6.3으로부터 목재의 질량기준 열분해는 온도 200℃ 이상에서부터 시작됨을 알 수 있다.

Di Blasi와 Lanzetta(1997)는 헤미셀룰로오스의 열분해 과정이 2단계 메커니즘에 의해 이루어짐을 밝힌 바 있다. 250℃ 미만에서 발생되는 1차 반응은 해중합반응(depolymerisation reaction)으로 다당(polysugar) 구조가 변경, 재배열되게 된다. 250~300℃에서는 올리고당과 단당류가 분해되어 char, 일산화탄소, 이산화탄소 및 물을 형성한다. 카보닐화합물과 같이 가벼운 휘발성 물질이 형성되어 탄소격자가 분열된다.

250℃에 도달하기 전에는 셀룰로오스의 분해에 의한 심각한 질량감소는 거의 없다. 이때 발생되는 가장 중요한 메커니즘은 해중합반응이다. 셀룰로오스의 해중합반응은 70℃에서도 관찰할 수 있다(Golova, 1971). Shafizadeh 등(1983)의 연구에 의하면 150℃에서도 목재의 해중합반응이 이미 진행된다고 한다. 190℃에 도달하면 해중합반응 속도는 이미 심각하게 가속된 후가 된다. Gaur와 Reed(1998)는 질량감소를 초래하는 셀룰로오스 분해가 250℃에서 시작

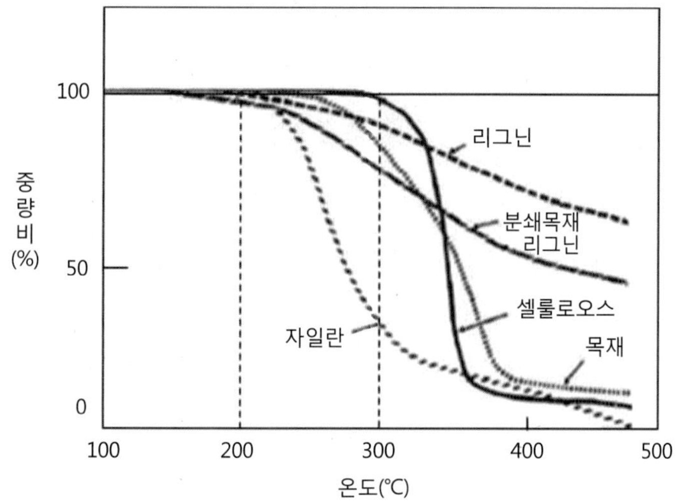

그림 6.3 cotton wood의 열분해과정(Shafizadeh와 McGinnis, 1971)

된다고 보고하였다. 이 단계에서 다양한 영구가스(permanent gas)와 응축가능 액체 및 char가 형성된다.

리그닌의 열분해는 넓은 온도범위에서 이루어진다. 200℃ 미만에서는 열에 의한 연화가 이루어지면서 수% 정도의 약한 질량감소가 초래된다. 온도범위 240~600℃에서는 불휘발화에 의한 char 형성과 휘발성 물질의 배출이 이루어진다. 침엽수와 활엽수는 리그닌의 조성이 서로 달라 각기 다른 역학적 특성이 예상된다. Muller-Hagedorn 등(2003)은 침엽수의 리그닌이 활엽수의 리그닌보다 열적으로 안정하다는 결론을 내린 바 있다.

3) 반탄화 생성물

반탄화는 건조 개시온도와 가스화 종료온도 사이의 온도범위에서 연속적으로 진행되는 열분해과정이라 할 수 있다. 그리고 반탄화 과정 중에는 수많은 다양한 반응 산물들이 형성된다. 그리고 각종 생성물들의 수율은 처리조건(온도와 처리시간)과 바이오매스 특성에 따라 달라진다(그림 6.4).

바이오매스의 반탄화 과정 중 발생되는 주요 생성물들은 상온의 상태에서 다음의 세 가지로 나눌 수 있다:

- 암갈색의 고체 생성물
- 응축성 액체(대부분을 차지하는 수분과 초산 및 기타 산화제)
- 비응축성 가스(대부분을 이산화탄소/일산화탄소와 소량의 메탄)

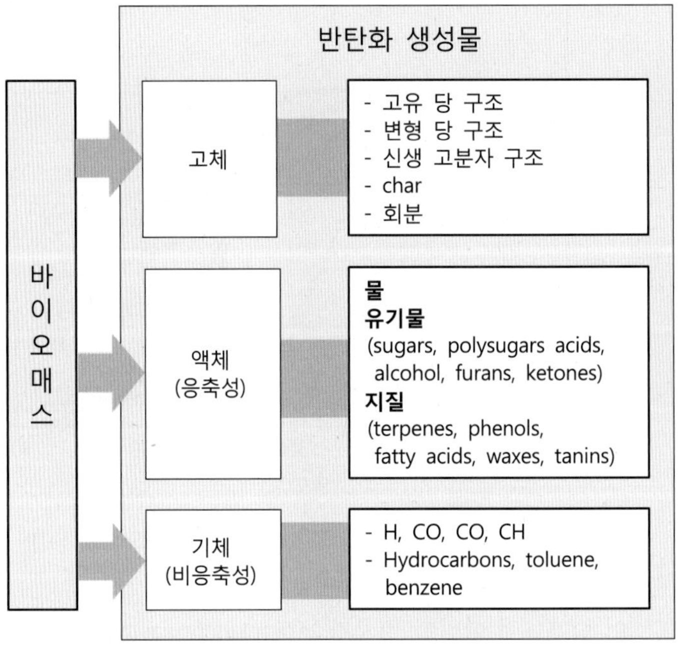

그림 6.4 바이오매스 반탄화 생성물(Bergman 등, 2005)

응축성 액체와 비응축성 가스를 휘발성 물질이라 표현한다. 반탄화 중 원재료는 함유하고 있던 대부분의 수분과 낮은 발열량의 휘발성 물질들을 잃게 된다. 이 반탄화가스의 가스조성에 대하여 품질과 양적 측면에서 많은 연구들이 수행되어 왔다.

반탄화에 의한 주요 고형 생성물을 탄화잔사(charred residue(char))라 부른다. 그러나 바이오매스 반탄화에서는 이를 반탄화 바이오매스라 한다. 열분해와 마찬가지로 반탄화 중에 바이오매스의 화학적 구조가 변화된다. 이를 통하여 다양한 휘발(분해)물질이 형성되며, 이들 중 몇몇은 상온에서 액화된다(응축가능 물질). 질량의 측면에서 char 이외의 중요한 반응산물로는 이산화탄소, 일산화탄소, 물, 초산 및 메탄올 등을 들 수 있다(Bourgeois & Guyonnet, 1988). 응축 후에는 노란색의 액체가 된다. 이러한 비고체성 반응산물들에는 처리되지 않은 바이오매스에 비하여 많은 산소가 함유되어 있다. 따라서 반탄화 바이오매스의 O/C 비율이 처리되지 않은 바이오매스보다 낮게 되므로 그 결과 발열량이 증가하게 된다.

반탄화 과정 중 off-gas로 방출되는 가스의 형태와 양은 원재료의 종류와 처리온도와 체류시간을 포함한 반탄화 조건에 따라 좌우된다. 표 6.3은 목재에 대한 각종 온도수준의 열처리 과정들에서 각 생성물들의 전형적인 수율수준을 보여주고 있다(IEA Bioenergy Task 34, 2010). 반탄화는 바이오매스의 O/C 비율을 효과적으로 낮출 수 있는 기술이다. 분쇄 시 소요에너지가 절감되고 분쇄분말에 날카로운 모서리를 지닌 입자들이나 splinter(가시처럼 긴 파편)들의 비율도 낮아져 취급특성도 향상된다. 또한, 원래의 바이오매스에 비하여 비친수성이 강화되어 장기저장이 가능한 장점도 지니게 된다.

표 6.3 각 온도수준에서 목재열분해 시 생성물들의 전형적인 수율(단위: 중량비 %)

방 식	조 건	액체	Char	기체
고속 반탄화	~500℃, 짧은 증기 체류시간(1초)	75	12	13
중속 반탄화	~500℃, 짧은 증기 체류시간(10~30초)	50	25	25
저속 반탄화	~290℃, 고체 체류시간 30분	-	82	18
저속 탄 화	~400℃, 긴 증기 체류시간(수시간~수일)	30	35	35
가스화	~800℃	5	10	85

4) 반탄화 과정의 분석

바이오매스 에너지 분야에서 반탄화의 목적은 원래의 바이오매스 원료에 비하여 개선된 특성을 지닌 연료를 생산하는 것이다. 그러나 과정 중 휘발성 물질 발생에 의해 다량의 화학에너지가 손실되지 않도록 해야만 한다. 그러므로 질량수율(mass yield)과 에너지수율(energy yield)은 매우 중요한 변수가 된다. Pach 등(2002)은 반탄화 과정의 질량수율과 에너지수율을 체류시간과 반탄화 온도의 함수로 표현하고자 하였다. 그러나 두 가지 수율의 계산에 어떤 원칙을 적용할 것인지가 불분명하고 반탄화 온도와 시간을 어떤 방법으로 정의해야 하는지도 분명하지 않다.

가. 질량수율(η_M)과 에너지수율(η_E)

바이오매스의 조성을 거시적 관점에서 고려하면 물과 유기물 및 회분이 물리적으로 결합된 상태로 볼 수 있다. 바이오매스의 유기물 부분에 모든 (반응성) 화학에너지가 함유되어 있으며 반탄화 과정에서 이 에너지의 일부가 반응산물 형성의 방식으로 소실된다. 그러므로 질량수율(η_M)과 에너지수율(η_E)의 정의는 바이오매스 유기물 부분에 기초하여 회분을 제거한 건량 기준(daf)으로 표현해야 한다.

$$\eta_M = (\frac{m_{char}}{m_{feed}})_{daf} \quad [6.1]$$

$$\eta_E = n_M(\frac{NCV_{char}}{NCV_{feed}})_{daf} \quad [6.2]$$

바이오매스의 NCV(순발열량)는 바이오매스로부터 효과적으로 활용이 가능한 가용 에너지의 양으로 활용성 평가에 주로 사용된다.

나. 반탄화 온도와 반탄화 시간(반응시간)

반탄화 시간으로 인하여 반탄화 과정에 대한 이해가 어려울 수도 있다. 체류시간이란 용어가 자주 사용되지만 이는 단순히 바이오매스가 반탄화 반응기 속에 체류하는 시간을 의미할 뿐이다. 체류시간의 일부가 건조과정과 복합되어 있는 바이오매스 가열에 소요되므로 체류시간을 이용하여 실제 반탄화 과정이 발생되는 시간을 정확히 파악할 수는 없다. 반탄화 시간에 대한 오해로 인하여 반탄화 조건과 밀접한 관계가 있는 제품품질에 큰 오류가 발생하게 된다. 이와 같은 문제점을 극복하기 위해서는 체류시간 대신에 반응시간의 정의를 적용해야 한다.

바이오매스가 반탄화 반응기에서 처리될 때에는 대상 바이오매스 자체의 시간-온도 특성에 따라 여러 단계를 거치게 된다. 그림 6.5는 회분식 반탄화 과정의 일반적인 예이다. 상온의 습윤한 바이오매스가 회분식 반탄화 반응기에 투입되면 바이오매스는 일단 건조가 이루어지는 온도까지 가열된다. 그 후 원하는 반탄화 온도까지 온도가 상승된다. 이 온도는 반응기가 다시 냉각될 때까지 유지된다.

반탄화 온도범위는 대개 약 200~300℃로 알려져 있다(그림 6.5의 수평선). 이 온도범위에서만 반탄화 분해반응이 이루어진다. 이 온도범위에는 3가지 시간-온도 단계가 있다. 첫 번째는 바이오매스가 200℃에서 원하는 반탄화 온도(T_{tor})까지 가열되는 시간인 $t_{tor,h}$이다. 이후 t_{tor} 동안 반탄화 온도가 유지되다가 냉각기간인 $t_{tor,c}$가 시작된다. t_{tor}동안에는 분해반응이 활발히 진행되지만 가열과 냉각시간의 비율에 따라 달라진다.

반응시간은 냉각시간인 $t_{tor,c}$를 제외한 $t_{tor,h}+t_{tor}$로 정의된다. 가열기간 동안 바이오매스의 열적으로 불안정한 성분들 대부분이 급속히 분해되기 시작하므로 가열시간은 매우 중요한 인자가 된다.

고체 발생물이 열적으로 훨씬 더 안정적인 냉각기간과 달리 가장 반응성이 높은 부분들은 이미 반응된 후이다. 그러므로 온도가 하강하는 순간 곧 바로 분해반응은 정지된다. 따라서 냉각기간은 바이오매스의 열분해에 거의 영향하지 않는다.

이 접근방법을 이용하면 바이오매스 가열속도를 정의할 수 있다. 평균 가열속도는 ($T_{tor}-200$℃)/$t_{tor,h}$으로 계산하며 50℃/min 이하이다. 반탄화 반응은 비교적 느리게 진행되므로 입자가열속도는 그리 중요한 변수가 되지 못한다. 그림 6.5를 보면 반응기내 체류시간을 반탄화 반응시간으로 오해할 경우 얼마나 큰 오차가 발생하는지 확인할 수 있을 것이다.

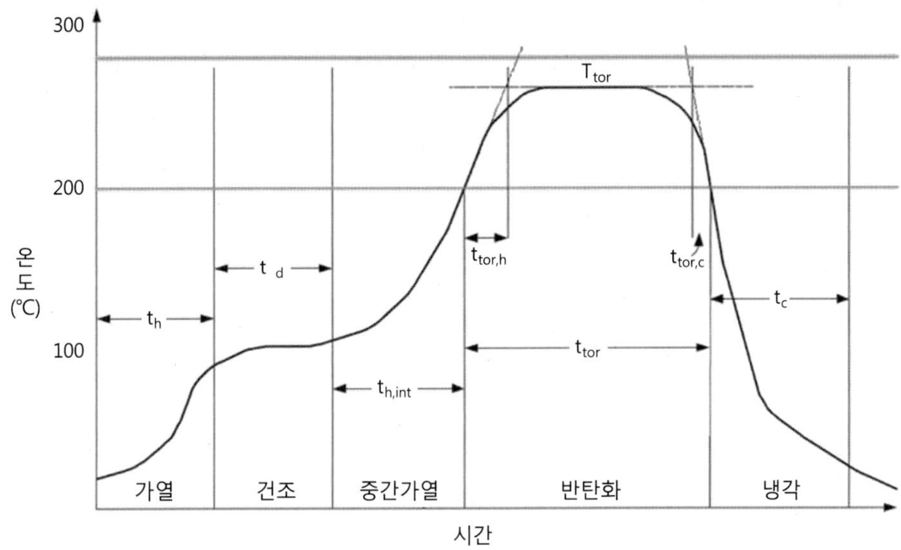

그림 6.5 반탄화 과정

Bergman 등(2005)이 낙엽송, 버드나무, 자작나무 및 밀짚에 대하여 수행한 연구결과에 의하면 낮은 온도범위(250℃ 미만)에서는 95～100% 수준의 높은 에너지수율을 얻을 수 있었으나 높은 온도범위(250～270℃)에서는 에너지수율이 83～95%로 감소되었다. 270℃ 이상에서는 에너지수율이 더 떨어지지만 반응시간을 단축하면 감소수준을 어느 정도 낮출 수 있다. 저온과 고온 영역에서의 질량수율은 각각 90～100%와 80～90% 수준이었다. 휘발물질 분석 결과 온도가 상승할수록 물과 이산화탄소의 발생량이 증가한다는 사실이 두 가지 수율 사이의 관계를 설명하고 있다. 이와 같은 불연성 물질들이 발생되면 에너지수율에는 영향하지 않지만 질량수율은 감소된다.

실험 대상 바이오매스들의 반응성 정도는 낙엽송 〈 버드나무 〈 자작나무 〈 밀짚의 순이었다. 이 순서는 가장 반응성이 강한 고분자인 헤미셀룰로오스 함량과 깊은 관계가 있다. 따라서 침엽수(낙엽송)가 활엽수(버드나무, 자작나무)에 비하여 질량수율과 에너지수율은 높지만 발열량은 약간만 증가하는 현상을 이해할 수 있다.

적용된 온도범위에서 반응시간이 질량수율과 에너지수율에 미치는 영향은 온도에 의한 영향보다 크지 않았다. 입자크기(0～10, 10～30, 30～50mm)에 의한 영향 역시 크지 않았다.

1.4. 반탄화 과정의 물질/에너지 수지

반탄화 과정의 전형적인 물질과 에너지 분포는 표 6.4와 같으며, 고체 생성물의 물질과 에너지 함량이 매우 높은 수준으로 보전됨을 알 수 있다. 반탄화 과정을 통하여 고체 외에도 물이 생성되며, 휘발성물질의 에너지 함량도 지질(lipids)과 유기물들에 의해 보전된다.

표 6.4 버드나무 반탄화 후 물질/에너지 수지 분포(Bergman과 Kiel, 2005)

반응 산물	물질 수율(%)	에너지 수율(NCV)(%)
고체	87.50	94.90
지질	1.40	3.40
유기물	1.70	1.60
가스	8.00	0.10
물	-	0.00

* 온도 280℃, 반응시간 17.5분

반탄화 운전조건과 바이오매스 특성은 잔존 고체, 휘발성 물질 및 가스 등의 발생량 모두에 지대한 영향을 미친다. 따라서 각 연구의 결과들이 완벽히 일치할 수는 없다. Prins 등(2006)이 반탄화 실험을 통하여 전체적인 물질수지를 분석한 결과를 보면 바이오매스의 종류에 따라 그 생성물들의 분포가 매우 다름을 알 수 있다. 낙엽송은 고체 발생량이 가장 높은 반면 가스와 액체 수율은 가장 낮았다. 그러나 밀짚은 목질계 바이오매스에 비하여 가스와 액체 비율이 높았다. 그리고 버드나무(willow)는 목질계 바이오매스와 밀짚의 중간 수준이었다. 한편, 반탄화 온도가 증가할수록 고체 bio-char의 수율이 감소되고 액체와 비응축성 가스를 포함한 휘발성 물질의 비율이 증가되었다. 이는 높은 온도에서 더욱 반응성이 강해지는 탄화와 비휘발성 반응 사이의 경쟁이 치열해지기 때문이다. Deng 등(2009)이 반탄화 시료의 수율과 발열량에 대한 온도의 영향을 분석한 결과는 표 6.5와 같다. 한편, Mani(2009)가 임지폐잔재 시료의 조성에 반탄화 온도가 미치는 영향에 대하여 분석한 결과는 표 6.6과 같았다.

표 6.5 반탄화 온도가 시료의 수율과 발열량에 미치는 영향(Deng 등, 2009)

바이오매스	반탄화 온도 (℃)	고체 (wt%)	액체 (wt%)	기체 (wt%)	변환율 (wt%)	GCV (MJ/kg)
볏짚	200	59.84	3.47	36.69	40.16	17.16
	250	40.32	4.23	55.45	59.68	18.03
	300	36.57	6.56	56.87	63.43	18.68
유채 줄기	200	63.29	6.76	29.95	36.71	19.50
	250	38.26	9.42	52.32	61.74	20.10
	300	25.30	10.04	64.66	74.70	21.59

표 6.6 임지폐잔재 시료의 조성분석(Mani, 2009)

반탄화 온도 (℃)	함수율 (%)	휘발성 물질 (wt%)	고정탄소 (wt%)	발열량 (Btu/lb)	회분함량 (%)
무처리	10.0	75.3	16.3	7,774	0.67
220	3.2	76.8	19.1	8,474	1.10
250	2.3	74.9	20.6	9,376	1.20
280	2.1	70.8	25.6	10,167	1.40

농산 부산물의 변환율을 목질계 바이오매스와 비교해보면 동일한 반탄화조건(온도와 체류시간)에서 농산 부산물의 변환율이 높은 것을 알 수 있다(Bergman 등, 2005). 이는 농산 부산물의 휘발성 물질 함량이 더 높고 반탄화 온도조건에서 헤미셀룰로오스의 분해율도 높기 때문이다. Bridgeman 등(2008)도 290℃에서 30분 처리했을 경우 밀짚, reed canary grass 및 버드나무의 전건 무회분 상태 물질수율이 각각 55.1%, 61.5% 및 72.0%로 유사한 결과를 보고한 바 있다. 또한, 각기 다른 온도에서 각 바이오매스의 에너지와 물질 수율 및 반탄화 중 소실된 휘발성 물질의 비율도 보고하였다(표 6.7). 표 6.8은 280℃에서 17.5분 동안 버드나무를 반탄화하는 과정에서 얻어진 고체, 액체 및 가스의 분포이다.

표 6.7 reed canary grass, 밀짚 및 버드나무의 반탄화 과정 중 에너지/물질 수율 및 소실되는 휘발성 물질의 비율(Bridgeman 등, 2008)

바이오매스	반탄화 온도(℃)			
	230	250	270	290
Reed canary grass				
물질수율(%)	92.6	84.0	72.0	61.5
에너지수율(%)	93.5	86.6	77.1	69.0
휘발성 물질(%)	7.4	16.0	28.0	38.5
밀짚				
물질수율(%)	91.0	82.6	71.5	55.1
에너지수율(%)	93.5	86.2	78.2	65.8
휘발성 물질(%)	9.0	17.4	28.5	44.9
버드나무				
물질수율(%)	95.1	89.6	79.8	72.0
에너지수율(%)	96.5	92.7	85.8	79.2
휘발성 물질(%)	4.9	10.4	20.2	28.0

표 6.8 280℃에서 17.5분 동안 버드나무를 처리한 후의 물질 분포(Bergman과 Kiel, 2005; Bergman 등, 2005)

반응 산물	물질 수율(%)
고체	87.70
지질(terpenes, phenols, fatty acids, waxes, tannins)	1.40
유기물(sugars, polysugars, acids, alcohols, furans, ketones)	1.70
기체(H_2, CO, CO_2, CH_4, C_xH_y, toluene, benzene)	1.40
물	8.00

2. 반탄화 효과

2.1. 반탄화 바이오매스의 물리적 특성과 화학적 조성

바이오매스를 반탄화 하게 되면 함수율, 밀도, 분쇄특성, 펠릿성형특성, 비친수성 및 발열량 등 물리적 특성들이 크게 변화하게 되며(Sadaka와 Negi, 2009) 탄소, 수소, 산소, 질소 및 황 등의 화학적 조성도 달라지게 된다.

1) 함수율

반탄화 과정에서 확실한 건조가 이루어지므로 함수율 10% 정도로 건조된 바이오매스의 함수율이 6%미만으로 낮아진다. 따라서 원래의 바이오매스 밀도와 반탄화 처리조건에 따라 달라지지만 겉보기밀도가 180~300kg/㎥ 수준으로 낮아진다(Bergman과 Kiel, 2005). Oliveira 등(2009)은 *Eucalyptus grandis*의 에너지 특성에 반탄화가 미치는 영향에 대한 연구에서 280℃로 30분 처리하였을 때 겉보기밀도가 14.12% 감소됨을 밝힌 바 있다. 표 6.9는 온도범위 220~280℃의 반탄화 온도에서 겉보기 밀도의 변화를 보여주고 있다.

표 6.9 *Eucalyptus grandis*의 반탄화 처리온도에 따른 겉보기밀도(건량기준) 변화

반탄화 온도(℃)	겉보기밀도(kg/㎥)	손실율(%)
무처리	850	-
220	830	2.35
250	790	7.06
280	730	14.12

2) 분쇄특성

바이오매스는 섬유적 특성이 매우 강하고 질겨서 입자들 사이에 섬유에 의한 결합이 이루어지므로 무처리 바이오매스의 경우 취급이 매우 어렵게 된다. 그러나 바이오매스는 반탄화 과정에서 헤미셀룰로오스 matrix가 파괴되고 셀룰로오스가 분해되면서 이러한 특성을 잃게 되어 섬유길이가 짧아지게 된다(Bergman 등, 2005; Bergman과 Kiel, 2005). 따라서 입자길이는 크게 감소되는 반면 직경은 거의 감소되지 않아 분쇄와 취급 특성이 향상되고 바이오매스의 유동과 이송에 관련된 많은 장애요소가 사라지게 된다. 반탄화 과정 중 바이오매스는 수축되고, 경량화 되며, 부서지기 쉬운 상태가 된다. 또한, 기계적 강도 역시 감소되므로 분쇄가 용이해진다(Arias 등, 2008). Bergman과 Kiel(2005)이 버드나무, 가공폐재, 건축폐재 및 석탄을 대용량 분쇄기로 분쇄하면서 소요되는 에너지를 측정한 결과 반탄화 할 경우 동력소모가 크게 절감됨을 보고한 바 있다. 반탄화 조건에 따라 다르지만 동력소모량 절감율이 70~90%에 이르고 있다. 동시에 분쇄기의 처리능력 역시 7.5~15배 증가되는 것으로 밝혀졌다. 여기서 가장 중요한 발견은 반탄화 바이오매스의 분쇄특성이 석탄과 매우 유사하였다는 점이다.

3) 입자크기분포, 구형도 및 입자표면적

입자크기 분포곡선, 구형도(sphericity) 및 입자표면적 등은 유동성과 혼소시 연소거동을 이행하는데 중요한 변수들이다. 많은 연구결과에 의하면 반탄화 바이오매스의 부서지기 쉬운 특성으로 인하여 무처리 바이오매스에 비하여 분쇄시 입자크기가 보다 균일하고 그 분포 역시 폭이 좁아 석탄과 거의 유사하다는 사실이 밝혀진 바 있다. Phanphanich와 Mani(2011)는 반탄화 된 소나무 칩과 입목 벌채부산물에 대한 연구에서 무처리 바이오매스에 비하여 입자크기가 감소됨을 보고하기도 하였다. 또한, 반탄화 온도가 증가할수록 입자크기 분포곡선이 소규격 수준에서 날카롭게 상승함을 발견하였다.

반탄화는 구형도와 입자 표면적에도 영향을 미친다. Phanphanich와 Mani(2011)는 반탄화 온도가 최고 300℃까지 상승할수록 구형도와 입자 표면적이 증가함을 보고하기도 하였다. 분쇄된 반탄화 칩의 경우 구형도가 0.48~0.62% 향상되었다. 이는 입자 표면적의 증가 또는 입자크기의 감소를 의미하는 것으로, 이러한 현상은 효과적인 혼소나 연소에 바람직한 특성으로 작용하게 된다. 또한, 분쇄 후 형성되는 입자내 또는 입자간 공극들이 감소되어 분쇄 반탄화 바이오매스의 겉보기밀도와 입자밀도가 증가된다(Mani 등, 2004; Esteban과 Carrasco, 2006). 연구결과에 의하면 반탄화 바이오매스를 분쇄하면 입자크기분포와 구형도가 향상된 분말이 생산되어 원활한 유동화가 가능하게 되므로 가스화와 미분탄 연소 과정에 혼입이 용이하게 된다는 장점이 있다.

4) 펠릿 성형특성

원재료의 종류, 수종, 기후와 계절적 변이, 저장조건 및 저장시간의 차이에 의한 원재료 품질의 변이는 바이오펠릿의 품질에 지대한 영향을 미친다(Lehtikangas, 1999). 한편, 펠릿 성형 전 바이오매스의 반탄화는 균일한 품질을 지닌 원재료의 생산을 가능케 할 수 있다. 바이오매스에 함유된 리그닌은 기본적인 결합제로 여겨지고 있다. 따라서 바이오매스의 펠릿 성형특성(pelletability)은 리그닌 함량에 기초하여 평가되기도 한다. 일반적으로 리그닌 함량이 높을수록 결합력이 우수하고 압밀화에 요구되는 조건도 약화되기 마련이다. 목질계 바이오매스는 목질섬유소계 바이오매스에 비하여 리그닌 함량이 높으므로 결합이 용이하다. 반탄화 과정은 헤미셀룰로오스 matrix를 파괴하고 지방 불포화구조(fatty unsaturated structure)들을 형성함으로써 리그닌의 활성점들을 보다 많이 개방시키게 되므로 보다 우수한 결합이 가능하다. 반탄화 펠릿의 겉보기밀도는 750~850kg/㎥ 수준이다(Bergman과 Kiel, 2005).

반탄화 후 압밀화에 대한 연구도 여러 차례 진행된 바 있다(Lipinsky 등, 2002; Reed와 Bryant, 1978; Koukios, 1993; Bergman 등, 2005). 이들 연구에 따르면 온도 225℃에서 압밀화할 경우 소요압력을 1/2 수준으로 감소시킬 수 있으며, 펠릿성형기를 이용할 경우 소요되는 에너지를 무처리 바이오매스에 비하여 1/2 수준으로 낮출 수 있다고 한다. 각종 바이오매스를 대상으로 piston press(Pronto-Press)를 이용하여 각기 다른 압력과 온도 조건에서 반탄화 바이오매스의 종류별 압밀화 거동을 분석하는 연구도 진행된 바 있다. 그러나 Bi(2011)가 캐나다산 침엽수들을 대상으로 반탄화하여 펠릿성형시 소요되는 에너지를 비교한 결과 그림 6.6에서 보는 바와 같이 반탄화 바이오매스가 무처리에 비하여 많은 에너지가 소요되었으며, 반탄화 처리온도가 상승될수록 소요에너지도 증가되는 경향을 보이고 있다. 이는 반탄화처리에 의해 바이오매스의 비친수성이 강화되어, 성형전 수분을 적정 수준까지 첨가한다고 하여도 바이오매스 표면에 남아 있을 뿐 그 내부로 흡수가 어려워 결국 상당히 낮은 함수율 조건에서 성형기에 투입되기 때문인 것으로 추정된다.

TOP 공정(torrefaction and pelletization process)을 통하여 생산된 바이오매스 반탄화 펠릿의 겉보기밀도(750~850kg/㎥)와 발열량(19~ 22MJ/kg)은 비교적 높게 나타나고 있다. 따라서 에너지밀도 역시 15~18.5GJ/㎥으로 높아 거의 준역청탄(subbituminous coal) (21~22 GJ/㎥)과 유사한 수준이다. 한편, 반탄화 펠릿의 기계적 강도 역시 일반 펠릿에 비하여 1.5~2배 정도 높았다. 이처럼 기계적 강도가 높은 것이 압밀화 시 고온이 적용되었기 때문이며, 고온에서 바이오매스 고분자는 섬유적 특성이 약화되고 가소성이 증가된다. 반탄화를 통하여 내구

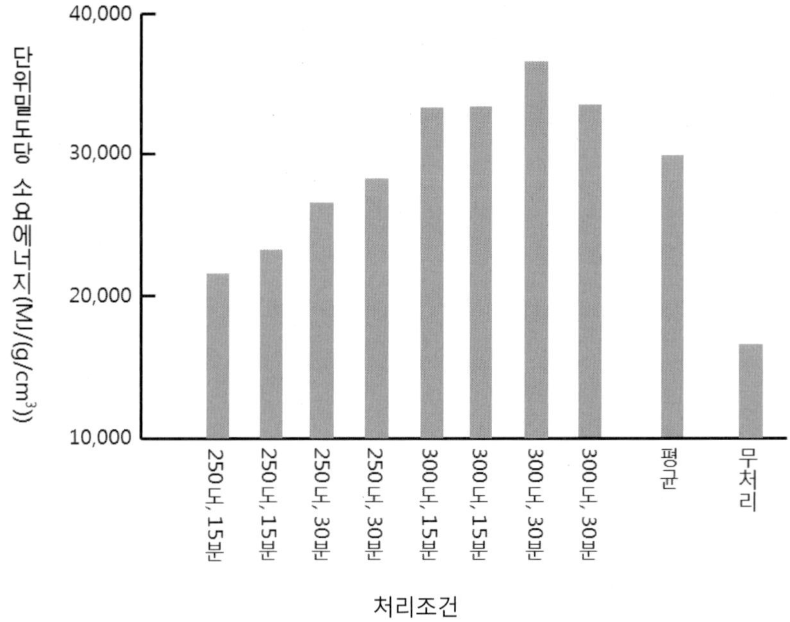

그림 6.6 캐나다산 침엽수 반탄화 펠릿(직경 6mm)의 성형시 소요에너지(Bi, 2011)

성이 높은 펠릿이 제조되는 원인으로는 반탄화 중 결합제 역할을 하는 지방구조(fatty structure)가 증가하는 등의 화학적 변화에 의한 것일 수도 있다. 또한, 불휘발화 과정이 주로 헤미셀룰로오스에 관련되어 있어 리그닌의 함량이 반탄화로 인하여 10~15% 정도 증가한다(Bergman, 2005). 그림 6.7은 Bergman(2005)이 제시한 TOP 공정의 순서도이다.

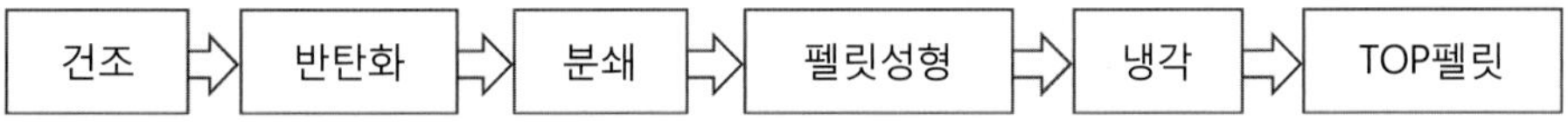

그림 6.7 반탄화 목재펠릿 제조 공정도(TOP 공정)

5) 반탄화 바이오매스의 화학적 조성

반탄화는 물리적 특성뿐만 아니라 바이오매스의 일반조성과 원소조성에도 심대한 영향을 미쳐, 연료로서의 활용에 보다 적합한 상태로 변화시켜준다. Sadaka와 Negi(2009)가 밀짚, 밀짚 및 면 직조(cotton gin) 폐기물을 200, 260 및 315℃ 온도에서 60, 120 및 180분 동안 반탄화 처리한 연구결과를 보면 315℃와 180분 처리조건에서 함수율이 각각 70.5, 49.4 및 48.6% 감소되었으며, 발열량은 각각 15.3, 16.9 및 6.3% 증가되었다. Zanzi 등(2002)은 거대억새

(miscanthus) 반탄화 연구에서 유사한 결과를 얻어, 온도를 230~280℃로 상승시키고 처리시간을 1~3시간으로 증가시킴으로써 탄소함량이 증가되고 수소, 질소 및 산소의 함량은 감소됨을 확인하였다. 280℃에서 2시간 처리한 결과 탄소함량은 초기수준에 비하여 약 52% 정도 증가된 반면, 수소와 질소 함량은 각각 6.49~5.54%와 0.90~0.65% 감소되었다. 일반적으로 반탄화 온도를 상승시키면 물, 일산화탄소 및 이산화탄소가 형성되면서 탄소함량은 증가되고 수소와 산소함량은 감소된다.

반탄화 온도와 처리시간이 증가될수록 수소-탄소(H/C) 비율과 산소-탄소(O/C) 비율이 감소되어 연기와 수증기 형성량이 감소되므로 연소와 가스화 과정에서 에너지손실이 줄어든다. Bergman 등(2008)이 reed canary grass와 밀짚을 온도 230, 250, 270 및 290℃에서 30분동안 처리한 연구결과에 의하면 탄소함량은 48.6~54.6% 증가된 반면, 수소와 질소 함량은 각각 6.8~6.1%와 0.3~0.1% 감소되었다. Bridgeman 등(2010)이 반탄화된 버드나무와 거대억새에 대하여 제시한 Van Krevelen diagram은 그림 6.8과 같았다. 여기서 온도가 높고 처리시간이 길수록 O/C와 H/C 비율이 갈탄(lignite coal)에 접근함을 알 수 있다. 표 6.10은 처리온도와 시간에 따른 반탄화 바이오매스의 원소조성 변화를 보여주고 있다.

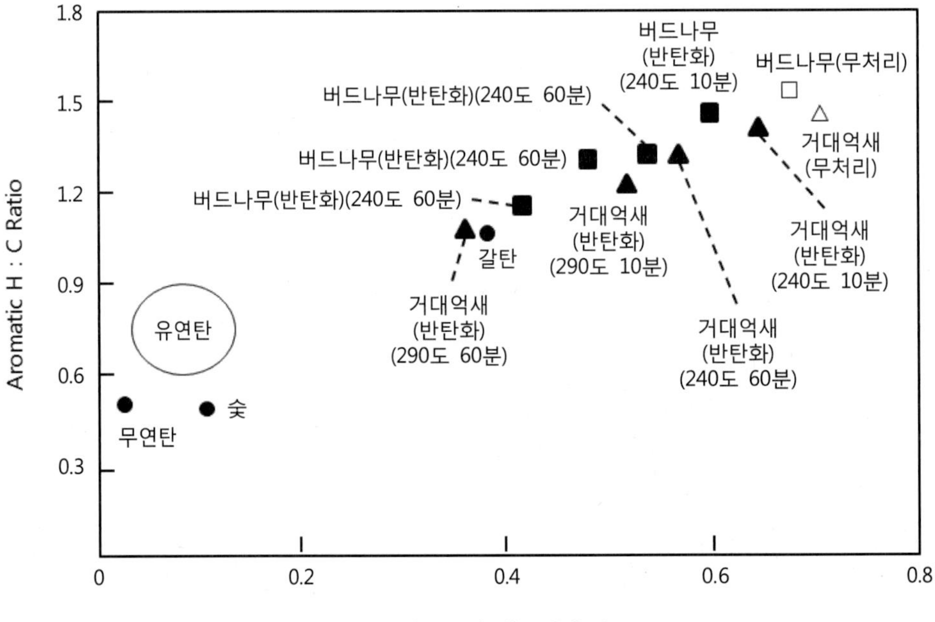

그림 6.8 거대억새와 버드나무의 Van Krevelen diagram(Bridgeman 등, 2010)

표 6.10 반탄화에 의한 고체 생성물의 원소조성(Zanai 등, 2002: Yan 등, 2010)

바이오매스	반탄화 온도 (℃)	처리시간 (hr)	C	H	N	O	S
			함량(wt%)$_{daf}$				
자작나무	무처리		47.40	6.11	0.16	46.33	NA
	230	1	48.20	5.93	0.16	45.71	
	230	2	48.72	5.88	0.14	45.26	
	230	3	48.82	5.76	0.13	45.29	
	250	1	49.50	5.69	0.13	44.68	
	250	2	49.86	5.68	0.12	44.34	
	250	3	50.05	5.65	0.12	44.18	
	280	1	51.25	5.63	0.11	43.01	
	280	2	52.00	5.62	0.11	42.27	
	280	3	52.50	5.62	0.11	41.77	
Loblolly pine	Raw	NA	50.25	5.97	0.00	43.34	0
	200		54.72	6.03	0.14	39.11	0
	230		56.05	5.94	0.09	37.92	0
	260		72.07	4.90	0.16	22.89	0

6) 반탄화 과정의 응축성 및 비응축성 생성물

가. 응축성 생성물

주요 응축성 생성물은 물이다. 물은 건조과정에서 수분이 증발되거나 유기성 분자들 사이의 탈수반응에 의해 생성된다. 초산도 응축성 반탄화 생성물의 하나로, 헤미샐룰로오스에 포함된 xylose 단위 내 측쇄(side chain)로 존재하는 acetoxy 와 methoxy group에 의해 주로 생성된다. Prins 등(2006)은 소량의 개미산, 젖산, furfural, hydroxyl acetone 및 미량의 페놀도 바이오매스 분해 중 방출되는 응축성 휘발물질로부터 검출한 바 있다. 대개의 응축성 휘발물질들은 반탄화 처리온도가 상승할수록 수율이 증가되었다. 결과적으로 보다 많은 에너지가 가연성 메탄올과 초산의 형태로 휘발성 물질에게 전달된다. Bergman 등(2005)은 각종 유기물들의 비에너지 조성(specific energy composition)을 제시한 바 있다.

나. 비응축성 생성물

Bergman 등(2005)에 의하면 반탄화 과정에서 생성되는 주요 가스로 일산화탄소와 이산화탄소를 들 수 있으며, 그 외 미량의 다른 가스들이 발생된다. 이중 일산화탄소는 비응축성 반탄화 생성물의 발열량을 대표하는 물질이다.

이산화탄소의 형성은 목재 내 각종 산류들의 탈카르복실반응(decarboxylation)으로 설명할 수 있다. 그러나 일산화탄소의 경우에는 이 반응으로의 설명이 불가능하다. White와 Dietenberger(2001)에 의하면 이산화탄소와 증기가 다공성 char와 반응할 때 일산화탄소 생성이 증가한다고 한다. 이 반응으로 일산화탄소가 형성된다. 비응축성 생성물에서 수소와 메탄이 미량 검출되기도 한다. 목재와 농산 부산물 사이의 가스 조성을 비교해보면 농산 부산물의 이산화탄소 생성비율이 높다(Bergman 등, 2005; Prins 등, 2006; Deng 등, 2009). 또한, 주요 비응축성 가스의 생성 관련 역학적 조사에 의하면 각기 독립적으로 진행되는 1차반응들(parallel independent first-order reactions)에 의해 가스들이 형성된다(Prins 등, 2006). 각기 다른 반탄화 조건에서 얻어지는 비응축성 휘발 생성물질의 조성을 보면 이산화탄소가 일산화탄소보다 많음을 알 수 있다. 셀룰로오스와 리그닌은 보다 높은 온도에서 분해되므로 이산화탄소에 대한 일산화탄소의 비율은 온도가 상승할수록 증가된다(Prins 등, 2006).

Prins 등(2006)이 낙엽송과 버드나무를 250℃에서 5, 15 및 30분 처리 후의 비응축성 가스를 분석한 결과 일산화탄소에 대한 이산화탄소의 비율이 시간이 경과할수록 감소됨을 알 수 있다. 이 현상은 2차적 반응에 의해 일산화탄소가 생성된다는 이론과 일치하고 있다. 표 6.11과 6.12는 자작나무와 버드나무의 반탄화 과정 중 발생되는 off-gas의 조성을 보여주고 있다.

표 6.11 자작나무의 반탄화 과정 중 가스 생성물들의 조성(무질소/무수분 기준) (Zanzi 등, 2002)

반탄화 온도(℃)	처리시간(hr)	CH_4	C_2	CO_2	CO
230	1	0.08	bdl	85.81	14.11
	2	0.10	0.04	84.20	15.66
	3	bdl	0.04	84.07	15.89
250	1	0.08	0.06	83.09	16.77
	2	0.09	0.07	81.90	17.94
	3	0.13	0.08	81.24	18.55
280	1	0.14	0.10	78.29	21.47
	2	0.18	0.10	74.75	24.97
	3	0.27	0.14	72.70	26.89

표 6.12 버드나무를 260℃에서 32분 동안 반탄화 처리 중 발생 가스의 조성(Kiel, 2007)

기체상 물질	물질수율(%)
CO	0.1
CO_2	3.3
H_2O	89.3
Acetic acid	4.8
Furfural	0.2
Methanol	1.2
Formic acid	0.1
Reminder(CH_4, C_xH_y, toluene, benzene)	1.0

7) 반탄화 생성물의 중요성

반탄화 과정은 원재료의 화학적 에너지가 반탄화 산물로 전이되어 연료적 특성이 개선되는 에너지고밀도화 과정(energy densification process)이라 할 수 있다. 따라서 낮은 비용으로 에너지효율을 높일 수 있는 혁신적인 반탄화 기술들이 개발되어 왔다.

그림 6.9의 네덜란드 ECN의 TOP 공정은 가장 완성도가 높은 기술 중 하나이다(Bergman, 2005). 이 공정에서는 재순환되는 고온 가스에 의해 바이오매스가 가열되어 반탄화 되도록 하고 있다. 고온 가스는 반탄화 가스 자체이며, 재순환 과정 중 압력강하를 보상하기 위하여 재압축된다. 압축된 가스는 가열되어 반응기에서 요구되는 열을 공급한다. 반탄화와 건조에 요구되는 열은 배출되는 반탄화 가스의 연소를 통하여 얻어진다. 만일 반탄화 가스의 에너지 함량이 부족할 경우에는 다른 연료들을 이용하여 반탄화 과정의 열수지를 맞출 수 있으며, 이를 통하여 연소과정의 안정성을 확보하고 제어할 수 있게 된다. Bergman 등(2005)은 이

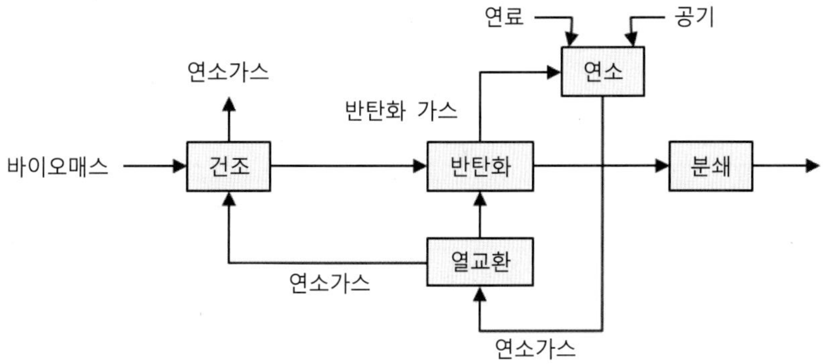

그림 6.9 ECN TOP 공정의 개념도

공정개념이 반탄화에 가장 바람직한 것으로 판단하였으며, 이를 통하여 공정(건조와 반탄화)의 열수요를 모두 충족시킬 수 있다고 하여 '열자급운전(autothermal operation)'이라 부르고 있다. 반탄화 조건(온도와 처리시간)은 열수지 조절에 가장 중요한 변수들이 된다.

반탄화 가스에는 매우 다양한 가연성 유기화합물들이 포함되어 있다. 그러나 그 조성비율을 보면 대부분이 불연성(물과 이산화탄소)이다. 전술한 연구결과들을 검토해보면 반탄화 가스는 비교적 함수율이 높은 편이다. 완벽히 건조된 바이오매스를 반탄화하여도 반탄화 가스의 수분함량은 중량비 50%를 넘으며, 이산화탄소의 함량도 약 10% 정도가 된다. 그러므로 전체적으로 적어도 반탄화 가스의 60% 이상이 불연성 성분이라 할 수 있다. 정확한 양은 각 처리조건에 따라 달라지겠지만 바이오매스 자체의 함수율도 크게 영향한다. Bergman 등(2005)의 연구결과에 의하면 반응수(reaction water)의 수율은 중량비 5～15% 수준이며, 이는 반탄화 가스의 50～80%에 이른다(원재료의 자유수 불포함). 반응수 수율은 반응시간과 온도가 상승되면 같이 증가되지만 반탄화 가스 중의 농도는 오히려 낮아진다. 결과적으로 온도와 처리시간이 증가할수록 가연성 생성물들의 상대적 기여도 즉, 발열량도 증가되며, 그 범위는 5.3～16.2MJ/Nm³ 범위이다. 반탄화 가스의 함수율이 높음에도 불구하고 발열량이 비교적 높은 편이다. 이를 공기를 이용하는 바이오매스 가스화의 producer gas(4～7MJ/Nm³)와 간접 가스화 과정에서 생성되는 syngas(15～20MJ/Nm³)와 비교해보면 반탄화 가스가 가연성이며, 반탄화 과정에서 중요한 역할을 할 수 있음을 알 수 있다. 그림 6.10은 반탄화 물질/에너지 수율과 가스조성에 대한 실험의 전형적인 결과이다.

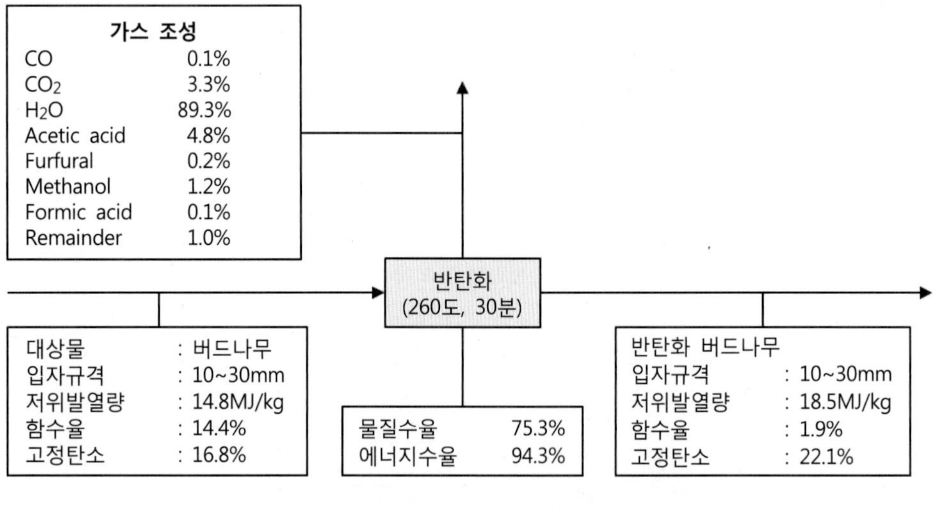

그림 6.10 버드나무 반탄화 실험 결과(Kiel, 2007)

8) 반탄화 생성 가스의 분석방법

반탄화 과정의 전체적인 물질수지를 수립하기 위해서는 모든 반응 생성물들을 수집하여 정확한 양을 측정해야만 한다. 그리고 생성된 고체, 액체 및 기체들을 표준화된 기준에 의해 분석해야 한다. 다음은 반탄화 과정에서 휘발성 물질을 분석하는 방법이다.

Prins 등(2006a)의 연구에 의하면 휘발성 생성물들을 -5℃의 cold trap에서 액체와 기체 상태로 분리할 수 있다. 모든 물질들이 물에 용해되는 것이 아니므로 cold trap에 포집된 액체 생성물들을 2-butanol로 희석한다. 희석된 용액을 Chrompack Organic Acids column을 이용하는 HPLC(high performance liquid chromatography)로 refraction index에 기준하여 분석한다. 생성 가스의 조성은 Poraplot Q와 Mollsieve column을 이용하는 GC(Varian Micro gas chromatography)로 분석한다.

Deng 등(2009)의 연구에서는 액체와 char 사이의 2차 반응을 최소화하는 한편, 고체 수율을 극대화하기 위하여 생성물들을 고온영역으로부터 제거하였다. 응축성 액체의 포집에는 액체질소에 담겨진 two-necked flask를 이용한다. 비응축성 가스들은 필터를 거치게 하여 적외선 가스분석기에 투입되기 전 탄소검댕을 제거한다. 가스 조성과 농도는 가열과정 중 연속적으로 기록된다. 마지막으로 bio-char의 중량과 포집된 액체의 양을 측정한다.

Bridgeman(2008)의 연구에서는 Stanton Redcroft Simultaneous Analyzer STA-780 series에 연결된 Nicolet Magma-IR AEM을 이용하여 휘발성 열분해 산물들의 열화학적 자료를 분석하였다.

한편, 바이오매스 타르의 분석도 수행된 바 있다. Dufour 등(2007)의 연구에서는 목재 열분해 과정에서 생성되는 타르의 샘플링과 분석에 두 가지 방법을 적용, 비교한 바 있다. 첫 번째 방법은 기존의 방식으로, solvent-filled impinger로 cold-trapping을 하고 이어서 liquid injection이 이루어진다. 두 번째 방법에서는 새로운 방법으로, multi-bed solid-phase adsorbent(SPA) tube를 적용한 후 thermal desorption(TD)을 적용한다. 두 방법 모두 MS(mass spectrometry)와 복합된 GC에 기초하고 있다.

2.2. 반탄화 바이오매스의 저장

1) Off-gasing

반탄화 과정 중 화학적으로, 그리고 생물학적으로 문제를 야기할 수 있는 고체, 액체 및 기체 생성물들 대부분이 제거되므로 반탄화 바이오매스의 경우 off-gassing과 자체발열

(self-heating) 등과 같은 저장관련 문제들은 심각한 수준이 아닐 수 있다. Kuang 등(2009)과 Tumuluru 등(2010)은 목재펠릿에 대한 연구결과 일산화탄소와 이산화탄소 배출량이 높아 저장온도가 최고 50℃까지 상승할 수 있으며, off-gas의 농도가 60일간의 저장기간동안 최고 6%까지 상승할 수 있음을 확인한 바 있다. 가스 방출량이 상대습도와 제품 함수율에 민감하게 반응한다는 사실도 확인되었다. 캐나다 British Columbia 대학에서도 반탄화된 목재칩에 대하여 동일한 연구를 수행한 결과 일산화탄소와 이산화탄소 방출량이 매우 낮아 실온(20℃)에서 일반 무처리 목재칩에 비하여 거의 1/3 수준이었음을 보고한 바 있다. 이처럼 저장환경에 대한 민감성이 낮아진 이유는 반탄화 바이오매스의 함수율이 매우 낮고 휘발성 물질 농도도 낮아졌기 때문으로 판단된다.

2) 비친수성

일반 펠릿에 대한 반탄화 펠릿의 장점은 열악한 저장조건에서도 비친수성(hydrophobicity)을 유지한다는 점이다. 일반적으로 무처리 바이오매스의 수분흡수는 수산기(OH group)에 의한 것으로 여겨지고 있다. 그러나 반탄화 과정에서 수산기가 파괴되어 바이오매스의 수소결합 능력이 소실되므로 비친수성의 제품이 제조된다(Pastorova 등, 1993). 이와 같은 화학적 재배열 반응들로 인하여 비극성의 불포화 구조가 형성되어 바이오매스를 석탄과 마찬가지로 생물학적 분해 없이 장기간 저장할 수 있는 상태로 만들 수 있다(Bergman과 Kiel, 2005; Wooten 등, 2000).

Bergman(2005)은 반탄화 펠릿을 물에 15시간동안 침지하여 그 비친수성을 측정한 바 있다. 침지 후 펠릿의 중량변화를 측정하여 흡수량을 결정하였다, 그 결과 무처리 일반 펠릿은 신속히 팽창하여 원래의 입자들로 분리되었지만 적정 조건에서 제조된 반탄화 펠릿은 분리되지 않고 약간의 수분만을 흡수하였다(질량기준 7~20%). 한편, 반탄화 조건이 반탄화 바이오매스의 비친수성에 결정적인 역할을 하고 있음도 확인되었다. Sokhansanj 등(2010)은 무처리와 반탄화 펠릿의 수분흡수율을 비교한 결과 약 25% 정도 반탄화 펠릿의 흡수율이 낮아졌다고 보고한 바도 있다.

2.3. 반탄화 바이오매스의 활용

미분탄 연소방식의 석탄화력발전소와 혼입유동(entrained flow) 가스화가 특히 바이오매스의 활용과 관련하여 가장 많은 관심이 집중되고 있다. 여기서는 바이오매스가 분말의 형태로 반응기에 투입되어야 하므로 공정이 복잡하고 많은 비용이 소요되며, 구식의 석탄 분쇄기로는 아주 적은 양만을 처리할 수 있다. 이와 같은 제한요소들 때문에 이미 충분히 작은 입자들로 제조된 목재펠릿이 최선의 대안으로 여겨져 왔다. 그러나 목재펠릿도 에너지함량이 낮고 저장과 운송 중에 수분을 흡수한다는 문제점을 안고 있다. 반탄화 바이오매스는 에너지밀도가 높고 비친수성이므로 혼소와 가스화에서 목재펠릿에 대한 좋은 대안이 될 수 있다. 반탄화 바이오매스의 우수한 연료적 특성은 연소와 가스화 공정에 매우 매력적인 요소가 되고 있다. 발열량이 높기 때문에 연소와 가스화 공정의 열효율이 크게 개선될 수 있다(Bergman과 Kiel, 2005). 그러나 상용화 규모에서 대량의 반탄화 바이오매스를 분쇄, 취급, 저장, 운송 및 연소한 경험과 정보가 아직은 부족한 실정이다. 또 다른 활용분야로는 다음의 사항들을 들 수 있다:

- 산업, 상업 및 가정용 고품질 무연(smokeless) 고체연료
- 미분탄 석탄 화력발전소의 직접 혼소를 위한 고체연료
- 연료용 펠릿, 브리켓 및 기타 고밀도 바이오매스 연료 제조를 위한 고품질 원재료
- 최신 바이오매스 에너지 활용분야를 위한 고품질 바이오매스 고체연료

3. 반탄화 기술

3.1. 서론

1980년대 태국에 위치한 Asian Institute of Technology에서 반탄화를 통하여 목재와 브리켓의 특성을 개선하려는 연구가 시도된 바 있다(Pentananunt 등, 1990). 그 결과 반탄화에 의하여 목재의 원래 보유 에너지의 90%를 유지하면서도 특성이 향상되어 석탄 대체연료로 사용이 가능한 연료의 제조가 가능함이 확인되었다. 브라질의 Campinas대학에서도 바이오매스의 반탄화를 통하여 저장과 운송에 매우 효과적 연료의 생산이 가능함을 입증하였다(Fonseca 등, 1998).

전술한 바와 같이 실험실 수준의 반탄화 반응기에 대한 정보는 쉽게 찾을 수 있으나 대형 반탄화 반응기에 대해서는 거의 정보가 없는 것이 사실이다. 그러나 대규모 반응기를 제작할 때에는 반드시 고려해야 할 여러 가지 조건들이 있다. 예를 들어 온도는 200~300℃를 유지해야만 한다. 온도 200℃ 미만에서는 반응이 일어나지 않는 반면 300℃ 이상에서는 급격한 발열

반응이 일어난다. 또한, 이러한 급격한 발열반응을 막기 위해서는 산소를 제거해야 한다. 한편, 공정의 흡열특성으로 인하여 반응의 진행을 위한 충분한 열유동이 요구된다. 반응기 설계에는 이러한 사항들이 반드시 고려되어야 한다.

우수한 반응기 개발에는 많은 가능성이 있다. 실험실에서는 가열기로 대개 전기히터를 사용한다. 그리고 산소배제를 위하여 질소를 사용한다. 그러나 대규모 설비에서는 이와 같은 기술들을 적용할 수 없다. 투입해야 할 질소의 양이 너무 많고 전기히터 용량의 확대에도 한계가 있다. 그러므로 다른 방법을 찾아야만 한다. 가능한 해법 중 하나로 유동층 반응기(fluidized bed reactor)를 들 수 있다. 이 반응기에는 과열증기를 적용한다. 이 방법의 장점은 반응기 내 환경을 신속하게 무산소상태로 만들 수 있다는 점이다. 그러나 목재칩의 부양에 많은 동력이 소모된다. 칩의 규격을 줄인다고 하더라도 목재가 습윤할 경우 목분이 서로 응집하여 더 이상 유동화가 어렵게 될 것이다. 또한, 사용된 과열증기에 반탄화 가스가 혼합되어 폐수처리 등의 문제가 발생할 가능성이 높다.

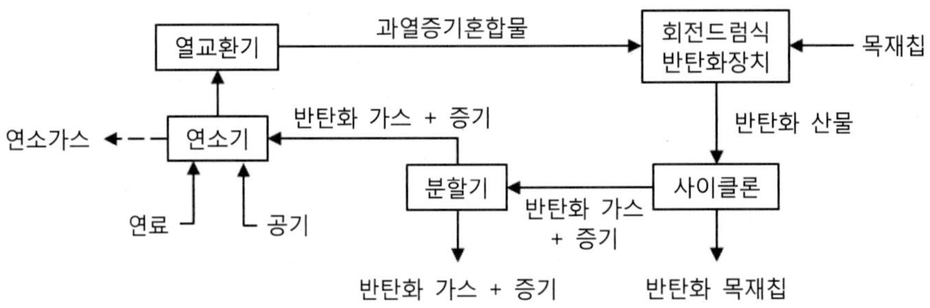

그림 6.11 과열증기 이용 직접가열방식의 반탄화 공정

반탄화의 열화학적 과정은 사실 불완전한 열분해 과정이라 할 수 있으며, 다음의 변수들에 의해 그 특징이 결정된다: 반응온도 200~300℃, 가열속도 50℃/분, 무산소 상태, 체류시간 200℃ 이상에서 30분 미만, 대기압 및 대상 원료. 특히, 반응기 내의 무산소 상태 유지는 산화와 발화 방지를 위해 매우 중요하다. 표 6.13은 바이오매스의 건조와 반탄화 관련 상용화된 열처리기술들에 관한 정보이다. 여기에는 해당 기업들이 적용하고 있는 공정들, 가열방식(직접 또는 간접), 처리능력, 현재 위치 및 가동수준 등에 대한 정보들이 포함되어 있다.

표 6.13 상용화된 바이오매스 열처리기술

기술소유자	공정명	내용	가열방식	생성물명	운전온도 (℃)	체류시간	규모	설치위치	현 상태
Alterna Energy	van Aardt Carbonizing	No technical details	NA	Biocarbon pellet	250-300		연구용 25Kt/y 소형	B.C., CN B.C., CN S.Africa	가동중
Dynamotive	BioTherm Fast Pyrolysis from RTI(Resource Transforms International)	Fluidized bed producing biooil and char with recirculated gasses: requires feed particles with <10% moisture and 1-2mm size	직접	BioOil, BioChar	450-500	2초	15t/d 130t/d 200t/d	Waterloo, CN Ontario, CN Ontario, CN	가동중
ECN	BO_2 Technology or TOP process	Moving bed with recirculated gas upflow through biomass downflow	직접	BO_2 pellet	275-300	30분	실험용 100kg/hr 70Kt/y	ECN, NL ECN, NL Delfzji, NL	가동중
Ecofuels	Torrefaction	No technical details	NA		250-300				NA
Heat-Win Ltd	Airless drying	Maintain superheated steam environment + heat integration	간접		250-300		10t/hr	Switzerland	NA
NC State University	Continuous feed drying	Continuous feed drying with heat integration	간접		300-400		10t/hr	Portable	필요시 가동
NewEarth Renewable Energy	ECO Pyro-Torrefaction	No technical details	NA	ECO Clean Coal E-Coal, E-Oil	250+		NA	Quebec, CN	가동중
Stramproy Green	Stramproy Green	No technical details	직접	Biocoal			38Kt/y	Amel, BE	가동중
Topell	Torbed process	Cyclone-designed dryer	직접	Topell pellets	280-320	90초	실험용 60Kt/y	Swidnica, PO Duiven, NL	가동중
Wyssmont	Turbo-dryer	Rotating/multi-tray dryer with leveling	직접		240-270	일정	파일럿	Gramling, US	가동중

CN: 캐나다, NL: 네덜란드, BE: 벨기에, PO: 폴란드, US: 미국, NA: Not Available

3.2. 기존 바이오매스 반탄화 공정

1) Pechiney 공정

전술한 바와 같이 반탄화 기술은 바이오매스 고급화를 위한 새로운 분야로 인정되고 있으나 본격적인 상용화가 되지 못하고 있다. 제품의 최종용도는 달랐지만 1980년대 프랑스 Pechiney사가 파일럿 규모의 설비를 개발한 바 있으며, 생산능력 12,000톤/년 규모의 공정은 그림 6.12와 같았다. 여기서 생산된 반탄화 바이오매스는 알루미늄 생산공정의 환원제로 사용되었다. 본 공정에서는 열매체유를 이용한 간접가열식 반응기를 사용하였으며, 체류시간은 60~90분 수준이었다. 이 공정이 기술적으로는 타당한 것으로 입증되었으나 스크루형 반응기의 열효율이 낮은 단점이 있었다(60~80%). 또한, 파일럿 규모임에도 불구하고 거의 300만 유로에 가까운 투자비용이 소요되었고 총 생산비용도 1톤당 100유로를 상회하였다. 분석에 의하면 생산규모 230,000톤/년의 공정을 병렬식으로 설치할 경우 총 생산비용을 75~80유로/톤(원료비용 제외) 수준으로 낮출 수 있을 것으로 예상되었다. 그러나 이 정도의 경제성 역시 그리 매력적인 수준은 못 되었다.

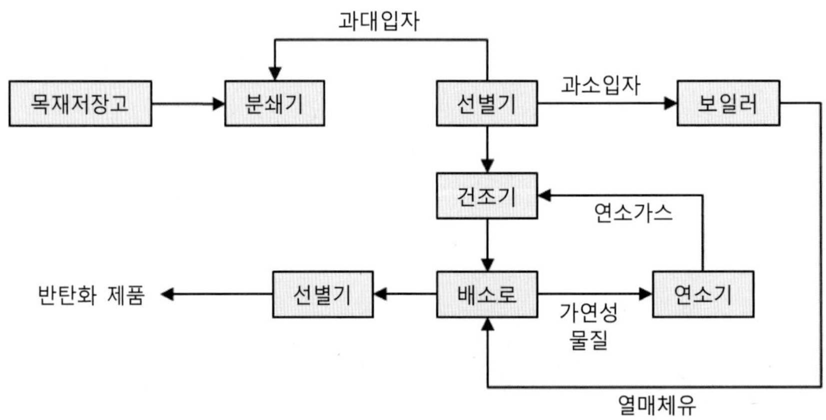

그림 6.12 Pechiney 공정(배소로=Roaster)

2) ECN 공정

네덜란드 ECN(Energy Center of Netherlands)에서 고안한 TOP 공정은 Pechiney 공정과 달리 고온의 가스를 순환시켜 바이오매스를 직접 가열하는 방식을 채택하고 있다. 고온의 가스는 반탄화 가스 자체로 구성되며, 순환할 때마다 재압축과 가열과정을 거친다. 반탄화와 예비건조에 요구되는 열은 배출되는 반탄화 가스의 연소를 통하여 얻게 된다. 반탄화 가스의 에너지함량이 부족할 경우에는 외부 에너지원을 공급한다. 반탄화 과정에서 발생되는 가스의 발열량은 온도 265℃와 290℃에서 각각 5.3MJ/Nm³과 16.2MJ/Nm³ 수준이므로 이 가스를 연소시켜 건조공정에 사용하면 약간의 연료만 추가로 사용하여도 될 것으로 예상된다.

반탄화 반응기에는 일반적인 이동층(moving-bed) 원리를 응용하고 있지만 가열 최적화와 온도조절 및 압력강하 최소화를 위한 특별한 장치들이 요구된다. 다양한 바이오매스와 폐기물에 대한 형태별 최적화가 가능하다. 현재 ECN에서는 생산규모 60,000~100,000톤/년(일반 펠릿으로는 80,000~130,000톤/년) 수준의 설비를 개발 중에 있다.

ECN의 150MW급 반탄화 공정을 위한 반응기 형태에 따른 성능분석(표 6.14)에 의하면 직접 가열방식이 가장 우수한 것으로 판단되고 있다.

표 6.14 반응로 방식별 특성

반응기 형태	열전달계수 (W/m²K)	체류시간 (min)	충진율 (%)	유동형태	비용수준
스크루 간접가열식	30	34	60~70	자유유동	고
회전드럼 직접가열식	41	55	10~15	자유유동	중
이동층 직접가열식	200	20	100	제한없음	저

Bergman 등(2005)의 150MWth급 ECN 공정에 대한 연구결과에 의하면 건조과정의 질량수율은 약 60%이나 반탄화 반응의 물질수지는 약 70% 수준이었다(반응온도 280℃, 반응시간 17.5분). 건조과정의 물질수지가 낮은 것은 수분증발에 의한 것으로, 건조전 바이오매스의 함수율은 습량기준 50%이었다.

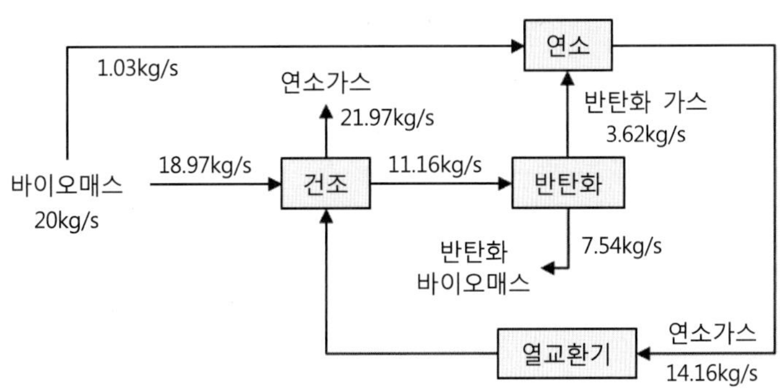

그림 6.13 ECN 공정의 물질수지(반응온도 280℃, 반응시간 17.5분)(HE: heat exchanger)

전체 공정의 열효율은 96%로 계산되었으나 순 효율은 약 92%였다(전기사용량 포함). 전체 공정의 열효율은 주로 건조과정의 효율에 의해 결정된다. 그림 6.14에서는 건조기 내 에너지 유동량이 건조로 인해 135.7MWth에서 152.8MWth로 증가하고 있다. 한편, 반탄화 과정의 높은 효율은 생성된 반탄화 가스를 연소시켜 건조기와 반응기에 요구되는 열을 공급하는 열자급운전에 의한 것이라 할 수 있다.

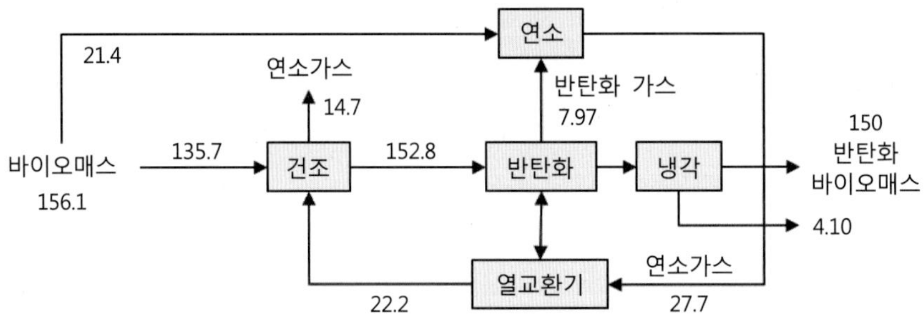

그림 6.14 ECN 공정의 에너지수지

3) 과열증기를 이용한 건조-반탄화 복합 공정

최근 미국 Transnational Technology LLC사는 새로운 반탄화 공정에 대하여 제시한 바 있다(Arcate, 2002). 이 공정에서는 무공기 건조(airless drying)의 개념을 도입하고 있다. 건조매체로서 과열증기(superheated steam)를 사용함으로써 기존 열기건조에서는 필연적으로 발생되는 배출공기에 의한 열손실을 근본적으로 피할 수 있다. 건조기내 간접식 가열기를 거쳐 과열된 증기가 바이오매스 주위를 순환하면서 건조와 반탄화가 진행된다. 건조기로부터 배출된 증기는 열회수장치를 거치게 된다. 이 공정의 또 다른 장점으로는 균일한 온도 유지에 의하여 매우 안정적인 품질을 얻을 수 있다는 점을 들 수 있다.

전술한 스크루형 간접가열방식의 경우 함수율 14%인 목재를 반응기에 투입할 경우 열효율이 68% 수준이었으나 본 공정의 경우에는 86% 수준에 이를 것으로 예상되고 있다. 무공기 공정의 장점들을 정리하면 다음과 같다:

- 균일한 온도유지가 가능함으로 안정적인 품질을 얻을 수 있다.
- 건조와 반탄화 공정을 복합함으로써 투자비용과 소요공간을 크게 절감할 수 있다.
- 일반 열기건조에 비하여 최고 50%까지 건조공정에 소요되는 에너지를 절감할 수 있다.
- 건조시간을 최대 80%까지 단축할 수 있으므로 투자비용과 소요공간을 절감할 수 있다.

반탄화 공정에 소요되는 에너지의 약 80% 정도가 습윤한 원재료의 건조에 사용되므로 무공기 공정의 적용에 따른 에너지 절감효과는 매우 클 것으로 기대되고 있다.

그림 6.15는 과열증기를 이용한 건조-반탄화 복합공정의 모식도이다. 건조과정에서는 건조 중 발생된 증기를 순환시켜 간접식 가열기를 통과하도록 하여 온도 220℃를 유지한다. 과도 증기(excess steam)는 공랭식 응축기(condenser)를 거치면서 온도 95℃의 열풍을 발생시키며, 이 열풍으로 원재료를 예비건조(pre-drying)한다. 반탄화 과정에서는 과정중 발생된 증기와 기화된 휘발성 물질들이 간접식 가열기를 거쳐 270℃를 유지하도록 한다. 이때 발생되는 가연성 물질들로 공정 소요에너지의 일부를 충당할 수도 있다. 반탄화가 완료되면 물을 분무하여 과열증기의 온도를 100℃보다 약간 높은 온도로 유지하도록 하여 냉각과정을 거친다.

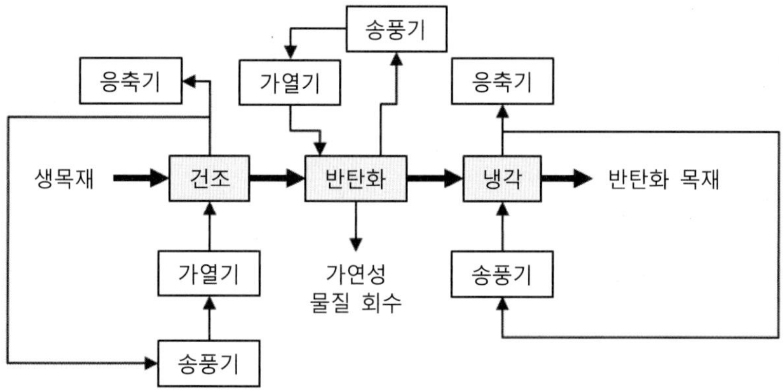

그림 6.15 과열증기 건조-반탄화 공정

3.3. 반탄화 공정과 펠릿성형 공정의 복합

1) 바이오펠릿

바이오펠릿(목재펠릿)은 처리되지 않은 바이오매스에 비하여 매우 매력적인 특성을 제공한다. 발열량, 분쇄특성, 연소특성, 저장, 수송 및 취급 등의 관점에서 바이오펠릿은 우수한 연료이다. 특히, 높은 에너지 밀도와 균질성은 펠릿시장이 창출되고 확장되는데 중요한 원인이 되었다. 북구 유럽과 오스트리아에서는 난방용 연료로 대량 사용되고 있다. 처리되지 않은 바이오매스에 비하여 바이오펠릿은 비교적 높은 발열량과 겉보기 밀도를 지니고 있어 연소장치 규모의 상대적 축소가 가능하며, 취급과 수송 비용 역시 절감된다. 바이오펠릿은 건조된 상태이므로 생물학적 변질이 쉽게 발생되지 않으므로 저장기간도 연장된다(Lehtikangas, 1999). 현재 오늘날 대량의 펠릿이 석탄을 대신하여 대형 열병합발전소에 사용되고 있기도 하다.

석탄화력발전소에서 대규모 바이오매스 혼소(co-firing)를 할 경우에도 바이오펠릿은 처리되지 않은 바이오매스(즉, 목재칩)의 분쇄문제에 대한 해답을 제공할 수 있다. 입자가 큰 바이오매스 원료는 잘 들러붙는 특성이 있고 다량의 섬유가 함유되어 있어 기존 석탄분쇄기로는 분쇄하기 어렵다. 바이오펠릿은 이미 분쇄된 작은 입자들로 구성되어 있으므로 분쇄기에 투입되면 곧 원래의 작은 입자들로 쉽게 분리된다. 한편, 대부분의 석탄을 수입에 의존하는 우리나라의 경우 대량의 바이오매스 대체연료를 수송하려면 많은 비용을 지불해야만 한다. 그러므로 바이오펠릿의 높은 에너지밀도는 매력적인 수송비용절감의 관점에서도 장점이 된다.

지난 십년간 유럽의 바이오펠릿 시장이 크게 발전되었음에도 불구하고 바이오펠릿의 특성 개선을 위한 연구는 활발히 진행되지 못하였다. 단지 펠릿의 내구성과 생물학적 변질에 관한 연구만이 제한적으로 수행된 바 있다. 바이오펠릿의 내구성은 물과 흡수된 수분에 대한 저항성과 파괴 및 분진발생에 대한 기계적 저항성 등으로 이해할 수 있다. 일반적으로 바이오펠릿은 물이나 눈, 수분이나 응축수에 노출되면 쉽게 팽윤되어 원래의 입자들로 분리된다. 이와 같은 현상을 방지하려면 건조하고 환경제어가 가능한 장소에 저장해야 한다. 또한, 취급과 수송에도 각별한 주의가 요구된다(Alkangas and Paju, 2002).

바이오매스의 생물학적 변질은 펠릿화하면 감소되지만 완전히 방지되는 것은 아니다. 바이오펠릿은 건조되어 있으므로 곰팡이나 미생물에 의한 변질과정을 어느 정도 막을 수 있다. 이러한 현상들이 바이오펠릿의 특성에 미치는 영향은 매우 크다. 생물학적, 물리적 및 화학적 특성의 변화에 의해 특히, 기계적 내구성의 감소와 균질성의 변동이 야기된다(Lehtikangas, 1999). 한편, 온도상승으로 인하여 저장 자체가 위험할 수도 있다.

펠릿화 공정은 주로 물리적 과정으로 구성되므로 원료의 특성이 원하는 바이오펠릿 품질기준 충족에 매우 크게 영향한다. 품질의 변이가 매우 심하므로 펠릿의 균질성을 확보하기란 쉽지 않다. 침엽수와 활엽수간, 수종간 및 동일 원목에서도 부위 간 큰 차이가 있게 마련이다. 게다가 저장기간과 저장방법뿐만 아니라 기후와 계절별 변이 역시 원료특성에 영향한다(Lehtikangas, 1999).

톱밥과 대팻밥은 펠릿화에 가장 선호되는 원료이다. 이들은 보통 균질하고 광물질 함량이 낮아 양호한 연소품질을 얻을 수 있다. 따라서 고도의 배출물질 저감기술이 요구되지 않는다. 침엽수는 활엽수에 비하여 리그닌 함량이 높아 선호되고 있다. 리그닌은 주요 바이오매스 고분자의 하나로, 결합제의 역할을 한다. 리그닌 함량이 높을수록 고품질의 펠릿을 생산할 수 있으며 압밀화 조건도 순화된다. 수피도 바이오펠릿에 좋은 원료이다. 발열량도 우수하지만 비교적 많은 오염물질을 함유하고 있다. 그러므로 발전소와 같이 가스세정장치가 장착된 대규모 활용설비에 주로 사용되고 있다. Alakangas와 Paju(2002)에 의하면 원목 자체를 원료로 하는 신선한 바이오매스의 펠릿화는 어려우므로 이와 같은 펠릿이 상용화된 바가 없다. 내구성이 불량하고 생물학적 변질도 쉽게 발생된다. 따라서 현재까지 펠릿화의 원료는 톱밥과 대팻밥만으로 제한되어 왔다. 즉, 목재펠릿은 목재가공산업과 밀접한 관계가 있으며, 따라서 펠릿시장이 계속 확대된다면 가까운 장래에 심각한 원료부족 현상을 겪을 수밖에 없을 것이다.

2) 반탄화에 의한 부가가치

반탄화란 바이오매스를 200~300℃의 온도에서 열화학적 처리를 가하는 과정을 의미한다. 이 과정은 대기압 수준의 무산소 환경에서 이루어진다. 또한, 입자 가열속도(50℃/min 미만)가 늦다는 특징도 있다. 과정 중에 바이오매스의 일부가 분해되어 다양한 휘발성 물질들이 방출된다. 최종제품은 잔존 고체로, 이를 반탄화 바이오매스(torrefied biomass) 또는 목질 바이오매스를 사용한 경우 반탄화 목재(torrefied wood)라 한다.

그림 6.16은 전형적인 반탄화 과정의 질량 및 에너지 평형을 보여주고 있다. 일반적으로 70%가 잔존 고체로 남으며, 여기에는 최초 에너지함량의 90% 정도가 남아 있다(Bioenergy 2000). 질량의 30%는 반탄화 가스로 변환되지만 여기에는 바이오메스 에너지함량의 10%만이 함유되어 있다. 그러므로 상당한 에너지 집적이 가능해지며, 질량기준 1.3배 정도가 된다. 이 예를 통하여 본 공정의 기본적인 장점을 확인할 수 있다. 즉, 원료의 화학적 에너지가 효과적으로 반탄화 산물로 이전되는 한편, 연료의 특성이 개선된다는 것이다. 이는 고전적인 열분해 과정의 에너지 수율이 기존 기술의 경우 20%, 그리고 최신 기술의 경우에도 55~65%에 지나지 않는다는 사실과 확실하게 비교된다(Pentananunt 등, 1990).

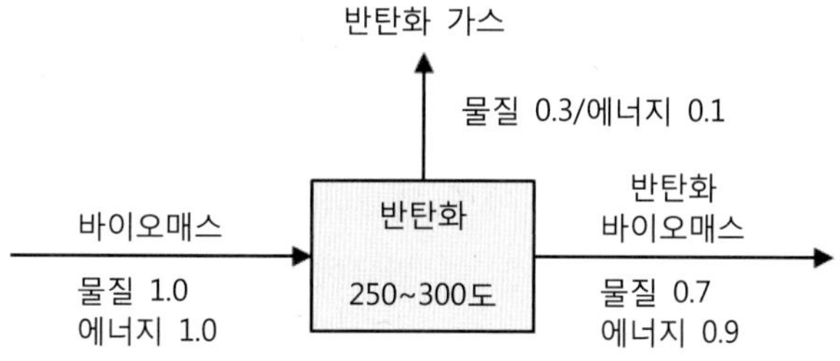

그림 6.16. 반탄화 과정의 물질과 에너지 수지

반탄화 원리는 1930년대 최초로 목질 바이오매스에 대하여 보고된 바 있으며, 프랑스에서 가스화장치의 연료 생산을 위한 연구가 수행되었다(Bioenergy 2000). 그 후 반탄화 목재가 금속공업에서 환원제(reducing agent)로 사용될 수 있다는 사실이 밝혀지기 전까지는 아무런 관

심도 받지 못하였다. 이 시기에 확인을 위한 공장이 건설되어 1980년대에 가동되었으나 1990년대에 해체되었다(Bergman 등, 2005). 2000년대에 들어서 반탄화에 대한 관심이 다시 부흥되면서 특히, 에너지생산(혼소와 가스화)을 위한 바이오매스 전처리기술로의 적용이 기대되고 있다. 최근에는 새로운 공정개념이 제시되고 개발되고 있으나 아직까지는 상업적으로 가동 중인 반탄화 제품 생산공장이 없으며 단지 파일럿플랜트 규모로의 개발이 시도되고 있다.

기존 석탄화력발전소에서 반탄화 바이오매스를 혼소하는 것을 매력적인 대안으로 만든 주요 원인으로는 반탄화 바이오매스가 들러붙는 성질과 일부 섬유성 구조를 잃게 되면 처리되지 않은 바이오매스에 비하여 반탄화 바이오매스의 마쇄성이 매우 탁월해진다는 점을 들 수 있다(Bergman 등, 2005). 반탄화를 통하여 바이오매스는 석탄과 같은 성질을 갈게 되며, 규격감소특성도 비슷해진다. 또한, 반탄화 과정 중 불휘발화에 의해 질량기준 발열량이 증가되어 반응산물의 산소함량이 풍부해진다(예: H_2O, CO_2, 초산).

바이오매스는 반탄화 과정에서 거의 완벽하게 건조되며, 반탄화 후에는 매우 제한적인 수분흡수가 가능할 뿐이다. 수분흡수율은 반탄화 조건에 따라 다르지만 대개 1~6% 수준이다. 반탄화 후 바이오매스가 발수 특성을 나타내는 것은 바이오매스의 수산기(OH group)가 파괴되어 수소결합능력을 잃기 때문이다. 또한, 비극성의 불포화 구조가 형성된다. 이 특성으로 인하여 반탄화 바이오매스가 실제 보존처리된 것처럼 무처리 바이오매스에서는 매우 자주 발생되는 생물학적 변질이 더 이상 발생되지 않는다. 반탄화 과정에서 가장 반응성이 큰 고분자는 헤미셀룰로오스이다. 반탄화 후 char와 휘발성 물질에 깊게 관련되어 있다. 반탄화 과정을 통한 중량손실은 대부분 헤미셀룰로오스에 의한 것으로, 반탄화 바이오매스는 대개 셀룰로오스와 리그닌으로 구성되게 된다. 따라서 리그닌의 함유율도 증가된다.

반탄화를 통하여 질량기준 에너지밀도가 증가되지만 반탄화 과정중 수축은 거의 발생되지 않으므로 생산된 반탄화 바이오매스의 체적은 약간 감소된 수준이 된다. 실험결과(Bergman 등, 2005)에 의하면 반탄화 바이오매스의 밀도는 180~300kg/㎥ 범위로, 건조된 원료보다 10~20% 정도 낮다. 따라서 높은 발열량에도 불구하고 체적 에너지밀도는 개선되지 않는다(보통 5GJ/㎥). 한편, 반탄화 바이오매스는 그 원료에 비하여 부서지기 쉽다. 따라서 원하는 분쇄특성을 얻기는 쉽지만 기계적 강도가 떨어지고 분진발생 가능성이 커진다.

결과적으로 최종제품의 장단점을 고려해볼 때 반탄화와 펠릿화의 복합은 서로를 보완해주는 효과를 얻을 수 있다. 펠릿화의 관점에서 볼 때 펠릿화 공정 내에 반탄화과정을 조합함으로써 바이오펠릿의 내구성과 생물학적 변질에 관련된 문제들에 대한 해답을 얻을 수 있다. 한편, 반탄화는 다양한 바이오매스(침엽수, 활엽수, 초본류, 버드나무)에 적용이 가능하므로 바이오펠릿 원료의 범위도 확대가 가능하다. 반탄화의 관점에서는 반탄화 과정에 펠릿화 과정을 조합함으로써 반탄화 바이오매스의 낮은 체적 에너지밀도와 분진발생이라는 단점을 보완할 수 있다.

반탄화와 펠릿화의 복합에 의한 시너지 효과는 이미 Reed와 Bryant(1978)에 의해 제시된 바 있다. 그들은 최고온도 225℃에서 반탄화와 펠릿화를 수행함으로써 압밀화 과정이 개선됨을 밝힌 바 있다. 동일 품질의 펠릿을 생산하는데 요구되는 압력(compaction pressure)이 일반 펠릿화 공정의 1/2 수준이었다고 한다. 따라서 펠릿의 밀도와 발열량은 크게 증가되는 반면 압밀화에 소요되는 에너지는 1/2 수준으로 절감될 수 있다. 그들은 온도범위 250~300℃에서도 실험을 수행하였으나 압축시 심각한 불휘발화가 일어남을 알 수 있었다. Koukios(1993)도 바이오매스의 반탄화와 압밀화를 동시에 수행시 그 효과를 연구한 바 있다. 그는 밀짚, 올리브 씨껍질 및 폐목재(침엽수) 등의 겉보기 에너지밀도가 20GJ/㎥을 초과함을 보고하였다. 또한 압밀화 과정에서 약간의 불휘발화가 발생됨을 발견하였으나 이는 적용 온도가 낮아 불휘발화가 제한적으로 이루어졌다고 할 수 있다. 일본에서는 바이오매스 자원이 도시지역과 멀리 떨어져 있기 때문에 바이오매스 수송체적 감소를 위하여 반탄화와 압밀화 복합기술에 대한 연구가 진행되고 있다(Honjo 등, 2002).

그러나 반탄화 바이오매스의 펠릿성형특성에는 아직도 확인하고 해결해야할 과제들이 많이 남아 있다.

4. 반탄화 기술의 발전 현황

4.1. 서론

반탄화(torrefaction) 공정은 열적 전처리를 통하여 다른 바이오연료들에 비하여 취급, 분쇄 및 혼소 특성이 현격히 향상된 고체 바이오연료를 제조하는 기술이다. 실험실 수준과 파일럿 규모에서는 이미 반탄화 바이오매스의 우수한 특성들이 입증된 바 있으나 이를 상용화 수준으로 현실화하기 위해서는 아직도 극복해야 할 기술적 및 사업적 도전과제들이 많이 남아 있는 것도 사실이다.

반탄화 기술은 이제야 상용화 실증단계에 진입한 상태이다. 유럽에서는 2010년 4분기와 2011년 1분기 사이 기간 중 생산능력 35,000~60,000톤/년 수준의 반탄화 공장 3곳이 생산을 시작한 바 있다. 북미지역에서도 반탄화 공정 개발에 대한 관심이 높으나 실증을 위한 최초의 공장이 아직은 실현되지 못하고 있다. 반탄화 바이오매스는 대형 발전소, 산업용 열생산 및 지역난방 등에 적용될 수 있으므로 그 시장 잠재력은 매우 크다고 할 수 있다. 현재 반탄화 바이오매스 관련 시장은 CO_2 저감이나 신재생에너지 사용량 증가를 위하여 비용효율적이고 안정적 공급이 가능한 바이오매스를 찾고 있는 utility 관련 업체나 기관들에 의해 구축되고 있다. 현재 반탄화 바이오매스에 대한 이들의 요구량만으로도 향후 수년간 현실화가 가능한 생산능력이 초과되고 있다. 따라서 반탄화 관련 전문가들에게는 그들의 기술을 가능한 신속히 규모확대할 수 있도록 하는 자극제가 되고 있다. 그러나 관련 기술과 공정은 아직도 최적화가 필요한 실정이다.

지금까지 이루어진 대개의 반탄화 기술들은 목질계 바이오매스에 집중되어 왔다. 각종 바이오매스들에 대한 파일럿 플랜트 적용실험의 결과, 현재의 반탄화 기술의 원료 관련 유연성이 제한되고 있음이 확인된 바 있다. 그러므로 농산 바이오매스를 기술적/경제적으로 타당한 방법으로 반탄화 하기 위한 보다 깊은 연구개발 노력이 요구되고 있다. 상용화 실증 플랜트 가동경험에 의하면 입자크기, 온도 및 체류시간 사이의 균형을 각 바이오매스 형태에 따라 최적화해야만 한다. 또한, 에너지수율(우수한 공정제어와 고효율), 제품품질 및 원재료 가격 사이의 경제적 최적화도 필요하다.

반탄화에 대한 시장을 개발하기 위해서는 기술적 발전 이외에도 제품 표준화와 대량생산 가능성 입증 등이 필요하다. utility 관련 업체나 기관들은 반탄화 제품에 대한 경험이 없으므로 그들이 수요량을 명확히 표현하는데 어려움을 겪고 있다. 즉, 반탄화 바이오매스의 저장, 수송, 분쇄 및 연소 등에 대하여 아직도 불확실한 사항들이 많이 남아 있다. 결론적으로 반탄화 바이오매스 시장은 최초의 반탄화 공장이 예상하던 품질과 양의 제품을 생산할 수 있는가의 여부에 크게 좌우될 가능성이 높다.

많은 국가들에서 utility 부문은 에너지가치사슬(energy value chain)에서 커다란 도전에 직면하고 있다. 신재생에너지 관련 목표와 의무, 그리고 CO_2 배출 관련 시장으로 인하여 보다 청정하고 재생 가능한 에너지 생산시스템으로의 변환이 요구되고 있다. 바이오매스 혼소는 풍력발전과 수소발전 등과 함께 세계의 신재생에너지 목표 실현을 위한 중요한 방법으로 인식되고 있다. 석탄 화력발전소의 세정시스템을 교체하지 않아도 되므로 자본 투자를 최소화할 수도 있다. 그러나 석탄 화력발전소는 대량의 바이오매스를 혼소할 수 있도록 설계되어 있지는 않다. 현실적으로 5~10% 비율 이하로 바이오매스를 혼소할 수 있는 정도이다. 이 비율을 증가시키기 위해서는 바이오매스 전용의 취급과 처리 설비들에 상당한 수준의 투자를 해야만 한다. 그러나 예를 들어 목재펠릿의 경우처럼 바이오연료들의 물리/화학적 특성들이 석탄과 크게 차이가 나므로 이와 같은 투자가 이루어진다고 하여도 혼소비율이 20%를 넘지는 못할 것이다. 만일 반탄화 바이오매스를 혼소한다면 혼소비율을 최고 40%까지 높일 수 있는 동시에 투자비용과 수송비용을 절감할 수 있을 것이다. 하지만 현재의 반탄화 기술은 아직 100,000톤/년 이상의 상용화 수준에 도달하지 못하고 있다. 여기서는 반탄화 바이오매스의 상용화를 위하여 극복해야 할 기술적 및 사업적 도전과제들에 대하여 간단히 언급하고자 한다.

4.2. 반탄화 제품 특성

반탄화 제품은 숯(charcoal)과 매우 유사한 특성을 보인다. 그러나 반탄화 제품과 숯 사이의 중요한 차이점은 제품에 잔존하는 휘발성 물질들에서 찾을 수 있다. 숯 생산과정에서는 대부분의 휘발성 물질들이 소실되며, 이것이 바로 불필요한 에너지의 손실을 의미한다. 그러나 반탄화 과정을 효과적으로 적용할 경우 바이오매스에 대부분의 휘발성 물질들이 남아 있을 수 있다. 기술적 측면에서 보면 반탄화 과정 중 어떠한 형태의 탄화(carbonization)도 피해야만 효율을 극대화할 수 있다. 표 6.15는 목재, 목재펠릿, 반탄화 펠릿, 숯 및 석탄의 연료적 특성과 취급, 분쇄 및 수송 과정을 비교하고 있다.

표 6.15에 의하면 바이오매스를 반탄화하여 펠릿화하면 그 취급, 분쇄 및 수송 관련 특성들이 석탄과 매우 유사하게 됨을 확인할 수 있으며, 따라서 바이오 가치사슬(bio-value chain) 관련 비용을 크게 절감할 수 있게 된다. 목재펠릿에 대한 반탄화 바이오매스의 부가가치는 다음과 같이 요약할 수 있다:

- 반탄화 바이오매스의 물리/화학적 특성으로 인하여 혼소비율을 40%까지 높일 수 있다.
- 발전소에 바이오매스의 취급과 처리에 소요되는 비용을 크게 절감할 수 있다. 반탄화 펠릿의 경우 체적에너지밀도(volumetric energy density)가 높아 소요설비들의 규격이 감소하므로 바이오매스 전용설비(예: 햄머밀, 저장 사이로, 바이오매스 공급시스템, 바이오매스 버너 등)가 필요 없게 되어 자본비용이 크게 감소된다.
- 반탄화 후 펠릿화 하게 되면 수송비용을 크게 절감할 수 있다. 체적에너지밀도가 목재펠릿은 7.5～10.4GJ/㎥이지만 반탄화 펠릿은 15.0～18.7GGJ/㎥으로 매우 높은 수준이다.
- 반탄화 바이오매스는 그 발수성(hydrophobic nature)으로 인하여 수분이나 생물에 의한 열화와 분해에 덜 민감하다.
- 연구결과에 의하면 반탄화 물질을 분쇄할 경우 제조된 분말의 규격분포가 양호하고 구형의 입자가 형성되어 원활한 유동화(fluidization)가 가능하게 되므로 혼입유동공정(entrained flow processes; 가스화장치나 미분탄 연소 보일러)에 효과적인 공급이 가능하게 된다.

표 6.15 연료적 특성 비교

항목	목재	목재펠릿	반탄화펠릿	숯	석탄
함수율(%wb)	30-45	7-10	1-5	1-5	10-15
발열량(MJ/kg)	9-12	15-16	20-24	30-32	23-28
휘발성 물질(%db)	70-75	70-75	55-65	10-12	15-30
고정탄소(%db)	20-25	20-25	28-35	85-87	50-55
겉보기밀도(%db)	0.2-0.25	0.55-0.75	0.75-0.85	~0.20	0.8-0.85
체적에너지밀도(GJ/㎥)	2.0-3.0	7.5-10.4	15.0-18.7	6-6.4	18.4-23.8
분진	A	L	L	H	L
친수성	친수성	친수성	발수성	발수성	발수성
생물학적 열화	Yes	Yes	No	No	No
분쇄특성	S	S	C	C	C
취급특성	S	E	E	E	E
제품 균질성	LO	H	H	H	H
수송비용	H	A	LO	A	LO

A: average, C: classic, E: easy, H: high, L: limited, LO: low, S: special

4.3. 반탄화 기술의 현황

반탄화에 적용되고 있는 반응기 기술들은 표 6.16과 같다. 여기에 제시된 모든 기술들은 연소, 건조 및 가스화 등 다른 분야에서 이미 입증된 기술들이다. 이외에도 CNF Biofuels(미국)의 열유체를 이용한 반탄화와 반탄화와 세척과정을 복합한 ECN의 Torwash process 등 많은 혁신적인 기술들이 개발되고 있다.

표 6.16 반응기 기술과 관련 업체

반응기 기술	공급업체
Rotary drum reactor	CDS(UK), Torr-coal(NL), Bio3D(FR), EBES AG(AU), 4Energy Invest(BE), BioEndev/ETPC(SWE), Atmosclear S.A.(CZ)
Screw conveyor reactor	BTG(NL), Biolake(NL), FoxCoal(NL), Agri-tech producers(US)
Multiple hearth furnace(MHF)	CMI-NESA(BE), Wyssmony(/TurboDryer)(USA)
Torbed reactor	Topell(NL)
Microwave reactor	Rotawave(UK)
Compact moving bed	ECN(NL), Thermya(FR), Buhler(USA)
Oscillating belt conveyor	Stramproy Green Investment(NL), NewEarth Eco Technology(USA)

* AU; Austria, BE: Belgium, CZ: Czech, FR: France, NL: Netherlands, SWE: Sweden, UK; England, US: United States of America

세계 각지에서 많은 종류의 반탄화 기술들이 개발 중에 있으나 가장 진보된 기술들은 대개 유럽과 북미에 집중되어 있다(표 6.17). 생산능력과 가동 시작일 관련 정보는 관련 업체들의 견적서나 제안서 등을 기초로 하였다.

표 6.17 반탄화 기술들의 현황

개발자	적용기술	공급자	설치위치	생산능력 (t/y)	운전개시
		유럽			
Topell Energy B.V.	Torbed	Torftech Inc	Duiven(NL)	60000	2010/Q4
Stramproy Green Investment B.V.	Belt conveyor	Stramproy	Steenwijk(NL)	45000	2010/Q3
4Energy Invest	Fluidized bed	Stramproy	Amel(BE)	38000	2010/Q4
Torr-Coal B.V.	Rotary drum	?	Dilsen-Stokkem(BE)	35000	2010/Q3
Thermya	Moving bed	Lantec group	San Sebastian(SP)	20000	2011
ECN	Moving bed	?	?	?	?
Vattenfall	Moving bed	?	?	?	?
FoxCoal B.V.	Screw conveyor	?	Winschoten(NL)	35000	2012
BioLake B.V.	Screw conveyor	?	E. Europe	10000	2010/Q4
EBES AG	Ro타르y drum	Andritz	Frohnleiten(AU)	50000	2011
Atmosclear SA	Ro타르y drum	CDS	Latvia, NZ, US	25000	2010/Q4
Bio Energy Development North AB	Ro타르y drum	?	O-vik(SWE)	30000	2011/12
Rotawave Ltd	Microwave	Group's Vikoma	Terrace, BC(CA)	110000	2011/Q4
		북미			
Integro Earth Fuels LLC	Turbo dryer	Wyssmont	Roxboro, NC(US)	50000	2010
Agri-Tech Producers LLC	Belt reactor	Kusters Zima	?	?	2010
Torrefaction systems Inc.	?	Bepex Inter.	?	?	2013
New Earth Renewable Energy Fuel	Fixed-bed	Pyrovac	?	?	?
Zikha Biomass Energy	?	?	Crokett, Texas(US)	40000	2010/Q4
WPAC	?	?	?	35000	2011

* NL: 네덜란드, BE: 벨기에, SP: 스페인, AU: 오스트리아, US: 미국, SWE: 스웨덴, CA: 캐나다

위 표를 보면 북미의 경우 개발자들이 아직도 상용화 실증 플랜트를 위한 자금확보와 엔지니어링 단계에 있음을 확인할 수 있다.

4.4. 반탄화 공정의 열통합

반응기 기술과는 달리 반탄화 공정의 성능은 열통합설계(heat integration design)에 크게 좌우된다. 열을 다양한 방법으로 통합할 수 있겠지만 모든 반탄화 기술 개발자들은 반탄화 과정에서 생성된 휘발성 물질들을 후연소기(afterburner)에서 연소시키는 한편, 그 연소가스를 이용하여 예비건조 과정이나 반탄화 과정에 직/간접적으로 열을 공급하는 형태의 설계에 기초를 두고 있다. 예비건조 과정에서 바이오매스의 함수율을 15% 이하로 낮추어야만 바이오매스의 효과적 반탄화를 기하는 동시에 휘발성 물질의 농도가 높은 반탄화 가스를 얻을 수 있게 된다. 함수율이 높으면 반탄화 과정의 체류시간이 증가되고 반탄화 가스의 수분농도가 높아져 단열연소과정을 위하여 적어도 900℃까지 가열해야 하므로 효율적 연소가 어렵게 된다. 이 온도는 모든 유기성분들이 연도를 떠나기 전 연소시키는데 요구되는 최저온도이기도 하다.

모든 반탄화 개념들에서 상기의 열통합 개념이 기초가 되고 있지만 그림 6.17에서와 같이 3가지 서로 다른 열통합 개념들을 생각해 볼 수 있다.

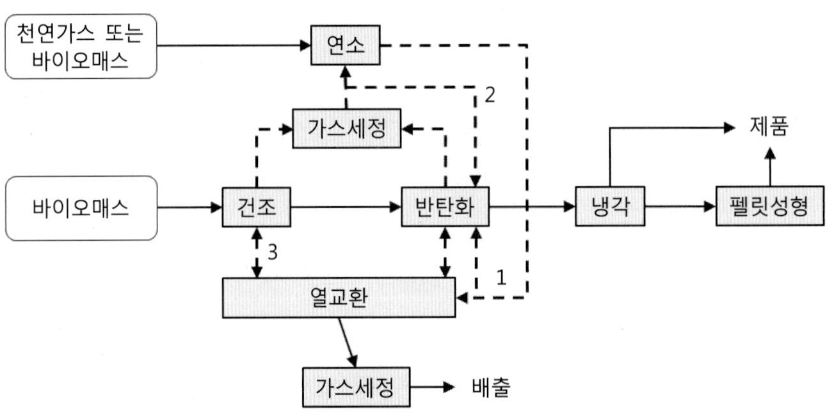

그림 6.17 반탄화 공정의 열통합 개념

개념 1 : 연소가스 재순환

연소가스를 직접 반탄화 과정으로 재순환시킨다. 이 방법의 경우 열교환 시 열손실 없이 가열매체로부터 바이오매스로 열이 효율적으로 전달된다. 이 방법의 단점은 연소가스에 일정량의 산소가 포함되어 있어 반탄화의 효율이 저하될 수 있다는 점이다. 또한, 많은 양의 연소가스를 재순환시켜야 하므로 덕트, 송풍기 및 압축기 등에 대한 투자가 추가로 요구되며, 전력비용도 증가된다는 점도 단점이 될 수 있다.

개념 2 : 반탄화 가스 재순환

반탄화 가스를 재순환시켜 반탄화 과정을 직접 가열하도록 한다. 이 방법도 개념 1과 마찬가지로 가열매체와 바이오매스 사이에 효과적인 열전달이 가능하다. 또한, 반탄화 가스의 양이 연소가스에 비하여 매우 적으므로 보다 간결한 재순환이 가능해진다. 그러나 단점으로는 유기산과 유기조성분들의 농도가 점차 높아진다는 점을 들 수 있다. 그 결과 반탄화 과정에서 보다 많은 타르가 형성될 수 있다.

개념 3 : 과열증기 재순환

반탄화 과정의 직접 또는 간접 가열을 위하여 과열증기(초임계) 증기를 재순환시킨다. 증기로 바이오매스를 직접 가열할 경우 열이 효과적으로 전달되고 공정도 불활성 상태를 유지할 수 있게 된다. 그러나 반탄화 가스가 수분으로 포화되어 그 발열량은 상대적으로 낮아지게 된다. 따라서 휘발성 물질들의 연소가 비효율적으로 이루어지게 된다. 또한, 재순환되는 증기가 휘발성 물질들(유기산)과 타르에 의해 오염되어 재순환 과정에서 상대적으로 저온인 지점에서 응축될 수 있다. 만일 적절한 대처방안이 없을 경우 설비의 부식과 파울링이 야기될 수 있다. 증기를 이용하여 바이오매스를 간접 가열할 경우에는 반응기 내 과열지점들이 발생되며 특히, 반응기 벽체와 접촉되는 바이오매스는 과열될 가능성이 높다. 과열지점으로 인하여 탄화의 위험이 높아지고 그 결과 제품손실이 야기될 수 있다. 그리고 열전달도 비효율적이다.

4.5. 기술적 도전 과제

1) 연료 유연성

1세대 반탄화 기술의 연료 유연성은 주로 목질계 바이오매스에 국한되어 있다. 높은 효율로 고품질의 제품을 생산하기 위해서는 투입되는 원재료의 함수율, 겉보기 밀도 및 입자크기 분포 등을 정확히 제어할 필요가 있다. 파일럿 플랜트 실험결과에 의하면 목재 이외의 다른 바이오매스들에 대한 반탄화는 아직도 기술적 및 경제적으로 극복해야 할 과제가 많은 것으로 파악되고 있다. 예를 들어 농산 바이오매스의 경우 반탄화 과정에서 발화되거나 탄화되는 경향이 있다. 비교적 낮은 겉보기 밀도로 인하여 목질계 바이오매스에 비하여 투입량을 크게 늘려야만 비슷한 에너지수율을 얻을 수 있다는 단점도 있다.

대개의 반응기 기술들은 체적과 바이오매스 이송에 대하여 제한적이므로 처리량이 감소되어 결과적으로 경제성이 낮아진다. 최초의 상용화 실증 플랜트를 가동한 경험에 따르면 바이오매스 종류에 따른 기술적 및 경제적 최적화 작업이 요구된다. 바이오매스 종류에 따라 공정설계를 수정해야할 필요도 있는 것으로 판단된다. 1세대 반탄화 기술의 연료 유연성이 제한적인 또 다른 이유는 utility 관련 업체나 기관들이 폐기물을 사용할 경우 목질계 바이오매스를 이용하는 경우에 비하여 보다 엄격한 규제를 감당해야 하고 플랜트 성능에도 부정적인 효과를 미칠 것을 우려하여 목질계 바이오매스에 준하는 요구사항들을 제시하기 때문이다.

2) 배출물질

반탄화 가스에는 유기산들과 타르가 포함되어 있으며, 이들은 후연소기에서 분해해야 될 필요가 있다. 반탄화 과정에서 형성된 타르가 후연소기에서 분해되기는 하지만 이들이 제품이나 설비 내부에 응축되면 심각한 문제를 야기할 수 있다. 반탄화 온도가 상승하면 할수록 타르 형성량은 지수함수적으로 증가된다. 그러므로 타르문제는 세심하게 다루어야 한다.

후연소기의 운전은 반탄화 가스의 품질에 의해 크게 좌우된다. 반탄화 가스에 많은 양의 수분이 포함되어 있다면 발열량이 감소되어 최적의 연소가 이루어지기 어렵다. 또한, 반탄화 가스 내 수분을 300℃에서 최저 900℃ 수준까지 가열해야 하므로 반탄화 플랜트의 열효율이 저하된다. 실험결과에 의하면 연소 후에도 연소가스에 약간의 유기화합물들(불화수소, 황화물, 질산염 등)이 잔존할 수 있으며, 이들은 배출 전에 제거되어야만 한다. 개발자들은 배출물질 제어를 위하여 흡수제(예: 활성탄)와 함께 백필터와 세라믹 필터 등을 사용하고 있다. 반탄화 가스가 응축될 수도 있으며, 이 경우에는 폐수처리에 대한 문제도 고려해야만 한다.

바이오매스 반탄화 공정의 배출은 IPPC에서 규제하고 있으며, 가까운 장래에 바이오매스에 대한 지속가능성 기준에 의해 규제될 것이다. 그 다음으로는 전체 바이오 가치사슬에 걸친 CO_2 배출문제를 들 수 있다. 즉, 반탄화 과정 중 CO_2 배출량을 가능한 줄여야 한다. 바이오매스 반탄화에서 배출문제는 주된 기술적 과제는 아니지만 적절한 대처가 요구된다.

몇몇 공급업체들은 반탄화를 통하여 바이오매스를 전처리 하면 회분, 염소, 황 및 알칼리 농도까지도 크게 줄일 수 있다고 말한다. 그러나 일반적인 반탄화 조건(260~300℃, 25~35분)에서 별다른 세정방법을 적용하지 않는다면 이는 불가능한 일이다. 이 온도에서는 염소와 황의 극히 일부분만이 휘발하며, 알칼리는 바이오매스 내에 그대로 잔존하게 된다.

3) 규모확대

개발과정에서 규모확대 단계는 매우 중요하다. 일반적으로 파일럿 플랜트의 규모는 약 20 ~600kg/hr 수준이며, 이를 5~8톤/시간 규모로 확대해야만 상용화 실증 플랜트라 할 수 있게 된다. 반응기 기술이 입증되었고 다른 용도로 이보다 더 큰 규모로 확대하여 적용된 바가 있다고 하더라도 이 정도면 상당히 큰 규모확대 수준이라 할 수 있다. 개발단계에서 공급업체들은 그들이 할 수 있다고 장담하지만 최초의 상용화 실증 플랜트가 가동을 시작해야만 규모확대 설계가 예상대로 성능을 나타내는 지 확인할 수 있다. 파일럿 플랜트 실험에서는 관찰되지 않았던 효과들이 상용화 실증 플랜트에서 나타날 수도 있다. 한편, 파일럿 플랜트에서 제기되었던 처리량과 연료(원재료)문제가 규모확대를 통하여 해결될 수도 있다. 개발자들에게 있어서 적절한 설계와 공정수정을 통하여 최고의 성능이 구현되는 완전한 상용화 반탄화 플랜트 개발은 커다란 도전과제이다.

4) 공정 실증

일반적인 관점에서 반탄화 공정이 이미 입증되었다고 하더라도 많은 개발자들은 아직도 공정조건 최적화를 위하여 노력하고 있다. 경험을 통하여 주요 변수들인 온도, 체류시간 및 원재료 입자크기 등 서로 종속적인 변수들을 제어한다는 것은 우수한 성능 확보를 위하여 매우 중요하다. 따라서 이들 세 가지 변수들 사이의 최적화 조건을 찾는 것이 도전과제라 할 수 있다. 최적의 조건은 운전을 통한 시행착오와 공정변수들 각각의 정확한 제어를 통해서만 찾을 수 있게 된다. 각종 바이오매스의 종류에 따라 최적 운전조건이 달라지므로 결국 반탄화 공정의 연료 유연성에 제한이 가해지게 된다. 상기의 세 가지 변수들 이외에도 우수한 공정성능을 위해 해결해야할 수많은 기술적 과제들이 아직도 남아 있다.

5) 제품 인증

utility 관계자들은 아직도 제품의 품질과 규격에 대한 많은 불확실성에 대하여 지적하고 있다. 석탄 화력발전소에서 반탄화 제품의 취급과 혼소 경험은 아직도 매우 제한적인 것이 사실이다. 개발자들은 품질이 일정하고 석탄 화력발전소에서 제시하는 규격에 상응하는 반탄화 바이오매스를 대량으로 생산할 수 있어야 한다는 과제를 안고 있다. 현재까지 취급, 분쇄 및 펠릿화의 경우 기대보다 진척이 늦은 상황이다. 반탄화 바이오매스는 분말상태에서 극히 반응성이 크며, 이미 벨기에 Amel에 설치된 반탄화 설비에서 화재가 발생한 전력이 있다. 반탄화 바이오매스는 분쇄 후에는 갑작스런 연소를 피하기 위하여 불활성 상태로 유지하여야 한다. 한편, 바이오매스가 반탄화 되면서 천연 결합제의 역할을 하는 리그닌의 농도가 감소되므로 반탄화 바이오매스의 펠릿성형 역시 도전해야 할 과제이다. 따라서 개발자들은 반탄화 펠릿 제조를 위하여 생물학적 결합제를 사용하고 있다.

4.6. 사업적 도전과제

1) 경제적 최적화

개발자들은 최종적으로 그들의 반탄화 공정을 경제적으로 최적화하게 된다. 즉, 예를 들어 처리량을 증가시켜 사업적 측면을 개선시킬 수 있다면 효율이나 제품수율이 최적의 조건이 아니더라도 이를 수용할 수 있다는 것이다. 반탄화의 경제성은 바이오매스 원재료 가격과 제품 가격 사이의 차이에 의해 크게 좌우된다. 개발자들에게는 그들의 바이오매스 원재료와 제품에 대하여 좋은 가격을 흥정하는 것이 도전과제가 된다. 또한, 반탄화 생산비용도 공정효율과 제품수율의 최적화를 통하여 최소화해야만 한다.

2) 제품 표준화

반탄화 바이오매스 시장이 형성되려면 제품 표준화가 절대적이다. 반탄화 바이오매스 공급자들이 일정치 못한 품질의 제품을 생산한다면 반탄화 바이오매스 시장은 원하는 수준으로 성장하기 어렵다. 그러나 제품 표준이 개발된다면 반탄화 제품은 상품이 되어 대량으로 교역이 가능하게 된다. 또한, 규격에 맞추어 반탄화 바이오매스를 공급하는 공급업체와 그렇지 못한 업체 사이에 구별이 이루어질 것이다.

제품 표준 개발에는 반탄화 바이오매스 공급업체와 utility 관계자들 또는 다른 소비자들 사이의 협조가 매우 중요하다. 소비자들은 공급자들이 소비자의 요구에 맞게 공정을 최적화할 수 있도록 제품에 대한 경험을 얻고 그들의 요구들을 명확히 제시할 필요가 있다. 왜냐하면 이 시장이 상품시장으로 빠르게 성장할 경우 공급자와 소비자 모두에게 이익이 되기 때문이다.

4.7. 결론

- 현재 바이오매스 반탄화 기술은 상용화를 위한 최초의 발걸음을 내딛고 있으나 아직도 기술과 제품 품질에는 많은 불확실성이 내포되어 있다. 그럼에도 불구하고 유럽의 몇몇 utility 관련 업체나 기관들(Essent B.V., DELTA N.V.)은 최근 위험을 감수하고 공급자들

과 장기공급계약을 체결한 바 있으며, 또 다른 업체(RWE Innogy)도 반탄화 바이오매스 분야 발전에 동참함으로써 반탄화 기술은 새로운 전기를 마련하고 있다.

- 유럽의 개발자, 공급자 및 utility 관련자들이 반탄화 바이오매스 분야 발전을 선도하고 있으며, 3기의 상용화 실증 플랜트가 2011년도 초부터 가동하게 된다. 북미의 반탄화 분야는 아직도 파일럿 플랜트 수준이며, 상용화 실증 규모로의 확대를 위해서는 많은 연구개발과 자금조달이 요구되고 있다. 그러나 유럽에서 축적된 경험과 교훈이 북미지역의 반탄화 분야 발전을 촉진할 수 있을 것이다.
- 1세대 반탄화 기술은 연료 유연성이 제한되어 주로 목질계 바이오매스의 처리에 최적화되어 있다. 이는 바이오매스 가용성, 반응기 기술의 기술적 한계 및 목질계 바이오매스에 국한된 경제적 최적화 등에 의한 결과이다. 또한, utility 관련자들은 플랜트 성능에 대한 영향을 우려하여 청정한 목질계 바이오매스를 혼소용 연료로 선호하고 있다. 반탄화 공급자들은 농산 분산물들이나 RDF 같은 폐기물들을 기술적/경제적으로 타당한 방법으로 반탄화해야만 한다는 과제에 직면해 있다.
- 주요 공정변수들(온도, 입자규격 및 체류시간)의 정확한 제어가 가능한 반탄화 기술은 고효율과 우수한 제품 품질에 필수적이다. 바이오매스를 직접가열 하는 열통합방식의 경우 열전달 효율이 높고 탄화위험이 낮아 보다 우수한 효율과 제품품질을 보장할 수 있다.
- 반탄화 바이오매스 시장은 대량의 바이오매스를 혼소하려는 utility 관련 업체나 기관들에 의해 주로 운영되지만 지역난방과 산업용 열생산도 시장 잠재력을 지니고 있다. 이 시장들은 서로 다른 요구사항과 조건들을 지니고 있으며, 이들은 반탄화 관련 혁신적인 시스템을 지닌 공급자에 의해 만족되어야 한다.

Chapter

7 회분의 재활용

현재까지의 경험으로는 석탄 투입 발열량 대비 5~10%까지 직접 혼소가 가능한 것으로 알려져 있다(Loo, 2004). 혼소시스템에서 바이오매스의 활용비율이 커질수록 연소과정에서 발생되는 회분과 관련된 문제들이 그 중요성을 더 하게 된다.

바이오매스 연료별로 회분함량이 매우 다르다(표 7.1). 밀짚이나 거대억새와 같은 초본류들은 생장과정에서 보다 많은 영양소들을 흡수해야 하기 때문에 목재보다 회분함량이 많은 것이 일반적이다. 목재의 경우 수피는 회분뿐만 아니라 모래나 흙과 같은 광물성 불순물들이 많이 함유되어 있어 수피가 포함된 양이 많을수록 회분함량도 증가된다.

표 7.1 각종 바이오매스 연료별 회분함량(Loo, 2004)

바이오매스 연료	회분함량(%wb, d.b.)
수피	5~8
수피가 포함된 목재칩	1~2.5
수피가 제거된 목재칩	0.8~1.4
톱밥	0.5~1.1
폐목재	3~12
밀짚과 곡물류	4~12
거대억새	2~8, 8~22
석탄	5~45(보통 8.5~10.5)

직접 혼소는 바이오매스와 석탄 회분이 혼합된 상태로 발생되는 반면 병렬 혼소나 간접 혼소의 경우 각 회분이 개별적으로 발생된다. 그러므로 각종 회분의 재활용을 위해서는 각기 다른 방법을 적용해야 할 것이다.

1. 석탄 회분의 재활용

석탄연소부산물(Coal Combustion Products(CCP))에는 날재(fly ash), 바닥재(bottom ash), 보일러 슬래그 및 유동층 연소회분 등이 포함된다. 총 CCP의 약 68%가 날재이다(그림 7.1).

실제 유럽의 경우 날재, 바닥재 및 유동층 연소회분의 약 50%와 보일러 슬래그 전부를 건설과 지하채광업(underground mining)에 재활용이 가능하며, 나머지 50%는 지상채광(open cast mines), 광산 갱 및 채석장의 복구에 사용할 수 있다(표 7.2), 유동층 연소회분의 경우에는 약 29% 정도를 폐기해야 하며 날재의 약 3%와 바닥재의 약 10%도 폐기해야 한다. 상기 자료들은 2003년도 유럽연합 15개국의 상황을 기준으로 한 것으로 총 CCP 발생량은 약 6,500만톤이다. 그 외 유럽국가들의 총 CCP 발생량은 연간 약 3,000만톤으로 추정되고 있으며 사용되고 있는 연료의 대부분이 준역청탄(sub-bituminous coal)이나 갈탄(lignite)이다(Berg와 Feuerborn, 2005).

유럽 석탄연소부산물협회(European Coal Combustion Products Association)에 따르면 유럽 15개국에서 발생되는 석탄 날재의 약 30% 정도가 콘크리트 첨가물이나 시멘트 대체용으로 사용되고 있다. 콘크리트에 적용하는 것은 가장 부가가치가 높은 날재 재활용 용도이므로 유럽규격 EN 450 "Fly ash for concrete"는 매우 중요한 의미를 갖는다. EH 450은 원래 오직 석탄의 날재에 대해서만 언급하고 있지만 최근 바이오매스 혼소로부터 발생된 회분의 재활용 가능성과 관련하여 이 규격의 수정이 이루어진 바 있다(Berg와 Feuerborn, 2005).

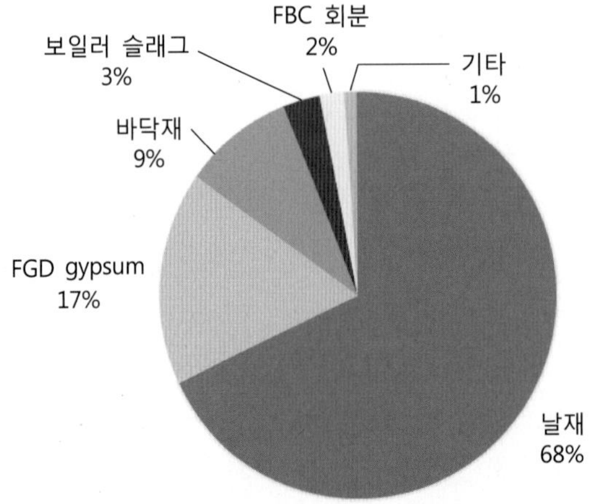

그림 7.1 2003년도 유럽 15개국의 석탄연소부산물 구성비율(Berg와 Feuerborn, 2005)

표 7.2 2003년도 유럽 15개국의 석탄연소부산물의 재활용과 폐기 현황(Berg와 Feuerborn, 2005)

건설과 지하채광업에 활용	지상채광, 광산 갱 및 채석장 복구	일시 야적	폐기
52.4%	35.6%	8.0%	3.7%

2. 바이오매스 회분의 재활용

현재 바이오매스 회분의 특성과 재활용 가능성에 대하여 많은 연구들이 진행되고 있다. 여기서는 네덜란드 ECN에서 수행한 BIOAS 프로젝트와 GASASH 프로젝트(VTT, Foster Wheeler, AICIA, PVO 및 Essent Energy Production과 공동연구)의 결과들을 소개하고자 한다.

화격자 형의 경우 바닥재의 95% 정도가 슬래그, 모래 및 미연소 목재 등으로 구성되는 반면 나머지 5%는 중금속으로 오염된 날재이다. 유동층 연소형의 경우 총 회분 발생량 중 20~30%가 바닥재인 반면 나머지 70~80%가 날재로 구성된다. 바닥재는 주로 모래, 층 물질 및 연료의 회분으로 구성되며 날재에는 다량의 연료 회분과 약간의 모래가 포함된다.

2.1. 바이오매스 회분의 재활용

바이오매스는 생장환경으로부터 흡수한 무기물질들만을 함유하고 있어 이들이 결국 회분의 형태로 남게 되므로 이를 다시 원래의 생장환경으로 되돌려 보는 것이 가장 지속가능한 회분 재활용 대안이 될 것이다.

현재 바이오매스 회분은 폐기되거나 농지 또는 임지로 회귀시켜 재활용하고 있지만 아직도 재활용이 완벽하게 제어되고 있지는 못하다. 핀란드, 스웨덴 및 오스트리아에서는 목재회분을 임지로 회귀시키는 일이 법적으로 가능하다. 덴마크, 오스트리아 및 독일에서는 목재회분을 농업용으로 재활용하고 있다(덴마크에서는 밀짚 회분도 농지에 재활용하고 있음). 그러나 현재 네덜란드에서는 이와 같은 재활용을 법적으로 허용하지 않고 있다.

그러나 회분의 조성을 예측하기 어렵고 영양소에 비하여 다량의 중금속이 포함될 수 있기 때문에 농업용 폐쇄형 회분 재활용 시스템의 구축이 어려울 수 있다. 만일 재활용시스템(바이오매스 회분을 원래의 바이오매스 생산지로 회귀시키는 시스템)이 불가능하다면 다음의 세 가지 재활용 방법이 있을 수 있다: 비료, 건축재료 및 연료.

1) 바이오매스 회분의 비료로 재활용

백운석(dolomite)은 마그네슘과 칼슘이 풍부하므로 이를 층 물질로 사용하여 연소나 가스화를 할 경우 회분을 토양 개량제를 사용할 수 있다. 그러나 바이오매스 회분을 비료로 사용하는 데는 수많은 제약요인들이 있을 수 있다. 바이오매스 회분은 질소와 가용성 인이 부족하고 중금속에 비하여 영양소 함량이 낮으며 불활성 물질의 함량이 높아 완벽한 비료라 하기는 어렵다. 바이오매스 회분을 비료 생산의 원료로 사용할 수도 있지만 상기와 같은 문제점을 안고 있다. 표 7.3과 7.4에 각종 바이오매스 회분이 함유하고 있는 식물 영양소 함량과 중금속 함량을 제시하였다.

비료로 직접 사용하는 방법 외에도 바이오매스 회분을 농업용 퇴비에 첨가하는 간접적인 재활용 방법도 생각할 수 있다. 그러나 이 방법의 장점이 명확하지 않아 아직 상용화 규모로 적용된 바는 없다.

표 7.3 각종 바이오매스 회분의 식물 영양소 함량(Pels 등, 2005)

영양소	목재칩과 톱밥 연소플랜트의 평균 회분분포(%)			밀짚과 곡물류 연소플랜트의 평균 회분분포(%)			폐목재 연소플랜트의 평균 회분분포(%)		
	바닥재	사이클론 날재	필터 날재	바닥재	사이클론 날재	필터 날재	바닥재	사이클론 날재	필터 날재
CaO	41.7	35.2	32.2	7.8	5.9	1.2	31.1	28.5	16.7
MgO	6.0	4.4	3.6	4.3	3.4	0.7	2.8	3.0	0.5
K_2O	6.4	6.8	14.3	14.3	11.6	48.0	2.3	2.7	7.5
P_2O_3	2.6	2.5	2.8	2.2	1.9	1.1	0.9	1.4	0.4
Na_2O	0.7	0.6	0.8	0.4	0.3	0.5	1.1	1.1	3.3

농부에게 유용한 제품을 공급하려면 적정한 화학적 조성을 갖추게 하는 한편, 기존 비료살포 시스템으로도 살포가 가능하도록 회분을 전처리하는 과정이 요구될 것이다. 스웨덴에서 실험을 거쳐 사용하고 있는 바이오매스 회분 전처리 방법에서는 회분 과립에 물을 섞어 경화시킴으로써 회분 취급과 살포시 분진형성을 최소화하는 한편, 흙과 같은 상태로 만들어 회분으로부터 영양소가 용출되는 속도를 늦춰줌으로써 식물에 가해지는 충격을 감소시키고 있다.

경우에 따라서는 아무리 깨끗한 바이오매스라 하더라도 중금속 함량이 높은 날재와 영양소 함량이 낮은 바닥재가 발생할 수 있으며, 많은 양의 모래가 함유될 수도 있으므로 바이오매스 회분을 비료로 사용하는 데는 많은 문제점이 대두되고 있으나 동시에 많은 개발의 여지가 있다고 할 수도 있다.

표 7.4 각종 바이오매스 회분의 중금속 함량(Pels 등, 2005)

성분	목재칩과 톱밥 연소플랜트의 평균 회분분포(%)			밀짚과 곡물류 연소플랜트의 평균 회분분포(%)			폐목재 연소플랜트의 평균 회분분포(%)		
	바닥재	사이클론 날재	필터 날재	바닥재	사이클론 날재	필터 날재	바닥재	사이클론 날재	필터 날재
Cu	164.6	143.1	382.9	17.0	26.0	44.0	1234.0	437.0	422.0
Zn	432.5	1870.4	12980.7	75.0	172.0	520.0	6914.0	15667.0	164000.0
Co	21.0	19.0	17.5	2.0	1.0	<1.0	21.0	30.0	5.0
Mo	2.8	4.2	13.2	<10.0	<10.0	10.0	7.0	11.0	11.0
As	4.1	6.7	37.4	<5.0	<5.0	22.0	17.0	59.0	104.0
Ni	66.0	59.6	63.4	4.0	<2.5	<2.5	179.0	167.0	74.0
Cr	325.5	158.4	231.3	13.5	17.5	6.8	466.0	1415.0	404.0
Pb	13.6	57.6	1053.3	5.1	21.5	80.0	2144.0	8383.0	50000.0
Cd	1.2	21.6	80.7	0.2	1.8	5.2	20.0	70.0	456.0
V	43.0	40.5	23.6	<10.0	<10.0	<10.0	171.0	260.0	153.0
Hg	0.01	0.04	1.47	<0.1	<0.1	0.7	<0.5	0.7	<0.5

2) 바이오매스 회분의 건축재료로 재활용

건축재료로 직접 재활용할 수 있는 바이오매스 회분은 오직 바닥재뿐이다. 다른 형태의 회분들은 건축재료의 원재료로 사용이 가능할 것이다.

유동층 연소나 가스화에서 발생된 바닥재는 다량의 모래를 함유하고 있어 도로건설이나 조경에 사용되는 모래를 대체할 수 있을 것이다. 스토커나 EFG에서 발생된 바닥재는 과립화하여 콘크리트나 도로건설에 재활용이 가능하다. 연소과정에서 발생되는 날재의 경우에는 분말의 형태로 발생되어 모래나 자갈과 같은 입자들을 대체할 수 없기 때문에 건축재료로 직접 사용하기에는 부적합하다. 따라서 시멘트나 콘크리트의 원재료로 사용할 수 있지만 알칼리와 염소 함량이 문제가 될 수 있다. 또 다른 용도로는 날재를 도로나 수로 건설에 사용되는 시멘트와 몰타르에 충진제로 사용하는 방법을 들 수 있다.

유동층 가스화에서 발생되는 날재는 건설업에 전혀 사용할 수 없지만 중유 잔사를 결합제로 하여 제조되는 보도블록인 C-FIX에 충진제로 적용한 결과 성공적인 실험결과를 얻은 바 있다.

3) 바이오매스 회분의 연료로 재활용

에너지 함량이 높은 회분이라면 발전이나 열생산에 연료로 활용이 가능하나 바이오매스의 유동층 가스화에서 발생되는 날재만이 그 요건을 충족시킬 수 있다. 이 날재에는 미연소 탄소가 많이 함유되어 있고 비친수성이라 발열량이 높다.

경제적 관점에서 볼 때 탄소함량이 높은 회분을 연료로 재활용하는 것은 최선의 방법이 될 수 있다. 회분을 분말상태 그대로 연료로 사용하거나(PF 보일러) 또는 펠릿이나 과립으로 성형하여 사용할 수도 있다. 회분을 펠릿, 과립 또는 브리켓의 형태로 성형하면 다음과 같은 장점을 얻을 수 있다:

- 체적 1/4~1/6 수준으로 감소
- 대기 중 저장 가능
- 건강 및 안전관련 위험(예: 분진폭발) 감소

그러나 아직까지는 이와 같은 방법이 경제적으로 타당하지 못하여 회분물질을 유리화(vitrify)하여 회분으로부터 성분들이 용출되지 못하도록 하는데 필요한 열을 회분이 함유한 탄소의 연소를 통하여 활용하고 있는 정도이다.

전술한 모든 경우에서 성공적인 활용을 위해서는 회분의 품질이 일정해야 하며, 회분 공급량이 충분해야만 회분 재활용에 대한 관심을 유도할 수 있다. 아직까지는 모든 경우에 적용이 가능한 바이오매스 회분 재활용 방법은 없으며, 각각의 경우에 따라서 그에 적합한 방법을 찾아야만 한다.

환경적 관점에서 가장 바람직하지 못한 방법은 회분 매립이다. 회분 폐기비용은 그 발생원과 국가에 따라 크게 차이가 난다. 관련 자료(Loo, 2004)에 따르면 목재회분의 폐기비용은 1톤당 200~500유로에 달한다. Pels 등(2005)에 따르면 바닥재나 소결회분(sintered ash)은 1톤당 100유로, 날재는 1톤당 50~300유로에 폐기가 가능하다. 국가에 따라서는 회분매립에 아무런 비용이 소요되지 않기도 한다. 그러나 최근 매립지 확보가 어려워지면서 회분 매립에 대한 비용은 크게 증가될 것으로 예상된다.

2.2. 바이오매스/석탄 혼소 회분의 재활용

직접 혼소방식에서는 바이오매스와 석탄의 회분이 혼합되어 발생되므로 재활용에 많은 제약이 있게 된다. 그러나 직접 혼소는 기존 석탄 발전소에 혼소방식을 적용할 때 소요되는 투자비용을 최소화할 수 있어 가장 많이 적용되는 방식이기도 하다.

석탄만을 연소하여 발생되는 날재의 대부분은 시스템 생산에 활용이 가능하다. 석탄과 목재의 혼소에 의해 발생된 회분을 상기 용도로 재활용하는 것을 금하는 일은 기술적 측면에서는 타당하지 않다. 그러나 초본류 바이오매스를 사용할 경우에는 알칼리와 염소 및 기타 성분들이 콘크리트의 중요한 특성에 영향을 미칠 수도 있다.

초본류 회분이 콘크리트 특성에 미치는 영향에 대해 연구한 Baxter(2005)에 의하면 초본류 회분이 최고 40%까지 혼합된 날재를 이용하여 콘크리트의 시멘트를 25%까지 대체한 바 있다. 바이오매스 회분을 포함한 날재는 정성적 분석결과 콘크리트에 혼합하였을 경우 석탄 회분과 거의 동일한 구조적 및 기능적 특성을 보여주었다고 한다.

바이오매스회분을 포함한 날재가 콘크리트에 미치는 영향은 충분히 제어가 가능하며, 통기제(aerating agent)의 양이 유일한 관찰 대상이라는 것이 일반적인 결론이다. 콘크리트에 공기를 혼입시키는 것은 동결-해동 사이클 중 파괴를 방지하는데 중요한 역할을 하며, 초본류 함량이 높아질수록 통기제가 증가하는 것으로 나타났다. 만일 혼소에 의해 발생된 날재가 석탄 회분과 동일한 방법으로 콘크리트 생산에 활용된다면 동결-해동 사이클 중 파괴를 막을 수 없을 것이다.

1994년 제정된 유럽규격 EN 450 "Fly ash for concrete"에서는 반응성 CaO 함량이 질량비 10% 미만인 실리카성 날재만을 언급하고 있다. 2004년 CEN 회원들은 수정 규격인 EN 450-1에 찬성표를 던진 바 있다. 이 수정 규격에는 혼소로 부터 발생된 날재의 허용 여부에 관한 다음과 같은 기준이 포함되어 있다: "미분탄과 혼소물질의 혼합물로부터 발생된 회분으로 석탄 혼합비율이 80% 이상이고 혼소물질로부터 발생된 회분의 비율이 10%미만일 것". 여기서 혼소물질에는 다음과 같은 바이오매스와 폐기물들이 포함된다:

- 목재칩, 밀짚, 올리브 껍질과 기타 채소류의 섬유 등과 같은 물질
- 동물 사료
- 도시 하수슬러지
- 제지 슬러지
- 석유 코크스(petroleum cokes)
- 무회분 액상과 기체상 연료

전술한 바와 같이 혼소물질에 의해 발생된 회분의 비율이 10%를 넘지 말아야 하며, 최고 혼소비율을 적용한 보일러에서 혼소에 의해 발생된 날재의 양을 측정함으로써 입증되어야 한다. 또한, 회분을 콘크리트에 사용하기 전에 환경적 타당성을 입증하여 날재의 재활용에 요구되는 사항들을 만족시켜야만 한다. 유럽의 경우 만일 혼소물질의 종류나 양에 관한 기준이

만족되지 못하는 경우에는 ETA(European Technical Approval)에 관련 실험을 의뢰해야 한다. 지난 수년간 EN 450에 제시된 기준보다 혼소물질 비율이 높은 상태로 적용해 온 네덜란드의 경우에는 이와 같은 제도를 이용하여 왔다. ETA는 혼소물질의 종류에 대해서는 아무런 제한을 두지 않고 있으며, 혼소비율을 최고 40%까지 허용하는 한편, 혼소물질에 의해 발생된 회분의 비율을 질량비 최고 35%까지 허용하고 있다. 네덜란드에서는 날재의 매립이 전혀 허용되지 않으므로 회분 재활용이 유일한 대안이다. 네덜란드의 한 발전소에서는 바이오매스와 석탄의 직접 혼소로부터 발생되는 혼합 회분을 콘크리트 바닥재로 사용되는 Lytag aggregates 등과 같은 경량 골재의 제조에 사용하고 있다.

3. 결론

바이오매스는 수확, 수송 및 기타 바이오매스 공급망과 관련된 요소들에 의해 발생되는 배출량을 고려하지 않을 경우 이산화탄소 중립적인 연료로 인정받고 있다. LCA 연구 결과 얻게 된 일반적인 결론은 발전을 위하여 석탄만을 사용하는 것보다 바이오연료를 이용하는 것이 환경적으로 이득이 된다는 것이다. 각 시스템마다 개별적인 분석이 필요하지만 혼소에 관련된 많은 문제들 중에서 염소함량이 높은 바이오매스의 혼소시 시스템의 부식이 증가된다는 문제는 앞으로도 많은 관심이 필요한 과제라 할 수 있다.

바이오매스와 석탄의 혼소와 관련된 배출문제에서도 바이오매스의 혼소비율이 증가할수록 SO_X 배출량이 감소된다. 그러나 NO_X의 경우에는 연료형태, 연소와 운전조건 등에 따라 배출량이 증가, 감소 또는 일정 수준을 유지할 수 있다.

혼소시스템에서 발생된 회분의 재활용은 특별한 관심이 필요한 분야이다. 병렬과 간접 혼소방식에서는 회분이 개별적으로 발생되지만 직접 혼소방식에서는 석탄과 바이오매스 회분이 혼합되어 발생된다.

석탄 연소에 의해 발생된 회분은 거의 대부분 건설분야에서 재활용되고 있다. 바이오매스 회분은 바이오매스가 생산된 장소로 되돌려 보내 비료로 재활용하거나 건축용 재료 또는 발전이나 열생산용 연료로 재활용이 가능하다. 마지막 재활용 방법은 바이오매스 유동화 가스화에서 발생되는 날재 등과 같이 에너지함량이 높은 바이오매스 회분에만 적용이 가능하다. 하지만 이를 연료로 사용하여도 마지막엔 결국 회분이 남게 된다.

바이오매스 회분을 재활용하는 데는 고려해야 할 많은 요소들이 있지만 가능성은 충분하다. 회분 매립은 비용적 측면에서 가장 효과적인 대안이라 할 수 있다. 그러나 혼합된 회분은 바이오매스나 석탄 회분 단일 종류에 대하여 적용할 수 있는 용도로 그대로 사용하기에는 많은 문제점이 발생할 수 있다. 최근까지도 EN 450은 석탄 이외의 연료로부터 발생된 회분을 콘크리트에 재활용하는 것을 금지하고 있다. 그러나 최근 이 규격이 수정되어 혼소과정에서 발생된 회분을 재활용할 수 있는 길을 열어두고 있다. 네덜란드에서는 이 기준을 이용하여 혼소에서 발생된 회분을 전량 재활용하고 있다. 그러나 다른 유럽국가들은 현재까지도 이를 금하고 있다. 그러므로 혼소시스템의 환경적 영향을 분석할 때 회분 재활용에 대한 면밀한 검토가 요구된다.

Abdullah, N., F. Sulaiman and H. Gerhauser. 2011. Characteristics of oil palm empty fruit bunches for fuel application. J. Physical Science 22(1): 1-24.

Abdullah, N. and F. Sulaiman. 2013. The properties of the washed empty fruit bunches of oil palm. J. Physical Science 24(2): 117-137.

Ahn, B. J., Kim, Y. S., Lee, O. K., Cho, S. T., Choi, D. H., Lee, S. M. 2013. Wood pellet production using domestic forest thinning residues and their quality characteristics. Journal of Korean Wood Science and Technology 41(4): 346-357.

Alakangas, E. 2000. Properties of fuels used in Finland. VTT Tiedotteita 2045.

Alakangas, E. and P. Paju. 2002. Wood pellets in Finland- technology, economy and market. OPET Report 5. Jyvaskyla, VTT Processes 2002.

Aljuboori, A. H. R. NA. Oil palm biomass residue in Malaysia: Availability and sustainability. Industrial Journal of Biomass & Renewables.

Amin, N. A. S., M. Misson, R. Haron, M. F. A. Kamaroddin, W. N. N. W. Omar and K. G. Haw. 2012. Bio-oils and diesel fuel derived from alkaline treated empty fruit bunch(EFB). Biomass & Renewables 1: 6-14.

Andersson, E., S. Harvey and T. Berntsson. 2006. Energy efficient upgrading of biofuel integrated with a pulp mill. Energy 31: 1384-1394.

Arcate, J. R. 2002. Torrefied wood, an enhanced wood fuel. Bioenergy 2002, Boise, Idaho.

Argus. 2016. Argus biomass markets. Issue 16-014, 6th April, 2016. Argus Media Group.

Arias, B. R., C. G. Pevida, J. D. Fermoso, M. G. Plaza, F. G. Rubiera, and J. J. Pis Martinez. 2008. Influence of torrefaction on the grindability and reactivity of woody biomass. Fuel Processing Technoloby, 89(2): 169-175.

Arnold, H. NA. Exporting wood pellets. PFI Annual Conference.

Aronsson, P. G. and L. F. Bergstrom. 2001. Nitrate leaching from lysimeter-grown short-rotation willow coppice in relation to N-application, irrigation and soil type. Biomass and Bioenergy 21: 155-164.

Azizan, M. T., S. Yusup, F. D. Laziz and M. M. Ahmad. NA. Proceedings of the 3rd WSEAS Int. Renewable Energy Sources: 228-233.

Bassam, N. El. 2010. Handbook of bioenergy crops. Earthscan.

Basu, P. 2010. Biomass gasification and pyrolysis: Practical design anf theory. Academic Press.

Baxter, L. 2005. Biomass-coal co-combustion: opportunity for affordable renewable energy. Fuel 84: 1295-1302.

Berg, vom W. and H. J. Feuerborn. 2005. Present situation and perspectives of CCP management in Europe. http://www.flyash.info/2005/53vom.pdf.

Bergman, P. C. A. 2005. Combined torrefaction and pelletisation: The TOP Process. ECN-C-05-073.

Bergman, P. C. A., and J. H. A. Kiel. 2005. Torrefaction for biomass upgrading. Published at 14th European Biomass Conference & Exhibition, Paris, France, October 17-21, 2005.

Bergman, P. C. A., A. R. Boersma, R. W. H. Zwart, and J. H. A. Kiel. 2005. Torrefaction for biomass co-firing in existing coal-fired power stations, ECN-C-05-013.

Bergman, P. C. A., A. R. Boersma, J. H. A. Kiel, M. J. Prins, K. J. Ptasinski, F. J. J. G. Janssen. 2005. Torrefied biomass for entrained-flow gasification of biomass. Report ECN-C-05-026.

Bergman, P. C. A., A. R. Boersma, J. H. A. Kiel, M. J. Prins, K. J. Ptasinski and F. J. J. G. Janssen. NA. Torrefaction for entrained-flow gasification of biomass. ECN report, ECN-C-5-067.

Bergman, P. C. A., A. R. Boersma, R. W. H. Zwart and J. H. A. Kiel. NA. Development of torrefaction for biomass co-firing in existing coal-fired power stations. ECN report, ECN-C-5-013.

Berndes, G. and P. Borjesson. 2007. Multifuctional bioenergy systems. AGS Pathways report 2007.

Bi, X. T. 2011. Torrefaction of BC softwood. Clean Energy Research Centre, University of British Columbia.

BIONIC Scandinavia. www.bionic.nu

Biewinga, E. E. G. et al. 1996. Sustainability of energy crops in Europe: a methodology developed and applied. Center for Agriculture and Environment, CLM 234-1996, Utrecht.

Bio-Centrum. 2008. Ethanol potential for empty fruit bunches pre-treated bu wet-explosion. A report prepared under the Malaysian-Danish Environmental Cooperation Programme Renewable Energy and Energy Efficiency Component, Denmark's Technical University.

Bongaerts, J. C. 2011. Biomass in Europe: Perspectives, drives, future outlook. Indonesia-German Workshop, Instiut Tecknologi Bandung, Indonesia, Sep. 26th, 2011.

Boriouchkine, A., A. Zakharov and SL. Jamsa-Jounela. 2012. Dynamic modeling of combustion in a biograte furnace: the effect of operation parameters on biomass firing. Chem. Eng. Sci. 69(1): 669-678.

Bourgois, J. and R. Guyonnet. 1988. Characterization and analysis of torrefied wood. Wood Science and technology, 22(2): 143-155.

Bourgois, J. P. and J. Doat. 1984. Torrefied wood from temperate and tropical species: advantages and prospects. In Bioenergy 84, Goteborg, Sweden, June 15-21, 1984, Elsevier Applied Science Publishers, 153-159

Braber, K. 1995. Anaerobic digestion of municipal solid waste: A modern waste disposal option on the verge of breakthrough. Biomass and Bioenergy 9(1-5): 363-376.

Brammer, J. G. and A. Bridgewater. 2002. The influence of feedstock drying on the performance and economics of a biomass gasifier-engine CHP system. Biomass Bioenergy 22: 271-281.

Braun, R. et al. 2009. Recent developments in bio-energy recovery through fermentation. From wastes to resources. Springer.

Bridgeman, T. G., L. I. Darvell, B. Gudka, E. M Fisher, J. M jones, D, Waldron, and A. Williams. 2011. Milling and combustion properties of torrefied biomass, a potential co-firing fuel, Cofiring Biomass with Coal Workshop, Presentation given at Drax Power Staion, 25-26 January 2011.

Bridgeman, T, G., J. M. Jones, I. Shield, and P. T. Williams. 2008. Torrefacion of reed canary grass, wheat straw and willow to enhance solid fuel qualities and combustion properties. Fuel, 87(6): 844-856.

Bridgewater, A. V. 1998. The status of fast pyrolysis of biomass in Europe. Proceedings of the 10th European Biomass Conference and Technology Exhibition, Wurburg, Germany.

Broek, R. van den et al. 1996. Biomass combustion power generation technologies. Biomass and Bioenergy 11(4): 271-281.

Bruvall, J. 1977. Influence of harvest time and soil type on fuel quality in reed canary grass. Biomass and Bioenergy 12: 149-154.

CADDET. 1997. Anaerobic Digestion of Farm Waste in the UK. CADDET Renewable Energy, Technical Brochure No. 60. Waste - Agricultural. UK 1997. p.4.

Carl Bro Intelligent Solutions. 2004. Applicability of European Technologies in ASEAN market. EC-ASEAn COGEN Programme(COGEN 3).

Carrara, S. 2010. Small-scale biomass power generation. Ph. D. Thesis, Department of Industrial Engineering, University of Bergamo.

Carre, J., J. Herbert, L. Lacrosse, and Schenkel, Y. 1988. Technical and economic constraints of biomass briquetting. European Symposium on Soft Energy Sources at the Local Level, Greece, Naxos, Aug. 29~Sep. 2, 1988.

Casimiro, J. L. 2007. Energy production from biomass. Valoriza Energia.

Celik, F. et al. 2004. Transportation fuel from coal with low CO_2 emissions. Proceedings of the 7th International Conference on Greenhouse Gas Control Technologies, vancouver, BC, Canada.

CIEMAT. 2008. Jornada para production y utilizacion de cultivos para Energia. Production and use of crops for energy workshop.

Consonni, S. and E. D. Larson, 1994. Biomass-gasifier/aeoderivative gas turbine combined cycles, part B: performance calculations and economic assessment. Prepared for Cogen Turbo Power '94. ASME.

Damen, K. 2001. Future prospects for biofuel production in Brazil: a chain analysis comparison of ethanol from sugarcane and methanol from Eucalyptus in Sao Paulo State. Department of Science, technology & Society, Utrecht University, NW&S-E-2001-31.

Danish Institute of Agricultural and Fisheries Economics. 1999. Centralized biogas plants - Integrated Energy Production, Waste Treatment and Nutrient Redistribution Facilities. Danish Institute of Agricultural and Fisheries Economics, 1999. p.30.

Danish Technological Institute. 2012. Global market for wood pellets and price development. IEA-bioenergy Task 40.

Das, P., A. Ganesh and P. Wangikar. 2004. Influence of pretreatment for deashing of sugarcane bagasse on pyrolysis products. Biomass Bioenergy 27: 445-457.

Demirbas, A. 2009. Pyrolysis mechanisms of biomass materials. Energy Sources, Part A: Recovery, Utilization, and Environmental Effects, 31(13): 1186-1193.

Deng. J., G. Wang, J. Kuang, Y. Zhang, and Y. Luo. 2009. Pretreatment of agricultural residues for co-gasification via torrefaction. Jounal of Analytical and Applied Pyrolysis. 86(2): 331-337.

Deris, R, R. R. et al. 2006. Pyrolysis of oil palm trunk. Proceedings of the 20th Symposium of Malaysian Chemical Engineers(SOMChE 2006).

Deutmeyer, M. et al. 2012. Possible effect of torrefeaction on biomass trade. IEA Bioenergy Task 40: Sustainable International Bioenergy Trade.

De Vries, R., R. Meijer. L. Hietanen, E. Lohiniva and K. Sipilä. 2000. Evaluation of the Dutch and Finnish situation of energy recovery from Biomass and waste. Technology Review 99/2000. Tekes, National Technology Agency. p.113.

DOE. 1998. Renewable energy technology characterizations. US Department of Energy.

Dornburg, V. and A. Faaij. 2001. Efficiency and economy of wood-fired biomass energy systems in relation to scale regarding heat and power generation using combustion and gasification technologies. Biomass and Bioenergy 21(2): 91-108.

Dufour, A, P. Girods, E. Masson, S. Normand, Y. Rogaume, and A. Zoulalian. 2007. Comparison of two methods of measuring wood pyrolysis tar. Journal of chromatography A, 1164(1-2): 240-247.

Dukelow, S.G., 1991, The control of boilers, ISA

Elbersen, H. W. et al. 2005. oil palm by-products as a biomass source: Availability and sustainability. 14th European Biomass Conference, Oct. 17-21, 2005, Paris, France.

Electrowatt-Ekono, 2000. Puupolttoaineiden kysynnän ja tarjonnan kohtaaminen vuoteen 2010 (Demand and supply of wood fuels in Finland in 2010). Report 60K2231-Q090-012a. Espoo. 22p + app. 7p.

Elliott, P. R. 1993. Brazilian biomass power demonstration projet. Special project brief, Shell, London.

Engineering & Consulting Firms Association. 2009. Preliminary feasibility study on the palm oil mill wastes-fired power generation systems and CDM project for rural electrification in Sumatra, Indonesia. Japan Engineering & Consulting Firms Association.

ERCN. 2011. Effect of moisture content in biomass material. Biomass Energy Center.

Erlich, C. and T. H. Fransson. 2011. Down-draft gasification of pellets made of wood, palm-oil residues respective bagasse: Experimental study. Applied Energy 88: 899-908.

Eriksson, S. and M. Prior. 1990. The briquetting of agricultural wastes for fuel. FAO, Environment and Energy Paper 11. p.131. Rome.

EPRI. 2010. Power genration technology data for integrated resource plan of South Africa. Palo Alto, CA.

Erwinsyah. 2008. Improvement of oil palm wood properties using bioresin. Ph.D. Thesis, Technische Universitat Dresden.

ESCAN. 2008. Production and logistic chains. www.escansa.com/encrop/Margarita-Salve-180908.pdf.

Esteban, L. S., and J. E. Carrasco. 2006. Evaluation of dirrerent wrategies for pulverization of forest biomasses. Powder Technology 166(3): 139-151.

Eurelectric. 2011. Biomas 2020: Opportunities, challenges and solutions. Report on Eurelectric Renewable Action Plan.

European Union Delegation to Malaysia. 2012. The Malaysian palm oil sector – Overview. Report courtesy of Trade and Economic Section, EU Delegation to Malaysia.

Faaij, A. et al. 1997. Gasification of biomass wastes and residues for electricity production. Biomass and Bioenergy 12(6).

Faaij, A. et al. 1998. Optimization of the final waste treatment system in the Netherlands. Resources, Conservation and Recycling 22: 47-82.

Feslvang, K. and K. Salo. 2000. Small scale power generation by gasification. 1st World and 11th European Conference and Technology Exhibition, Biomass for Energy and Industry, Conference, Sevilla, Spain 5-9 June 2000. p.4.

Finnish District Heating Association. 1999. District heating in Finland 1999, Finnish District Heating Association, Helsinki 2000, p.67.

Finnish District Heating Association. 1999. Guidelines for Calculating Energy Generation in Combined heat and Power Plants. Protermo and Finnish District Heating Association. 65p + app. 9p.

Finnish District Heating Association. 2000. Guidelines for Settings up District Heating Business with Biomass. Exchange of Experiences between Municipalities for District Heating with Biomass. Thermie B project 2040/98. Finnish District Heating Association. Helsinki.(www.energia.fi/bioheat)

Fonseca, F., F. Luengo, G. Bezzo and S. Beaton. 1998. Bench unit for biomass residues torrefaction. Biomass for Energy & Industry.

FRIM. 2011. EU-Malaysia biomass entrepreneurs nurturing programme(EUM-BENP). Forest Research Institute Malaysia.

Gebreegziabher, T., A. O. Oyedun, H. T. Luk, T. Y. G. Lam, Y. Zhang and C. W. Hui. 2014. Design and optimization of biopower plant. Chemical Engineering Research and Design 92: 1412-1427.

Gilbe, C. et al. 2008. Slagging characteristics during residential combustion of biomass pellets. Energy & Fuels 22: 3536-3543.

Goldemberg, J. et al. 2004. Ethanol learning curve: the Brazilian experience. Biomass and Bioenergy 26(3): 301-304.

Goldstein, N. and L. Diaz. 2010. Size reduction equipment review. BioCycle magazine, The JG Press, Inc.

Gravelsins, R. J. 1998. Studies of grinding of wood and 뮤가-wood mixtures with the szego mill. Ph.D. Thesis, Graduate Department of Chemical Engineering and Applied Chemistry, University of Toronto, Canada.

Grover, P. D. and S. K. MishraK. 1996. Biomass briquetting: technology and practices. FAO, Regional Wood Energy Development Programme in Asia. Document No. 46. p.46. Bangkok.

Hakkila, p., H. Klaja, and I. Nousiainen. 2000. Use and prices of forest chips in Finland in 1999 - AFB - net V Task 2 and Wood Energy Technology Programme. VTT Energy, November 2000. p.33.

Hakkou, M., M. Petrissans, P. Gerardin, and A. Zoulalian 2006. Investigation of the reasons for fungal durability of hea-treated beech wood. Polymer Degradation and Stability, 91(2): 393-397.

Hamelinck, C. N. and A. Faaij. 2002. Future prospects for methanol and hydrogen from biomass. J. Power Sources 111(1): 1-22.

Hamelinck, C. 2004. Production of FT trasportation fuels from biomass: technical options, process analysis and optimization and development potential. Energy 29(11): 1743-1771.

Han, G.S. 2013. Korea wood pellet market in 2013 - Status and future. Chungbuk National University.

Hao, Y. and G. Luo. 2012. Development of biomass power generation in China: Constraints and measures of perfection. Asian Social Science 8(15): 238-243.

Hassan, H., K. A. Majid and A. H. Shamsuddin. 2009. Effect of co-combustion of coal and empty fruit bunch on combustion performance and pollutant emissions. ISARET 2009, April 28-29th, 2009.

Heller, M. C. et al. 2008. Life cycle assessment of a willow bioenergy cropping system. Biomass and Bioenergy 25: 147-165.

Helynen S, H. Holttinen, P. Lund, K. Sipilä, J. Wolff and E. Alakangas, 1999. Background report for the Action Plan of Renewable Energy Sources. VTT Energy. Finnish Ministry of Trade and Industry Energy Department. Studies and Reports 24/1999. In Finnish, English abstract. p.112.

Hidetoshi, I. 2012. FIT and biomass demand in Japan. 2012 CanBio Annual Conference, Nov. 28th, 2012.

Hillring, B. 2002. Rural development and bioenergy: experiences from 20 years of development of Sweden. Biomass and Bioenergy 23(6): 443-451.

Himmel, M., M. Tucker, J., Baker, C., Rivard, K. Oh and K. Grohmann. 1985. Comminution of biomass: hammer and knife mills. Biotechnology and Bioengineering Symp. No. 15, 41-58.

Holmberg, H. and P. Ahtila. 2004. Comparison of drying costs in biofuel drying between multi-stage and single-stage drying. Biomass Bioenergy 26: 515-530.

Hong, L. M. 2010. A case study on palm empty fruit bunch as energy feedstock. SEGi Review 3(2): 3-15.

Honjo, T., M. Fuchihata, T. Ida and H. Sano. 2002. Prospect on new fuel BCDF(Bio Carbonized Densified Fuel): The effect of semi-carbonisation. Proceedings of the first world conference on Pellets, Stockholm, Sweden.

Hoogwijk, M. et al. 2003. Exploration of the ranges of the global potential of biomass for energy. Biomass and Bioenergy 25(2): 119-133.

Hornbachner, D. et al. 2005. Biogas-Netzeinspeisung. Rechtliche, wirtschaftliche und technische Voraussetzungen in Osterreich, Wien 2005.

Hussain, A., F. N. Ani, A. N. Darus, H. Mokhtar, S. Azam and A. Mustafa. 2006. Themochemical behaviour of empty fruit bunches and oil palm shell waste in a circularating fluidized-bed combustor(CFBC). Journal of Palm Research 18: 210-218.

IAC(InterAcademy Council). 2007. Lighting the way; toward a sustainable energy future. Asterdam, The Netherlands.

Idris, S. S. et al. 2012. Combustion characteristics of Malaysian oil palm biomass, sub-bituminous coal and their respective blends via thermogravimetric analysis(TGA). Bioresource Technology 123: 581-591.

IEA. 1999. Energy Policies of IEA Countries, Finland 1999 Review, International Energy Agency. p.123.

IEA. 2004. Biofuels for transport: an international perspective. OECD/IEA, Paris.

IEA Task 40. 2005. Sustainable international bio-energy trade under the IEA bioenergy agreement. (http://www.fairbiotrade.org).

IEA. 2007. Biomass for power generation and CHP. IEA Energy Technology Essentials.

IEA. 2008. World energy outlook. Paris, France,

IEA. 2009. Key world energy statistics. Paris, France.

IEA. 2009. Bioenergy Annual Report 2009.

IEA. 2010. Power generation from coal: measuring and reporting efficiency performance and CO_2 emissions. International Energy Agency.

IEA Bioenergy, 2010.Task 34 Leader : Doug Elliott. Pyrolysis of biomass, www.pyne.co.uk, published 2010, Web page visited June.

IEA. 2012. Energy prices & taxes, 4th Quarter, 2012. OECD/IEA.

Ima, C. S. and D. D. Mann. 2007. Physical properties of woodchip: Compost mixtures used as biofilter media: Agricultural Engineering International(Canada).

INIA. 2008. Poplar cultivation. www.escansa.com/encrop/Hortensia-Jornadas-biomasa-Septiembre-Madrid.pdf.

IRENA. 2012. Renewable energy technologies: Cost analysis series - Biomass for power generation. International Renewable Energy Agency(IRENA) Working Paper.

Jenkins, B. M., R. R. Baker and J. B. Wei. 1996. On the properties of washed sraw. Biomass Bioenergy 10(4): 177-200.

Jiang, K. NA. Biomass in China. Energy Research Institute of China.

Jones, D., and G. Hogan 2006. Potential wood fuel CHP plant at Westonbirt Arboretum: Initial feasibility study and technology assessment. Forest Resreach, UK.

Junker, H. 2005. Cofiring of 500MW coal-fired power plant with 10% EFB bales or 5% shells and as a 2015 senario 10% cofiring of POFF. Elsam Engineering A/S Doc. No. 208928.

Kaliyan, N. and R. V. Morey. 2008. Densification of biomass: Mechanisms, models, and experiments on briquetting and pelleting of biomass. VDM Dr. Muller.

Kaltschmitt, M. et al. 1996. LCA of biofuels under different environmental aspects. IER, Universitat Stuttgart.

Kaltschmitt, M. et al. 1998. Biomass gasification in europe. IER, Universitat Stuttgart.

Kavalov, B., and S. D. Peteves. 2005. Status and perspecives of biomass-to-liquid fuels in the European Union. European Commission-DG JRC, Institute for Energy, Petten, The Netherlands, 92-894-9784-X.

KEMA. 2010. Statusoverzicht en impactanalyse van torrefaction in Netherland, in opdracht van AgentschapNL, rapportnummer 30920555-Consulting 10-0508.

Kerdsuwan, S. and K. Laohalidanond. 2011. Renewable energy from palm oil empty fruit bunch. Renewable Energy - Trends and Applications published by InTech Europe.

Kiel, J. 2007. Torrefaction for biomass upgrading into commodity fuels. IEA Bioenergy Task 32 workshop on "Fuel storage, Handling and Preparation and System Analysis for Biomass Combustion Technologies, Berlin, May 7.

Kirchmayr, R. and E. M. Potsch. 2008. Biogas von alpinen Flachen. Mitteilung der Fachberreichs arbeits gruppe Nachwachsende Rohstoffe, Nr. 49.

Konsomboon, S., S. Pipatmanomai, T. Madhiyanon and S. Tia. 2011. Effect of kaolin addition on ash characteristics of palm empty fruit bunch upon combustion. Applied Energy 88: 298-305.

Kosunen, P. and J. Rauhamäki. 1999. Biopolttoaineiden Kilpailukyky sähkön ja lämmön tuotannossa (Competitiveness of biomass fuels in heat and power production). BIOENERGIA - Bioenergy Research Programme Publications 25. Jyväskylä Science Park. 70p + app. 30p.

Koukios, E. G. 1993. Progress in thermochemical, solid-state refining of biofuels - From research to commericalisation. Advances in Th. Ch. Biomass conversion, vol 2., Bridgwater.

Kuang, X., J. S. Tumuluru, X. T. Bi, C. J. Lim, S. Sokhansanj, and S. Melin. 2009. Rate and peak concentrations of off-gas emissions in stored wood pellets-sensitivities to temperature, relative humidity, and headspace volume. Annals of Occupational Hygiene 53(8): 789-796.

Kurkela, E., P. Simell, P. Ståhlberg, G. Berna, F. Barbagli, and I. Haavisto. 2000. Development of novel fixed - bed gasification for biomass residues and agrobiofuels. VTT Research Notes 2059. VTT Energy, Espoo. 43p + app. 1p(http://www.inf.vtt.fi/pdf/tiedotteet/2000/T2059.pdf).

Lam, P. Y. 2013. Steam pre-treatment and leaching for the production of high- quality oil palm residue pellets. Master Thesis, University of British Columbia, Canada.

Larsson, S. et al. 2006. Reed canary grass as an energy crop. BTK-rapport 2006: 11.

Law, K. N. et al. 2007. Morphological and chemical nature of fiber strands of oil palm empty-fruit-bunch. Bioresources 2(3): 351-362.

Lee, H. Y. 2012. Biomass demand in Korea. 2012 CanBio Annual Conference, Nov. 28th, 2012.

Lee, H. Y. 2014. Basic study on oversea biomass energy recources I : Palm biomass. Journal of the Wood Science & Technology 42(4): 439-449.

Lehtikangas, P. 1999. Quality properties of fuel pellets from forest biomass. Licentiate thesis, Department of Forest Management and Products, Report nr 4, Uppsala.

Lin, C. Y. and S. Shimada. 2009. Study on effective utilization of palm oil waste(empty fruit bunch) system in Malaysia. NA.

Linnhoff, B. and J. R. Flower. 1978. Synthesis of heat exchanger networks: I. Systematic generation of energy optimal networks. AIChE J. 24: 633-642.

Lipinsky, E., J. Arcrate, and T. Reed. 2002. Enhanced wood fuels via torrefaction. Fuel Chemistry Preprints, Volume 47, Number 1, Paper 171.

Loo, S. van. 2010. Biomass combustion and co-firing. Earthscan.

Ludin, N. A. et al. 2004. Palm oil biomass for electricity generation in Malaysia. Jurutera Nov., 2004: 16-20.

Ludin, N. A. NA. Small renewable energy power projects support by PTM. Malaysia Energy Centre.

Luk, H. T., T. Y. G. Lam, A. O. Oyedun, T. Gebreegziabher and C. W. Hui. 2013. Drying of biomass for power generation: A case study on power generation from empty fruit bunch. Energy 63: 205-215.

Lundberg, H. 2002. Combustion of crushed pellets in a burner. Abstract of the First Conference on Pellets, Stockholm, 2-4 Sep. 2002.

Lynd, R. L. 1996. Overview and evaluation of fuel ethanol from lignocellulosic biomass: Technology, economics, the environment and policy. Annual review, Energy Environment 21: 403-465.

Madhiyanon, T., P. Sathitruangsak, S. Sungworagarn, S. Pipatmanomai and S. Tia. 2012. A pilot-scale investigation of ash and deposition formation during oil-palm empty-fruit bunch(EFB) combustion. Fuel Processing Technology 96: 250-264.

Madhiyanon, T., P. Sathitruangsak, S. Sungworagarn, S. Fukuda and S. Tia. 2013. Ash and deposit characteristics from oil-palm empty-fruit bunch(EFB) firing with kaolin additive in a pilot-scale grate-fired combustor. Fuel Processing Technology 115: 182-191.

Makinen, T. et al. 2006. Liikenteen biopolttoaineiden ja peltoenergian kasvihuonekaasutaseet ja uudet liiketoimintakonseptit. VTT tiedotteita 2357.

Maknawi, A. 2011. Generating electricity with biomass: Experience from Bangka Belitung. Kencana Agri Group, Indonesia.

Mani s., L. G. Tavil, and S Sokhansanj, 2004. Grinding performance and physical properties of wheat and barley straws, corn wtover and switchgrass. Biomass and Bioenergy 27(4): 339-352.

Mani. S. et al. 2006. Economics of producing fuel pellets from biomass. Applied Engineering in Agriculture 22(3): 421-426.

Mani, S, 2009. Integrating biomass torrefaction with thermo-chemical conversion processes. Proceeding of the 2009 AICHE Annual Meeting, Nashvile, Tennessee, Novv 8-13, 2009.

May, C. Y. and A. A. Aziz. 2012. Adding value to biomass utilization in the oil palm industry. ASM International Conference(ASMIC) 2012, Jul. 10-12, 2012, Kuala Lumpur, Malaysia.

McCormick, K. and T. Kaberger. 2005. Exploring a pioneering bioenergy system: The case of Enkoping in Sweden. J. of Cleaner Production 13: 1003-1014.

Mohan, D., C. U. Pittman, and P. H. Steele. 2006. Pyrolysis of wood/biomass for bio-oil : A critical review. Energy & Fuels, 20(3): 848-889.

Mollersten, et al. 2003. Potential and cost-effectiveness of CO_2 reductions through energy measures in Swedish pulp and paper mills. Energy 28(7): 691-710.

Mori, Y. 2007. Old oil palm trunks as promising feedstock for biofuel and bioplastics. BMWS Nov. 2007.

Morris, M. et al. 2005. Handbook of biomass gasification. Bridgewater.

MPOB, 2009, IPOC(GAPKI)

MPOB. 2011. Briquetting of empty fruit bunch fibre and palm shells using piston press technology. MPOB TT No.456.

Murphy. J. D., and K. McCarthy. 2005. Ethanol production from energy crops and wastes for use as a transport fuel in Ireland. Applied Energy, 82(2): 148-166.

Naber, et al. 1997. Further development and commercialization of the small scale hydro thermal upgrading process for biomass liquefaction. Proceedings of the 3rd Biomass Conference of the America's, Montreal, Canada.

NEDO(New Energy and Industrial Technology Development Organization). 2011. Program exploration research of Indonesian state palm-oil factory's industrial waste biomass boiler power generation project. Shimizu Corporation.

Nikolaisen, L. et al. 1998. Straw for energy production. Center for Biomass Technology, Denmark (http://www.videncenter.dk).

NREL. 2013. International trade of wood pellets. NREL/BR-6A20-56791.

Nunes, L. J. R. et al. 2014. A review on torrefied biomass pellets as a sustainable alternative to coal in power generation. Renewable and Sustainable Energy Reviews 40: 153-160.

Nussbaumer, Th. 1992. Neue Konzepte zur schadstoffarmen Holzenergie Nutzung. Holz Energie Symposium, Oct. 23th, ETH Zurich, Switzerland.

Nussbaumer, Th. 1994. Neue erkenntnisse zur thermischen Nutzung von Holz. Tagungsband zum 3 Holzenergie Symposium, Oct. 21th, ETH Zurich, Switzerland.

Nutek. 2006. Fuel Handbook. Varmeforsk.

Nystrom, O. 2004. European equipment applicability and competitive position in ASEAN cogeneration. Carl Bro Intelligent Solutions.

Obernberger, I. 1998. Decentralized biomass combustion: State of the art and future development. Biomass and Bioenergy 14: 33-56.

Obernberger, I. and G. Thek. 2002. Physical characterisation and chemical composition of densified biomass fuels with regard to their combustion behaviour. Proceedings of the first world conference on Pellets, Stockholm, Sweden.

Obernberger, I. and G. Thek. 2010. The pellet handbook: The production and thermal utilization of biomass pellets. IEA Bioenergy.

O'Carroll, C. 2012. Biomass pellet prices -Drivers and outlook: What is the worst than can happen?. European Biomass Power generation, Oct. 1st, 2012, Poyry Management Consulting(UK) Ltd.

Paappanen, T. et al. 2008. Development of reed canary grass fuel chain. VTT Tiedotteita 2452.

Pach, M., R, Zanzi, and E. Bjornbom. 2002. Torrefied biomass a substitute for wood and charcoal. In Sixth Asia-Pacific International Symposium on Combustion and Energy Utilization, Kuala Lumpur, May 20-22, 2002.

Park, Y. S. et al. 2012. Effect of operation variables on char yield and characteristics during EFB torrefaction. J. of Korea Society of Waste Management 29(8): 793-799.

Pasila, A. The dry-line method in bast fibre production. Univ. Helsinki.

Pastorova, I., P. W. Arisz, and J. J. Boon. 1993. Preservation of d-glucose oligosaccharides in cellulose chars. Carbohydrate Research, 248: 151-165.

Patumsawad, S. 2002. Fluidized bed combustion of oil palm solid waste. The Journal of KMITNB 12(2): 15-20.

Pellervon taloudellinen tutkimuslaitos. 2006. Finland is leading way in bioenergy. PTT-katsus 27: 2-47.

Pels, J. R. et al. 2005. Utilization of ahses from biomass combustion and gasification. ECN, Netherland.

Pentananunt, R., A. N. M. Mizanur Rahman, and S. C. Bhattacharya. 1990. Upgrading of biomass by means of torrefaction. Energy, 15(12), 1175-1179.

Peters, M. S. and K. D. Timmerhaus. 1991. Plant Design and Economics For Chemical Engineers, 4th edition. MacGraw-Hill Book Co., Singapore.

Pettersson, M. 1999. Briquetting of biomass: A compilation of techniques and machinery. Sveriges Lantbruksuniversitet, institutionen for skogsteknologi. Students reports no. 22, Umea.

Phanphanich, M., and S. Mani. 2011. Impact of torrefaction on the grindability and fuel characteristics of forest biomass. Bioresource Technology 102: 1246-1253.

Pooya Lahijani et al, 2010, Bioresource Technology.

Poyry. 2012. Biomass imports to Europe and global availability. IEA 2nd Workshop - Cofiring biomass with coal.

Prasertsan, S. and P. Prasertsan. 1996. Biomass residues from palm oil mills in Thailand: An overview on quantity and potential usage. Biomass and Bioenergy 11(5): 387-395.

Prins, M. J. 2005. Thermodynamic analysis of biomass gasification and torrefaction. Thesis submitted to Eindhoven: Technische Universiteit Eindhoven, 2005.

Prins. M. J., K. J. Ptasinski, and F. J. J. G. Janssen. 2006. Torrefaction of wood: Part 1: Weight loss kinetics, Journal of Analytical and Applied Pyrolysis, 77(1): 28-34.

Prins. M. J., K. J. Ptasinski, and F. J. J. G. Janssen. 2006. a. More efficient biomass gasification via torrefaction. Energy 31(15): 3458-3470.

Prins. M. J., K. J. Ptasinski, and F. J. J. G. Janssen. 2006b. Torrefaction of wood: Part 2: Analysis of products. Journal of Analytical and Applied Pyrolysis, 77(1): 35-40.

Protermo and Finnish District Heating Association. 1999. Guidelines for Calculating Energy Generation in Combined heat and Power Plants. Protermo and Finnish District Heating Association. 65p + app. 9p.

PwC Indonesia. 2012. Palm oil plantation: Industry lanscape, regulatory and financial overview, 2012 Update. PwC Indonesia.

Rahman, A. A. 2007. Biomass for energy generation in Malaysia. 4th Biomass-Asia Workshop, Nov. 20th, 2007, Malaysia.

Rahman, A. A. et al. 2013. Study on the potential of pelletisation of empty fruit bunch with sago as binding agent for power generation. European International Journal of Science and Technology 2(2): 111-118.

Reed. T. and B. Bryant. 1978. Densified biomass: a new form of solid fuel, Solar energy research institute, Colorado, United States.

Reesinck, R. 2005. Director GF Energy B.V., personal communication, Petten.

Rensfelt, E. 2005. State of art of biomass gasification and pyrolysis technologies. Proceedings of Synbios Automobile Conference, Stockolm.

Rietz, E. 2002. Pellets production in Sweden. Abstract of the First Conference on Pellets, Stockholm, 2-4

Sep. 2002.

Rodrigues, M. et al. 2003. Techno-economic analysis of co-fired biomass integrated gasification/ combined cycle systems with inclusion of economies of scale. Energy 28(12): 1229-1258.

Rodrigues, T. O., and Rousset, P. L. A. 2009. Effects of torrefaction on energy properties of Eucalyptus Grandis wood. Cerne, 15(4): 446-452.

Rosen, C. J., T.R. Halbach, and R. Mugaas. 2000. Composting and Mulching: A guide to Managing Organic Yard Wastes. University of Minnesota Extension Service, BU-3296-F.

Rosillo-Calle, F. and L. A. B. Cortez. 1998. Towards pro-alcool II : a review of the Brazilian bioethanol programme. Biomass and Bioenergy 14(2): 115-124.

Ross, C. J. 2008. Biomass drying and dewatering for clean heat & power. North West CHP Application Center, Olympia WA.

RSPO. NA. Palm Oil : It has the scent of violets, the taste of olive oil and a colour which tinges food like saffron but is more attractive. RSPO(Roundtable on Sustainable Palm Oil) Fact Sheet.

Quaak, P. et al, 1999, Energy from biomass, World Bank Technical paper No. 422.

Sadaka, S., and S, Negi. 2009. Improvement of biomass physocal and thermochemical characteristics via torrefaction process. Environmental Progress & Sustainable Energy, 28(3): 427-434.

Saijonkari-P., K. 2002. Non-woo plants as raw material for pulp and paper. Agri. & Food Sci. in Finland, 10.

Scanlon, M. G. and J. Lamb. 1995. Fracture mechanics and particle shape formation during size reduction of a model food material. Journal of Material Science 30: 2577-2583.

Scott, D. S., L. Paterson, J. Piskorz and D. Radlein. 2000. Pretreatment of poplar wood for fast pyrolysis: Rate of cation removal. J. Anal. Appl. Pyrolysis 57: 169-176.

Serup, H. et al. 1999. Wood for energy production. Center for Biomass Technology, Denmark (http://www.videncenter.dk).

Shaw, M. 2008. Feedstock and process variables influencing biomass densification, Ph.D. Thesis, University of Saskachewan, Saskatoon, Saskatchewan, Canada.

Shuit, S. K. T. Tan, K. T. Lee and A. H. Kamaruddin. 2009. Oil palm biomass as a sustainable energy source: A Malaysian case study. Energy 34(9): 1225-1235.

Singh, K. J. 2011. National biomass strategy 2020: New wealth creation for Malaysia's palm oil industry.

AGENSI INOVASI MALAYSIA.

Sipilä, K. and M. &Korhonen. NA. Power Production from Biomass III – Gasification and Pyrolysi, &D&D for Industry. VTT Symposium 192.416p + app. 6p.

Small, E. and D. Marcus. 2002. A new crop with new uses for north America. ASHS Press.

Smeets, E. et al. 2004. A quickscan of global bio-energy potentials to 2050 : An analysis of the regional availability of biomass resources for export in relation to underlying factors. Report prepared for NOVEM and Essent, Copernicus Institute, Utrecht University, NWS-W-2004-109.

Sokhansanj, S., J. H. Peng, X. T. Bi, C. J. Lim, L, Wang, P. S. Lam, J. P. Hoi, S. Melin, J. S. Tumuluru, C. T. Wright. 2010. Optimum torrefaction and pelletixation of biomass feedstock. Symposium on Thermal and Catalytic Sciences for Biofuels and Biobased roducts. lowa state Unibersity, September, 21-23.

Solantausta, Y. et al. 1996. Electricity production by advanced biomass power systems. VTT Technical Research Centre of Finland.

Solantausta, Y., E. Podesser, D. Beckmann, A. Östman and R. Overend. 2000. IEA Bioenergy Task 22: Techno - economic assessment for bioenergy applications 1998-1999. Final report. VTT Research Notes 2024. Espoo. p.241(http://www.inf.vtt.fi/pdf/tiedotteet/2000/T2024.pdf).

Solo, M. L. 1965. Mattalorest, Aikakawsh, 37, 127.

Song, H., F. Starfelt, L. Daianova and J. Y. Yan. 2012. Influence of drying process on the biomass based polygeneration system of bioethanol, power and heat. Appl. Energ. 90: 32-37.

Spellman, F. R. 2012. Forest-based biomass energy: Concepts and applications. CRC Press.

Stassen, H. E. 1995. Small scale biomass gasification for heat and power production: a global review. World Bank Technical Paper No. 296, Energy Series.

Statistics Finland. 2000. Energy Statistics 1999. Energy 2000: 2, Statistics Finland, Helsinki 2000, p.147.

Sue, T. T. NA. Quality and characteristics of Malaysian palm kernel cakes/expellers. Palm Oil Development 34, MPOB.

Sundberg, M. and H. Westlin. NA. Hampa som branslerabvara, forstudie. JTI-rapport 341.

Svebio. 2003. Bionergy- areviwe. Focus Bioenergy No. 1.

Svensson, S. E. et al. 1997. Kretsloppsanpassning av energiodling-en orienterande studie. Rapport fran Vattenfall Utveckling AB, Projekt Bioenergi, UB 1997/3.

Swedish Energy Agency. 2004. Syntes av forskning rorande Willow inom programmet fasta biobranslen fran jordbruksmark. ER 30.

Swedish Energy Agency. 2008. Energilaget 2008. NA.

Tanaka, R., Y. Mori and A. Kosugi. 2006. Utilization of oil palm empty fruit bunches as solid materials. 3rd Biomass Workshop.

Tijmensen, et al. 2002. Exploration of the possibilities for production of Fischer Tropsch liquids via biomass gasification. Biomass and Bioenergy 2392): 129-152.

TNO(the Dutch Institute on Applied Scientific Research). 1992. Kleinschalige verbranding van schoon afvalhout in Nederland. Prepared for NOVEM, Utrecht, the Netherlands.

Trangkaprasith K. and O. Chavalparit. 2011. Heating value enhancement of fuel pellets from frond of oil palm. IPCBEE 1: 302-306.

Tumuluru J. S., X, Kuang S, Sokhansanj C. J. Lim, X. T. Bi, L, Anthony, S. Melin. 2010. Development of laboratory studies on the off-gassing of wood pellets. Canadian Biosystems Engineering, 52: 8.1-8.9.

Turkenberg, W. C., A. Faaj et al. 2000. Renewable energy technologies, Chapter 7 of the World Energy Assessment of the United Nations, UNDP, UNDESA/WEC.

Udoetok, I. A. 2012. Characterization of ash made from oil palm empty fruit bunches. International Journal of Environmental Sciences 3(1): 518-524.

Uellendahl, H. et al. 2008. Energy balance and cost-benefit analysis of biogas production from perennial energy crops pretreated by wet oxidation. Proceedings of the 5th International Symposium on Anaerobic Digestion of Solid wastes and Energy Crops, May 25-28, Hammamet, Tunesia.

UNEP. 2011. Oil palm plantations: Threats and opportunities for tropical ecosystems. UNEP Global Environmental Alert Service(GEAS).

United Nations (UN). 1998. Kyoto protocal to the United Nations Framework convention on climate change.

US EPA. 2007. Combined heat and power: Catalog of technologies. U.S. Environmental Protection Agency, USA.

Van Soest P. J. 1964. Symposium on nutrition and forage and pastures: new chemical procedures for evaluating forages. Journal of Animal Science, 23: 838-845.

Vapo. 2008. Reed canary grass as fuel. Vapo paikalliset polttoaineet, p.4.

VGB-forschungsstiftung. 2011. Biomass imports to Europe and global availability. Poyry.

Vinh, V. Q. and S. C. A. Bhattacharya. 1996. Study on the combustibility of torrefied wood oil/water mixture droplets. International Journal of Energy Reasearch, Volume 20.

VIEWLS. 2005. Biofuel and bio-energy implementation scenarios. Final report of VIEWLS WP5, Modeling studies.

Vigants, E. 2009. Case study of Ludza biomass project: Impact of biomass quality on boiler operating parameters. Proceedings on "Current and future woody biomass for energy".

Vinh, V. Q. and Bhattacharya, S. C. A., 1996. Study on the combustibility of torrefied wood oil/water mixture droplets, International Journal of Energy Reasearch, Volume 20.

VTT Energy. 1994. Flue gas condensing at district heating plants. IEA Biomass Combustion Conference, Nov. 29th, Cambridge, U. K.

VTT Energy. 2000. Phase V, Cofiring of biomass - evaluation of fuel procurement and handling in selected existing plants and exchange of information(COFIRING) - Part2. Reports of evaluated cofiring plants, December 2000. VTT Energy. p.260.

White, R. H. and M. A, Dietenberger. 2001. Wood products: Thermal degradation and fire. K. H. Jürgen Buschow., R. W. Cahn, M. C. Flemings, B. llschner, E. J. Kramer, S. Mahajan, and P. Veyssière (eds.), The Encyclopedia of Materials: Science and technology, Elsevier, Ltd.: Amsterdan, pp.9712-9716.

Williams, R. H. and E. D. Larson. 1996. Biomass gasifier gas turbine power generating technology. Biomass and Bioenergy 10: 149-166.

Wooten, J. B., B. Crosby, and M. R. Hajaligol. 2000. Evaluation of cellulose char structure monitored by CCP MAS NMR. Fuel chemistry Division Preprints, 46: 191-193.

Yan, w., J. T. Hastings, T. C. Acharjee, C. J. Coronella, and V. R. Váasquez. 2010. Mass and energy balances of wet torrefaction of lignocellulosic biomass. Energy Fuels(In press).

Yoshida, T. et al. NA. Characteristics of pellet from oil palm, Jatropha, and rice residues. NA.

Zakrisson, M. 2002. Internationell jamforelse av produktionskostnader vid pelletstillverkning. Department of Forest Management and Products, SLU, Uppsala.

Zanzi, R., D. T. Ferro, A. Torres, P. B. Soler, and E. Bjornbom. 2002. Biomass torrefaction. In The 6 Asia-Pacific International Symposium on Combustion and Energy Utilization, Kuala Lumpur, May 20-22, 2002.

부록 1 바이오매스 특성 정량을 위한 공식

함수율, 회분 함량 및 발열량은 습량기준이나 건량 기준 또는 무회분-건량기준으로 표현할 수 있다. 여기서는 이들 특성들을 각기 다른 기준에 따라 계산할 수 있는 공식들을 소개하고자 한다.

■ 함수율(moisture content)

다음 식들은 서로 다른 함수율을 제시하고 있다. 공식과 함께 제시된 예에서는 습윤한 바이오매스(W_{wm}) 1kg당 무회분 건량(W_{daf}) 0.80kg과 회분(W_{ash}) 0.05kg 및 수분(W_{H2O}) 0.15kg이 포함되어 있는 것으로 가정하고 있다.

따라서 $W_{wm} = W_{daf} + W_{ash} + W_{H2O}$가 된다.

(1) 습량기준 함수율(MC_w)

$$MC_w = \frac{W_{H2O}}{W_{daf} + W_{ash} + W_{H2O}} = \frac{W_{H2O}}{W_{wm}}$$

$$MC_w = \frac{0.15}{0.80 + 0.05 + 0.15} = 0.15 = 15\%$$

(2) 건량기준 함수율(MC_d)

$$MC_d = \frac{W_{H2O}}{W_{daf} + W_{ash}} = \frac{W_{H2O}}{W_{wm} - W_{ash} - W_{H2O}}$$

$$MC_d = \frac{0.15}{0.80 + 0.05} = 0.176 = 17.6\%$$

(3) 무회분-건량기준 함수율(MC_{daf})

$$MC_{daf} = \frac{W_{H2O}}{W_{daf}} = \frac{W_{H2O}}{W_{wm} - W_{ash} - W_{H2O}}$$

$$MC_{daf} = \frac{0.15}{0.80} = 0.188 = 18.8\%$$

■ **회분 함량(ash content)**

바이오연료의 무기물질 함량은 매우 변이가 크다. 회분은 식물체의 구성하고 있는 한 부분이며 여러 가지 요소들로 이루어져 있다. 목재의 경우 회분 함량은 0.5% 미만이지만 곡물에는 5~10%의 회분이 포함되어 있으며, 왕겨나 서양톱풀(milfoil)에는 최고 30~40%의 회분이 포함되어 있다.

회분 함량은 함수율을 표현하는 것과 동일한 방식인 습량기준, 건량기준 및 무회분-건량기준 등으로 표현이 가능하다. 전술한 예제에서 제시되었던 수분, 회분 및 건량 등에 대한 수치를 그대로 사용한다면 다음과 같은 결과를 얻을 수 있다. 일반적으로 회분 함량은 건량기준으로 표현한다.

(4) 습량기준 회분 함량(AC_w)

$$AC_w = \frac{W_{ash}}{W_{daf} + W_{ash} + W_{H2O}} = \frac{W_{ash}}{W_{wm}}$$
$$AC_w = \frac{0.05}{0.80 + 0.05 + 0.15} = 0.05 = 5.0\%$$

(5) 건량기준 회분 함량(AC_d)

$$AC_d = \frac{W_{ash}}{W_{daf} + W_{ash}} = \frac{W_{ash}}{W_{wm} + W_{H2O}}$$
$$AC_d = \frac{0.05}{0.80 + 0.05} = 0.059 = 5.9\%$$

(6) 무회분-건량기준 회분함량(AC_{daf})

$$AC_{daf} = \frac{W_{ash}}{W_{daf}} = \frac{W_{ash}}{W_{wm} - W_{ash} - W_{H2O}}$$
$$AC_{daf} = \frac{0.05}{0.80} = 0.063 = 6.3\%$$

■ **발열량(heating values)**

만일 연료의 함수율, 회분 함량 및 수소함량을 알고 있다면 6가지의 모든 발열량을 서로의 값으로부터 구해낼 수 있다(NCV_w, NCV_d, NCV_{daf}, GCV_w, GCV_d, GCV_{daf}). 다음은 총발열량을 구하는 공식이다.

(7) 무회분-건량 기준, 건량 기준 및 습량 기준에 따른 총발열량

$$GCV_{daf} = 20,400kJ/kg$$

$$GCV_d = GCV_{daf} \times \frac{W_{daf}}{W_{daf}+W_{ash}} = GCV_{daf} \times (1-\frac{W_{ash}}{W_{daf}+W_{ash}})$$

$$= GCV_{daf} \times (1-AC_d) = 20,400 \times (1-0.059) = 19,196kJ/kg$$

$$GCV_w = GCV_{daf} \times \frac{W_{daf}}{W_{daf}+W_{ash}+W_{H2O}} = GCV_{daf} \times \frac{W_{wm}+W_{ash}+W_{H2O}}{W_{wm}}$$

$$= GCV_{daf} \times (1-AC_w-MC_w) = GCV_{daf} \times (1-AC_d) \times (1-MC_w)$$

$$= 20,400 \times (1-0.059) \times (1-0.15) = 16,317kJ/kg$$

순발열량도 GCV_{daf}에 대하여 함유 수소함량과 수분응축을 고려하면 구할 수 있다. 상기 예에 따르면 $NCV_{daf} = 18,757kJ/kg$, $NCV_d = 17,650kJ/kg$ 및 $NCV_w = 15,030kJ/kg$이 된다 (단, $H_{daf} = 6\%$).

(8) 무회분-건량 기준, 건량 기준 및 습량 기준 순발열량

$$NCV_{daf} = GCV_{daf} - H_{daf} \times 20,300 - MC_{daf} \times 2,260$$

$$= 20,400 - 0.06 \times 20,300 - 0.188 \times 2,260$$

$$= 18,757kJ/kg$$

$$NCV_d = NCV_{daf} \times \frac{W_{daf}}{W_{daf}+W_{ash}} = NCV_{daf} \times (1-\frac{W_{ash}}{W_{daf}+W_{ash}})$$

$$= NCV_{daf} \times (1-AC_d) = 18,757 \times (1-0.059) = 17,650kJ/kg$$

$$NCV_w = NCV_{daf} \times \frac{W_{daf}}{W_{daf}+W_{ash}+W_{H2O}} = NCV_{daf} \times \frac{W_{wm}+W_{ash}+W_{H2O}}{W_{wm}}$$

$$= NCV_{daf} \times (1-AC_w-MC_w) = NCV_{daf} \times (1-AC_d) \times (1-MC_w)$$

$$= 18,757 \times (1-0.059) \times (1-0.15) = 15,030kJ/kg$$

부록 2 연소과정의 화학량 기준 공기 요구량

■ 연소과정의 공기 공급량

공기 공급량 분석을 위해서는 우선 1차공기 공급과 2차공기 공급으로 구분하여야 한다. 1차공기는 연료층에 직접적으로 공급되는 반면, 2차공기는 연료 층 상부의 휘발성 가스와 혼합된다.

연소를 위하여 필요한 공기량을 계산하기 위해서는 연료의 화학적 조성을 파악해야만 한다. 즉, 탄소, 수소, 산소 및 회분의 함량을 결정해야 한다. 근사분석(proximate analysis)을 통하여 char, 휘발성 물질 및 회분의 함량에 대한 자료를 얻게 된다.

계산을 위하여 바이오매스의 조성을 다음과 같이 가정하자(건량기준):

- 원소분석(ultimate analysis)

탄소(C)	p kg/kg-fuel
수소(H)	q kg/kg-fuel
산소(O)	r kg/kg-fuel
회분	s kg/kg-fuel

- 근사분석(proximate analysis)

탄소(C)	x kg/kg-fuel
휘발성물질	y kg/kg-fuel
회분	z kg/kg-fuel

- 완전연소가 이루어지므로 탄화수소나 일산화탄소가 형성되지 않는다.
- 바이오매스는 전건상태로 함수율이 0%이다.
- 공기의 체적 조성비는 O_2 21%와 N_2 79%이다. 중량 조성비는 O_2 23.3%와 N_2 76.7%이다.

예를 들어 1kg의 바이오매스가 연소된다고 가정하자. 우선 요구되는 1차공기의 양을 계산해야 한다. 다음으로는 연소에 의한 생성물질을 결정한다.

■ 1차공기

1차공기는 연료층의 고체(예를 들어 탄소나 char의 비휘발성 부분)를 연소하는데 필요하다. 연료층에 있는 char가 연소되면 다음의 반응이 일어난다:

반응 1 : 1mole C + 1mole O_2 → 1mole CO_2

1kg의 연료에 필요한 1차공기의 양은 다음과 같다:

$$x \times \frac{32}{12} kg\, O_2$$

필요한 공기의 화학량은 다음과 같다:

$$x \times \frac{32}{12} \times \frac{100.0}{23.3} kg$$

1차공기에 대한 과도공기비율 λ_p을 고려하면 위식은 다음과 같이 된다:

$$\lambda_p \times x \times \frac{8}{3} \times \frac{100.0}{23.3} kg\, air$$

■ 2차공기

휘발성 물질의 연소과정에는 다음의 두 가지 반응이 포함되어 있다:

반응 2 : 바이오매스에 포함되어 있는 수소 부분의 연소

2mole H_2 + 1mole O_2 → 2mole H_2O

바이오매스 1kg 연소를 위하여 필요한 O_2의 양은:

$$q \times \frac{32}{4} = 8 \times q\ kg\ O_2$$

만일 바이오매스에 포함되어 있던 모든 산소가 바이오매스의 수소를 연소시키는데 사용된다면 그 양만큼을 필요한 양으로부터 제해야 한다:

$$8 \times q - r\ kg\ O_2$$

수소 연소를 위해 필요한 공기의 화학량은 다음과 같다:

$$\frac{100.0}{23.3} \times (8 \times q - r)\ kg$$

2차공기에 대한 과도공기비율 λ_s를 고려하면:

$$\lambda_s \times \frac{100.0}{23.3} \times (8 \times q - r)\ kg$$

반응 3: 바이오매스에 포함되어 있는 탄소의 휘발성 부분의 연소

$$1\text{mole C} + 1\text{mole } O_2 \rightarrow 1\text{mole } CO_2$$

이 반응으로부터 휘발성 탄소의 연소에 필요한 전체 공기량을 구할 수 있다:

$$\lambda_s \times (p - x) \times \frac{32}{12} \times \frac{100.0}{23.3}\ kg$$

정리하면, 바이오매스 1kg의 연소를 위하여 필요한 1차공기와 2차공기의 양은 다음과 같아진다:

1차공기 $\frac{8}{3} \times \frac{100.0}{23.3} \times \lambda_p \times x\ kg$

2차공기 $\frac{100.0}{23.3} \times \lambda_s \times (\frac{8}{3} \times (p - x) + 8 \times q - r)$

■ **연소에 의한 생성물질**

전술한 과정에 의해 얻어진 자료들을 이용하면 바이오매스 1kg의 연소에 의해 생성되는 물질들의 양을 결정할 수 있다. 생성물질에는 CO_2, N_2, H_2O 및 O_2가 있다.

반응 1에 의한 생성물질의 양은 다음과 같다:

$$CO_2 : x \times (1 + \frac{32}{12})\ kg$$
$$N_2 : \lambda_p \times x \times \frac{32}{12} \times \frac{76.7}{23.3}\ kg$$
$$O_2 : (\lambda_p - 1) \times x \times \frac{32}{12}\ kg$$

반응 2에 의한 생성물질의 양은:

$$H_2O : 9 \times q\ kg$$
$$N_2 : \lambda_s \times \frac{76.7}{23.3} \times (8 \times q - r)\ kg$$
$$O_2 : (\lambda_s - 1) \times (8 \times q - r)\ kg$$

반응 3에 의한 생성물질의 양은:

$$CO_2 : (p - x) \times \frac{44}{12}\ kg$$
$$N_2 : \lambda_p \times (p - x) \times \frac{32}{12} \times \frac{76.7}{23.3}\ kg$$
$$O_2 : (\lambda_p - 1) \times (p - x) \times \frac{32}{12}\ kg$$

따라서 상기의 3가지 반응을 종합하면 다음과 같이 생성물질의 양을 계산할 수 있다:

$$CO_2 : \frac{44}{12} \times p\ kg$$
$$O_2 : \frac{32}{12} \times (\lambda_p - 1) \times p + (\lambda_s - 1)(8 \times q - r)\ kg$$
$$H_2O : 9 \times q\ kg$$
$$N_2 : \frac{76.7}{23.3}(\frac{32}{12} \times \lambda_p \times p + \lambda_s (8 \times q - r))\ kg$$

저자약력

이형우

1983 서울대학교 임산가공학과 졸업
1987 국립산림과학원 연구사
1989 서울대학교 농학박사
1989 전남대학교 산림자원학부 교수
2000 벤처기업 ㈜건조기술 대표이사(겸임)
2011 전남대학교 바이오매스 산업화센터 센터장(겸임)

바이오매스와 발전

인쇄 | 2016년 8월 22일
발행 | 2016년 8월 26일

저자 | 이형우
발행인 | 지병문
발행처 | 전남대학교출판부

등록 | 1981. 5. 21. 제53호
주소 | 61186 광주광역시 북구 용봉로 77
전화 | (062) 530-0571~2 마케팅부 530-0573
팩스 | (062) 530-0579
홈페이지 | http://www.cnup.co.kr
이메일 | cnup0571@hanmail.net

값 27,000원

ISBN 978-89-6849-340-9 (93570)

이 도서의 국립중앙도서관 출판예정도서목록(CIP)은
서지정보유통지원시스템 홈페이지(http://seoji.nl.go.kr)와
국가자료공동목록시스템(http://www.nl.go.kr/kolisnet)에서 이용하실 수 있습니다.
(CIP제어번호 : CIP2016020117)